AF576182

EUL
VERLAG

EINZELSCHRIFTEN

Andrija Bilobrk
Steuerliche Förderung unternehmerischer Forschung und Entwicklung – Eine Simulation alternativer steuerlicher Fördermaßnahmen für Personen- und Kapitalgesellschaften
Lohmar – Köln 2016 • 364 S. • € 64,- (D) • ISBN 978-3-8441-0459-2

Charlotte Pötters
Umsatzsteuer im Gesundheitswesen
Lohmar – Köln 2016 • 268 S. • € 57,- (D) • ISBN 978-3-8441-0463-9

Friedrich R. Then Bergh und Daniel Reimsbach (Hrsg.)
Entwicklungen und Perspektiven des Finanz- und Rechnungswesens – Festschrift zum 65. Geburtstag von Univ.-Prof. Dr. Raimund Schirmeister
Lohmar – Köln 2016 • 380 S. • € 74,- (D) • ISBN 978-3-8441-0469-1

Frank Wüller
Agency-Probleme und Lösungsansätze in der Bank-Sanierer-Beziehung – Eine qualitativ-empirische Untersuchung aus Banksicht
Lohmar – Köln 2016 • 248 S. • € 60,- (D) • ISBN 978-3-8441-0471-4

Max Monauni
Wandlungskonzepte für Produktionsnetzwerke
Lohmar – Köln 2016 • 176 S. • € 54,- (D) • ISBN 978-3-8441-0476-9

Arne Krey
Risikomanagement auf Rohstoffmärkten und die Bilanzierung nach IFRS
Lohmar – Köln 2016 • 444 S. • € 80,- (D) • ISBN 978-3-8441-0475-2

Heiko Koepke
Unternehmenswertorientierte Steuerungs- und Vergütungssysteme – Konzeption und Synchronisation des Performancecontrollings im Kontext der Corporate Governance
Lohmar – Köln 2016 • 568 S. • € 92,- (D) • ISBN 978-3-8441-0479-0

Dr. Heiko Koepke

Unternehmenswertorientierte Steuerungs- und Vergütungssysteme

Konzeption und Synchronisation des Performancecontrollings im Kontext der Corporate Governance

Mit einem Geleitwort von Prof. Dr. Hans Dirrigl,
Ruhr-Universität Bochum

Bibliografische Information der Deutschen Nationalbibliothek

Die Deutsche Nationalbibliothek verzeichnet diese Publikation in der Deutschen Nationalbibliografie; detaillierte bibliografische Daten sind im Internet über <http://dnb.d-nb.de> abrufbar.

Dissertation, Ruhr-Universität Bochum, 2015

ISBN 978-3-8441-0479-0
1. Auflage Oktober 2016

JOSEF EUL VERLAG GmbH
Brandsberg 6
53797 Lohmar
Tel.: 0 22 05 / 90 10 6-80
Fax: 0 22 05 / 90 10 6-88
E-Mail: info@eul-verlag.de
http://www.eul-verlag.de

Bei der Herstellung unserer Bücher möchten wir die Umwelt schonen. Dieses Buch ist daher auf säurefreiem, 100% chlorfrei gebleichtem, alterungsbeständigem Papier nach DIN 6738 gedruckt.

Geleitwort

Vergütungssysteme für Manager haben in jüngerer Zeit in Literatur, Praxis und auch der Öffentlichkeit verstärkt Aufmerksamkeit gefunden, insbesondere auch in Zusammenhang mit dem (zu) hohen Niveau von Vorstandsvergütungen bei börsennotierten Kapitalgesellschaften. Mit dem Ende Juli 2009 verabschiedeten „Gesetz zur Angemessenheit der Vorstandsvergütung (VorstAG)“ ist der Versuch unternommen worden, die Ausgestaltung von Vergütungssystemen mit Bezug auf die Nachhaltigkeit und Mehrjährigkeit als Anforderungskriterien zu regulieren. Jedoch sind im Kernbereich der ökonomischen Sachverhalte viele Fragen ungeklärt: Wie soll ein Vergütungssystem konzeptionell ausgestaltet und in seinen Gestaltungsdimensionen konkretisiert werden, damit die mit ihm intendierten Ziele bestmöglich erreicht werden? Solche Fragen gehören zum Gegenstandsbereich der Betriebswirtschaftslehre, welche sich in verschiedenen Teildiziplinen – von der Personalökonomik bis hin zum Controlling – mit der konkreten Ausgestaltung von Performancemaßen und deren Einbezug in Vergütungsfunktionen auch auf wissenschaftlicher Basis befasst hat. Bislang ist aber noch ungeklärt, welche speziellen Leistungen von Managern erwartet werden, die (1) zunächst ex ante in Zielvorgaben konkretisiert, dann (2) ex post in Zielerreichungsgraden gemessen und schließlich (3) mit variablen Vergütungskomponenten „belohnt“ werden. Für ein abgestimmtes Gesamtsystem ist in der Literatur kein umfassender Vorschlag ersichtlich, insbesondere fehlt es an der Berücksichtigung von Unternehmenswerten, die als Zielkriterium für Steuerungsaufgaben und darauf aufbauenden Vergütungselementen fungieren können.

An diesen Defiziten knüpft die von Herrn Koepke vorgelegte Dissertationsschrift an, die sich das ambitionierte Ziel gesetzt hat, „unternehmenswertorientierte Steuerungs- und Vergütungssysteme“ zu entwickeln und zu integrieren. Im Zentrum der Arbeit werden die Aspekte eines „Unternehmenswertorientierten Performancecontrolling und -management“ in umfassender Weise thematisiert. Mit dem im Untertitel der Arbeit verwendeten Begriff der „Synchronisation“ von Steuerungs- und Vergütungssystemen wird erkennbar, dass insbesondere auch Schnittstellenprobleme zu analysieren und auf konsistente Art und Weise zu lösen sind. Damit ist aus der betriebswirtschaftlichen Perspektive das Controlling als wissenschaftliche – und auch eng praxisbezogene – Teildisziplin angesprochen, die in der Ausrichtung als sog. koordinationsorientierte Controlling-Konzeption eine besondere Akzentuierung erfahren hat. Zunächst nimmt das Controlling mit Prognose- und Planungsaufgaben die „Antizipations-Perspektive“

ein, die dann im Zuge der Umsetzung von Maßnahmen, also in der „Realisations-Perspektive", um Aufgaben des Monitoring und der Kontrolle ergänzt wird. Mit den Controlling-typischen Vergleichen von Ist- und Plan-/Sollgrößen erfolgt eine Verknüpfung der prospektiven und retrospektiven Sichtweise, wobei mit entsprechend ausgerichteten Abweichungsanalysen Teilabweichungen mit primär exogen verursachten bzw. endogenen Charakter, separiert werden. Die zunächst für Steuerungsaufgaben erbrachten Ergebnisse und Erkenntnisse können für Zwecke der Managementvergütung nutzbar gemacht werden. Dabei entsteht das Problem einer Doppelerfassung, wenn Erfolgskomponenten zunächst antizipierend in langfristig ausgerichteten Bemessungsgrundlagen, als sog. Long Term Incentives (LTI), und erneut aufgrund des Realisationsprozesses, der in Bemessungsgrößen von sog. Short Term-Incentives (STI) seinen Niederschlag findet, vergütungswirksam werden, also aus der „Doppelzählung" eine Doppelzahlung bei der Vergütung resultiert.

Herr Koepke hat seine Untersuchung konsequent an der Unternehmenswert-Orientierung ausgerichtet, was auch wegen der Mehrjährigkeit und Nachhaltigkeit als Anforderungsmerkmalen naheliegend erscheint. Mit der konsequenten Umsetzung einer wertorientierten Unternehmensführung lassen sich als Zentralprobleme (a) die zweckadäquate Methodik der Unternehmensbewertung und (b) die Konzipierung und Analyse „Unternehmenswertorientierter Performancemaße" identifizieren. Von den Teilsystemen des Controlling rücken die strategisch ausgerichteten Aufgaben und Instrumente in den Vordergrund. Dabei kommt den Methoden der Unternehmensbewertung eine besondere Relevanz zu, weil diese zunächst für die strategische Planung benötigt werden, um die strategische Ausrichtung des Unternehmens auf der Corporate- und Business-Ebene festzulegen. Sind somit bereits in diesem Kontext alternativen-bezogene Unternehmenswerte ermittelt worden, so ist es konsistent, diese auch für Zwecke der Managementvergütung zu nutzen. Mit einem entsprechend ausgestalteten Controlling kann somit in idealer Weise eine integrative Verknüpfung von Steuerungs- und Vergütungssystem verwirklicht werden. Steuerungssysteme mit Orientierung am Unternehmenswert oder alternativer Ausrichtung haben auch organisatorische Aspekte, welche in der Arbeit ergänzend mit zwei Problem-Bereichen untersucht werden: Prinzipal-Agenten-Probleme und die Bezüge zur Corporate Governance. Eine Gemeinsamkeit dieser, auf den ersten Blick unverwandt erscheinenden Problemfeldern läßt sich insofern erkennen, als Beziehungen zwischen Personen, bei denen man ein Spannungsverhältnis vermuten kann, zu gestalten sind.

Zusammenfassend kann festgestellt werden, dass Herr Koepke mit der Verknüpfung von Unternehmenswert-orientierten Steuerungs- und Entlohnungssystemen, welche zu einer konsistenten Synchronisation von Performancemaßen und Vergütungskonsequenzen führt, gegenüber der bislang vorliegenden Literatur vielfältige Pionierarbeit geleistet hat. Die vorliegende Veröffentlichung bietet facettenreiche Erkenntnisse und Anregungen sowohl für die theoretische Aufarbeitung, als auch die praktische Umsetzung, sodass ihr eine weite Verbreitung sehr zu wünschen ist.

Bochum, 12. Dezember 2015 Prof. Dr. Hans Dirrigl

Vorwort

Die vorliegende Arbeit ist während meiner Tätigkeit als wissenschaftlicher Mitarbeiter am Lehrstuhl für Controlling der Ruhr-Universität Bochum entstanden und wurde im Sommer 2015 von der Fakultät für Wirtschaftswissenschaft als Dissertation angenommen. Mit dem erfolgreichen Abschluss meiner Dissertation möchte ich die Gelegenheit nutzen, mich bei einer Vielzahl an Personen zu bedanken, die zum Gelingen dieser Arbeit beigetragen bzw. diese überhaupt erst möglich gemacht haben. An erster Stelle richte ich meinen Dank an meinen Doktorvater Prof. Dr. Hans Dirrigl. Ihm gebührt mein großer Dank für seine stete Diskussionsbereitschaft, die Anleitung zu einer kritischen Auseinandersetzung mit vorherrschenden Literaturmeinungen sowie zu einer strukturierten Bearbeitung von Problemkomplexen. Bei der Bearbeitung meines Forschungsthemas und dem Nachkommen meiner Lehrstuhlverpflichtungen wurde mir ein sehr großer Freiraum gewährt, der zusammen mit der sehr angenehmen Arbeitsatmosphäre am Lehrstuhl, ein produktives und fokussiertes Arbeiten ermöglichte. Herrn Prof. Dr. Bernhard Pellens bin ich nicht nur für die freundliche Übernahme des Zweitgutachtens sowie für die wertvollen praxisbezogenen Anregungen zu Dank verpflichtet. Ihm gebührt mein Dank auch für die motivierende Lehre während meines Diplomstudiums sowie für die vielfältigen Einblicke und Möglichkeiten, die ich als studentischer Mitarbeiter an seinem Lehrstuhl hatte. Darüber hinaus möchte ich Herrn Prof. Dr. Heiko Müller für die Moderation der Disputation danken.

In besonders guter Erinnerung bleibt mir die Zeit am Lehrstuhl nicht zuletzt wegen meiner Kollegen, die sowohl aus fachlicher, wie auch aus persönlicher Perspektive eine große Bereicherung waren und somit zum Gelingen der Promotion beigetragen haben. Mit Dr. Daniel Gavranovic habe ich nicht nur die Begeisterung für den Fußball in vielen Diskussionen teilen können, sondern auch auf persönlicher Ebene ein sehr gutes Verhältnis gepflegt. Dr. Christina Große-Frericks hat mir insbesondere in meiner Anfangszeit mit Ratschlägen zur Seite gestanden und einen hohen Ehrgeiz bei der Anfertigung der Dissertation vorgelebt. Mit Dr. Marius Alfs habe ich einen Großteil meiner Lehrstuhlzeit gemeinsam verbringen dürfen, ihn jederzeit als fachlichen Diskussionspartner sehr geschätzt und auch im privaten Bereich ist er zu einem Freund geworden. Dr. Alexandra Feykes hat die Promotion fast zeitgleich mit mir abgeschlossen, sodass uns die Endphasen unserer Promotionsvorhaben die damit einhergehenden Herausforderungen verbunden haben. Zu besonderem Dank bin ich Sebastian Reich, M.Sc. verpflichtet, der mich zum Ende meiner Promotionsphase bestmöglich entlastet hat und immer sehr hilfsbereit war. Darüber hinaus möchte ich auch den studentischen und wissenschaftlichen Hilfskräften Sandra Koepke, René Blank, Kevin Schimanski, Tim Rolke sowie Dennis Dudek einen besonderen Dank für die vielfältige Unterstützung, insbesondere bei der Literaturversorgung und Verzeichniserstellung, aussprechen.

Ein ganz besonderer Dank gilt zudem meiner Familie, die mir stets eine große Unterstützung war, indem sie mir immer den notwendigen Rückhalt, aber auch Ablenkung verschafft hat. An dieser Stelle ist vor allem meinen wunderbaren Eltern Ute und Reinhard Koepke zu danken, die mit ihrem bedingungslosen Vertrauen und der damit verbundenen Unterstützung überhaupt erst das Fundament für einen erfolgreichen Abschluss meiner Promotion gelegt haben. Neben meinen Eltern habe ich auch von meinen Großeltern Johanna und Otto Koepke, meinem Onkel Uwe Koepke sowie meinem Bruder Henrik jederzeit eine großartige Unterstützung erhalten. Ich bin sehr dankbar für eine derart liebevolle Familie. Der größte Dank gilt meiner Frau Sandra für die liebevolle Unterstützung während der Promotion und insbesondere in der Endphase des Vorhabens. Die richtige Mischung aus Ablenkung und Motivation war dabei sehr wertvoll für mich.

Als Zeichen meines Dankes für die großartige Unterstützung sei diese Arbeit meinen Eltern und meiner Frau Sandra gewidmet.

Bochum, 16. Juni 2016 Heiko Koepke

Inhaltsübersicht

Inhaltsverzeichnis

Abbildungsverzeichnis

Tabellenverzeichnis

Abkürzungsverzeichnis

A	Antizipation
a.F.	alte Fassung
AAP	Arrow-Pratt Maß
ABB	Abschreibungsbedingung
AbgSt.	Abgeltungssteuer
ABl.	Amtsblatt
Abs.	Absatz
Abw.	Abweichung
abzgl.	abzüglich
AC	Agency Costs
AfA	Abschreibung für Abnutzung von Betriebsvermögen im Rahmen der (steuerlichen) Gewinnermittlung
AG	Aktiengesellschaft
AHP	Analytischer Hierarchie Prozess
AK	Amortisationskapital
AKMW	Akquisitionsmehrwert
AKMWA	Akquisitionsmehrwertabweichung
AktG	Aktiengesetz
Aktz.	Aktenzeichen
AO	Alternativobjekt
APV	Adjusted Present Value
arqus	Arbeitskreis Quantitative Steuerlehre
Art.	Artikel
AS, Auss.	Ausschüttung
ASCG	Accounting Standards Committee of Germany
AV	Anlagevermögen
AZ	Auszahlung
BaFin	Bundesanstalt für Finanzdienstleistungsaufsicht
BASF	Badische Anilin- & Soda-Fabrik
BB	Bonusbank
BCF	Brutto-Cashflow vor Zinsen und Investitionen
BCG	Boston Consulting Group
Bd.	Band
BetErfolg	Beteiligungserfolg

BetKap	Beteiligungskapital
BGBl.	Bundesgesetzblatt
BGH	Bundesgerichtshof
BGHZ	amtliche Entscheidungssammlung des Bundesgerichtshofes
BIB	Bruttoinvestitionsbasis
BilMoG	Bilanzrechtsmodernisierungsgesetz
BiRiLiG	Bilanzrichtliniengesetz
BMG	Bemessungsgrundlage
BMW	Bayerische Motoren Werke
BO	Bewertungsobjekt
bspw.	beispielsweise
BT	(Deutscher) Bundestag
Buchst.	Buchstabe
BUW	Buchwert
BW	Barwert
bzw.	beziehungsweise
c.p.	ceteris paribus
ca.	circa
CAPM	Capital Asset Pricing Model
CC	Capital Charge
CE	Capital Employed
CF	Cashflow
CEO	Chief Executive Officer
CFROI	Cash Flow Return on Investment
CI	Corporate Identity
CR	Corporate Responsibility
CSR	Corporate Social Responsibility
CVA	Cash Value Added
CVC	Continental Value Contribution
d.h.	das heißt
D&O	Directors-and-Officers
DAX	Deutscher Aktienindex
DB	Deferral Betrag
DCGK	Deutscher Corporate Governance Kodex
DCF	Discounted Cashflow

DGB	Deutscher Gewerkschaftsbund
DI	Durchschnittswerte der Inkonsistenzindizes gleich großer Zufallsmatrizen
Diss.	Dissertation
Div.	Dividende
DPR	Deutsche Prüfstelle für Rechnungslegung
DrittelbG	Drittelbeteiligungsgesetz
DRS	Deutsche Rechnungslegungs Standards
DRSC	Deutsches Rechnungslegungs Standards Committee
DSW	Deutsche Schutzvereinigung für Wertpapierbesitz
E.ON	Energy On
e.V.	eingetragener Verein
EB	erzielbarer Betrag
EBDIT	Earnings before Depreciation, Interest and Taxes
EBIT	Earnings before Interest and Taxes
EBITDA	Earnings before Interest and Taxes, Depreciation and Amortisation
EBT	Earnings before Taxes
EDV	Elektronische Datenverarbeitung
EEI	Earned Economic Income
EG	Europäische Gemeinschaft
EK	Eigenkapital
EnBW	Energie Baden-Württemberg
EP	Economic Profit
EPS	Earnings per Share
ER	Erwartungsrevision
ERIC	Earnings less Riskfree Interest Charge
ESMA	European Securities and Markets Authority
EStG	Einkommensteuergesetz
et al.	et alia
EU	Europäische Union
EVA	Economic Value Added
EW	Ertragswert
EWD	Ethik und Wirtschaft im Dialog
f.	folgende

ff.	fortfolgende
F&E	Forschung und Entwicklung
FCF	Free Cashflow
FE	Fertige Erzeugnisse
FK	Fremdkapital
FKQ	Fremdkapitalquote
FLL	Forderung aus Lieferung und Leistung
FMC	Fresenius Medical Care
FMStFV	Finanzmarktstabilisierungsfonds-Verordnung
Fn.	Fußnote
Ford.	Forderungen
Frhr.	Freiherr
FTE	Flow-to-Equity
FV	Fair Value
FVlCoD	Fair Value less Cost of Disposal
GAAP	Generally Accepted Accounting Principles
GAS	German Accounting Standards
GE	Geldeinheiten
gem.	gemäß
GewSt	Gewerbesteuer
ggf.	gegebenenfalls
GK	Gesamtkapital
GKR	Gesamtkapitalrendite
GL	Gesamtleistung
GmbH	Gesellschaft mit beschränkter Haftung
GP	Grenzpreis
GW	Goodwill
Habil.	Habilitation
HARA	hyperbolic absolute risk aversion
HGB	Handelsgesetzbuch
HKP	Hostettler, Kramarsch & Partner
HR	Human Ressource
Hrsg.	Herausgeber
Hs.	Halbsatz
i.d.R.	in der Regel

i.e.S.	im engeren Sinne
i.H.v.	in Höhe von
i.S.d.	im Sinne des
i.w.S.	im weiteren Sinne
i.V.m.	in Verbindung mit
IA	Integrationsabweichung
IAS	International Accounting Standards
IASB	International Accounting Standards Board
IDW	Institut der Wirtschaftsprüfer
IFRS	International Financial Reporting Standards
IK	Inkonsistenzindex
IKM	Inkonsistenzmaß
Imp.	Impairment
InstitutsVergV	Institutsvergütungsverordnung
Inv.	Investitionen
IOA	Impairment-Only-Approach
IT	Informationstechnik / Information Technology
IUP	Integrierte Unternehmensplanung
Jg.	Jahrgang
JÜ	Jahresüberschuss
k.A.	keine Angabe(n)
K+S	Kali und Salz
KB	Kapitalbasis
KBR	Kapitaleinsatz-Barwert-Relation
KD	Kapitaldienst
KDA	Kapitaldienstannuität
KMU	kleine und mittlere Unternehmen
KonTraG	Gesetz zur Kontrolle und Transparenz im Unternehmensbereich
KP	Kaufpreis
KSt	Körperschaftssteuer
kum.	kumuliert
KW	Kapitalwert
KWF	Kapitalwiedergewinnungsfaktor
KWR	Kapitalwertrate
L	Rechtsvorschriften

LEN	linearer Anreizvertrag, exponentielle Nutzenfunktion, Normalverteilung
lit.	littera (= Buchstabe)
LTI	Long-Term-Incentive(s)
LuL	Lieferung und Leistung
m.w.N.	mit weiteren Nachweisen
M&A	Mergers & Acquisition
max	maximal; maximieren
MDAX	Mid-Cap Deutscher Aktienindex
MEF	Managementeffekt
min	minimal; Minimum
Mio.	Million(en)
MitbestG	Mitbestimmungsgesetz
MN	Machtnutzung
mod.	modifiziert(er)
MP	Machtpotential
MPA	Managerial Power Approach
Mrd.	Milliarde(n)
MSCI	Morgan Stanley Capital International
MTI	Mid-Term-Incentive(s)
MVA	Market Value Added
n.	nach
n.a.	nicht angegeben / nicht auswertbar
n.v.	nicht verfügbar
NCF	Netto-Cashflow
ND	Nutzungsdauer
NL	Nebenleistungen
NOPAT	Net Operating Profit After Taxes
Nr.	Nummer
NUV	Netto-Umlaufvermögen
OCF	operativer Cashflow
ÖG	ökonomischer Gewinn
ÖP	ökonomische Performance
OHG	offene Handelsgesellschaft
OLG	Oberlandesgericht

OLS	Ordinary Least Squares bzw. Kleinstquadrate(me-thode)
PAT	Prinzipal-Agent-Theorie
PE	ökonomischer Periodenerfolg
pers.	persönliche(n)
PERT	Program Evaluation and Review Technique
PS	Performanceshares, Prüfungsstandards
PSB	zugewiesener Betrag für Performanceshares
PÜA	Planüberholungsabweichung
R	Realisation
RAB	Risikoabschlag
RÄE	Risikopräferenzänderungseffekt
rak	Risikoaversionskoeffizient
RAP	relatives Arrow-Pratt Maß
RegE	Regierungsentwurf
rel.	relative(r/s)
rev.	revidiert
RG	Residualgewinn(e)
RHB	Roh-, Hilfs- und Betriebsstoffe
Rn.	Randnummer
ROACE	Return on Average Capital Employed
ROCE	Return on Capital Employed
ROE	Return on Equity
RÖG	residualer ökonomischer Gewinn
RÖP	residuale ökonomische Performance
ROI	Return on Investment
ROIC	Return on Invested Capital
RP	Risikoprämie
RPE	residualer ökonomischer Periodenerfolg
RTSR	residualer Total Shareholder Return
RVF	Rückwärtsverteilungsfaktor
RWE	Rheinisch-Westfälische Elektrizitätswerke
Rz.	Randziffer
S.	Seite
SÄ	Sicherheitsäquivalent(-methode)
SAP	Systeme, Anwendungen, Produkte

SAV	Sachanlagevermögen
SCF	Soll-Cashflow
SDAX	Small-Cap Deutscher Aktienindex
SE	Societas Europaea
SEW	Standard-Ertragswert
sog.	sogenannte(n)
Sp.	Spalte
SSTA	Semi-Standardabweichung
St.	Steuern
STA	Standardabweichung
STI	Short-Term-Incentive(s)
T	Tausend
TCF	Total Cashflow
TKVA	ThyssenKrupp Value Added
TP	Trägheitsprojektion
TS	Tax Shield
TSR	Total Shareholder Return
TSRI	Total Shareholder Return Index
Tz.	Textziffer
TransPuG	Transparenz- und Publizitätsgesetz
u. a.	unter anderem
UE	Umsatzerlöse
UEF	Umwelteffekt
ÜG	Übergewinn
UK	United Kingdom
UmwG	Umwandlungsgesetz
Un.	Unternehmen
Univ.	Universität
ÜV	Übereinstimmungsverlust
UV	Umlaufvermögen
UW	Unternehmenswert
VA	Verhandlungsabweichung
v.	vor
var.	variable(n)
VD	Vertragsdauer

Verb.	Verbindlichkeit
VersVergV	Versicherungs-Vergütungsverordnung
VG	Verschuldungsgrad
vgl.	vergleiche
ViU	Value in Use
VLL	Verbindlichkeiten aus Lieferung und Leistung
VO	Versorgungsaufwendungen; Verordnung
Vol.	Volume
VorstAG	Gesetz zu Angemessenheit der Vorstandsvergütung
VorstOG	Vorstandsvergütungs-Offenlegungsgesetz
VVG	Versicherungsvertragsgesetz
VW	Volkswagen
WACC	Weighted Average Cost of Capital
WB	Wertbeitrag
ZÄE	Zinsänderungseffekt
ZE	Zeiteffekt
ZGE	zahlungsmittelgenerierende Einheit(en)
Ziff.	Ziffer
ZR	Zivilrechtsurteil
zugl.	zugleich
ZW	Zeitwert
zzgl.	zuzüglich

Symbolverzeichnis

$\propto_i$	Gewichtungsfaktor
α	beliebiger Parameter/Betrag; Anteil der variablen Vergütung
$\vec{a}_{max}$	maximale Eigenvektor
$a = \begin{pmatrix} a_1 \\ \vdots \\ a_n \end{pmatrix}$	Vektor mit n Komponenten
$a_i \in A_i$	Arbeitsleid bzw. Anstrengungsniveau des Agenten i / Grenznutzen des Arbeitseinsatzes
a_i^{FB}	optimaler Arbeitseinsatz der First-Best Situation
a_i^{SB}	optimaler Arbeitseinsatz der Second-Best Situation
A	Antizipation
A_0	Anschaffungsauszahlung
A_0^{AO}	Anschaffungsauszahlungen des Alternativobjekts
A_i	Einzelne Ziele der jeweiligen Dimension
A_t	Anzahl der Anteile bzw. Investitionsauszahlung der Periode t (Doppelbezeichnung)
A_t^{Gratis}	(virtuelle) Gratisaktien
AAP_{Agent}	Grad der Risikoaversion des Agenten
$AAP_{Prinzipal}$	Grad der Risikoaversion des Prinzipals
$AAP(X)$	absolutes Arrow-Pratt Maß des Ereignisses X
$AbgSt_t$	Abgeltungssteuer der Periode t
AC	Agency-Kosten
Afa_t	Abschreibungen der Periode t
Afa_t^{CVA}	Abschreibungen gemäß des CVA-Konzepts der Periode t
$A(gent)_i$	Agent bzw. zwischengeschaltete Instanz zum Zweck der Aufgabendelegation
AK_t	Amortisationskapital der Periode t
AK_t^{EEI}	Amortisationskapital auf Basis des EEI der Periode t
AK_t^{I}	Amortisationskapital nach Integration des Akquisitionsobjekts zum Betrachtungszeitpunkt t
AK_t^{Plan}	geplantes Amortisationskapital der Periode t
$AK_t^{PÜ}$	planungsrevidiertes Amortisationskapital der Periode t
AK_t^{TP}	Amortisationskapital unter Trägheitsprojektion zum Betrachtungszeitpunkt t

$\mathrm{AK(A)_T}$	Amortisationskapital bei einer annuitätischen Tilgungsstruktur zum Zeitpunkt T
$AK(L)_T$	Amortisationskapital bei einer linearen Tilgungsstruktur zum Zeitpunkt T
$AKMW_t$	Akquisitionsmehrwert der Periode t
$AKMW_t^I$	Akquisitionsmehrwert auf Grundlage der Informationen nach Integration des Akquisitionsobjekts zum Betrachtungszeitpunkt t
$AKMW_t^P$	erwarteter Akquisitionsmehrwert im Akquisitionszeitpunkt t
$AKMW_t^{PÜ}$	planungsrevidierter Akquisitionsmehrwert zum Betrachtungszeitpunkt t
$AKMW_t^{TP}$	Akquisitionsmehrwert unter Trägheitsprojektion zum Betrachtungszeitpunkt t
$AKMWA_t$	Gesamtabweichung des Akquisitionsmehrwerts zum Betrachtungszeitpunkt t
AS_t	Ausschüttung der Periode t
AS_t^{Plan}	geplante Ausschüttung der Periode t
$AS(O)_t$	operative Abweichung der Ausschüttung der Periode t
$AS(S)_t$	strategische Abweichung der Ausschüttung der Periode t
$Auss.$	Ausschüttung
AV_t	Anlagevermögen der Periode t
AZ_t	Auszahlung der Periode t
$AZ(BB)_t$	Auszahlung der periodischen Zahlungen der Bonusbank zum Zeitpunkt t
$AZ(DB)_t$	Auszahlung des Deferral Betrags der Periode t
$AZ(Div)_t$	Auszahlung der Dividende der Periode t
$AZ(KUM)_t$	kumulierte Auszahlung der Periode t
$AZ(PS)_t$	Auszahlung der Performanceshares der Periode t
b	beliebiger Parameter / Betrag
β_i	Produktivität des Agenten i bei der Erfolgsgröße (X)
$\overline{\beta_i}$	hohes Produktivitätsniveau
$\underline{\beta_i}$	geringes Produktivitätsniveau
β_j	Betafaktor; Volatilität eines Wertpapiers im Verhältnis zum Marktportfolio
β_{FK}	Beta-Faktor der Fremdkapitalgeber

β^U	Beta-Faktor unverschuldet
β^U_{EK}	unverschuldeter Beta-Faktor der Eigenkapitalgeber
β^V	Beta-Faktor verschuldet
β^V_{EK}	verschuldeter Beta-Faktor der Eigenkapitalgeber
B_i	Bereich i
BCF_t	Brutto-Cashflow vor Zinsen und Investitionen der Periode t
BIB_t	Bruttoinvestitionsbasis der Periode t
BMG_t^{Ist}	Bemessungsgrundlage zum Zeitpunkt t der realisierten Größe
BMG_t^{Plan}	Plan-Ausprägung der Bemessungsgrundlage zum Zeitpunkt t
BUW_t	Buchwert der Vermögenswerte zum Zeitpunkt t
BW	Barwert
BW_t	Barwert der Periode t
$BW(\tau)$	Barwert des Performancemaßes
c	Parameter, der den performanceabhängigen Anteil des Deferral Betrags reziprok definiert
C_0^{AO}	Kapitalwert des Alternativobjekts
C_0^{BO}	Kapitalwert des Bewertungsobjekts
$\overline{CAP}$	Begrenzung der Zielerreichungsfunktion nach oben
$\underline{CAP}$	Begrenzung der Zielerreichungsfunktion nach unten
CC_t	Capital Charge/Kapitalkosten der Periode t
CE_t	Capital Employed der Periode t
CF_t	Cashflow der Periode t
CF_t^{EB}	Cashflow gem. Erzielbaren Betrags zum Zeitpunkt t
$CFROI_t$	Cash Flow Return on Investment der Periode t
$CFROI_t^{dyn}$	dynamischer Cash Flow Return on Investment der Periode t
$CFROI_t^{stat}$	statischer Cash Flow Return on Investment der Periode t
$Cov(r_j; M)$	Kovarianz der Renditeerwartungen eines Wertpapiers zum Marktportfolio
$cov(\tilde{X}_t; \tilde{r}_m)$	Kovarianz aus dem zukünftig erwarteten Zahlungsüberschuss und der Rendite des Marktportfolios
CVA_t	Cash Value Added der Periode t
d	beliebiger Betrag
dx	Ableitung nach der Zielgröße X
DB_t	Deferral Betrag zum Zeitpunkt t

Div_t	Dividende zum Zeitpunkt t
ε_i	Störterm des Performancemaßes i
e^x	Exponentialfunktion
$E(Ausschüttung)$	Erwartungswert der Ausschüttungszahlungen
$E(\theta)$	Erwartungswert des Umweltzustandes
$E[u(X)]$, $E\big(U(X)\big)$	Erwartungswert der individuellen Nutzenfunktion
$E(X_t)$	Erwartungswert des Ereignisses X zum Zeitpunkt t
$E\big(V(X)\big)$	Erwartungswert der Vergütung
$E\left(\underline{V}(X)\right)$	Erwartungswert der Gewinnbeteiligung
$EBIT_t$	Earnings before Interest and Taxes der Periode t
EEI_t	Earned Economic Income der Periode t
EG_t	bewertungsrelevante Erfolgsgröße der Periode t
EI_t	Eigeninvestment zum Zeitpunkt t
EK_a	Eigenkapitalbestand des Alternativobjekts
EK_b	Eigenkapitalbestand des Bewertungsobjekts
EK_t	Eigenkapital zum Zeitpunkt t
EVA_t	Economic Value Added der Periode t
EW_t	Ertragswert der Periode t
EW_t^I	Ertragswert nach Integration des Akquisitionsobjekts zum Betrachtungszeitpunkt t
EW_t^P	geplanter Ertragswert zum Betrachtungszeitpunkt t
EW_t^{Plan}	geplanter Ertragswert der Periode t
$EW_t^{PÜ}$	planungsrevidierter Ertragswert zum Betrachtungs-zeitpunkt t
EW_t^{TP}	Ertragswert unter Trägheitsprojektion zum Betrachtungszeitpunkt t
$EW\ (i_s)$	Ertragswert bei Anwendung des Zinssatzes i_s
$EW(A)_t^{[i_s,rak]}$	Ertragswert unter Berücksichtigung der angegebenen Bewertungsparameter auf Basis des ex ante Informationsstandes zum Zeitpunkt t
$EW(B)_t^{[i_s,rak]}$	Ertragswert unter Berücksichtigung der angegebenen Bewertungsparameter auf Basis des Beharrungszustand bzw. der Trägheitsprojektion zum Zeitpunkt t

$EW(P)_t^{[i_S,rak]}$	Ertragswert unter Berücksichtigung der angegebenen Bewertungsparameter auf Basis des ex post Informationsstandes zum Zeitpunkt t
F	ergebnisunabhängiges, risikoloses Fixum
F^{FB}	risikoloses Fixum der fist-best Situation
F^{SB}	risikoloses Fixum der second-best Situation
$f(X)$	Dichtefunktion von X
$f(X,a)$	Verteilungsfunktion
$f(a,\theta)$	Funktion des Anstrengungsniveaus a und des Umweltzustandes θ
FCF_t	Free Cashflow der Periode t
$FCF_t^{n.AbgSt}$	Free Cashflow der Periode t nach Abgeltungssteuer
FCF^*	Free Cashflow inklusive Ausschüttungsdifferenzbetrag
FK	Fremdkapital
FK_a	Fremdkapitalbestand des Alternativobjekts
FK_b	Fremdkapitalbestand des Bewertungsobjekts
FK_t	Fremdkapital zum Zeitpunkt t
FKQ	Fremdkapitalquote
$FVlCoD_t$	Fair Value less Cost of Disposal der Periode t
y_{ij}	Produktivitätsparameter bei beobachterbarer Größe (τ)
G_t	Gewinn der Periode t
$GewSt_t$	Gewerbesteuer der Periode t
GK_t	Gesamtkapital der Periode t
GL_t^I	Ist-Gesamtleistung der Periode t
GL_t^P	Plan-Gesamtleistung der Periode t
GP_0	Grenzpreis des Kauf-/Bewertungsobjekts
GW_t	Goodwill zum Betrachtungszeitpunkt t
GW_t^D	derivativer Goodwill zum Betrachtungszeitpunkt t
GW_t^O	originärer Goodwill zum Betrachtungszeitpunkt t
H	quadratische Matrix
h_{ii}	Spurelemente einer quadratischen Matrix
$\int_{-\infty}^{\infty} f(x)$	Integral der Funktion von X mit den Grenzen von ∞ bis -∞
I	Einheitsmatrix, Informationssignal
i	Laufindex $i = 1,2, ..., n$ bzw. Diskontierungszinssatz

i	risikoloser Zinssatz vor Steuern
$i_{Eigentümer}$	Kalkulationszinssatz bzw. Zeitpräferenz des Eigentümers
$i_{Manager}$	Kalkulationszinssatz bzw. Zeitpräferenz des Managers
i_{RL}	risikoloser Zinssatz
i_s	risikoloser Zinssatz nach Steuern
i_{rf}^S	risikofreier Zinssatz nach Steuern
IA_t	Integrationsabweichung zum Betrachtungszeitpunkt t
IA_t^M	Managementeffekt der Integrationsabweichung zum Betrachtungszeitpunkt t
IA_t^U	Umwelteffekt der Integrationsabweichung zum Betrachtungszeitpunkt t
Imp_t	Impairmentbedarf der Periode t
Inv_t	Investitionsauszahlungen der Periode t
Inv_t^{BO}	Investitionsauszahlungen des Bewertungsobjekts der Periode t
$INV(FK)_t$	fremdfinanzierte Investitionen der Periode t
j	Laufindex $j = 1,2, ..., n$
k	Kapitalkostensatz
K_t	Aktienkurs zum Zeitpunkt t
K_t^{Plan}	erwarteter Aktienkurs am Ende der Periode t
$k_{EK,t}^{L,S}$	periodenspezifische Eigenkapitalkosten nach Steuern bei wertorientierter Finanzierungspolitik
k_{EK}^{UV}	Eigenkapitalkosten eines fiktiv unverschuldeten Unternehmens
$k_{EK}^{UV,S}$	Eigenkapitalkosten eines fiktiv unverschuldeten Unternehmens nach Steuern
$k_{EK-Peer}^{UV,S}$	Eigenkapitalkosten eines fiktiv unverschuldeten Unternehmens nach Steuern einer Peer Group
$k_{EK,t}^V$	Eigenkapitalkosten eines verschuldeten Unternehmens
$k_{EK,t}^{V,S}$	periodenspezifische Eigenkapitalkosten eines verschuldeten Unternehmens nach Steuern
KB_t	Kapitalbasis der Periode t
KBR_t	Kapitaleinsatz-Barwert-Relation der Periode t
$KBR(I)_t$	Ist-Kapitaleinsatz-Barwert-Relation der Periode t
$KBR(O)_t$	Kapitaleinsatz-Barwert-Relation der Periode t mit der operativen Abweichung

$KBR(P)_t$	Kapitaleinsatz-Barwert-Relation der Planausprägung zur Periode t
$KBR(S)_t$	Kapitaleinsatz-Barwert-Relation der Periode t mit der strategischen Abweichung
KD_{KO}	Kapitaldienst des Kaufobjekts
KD_t	Kapitaldienstzahlung der Periode t
KD_t^{EEI}	Kapitaldienstzahlung auf Basis des EEI der Periode t
KD_t^{TP}	Kapitaldienstzahlungen unter Trägheitsprojektion zum Betrachtungszeitpunkt t
KDA_t	Kapitaldienstannuität der Periode t
KDA_t^{EK}	eigenkapitalgeberbezogene Kapitaldienstannuität der Periode t
KP_t	Kaufpreis zum Zeitpunkt t
KP_t^{BO}	Kaufpreis des Bewertungsobjekts zum Betrachtungszeitpunkt t
KP_{KO}^{EK}	Kaufpreis des Kaufobjekts
KSt_t	Körperschaftsteuer der Periode t
KW_t	Kapitalwert
KWF_i^n	Kapitalwiedergewinnungsfaktor bei einem Betrachtungszeitraum n und einem Kalkulationszinssatz i
KWR	Kapitalwertrate
kwr^{AO}	Kapitalwertrate des Alternativobjekts
λ	im Mehragentenmodell; Risikopreis
λ_{max}	maximaler Eigenwert
$L(a)$	lineare Erfolgsbeteiligung
$L(a_i, a_j)$	funktionale Beziehung des Disnutzens des Agenten
$ln(X)$	Logarithmusfunktion der Zielgröße X
μ	Erwartungswert
$\mu(\tilde{r}_m)$	Erwartungswert des Marktportfolios
$\mu(\tilde{X}^-)$	Erwartungswert der negativen Abweichungen vom Erwartungswert einer Zufallsvariablen
m	Laufindex
M	Marktportfolio
$M1$	Manager 1
$M2$	Manager 2
$M3$	Manager 3
MA_t^I	Ist-Materialaufwand der Periode t

MA_t^P	Plan-Materialaufwand der Periode t
MAT_t^I	Ist-Marktanteil der Periode t
MAT_t^P	Plan-Marktanteil der Periode t
MAT_t^S	Soll-Marktanteil der Periode t
MEF	Managementeffekt
$Menge_t^P$	Plan-Absatzmenge der Periode t
$Menge_t^S$	Soll-Absatzmenge der Periode t
$MMenge_t^I$	Ist-Absatzmenge des Marktes der Periode t
$MMenge_t^P$	Plan-Absatzmenge des Marktes der Periode t
MEQ_t^I	Ist-Materialeinsatzquote der Periode t
MEQ_t^P	Plan-Materialeinsatzquote der Periode t
$MPreis_t^I$	Ist-Preis des Marktes der Periode t
$MPreis_t^P$	Plan-Preis des Marktes der Periode t
MU_t^P	Plan-Umsatz des Marktes der Periode t
MV_t^I	Ist-Marktvolumen der Periode t
MV_t^P	Plan-Marktvolumen der Periode t
$Min(\tilde{X})$	minimaler Wert einer Zufallsvariable
MJB_t	Mehrjahresbonus der Periode t
MN	Machtnutzung
MP	Machtpotential
mrp	Marktrisikoprämie
$MUA(\tilde{X})$	Mittlere untere Abweichung einer Zufallsvariable
MVA_t	Market Value Added
n	Anzahl der Agenten im Mehragentenmodell oder der Ziele in einer Entscheidungsmatrix; Anzahl der Bemessungsgrundlagen; Laufzeitindex
$N(0,\sigma^2)$	Normalverteilungsannahme normalverteilte Zufallsvariablen
$N(0,\sigma_\theta^2)$	Normalverteilungsannahme der Störvariable
NCF	Netto-Cashflow
NCF_m	Netto-Cashflow der Periode m
NCF_t	Netto-Cashflow der Periode t
$NCF\ n.AbgSt.$	Netto-Cashflow nach Abgeltungssteuer
ND	Nutzungsdauer

$NOPAT_t$	Net Operating Profit After Taxes der Periode t
OCF_t	operativer Cashflow der Periode t
$ÖG_t$	ökonomischer Gewinn der Periode t
$ÖG_t^{EW}$	ökonomischer Gewinn der Periode t auf Basis des Ertragswertes
$ÖG_t^{FTE}$	ökonomischer Gewinn der Periode t auf Basis der Bewertungskonzeption des FTE-Ansatzes
$ÖG_t^{WACC}$	ökonomischer Gewinn der Periode t auf Basis der Bewertungskonzeption des WACC-Ansatzes
$ÖP_t$	ökonomische Performance der Periode t
ρ	Korrelationskoeffizient
ρ_{jM}	Korrelationskoeffizient zwischen einem Wertpapier und dem Marktportfolio
P	Summe der variablen Prämiensätze im Mehragentenmodell
p	Prozentsatz bzw. Prämiensatz
p_A	Prämiensatz der Antizipationskomponente
p_A^{Mi}	Prämiensatz der Antizipationskomponente des Managers i
p_i	variabler Prämiensatz (im Mehragentenmodell des Agenten i)
p_R	Prämiensatz der Realisationskomponente
p_R^{Mi}	Prämiensatz der Realisationskomponente des Managers i
p_t	Prämiensatz der Periode t
p^{FB}	optimaler Prämiensatz der first-best Situation
p^{SB}	optimaler Prämiensatz der second-best Situation
$P(X)$	Wahrscheinlichkeit des Ergebnisses X
PA_t^I	Ist-Personalaufwand der Periode t
PA_t^P	Plan-Personalaufwand der Periode t
PE_t	ökonomische Erfolg einer Periode t
PEQ_t^I	Ist-Personaleinsatzquote der Periode t
PEQ_t^P	Plan-Personaleinsatzquote der Periode t
PM_t^A	antizipationsbezogene Performance der Periode t
PM_t^R	realisationsbezogene Performance der Periode t
$Preis_t^I$	Ist-Preis der Periode t
$Preis_t^P$	Plan-Preis der Periode t
PS_t	Anzahl der zugeteilten Performanceshares für Periode t

PS_t^{Kum}	kumulierte Anzahl der zugeteilten Performanceshares für Periode t
PS_t^{ZE}	Performanceshares in Abhängigkeit der Zielerreichung
$PÜA_t$	Planüberholungsabweichung zum Betrachtungszeitpunkt t
r	Wert, der einem Paarvergleich zugeordnet wird
r_f	risikofreier Zinssatz; Ausdruck der Zeitpräferenz
r_{FK}	Rendite des Fremdkapitals bzw. Fremdkapitalzinssatz
r_i	Reservationsnutzen des Agenten i
r_j	Renditeerwartungen eines Wertpapiers j
r_M, r_m	erwartete Rendite des Marktportfolios
r_t^{EVA}	Rendite gemäß des EVA-Konzepts der Periode t
r_z	Risikozuschlag
$\hat{r}^{AO}$	interner Zinsfuß gemäß Alternativinvestition
$\hat{r}_{mod}^{AO}$	modifizierter interner Zinsfuß gemäß Alternativinvestition
r_t^{imp}	prognostizierte implizite Kapitalkosten einer Periode t
r_t^{TSR}	Total Shareholder Return Rendite der Periode t
r_t^{TSRI}	Total Shareholder Return Index Rendite der Periode t
$r_t^{TSR(Peer)}$	Total Shareholder Return Rendite der Peer Group der Periode t
$r_t^{TSR(Plan)}$	geplante Total Shareholder Return Rendite der Periode t
R	Realisation
R_t^{Mi}	Anteil an der Realisationsprämie des Managers i der Periode t
RAB_t	Risikoabschlag der Periode t
$RÄE$	Risikopräferenzänderungseffekt
rak	Risikoaversionskoeffizient
rak_{STA}	Risikoaversionskoeffizient gemäß Standardabweichung
rak_{SSTA}	Risikoaversionskoeffizient gemäß Semistandardabweichung
$RAP(X)$	relatives Arrow-Pratt Maß des Ereignisses X
RG_t	Residualgewinn der Periode t
RG_t^{EK}	eigenkapitalgeberbezogener Residualgewinn der Periode t
RG_t^{TP}	Residualgewinn unter Trägheitsprojektion zum Betrachtungszeitpunkt t
$ROCE_t$	Return on Capital Employed der Periode t
ROE_t	Return on Equity der Periode t

$RÖG_t^{EW}$	residualer ökonomischer Gewinn der Periode t auf Basis des Ertragswertes
$RÖG_t^{FTE}$	residualer ökonomischer Gewinn der Periode t auf Basis der Bewertungskonzeption des FTE-Ansatzes
$RÖG_t^{WACC}$	residualer ökonomischer Gewinn der Periode t auf Basis der Bewertungskonzeption des WACC-Ansatzes
$RÖP_t$	residuale ökonomische Performance der Periode t
ROI_t	Return on Investment der Periode t
RP	Risikoprämie
RPE_t	residualer ökonomischer Periodenerfolg
$RTSR_t$	residualer Total Shareholder Return der Periode t
$RTSR_t^{imp}$	residualer Total Shareholder Return der Periode t auf Basis implizierter Kapitalkosten
$RTSR_t^{Ist-Plan}$	residualer Total Shareholder Return der Periode t auf Grundlage der geplanten Ausschüttungen und des Aktienkurses zum Ende der Periode
RVF_i^n	Rückwärtsverteilungsfaktor bei einem Betrachtungszeitraum n und einem Kalkulationszinssatz i
σ	Standardabweichung
σ_j	Standardabweichung der Renditeerwartungen eines Wertpapiers
σ_M	Standardabweichung der erwarteten Rendite des Marktportfolios
σ^2	Varianz
$\sigma_{\varepsilon_i}^2$	Varianz des Störterms
σ_M^2	Varianz der erwarteten Rendite des Marktportfolios
σ_m^2	Varianz der erwarteten Rendite des Marktportfolios
σ_θ^2	Varianz des Umweltzustandes
s	Sperrfrist
S_{AGS}	Abgeltungssteuersatz
S^{Est}	Einkommenssteuersatz
S_{GE}	Gewerbesteuersatz
S_K	Körperschaftsteuersatz
$SÄ_{Agent}$	Sicherheitsäquivalent des Agenten
$SÄ_{Prinzipal}$	Sicherheitsäquivalent des Prinzipals

$SÄ_{Risikoavers}$	Sicherheitsäquivalent eines risikoaversen Akteurs
$SÄ_t$	Sicherheitsäquivalent der Periode t
$SÄ_t^{AO}$	Sicherheitsäquivalent des Alternativobjekts der Periode t
$SÄ_t^{BO}$	Sicherheitsäquivalent des Bewertungsobjekts der Periode t
$SÄ_t^{mit\ AO}$	Sicherheitsäquivalente des Konzerns unter Einbezug des Alternativobjekts zum Zeitpunkt t
$SÄ_t^{mit\ BO}$	Sicherheitsäquivalente des Konzerns unter Einbezug des Bewertungsobjekts zum Zeitpunkt t
$SÄ_t^{mit\ DO}$	Sicherheitsäquivalent des Konzerns unter Einbezug des Desinvestitionsobjekts zum Zeitpunkt t
$SÄ_t^{mit\ KO}$	Sicherheitsäquivalent des Konzerns unter Einbezug des Kaufobjekts zum Zeitpunkt t
$SÄ_t^{ohne\ AO}$	Sicherheitsäquivalent des Konzerns ohne Einbezug des Alternativobjekts zum Zeitpunkt t
$SÄ_t^{ohne\ BO}$	Sicherheitsäquivalente des Konzerns ohne Einbezug des Bewertungsobjekts zum Zeitpunkt t
$SÄ_t^{ohne\ DO}$	Sicherheitsäquivalente des Konzerns ohne Einbezug des Desinvestitionsobjekts zum Zeitpunkt t
$SÄ_t^{ohne\ KO}$	Sicherheitsäquivalente des Konzerns ohne Einbezug des Kaufobjekts zum Zeitpunkt t
$SÄ_t^{TP}$	Sicherheitsäquivalent unter Trägheitsprojektion zum Betrachtungszeitpunkt t
$SÄ\ (STA)$	Sicherheitsäquivalent der Standardabweichung
$SÄ\ (SSTA)$	Sicherheitsäquivalent der Semistandardabweichung
$SÄ(\tilde{X})$	Sicherheitsäquivalent einer Zufallsvariable
$SÄ_\lambda(\tilde{X}_t)$	Sicherheitsäquivalent der erwarteten Zahlungsüberschüsse unter Berücksichtigung einer kapitalmarktorientierten Objektivierung des Risikopreises
SCF_t	Soll-Cashflow der Periode t
SEW_t	Standard-Ertragswert der Betrachtungsperiode t
SEW_t^I	Standard-Ertragswert auf Grundlage der Informationen nach Integration des Akquisitionsobjekts zum Betrachtungszeitpunkt t
$Spur(H)$	Summe aller Diagonalelemente einer quadratischen Matrix
$SSTA(\tilde{X})$	Semistandardabweichung einer Zufallsvariablen

$STA(\tilde{X})$	Standardabweichung einer Zufallsvariablen
STA_t	Standardabweichung der Periode t
STI_t	kurzfristige, variable Vergütungskomponente der Periode t
$SVAR(\tilde{X})$	Semivarianz einer Zufallsvariablen
Φ	Präferenzfunktion
θ	auf den Umweltzustand zurückzuführende exogene Störvariable
θ	Informationsweitergabe
θ_i	wahrheitsgemäße Informationsweitergabe
θ_j	unkorrekte bzw. fehlende Informationsweitergabe...
τ_i	indikative, beobachtbare Größe
τ_t	Performancemaß
t_n	Periode / Zeitpunkt
T	Betrachtungshorizont, Ende des Planungszeitraums
T_t	Tilgung der Periode t
$TS\ AS$	Tax Shield Ausschüttung
$TS\ FK$	Tax Shield Fremdkapital
tsm	Tax Shield Multiplikator
TSR_t	Total Shareholder Return der Periode t
$U(X)$, $u(X)$	Nutzenfunktion
$U'(X)$	Erste Ableitung bzw. Steigung der Nutzenfunktion
$U''(X)$	Zweite Ableitung bzw. Krümmung der Nutzenfunktion
U_{Agent}	Nutzen des Agenten
$U_{Prinzipal}$	Nutzen des Prinzipals
UE_t^P	Plan-Umsatzerlöse des Unternehmens der Periode t
UEF	Umwelteffekt
$ÜV$	Übereinstimmungsverlust
UW	Unternehmenswert
UW_0^{APV}	Unternehmenswert gemäß APV-Ansatz
UW_t^{EB}	Unternehmenswert gem. des erzielbaren Betrags der Periode t
UW_t^{EK}	Netto-Unternehmenswert der Periode t
UW_0^{FTE}	Unternehmenswert gemäß FTE-Ansatz
UW_t^{GK}	Brutto-Unternehmenswert der Periode t
UW_0^{WACC}	Unternehmenswert gemäß WACC-Ansatz
UW_t	Unternehmenswert der Periode t

UW_t^{Ist}	Ist-Unternehmenswert der Periode t
UW_t^{Plan}	Unternehmenswert der Periode t gemäß Planansatz
$UW(uv)$	unverschuldeter Unternehmenswert
$UW(v)$	verschuldeter Unternehmenswert
$V(X)$	leistungsabhängige Entlohnung
$\underline{V}(X)$	Begrenzung der Verlustbeteiligung
$\bar{V}(X)$	Begrenzung der Gewinnbeteilung
V_t	Vergütung zum Zeitpunkt t
$V_t(p_A)$	antizipationsbezogene Vergütung der Periode t
$V_t(p_R)$	realisationsbezogene Vergütung der Periode t
$V_t^{Mi}(p_R)$	realisationsbezogene Vergütung des Managers i der Periode t
$V_t^{Mi}(p_R^{Mi})$	realisationsbezogene Vergütung des Managers i der Periode t bei Anwendung des individuellen Realisationsprämiensatzes
VaR	Value-at-Risk
$Var(r_M)$	Varianz der erwarteten Rendite des Marktportfolios
$Var\ (\theta)$	Varianz des Umweltzustandes
$Var(X)$	Varianz des Ereignisses X
$VAR(\tilde{X})$	Varianz einer Zufallsvariablen
$Var(V(X))$	Varianz der Vergütung
VA_t^I	Verhandlungsabweichung zum Betrachtungszeitpunkt t
VD	Vertragsdauer
VEW_T^{AO}	Vermögensendwert des Alternativobjekts
VEW_T^{BO}	Vermögensendwert des Bewertungsobjekts
VG	Verschuldungsgrad
ViU_t	Value in Use zum Betrachtungszeitpunkt t
VKP_{DO}^{EK}	Verkaufserlös des Desinvestitionsobjekts
VV_t	variable Vergütung zum Zeitpunkt t
VV_{ZE}	prozentuale, ex ante definierte Ausprägung der variablen Vergütung
ω	beliebiger Parameter
w_i	Wachstumsrate
$WACC_t$	Gesamtkapitalkostensatz der Periode t
$WACC_t^s$	Gesamtkapitalkostensatz nach Steuern der Periode t

$WACC_t^{L,S}$	periodenspezifische Gesamtkapitalkosten (Weighted Average Cost of Capital) nach Steuern bei wertorientierter Finanzierungspolitik
WB_0^{FK}	Wertbeitrag des Fremdkapitals
WB_t^{FK}	Wertbeitrag des Fremdkapital der Periode t
$WB_0^{\Delta AS}$	Wertbeitrag aus dem Ausschüttungsdifferenzeffekt
$WB_t^{\Delta AS}$	Wertbeitrag aus dem Ausschüttungsdifferenzeffekt der Periode t
$WB\ AS$	Wertbeitrag der Ausschüttung
$WB\ FK$	Wertbeitrag des Fremdkapitals
wr	zusätzliche Wachstumsrate
wrk	kombinierte Risikowachstumsrate
χ^2	Anpassungstest
X	Ereignis, Zielgröße
X^*	optimales Ergebnis
$X(a_i, \theta)$	Zielgröße in Abhängigkeit des Arbeitseinsatzes des Agenten i und des Umweltzustandes
$X(a_i, a_j, \theta)$	Zielgröße in Abhängigkeit des Arbeitseinsatzes des Agenten i sowie des Agenten j und des Umweltzustandes
y_{ij}	Produktivitätsparameter
z_i	Zielgröße i
$Z(X_t)$	Zielvorgabe
ZA_t	Zinsaufwand der Periode t
$Z\ddot{A}E$	Zinsänderungseffekt
ZE	Zeiteffekt
ZE_t	Zielerreichung zum Zeitpunkt t
ZF_t	Zuführung zum Zeitpunkt t
$ZF(BB)_t$	periodische Zuführung der Bonusbank zum Zeitpunkt t
$ZF(DB)_t$	Zuführung des Deferral Betrags zum Zeitpunkt t
$ZW\left(A_t^{Gratis}\right)_t$	zusätzliche Geldwertleistung
$ZW(BB)_t$	Zeitwert der Bonusbank zum Zeitpunkt t
$ZW(DB)_t$	Zeitwert des Deferral Betrags zum Zeitpunkt t
$ZW(PS_t^{Kum})$	Zeitwert der Performanceshares zum Zeitpunkt t

1 Einleitung

1.1 Problemstellung

Die Vergütung des Managements von Kapitalgesellschaften besitzt eine lange Historie in der ökonomischen, sozialwissenschaftlichen und juristischen Diskussion, die häufig durch eine starke Öffentlichkeitswirkung geprägt und zunehmend emotional oder ideologisch motiviert ist. Die grundsätzliche Relevanz und Brisanz der Thematik „Managementvergütung" erkannte bereits Adam Smith in seinem Werk „The Wealth of Nations", wie folgende Aussage verdeutlicht:

„The directors of such companies, however, being the managers rather of other people's money than of their own, it cannot well be expected, that they should watch over it with the same anxious vigilance with which the partners in a private copartnery frequently watch over their own."[1]

Für eine Konvergenz der Ziele von Eigentümern und Management wird in diesem Zusammenhang die variable Vergütung als Erfolgsbeteiligung durch die ökonomische Theorie postuliert.[2] Die variable Erfolgsbeteiligung für das Management soll dabei, ausgehend von der formulierten Strategie des Unternehmens, auf Basis der Informationen der Unternehmensplanung ex ante festgelegt und ex post überprüft werden, wodurch die periodische Zielerreichung der variablen Vergütung bestimmt ist.[3] Als wesentliches Ziel der Eigentümer kann die Unternehmenswertsteigerung unter Berücksichtigung juristischer, sozialer und ökologischer Vorgaben angesehen werden, sodass der Unternehmenswert eine exponierte Stellung für die Managementvergütung haben sollte.[4]

Diesem Postulat der (Unternehmens-)Wertorientierung folgend hat sich im Schrifttum ein äußerst umfangreiches Themengebiet der Performancemessung etabliert, das eine Vielzahl an potentiellen Performancemaßen mit vermeintlicher Wertorientierung aufweist. Trotz dieses Befundes muss für die bestehende Diskussion der Performancemaße und Vergütungssysteme konstatiert werden, dass es an einem integrierten unternehmenswertorientierten Steuerungssystem fehlt, das ausgehend von der strategischen Ausrichtung und der damit verbundenen Organisationsform die Ziele der

---

1 Smith (1776/1976), S. 141.
2 Vgl. Jensen/Meckling (1976).
3 Vgl. Pellens/Crasselt/Rockholtz (1998), S. 4.
4 Vgl. Evers (1998), S. 63 ff.

Unternehmung im Rahmen einer integrierten Planungsrechnung verknüpft und die Antizipation neuer, sowie die Realisation bestehender Erfolgspotentiale im Kontext des Performancemanagements für Zwecke der Vergütung differenziert und konsistent berücksichtigt. Diese in Anbetracht der Fülle an Publikationen zur wertorientierten Steuerung und Performancemessung verwunderlich erscheinenden Defizite sollen mit der vorliegenden Arbeit aufgegriffen werden und so ein integriertes System aus strategieorientierter Unternehmensplanung und unternehmenswertorientierter Performancemessung sowie darauf basierender Vergütung ermöglichen. Das Controlling kann für Vergütungszwecke die notwendige Expertise bereitstellen, die Zielerreichung der unterschiedlichen operativen und strategischen Aufgaben im Rahmen der Performancemessung zu bestimmen und darüber hinaus die Abweichungen von Plan- und Ist-Ausprägung der jeweiligen Zielgrößen zu analysieren.

Für Zwecke der strategieorientierten Zielsetzung sind zunächst geeignete Planungsinstrumente zu konzipieren, die auch eine Evaluation von alternativen strategischen Ausrichtungen ermöglichen.[5] Hierfür sind geeignete Entscheidungskalküle zu identifizieren, die für Zwecke der Entscheidungsfindung bei Investitions- bzw. Akquisitionsalternativen aus der ex ante-Perspektive fungieren, aber auch für die Performancemessung aus der ex post-Perspektive von zentraler Bedeutung sind. Diese Bewertungskalküle zur Grenzpreisbestimmung stehen dabei in einem konzeptionellen Gegensatz zu Marktwerten,[6] die anhand von DCF-Modellen oder am Kapitalmarkt bestimmt werden können und realiter die einzig „unternehmenswertorientierten“ Bezugsgrößen in Vergütungskontrakten darstellen.[7] Die konzeptionellen Unterschiede zwischen Entscheidungs- und Marktwerten begründen unterschiedliche Anreize für das Management, weshalb die Methodenfrage der Unternehmensbewertung für die Berücksichtigung im Kontext der Vergütung essentiell ist. Die Fragestellung der Anreizwirkung unterschiedlicher Methoden der Unternehmensbewertung und der damit einhergehenden Berücksichtigung des Risikos sowie der Finanzierung wird im Schrifttum bisher ignoriert, wodurch im Rahmen dieser Arbeit ein Beitrag zur Behebung dieses Defizits geleistet werden soll.

Die Vielzahl der im Schrifttum propagierten Performancemaße zur Kontrolle von Wertsteigerungen kann als Indiz für einen konzeptionellen Mangel erachtet werden, da auf

---

5 Vgl. Hinterhuber (2002), S. 159 ff.; Alfs (2015), S. 286 ff.
6 Vgl. Dirrigl (2009), S. B 10 ff.
7 Siehe hierzu Kapitel 8.3.

Grundlage vergleichbarer Vorgehensweisen nur kosmetische Variationen vorgenommen werden und somit keine normativ ausgerichtete Diskussion hinsichtlich der Ausgestaltung von Performancemaßen erfolgt. Neben den retrospektiv-orientierten Performancemaßen wie Residualgewinnen, die fragwürdigerweise eine Wertsteigerung abbilden sollen, werden die managementtypischen Aufgabenbereiche der strategischen Wertschöpfung und der operativen Wertschaffung in Theorie und Praxis kaum thematisiert.[8] Die differenzierte Beurteilung dieser beiden Aufgabenfelder kann als wesentlicher Faktor einer adäquaten Anreizsetzung angesehen werden, wobei die konsistente Synchronisierung im Vergütungskontrakt eine zentrale Anforderung darstellt. Diese Überlegungen und Differenzierungen werden weder in Beiträgen zur betriebswirtschaftlichen Forschung im Bereich der Performancemessung und unternehmenswertorientierten Steuerung aufgegriffen noch sind derartige Konzepte in der Praxis vorzufinden.

Die Vereinbarung eines transparenten Vergütungskontrakts mit ex ante definierten Ansprüchen, die eindeutig und transparent darlegen, was wann und wofür gezahlt wird, kann dazu beitragen die Diskussion der Managementvergütung zu versachlichen, da die teils mangelhafte Konzeption der Vergütungssysteme sowie die fehlende Transparenz das Misstrauen der Öffentlichkeit forciert, was zwar nachvollziehbar ist, aber durch entsprechende Maßnahmen zumindest reduziert werden kann. Die methodischen und konzeptionellen Schwächen der Managementvergütung können als Grund angeführt werden, warum insbesondere in wirtschaftlichen Krisenzeiten die Diskussion um die Managementgehälter ein zunehmendes Interesse der breiten Öffentlichkeit weckt und dabei verstärkt emotional geführt wird. Dieses Phänomen war jüngst im Zuge der Finanzkrise zu beobachten und auch schon vor dem Hintergrund der überwundenen Weltwirtschaftskrise zu Beginn der 1930er Jahre prangerten Schlegelberger und Quassowski an:

„Diese unbeschränkte Vertragsfreiheit des bisherigen Rechts hat in der Vergangenheit bekanntlich häufig dazu geführt, dass Riesengehälter und Gewinnanteile ohne Rücksicht auf die Aufgaben und die Leistungsfähigkeiten der Vorstandsmitglieder und sogar dann noch geleistet wurden, wenn die wirtschaftliche Lage der Gesellschaft hoffnungslos war."[9]

---

8 Vgl. Hesse (1996), S. 18 ff.; Schultze/Weiler (2007), S. 150.

9 Schlegelberger/Quassowski (1939), § 87 Rn. 1.

Die Kernaussage dieses Zitats zielt auf das opportunistische Verhalten der Manager im Kontext der Vergütung ab, welches in wirtschaftlich prosperierenden Zeiten aber nur sporadisch öffentliche Beachtung erfährt. Diese durch vermeintliche Gerechtigkeitsaspekte motivierten Diskussionen werden von der Politik gerne als Anlass für Regulierungen der (Vorstands-) Vergütung angeführt, wie jüngst durch die Verabschiedung des VorstAG zu beobachten war. Die Gesetzeseinführung des VorstAG hat in den vergangenen Jahren maßgebliche Auswirkungen auf die Konzeption der Vorstandsvergütungssysteme gehabt, wobei jährliche Anpassungen der Vergütungssysteme sowie nachträgliche Adjustierungen der Vergütungshöhe, sowohl mit positivem wie auch mit negativem Einfluss, weiterhin konzeptionelle Mängel der Vergütungssysteme erkennen lassen.

Die empirischen Untersuchungen zur Managementvergütung betrachten üblicherweise das Gehaltsniveau, die Anteile der einzelnen Komponenten an der Gesamtvergütung sowie die Bemessungsgrundlagen und den Zeithorizont der variablen Vergütungsbestandteile, aufgrund der beinahe turnusmäßigen Veränderungen der Vergütungssysteme sind dabei insbesondere Querschnittsvergleiche sinnvoll. Aufgrund der in den letzten Jahren regelmäßig vorzufindenden Anpassungen der Vorstandsvergütungssysteme kann geschlussfolgert werden, dass die Unternehmen weiterhin auf der Suche nach geeigneten Vergütungssystemen sind, die zum einen eine betriebswirtschaftliche Fundierung aufweisen, darüber hinaus aber auch die juristischen Anforderungen adäquat berücksichtigen. Im Rahmen dieser Arbeit soll der konzeptionelle Rahmen für eine investitionstheoretisch fundierte Bemessung der variablen Vergütung geschaffen werden, sodass darauf aufbauend das Performancemanagement auf Grundlage der Performanceplanung und -kontrolle erfolgen kann. Für die Anreizwirkung des konzipierten Vergütungssystems kann dabei auf die Prinzipal-Agenten-Theorie zurückgegriffen werden, die eine partielle modelltheoretische Fundierung ermöglicht und zugleich die Limitationen dieses Analyserahmens offenbart. Darüber hinaus wird seit geraumer Zeit die Corporate Governance als Determinante der Vorstandsvergütung angesehen, weshalb auch dieser Aspekt eine weitergehende Würdigung erfahren soll.

1.2 Gang der Untersuchung

Die Konzeption und Synchronisierung eines unternehmenswertorientierten Steuerungs- und Vergütungssystems wird im Rahmen dieser Arbeit in drei Untersuchungsbereiche unterteilt. Der erste Teil thematisiert zunächst die strategieorientierte Unternehmensplanung und die Ausgestaltung von Vergütungssystemen. Im zweiten Teil wird dann auf die entscheidungsorientierten Instrumente des strategischen Controlling eingegangen und das Konzept für eine zeitlich differenzierte Performancemessung entwickelt. Abschließend werden im dritten Teil die für die Management- und Vorstandsvergütung zu berücksichtigenden Bedingungen und Vorgaben analysiert.

In Teil A der Arbeit wird die strategieorientierte Unternehmensplanung unter Berücksichtigung der Organisationsstruktur und den damit einhergehenden Verantwortungsbereichen des Managements vorgestellt. Aufbauend auf der Unternehmensstrategie rückt im zweiten Kapitel auch die quantifizierende operative und strategische Unternehmensplanung auf Grundlage des Corporate Model in den Mittelpunkt der Betrachtung. Mit der Stochastifizierung der Unternehmensplanung wird anschließend das Fundament für die risikoorientierte Unternehmenssteuerung und Entscheidungsfindung geschaffen, wobei auch die rechtlichen Anforderungen an die Unternehmensplanung und das Risikocontrolling berücksichtigt werden. Die Konzeption von Vergütungssystemen unter Berücksichtigung verschiedener Anforderungen ist dann Gegenstand des dritten Kapitels. Nach der definitorischen Abgrenzung der Managements- und Vorstandsvergütung bzw. von Anreiz- und Vergütungssystem werden die Bestandteile von Vergütungssystemen analysiert. Dabei wird neben der konsistenten Synchronisierung unterschiedlicher Ziele im Rahmen der variablen Vergütung auch auf die verschiedenen Vorgehensweisen zur Induktion einer langfristigen Anreizwirkung eingegangen. Daran anschließend werden die allgemeinen Anforderungen an die Managementvergütung und die regulatorischen Rahmenbedingungen für die Vorstandvergütung einer weitergehenden Betrachtung unterzogen.

In Teil B der Arbeit wird die Performancemessung als Grundlage der Vergütungsbemessung untersucht und weitergehend konzipiert. Zunächst werden für diesen Zweck im vierten Kapitel die unterschiedlichen Methoden der Unternehmensbewertung aufgezeigt und unterschiedliche Konzepte der Risikoberücksichtigung bei den entscheidungsorientierten Bewertungsanlässen gewürdigt. Darauf aufbauend werden im fünften Kapitel die strategische Wertschaffung und die operative Wertschöpfung als Determinanten der finanziellen Performance identifiziert und bestehende Performancemaße hinsichtlich der unterschiedlichen zeitlichen Ausrichtung differenziert. Neben der

Performancemessung wird auch die auf Abweichungsanalysen basierende Performanceanalyse im operativen und strategischen Kontext dargestellt. Die kapitalwertorientierte Performancemessung wird darauffolgend als Idealmodell der eigenkapitalgeberbezogenen Performancemessung identifiziert sowie für Zwecke der Vergütung von operativer Wertschaffung und strategischer Wertschöpfung fruchtbar gemacht. Nachdem im vierten Kapitel die entscheidungsorientierten Bewertungskalküle im Akquisitionskontext beleuchtet wurden, kann das Akquisitionscontrolling aus der ex post-Perspektive daran anknüpfend konzipiert werden. Dabei wird neben der auf interne Daten rekurrierenden Controlling-Perspektive, auch auf die rechnungslegungsbezogenen Möglichkeiten der Akquisitionserfolgsrechnung eingegangen.

Der abschließende Teil C der Arbeit thematisiert die Synchronisation der Performancemessung mit der Vergütung. Die Prinzipal-Agenten-Theorie stellt dabei den Analyserahmen für die modelltheoretischen Erkenntnisse bei der Ausgestaltung von Vergütungssystem dar. Neben der entscheidungstheoretischen Analyse der Determinanten der Risikoneigung wird auf Grundlage des LEN-Modells die Beziehung der Performancemaße zur übertragenen Aufgabe analysiert. Die Vorstandsvergütung stellt den Schnittpunkt der unternehmenswertorientierten Steuerung und Performancemanagements mit der Corporate Governance dar. Der Managerial Power Approach wird in diesem Kontext als Erklärungsansatz von unangemessenen Vergütungen im Kontext der deutschen Corporate Governance gewürdigt. Abschließend erfolgt eine empirische Auswertung der bestehenden Vergütungssysteme.

Teil A: Unternehmenswertorientierte Steuerung und Managementvergütung: Grundlagen

2 Strategieplanung als Fundament der unternehmens-wertorientierten Steuerung

2.1 Grundlagen der unternehmenswertorientierten Steuerung

2.1.1 Unternehmenswertorientiertes Controlling

Das Controlling als relativ junge Teildisziplin der Betriebswirtschaftslehre ist in der wissenschaftlichen Entstehungsphase durch eine heterogene definitorische Abgrenzung gekennzeichnet.[10] Die theoretische Fundierung des Controlling und deren Systematisierung als Teildisziplin der Betriebswirtschaftslehre waren und sind dabei Gegenstand kontroverser Diskussionen in der Literatur.[11] Mit der Etablierung des Controlling in Theorie und Praxis, hat sich vor allem die Informationsversorgungs-, die Führungs- und die Koordinationsfunktion als Aufgabenbereich der funktionalen Betrachtungsweise durchgesetzt.[12] Die Koordinationsfunktion kann dabei hinsichtlich der sachlichen und der personellen Koordination weiter differenziert werden.[13] Die sachliche Koordination befasst sich vor allem mit Verbundbeziehungen von Bereichen oder Projekten, wobei allgemein Ressourcen, Risiko, Erfolg oder Bewertung Gegenstand der Untersuchungen sind.[14] Diesem konventionellen Controlling-Verständnis folgend, können die spezifischen Instrumente identifiziert werden, die zur Erfüllung der Aufgabe notwendig sind.[15] Die personelle Koordination erweitert dieses Problemspektrum um asymmetrische Informationsverteilungen zwischen den Akteuren, wodurch Zielkonflikte erwachsen können, denen mit einer gezielten Anreizsetzung entgegengewirkt werden soll. Insofern kann konstatiert werden, dass die personelle Koordination eine Erweiterung der Anforderungen an die bewährten Controllinginstrumente darstellt.[16]

---

10 Vgl. für eine Übersicht der damaligen Diskussion Müller (1974), S. 683 ff.; Horváth (1978), S. 194 ff.; Krüger (1979), S. 158 ff.; Reichmann (1985), S. 887 ff.; Küpper (1987), S. 82 ff.; Becker (1990), S. 295 ff.; Küpper/Weber/Zünd (1990), S. 281 ff.; Lehmann (1992), S. 45 ff.; Schweitzer/Friedl (1992), S. 141 ff.; Müller (1996), S. 139 ff. Preißler (2007), S. 14 stellt zutreffend fest: „Jeder hat seine eigene Vorstellung darüber, was Controlling bedeutet oder bedeuten sollte, doch jeder meint etwas anderes, wenn er vom Controlling spricht."

11 Siehe zur damaligen Diskussion die Kontroverse zwischen Schneider und Weber, beginnend mit Schneider (1991), S. 765 ff. Kritisch dazu Weber (1991), S. 1785 ff. und der Replik zu Webers Ausführungen Schneider (1991), S. 1789 ff.

12 Vgl. Pfaff/Pfeiffer (2001), S. 359 ff. Siehe zu einem Überblick der Theorien und Konzeptionen in der Controllingforschung Scherm/Pietsch (2004).

13 Vgl. Dirrigl (1995), S. 134 ff.; Pfaff/Pfeiffer (2001), S. 359 ff.; Ewert/Wagenhofer (2014), S. 385 ff.

14 Vgl. Ewert/Wagenhofer (2014), S. 392 ff.

15 Vgl. Dirrigl (1995), S. 137.

16 Vgl. Dirrigl (1995), S. 137.

Der Terminus „wertorientiert" findet im Schrifttum einen nahezu inflationären Gebrauch und kann im Kontext des Controlling als Absicht bezeichnet werden, die Entwicklung des Unternehmenswertes abzubilden. Dieser Intention der Wertorientierung kann grundsätzlich nur eine strategisch-prospektive Sichtweise genügen, sodass potentielle oder bereits initiierte Strategiealternativen hinsichtlich der Auswirkungen auf den Unternehmenswert beurteilt werden müssen. Die strategiebezogene Unternehmensplanung und eine darauf basierende Unternehmensbewertung stellen die Primäraufgaben des strategischen Controlling dar, die im operativen Kontext durch Kontrollrechnungen ergänzt werden. Diese Perspektive der unternehmenswertorientierten Strategiefestlegung und -umsetzung auf Grundlage adäquater Planungs- und Kontrollinstrumente kann für Zwecke der Bemessung von Vergütungsbestandteilen fruchtbar gemacht werden, die eine Unternehmenswertsteigerung induzieren sollen. Die Unternehmensplanung als idealtypische Aufgabe des Controlling kann die Antizipation von Unternehmenswertveränderungen abbilden, die korrespondierende Realisation der geplanten Erfolge ist dann im Rahmen der Kontrollaufgabe zu prüfen, wobei insbesondere Abweichungsanalysen für eine detaillierte Beurteilung geeignet erscheinen. Daher stellt das quantitativ-fundierte Controlling mit prospektiver Ausrichtung bei entsprechender Ausgestaltung die ideale Datenbasis für die Bemessung der unternehmenswertorientierten Vergütungskomponenten im Kontext des Performancecontrolling und -managements dar. Darüber hinaus können die geplanten periodenspezifischen Wert- und Erfolgsgrößen aus der ex post-Perspektive ebenfalls für Zwecke der Managementvergütung wichtige Erkenntnisse liefern und so eine kausal leistungsbezogene Vergütung auf Basis von Abweichungsanalysen ermöglichen.

2.1.2 Konvergenz von strategischen Entscheidungen und Vergütungsbemessung

Die Bewertung unsicherer Zahlungsströme auf Grundlage von Kalkülen der Unternehmensbewertung ist für verschiedene Zwecke der Corporate Governance geboten und kann für weitere fruchtbar gemacht werden,[17] wobei in dem hier betrachteten Kontext insbesondere die Ausgestaltung anreizkompatibler Vergütungssysteme und die damit einhergehende Performancemessung relevant sind. Der Unternehmenswert kann in

[17] Für eine Analyse der internen Steuerung auf Grundlage des Unternehmenswerts vgl. Dirrigl (2004b). Für eine Übersicht der rechtlichen Bewertungsanlässe vgl. Große-Frericks (2014), S. 28 ff.

diesem Kontext als wesentliches Element aller prospektiv-orientierten Performancemaße charakterisiert werden und dient zudem als zentrales Entscheidungskriterium im Kontext der Unternehmensführung.

Die strategische Ausrichtung kann durch Restrukturierung des Konzernportfolios umgesetzt werden, sodass das geforderte Postulat der Nachhaltigkeit in diesem Zusammenhang als Kapital- und somit Werterhaltung interpretiert werden kann. Die Portfoliostrukturierung ist aufgrund der Kapitalintensität die bedeutendste Aufgabe des Managements, da das Scheitern von Investitionen oder Akquisitionen für den betroffenen Konzern existenzbedrohend sein kann und somit bei der Leistungsbeurteilung einer besonderen Beachtung bedarf. Neben den Konzepten des strategischen Managements, die gemeinhin eher qualitativ ausgerichtet sind,[18] wird eine Methode benötigt die Strategiealternativen quantifiziert und folglich aus der Perspektive des Managements vergleichbar macht,[19] daran anknüpfend aber auch zur Leistungskontrolle herangezogen werden kann. Eine Quantifizierung strategie-orientierter Aspekte im Kontext der Unternehmensbewertung umfasst insbesondere die Bestimmung der Erfolgsfaktoren, die Risikoberücksichtigung sowie die Ausgestaltung der Bewertungsphasen, sodass die Komplexität der zukünftigen unternehmerischen Entwicklung adäquat berücksichtigt wird.[20] Die Berücksichtigung der durch die Anforderungen an Anreiz- und Vergütungssysteme begründeten Mehrfachzielsetzung, kann aufgrund des nicht finanziellen Charakters der weiteren Ziele nicht explizit im Kontext der Unternehmensbewertung erfasst werden. Vielmehr erscheint eine Berücksichtigung der nicht finanziellen Ziele im Rahmen der Gestaltung des anreizkompatiblen Vergütungssystems geboten.

Durch die attestierte Zweckpluralität im Rahmen der Unternehmensführung kann die Unternehmensbewertung als potentielles Instrument für die Implementierung eines integrierten Systems der Unternehmensführung, bestehend aus einer stochastifizierten Unternehmensplanung und risikoadäquaten Bewertung sowie dem darauf basierenden anreiz- und unternehmenswertkompatiblen Vergütungssystems, erachtet werden.[21] Dieser Erkenntnis folgend wird das allgemeingültige Postulat der „Wertorientierung“ in Theorie und Praxis im Kontext der Vergütung, Unternehmenssteuerung sowie

---

18 Siehe hierzu auch Kapitel 2.2.3 sowie grundlegend Müller-Stewens/Lechner (2011).

19 Vgl. Dirrigl (1994), S. 409 ff.

20 Vgl. Ruthard/Hachmeister (2013).

21 Darüber hinaus stellt auch die externe Rechnungslegung nach IFRS ein Anwendungsgebiet der (normierten) Unternehmensbewertung dar. Vgl. Küting/Cassel (2014).

Corporate Governance propagiert, wohingegen Ausführungen zur Umsetzung sowie der quantifizierende Bezug zum Unternehmenswert wenig konkret sind. Damit die Anforderungen bzw. Ansprüche an die unternehmenswertorientierten Vergütungssysteme und die tatsächliche Ausgestaltung dennoch konvergieren können, muss zunächst eine geeignete Ausgestaltung der Entscheidungsfindungs- und somit Bewertungskalküle definiert werden. Zu diesem Zweck werden im Folgenden die für diese Fragestellung zentralen Kalküle der Unternehmensbewertung hinsichtlich ihrer Eignung analysiert. Darauf aufbauend kann ein derartig normativ fundiertes Konzept als Grundlage für die unternehmenswertorientierte Performancemessung und Vergütung fruchtbar gemacht werden.

2.1.3 Prozess der Performancemessung und -vergütung

Die variable Vergütung auf Grundlage eines oder mehrerer finanzieller Performancemaße kann als Resultat eines vierstufigen Prozesses angesehen werden, der die Performanceplanung, -kontrolle, -analyse und -vergütung umfasst.[22]

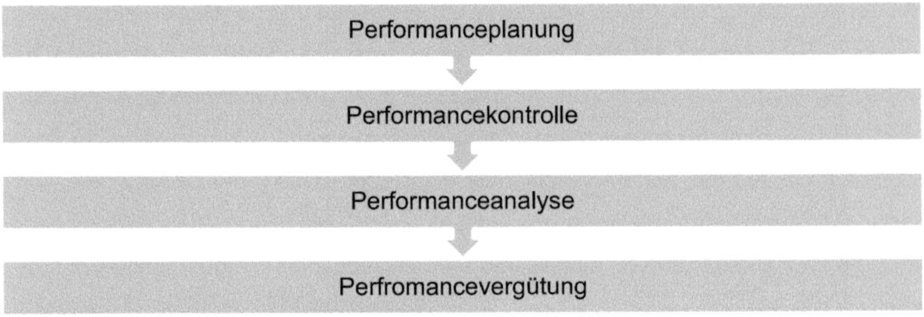

Performanceplanung

Performancekontrolle

Performanceanalyse

Perfromancevergütung

Abbildung 1: Prozess der Managementbeurteilung

Im Rahmen der Performanceplanung wird aus der ex ante-Perspektive die Entwicklung der zukünftigen Geschäftstätigkeit erfasst, wodurch Merkmalsausprägungen für potentielle Performancemaße zu bestimmten Zeitpunkten definiert sind.[23] Diese Planwerte stellen dann die Grundlage für die vergütungsdeterminierende Zielerreichung dar und liefern somit eine Vorgabe für den erwarteten Erfolg, der auch für die etwaigen

---

22 Siehe zu dieser Einteilung Schumann (2008), S. 91 ff. mit Bezug auf Riedl (2000), S. 30 und grundlegend auch Dirrigl (2003), S. 166 ff., die aber zwischen Performanceplanung, Performancemessung (ex ante Sicht) und Performancebewertung und Performanceanalyse (ex post Sicht) unterscheiden.

23 Vgl. Riedl (2000), S. 33 ff.

Begrenzungen (CAP) der Zielerreichung als Referenzgröße fungiert.[24] Nach Abschluss der Performanceplanung sind demnach die Performancemaße als Bemessungsgrundlagen der variablen Vergütung, die Zielerreichungsfunktionen auf Grundlage der jeweiligen Zielerreichung von zumeist 100 Prozent, der Messzeitpunkt der performancemaßbezogenen Zielerreichung sowie die Auszahlungsmodalität bestimmt, wodurch die variable Vergütung in diesem Zeitpunkt vollständig spezifiziert ist.[25] Unter der Annahme vollkommener Sicherheit der zukünftigen Geschäftsentwicklung wäre an dieser Stelle keine weitere Kontrolle notwendig, da die Ausprägungen der Performancemaße aus ex ante- und ex post-Perspektive identisch wären. Wird hingegen eine realistische Betrachtungsweise eingenommen, so unterscheiden sich die ermittelten Performancemaße aufgrund der veränderten Informationslage.[26] Durch den Vergleich der Performanceausprägungen im Planungs- und Kontrollzeitpunkt kann die Abweichung des Performancemaßes bestimmt und somit die Grundlage für die Performanceanalyse geschaffen werden.[27] Ausgehend von dem Ausmaß der Gesamtabweichung des Performancemaßes bei der Performancekontrolle kann weitergehend eine Performanceanalyse erfolgen, die eine ursachenbezogene Differenzierung ermöglicht.[28] Als Differenzierungskriterien können in diesem Kontext zwei Betrachtungsweisen fungieren, zum einen die ursachenbezogene Separierung der endogenen sowie exogenen Abweichungen und zum anderen die einflussfaktorbezogene Aufspaltung der Werttreiber.[29] Eine explizite Performanceanalyse konnte im Rahmen der empirischen Auswertung bei keinem Konzern identifiziert werden,[30] sodass eine tatsächliche Leistungsbeurteilung kaum erfolgt und somit nur von „Pay for Performance“ im weiteren Sinne gesprochen werden kann.

Anknüpfend an die Performanceanalyse erfolgt dann die Performancevergütung auf Grundlage der Zielerreichung, die sich auch explizit auf einzelne Ausprägungen der Performanceanalyse beziehen kann, wenn dies ex ante entsprechend definiert wurde. Die Zielerreichung geht als unabhängige Variable in die Vergütungsfunktion ein und

---

24 Für die Bestimmung der Zielerreichung sowie der Konzeption von Zielerreichungsfunktionen, siehe Kapitel 3.1.3.

25 Zur Ausgestaltung der variablen Vergütung, siehe insbesondere Kapitel 3.1.2.

26 Vgl. Dirrigl (1998b), S. 558 ff.

27 Vgl. Schumann (2008), S. 93.

28 Vgl. Riedl (2000), S. 38 f. m.w.N.

29 Der Differenzierung von Einflussfaktoren bei der Performancemessung wurde im Schrifttum bisher lediglich eine untergeordnete Rolle zugedacht. Dies monierten bereits Ballwieser (1994), S. 1405; Dirrigl (2003), S. 178; Schumann (2008), S. 94. Als Instrument bieten sich in diesem Kontext Abweichungsanalysen an, die in den folgenden Kapiteln dargestellt werden.

30 Eine Indexierung der Aktienperformance kann als solche interpretiert werden, da diese exogenen Effekte alle betrachteten Unternehmen in gleichem Maße tangieren.

determiniert so die Höhe der Vergütung, die ggf. durch eine bestimmte Auszahlungssystematik oder weitere Bedingungen verzögert ausgezahlt wird.

2.2 Unternehmensstrategie und -steuerung

2.2.1 Strategische Optimierungsausrichtungen

Die Systematisierung der strategischen Optimierungsausrichtungen von Geschäftstätigkeiten kann zunächst auf Grundlage einer Differenzierung der Organisationsebene erfolgen, sodass die Konzern- und Bereichsebene unterschiedliche Bezugspunkte für strategietheoretische Überlegungen darstellen. Unabhängig von der gewählten Optimierungsausrichtung auf Konzernebene kann für die jeweiligen Geschäftsbereiche eine Geschäftsfeldstrategie festgelegt werden, die sich durch die idealtypischen Ausprägungen der Kostenführerschaft und der Differenzierung charakterisieren lässt.[31] Zurückgehend auf Porter hat ein Unternehmen prinzipiell zwei Möglichkeiten nachhaltige Wettbewerbsvorteile zu erzielen, entweder durch die Produktion standardisierter Produkte in hoher Stückzahl und den daraus resultierenden geringen Stückkosten oder durch die Produktion differenzierter Produkte, für die der Kunde bereit ist eine Preisprämie zu zahlen.[32] Im Gegensatz zur Geschäftsfeldstrategie bestimmt die Konzernstrategie prinzipiell die Geschäftsfelder, in denen der Konzern tätig sein will, wodurch wiederum die Allokation der Kapital- und Personalressourcen auf die einzelnen Geschäftsfelder determiniert wird.[33] Die strategische Ausrichtung auf Konzernebene kann in der betriebswirtschaftlichen Forschung und Diskussion als relativ junge Fragestellung angesehen werden, die aus empirischer Perspektive insbesondere durch die am Kapitalmarkt identifizierbaren konglomeratsbedingten Werteinflüsse[34] bestimmt wird.[35] Von der definierten Konzernstrategie werden neben der Ressourcenallokation vor allem die organisatorische Ausgestaltung zwischen Konzern und Geschäftsfeldern, die

---

31 Vgl. Matzler/Müller/Mooradian (2013), S. 134 ff.

32 Vgl. Porter (1980), S. 40 ff. Dabei müssen sich die Unternehmen eindeutig positionieren damit keine Rentabilitätseinbußen resultieren. Als dritte Geschäftsfeldstrategie kann die Fokussierung angesehen werden, bei der nur ein bestimmtes Segment bedient wird. Innerhalb dieser Segmente ist dann wiederum eine Positionierung hinsichtlich Differenzierungsstrategie oder Kostenführerschaft möglich, wobei auch Mischformen bei diesem Spezialfall denkbar sind. Vgl. Homburg (2000), S. 16.

33 Vgl. Andrews (1997), S. 52; Alfs (2015), S. 57 ff.

34 Der Konglomeratsabschlag wird am Kapitalmarkt mit Ineffizienzen bei der Portfoliozusammenstellung auf Konzernebene im Vergleich zur Portfoliobildung auf Investorebene begründet, vgl. Funk (2008), S. 41 ff. Zugleich sind aber auch Konglomeratszuschläge für Konzerne am Kapitalmarkt beobachtbar, vgl. Hann/Ogneva/Ozbas (2013). Der Werteinfluss der Konglomeratsbildung kann als uneinheitlich erachtet werden, wobei die Diversifikationskosten auf Investor- und Konzernebene als zentrale Determinante aufgefasst werden können, vgl. für eine Diskussion Müller-Stewens/Brauer (2009), S. 52 ff.

35 Vgl. Alfs (2015), S. 10.

damit verbundene Kompetenzzuweisung sowie die beabsichtigte Synergierealisierung beeinflusst.[36]

Für eine Differenzierung der möglichen Strategien auf Konzernebene stellen die beabsichtigten Synergien aus den Verbundbeziehungen innerhalb des Konzerns ein wesentliches Kriterium dar.[37] Eine grundsätzliche Systematisierung der Beziehung von Produkten und Produktionsfaktoren kann für output- und inputbezogene Verbundeffekte erfolgen,[38] wobei auch Risikoaspekte zu berücksichtigen sind.[39] Grundsätzlich ist dabei zu unterscheiden, ob die Produkte und/oder Produktionsfaktoren in einer Substitutions- oder Komplementaritätsbeziehung zueinander stehen, was bei der Allokation von Ressourcen und Übertragung von Aufgaben innerhalb von Delegationsverhältnissen von besonderer Bedeutung ist.[40] Substitutionalität impliziert eine Konkurrenz bei dem Erreichen von Zielen und somit eine „entweder-oder Entscheidung", wohingegen bei Komplementarität eine derartige Rivalität nicht vorherrscht. Die Substitutionsbeziehungen können zu Ineffizienzen führen und sollten dann aus organisatorischer Sicht weitestgehend eliminiert werden, wohingegen die Komplementaritätsbeziehungen[41] ein Wertpotenzial darstellen können und somit bestmöglich ausgenutzt werden sollten.[42]

Für die Realisierung von Verbundbeziehungen können zwei Stoßrichtungen identifiziert werden, die Fokussierung der Verbundbeziehungen zwischen Konzernzentrale und Geschäftsbereichen sowie solche zwischen den jeweiligen Geschäftsbereichen. Darüber hinaus stellen die Kombination aus beidem und die Nicht-Beachtung weitere Alternativen der Berücksichtigung von Verbundbeziehungen dar.[43] Hinsichtlich der Beziehung zwischen Konzernzentrale und Geschäftsbereich kann weitergehend das Ausmaß der Interventionen differenziert werden, sodass die finanzielle, strategische

36 Vgl. Morner/Frost/Westermayer (2010), S. 79.
37 Vgl. Alfs (2015), S: 12 ff.
38 Vgl. Reiß (1996), Sp. 1666.
39 Vgl. grundlegend Müller-Stewens/Lechner (2011), S. 18 ff.
40 Vgl. Daugart (2009), S. 17 ff.
41 Dies begründet eine Vielzahl an sog. echten Synergien, die nur durch eine bestimmte Produkt- oder Managementkombination realisiert werden können, wohingegen unechte Synergien mit einer Vielzahl von Geschäftsmodellen entstehen können. Vgl. im Kontext der Unternehmensbewertung Hachmeister/Ruthardt/Gebhardt (2011), S. 601 f.
42 M&A-Aktivitäten werden häufig mit der Intention durchgeführt, input- und/oder outputbezogene Verbundeffekte zu generieren. Siehe hierzu grundlegend aus strategischer Sicht Müller-Stewens/Lechner (2011), S. 299 f.
43 Vgl. Alfs (2015), S. 12 ff.

und operative Eingriffstiefe definiert ist. Des Weiteren können die beabsichtigten Verbundpotentiale auch bezogen auf die horizontale und vertikale Betrachtungsweise der Wertschöpfungskette differenziert werden.[44] Dabei umfasst die horizontale Koordination die Beziehungen der Geschäftsbereiche auf einer Ebene der Wertschöpfungskette, wohingegen die vertikale Koordination entlang dieser erfolgt.

Gemäß den voranstehenden Differenzierungskriterien von Verbundbeziehungen werden in der Literatur drei strategische Grundlogiken auf Konzernebene unterschieden, die Portfoliooptimierung, die vertikale sowie die horizontale Optimierung.[45] Der Portfoliooptimierer betreibt eine primär finanziell motivierte Konfiguration seines Beteiligungsportfolios, wodurch die einzelnen Geschäftsfelder weitestgehend autonom bleiben. Im Fokus dieser Ausrichtung stehen finanzielle Synergien sowie auch Managementsynergien, wohingegen der Realisierung strategischer und operativer Synergien eine untergeordnete Bedeutung zukommt, da die Kompetenzen zur Steuerung der Geschäftsfelder zumeist auf Geschäftsbereichsebene verbleiben.[46] Das entscheidende Kriterium für die (Des-)Investitionsentscheidung stellen ausgewählte Finanzkennzahlen dar, die eine stetige Portfoliokonfiguration ermöglichen und mit einem tendenziell als kurzfristig zu charakterisierenden Beteiligungshorizont einhergehen, da die zumeist als Finanz-Holding organisierte Zentrale eine bestimmte Unternehmenswertsteigerung der Geschäftsfelder in einem kürzeren Zeitfenster realisieren möchte. Der vertikale Optimierer nimmt maßgeblichen Einfluss auf die strategische Ausrichtung der einzelnen Geschäftseinheiten mit der Intention das jeweilige Geschäftsmodell und die Performance nachhaltig zu steigern.[47] Die Portfoliooptimierung erfolgt in diesem Kontext nicht nur auf Grundlage finanzieller Indikatoren. Darüber hinaus wird auch die strategische Gesamtausrichtung bei der Analyse miteinbezogen. Der Beteiligungshorizont ist dabei undefiniert, d.h. solange ein Geschäftsfeld aus der Perspektive des Gesamtkonzerns zur Strategie passt, ist eine Veräußerung nicht notwendig und es können sich auch zeitlich nahezu unbegrenzte Beziehungen ergeben. Der horizontale Optimierer konfiguriert sein Beteiligungsportfolio hingegen mit dem Ziel, die operativen Synergien auf einer Ebene der Wertschöpfungskette zu realisieren und nimmt somit den stärksten Einfluss auf die unterschiedlichen Geschäftsfelder.[48] Die funktionalen Aufgabenfelder der einzelnen Geschäftsbereiche werden dahingehend synchronisiert und

---

44 Vgl. Müller-Stewens/Lechner (2011), S. 281 ff.
45 Vgl. Müller-Stewens/Brauer (2009), S. 226 ff.
46 Vgl. hierzu und im Folgenden Müller-Stewens/Brauer (2009), S. 229 ff.
47 Vgl hierzu und im Folgenden. Müller-Stewens/Brauer (2009), S. 236 ff.
48 Vgl. hierzu und im Folgenden Müller-Stewens/Brauer (2009), S. 241 ff.

aufeinander abgestimmt, dass daraus Effizienz- und Effektivitätssteigerungen generiert werden können, die dann eine Wertsteigerung ermöglichen. Maßgeblich für diese Optimierungsausrichtung ist demzufolge eine fundierte Kenntnis des Geschäftsmodells sowie darüber hinaus die Identifizierung und Realisierung der operativen Synergiepotentiale.

2.2.2 Corporate Strategy als Determinante der Organisations- und Ressortstruktur

Die strategische Ausrichtung eines Konzerns determiniert die Kompetenzen und Aufgaben der Konzernzentrale, wodurch auch unterschiedliche Anforderungen an die Planungs- und Bewertungsinstrumente resultieren.[49] Ausgehend von dem Postulat „Structure follows Strategy“[50] stellt die Organisationsstruktur des Konzerns eine wesentliche Voraussetzung für die erfolgreiche Umsetzung der Konzernstrategie dar, aus der sich wiederum Implikationen für die Vorstandsressortabgrenzung ergeben.

Abbildung 2: Strategie als Determinante der Konzern- und Vorstandsorganisation

Der Konzern[51] i.S.d. § 18 AktG kann idealtypisch als integrierter Stammhauskonzern, Divisional- oder Matrixkonzern, Management- oder Finanz-Holding organisiert sein.[52] Ein Stammhauskonzern zeichnet sich dadurch aus, dass dieser eigenunternehmerisch agiert und die meist wenig diversifizierten Teileinheiten nicht nur strategisch, sondern auch operativ steuert.[53] Alternativ dazu kann auch die Organisationsform eines Divisionalkonzerns gewählt werden, dessen Struktur durch eine Ausrichtung auf Aufgaben, Produkte oder auch Regionen, charakterisiert wird. Der konstituierende Unterschied

---

49 Vgl. hierzu ausführlich Alfs (2015), S. 24 ff.

50 Chandler (1962), S. 14.

51 Siehe zu einer ausführlichen Definition des Konzernbegriffs aus juristischer Sicht, Dreher (2010), S. 15 ff.

52 Siehe zu einer derartigen Systematisierung der Konzernorganisation, Dreher (2010), S. 17 ff. m.w.N. Der darüber hinaus noch Beteiligungsgesellschaften nennt, welche vor allem durch zeitlich begrenzte Beteiligungsverhältnisse mit hohen Renditeabsichten charakterisiert werden können. Vgl. Dreher (2010), S. 20 f.

53 Die Zentralisierung kann als positiv für die Realisierung von leistungswirtschaftlichen Synergien angesehen werden, da dies bei der horizontalen und vertikalen Koordination vorteilhaft ist. Ein möglicher Nachteil dieser Organisationsform kann in dem hohen Koordinations- und Kontrollaufwand gesehen werden, wobei auch die Motivationswirkung auf die nachgelagerten Hierarchieebenen unvorteilhaft sein kann. Vgl. Dreher (2010), S. 18.

zum Matrixkonzern ist, dass dieser nach zwei der genannten Dimensionen organisiert wird, sodass detailliertere Strukturen resultieren, die vor allem mit zunehmender Größe des Konzerns sinnvoll erscheinen. Die Holdingstrukturen repräsentieren hingegen einen dezentralen Konzern, wobei die Finanzholding die Managementbefugnisse auf Geschäftsbereichsebene belässt und vor allem durch Risikodiversifikation oder die Identifikation von Unterbewertungen eine Existenzgrundlage erfährt.[54] Die als Management-Holding organisierten Konzerne übernehmen im Gegensatz dazu zumindest die strategischen Führungsaufgaben des Gesamtkonzerns, sodass der verbleibende strategische Gestaltungsspielraum und die operativen Führungsaufgaben bei den Teileinheiten verbleiben.[55]

Die Organisation des Vorstandes kann entweder funktions-, branchen- oder regionenbezogen erfolgen,[56] wobei Interdependenzbeziehungen zu der Konzernorganisation bestehen und auch Mischformen der Vorstandsorganisation denkbar sind. Die funktionale Organisation des Vorstandes kann vor allem bei Stammhauskonzernen als sinnvoll erachtet werden, da die geringe Diversifikation insbesondere die Expertise in den spezifischen Funktionen voraussetzt und die funktionalen Aufgabenfelder (F&E, Einkauf, Produktion, Vertrieb, Personal, Finanzen, IT) über die Teilbereiche relativ homogen sind, sodass die operativen und strategischen Synergiepotentiale hier realisiert werden können.

Der Vorstand des Divisionalkonzerns kann bei einer starken Diversität branchenbezogen organisiert werden, da hier die branchenbezogene Spezialisierung die funktionsbezogenen Fähigkeiten dominieren. Auf der dem Vorstand des Konzerns nachgelagerten Managementebene kann dann eine funktionale Organisation für die einzelnen Geschäftsbereiche erfolgen, sodass im Verhältnis zum Stammhauskonzern eine zusätzliche Managementebene benötigt wird. Weist der Konzern hingegen eine geringe Diversität der Geschäftstätigkeit auf, so kann bei einer hohen Internationalisierung eine geographische Einteilung der Vorstandsressorts in Betracht gezogen werden und ana-

---

54 Vgl. Theisen (2000), S. 178; Burger/Ulbrich/Ahlemeyer (2010), S. 64. Bei dieser Organisationsform stehen finanzielle Synergiepotentiale im Fokus, sodass vor allem stark diversifizierte Mischkonzerne eine derartige Struktur aufweisen. Vgl. Dreher (2010), S. 19 f.

55 Als vorteilhaft an dieser Organisationsform kann die Realisierung von unterschiedlichen Synergiepotentialen angesehen werden, bei höherer Flexibilität und geringerem Koordinationsaufwand im Vergleich zum Stammhauskonzern. Vgl. Dreher (2010), S. 18 f.

56 Siehe zu einer Darstellung der juristischen Perspektive der Vorstandsorganisation im Kontext des aktienrechtlichen Direktorialprinzips Kapitel 4.1.2.3.

log zum diversifizierten Konzern auf der zweiten Ebene eine funktionale Aufgabenverteilung erfolgen. Ist neben der ausgeprägten Internationalität der Geschäftstätigkeit auch eine hohe Diversität vorherrschend, so kann eine dreistufige Gliederung der Kompetenzen erfolgen, wobei die funktionale Ressorteinteilung auf der untersten dieser Ebenen erfolgen sollte. Ist bei einem Divisionalkonzern nur eine geringe Diversität und Internationalität vorherrschend, so kann der Vorstand des Konzerns wie bei einem Stammhauskonzern funktional organisiert werden.

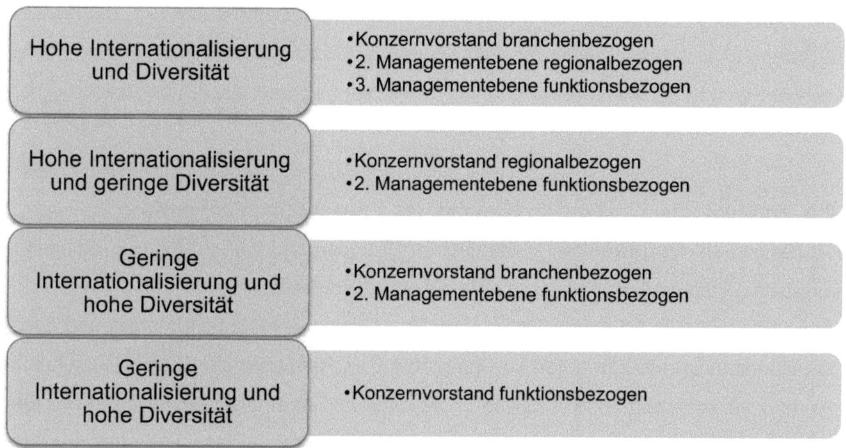

Abbildung 3: Geschäftstätigkeit und Vorstandsorganisation

Für einen Konzern, der eine Matrixorganisation aufweist, ergeben sich mehrere Alternativen der Abgrenzung von Vorstandsressorts. Die Kombinationen aus Produkten/Funktionen, Funktionen/Regionen oder Regionen/ Produkten können zu einer hohen Anzahl an Ressorts führen, sodass eine Bündelung notwendig wird, die dann wiederum divisional oder funktional sein kann, aber auch eine Kombination aus beidem ermöglicht. Die als Finanz- oder Management-Holding organisierten Konzerne benötigen durch die kontinuierliche Portfoliooptimierung insbesondere Investitions-Know-how, weshalb eine funktionale Organisationsstruktur ungeeignet erscheint. Welche Organisationsform für eine Holding-Struktur geeignet ist, hängt von der Diversifikation und somit dem Beteiligungsportfolio, der Eingriffstiefe sowie der Zentralisation ab.

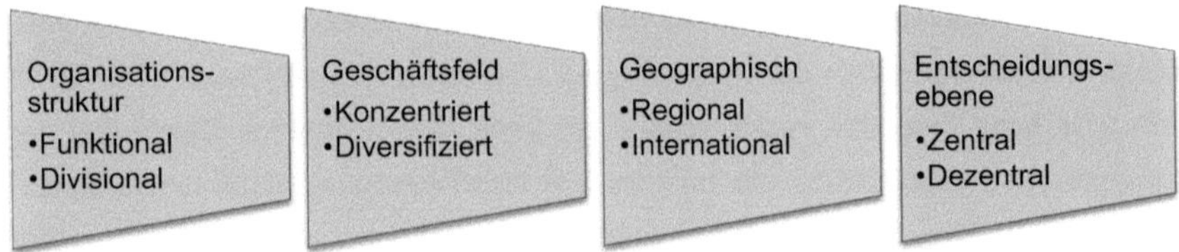

Abbildung 4: Dimensionen der Vorstands- und Konzernorganisation

Damit für den Vorstand eine individuelle und aufgabenspezifische Vergütung möglich wird,[57] müssen zunächst die Gesamtaufgaben und darauf aufbauend die spezifischen Aufgaben der Vorstandsmitglieder definiert werden, wodurch eine Differenzierung der persönlichen und der konzernbezogenen Bemessungsgrundlage für die Vergütung erfolgen kann.

2.2.3 Strategische Analyse im Kontext des Portfoliomanagements

In Abhängigkeit der gewählten strategischen Optimierungsausrichtung und damit verbundenen Organisation des Konzerns sowie des Managements kann die Portfoliostrukturierung, als Analyseverfahren zur Fundierung der (Nicht-)Eignung und (Des-)Investitionsentscheidungen von strategischen Geschäftsbereichen, eine einzelfallbezogene oder kontinuierliche Aufgabe im Kontext der strategischen Führung der Gesellschaft darstellen. Die Konzepte zur Corporate Strategy zeigen im Kontext der strategischen Optimierung grundsätzliche Möglichkeiten zur Analyse, Logik und Ausrichtung einer Portfolioausgestaltung auf, liefern aber noch keine konkrete Methodik zur Konfiguration eines Ist-Portfolios. Durch den Einbezug quantifizierender Bewertungskalküle kann eine Fundierung der qualitativen Analyse erfolgen,[58] die als maßgebliche Aufgabe des Controlling die Unternehmensführung bei Festlegung der strategischen Geschäftspolitik unterstützt und so im Fall etwaiger zukünftiger Haftungsfragen eine Entlastung begründen kann.[59] Die Bedürfnisse verschiedener Anspruchsgruppen sind in diesem Kontext bereits bei der qualitativen Auswahl von Strategiealternativen zu berücksichtigen und müssen auch, soweit möglich, bei der Evaluierung auf Grundlage von quantifizierenden Bewertungskalkülen Beachtung finden.

57 Siehe zu den Aufgaben der strategischen Führung Kreikebaum (1995).
58 Vgl. hierzu insbesondere Alfs (2015), S. 217 ff.
59 Siehe zur Sorgfaltspflicht auch Kapitel 4.1.2.3.2.

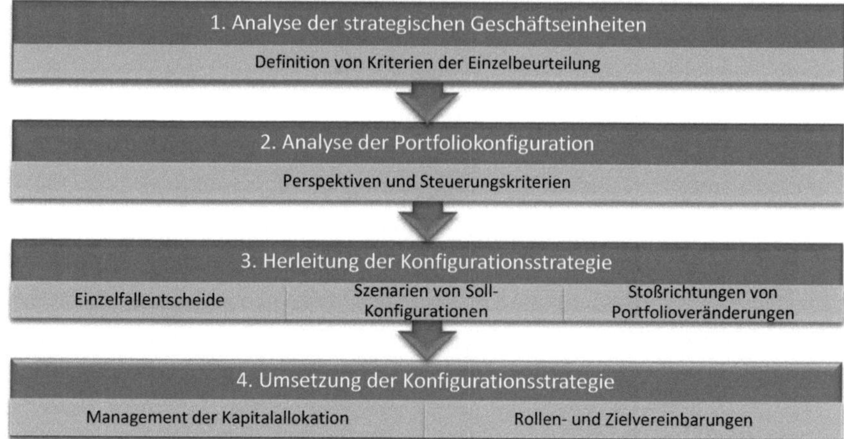

Abbildung 5: Prozessschritte des Portfoliomanagements

Der Prozess des aktiven Portfoliomanagements wird im Schrifttum insbesondere auf Grundlage einer Umwelt- und Unternehmensanalyse diskutiert,[60] die auch bei der differenzierten Systematisierung des Portfoliomanagements nach Müller-Stewens/Brauer von zentraler Bedeutung ist.[61] Der erste Schritt des aktiven Portfoliomanagements umfasst die Ist-Analyse der strategischen Geschäftseinheiten,[62] die als Teilmenge des Konzernportfolios zunächst einer Einzelbetrachtung unterzogen werden. Die Grundlage für diese Analyse stellen zuvor definierte Kriterien dar, die insbesondere den Anforderungen der Allgemeingültigkeit, d.h. dass eine Anwendung unabhängig von der jeweiligen Geschäftstätigkeit innerhalb des Konzerns möglich ist sowie der Objektivität genügen sollte.[63]

Eine auf der Einzelbetrachtung beruhende Analyse kann insbesondere strategischen Optimierungsausrichtungen, die eine Fokussierung von Verbundeffekten intendieren, nicht genügen, da hier die isolierte und die verbundene Betrachtungsweise zu nicht einheitlichen Ergebnissen führen können. Diesen Zusammenhang berücksichtigt die zweite Ebene des aktiven Portfoliomanagements, indem die Betrachtung auf das gesamte Ist-Portfolio ausgeweitet wird. Unabhängig davon, ob die Analyse eine Einzel-

[60] Vgl. zur Umwelt- und Unternehmensanalyse Bea/Haas (2013), S. 91 ff.
[61] Vgl. Müller-Stewens/Brauer (2009), S. 267 ff.
[62] Vgl. Hinterhuber (2002), S. 79 ff.
[63] Vgl. Alfs (2015), S. 63 m.w.N.

oder Gesamtbetrachtung des status quo vornimmt, können grundsätzlich die Produkt/Markt-Perspektive[64], die Wettbewerbsperspektive[65], die Ressourcenperspektive[66] und die Wertperspektive[67] für diese Zwecke differenziert werden.

Die Produkt/Markt-Perspektive analysiert den aktuellen Zustand und die zukünftigen Entwicklungspotentiale aus der Perspektive der Kunden über Kennzahlen des Marketings bzw. der Marktforschung, wie bspw. den relativen Kundennutzen und das wahrgenommene Preis/Leistungs-Verhältnis. Darüber hinaus wird auf der Gesamtbetrachtungsebene auch die Verbundenheit innerhalb des Konzernportfolios betrachtet, wobei sich als Instrumente Diversifikationsmaße[68] und eine „Input(Kosten)/Output(Kunden)-Synergie Matrix“[69] empfehlen. Als Instrument der Wettbewerbsperspektive hat vor allem die BCG-Matrix eine weite Verbreitung erfahren, die das Marktwachstum und den relativen Marktanteil als kombinatorische Kriterien heranzieht.[70]

Für die Wertperspektive muss konstatiert werden, dass diese im Schrifttum eine der Relevanz nicht genügende Aufmerksamkeit erfährt.[71] Die vermeintlichen Erkenntnisse der Wertanalyse werden häufig aus einer retrospektiven Betrachtungsweise von absoluten oder relativen (Wertbeitrags-)Kennzahlen abgeleitet, was durch das prospektive Charakteristikum der zugrunde liegenden Fragestellung als unsachgemäß zu erachten ist. Vielmehr muss an dieser Stelle eine unternehmenswertorientierte Sichtweise eingenommen werden, sodass der Zurechnung der Synergien im Kontext der Einzel- und Gesamtbetrachtung eine besondere Bedeutung zukommt.

---

64 Vgl. hierzu auf Geschäftsbereichsebene Müller-Stewens/Brauer (2009), S. 277 und Alfs (2015), S. 63 f. Vgl. hierzu auf Konzernportfolioebene Müller-Stewens/Brauer (2009), S. 282 ff. und Alfs (2015), S. 67 ff.

65 Vgl. hierzu auf Geschäftsbereichsebene Müller-Stewens/Brauer (2009), S. 277 f. und Alfs (2015), S. 63 f. Vgl. hierzu auf Konzernportfolioebene Müller-Stewens/Brauer (2009), S. 284 ff. und Alfs (2015), S. 80 ff.

66 Vgl. hierzu auf Geschäftsbereichsebene Müller-Stewens/Brauer (2009), S. 278 f. und Alfs (2015), S. 65 f. Vgl. hierzu auf Konzernportfolioebene Müller-Stewens/Brauer (2009), S. 289 ff. und Alfs (2015), S. 99 ff.

67 Vgl. hierzu auf Geschäftsbereichsebene nur Alfs (2015), S. 65 ff. Vgl. hierzu auf Konzernportfolioebene nur Alfs (2015), S. 84 ff.

68 Vgl. hierzu Gort (1962), Schwalbach (1985), Jansen (2006), Acar/ Sankaran (1999) sowie für eine Übersicht Alfs (2015), S. 67 ff.

69 Vgl. Müller-Stewens/Brauer (2009), S. 283 f.

70 Vgl. Müller-Stewens/Lechner (2011), S. 290.

71 Siehe hierzu nur Alfs (2015), S. 84 ff.; 217 ff.

	Produkt-/Markt-perspektive	Wettbewerbs-perspektive	Ressourcen-perspektive	Wert-perspektive
Einzelbetrachtung	- relativer Kundennutzen - Preis-/Leistungsverhältnis - Innovationsgrad - ...	- Marktvolumen - Marktwachstum - Ressourcenverfügbarkeit - Wettbewerbsposition - ...	- Beitrag zur Vision - Beitrag zu den Konzernzielen - Beitrag zu den Konzern-Wettbewerbsvorteilen - ...	- Unternehmenswert - EBIT - ROCE - ...
Gesamtbetrachtung				
Kernfrage bei der Gesamtbetrachtung	Wie verwandt ist das Angebot der Geschäfte untereinander?	In welchem Verhältnis stehen Wachstums- und Ertragsstärke?	Was kann das Corporate Management zur Wertsteige-rung der Geschäfte beitragen?	Was hat das Corporate Management als Wertbeitrag der Geschäfte zu erwarten?
Steuerungskriterium	Verbundenheit	Ausgewogenheit	Strategische Ähnlichkeit	Finanzielle Erwartungen
Portfoliodimension	Produkt- und Wissensverwandtschaft; Teilung von Kosten/ gemeinsame Kunden	Marktwachstum/rel. Marktanteil; Marktattraktivität/ rel. Wettbewerbsposition	Geschäftsverständnis/Synergiepotential	- Konzernwert - EBIT - ROCE ...

Abbildung 6: Strategische Analyse aus Einzel- und Gesamtperspektive[72]

Nachdem die Analyse der Geschäftsbereiche und des Konzernportfolios abgeschlossen ist, kann darauf aufbauend eine Konfigurationsstrategie entwickelt werden, die die

[72] In Anlehnung an Müller-Stewens/Brauer (2009), S. 276 und 281.

(zukünftige) strategische Stoßrichtung des Konzerns vorgibt. Dieses als Soll-Konzernportfolio zu interpretierende Zukunftsbild kann durch geeignete Instrumente des Desinvestitions-, Akquisitions- und Investitionscontrolling für unterschiedliche Konstellationen qualitativ und quantitativ bewertet werden.[73] Sofern die Konfigurationsstrategie des Konzernportfolios definiert ist, kann daran anschließend die Umsetzung eben dieser erfolgen. Der abschließende Schritt des Portfoliomanagements umfasst insbesondere die Kapitalallokation, die als optimale Verteilung der zur Verfügung stehenden Finanzmittel auf die einzelnen Geschäftsbereiche verstanden wird. Dabei ist die Abgrenzung des dritten und vierten Schrittes des Portfoliomanagements nicht immer trennscharf, da bereits im Rahmen der Festlegung einer Konfigurationsstrategie finanzielle Restriktionen berücksichtigt werden (müssen).[74]

2.3 Operative und strategische Unternehmensplanung

2.3.1 Notwendigkeit des Corporate Model

Die Strategiefindung und -festlegung basiert neben qualitativen Konzepten des strategischen Managements insbesondere auf der Bewertung der potentiellen Alternativen. Als Grundlage für eben diese Bewertung müssen die jeweiligen Implikationen im Rahmen der strategischen Unternehmensplanung zunächst jedoch quantifiziert werden. Die strategische Unternehmensplanung fungiert in diesem Kontext und allgemeingültig für die strategische Unternehmensführung als maßgebliches Instrument, welches nach Hammer „auf die langfristige und nachhaltige Existenzsicherung und eine langfristige und nachhaltige Wertsteigerung des Unternehmens in qualitativer und quantitativer Hinsicht hin ausgerichtet“[75] ist. Eine detaillierte Unternehmensplanung ist dabei nicht nur aus der internen bzw. shareholder-orientierten Perspektive von besonderer Bedeutung, sondern auch für viele Stakeholder[76] von hoher Relevanz, weshalb der Gesetzgeber Vorgaben und Pflichten definiert hat, die nur durch eine detaillierte und quantifizierende strategische Unternehmensplanung vollumfänglich erfüllt werden können. Einen ersten Anknüpfungspunkt für die Verpflichtung von Vorstand bzw. Ge-

---

73 Vgl. Müller-Stewens/Brauer (2009), S.273.
74 Vgl. Alfs (2015), S. 61 f.
75 Hammer (2013), S. 533.
76 Hier kann der Gläubigerschutz die Interessen von Lieferanten und Kunden oder auch der Arbeitnehmer genannt werden.

schäftsführung zur Unternehmensplanung, -koordination und -kontrolle kann die Sorgfaltspflicht bei der Unternehmensführung begründen.[77] Die Berichtspflichten des Vorstandes gegenüber dem Aufsichtsrat umfassen gem. § 90 (1) Abs. 1 AktG „die beabsichtigte Geschäftspolitik und andere grundsätzliche Fragen der Unternehmensplanung (insbesondere die Finanz-, Investitions- und Personalplanung)". Aus dieser Anforderung kann zweifelsohne die Notwendigkeit einer Unternehmensplanung abgeleitet werden, da der verpflichtende Bericht auf dieser basiert.[78]

Vor dem Hintergrund immer komplexer werdender Geschäftsmodelle und internationaler Vernetzungen kann ein strategisches Früherkennungssystem die Grundlage für die Existenzsicherung und die nachhaltige Wertsteigerung darstellen. Ein strategisches Früherkennungssystem muss definitionsgemäß prospektiv ausgerichtet sein und bietet damit einen weiteren Anknüpfungspunkt für die Unternehmensplanung. Der Gesetzgeber fordert seit der Verabschiedung des KonTraG[79] in § 91 (2) AktG „ein Überwachungssystem einzurichten, damit den Fortbestand der Gesellschaft gefährdende Entwicklungen früh erkannt werden".[80] Dieser Forderung kann mit einer Unternehmensplanung nachgekommen werden, die alle Bereiche und Konsequenzen integriert und quantitativ abbildet. Auch der DCGK sieht das Risikomanagement und -controlling als zentrale Aufgabe der Unternehmensführung, über die der Aufsichtsrat regelmäßig zu unterrichten ist.[81] Des Weiteren wird im Rahmen des externen Rechnungswesens die Notwendigkeit der Bereitstellung zukunftsbezogener Daten deutlich. Als Anknüpfungspunkt dient an dieser Stelle die Prognose im Lagebericht gem. § 289 (1) HGB bzw. § 315 (1) HGB.[82]

Die zwar wenig konkreten, aber an vielen Stellen des Regulierungsrahmens von Unternehmen auftretende Forderung nach zukunftsbezogenen Informationen und darauf

---

77 Vgl. Bertl/Fattinger (2010), S. 101. Auch wenn sich hier keine explizite Bestimmung zur Unternehmensplanung ableiten lässt, kann die Sorgfaltspflicht dahingehend interpretiert werden.

78 Vgl. Spindler (2014), Rn. 18.

79 Die allgemeinen Anforderungen des Gesetzes zur Kontrolle und Transparenz im Unternehmensbereich (KonTraG) werden vom Institut der Wirtschaftsprüfer im Prüfungsstandard 340 weiter präzisiert.

80 Siehe zur strategischen Planung als Grundlage des aktienrechtlich geforderten Früherkennungssystems Wurl/Mayer (2012), S. 530.

81 Vgl. Abschnitt 4.1.4 und 3.4 des DCGK.

82 Siehe ausführlich zur Prognose im Lagebericht nach DRS 20, Philipps (2013), S. 203 ff. Gegenstand der Prognose soll die Erläuterung der voraussichtlichen Entwicklungen und das Aufzeigen der zugrunde liegenden Chancen und Risiken sein. Zur Prüfung der Unternehmensplanung und Prognosen vgl. Picot (2014).

basierenden Risikoeinschätzungen kann als Mindestanforderung an das Risikomanagement verstanden werden.[83] Diese muss von der Unternehmensführung definitiv umgesetzt werden, damit sich bei unvorteilhaften Entwicklungen keine Schadensersatzansprüche ableiten lassen, die auch mit Verweis auf die Business Judgement Rule[84] Bestand hätten, da sie bereits durch eine formale Prüfung von objektiven Kriterien identifiziert werden könnten.

2.3.2 Ausgestaltung des Corporate Model

2.3.2.1 Ausgestaltung des Detailprognosezeitraumes

Das Corporate Model kann als mathematisches Planungsmodell charakterisiert werden, in dem das Unternehmen bzw. der Konzern in seiner Gesamtheit, d.h. unter Einbezug der leistungs- und finanzwirtschaftlichen Bereiche des vollständigen Unternehmensverbundes, abgebildet wird.[85] Intention der integrierten Planungsrechnung ist die Erfolgsprognose durch die Abbildung der zahlungs- und aufwandswirksamen Vorgänge, welche in den drei Unternehmensrechnungen Bilanz, Finanzplan sowie der Gewinn- und Verlustrechnung aggregiert werden.[86] Die Unternehmensplanung weist aus operativer Perspektive einen kurzfristigen Zeithorizont auf und ist durch einen hohen Detaillierungsgrad und der Bestimmung einzelner Budgets geprägt. Die strategische Planung betrachtet hingegen einen langfristigen Zeitraum von mindestens drei Perioden und verliert mit zunehmender Dauer an Differenziertheit.[87] Das Corporate Model und die damit verbundene Erfolgsprognose ist die Grundlage für weitere controllingspezifische Aufgaben,[88] die in dem Kontext dieser Arbeit vor allem in der Performanceplanung, -messung und -analyse zu sehen sind. Ebenfalls von besonderer Bedeutung ist das Corporate Model als Fundament für die Bewertung des Konzerns oder einzelner Bereiche, da die bewertungsrelevanten Erfolgsgrößen unter differenzierter Berücksichtigung der Besteuerung ermittelt werden können.[89] Die Corporate Strategy determiniert die zukünftigen unternehmerischen Tätigkeiten und bildet somit den Ausgangspunkt für die Planung der Umsatzerlöse und die dazugehörigen Implikationen des leistungs- und finanzwirtschaftlichen Bereichs. Die Umsatzerlöse werden

83 Vgl. Berger/Gleißner (2013), S. 525.
84 Vgl. Kapitel 4.1.2.3.2.
85 Vgl. zur integrierten Unternehmensplanung vor allem Chmielewicz (1976), Sp. 616 ff.; Dirrigl (1988), S. 174 ff.; Dolny (2003), S. 157 ff.
86 Vgl. Dirrigl (1988), S. 136 ff.
87 Vgl. Lachnit/Ammann (1992), S. 829.
88 Siehe bspw. für die Anwendung des IUP-Modells im Kontext von Auslandsinvestitionen Gavranovic (2013), S. 195 ff.
89 Vgl. grundlegend, trotz mehrfach überarbeitetem Steuersystem, Dirrigl (1988), S. 212 ff.

auf Grundlage der prognostizierten Absatzzahlen und -preise ermittelt und bilden, unter Beachtung etwaige Bestandsveränderungen, das Mengengerüst für die Planung der Produktion. Hauptziel der Produktionsplanung ist dabei die Synchronisierung der Fertigungskapazitäten, wodurch der Personalbestand, die Maschinenkapazitäten sowie die Roh-, Hilfs- und Betriebsstoffe effizient auf die Produktionsmenge abgestimmt werden können.[90] Darauf aufbauend werden die finanziellen Implikationen des leistungswirtschaftlichen Bereichs ermittelt. Die Planung des Finanzbereichs umfasst die Sicherstellung des finanziellen Gleichgewichts, sodass ein etwaiger Finanzmittelbedarf[91] durch die Aufnahme von Fremd- bzw. Eigenkapital[92] unter der Beachtung von etwaigen Finanzierungsrestriktionen[93] ausgeglichen wird. Nachdem die Finanzplanung abgeschlossen ist, können dann die Rechenwerke Bilanz, Finanzplan sowie Gewinn- und Verlustrechnung unter Berücksichtigung der steuerlichen Konsequenzen final aufgestellt werden und die bewertungsrelevanten Erfolgsgrößen ermittelt werden.

t	**1**	**2**	**3**	**4**	**5**
Umsatzwachstum (t)	2,33%	3,83%	4,17%	3,67%	0,00%
Materialeinsatz (GL)	25,33%	25,33%	26,00%	24,67%	25,67%
Personalaufwand (GL)	16,67%	17,00%	18,00%	19,00%	20,33%
Sonstiger Aufwand (GL)	7,17%	7,00%	7,83%	7,67%	8,00%
Bestand an RHB (Umsatz)	10,00%	10,00%	10,00%	10,00%	10,00%
Bestand an FE (Umsatz)	19,00%	19,00%	19,00%	19,00%	19,00%
Forderungen aus LuL (Umsatz)	10,00%	9,33%	9,67%	10,33%	10,33%
Verb. aus LuL (Umsatz)	10,00%	9,33%	9,67%	10,33%	10,33%
Gewerbesteuer	14,00%	14,00%	14,00%	14,00%	14,00%
Körperschaftsteuer	15,00%	15,00%	15,00%	15,00%	15,00%
Abgeltungssteuer	25,00%	25,00%	25,00%	25,00%	25,00%

Tabelle 1: Geplante Value Driver

Der Detaillierungsgrad des Corporate Model kann zweckadäquat gewählt werden, wobei im Folgenden eine Vereinfachung des ursprünglich auf Dirrigl zurückgehenden integrierten Unternehmensplanungsmodells Anwendung findet. Für die Erfolgsprognose wird zunächst auf das Value-Driver-Modell von Rappaport zurückgegriffen, welches

90 Vgl. Dirrigl (1988), S. 183 ff.

91 Bei einem Finanzmittelüberschuss kann hingegen eine Rückzahlung von Krediten, die Ausschüttung oder die Investition des Finanzmittelüberschusses erfolgen, vgl. Dirrigl (1988), S. 205.

92 Die Veräußerung nicht betriebsnotwendigen Vermögens, insbesondere von Wertpapieren bzw. Finanzanlagen, bildet in Abhängigkeit der daraus generierbaren Erträge eine Alternative zur Kapitalaufnahme. Vgl. Dirrigl (1988), S. 205 f.

93 Restriktionen können neben den absoluten Vorgaben zur maximalen Kreditaufnahme auch impliziten Charakter besitzen, bspw. im Rahmen von Covernants oder unter Berücksichtigung der Folgen für das Rating.

um die integrierte Betrachtungsweise von Bilanz, Finanzplan sowie der Gewinn- und Verlustrechnung erweitert wird.[94] Für das Beispielunternehmen[95] sind die Value Driver für den Detailprognosezeitraum t_1 bis t_5 bestimmt. Die Planung der (Des-)Investitionen, der Abschreibungen sowie der Finanzierungspolitik sind der folgenden Tabelle zu entnehmen:

t	1	2	3	4	5
Investition SAV	2.000,00	3.500,00	4.000,00	4.500,00	3.000,00
Abschreibungen SAV	1.500,00	2.000,00	2.500,00	3.000,00	3.000,00
Desinvestitionen	0,00	0,00	0,00	0,00	0,00
Zinsen	4,00%	4,00%	4,00%	4,00%	4,00%
Kreditaufnahme	0,00	0,00	0,00	1.000,00	0,00
Kredittilgung	2.000,00	0,00	1.500,00	0,00	0,00

Tabelle 2: Planung der Investitionen, Abschreibungen und Finanzierungspolitik

Die Erfolgsrechnung ergibt sich unter Berücksichtigung der Value Driver und Abschreibungen als:

t	0	1	2	3	4	5
Umsatz	18.000,00	18.420,00	19.126,10	19.923,02	20.653,53	20.653,53
Bestandsveränderung FE		-0,20	134,16	151,41	138,80	0,00
Gesamtleistung		18.419,80	19.260,26	20.074,44	20.792,33	20.653,53
Materialeinsatz		4.666,35	4.879,27	5.219,35	5.128,77	5.301,07
Personalaufwand		3.069,97	3.274,24	3.613,40	3.950,54	4.199,55
Sonstiger Aufwand		1.320,09	1.348,22	1.572,50	1.594,08	1.652,28
EBITDA		**9.363,40**	**9.758,53**	**9.669,19**	**10.118,93**	**9.500,62**
Abschreibung		1.500,00	2.000,00	2.500,00	3.000,00	3.000,00
EBIT		**7.863,40**	**7.758,53**	**7.169,19**	**7.118,93**	**6.500,62**
Zinsen		480,00	400,00	400,00	340,00	380,00
EBT		7.383,40	7.358,53	6.769,19	6.778,93	6.120,62
BMG (KSt)		7.383,40	7.358,53	6.769,19	6.778,93	6.120,62
Körperschaftsteuer		1.107,51	1.103,78	1.015,38	1.016,84	918,09
BMG (GewSt)		7.503,40	7.458,53	6.869,19	6.863,93	6.215,62
Gewerbesteuer		1.050,48	1.044,19	961,69	960,95	870,19
Ergebnis nach Un.steuern		5.238,50	5.222,17	4.809,72	4.818,80	4.353,65

Tabelle 3: Erfolgsplanung

94 Dieser Ansatz geht auf die Empfehlung von Henselmann (1999), S. 511 ff. zurück und findet bspw. auch bei Schumann (2008), S. 61 ff. für die bereichsbezogene Erfolgsprognose Anwendung.

95 Die vollständige Planung kann der Anlage 2 entnommen werden.

Für die Bilanzplanung wird dabei auf eine vereinfachte Darstellung zurückgegriffen

t	0	1	2	3	4	5
Sachanlagen	22.000,00	22.500,00	24.000,00	25.500,00	27.000,00	27.000,00
RHB	2.000,00	1.842,00	1.912,61	1.992,30	2.065,35	2.065,35
Fertige Erzeugnisse	3.500,00	3.499,80	3.633,96	3.785,37	3.924,17	3.924,17
FLL	2.500,00	1.842,00	1.785,10	1.925,89	2.134,20	2.134,20
Summe Aktiva	**30.000,00**	**29.683,80**	**31.331,67**	**33.203,57**	**35.123,72**	**35.123,72**
Eigenkapital	17.000,00	17.841,80	19.546,57	22.777,68	23.489,52	23.489,52
Finanzkredite	12.000,00	10.000,00	10.000,00	8.500,00	9.500,00	9.500,00
VLL	1.000,00	1.842,00	1.785,10	1.925,89	2.134,20	2.134,20
Summe Passiva	**30.000,00**	**29.683,80**	**31.331,67**	**33.203,57**	**35.123,72**	**35.123,72**

Tabelle 4: Bilanzplanung

t	1	2	3	4	5
Investition SAV	2.000,00	3.500,00	4.000,00	4.500,00	3.000,00
Investition UV					
· Zunahme RHB	0,00	70,61	79,69	73,05	0,00
· Zunahme FE	0,00	134,16	151,41	138,80	0,00
· Zunahme FLL	0,00	0,00	140,79	208,31	0,00
· Abnahme VLL	0,00	56,90	0,00	0,00	0,00
Tilgung FK	2.000,00	0,00	1.500,00	0,00	0,00
Ausschüttung	4.383,61	3.505,79	1.561,02	4.089,29	4.332,34
Mittelverwendung	**8.383,61**	**7.267,45**	**7.432,91**	**9.009,45**	**7.332,34**
Desinvestitionen SAV	0,00	0,00	0,00	0,00	0,00
Desinvestitionen UV					
· Abnahme RHB	158,00	0,00	0,00	0,00	0,00
· Abnahme FE	0,20	0,00	0,00	0,00	0,00
· Abnahme FLL	658,00	56,90	0,00	0,00	0,00
· Zunahme VLL	842,00	0,00	140,79	208,31	0,00
EBIT	7.863,40	7.758,53	7.169,19	7.118,93	6.500,62
Abschreibung	1.500,00	2.000,00	2.500,00	3.000,00	3.000,00
Cash Flow vor Zinsen und Steuern	9.363,40	9.758,53	9.669,19	10.118,93	9.500,62
Zinsen	480,00	400,00	400,00	340,00	380,00
Gewerbesteuer	1.050,48	1.044,19	961,69	960,95	870,19
Körperschaftsteuer	1.107,51	1.103,78	1.015,38	1.016,84	918,09
Cash Flow	6.725,41	7.210,56	7.292,12	7.801,14	7.332,34
Aufnahme FK	0,00	0,00	0,00	1.000,00	0,00
Einlagen	0,00	0,00	0,00	0,00	0,00
Mittelherkunft	**8.383,61**	**7.267,45**	**7.432,91**	**9.009,45**	**7.332,34**

Tablle 5: Finanzplanung

Aufbauend auf der Erfolgs- und Bilanzplanung wird dann der Finanzplan erstellt, wobei die Ausschüttungen nachgeordnet bestimmt werden, da durch die Vorgabe des optimalen Investitionsprogramms und der durch die Finanzierungspolitik bedingten Zahlungsströme mit den Fremdkapitalgebern eine Priorisierung der Zahlungsmittelverwendung erfolgt.[96]

2.3.2.2 Ausgestaltung der Restwertphase

Im Rahmen von Unternehmensbewertungen wird unabhängig von der gewählten Bewertungsmethode von einem unendlichen Zeithorizont ausgegangen und somit eine Ewigkeitsprämisse unterstellt.[97] Der in der vorangegangenen Planung betrachtete Zeitraum von 5 Jahren kann für eine umfassende Unternehmensplanung als nicht ausreichend angesehen werden, sofern der darauf folgende Zeitraum keine weitere Beachtung erfährt. Daher stellt sich unweigerlich die Frage, wie die Ewigkeitsprämisse im Rahmen der Planung der bewertungsrelevanten Erfolgsgrößen berücksichtigt werden kann, wobei grundsätzlich zwischen Zwei- und Drei-Phasenmodellen differenziert wird.[98]

Die trivialste und daher wohl auch populärste Möglichkeit der Berücksichtigung der Unendlichkeitsprämisse ist die Annahme der ewig konstanten Rente, die anschließend an die Detailprognose zu einem Zwei-Phasenmodell führt.[99] Dabei wird die letzte Periode der Detailprognosephase als repräsentativ für alle nachfolgenden Perioden erachtet und somit als ewige Rente berücksichtigt. Durch einfache Modifikationen kann dieses Zwei-Phasenmodell um eine (konstante) Wachstumskomponente erweitert werden. Zunächst ist dabei die Ursache des Wachstums zu identifizieren, wobei zwischen internen und externen Wachstumsfaktoren differenziert werden kann.[100] Als exogenes bzw. autonomes Wachstum kann in diesem Kontext inflationsbedingtes Wachstum angesehen werden, wodurch implizit angenommen wird, dass eine vollständige Überwälzung von Preissteigerungen der Produktionsfaktoren auf den Kunden möglich ist.[101] Neben dem exogenen Wachstum kann ein Unternehmen auch

96 Vgl. Braun (2005), S. 149.

97 Siehe zur theoretischen Fundierung der Unendlichkeitsprämisse und daraus resultierenden Kritik Kruschwitz/Löffler (1998), S. 1041 ff.

98 Das Ein-Phasenmodell, welches auf dem Konzept des informativen Gewinns basiert, soll hier nicht thematisiert werden. Siehe hierzu Streim et al. (2007), S. 25 ff. und Haaker (2008), S. 275 ff.

99 Vgl. Henselmann (1999), S. 119.

100 Vgl. Beyer (2008), S. 257.

101 Siehe für eine ausführliche Analyse der Berücksichtigung des inflationsbedingten Wachstums im Rahmen der Unternehmensbewertung vor allem Dreher (2010), S. 240 ff., der darauf verweist,

durch die Investition einbehaltener Überschüsse wachsen, wenn diese eine Rendite erwirtschaften, die die Renditeforderung der Eigenkapitalgeber übertrifft.[102] Diese Erweiterungsinvestitionen können dabei auch steuerlich motiviert sein, da durch die Thesaurierung die Steuerlast der Anteilseigner in die Zukunft verlagert werden kann.[103] Grundsätzlich erscheint es allerdings fraglich, ob eine dauerhafte Rendite über den Eigenkapitalkosten realisiert werden kann. Ausgehend von dem strategietheoretischen Konzept der marked based view, welche das Abschmelzen von Übergewinnen im Zeitablauf aufgrund wettbewerbsbedingter Konvergenzmechanismen impliziert,[104] kann nach der Detailprognosephase eine Konvergenzphase zwischengeschaltet werden.[105] Die an die Konvergenzphase anschließende ewige Rente ohne Überrenditen[106] begründet dann die Bezeichnung eines Drei-Phasenmodells.[107] Neben den Vorbehalten eines ewigen autonomen Wachstums ohne zusätzliche Finanzmöglichkeiten aus der Perspektive der marked based view erscheint die Erweiterung des Planungsmodells um eine Konvergenzphase vor allem aus Plausibilitätsgründen vorteilhaft.[108] Die Konvergenzphase kann dabei derartig modelliert werden, dass die Überrendite innerhalb der gewählten Zeitspanne $(t_0 - t_n)$ sukzessive abnimmt und sich bei einer linearen Anpassung der periodenspezifischen Wachstumsrate (w_i) ergibt als:[109]

$$w_i = w_0 - (w_0 - w_n) \times \frac{t_i - t_0}{t_n - t_0} \qquad \text{2-1}$$

Wird hingegen die Ausrichtung des ressource based view vertreten, so kann ein Unternehmen nicht abnehmende Übergewinne realisieren und dauerhaft wachsen.[110] Begründet wird dieses profitable Wachstum durch unternehmens- bzw. managementspezifische Wettbewerbsvorteile, die auch in der betrachteten Branche aufgrund fehlender

---

dass die Unternehmensbewertung auf Grundlage nominaler und realer Größen zu den gleichen Ergebnissen führen muss. Vgl. Dreher (2010), S. 240.

102 Basiert die Erfolgsgröße auf historischen Anschaffungskosten, so ist eine Thesaurierung auch für Erhaltungsinvestitionen notwendig, da der Ersatz von abgenutzten Vermögensgegenständen mit Investitionen verbunden ist, die die Abschreibungen übersteigen. Wird hingegen auf Wiederbeschaffungswerte abgestellt, so ist die Innenfinanzierung der Ersatzinvestitionen aus Abschreibungen möglich. Vgl. Dreher (2010), S. 239 f. m.w.N.

103 Vgl. Wiese (2005), S. 620.

104 Vgl. Weiler (2005), S. 72.

105 Vgl. Dirrigl (1988), S. 167; Henselmann (1999), S. 121.

106 Vgl. Dirrigl (2009), S. 87 ff., der dieses Vorgehen im Kontext von marktorientierten Bewertungsanlässen empfiehlt.

107 Vgl. Dirrigl (2004b), S. 119.

108 Vgl. Dreher (2010), S. 240., der darüber hinaus bezweifelt, ob eine kapitalwertneutrale Wiederanlagerendite über einen unendlichen Zeitraum generiert werden kann. Vgl. Dreher (2010), S. 240.

109 Vgl. Dolny (2003), S. 197.

110 Vgl. Weiler (2005), S. 75 ff. m.w.N.

Wettbewerber begründet sein können. Es kann somit konstatiert werden, dass eine Erweiterung des Planungsmodells um eine Konvergenzphase den Werteinfluss der ewigen Rente reduziert und eine höhere Differenzierung und bessere Nachvollziehbarkeit der Bewertung ermöglicht.[111] Welche strategietheoretische Sichtweise bei der Erfolgsprognose zugrunde gelegt wird, muss durch eine Analyse des Unternehmens sowie der Branchen- und Marktstrukturen fundiert werden, wobei grundsätzlich auch Mischformen denkbar sind.[112]

2.4 Risikoberücksichtigung

2.4.1 Notwendigkeit der Früherkennung und des Risikocontrolling

Die frühzeitige Identifikation von exogenen und endogenen Risiken sowie die Entwicklung geeigneter Gegenmaßnahmen können für ein Unternehmen einen maßgeblichen Wettbewerbsvorteil begründen und sogar existenzsichernd wirken. Dieser Logik folgend hat der Gesetzgeber durch die Einführung des KonTraG[113] eine verpflichtende Grundlage zur Früherkennung von gefährdenden Entwicklungen für die jeweilige Geschäftstätigkeit geschaffen.[114] Wird die bei der Vergütung postulierte Nachhaltigkeit als Zukunftsfähigkeit eines Unternehmens unter Berücksichtigung der Risiken definiert,[115] dann bietet auch die Vorstandsvergütung einen Anknüpfungspunkt für das Risikocontrolling. Das vom Gesetzgerber geforderte Früherkennungssystem[116] kann, anknüpfend an die im Controlling vorherrschende Aufgabendifferenzierung[117], aus strategischer Perspektive als qualitative Informationsverarbeitung zur Identifizierung von Diskontinuitäten auf Basis von Signalen bzw. Indikatoren definiert werden.[118] Die operative Früherkennung basiert hingegen tendenziell auf quantitativen Bezugsgrößen wie Kennzahlen und Hochrechnungen.[119] Diese Differenzierung macht den Bezug zur Unternehmensplanung auf der Grundlage des Corporate Model deutlich, welche

---

111 Vgl. Dolny (2003), S. 200.

112 Vgl. Weiler (2005), S. 72.

113 Die Definition im Gesetzestext § 91 Abs. 2 AktG bezieht sich nur auf negative Abweichungen, sodass im Rahmen der Früherkennung vor allem diese berücksichtigt werden sollten. Vgl. Füser/Gleißner/Meier (1999), S. 754.

114 Dabei spricht Krystek (2007) von einer „großen Erwartungslücke zwischen Anspruch und Wirklichkeit" im Hinblick auf die Anforderungen des Gesetzgebers. Dies wird mit einem Wissensdefizit hinsichtlich der Potentiale und der konzeptionellen Ausgestaltung von strategischen Früherkennungssystemen sowie der Abgrenzung zur operativen Früherkennung begründet. Vgl. Krystek (2007), S. 50.

115 Siehe zur definitorischen Abgrenzung der Nachhaltigkeit im Rahmen der Vorstandsvergütung Kapitel 4.3.3.2.

116 Siehe zu einer ausführlichen definitorischen Abgrenzung Krystek (2007), S. 50 f. sowie Hammer (2013), S. 528 ff.

117 Für den Beitrag des Controlling zur strategischen Früherkennung vgl. Schäffer/ Heidmann (2007).

118 Vgl. Krystek (2007), S. 52 f.

119 Vgl. Krystek (2007), S. 51.

folglich die Grundlage des Früherkennungssystems darstellt.[120] Grundsätzlich können drei Stufen innerhalb des Früherkennungssystems unterschieden werden.

Die erste Stufe umfasst die Analyse von retrospektiven Kennzahlen hinsichtlich der möglichen Rückschlüsse aus diesen Informationen auf zukünftige Entwicklungen.[121] Eine prospektive Sichtweise kann hier, wenn auch nur begrenzt,[122] bei der Bestimmung von Soll-Wird-Vergleichen eingenommen werden, die die üblichen Soll-Ist-Vergleiche um eine Interpolation[123] erweitern.[124] Die zweite Stufe erweitert diese Analyse um eine zukunftsorientierte Identifikation von geeigneten Indikatoren.[125] Die für die Prognose latenter Chancen und Risiken benötigten Indizien sollten auf Veränderungen in der Umwelt des Unternehmens reagieren und können auch qualitativ sein.[126]

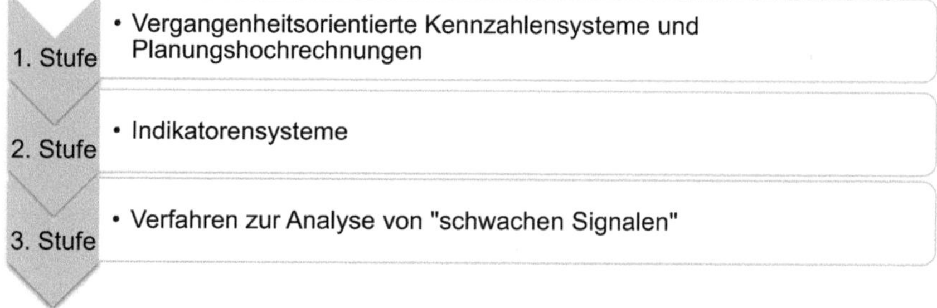

Abbildung 7: Drei Stufen von Früherkennungssystemen

Die dritte Stufe der Früherkennungssysteme umfasst die Analyse „schwacher Signale“ [127], die insbesondere der Identifizierung von Diskontinuitäten und Strukturbrüchen

---

120 Vgl. Krystek (2007), S. 51. Für die Portfolioanalyse als Instrument der Früherkennung, vgl. Kirsch/Trux (1979), S. 55 ff.

121 Vgl. Schäffer/Heidmann (2007), S. 66. Zusätzlich können unternehmensexterne Daten ergänzend hinzugezogen werden und somit bei der Interpretation, bspw. bei der Bestimmung des Insolvenzrisikos, zur Plausibilisierung herangezogen werden. Vgl. Schäffer/Heidmann (2007). Siehe auch Baum/Coenenberg/Günther (2013), S. 372 ff.

122 Der Soll-Wird-Vergleich bezieht sich dabei auf die operative Planung. Die Anpas-sungen im Rahmen der strategischen Planung basieren auf den Erkenntnissen der zweiten und dritten Stufe.

123 Vgl. für einen alternativen Ansatz auf Grundlage der Heuristik, Neth (2014), S. 43 ff.

124 Vgl. Krystek (2007), S. 51. Diese Vergleiche bilden zudem den Anknüpfungspunkt für eine ursachendifferenzierende Abweichungsanalyse.

125 Vgl. Baum/Coenenberg/Günther (2013), S. 374.

126 Vgl. Krystek (2007), S. 51.

127 Vgl. Ansoff (1976), S. 129 ff. Diese Signale können Aktivitäten von Wettbewerbern, Markt- bzw. Trendveränderungen oder auch technologische Fortschritte sein. Vgl. Krystek/Müller-Stewens (1999), S. 498 f. Für eine weitergehende Darstellung möglicher Indikatoren sowie grundsätzlich zu den Merkmalen von schwachen Signalen, vgl. Liebl (1996), S. 12 ff. Die Erklärung der Ausbreitung neuer Trends, in Form von Verhaltensweisen und Meinungen, kann dabei über Diffusionsmodelle erfolgen, vgl. hierzu Krampe/Müller (1981), S. 391 ff.

dient.[128] Die aus der Früherkennung gewonnenen Informationen werden im Rahmen der Risikoanalyse quantifiziert, sofern dies möglich ist, und können so das zugrunde liegende Risiko abbilden. Eine Risikosituation ist dadurch gekennzeichnet, dass mehr als ein Umweltzustand in Betracht kommt und diesem eine objektive oder subjektive Eintrittswahrscheinlichkeit zugeordnet werden kann.[129] Liegt hingegen eine Ungewissheitssituation vor, so sind die Eintrittswahrscheinlichkeiten der zukünftigen Umweltzustände nicht bekannt. Ist zudem keine Kenntnis der möglichen Umweltzustände vorhanden, dann wird dies als Situation unter Unsicherheit definiert, für die keine Quantifizierung möglich ist.[130]

Den Bezugsrahmen für die Risikoanalyse bildet die Unternehmensplanung und somit die mit den gegenwärtigen und zukünftig geplanten Geschäften verbundenen Risikopotentiale.[131] Ausgehend von der Identifikation und Differenzierung exogener und endogener Risiken muss eine Quantifizierung hinsichtlich der zugrunde liegenden Wahrscheinlichkeiten und Risikodimensionen erfolgen, damit geeignete Maßnahmen im Rahmen der Risikosteuerung identifiziert werden können. Für diese Zwecke sollte zunächst eine Aggregation der Einzelrisiken auf Konzernebene erfolgen, sodass kompensatorische Effekte wirken können und nur die auf Konzernebene verbleibenden Risiken Gegenstand des Risikomanagements werden.[132] Diese Vorgehensweise im Rahmen der strategischen Optimierungsausrichtung ermöglicht eine effiziente Realisation der potentiellen Wertbeiträge aus der Diversifikation. Ziel der Risikoanalyse ist, eine Wahrscheinlichkeitsverteilung bzw. Lagemaß und statistische Streuungsparameter der abhängigen Zielgröße aus den unabhängigen Einflussfaktoren zu generieren, für die in einem ersten Schritt Wahrscheinlichkeitsverteilungen aus den verfügbaren Informationen bestimmt werden, so dass das Risiko transparent dargestellt werden kann.[133]

---

128 Vgl. Schäffer/Heidmann (2007), S. 66 f. und ausführlich Baum/Coenenberg/Günther (2013), S. 379 ff.

129 Siehe zur definitorischen Abgrenzung der Risiko-, Ungewissheits- oder Unsicherheitssituation statt vieler, Dreher (2010), S. 67 f. m.w.N.

130 Vgl. grundlegend Knight (1971) sowie Bitz (1981), S. 14.

131 Vgl. Füser/Gleißner/Meier (1999), S. 753.

132 Dabei ist zu beachten, „dass Unternehmen jene Risiken bewusst eingehen sollten, bei denen durch gezieltes Management Wettbewerbsvorteile erreicht und entsprechend angemessene Erträge erwirtschaftet werden können." Füser/Gleißner/Meier (1999), S. 753.

133 Vgl. Dreher (2010), S. 68 f.

Die bisherigen Ausführungen machen deutlich, dass die Unsicherheiten der zukünftigen Entwicklung im Rahmen der Unternehmensplanung berücksichtigt werden müssen und eine kontinuierliche Überprüfung und ggf. eine Anpassung der Planungsprämissen notwendig ist. Grundlage für ein derartiges Vorgehen ist zunächst die Unternehmensplanung, die dahingehend zu erweitern ist, dass eine Berücksichtigung des Risikos erfolgt. Das strategische Controlling bietet in diesem Kontext die notwendige Expertise, Diskontinuitäten und Risiken im Rahmen der Unternehmensplanung auf Basis der Stochastifizierung im Kontext der Szenarioanalyse und Risikosimulation zu quantifizieren.[134]

2.4.2 Stochastifizierung des Corporate Model

2.4.2.1 Szenario-Analyse

Die Verknüpfung der im Rahmen der strategischen Früherkennung identifizierten Sachverhalte und des Risikocontrolling mit dem Corporate Model kann durch die Szenariotechnik erfolgen,[135] wodurch eine nachhaltige und zukunftsorientierte Unternehmensführung auf Basis einer langfristigen und risikoabbildenden Unternehmensplanung ermöglicht wird.[136] Die Szenariotechnik integriert quantitative und qualitative Prognosen und aggregiert somit die Informationen über zukünftige Entwicklungen im Rahmen der strategischen Planung und Früherkennung.[137] Dieses Vorgehen ist aufgrund ihrer verhältnismäßig geringen Komplexität sowie einfachen Implementierung in Theorie und Praxis von hoher Relevanz[138] und bietet gegenüber der einwertigen Prognose eine höhere Güte der Transparenz.

Die Szenariotechnik kann als ein mehrwertiges Prognoseverfahren definiert werden, bei der eine diskrete Anzahl an alternativen Zukunftsentwicklungen modelliert wird, um das Risiko der zukünftigen Entwicklung abzubilden.[139] Die Intention dieses Vorgehens

---

[134] Vgl. Welge/Eulerich (2007), S. 71. Dieser Meinung folgend, fasst Hammer (2013), S. 533 die Zusammenhänge zutreffend zusammen: „Strategische Unternehmensführung ist auf die langfristige und nachhaltige Existenzsicherung und eine langfristige und nachhaltige Wertsteigerung des Unternehmens in quantitativer und qualitativer Hinsicht hin ausgerichtet. Beides geht nicht ohne die professionelle Wahrnehmung der strategischen Früherkennung und des strategischen Controllings".

[135] Vgl. Krystek (2007), S. 56. Darüber hinaus kann die Szenariotechnik als Instrument der strategischen Unternehmensführung fruchtbar gemacht werden. Vgl. Gausemeier/Grote (2012), S. 516 ff.

[136] Vgl. Welge/Eulerich (2007), S. 71.

[137] Vgl. Welge/Eulerich (2007), S. 70.

[138] Vgl. Pellens/Tomasczewski/Weber (2000), S. 1828.

[139] Vgl. Götze (1993), S. 71 ff.; Dolny (2003), S. 211 ff.; Grant/Nippa (2006), S. 403 ff.; Welge/Eulerich (2007), S. 69 ff.; Dreher (2010), S. 69 f.; Gavranovic (2013), S. 24 f. m.w.N.

kann in der fundierten Unterstützung strategischer Entscheidungen und in der kontinuierlichen Strategieüberprüfung durch den Einbezug neuer Informationen gesehen werden.[140] Ein Szenario kann dabei als möglicher Zukunftszustand definiert werden, indem allen Einflussfaktoren ein diskreter Wert zugewiesen wird.[141] Üblicherweise werden im Rahmen der strategischen Unternehmensplanung drei Szenarien geplant, die die mögliche Bandbreite an zukünftigen Entwicklungen abbilden sollen. Ausgehend von einem Trendszenario („base case“) werden ein positives („best case“) und ein negatives („worst case“) Extremszenario entwickelt, die auf dem sog. Szenariotrichter basieren.[142]

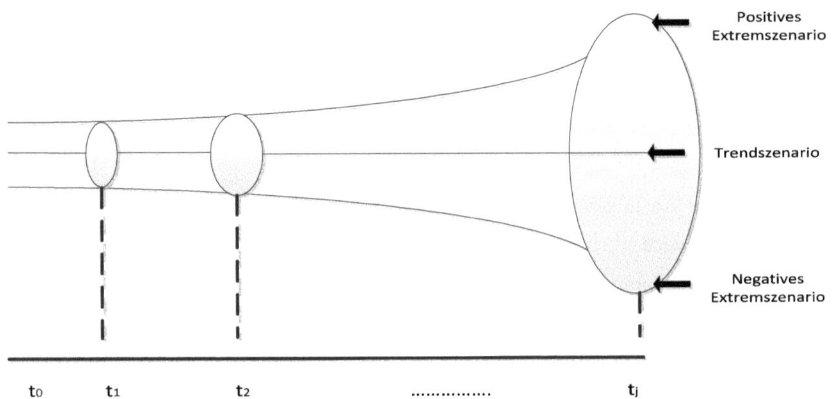

Abbildung 8: Trichter-Modell in der Szenariotechnik

Die Differenz aus dem negativen Extremszenario und dem Trendszenario sowie aus dem Trendszenario und dem positiven Extremszenario bildet dabei die Grundlage für eine Differenzierung des Wachstums in der Detailprognosephase.[143] Das allgemeine Erfolgsniveau wächst in dieser Phase mit der Wachstumsrate w. Aufgrund des im Zeitablauf zunehmenden Prognoserisikos kann eine zusätzliche Wachstumsrate wr der Extremszenarien unterstellt werden, wodurch sich die bewertungsrelevante Risikomenge erhöht.[144] Die kombinierte Risikowachstumsrate entspricht somit dem folgenden Ausdruck:[145]

---

140 Vgl. Welge/Eulerich (2007), S. 70.

141 Vgl. Alfs (2015), S. 144 ff.

142 Vgl. Dolny (2003), S. 212. Alternativ können bei entsprechender Informationslage auch explizit Szenarien definiert werden, vgl. Broetzmann/Goetz (2010), S. 262 ff.

143 Siehe hierzu Dirrigl (2004a), S. 13 ff., der darauf verweist, dass sich insbesondere die Dreiecksverteilung als stetiger Verteilungstypus für die hier skizzierte Methodik des Szenariotrichters eignet.

144 Vgl. Dreher (2010), S. 70 f.

145 Vgl. Dirrigl (2004), S. 15.

$$(1 + wrk) = (1 + w) \times (1 + wr) \qquad 2\text{-}2$$

Bei Anwendung der Szenariotechnik ist es zudem möglich Trend- bzw. Strukturbrüche zu erfassen, sodass sich der Verlauf entsprechend verändert.[146] Die Szenariotechnik stellt eine Möglichkeit dar, die Risikostruktur offenzulegen. Durch die Ermittlung der Eintrittswahrscheinlichkeiten der Szenarien können die Risikomaße und somit die Risikomenge bestimmt werden. Für die Verknüpfung der Szenariotechnik mit Planungs- bzw. Prognosemodellen bieten sich vielfältige Anknüpfungspunkte, wie das IUP-Modell,[147] die Wertsteigerungsanalyse von Rappaport[148] oder auch die Projektplanung[149]. Wenn die zugrunde liegenden Werttreiber nicht einer diskreten Wahrscheinlichkeitsverteilung oder einer einheitlichen Beta- bzw. Dreiecksverteilung entsprechen,[150] kann alternativ eine flexible Modellierung der Einflussparameter durch unterschiedliche Wahrscheinlichkeitsverteilungen die Güte der Risikoanalyse erhöhen. Dieser Anforderung wird die im Folgenden dargestellte Risikosimulation gerecht.

2.4.2.2 Risikosimulation

Das Ziel einer Risikosimulation im Sinne der Monte-Carlo-Simulation ist die Ermittlung der Wahrscheinlichkeitsverteilung der interessierenden Zielgröße, die in diesem Kontext auch als abhängige Variable bezeichnet werden kann und durch die zugrunde liegenden Verteilungsannahmen der unsicheren Einflussgrößen determiniert wird.[151] Die mit Unsicherheit behafteten unabhängigen Variablen entsprechen dabei den Einzelrisiken, die im Kontext der Risikosimulation unter Beachtung etwaiger Interdependenzen innerhalb des zu simulierenden Modells aggregiert werden und so die Risikostruktur offenlegen.[152] Grundsätzlich kann das Vorgehen bei der Risikosimulation als sukzessives Verfahren angesehen werden, das einem bestimmten Ablauf folgt.[153]

---

146 Vgl. Welge/Eulerich (2007), S. 70.

147 Vgl. Dolny (2003), S. 211 ff.

148 Schumann (2008) verknüpft die Value-Driver basierte integrierte Planungsrechnung mit der Szenariotechnik bei der Konzeption einer Beispielsrechnung. Vgl. Schumann (2008), S. 61 ff.

149 Siehe zu einer derartigen Umsetzung Dirrigl (1998b), S. 556 ff.; Dirrigl (2009), S. 27 ff.

150 Vgl. Dirrigl (2002), Sp. 422 f.; Dirrigl (2004b), S. 110 ff.

151 Vgl. Troßmann (1998), S. 360 ff.; Dolny (2003), S. 204; von Weizsäcker/Krempel (2004), S. 811; Gleißner (2011), S. 165. Sowie zur Verwendung der Risikosimulation in DAX und MDAX Klatt/Möller/Pöting (2010).

152 Vgl. Gavranovic (2013), S. 26 f.

153 Eine Darstellung der Risikosimulation im Kontext praktischer Umsetzungsprobleme liefern Kanacher/Rademacher/Werners (2010).

Zunächst muss die interessierende Zielgröße des Planungsmodells definiert werden. In dem hier betrachteten Kontext kann dies entweder der Kapitalwert bzw. Unternehmenswert oder der bewertungsrelevante und periodenspezifische Cashflow sein.[154] Darauf aufbauend werden dann die Einflussfaktoren der Zielgröße identifiziert und hinsichtlich ihrer Risikobehaftung differenziert,[155] wobei das Aggregationsniveau der Einflussfaktoren fallweise bestimmt werden kann.[156] Die Ermittlung der Wahrscheinlichkeitsverteilung für die Einflussfaktoren erfolgt in einem nächsten Schritt. Für die Generierung dieser Informationen bieten sich unterschiedliche Vorgehensweisen an, bspw. können Vergangenheitsdaten analysiert und Expertenschätzungen hinzugezogen werden.[157] Nicht empirisch fundierten Wahrscheinlichkeitsverteilungen wird in der Literatur das Attribut „subjektiv" zugeordnet,[158] da neben dem Verteilungstyp auch die Verteilungsparameter geschätzt werden müssen. In der Literatur werden für die subjektiven Wahrscheinlichkeitsverteilungen vor allem die Normal-, Binomial-, Gleich-, (spezielle)[159] Beta- und Dreiecksverteilung propagiert.[160] Die Normalverteilung kann für verteilungsorientierte Risiken verwendet werden, da die Summe der vielen Einzelstörungen gemäß zentralem Grenzwertsatz gegen diese Verteilung konvergiert.[161] Hingegen bietet sich für ereignisorientierte Risiken die Verwendung einer binären Binomialverteilung an.[162] Die Gleichverteilung findet insbesondere bei einem geringen Informationsstand Anwendung, da nur die Bandbreite der möglichen Ausprägungen bekannt sein muss, ohne die dazugehörigen Wahrscheinlichkeiten.[163] Für die in dieser Arbeit verwendete Beispielrechnung erfolgt eine Konzentration auf die Dreiecks- und

---

154 Ob ein Gegenwartswert oder ein periodenspezifischer Wert betrachtet wird, muss im Rahmen der Konzepte zur Risikoaggregation entschieden werden.

155 Sichere Planungsgrößen gehen ebenfalls in das Simulationsmodell ein, sind aber als Konstante anzusehen und haben daher zwar Auswirkungen auf das Niveau der Zielgröße, nicht aber auf das Risiko. Für einen Überblick der Benchmarkwerte von Risiken deutscher Unternehmen unterschiedlicher Branchen vgl. Gleißner/Grundmann (2008).

156 Aus Wirtschaftlichkeitsgründen kann eine Fokussierung auf die wichtigsten Einflussgrößen erfolgen. Sensitivitätsanalysen oder Rangordnungskoeffizienten bieten in diesem Kontext die Möglichkeit, eine Priorisierung vorzunehmen. Vgl. Dolny (2003), S. 206.

157 Bei empirisch fundierten Informationen über die Wahrscheinlichkeitsverteilung der Einflussfaktoren, kann auf statistische Analysemethoden, wie dem χ^2-Anpassungstest, zurückgegriffen werden. Die so gewonnen Informationen werden als objektive Wahrscheinlichkeitsverteilungen bezeichnet. Vgl. Dreher (2010), S. 71 f. m.w.N.

158 Vgl. für eine Differenzierung von subjektiven und objektiven Wahrscheinlichkeiten Eisenführ/Weber/Langer (2010), S. 178 ff.

159 Vgl. zur speziellen Betaverteilung Dirrigl (2002), Sp. 422; Rosenkranz/Missler-Behr (2005), S. 229.

160 Für Einflussfaktoren die nur positive Werte annehmen können, kommt zudem die Lognormalverteilung in Betracht.

161 Vgl. Gleißner (2004), S. 355.

162 Hier kommen Risiken in Betracht, bei denen die quantitative Ausprägung feststeht, nicht aber, ob diese eintreten oder nicht. Vgl. Gleißner (2004), S. 355.

163 Vgl. Willeke (1998), S. 1153.

(spezielle) Betaverteilung, da diese eine flexible Modellierung bei einem überschaubaren Informationsstand ermöglichen.[164] Darüber hinaus wird auch die Gleichverteilung für einzelne Value Driver herangezogen. Die Verteilungsannahmen der Value Driver des Planungsmodells aus dem vorherigen Kapitel sind der folgenden Tabelle zu entnehmen.[165]

	Verteilung	1. Verteilungs-parameter	2. Verteilungs-parameter	3. Verteilungs-parameter	4. Verteilungs-parameter
Umsatz-wachstum	PERT	a = -11,00%	H = 3,00%	b = 13,00%	-
Material-aufwand	Dreieck-verteilung	a = 18,00%	H = 25,00%	b = 33,00%	-
Personal-aufwand	Beta	a = 12,00%	b = 26,00%	$\alpha(1) = 2$	$\alpha(2) = 4$
Sonstiger Aufwand	PERT	a = 4,00%	H = 6,00%	b = 15,00%	-
Bestand an RHB	Gleich-verteilung	a = 8,00%	b = 12,00%	-	-
Bestand an FE	Gleich-verteilung	a = 16,00%	b = 22,00%	-	-
Forderungen aus LuL	Dreieck-verteilung	a = 5,00%	H = 10,00%	b = 15,00%	-
Verb. aus LuL	Dreieck-verteilung	a = 5,00%	H = 10,00%	b = 15,00%	-

Tabelle 6: Verteilungsannahmen des Planungsmodells

Die Berücksichtigung möglicher Abhängigkeitsbeziehungen der Einflussfaktoren untereinander und die damit gegebene stochastische Abhängigkeit kann durch die Definition von Korrelationskoeffizienten in dem Planungsmodell erfolgen. Die Korrelationen des Planungsmodells können durch logisch-kausale Zusammenhänge bestimmt werden. Beispielsweise kann der Personalaufwand als größtenteils fix angesehen werden, wodurch eine negative Korrelation mit dem Umsatz vorliegt. Bei einem hohen Umsatzniveau wird der Personalaufwand prozentual zum Umsatz einen geringeren Wert aufweisen und bei einem geringen Umsatzniveau gilt dieser Zusammenhang vice versa. Beispielhaft werden für das hier betrachtete Planungsmodell die folgenden zeitinvarianten Korrelationen der Value Driver angenommen:[166]

---

[164] Vgl. Dreher (2010), S. 72.

[165] Siehe für die Verteilungsannahmen Anlage 2.

[166] Die Korrelationen sind zeitlich invariant.

Korrelationen	Umsatz-wachstum	Material-aufwand	Personal-aufwand	Sonstiger Aufwand	Bestand an RHB	Bestand an FE	Ford. aus LuL	Verb. aus LuL
Umsatz-wachstum	1							
Material-aufwand	-0,21	1						
Personal-aufwand	-0,57	0,14	1					
Sonstiger Aufwand	0,0	0,07	0,07	1				
Bestand an RHB	0,36	0,28	0,0	0,21	1			
Bestand an FE	-0,36	0,0	0,0	0,14	0,36	1		
Forderungen aus LuL	-0,36	0,0	0,0	0,28	0,0	0,0	1	
Verb. aus LuL	0,21	0,14	0,0	0,0	0,21	0,0	0,21	1

Tabelle 7: Korrelationsannahmen des Planungsmodells

Nach der Definition des zu simulierenden Planungsmodells beginnt die technische Umsetzung der Risikosimulation. Ausgehend von den gezogenen Zufallszahlen des Generators werden den unsicheren Einflussgrößen Ausprägungen zugeordnet und somit Ausprägungen der Zielgröße ermittelt.[167] Dieses Vorgehen wird solange wiederholt, bis aus den einzelnen Werten der Zielgröße eine stabile Häufigkeits- bzw. Wahrscheinlichkeitsverteilung der Zielgröße erreicht ist.[168] Die Wahrscheinlichkeitsverteilung der Ausschüttungen nach persönlichen Steuern für das Jahr 1 des Planungsmodells weist einen Mindestwert von 2.184 GE und einen Höchstwert von 4.451 GE auf. Darüber hinaus werden die statistischen Streuungsparameter ersichtlich.

167 Der Zufallsgenerator generiert aus dem gleichverteilten Intervall [0,1] Zufallszahlen, die dann die Umkehrfunktionen der Wahrscheinlichkeitsverteilungen der Einflussgrößen eingesetzt werden und so eine Ausprägung der Zielgröße generieren. Vgl. Troßmann (1998), S. 364 f.

168 Vgl. Dreher (2010), S. 73.

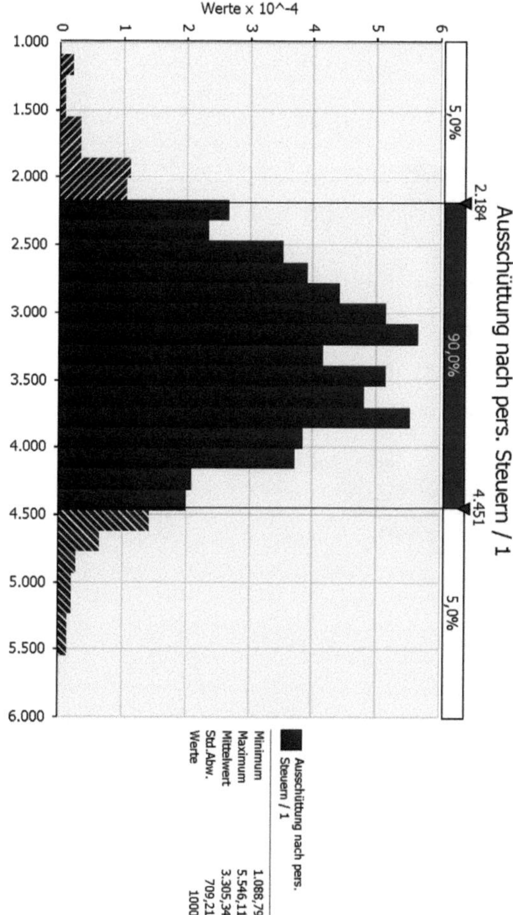

Tabelle 8: Wahrscheinlichkeitsverteilung der Ausschüttungen in Periode 1

Die Wahrscheinlichkeitsverteilung der Zielgröße ist das Resultat der Risikosimulation und kann für verschiedene Zwecke fruchtbar gemacht werden. Zum einen können die statistischen Streuungsparameter ermittelt werden, die im Kontext der Risikobewertung unter Berücksichtigung der Lagemaße besondere Relevanz erlangen. Zum anderen können aus dem Risikoprofil Mindestgrößen bestimmt werden, die mit einer bestimmten Wahrscheinlichkeit erreicht werden.[169]

[169] Vgl. Dolny (2003), S. 210.

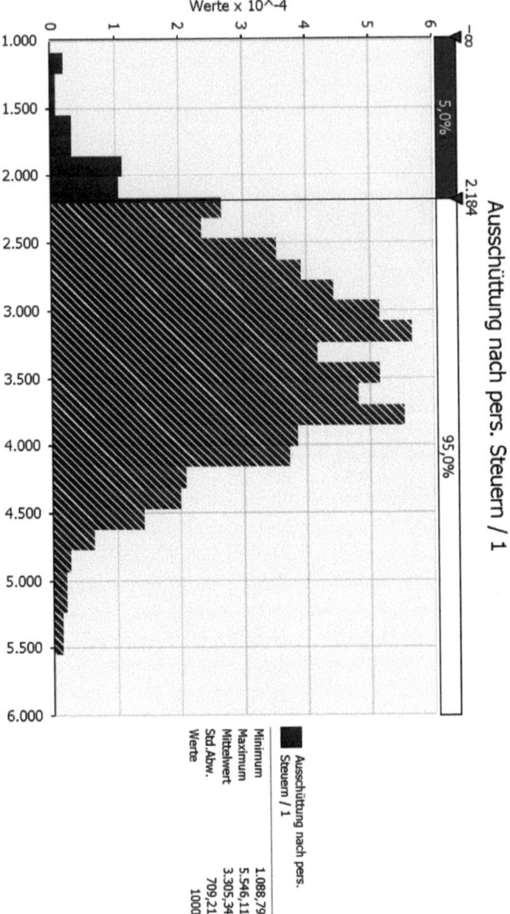

Abbildung 9: Value at Risk der Monte-Carlo-Simulation

Die als Value-at-Risk bekannte Analysemethode kann für eine vorgegebene Irrtumswahrscheinlichkeit von X Prozent das Mindestniveau der Zielgröße ermitteln.[170] Dieses auf der Monte-Carlo-Simulation basierende Vorgehen wird vor allem von Finanzinstituten für die Ermittlung der risikoabhängigen Eigenkapitalunterlegung verwendet, kann aber auch für realwirtschaftliche Sachverhalte bedeutsame Erkenntnisse generieren.[171] Beispielsweise wird für die Ausschüttungen in t_1 ersichtlich, dass mit einem

170 Siehe zur Value at Risk-Methode als Grundlage der wertorientierten Unternehmensführung, Pohl (2013).

171 Vgl. Linsmeier/Pearson (2000).

Konfidenzniveau von 5 Prozent mindestens eine Ausschüttung i.H.v. 2.184 GE realisiert werden kann.

$$P(X \leq VaR_{1-\propto}(X)) = \propto \qquad 2\text{-}3$$

Darüber hinaus ermöglichen die gängigen Softwarepakete[172] auch die Sensitivitätsanalyse von einzelnen Einflussgrößen, woraus weitere Erkenntnisse erwachsen können. Die Risikosimulation stellt also ein umfassendes Instrument der Risikoanalyse dar und kann flexibel an nahezu jedes Planungsmodell angepasst werden. Der mit der Risikosimulation einhergehende Informationsbedarf ist dabei als hoch einzustufen.

[172] Für ein Vergleich der Softwarepakete siehe insbesondere Henselmann/Klein (2010), S. 365 f. sowie Klein (2011a), S. 39 ff. und Klein (2011b), S. 108 ff.

3 Vergütungssysteme: Konzeption und Anforderungen

3.1 Begriffsdefinitionen und Vorbemerkungen

3.1.1 Anreiz- und Vergütungssystem

Ein Vergütungssystem für das (Top)-Management umfasst zumeist mehrere Komponenten, die in fixe, variable und sonstige Vergütungsbestandteile differenziert werden können. Diese Vergütungsbestandteile erfahren im Kontext der Vergütung einen jeweils eigens zugedachten Zweck, die auch dahingehend unterschieden werden können, ob ein spezifischer Anreiz erzeugt werden soll oder nicht. Grundsätzlich lassen sich Anreize hinsichtlich ihres Ursprungs differenzieren, wodurch die intrinsische und extrinsische Motivation betrachtet werden kann. Im Kontext der Managementvergütung wird dabei ein gewisses Maß an intrinsischer Motivation vorausgesetzt, bspw. in Bezug auf den Wunsch einer persönlichen Selbstverwirklichung und sinnvollen Betätigung, sodass insbesondere die Steigerung der extrinsischen Motivation forciert wird.[173]

Die extrinsische Motivation kann entweder durch materielle oder immaterielle Anreize erzeugt werden. Immaterielle Anreize zielen auf den sozialen Status oder die Macht des betrachteten Managers ab, wohingegen materielle Anreize zumeist monetärer Natur sind oder zumindest ein solches Äquivalent darstellen. Intention der Incentivierung im Kontext der anreizbezogenen Komponenten eines Vergütungssystems ist dabei die Steigerung des Arbeitseinsatzes zur Erfüllung der übertragenen Aufgaben, deren Erfolg belohnt werden soll.[174] Als unerwünscht zu klassifizierende Handlungen können zudem sanktioniert werden, sodass neben den belohnenden, auch bestrafende Handlungsweisen definiert werden. Das Anreizsystem, als ein bestimmtes Bündel von Anreizen, kann somit als Leitplanke der Verhaltensweise angesehen werden und determiniert so die Handlungsmaxime des Managements.

3.1.2 Management- und Vorstandsvergütung

Die Ausführungen der vorliegenden Arbeit beziehen sich auf jenen Personenkreis, der innerhalb eines Unternehmens mit Aufgaben betraut ist, die einen Entscheidungsspielraum mit betriebswirtschaftlichen Konsequenzen implizieren. Diese sehr allgemeine Definition kann weitergehend konkretisiert werden, indem Führungsaufgaben als cha-

---

173 Vgl. Evers (1991), S: 739.

174 Dieses Verständnis liegt auch der Prinzipal-Agent-Theorie zugrunde.

rakteristisches Merkmal der betrachteten Personengruppe bestimmt werden. Führungsaufgaben umfassen nach Wild die Aktivität der Zielbildung, Planung, Durchsetzung, Entscheidung, Kontrolle und Mitarbeiterförderung,[175] wobei zwischen der Aktivität an sich und der Verantwortlichkeit für eben diese unterschieden werden kann. Die Führungskräfte können gemäß der folgenden Abbildung hinsichtlich der entsprechenden Hierarchieebenen differenziert werden.

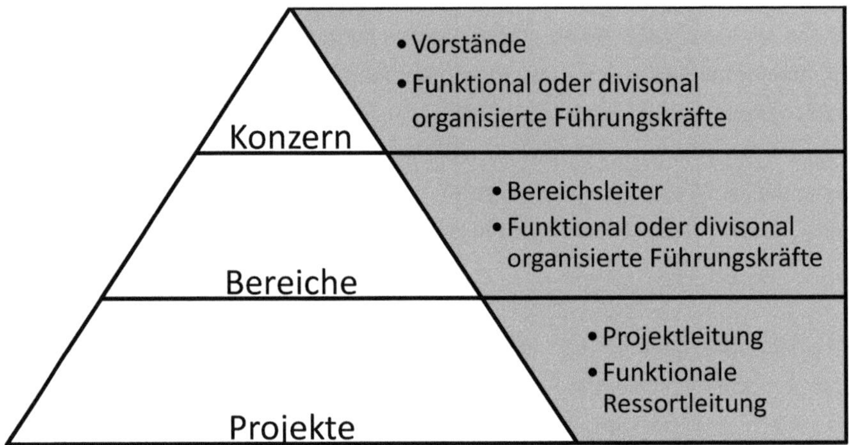

Abbildung 10: Hierarchische Führungskräftestruktur

Eine grundsätzliche Abgrenzung der Führungskräfte kann dabei insofern erfolgen, dass untere Ebenen wie Meister, Vorarbeiter, Gruppenleiter oder Sachbearbeiter nicht explizit thematisiert werden. Eine Deduktion der thematisierten Zusammenhänge kann aber als zielführend erachtet werden.[176] Der Begriff der Führungskraft kann dabei durch den international üblichen Terminus „Manager“ substituiert werden, auch wenn dieser deutlich breiter angelegt ist. Im Folgenden wird keine inhaltliche Differenzierung zwischen den Begriffen Führungskraft und Manager vorgenommen.

Die Vorstandsvergütung kann als Teilmenge der Managementvergütung definiert werden, da der Vorstand als höchstes Führungsgremium eines Unternehmens die hierarchische Spitze des Managements bildet.[177] Aufgrund der exponierten Stellung des Vorstands gegenüber dem Management unterer Hierarchieebenen bestehen allerdings für den Vorstand besondere Anforderungen, die nicht das gesamte Management

175 Vgl. Wild (1974), S. 151.
176 Vgl. zu dieser Systematisierung auch Ferstl (2000), S. 9 f.
177 Siehe hierzu ausführlich Kapitel 4.1.2.3.

eines Unternehmens betreffen. Diese Anforderungen umfassen insbesondere die juristischen Vorgaben des VorstAG zur Vergütung an sich sowie die aktienrechtlichen Bestimmungen hinsichtlich der Aufgaben sowie derer Erfüllung.[178] Diese Bestimmungen sind bei der Konzeption des Vergütungssystems und der aufgabenbezogenen Bemessung zu beachten und stellen somit den Ordnungsrahmen der Vergütung und Unternehmensführung dar, der in Abhängigkeit der jeweiligen Gegebenheiten des Unternehmens ausgestaltet werden muss.

Die Regelungen zur Vorstandsvergütung gelten für das Management ab der zweiten Hierarchieebene einer Aktiengesellschaft nicht explizit. Ein zum Vorstand konsistentes Vergütungssystem für diese Managementgruppen kann jedoch als zielführend angesehen werden. Auf Grundlage einer Top-Down bezogenen Anreizsetzung innerhalb des gesamten Unternehmens können die durch die Unternehmensziele determinierten Anreize nicht nur auf die verantwortlichen Manager, also den Vorstand, sondern auch auf die ausführenden Manager der nachgelagerten Hierarchieebenen bezogen werden. Dieses Vorgehen kann als essentiell für ein funktionierendes, gesamtheitliches Vergütungssystem einer Unternehmung angesehen werden, sodass die juristischen Vorgaben ihre Wirkung auch entfalten können. Der Corporate Governance, als Synonym der Unternehmensführung und -kontrolle, kommt direkt im Kontext der Vorstandsvergütung sowie indirekt durch eine Deduktion auch bei der Managementvergütung eine besondere Bedeutung zu. Die Kontrollinstanz ist dabei für die Ausgestaltung des Vorstandsvergütungssystems und somit für die Definition der Bemessungsgrundlagen sowie den damit verbundenen Vergütungsimplikationen verantwortlich.[179]

Die Vorgaben zur Vorstandsvergütung sind grundsätzlich nur für Aktiengesellschaften im Sinne des AktG verpflichtend zu beachten, sodass diese für die Mehrzahl der Unternehmen und auch der Kapitalgesellschaften in Deutschland nicht verpflichtend sind.[180] Im Hinblick auf den Regelungs- bzw. Anwendungsbereich bezieht sich die Vorstandvergütung auf die Ausgestaltung des Vergütungssystems und den damit verbundenen Anreizen unter Beachtung der juristischen Vorgaben für die höchste Managementebene einer Aktiengesellschaft, wohingegen die Managementvergütung unspezifisch die optimale Ausgestaltung des Vergütungssystems in Abhängigkeit der übertragenen Aufgabe thematisiert. Dabei kann die Managementvergütung hinsichtlich der

178 Siehe hierzu ausführlich Kapitel 4.3.
179 Siehe hierzu Kapitel 4.1.2.2.
180 Siehe für eine Analyse der Bedeutung des VorstAG für die GmbH Greven (2009).

zugrunde liegenden Aufgaben dahingehend konkretisiert werden, dass der Output der Tätigkeit und der arbeitsbezogene Input nicht direkt kausal beobachtbar sind.

Bei der Bemessung der Vorstandsvergütung kann zwischen finanziellen und nicht-finanziellen Zielgrößen differenziert werden, wobei insbesondere die Ausgestaltung der finanziellen Bemessungsgrundlagen in der Vergangenheit zu einer unangemessenen Vergütung hinsichtlich der Höhe und auch einer inadäquaten Konzeption bzw. den damit verbundenen, deplatzierten Anreizen geführt hat, sodass insbesondere diesem Teil der variablen Vergütung eine besondere Aufmerksamkeit gewidmet werden soll. Grundsätzlich ist die Vorstandsvergütung zwar eine Aufgabe des Aufsichtsrates, die Informationen aus dem Controlling können für eine Bestimmung der Bemessungsgrundlagen und Zielerreichung aber als notwendig angesehen werden, sodass das Controlling nicht nur für die Aufgabenerfüllung des Managements (Vorstand) sondern auch für die der Kontrollinstanz (Aufsichtsrat) notwendig ist.

3.1.3 Corporate Governance

Der angelsächsische Oberbegriff Corporate Governance zählt zu den meist diskutierten Managementthemen seit Beginn der 90er Jahre[181] und hat im Zuge der Finanzkrise weiter an Relevanz in der ökonomischen und juristischen Diskussion gewonnen. Im Schrifttum herrscht keine einheitliche Definition des Terminus, wobei diese Unbestimmtheit die Verbreitung mit forciert und eine offene Auseinandersetzung mit der zugrunde liegenden Thematik befruchtet hat. In der vorliegenden Arbeit wird die Corporate Governance als System verstanden, welches die Leitung und Kontrolle einer Unternehmung beschreibt,[182] sodass die Informations- und Entscheidungsrechte innerhalb der Unternehmung sowie die rechtlichen[183] und faktischen Verpflichtungen gegenüber dem Umfeld Gegenstand der Corporate Governance sind.[184] Im Rahmen der vorliegenden Arbeit stellt die Corporate Governance den Ordnungsrahmen für die Konzeption des Vorstandsvergütungssystems dar, der im aktienrechtlichen Kompetenzgeflecht von Vorstand und Aufsichtsrat zum Ausdruck kommt. Die gem. AktG definierten Aufgaben und Pflichten des Vorstands charakterisieren dabei den zentralen Anknüp-

---

181 Vgl. von Werder (2009a), S. 4.

182 Dies entspricht der allgemeinen Definition der Cadbury Commission. Vgl. Cadbury Report (1992), S. 14, Fn. 2.5.

183 Siehe ausführlich zur Verantwortlichkeit und juristischen Haftung von Unternehmen im deutschen Unternehmensstrafrecht, insbesondere vor dem Hintergrund der Finanzkrise Weber-Rey (2012), S. 365 ff.

184 Vgl. von Werder (2009a), S. 4.

fungspunkt für die Auswahl der Bemessungsgrundlagen der variablen Vergütung, damit die entsprechenden Anreize zur Aufgabenerfüllung, auch in Abhängigkeit unternehmensindividueller Gewichtungsfaktoren, induziert werden können. Darüber hinaus sind die als Regulierungsmaßnahme der Vorstandsvergütung vom Gesetzgeber verabschiedeten Regelungen des VorstAG bei der Ausgestaltung des Vorstandvergütungssystems zu beachten, sodass die Vorstandsvergütung stets der juristischen Konformität genügen muss. Die Regelungen des AktG beziehen sich explizit auf den Vorstand eines Unternehmens. Die Deduktion dieser Vorgaben zur Vergütung auf untere Hierarchieebenen, bspw. Bereichsleiter, kann aber zielführend sein, damit die intendierten Auswirkungen der Vergütungsvorgaben auch realisiert werden können.

3.2 Konzeption von Vergütungssystemen

3.2.1 Bestandteile von Vergütungssystemen

Managementvergütungssysteme bestehen üblicherweise aus mehreren Komponenten, denen im Kontext der Vergütung und Anreizsetzung jeweils eine spezifische Intention zukommt.[185]

Fixe Vergütungsbestand-teile	Variable Vergütungsbestandteile	Sonstige Zusagen
- Grundgehalt - Aufwandsentschädigungen - Ruhegehalt - Abfindungen...	- Gewinnbeteiligungen - anreizorientierte Vergütungszusagen...	- Versicherungsentgelte - Provisionen - Hinterbliebenenbezüge und Leistungen verwandter Art - Change of Control Zahlungen...

Tabelle 9: Vergütungsbestandteile

Für die weiteren Ausführungen wird dabei eine grundsätzliche Differenzierung in fixe Vergütungsbestandteile, variable Vergütungsbestandteile sowie sonstige Zusagen vorgenommen.

---

185 Siehe für einen ausführlichen Überblick der unterschiedlichen Vergütungskomponenten im Kontext der Vorstandsvergütung, Evers (2009), S. 360 ff.

3.2.1.1 Fixe Vergütungsbestandteile und sonstige Zusagen

Das fixe Grundgehalt soll den Lebensstandard des Managements absichern und muss eine ausreichende Höhe besitzen, sodass von der Zahlung variabler Vergütungsbestandteile abgesehen werden kann, wenn die dafür definierten Bedingungen nicht erfüllt sind.[186] Dieser Vergütungsbestandteil ist insofern für die Ausgestaltung von Managementvergütungssystemen trivial, da sowohl der Zeitpunkt als auch der Betrag ex ante eindeutig definiert sind. Im Kontext der Prinzipal-Agent-Theorie wird das Fixum maßgeblich durch den Reservationslohn determiniert, der als exogene Größe den „Marktpreis" der Entlohnung eines Managers widerspiegelt.[187] Ob dieser „Marktpreis" realiter aus einem funktionierenden Markt abgeleitet werden kann und somit der jeweiligen Grenzproduktivität des Managers entspricht, erscheint zumindest nicht eindeutig erwiesen. Eine besondere Bedeutung erlangt das Fixum häufig auch bei der Bestimmung der variablen Vergütung, da Begrenzungen und Zielvergütungen zumeist relativ zu diesem Betrag bestimmt werden. Für die Festlegung des Fixums ist daher Sorgfalt geboten, wobei insbesondere die juristischen Vorgaben wichtige Anhaltspunkte zur Höhe dieser Komponente liefern.

Das Ruhegehalt bzw. die betriebliche Altersvorsorge dient der finanziellen Absicherung des Vorstandes im Alter. Diese Nebenleistung stellt neben dem Gehalt den betragsmäßig höchsten, gemeinhin nicht variablen, Vergütungsbestandteil dar und kann als nachgelagertes Gehalt für den Vorstand interpretiert werden.[188] So machen die Aufwendungen für die Versorgungszusagen ehemaliger und amtierender Vorstände in Summe knapp 50 Prozent der aktuellen Gesamtvergütung der DAX-Manager aus.[189] Von besonderer Brisanz in der Debatte um die Managementvergütung sind auch Abfindungen, die bei einem vorzeitigen Ausscheiden aus dem Konzern fällig werden. Diese Abfindung kann entweder dem Barwert der zu dem Zeitpunkt noch vertraglich vereinbarten Bezüge[190] entsprechen, oder pauschal festgelegt werden.[191]

Die „Sonstigen Zusagen" umfassen ebenfalls Zahlungen, die an bestimmte Bedingungen und Umstände geknüpft sind oder die Absicherung des Managements betreffen.

---

186 Diese Ansicht vertritt auch die EU-Kommission (2009) in der Empfehlung zur Vergütung von Direktoren unter Ziffer 3.1.

187 Vgl. Kapitel 7.

188 Vgl. Evers (2009), S. 370 ff.

189 Vgl. Prinz/Schwalbach (2013), S. 113.

190 Dabei sind leistungsabhängige Bezüge nicht mit einzubeziehen, da diese dem Management nur unter bestimmten Bedingungen zustehen.

191 Der DCGK empfiehlt in Ziffer 4.2.3 bspw. die Begrenzung auf zwei Jahresgehälter.

Akquisitionen sind in diesem Zusammenhang von großer Bedeutung, da für den Fall einer Übernahme häufig Sonderzahlungen (Provisionen) vereinbart werden und diese auch Teil der individuellen Zielvereinbarungen sein können.[192] Darüber hinaus werden dem Management auch Sonderzahlungen bzw. Entschädigungen gewährt, wenn das Unternehmen übernommen wird und somit ein „change of control" vorliegt. Dies kann als Entschädigung des Managements angesehen werden, da im Fall einer Übernahme üblicherweise das Management an Einfluss verliert, oder ausgetauscht werden kann. Durch die finanzielle Kompensation des amtierenden Managements soll derart eine Interessenharmonisierung mit den Eigentümern bei einem vorteilhaften Übernahmeangebot erfolgen. Außerdem erfolgt häufig eine Absicherung der Familie des Managements, in der Form sog. „Hinterbliebenenbezüge". Für das Management selber sind des Weiteren ärztliche Vorsorgeuntersuchungen und Versorgung, Zahlung der D&O-Versicherung oder die Bereitstellung eines Dienstwagens als „sonstige Zusagen" zu erfassen.

3.2.1.2 Variable Vergütungsbestandteile

Variable Vergütungsbestandteile stellen das maßgebliche Instrument auf Grundlage von finanziellen Anreizen bei der Umsetzung der Unternehmensziele und -werte dar, die bspw. aus der Satzung oder dem Leitbild des Unternehmens abgeleitet werden und nach denen das Unternehmen geführt werden soll.[193] Intention der variablen Vergütung ist die Induktion eines Anreizes für den Manager, sich im Rahmen seiner Aufgabenerfüllung anzustrengen und im Sinne der Eigentümer zu verhalten. Dabei ist die Auswahl einer geeigneten Bemessungsgrundlage für die variable Vergütung von maßgeblicher Bedeutung, da der Manager seine Handlungen weitestgehend nach dieser Zielgröße ausrichtet. Die variablen Vergütungsbestandteile lassen sich weiter differenzieren hinsichtlich des Zeithorizontes ihrer Anreizwirkung, was für die Ausgestaltung der jeweiligen Komponente von hoher Relevanz ist.

Die variable Vergütung kann für eine weitergehende Systematisierung in drei Problemkomplexe differenziert werden. Zunächst ist die Frage zu klären, was vergütet werden soll. Die Bemessungsgrundlage muss sich an den Aufgaben und Zuständigkeiten der handelnden Person orientieren, weshalb mit zunehmender Verantwortung auch

---

192 Vgl. Pellens/Crasselt/Rockholtz (1998), S. 8.

193 Die konkrete Umsetzung im operativen und strategischen Kontext ist dann Aufgabe des Top-Managements, ebenso wie die auf diesen Zielen und Werten basierende Implementierung oder Adjustierung des unternehmensweiten Steuerungssystems auf nachgelagerte Managementebenen.

mehrere Bemessungsgrundlagen zu definieren sind, da sonst ein mehrdimensionaler Verantwortungsbereich nur unzureichend berücksichtigt wird. Dabei kann eine Kombination aus quantitativen und qualitativen Bemessungsgrundlagen besonders geeignet sein, um das Aufgabenspektrum abzubilden. Qualitative Kriterien der Managementvergütung können aber das Problem der Intransparenz forcieren, da es ihnen häufig an objektiver Nachprüfbarkeit mangelt.[194] Grundsätzlich sollten beide Arten von Bemessungsgrundlagen ex ante eindeutig definiert werden, sodass deutlich wird, was wofür gezahlt wird.

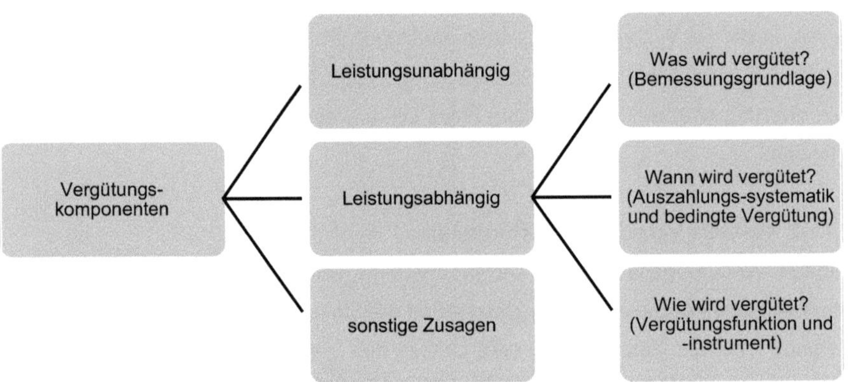

Abbildung 11: Grundstruktur von Vergütungssystemen

Der Vergütungszeitpunkt stellt den zweiten Parameter der variablen Vergütung dar, welcher in Theorie und Praxis üblicherweise in kurz- (short-term-incentives (STI)) und langfristige (long-term-incentives (LTI)) Anreize differenziert wird.[195] Das Ziel der STI-Komponente ist es, dem Manager kurzfristige Anreize über periodische Vergütungsbestandteile zu vermitteln,[196] wobei die eigentliche Intention dieses Vergütungsbestandteils weniger eine ex post Beteiligung des Managements an dem Unternehmenserfolg ist. Vielmehr soll eine ex ante bezogene Anreizwirkung entfaltet werden,[197] weshalb es zunächst grundsätzlich möglich erscheint, das gesamte Aufgabenspektrum

194 Bspw. wird häufig das Kriterium der Arbeitnehmerzufriedenheit in die Vergütung einbezogen. Diese ist nicht direkt messbar und birgt daher mehr Gestaltungsspielraum als bspw. Bonuszahlungen, Krankenstand, Fluktuation, Veränderung der Beschäftigung.

195 Teilweise wird zusätzlich auch noch versucht, eine mittelfristige (mid-term-incentive (MTI)) Anreizwirkung zu induzieren.

196 Der DCGK spricht in Tz. 4.2.3 von „jährlich wiederkehrenden, an den geschäftlichen Erfolg gebundene Komponenten".

197 Vgl. Evers (2009), 363.

des Managements derartig zu vergüten, dass auch Bezugsgrößen mit prospektivem Charakter bedacht und Risikowirkungen antizipiert werden. Die STI-Komponente kann grundsätzlich die Realisation von Erfolgspotentialen aus der ex post-Perspektive vergüten und auch stakeholderbezogene oder sonstige Bemessungsgrundlagen einbeziehen. Die LTI-Komponente bezieht sich hingegen auf einen Zeitraum, der mehr als eine Periode umfasst, und kann als bedingte Vergütung angesehen werden, da der Wert der Vergütung auch von zukünftigen Entwicklungen abhängig ist. Dem allgemeinen Verständnis folgend soll dies einen Anreiz induzieren, den Arbeitseinsatz in die Identifizierung langfristiger Erfolgspotentiale zur nachhaltigen Steigerung des Unternehmenswertes zu investieren.[198] Der Gesetzgeber fordert in diesem Kontext, dass die Ausgestaltung der STI- und LTI-Komponente insgesamt einen langfristigen Verhaltensanreiz induzieren soll,[199] sodass die STI- und LTI-Komponente nicht unabhängig voneinander zu konzipieren sind.

Darauf aufbauend kann die Frage thematisiert werden, wie die LTI-Vergütung erfolgen soll. Dazu stehen neben der Barabgeltung verschiedene Instrumente zur Verfügung, die sich hinsichtlich ihrer induzierten Anreizwirkung unterscheiden können. Vergütungsinstrumente stellen üblicherweise Bargeld, Aktien, Optionen, Anleihen sowie Mischformen dar, wobei diese Instrumente über die Auszahlungssystematik auch Anreizwirkungen entfalten können, wenn bspw. die Ausübung einer Sperrfrist unterliegt.[200] Eng verbunden mit der Frage, wie vergütet werden sollte, ist die Problematik des Vergütungszeitpunktes bzw. der Auszahlungssystematik, da durch die Einbehaltung oder Auferlegung von Sperrfristen ebenfalls ein nachhaltiger Verhaltensanreiz induziert werden kann.

3.2.2 Konsistente Synchronisierung und Priorisierung des Aufgabenspektrums

3.2.2.1 Multikriterielle Verfahren bei Mehrfachzielsetzung

Wird die Unternehmensführung als Aufgabe mit mehrdimensionalen Zielsetzungen verstanden, so können multikriterielle Entscheidungsverfahren für eine Priorisierung

198 Vgl. Becker/Kramarsch (2006), S. 43.

199 Vgl. Deilmann/Otte (2009), S. 261.

200 So können kurzfristige Leistungen entlohnt werden und ein nachhaltiger Verhaltensanreiz induziert werden.

des Aufgabenspektrums des Managements fruchtbar gemacht werden, wobei insbesondere die Nutzwertanalyse geeignete Charakteristika aufweist.[201] Aus der Gattung der Nutzwertanalyse soll im Folgenden der von Saaty entwickelte Ansatz des Analytischen Hierarchie Prozesses (AHP) Beachtung finden,[202] der die Ermittlung von Nutzenwerten auch für nicht kardinal skalierte Ziele ermöglicht,[203] sodass ausgehend von einem hierarchischen Zielsystem über paarweise Vergleiche die unterschiedlichen Ziele lokal und auch global über die Hierarchieebenen gewichtet werden können.

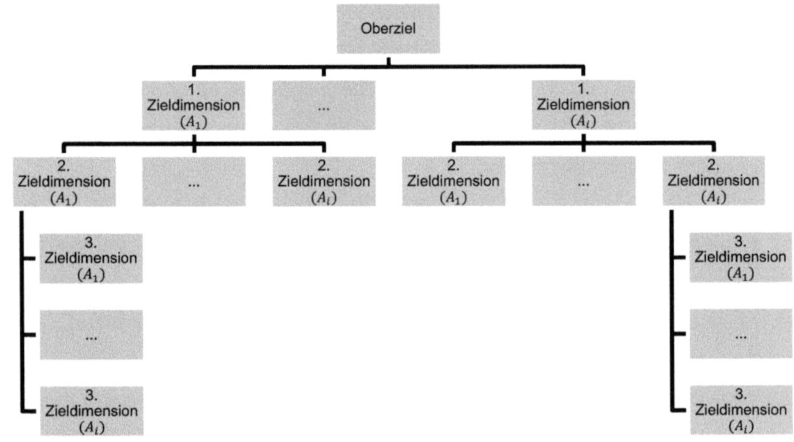

Abbildung 12: Grundstruktur hierarchischer Entscheidungsprobleme[204]

Ausgangspunkt des AHP ist das hierarchische Zielsystem,[205] welches ausgehend von dem Oberziel durch eine nahezu beliebige Anzahl weiterer Zieldimensionen definiert werden kann. Grundsätzlich lassen sich dabei drei Formen von Zielgrößen differenzieren. Neben den eindeutig messbaren können auch solche Zielgrößen betrachtet werden, die mittels subjektiver Indexzahlen oder indirekt über Proxygrößen berücksichtigt

201 Vgl. für eine Systematisierung von multikriteriellen Entscheidungsverfahren Sedelmeier (2013), S. 545 f.

202 Vgl. grundlegend Saaty (1990) sowie für einen Einsatz im Marketing Ossadnik/ Lange/Morlock (1998) und Weber (1998). Für die Anwendung des AHP allgemein im Kontext des Controlling siehe insbesondere Ossadnik/Kaspar (2013) und Sedlmeier (2013). Für eine spezielle Betrachtungsweise des M&A-Prozesses als Gruppenentscheidung vgl. auch Arbel/Orgler (1990).

203 Vgl. Ossadnik (2003), S. 321.

204 In Anlehnung an Ossadnik (1998), S. 160.

205 Vgl. Saaty (1990), S. 9; Werners (2013), S. 24. Das hierarchische Zielsystem wird in diesem Zusammenhang als wichtigste Aufgabe innerhalb des AHP klassifiziert. Vgl. bspw. Hafner (1988), S. 490; Saaty (1990), S. 9.

werden.[206] Die Bewertung der einzelnen Ziele (A_i) der ersten Dimension erfolgt hinsichtlich der Erfüllung des Oberziels durch den Paarvergleich innerhalb dieser Hierachiestufe. Für die zweite Zieldimension wird dann im Rahmen der Paarvergleiche auf die übergeordnete Komponente der ersten Zieldimension abgestellt, sodass fortan die Beurteilung der Dominanz von zwei Komponenten einer Zieldimension in Bezug auf die Komponente der höheren Hierarchieebene vorgenommen wird.[207]

Skalenwert	Dominanzrelation zweier Unterziele	Erklärung
1	gleich bedeutend	Beide Attribute tragen im selben Maße zur Erreichung des Oberziels bei.
3	schwache Dominanz	Ein Ziel wird gegenüber einem anderen schwach präferiert.
5	wesentliche Dominanz	Erfahrungen und Einschätzungen sprechen für eine deutliche größere Bedeutung des Ziels.
7	starke Dominanz	Klare Favorisierung eines Ziels, sodass das dominierte Ziel im Paarvergleich unbedeutend erscheint.
9	absolute Dominanz	Im Paarvergleich wird das dominierte Ziel völlig unbedeutend.
2,4,6,8	Zwischenwerte	Abstufung bzw. Kompromiss zwischen zwei Zielen.
Reziproke: $1/r$ r?{1, ..., 9}	Wird einem Paarvergleich der Zielgrößen z_i und z_j der Wert r zugeordnet, so muss dem Paarvergleich z_j und z_i der reziproke Wert $1/r$ zugeordnet werden.	

Tabelle 10: 9-Punkte-Skala für Paarvergleichsurteile nach Saaty[208]

Für die ordinalen Paarvergleiche wird eine 9-Punkteskala herangezogen, die nicht direkt Zielgewichte ermittelt, sondern indirekt über die Dominanzbeziehungen. Die von Saaty postulierte Reziprozität impliziert, dass der Entscheidungsträger $n * (n-1)/2$ Paarvergleiche für eine $n \times n$ –Entscheidungsmatrix vornehmen muss.[209] Durch die Anwendung des Eigenwertverfahrens kann aus den erstellten Matrizen der Gewichtungsfaktor auf jeder Zieldimension erfasst werden und durch eine vertikale Multiplikation, von der ersten Zieldimension ausgehend, der globale Gewichtungsfaktor ermittelt

[206] Vgl. kritisch Hafner (1988), S. 493.
[207] Ein gewisses Maß an Inkonsistenzen in den Paarvergleichsurteilen kann im Rahmen des AHP dem Entscheidungsträger zugestanden werden. Dies grenzt den AHP von der Nutzwertanalyse ab. Vgl. Schneeweiß (1991), S. 186 f.
[208] In Anlehnung an Hafner (1988), S. 499 und Ossadnik (2009), S. 369.
[209] Vgl. Ossadnik (2009), S. 369; Peters/Zelewski (2002), S. 8.

werden.[210] Zunächst muss dafür der maximale Eigenwert (λ_{max}) jeder Paarvergleichsmatrix ermittelt werden:

$$Spur(H) = \sum_{i=1}^{n} h_{ii} = n = \lambda_{max} \qquad 3\text{-}1$$

Sofern die Eigenwerte der inkonsistenten Matrix nicht schwerwiegend von der konsistenten Matrix abweichen, kann der normierte Eigenvektor des betragsmäßig maximalen Eigenwerts einer inkonsistenten Paarvergleichsmatrix für den gesuchten Gewichtevektor genutzt werden.[211] Nach Lösung des homogenen Gleichungssystems unter Berücksichtigung des maximalen Eigenwerts resultiert der dazugehörige maximale Eigenvektor.[212]

$$(H - \lambda_{max} * I) * \vec{a}_{max} = 0 \qquad 3\text{-}2$$

Die zusammengefassten Werturteile einer Paarvergleichsmatrix können dabei entweder konsistent oder inkonsistent sein, was auf Grundlage des AHP ebenfalls beurteilt werden kann.[213] Das zu diesem Zweck konzipierte Inkonsistenzmaß (IKM) wird aus dem Quotienten des Inkonsistenzindexes (IK) und des Durchschnittswertes der Inkonsistenzindizes gleich großer Zufallsmatrizen (DI) definiert, sodass der IKM mit zunehmender Inkonsistenz der Paarvergleiche ansteigt.[214]

$$IKM = \frac{IK}{DI} = \frac{(\lambda_{max} - n)/(n-1)}{DI} \qquad 3\text{-}3$$

Für die DI-Zufallswerte gilt dabei:

Matrizendimension	1	2	3	4	5	6	7	8	9	10	11
DI-Zufallswert	0,00	0,00	0,58	0,90	1,12	1,24	1,32	1,41	1,45	1,49	1,51

Tabelle 11: DI-Zufallswerte nach Donegan und Dodd[215]

[210] Vgl. zur mathematischen Beweisführung für konsistente Paarvergleiche und die Transitivität der Präferenzrelationen insbesondere Ossadnik (2009), 370; Peters/Zelewski (2002), S. 16 f.; Werners (2013), S. 25.

[211] Vgl. Ossadnik (1998), S. 104; vgl. Saaty (1990), S. 13.

[212] Vgl. Ossadnik (2009), S. 372.

[213] Vgl. Peters/Zelewski (2002), S. 15 ff.

[214] Vgl. Ossadnik (2009), S. 373.

[215] In Anlehnung an Hafner (1988), S. 503.

Für das IKM gilt prinzipiell, dass ein möglichst geringer Wert anzustreben ist, damit die Synchronisierung und Priorisierung der unterschiedlichen Ziele möglichst konsistent und somit transparent kommuniziert werden können. In der Literatur wird empfohlen IKM, die den Wert von 10 Prozent übersteigen, als Anlass für eine Überprüfung der Dominanzurteile anzusehen.[216]

3.2.2.2 Definition des Aufgabenspektrums

Die Betrachtung der aktienrechtlichen Skizzierung des Aufgabenbereichs eines Vorstandes verdeutlicht, dass die übertragene Aufgabe der Unternehmensführung nicht eindimensional ist.[217] Darüber hinaus führt auch die vom Gesetzgeber geforderte interessenpluralistische Unternehmensführung zu einem mehrdimensionalen Aufgabenfeld des Vorstandes und die Aufteilung in Vorstandsressorts impliziert divergierende Tätigkeitsschwerpunkte.[218] Die Konzeption eines Vergütungssystems, das eine nachhaltige Unternehmensentwicklung induziert, kann hinsichtlich der Vorgehensweise allgemeingültig formuliert werden. Die konkrete Ausgestaltung muss hingegen für alle Unternehmen individuell definiert werden. Es können aber Aufgabenfelder differenziert werden, die in Abhängigkeit des jeweiligen Unternehmens eine unterschiedliche Priorisierung erlangen. Als erstes Differenzierungskriterium bietet sich aufgrund der interessenpluralistischen Unternehmensführung eine Unterscheidung von share- und stakeholderbezogenen Unternehmenszielen an. Weitere Aufgabenbereiche, die entweder keiner oder beiden Gruppen zugeordnet werden können, sind ebenfalls auf dieser Ebene zu erfassen. Exemplarisch kann hierfür die Compliance angeführt werden, die als explizites Aufgabenfeld des Vorstandes gemäß Aktienrecht die Belange der Share- und der Stakeholder betrifft.

Die share- und stakeholderbezogenen Unternehmensziele können dann weiter differenziert werden, sodass für die Shareholder eine weitergehende Betrachtung hinsichtlich der Antizipation neuer Erfolgspotentiale und der Realisation bestehender Erfolgspotentiale erfolgen kann. Für die Stakeholder bietet sich hingegen eine weitere Unterteilung in Arbeitnehmer, Kunden, Umwelt, Lieferanten und dem Gebiet der Corporate Social Responsibility (CSR) an. Die Ausführungen machen deutlich, dass sowohl quantifizierbare Kriterien und Ziele definiert werden können, wie auch qualitative, die aber durch eine präzise Abgrenzung und Beurteilungsmethodik transparent dargestellt

216 Vgl. Ossadnik/Lange/Morlock (1998), S. 654.
217 Vgl. Kapitel 8.1.2.3.
218 Vgl. Kapitel 8.1.2.

werden müssen. Wie die unterschiedlichen Kriterien hinsichtlich ihrer Gewichtung eine konkrete Berücksichtigung erfahren, ist als unternehmensindividuelle Entscheidung zu klassifizieren, die durch endogene und exogene Bestimmungsfaktoren determiniert wird.

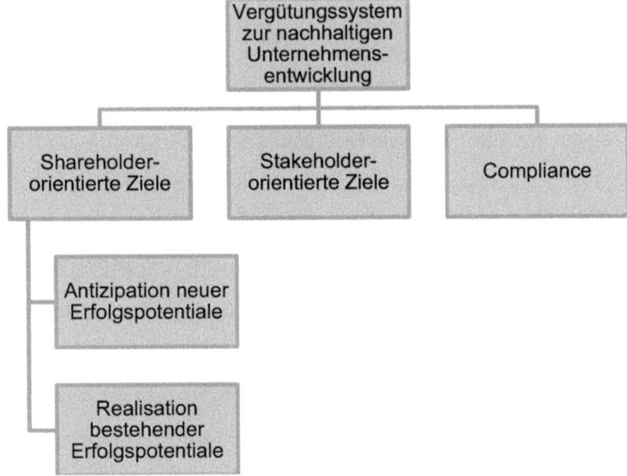

Abbildung 13: Zieldimensionen von Vergütungssystemen

Als endogener Einflussfaktor kommt dabei insbesondere die Anteilseignerstruktur in Betracht,[219] die in Abhängigkeit des zeitlichen Investmenthorizonts idealtypisch strategisch oder finanziell motiviert sein kann und somit unterschiedliche Zielgrößen begründet. Auch das Leitbild oder die übergeordneten Unternehmensziele können als endogene Faktoren angesehen werden, die eine Gewichtung bestimmter Faktoren begründen können. Als exogene Determinanten können hingegen konjunkturelle und branchenspezifische Faktoren, wie bspw. Reifegrad der Branche, angesehen werden. Insbesondere ist dabei zu beachten, dass trotz des aktienrechtlich vorherrschenden Direktorialprinzips eine individuelle Konzeption für jeden Vorstand sogar geboten ist, da bspw. Finanz-, Compliance- und Vertriebsvorstand zumindest partiell unterschiedliche Ziele und somit Aufgaben haben sollten.

[219] Vgl. Kapitel 8.2.

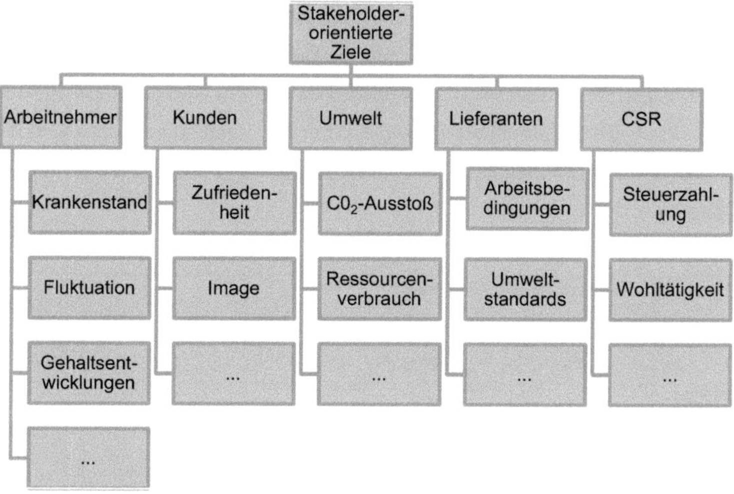

Abbildung 14: Differenzierung der stakeholderorientierten Ziele

3.2.2.3 AHP im Kontext der Managementvergütung

Das hierarchische Zielsystem basiert in dem hier betrachteten Kontext auf den Ausführungen des vorherigen Abschnitts, sodass auf der ersten Zielebene die share- und stakeholderbezogenen Ziele sowie die Compliance zur Erfüllung des Oberziels eines „Vergütungssystems zur nachhaltigen Unternehmensentwicklung" zu beachten sind.

	Shareholder-orientierte Ziele	Stakeholder-orientierte Ziele	Compliance
Shareholderorientierte Ziele	1	3	5
Stakeholderorientierte Ziele	1/3	1	3
Compliance	1/5	1/3	1
$\sum$	23/15	13/3	9

Tabelle 12: Saaty-Matrix erste Zieldimension

Ist das Aufgabenspektrum eines Managers definiert, so stellt sich daraufhin die Frage, welche Gewichtung die identifizierten Unternehmensziele im Kontext der Vergütung jeweils erfahren sollen. Die shareholderorientierten Ziele dominieren in diesem Beispiel die stakeholderorientierten Ziele schwach und die Compliance wesentlich, sodass auch die stakeholderorientierten Ziele die Compliance dominiert. Um aus dieser Relation konsistente Gewichtungsfaktoren zu bestimmen, wird zunächst jede Zahl in der Matrix durch die Spaltensumme dividiert. Für die Bestimmung der Gewichtungsfaktoren der drei Zieldimensionen sind aus den Zeilensummen die Gewichtungsfaktoren zu ermitteln.

	Shareholder-orientierte Ziele	Stakeholder-orientierte Ziele	Compliance	Σ	Gewichtungsfaktoren
Shareholder-orientierte Ziele	0,65	0,69	0,56	1,90	0,63
Stakeholder-orientierte Ziele	0,22	0,23	0,33	0,78	0,26
Compliance	0,13	0,08	0,11	0,32	0,11

Tabelle 13: Normierte Saaty-Matrix erste Zieldimension

Für die Bestimmung des IKM werden dann die Spalten der Ausgangsmatrix mit den Gewichtungsfaktoren multipliziert und die Zeilensummen gebildet.

	Shareholder-orientierte Ziele	Stakeholderorientierte Ziele	Compliance	Σ
Shareholder-orientierte Ziele	0,63	0,78	0,53	1,95
Stakeholderorientierte Ziele	0,21	0,26	0,32	0,79
Compliance	0,13	0,09	0,11	0,32

Tabelle 14: Umgeformte Saaty-Matrix erste Zieldimension[220]

Die Zeilensummen der umgeformten Matrix werden anschließend durch die zuvor bereits ermittelten Gewichtungsfaktoren dividiert, sodass der Durchschnitt über diese Quotienten den von Saaty als maximalen Eigenwert λ_{max} definierten Wert ergibt.

220 Etwaige Rechenabweichungen ergeben sich durch Rundungen.

$$IKM = \frac{IK}{DI} = \frac{(3{,}04 - 3)/(3 - 1)}{0{,}58} = 3{,}34\% \qquad 3\text{-}4$$

Die Matrizen für die zweite Zieldimension können in Anlage 1 betrachtet werden. Die Resultate sind in der folgenden Tabelle dargestellt:

	Shareholderbezogene Ziele		Stakeholderbezogene Ziele				
	Antizipation	Realisation	Arbeitnehmer	Kunden	Umwelt	Lieferanten	CSR
Gewichtungsfaktor	0,25	0,75	0,46	0,20	0,20	0,08	0,06
IKM	0,00%		9,31%				

Tabelle 15: IKM der umgeformten Saaty-Matrix

Das IKM für die shareholderbezogenen Ziele weist aufgrund der beiden Komponenten lediglich einen Paarvergleich auf, sodass keine Inkonsistenz auftreten kann. Werden die Gewichtungsfaktoren der ersten und zweiten Zieldimension multipliziert, so ergeben sich die finalen Gewichtungsfaktoren für das Vergütungssystem.

1. Zieldimension	Shareholderbezogene Ziele		Stakeholderbezogene Ziele					Compliance
Gewichtungsfaktor	0,63		0,26					0,11
2.Zieldimension	Antizipation	Realisation	Arbeitnehmer	Kunden	Umwelt	Lieferanten	CSR	n.v.
Gewichtungsfaktor	0,16	0,48	0,12	0,05	0,05	0,02	0,02	0,11

Tabelle 16: Gewichtungsfaktoren des Vergütungssystems

Welche Bemessungsgrundlagen für die einzelnen Ziele sinnvoll sind und welche Bedingungen dabei beachtet werden müssen, stellt den nächsten Arbeitsschritt bei der Konzeption eines nachhaltigen Vergütungssystems dar.

3.2.3 Ausgestaltungsmöglichkeiten der Vergütungsfunktion

Für die Bemessung der variablen Vergütungskomponenten kann eine Vergütungsfunktion auf Grundlage der Zielerreichung definiert werden. Die ex ante definierte Plan-Ausprägung der jeweiligen Bemessungsgrundlage wird dabei in Relation zu der realisierten Größe gesetzt.

$$ZE_t = \frac{BMG_t^{Ist}}{BMG_t^{Plan}} \quad 3\text{-}5$$

Wird für die Bestimmung einer variablen Vergütungskomponente auf *n* Bemessungsgrundlagen abgestellt, so kann ein gewichteter Durschnitt, mit den Gewichtungsfaktoren $\propto_i$, für die Formulierung der Zielerreichung definiert werden.

$$ZE_t = \sum_{i=1}^{n} \frac{BMG_i^{Ist}}{BMG_i^{Plan}} \times \propto_i \text{ mit } \sum_{i=1}^{n} \propto_i = 1 \quad 3\text{-}6$$

Dabei ist zu beachten, dass eine Aggregation des Zielerreichungsgrades mehrerer Bemessungsgrundlagen nur dann sinnvoll erscheint, wenn diese den gleichen Aufgabenbereich umfassen. Werden hingegen über die Zielerreichungsgrade divergierende Aufgabenbereiche zusammengefasst, so kann dies eine gezielte Anreizsetzung konterkarieren. Dieser Effekt kommt bei additiv aggregierten Zielerreichungsgraden stärker zum Ausdruck als bei multiplikativ verknüpften Bemessungsgrundlagen der Zielerreichung, da bei einer multiplikativen Verknüpfung die Auswirkungen der Vernachlässigung eines Aufgabengebiets zu einer stärkeren Reduktion der variablen Vergütung führen.

$$ZE_t = \prod_{i=1}^{n} \frac{BMG_i^{Ist}}{BMG_i^{Plan}} \times \propto_i \text{ mit } \sum_{i=1}^{n} \propto_i = 1 \quad 3\text{-}7$$

Die ermittelte Zielerreichung wird dann mit der vorgesehenen Vergütung für die ex ante definierte Ausprägung von 100 Prozent multipliziert, um die variable Vergütung zu erhalten.

$$VV_t = ZE_t \times VV_{ZE=100\%} \quad 3\text{-}8$$

In den bisherigen Ausführungen wurde von einer linearen und somit unbegrenzten Zielerreichungsfunktion ausgegangen. Soll die Partizipation des Managers an der Zielerreichung nur für ein bestimmtes Intervall gelten, so bieten sich Begrenzungen sog. Caps an. Diese Caps können die Zielerreichungsfunktion sowohl nach oben ($\overline{CAP}$) als auch nach unten ($\underline{CAP}$) begrenzen.[221] Werden beide Begrenzungsmöglichkeiten gewählt, so kann die Zielerreichungsfunktion wie folgt dargestellt werden:

$$ZE_t = \begin{cases} \overline{CAP}, \sum_{i=1}^{n} \frac{BMG_i^{Ist}}{BMG_i^{Plan}} \times \propto_i > \overline{CAP} \\ \sum_{i=1}^{n} \frac{BMG_i^{Ist}}{BMG_i^{Plan}} \times \propto_i, \underline{CAP} \leq \sum_{i=1}^{n} \frac{BMG_i^{Ist}}{BMG_i^{Plan}} \times \propto_i \leq \overline{CAP} \\ \underline{CAP}, \sum_{i=1}^{n} \frac{BMG_i^{Ist}}{BMG_i^{Plan}} \times \propto_i < \underline{CAP} \end{cases} \quad 3\text{-}9$$

Grundsätzlich kann die Vergütungsfunktion hinsichtlich ihres Verlaufs weiter differenziert werden, sodass für unterschiedliche Zielerreichungsintervalle auch unterschiedliche Grenzerträge der Zielerreichung resultieren

3.3 Instrumente zur Induktion langfristiger Anreizwirkung

3.3.1 Prospektive LTI-Konzepte zur Vermögens- und Einkommensharmonisierung

3.3.1.1 Konzeption und Differenzierungskriterien

LTI-Konzepte zur Vermögens- und Einkommensharmonisierung haben in den letzten Jahren zunehmend an Relevanz gewonnen und sind in nahezu allen Vorstandsvergütungssystemen zu finden.[222] Begründet ist dies vor allem mit der vom Gesetzgeber geforderten Mehrjährigkeit und Nachhaltigkeit der Vergütungssysteme, die durch eine derartige Ausgestaltung der Vergütungssysteme berücksichtigt werden soll. Die inhaltliche und terminologische Definition der unterschiedlichen Auszahlungssystematiken und bedingten Vergütungszusagen ist, soweit überhaupt vorhanden, in Theorie und Praxis von hoher Diversität geprägt, wodurch eine objektive Nachvollziehbarkeit der Vergütungssysteme erschwert wird. Grundsätzlich basieren die Auszahlungssystematiken und bedingte Vergütungszusagen auf einer einheitlichen Vorgehensweise, die sich in insgesamt sechs Schritte differenzieren lässt.

221 Vgl. Ferstl (2000), S. 180 ff. mit Bezug auf das damalige Vergütungssystem der Bertelsmann AG.
222 Vgl. Götz/Friese (2014) und Kapitel 8.3.

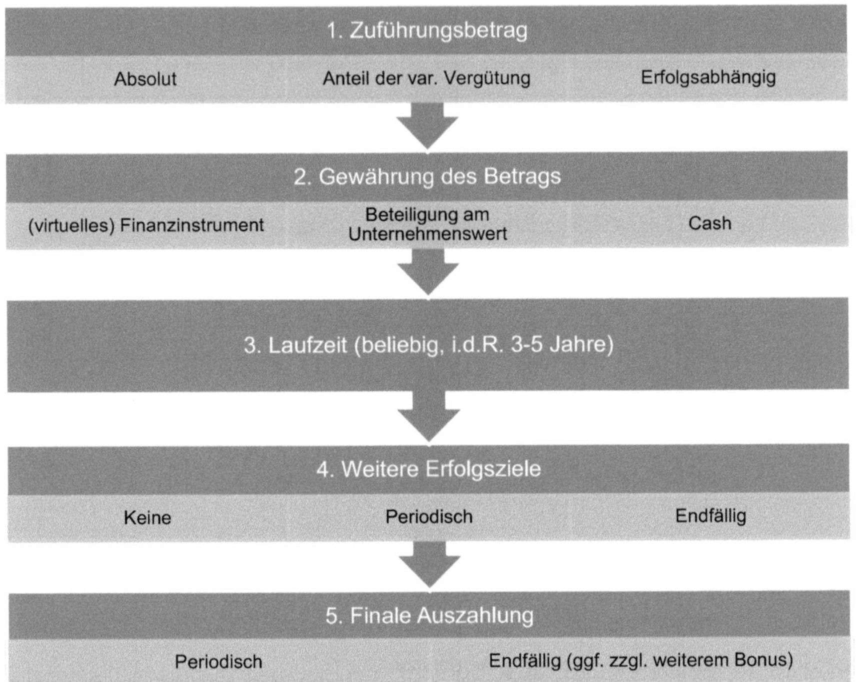

Abbildung 15: Ausgestaltungsmöglichkeiten von prospektiven LTI-Konzepten

Zuerst wird festgelegt, welcher Betrag dem jeweiligen LTI-Konzept zugrunde gelegt werden soll. Diese Komponente kann entweder absolut festgelegt oder als prozentualer Anteil der STI-Komponente bzw. in direkter Abhängigkeit von Erfolgszielen bestimmt werden,[223] sodass hier entweder der Bezug zu bereits erreichten Zielen oder zum Vermögen des Managements hergestellt werden kann, aber auch Kombinationen denkbar sind. Wird die Interessenharmonisierung auf Vermögensebene zwischen Manager und Eigentümer intendiert, so können Eigeninvestments betrachtet werden, die häufig auch Voraussetzung für die Teilnahme an LTI-Programmen sind. Charakteristisch für die Ausgestaltung von Eigeninvestments ist die Tatsache, dass die Interessen des Managers auf der Vermögens- und nicht nur auf der Einkommensebene mit den Eigentümern harmonisiert werden sollen. Durch die Investition des versteuerten Einkommens ergibt sich ein maßgeblicher Unterschied zur Bemessung auf Grundlage der

223 Alternativ kann sich die Ermittlung des Langfristbetrags auch nur auf eine bestimmte Komponente der variablen Vergütung beziehen.

STI-Komponente oder einer bestimmten Zielerreichung, sodass für ein Eigeninvestment in Abhängigkeit der Vergütung (V_t) gilt:[224]

$$EI_t = V_t \times (1 - S^{Est}) \times \alpha \qquad 3\text{-}10$$

Der ermittelte Betrag für die LTI-Komponente kann dann hinsichtlich der weiteren Berücksichtigung in (virtuelle) Finanzinstrumente, Beteiligungen an Unternehmenswerten (Value) und Geldbeträge (Cash) differenziert werden. Wird eine nicht cashbezogene Ausgestaltungsform definiert, so unterliegt diese während der Laufzeit den Schwankungen der gewählten Bezugsgröße, sodass Werteffekte resultieren können, die durch exogene Einflüsse und Maßnahmen des Vorstandes determiniert werden. Intention dieser Vorgehensweise ist es, dass die Risikoteilung zwischen dem Management und den Eigentümern berücksichtigt und ein weitergehender Anreiz zur Leistungserbringung geschaffen wird, da das Management den Wert seiner der (virtuellen) Finanzinstrumente im weiteren Verlauf beeinflussen kann.

Für diese Vergütungsformen haben sich insbesondere Aktien etabliert, bei nicht-börsennotierten Unternehmen oder Bereichen können alternativ vor allem Anteile am Unternehmenswert Beachtung finden. Ebenfalls denkbar sind in diesem Kontext Optionen, die für nicht-kapitalmarktorientierte Unternehmen und Bereiche in Bezug auf den Unternehmenswert modelliert werden können. In Abhängigkeit der gewählten Ausgestaltung kann dadurch aber eine starke Risikobereitschaft hervorgerufen werden, da eine Divergenz des Risikoprofils von Eigentümern (partizipieren auch an Verlusten) und Managern (partizipieren nur an Gewinnen) immanent ist. Eine wesentlich geringere Risikobereitschaft induziert hingegen die Umwandlung der variablen Vergütung in Anleihen, die bei nicht-börsennotierten Unternehmen als Kredit im Unternehmen einbehalten werden können. Im nächsten Schritt ist die Laufzeit des LTI-Konzepts zu bestimmen, wobei üblicherweise ein Zeitraum von drei bis fünf Jahren gewählt wird.[225] Das fünfte Differenzierungskriterium bezieht sich auf die Zielerreichung weiterer Erfolgskriterien während der Laufzeit und der damit verbundenen Auswirkungen auf die Vergütung, wodurch zusätzliche Werteffekte, neben denen des (virtuellen) Finanzinstruments oder der Unternehmenswertbeteiligung, resultieren und so weitere Anreize induziert werden können. Sofern eine weitere Zielerreichung vereinbart wird, kann

[224] Neben der Vergütung kann auch ein Betrag aus dem privaten Vermögen bspw. vor der ersten Amtsperiode als Bedingung für weitere Vergütungsbestandteile definiert werden.

[225] Dieser Zeitraum orientiert sich im Kontext der Vorstandsvergütung zumeist an der Amtszeit.

diese eine endfällige oder periodische Beachtung finden. Die finale Auszahlung ist der letzte Gestaltungsparameter der LTI-Konzepte, die grundsätzlich endfällig oder periodisch erfolgen kann. Eine periodische Auszahlung erfolgt dabei bspw. als arithmetisches Mittel über die Laufzeit. Dies kann insbesondere sinnvoll sein, wenn in jeder Periode Beträge zugeführt werden. Bei der endfälligen Auszahlung wird der Betrag zum Ende der Laufzeit ausgezahlt, wobei in der Praxis Modifikationen dahingehend beobachtbar sind, dass eine zusätzliche Geldwerteleistung erbracht wird. Bspw. wird für eine gewisse Anzahl an gehaltenen (virtuellen) Finanzinstrumenten eine gewisse Anzahl an (virtuellen) Finanzinstrumenten gratis oder vergünstigt zugeteilt.

$$ZW\left(A_t^{Gratis}\right)_t = A_t^{Gratis} \times K_t \text{ mit } A_t^{Gratis} = \frac{A_t}{b} \qquad 3\text{-}11$$

Intention dieser Maßnahme ist es, den Manager an das Unternehmen zu binden, da die zusätzlichen Finanzinstrumente bzw. Anteile nur bei bestehendem Dienstverhältnis zum Ende der vorgeschriebenen Haltedauer in Anspruch genommen werden können. Damit eine derartige Vorgehensweise transparent kommuniziert werden kann, sollte der zusätzliche wertmäßige Betrag, der durch die zusätzlichen Finanzinstrumente bzw. Anteile gewährt wird, explizit ausgewiesen werden.

3.3.1.2 Systematisierung ausgewählter Konzepte

Als einfachste Ausgestaltungsmöglichkeit kann die verzögerte Auszahlung durch die Bonusbank angesehen werden. Dabei wird der eingestellte Betrag mit zukünftigen Bonus- bzw. Maluszahlungen verrechnet und ein bestimmter Anteil des Guthabens periodisch ausgezahlt, wodurch ein impliziter Bezug zu der Performance in den nachfolgenden Perioden gegeben ist und eine Glättung der Bonuszahlungen im Zeitverlauf erfolgt. Bei der verzögerten Auszahlung (Deferral) wird der zu Beginn ermittelte Betrag am Ende der Laufzeit zur Auszahlung freigegeben. Die Höhe der endfälligen Auszahlung kann durch zuvor definierte Erfolgsziele, wobei auch Durchschnittswerte über die Laufzeit möglich sind, von dem zu Beginn festgelegten Betrag abweichen. Bei den Performanceinstrumenten hingegen kann alternativ dazu auch eine explizite Veränderung des Betrags während der Laufzeit vereinbart werden. Hierbei determiniert die Erreichung periodischer Erfolgsziele die Veränderung des zu Beginn festgelegten Betrags.

Bezeichnung	Betrag / Instrument	Laufzeit	Erfolgsziele	Auszahlung
Bonusbank	Bar	3-5 Jahre	Keine	Periodisch
Cash Deferral	Bar	3-5 Jahre	Endfällig	Endfällig
Share Deferral	Aktien	3-5 Jahre	Endfällig	Endfällig
Value Deferral	UW-Beteiligung	3-5 Jahre	Endfällig	Endfällig
Performanceshare	Aktien	3-5 Jahre	Periodisch	Endfällig
Performanceoption	Optionen	3-5 Jahre	Periodisch	Endfällig
Performancebond	Anleihen	3-5 Jahre	Periodisch	Endfällig
Performancevalue	UW-Beteiligung	3-5 Jahre	Periodisch	Endfällig

Tabelle 17: Systematisierung von LTI-Konzepten

Grundsätzlich ist somit eine Vielzahl an Konstellationen für bedingte Vergütungskennzahlen denkbar, aus denen die Wesentlichen im Folgenden formal und anhand von Beispielen dargestellt werden sollen.

3.3.1.3 Bonus-Malus-Systeme

Die wohl bekannteste Systematik zur Verzögerung der Auszahlung von leistungsabhängigen Vergütungsbestandteilen ist die Bonusbank.[226] Bereits Anfang der 90er Jahre wurde dieses Konzept, zumeist auf der Grundlage des EVA, propagiert, um eine langfristige Denkweise des Managements zu induzieren.[227] Die Grundidee ist dabei, dass periodische Beträge einem fiktiven Konto zugeführt werden und deren Auszahlung von weiteren zukünftigen Bedingungen abhängt.

$$ZF(BB)_t = \alpha \times STI_t \qquad 3\text{-}12$$

[226] Siehe grundlegend zu diesem Thema Stewart (1991), S. 235 ff.; Hostettler/Stern (2004); Witzemann/Currle (2004); Bergmann/Schultze/Weiler (2012); Crasselt/Fründ (2014).

[227] Vgl. Stewart (1991), S. 235 ff.

Der in die Bonusbank einzustellende Betrag kann entweder einem Anteil (α) oder der gesamten $(\alpha = 1)$ (kurzfristigen) variablen Vergütung entsprechen, wobei keine Umrechnung in (virtuelle) Finanzinstrumente oder Unternehmenswertbeteiligungen erfolgt. Der zugeführte Betrag selber unterliegt dabei keinen weiteren Performancezielen. Stattdessen wird der Betrag mit zukünftigen Bonus- bzw. Maluszahlungen verrechnet. Dies führt im Zeitablauf[228] zu einer Glättung der leistungsabhängigen Vergütung, sodass die üblichen periodischen Begrenzungen der Zielerreichung bzw. der leistungsabhängigen Vergütung und die damit verbundenen negativen Implikationen teilweise umgangen werden können.[229] Die Definition einer Ober- und Untergrenze der periodischen Auszahlungen der Bonusbank kann als weniger restriktiv, im Verhältnis zu einer periodischen Begrenzung der variablen Vergütung oder der periodischen Zuführungen zur Bonusbank, angesehen werden.[230] Die Auflösung der periodischen Zuführungen kann entweder als lineare Tranche oder über einen jährlich definierten Prozentsatz erfolgen, wodurch jeweils eine jährliche Auszahlung über die Laufzeit gewährt wird. Hinsichtlich einer linearen Tranche über die Laufzeit n ergibt sich die Auszahlung unter Berücksichtigung der Verzinsung w, als:

$$AZ(BB)_t = \frac{1}{n} \times \sum_{t-n}^{t-1} ZF_t + w \times \sum_{t-n}^{t-1} (ZF(BB)_t - AZ(BB)_t) \qquad 3\text{-}13$$

Alternativ zur sofortigen Auszahlung der Zinsen auf den Bestand der Bonusbank der Vorperiode könnte auch eine anteilige Zuführung zu der Bonusbank erfolgen. Der Zeitwert der Bonusbank einer jeden Periode ergibt sich als Differenz der bisherigen Zuführungen und Auszahlungen.

$$ZW(BB)_t = \sum_{t-n}^{t} (ZF(BB)_t - AZ(BB)_t) \qquad 3\text{-}14$$

---

228 Je geringer die Laufzeit, desto stärker ist der Einfluss einzelner Bonusbeträge. Vgl. Plaschke (2003), S. 296.

229 Vgl. Witzemann/Currle (2004), S. 632 f.

230 Wird nur ein Anteil $a < 1$ in die Bonusbank eingestellt und der Anteil $1 - a$ ausgezahlt, so kann eine differenzierte Begrenzung für die direkte Barauszahlung erfolgen.

Anteil (α)	75%
Verzinsung BB (w)	5%
Zins (i)	5%
Laufzeit (n)	3

	0	1	2	3	4	5		6	7	8
STI	21.327	10.000	14.000	-7.000	1.500	5.000		0	0	0
EZ(BB)	15.995	7.500	10.500	-5.250	1.125	3.750		0	0	0
w(BB)	1.476	0	375	775	213	56		138	144	63
AZ(BB)	14.520	0	2.500	6.000	4.250	2.125		-125	1.625	1.250
AZ (Kum)	21.327	2.500	6.375	5.025	4.838	3.431		13	1.769	1.313
ZW(BB)		7.500	15.500	4.250	1.125	2.750		2.875	1.250	0

Tabelle 18: Bonusbank

Das Beispiel zeigt die Entwicklung der Bonusbank bei einer linearen Tranchen-Auszahlung über die Laufzeit von drei Jahren.

STI	1	2	3	4	5	AZ (BB)
	10.000	14.000	-7.000	1.500	5.000	
1	2.500					2.500
2	2.500	3.500				6.000
3	2.500	3.500	-1.750			4.250
4	2.500	3.500	-1.750	375		4.625
5		3.500	-1.750	375	1.250	3.375
6			-1.750	375	1.250	-125
7				375	1.250	1.625
8					1.250	1.250

Tabelle 19: Tranchen bei linearer Auszahlung der Bonusbank

Alternativ könnte der Bonusbank auch ein Startguthaben gutgeschrieben werden, was vor allem bei Investitionen mit negativen Erfolgsgrößen zu Beginn, aber positivem Kapitalwert über die Gesamtlaufzeit, vorteilhaft sein könnte.[231] Wird eine gleitende Auszahlung des Bonusbankguthabens in Höhe des Prozentsatzes p präferiert, so ergibt sich die Auszahlung als:

$$AZ(BB)_t = (p + w) \times \sum_{t-n}^{t-1} (ZF(BB)_t - AZ(BB)_t) \qquad \text{3-15}$$

[231] Siehe zu der Synchronisierung von Antizipations- und Realisationskomponente insbesondere Kapitel 5.2.

Je geringer der Prozentsatz p, desto stärker ist der Glättungseffekt der Bonusbank im Zeitablauf. Damit eine vollständige Auszahlung der Bonusbank erfolgen kann, ist für den Zeitraum nach den Zuführungen bspw. eine lineare Auszahlung vorzunehmen.

Eine weitere Ausgestaltungsmöglichkeit der Bonus-Malus-Systeme ist die Rückforderungsmöglichkeit (*claw back*) von bereits gewährten ergebnisabhängigen Vergütungsbestandteilen. Dieses Vorgehen kann aus der juristischen Perspektive als grundsätzlich zulässig erachtet werden, wobei die Regelungen zu Beginn der Amtszeit oder spätestens bei der ersten Auszahlung definiert werden müssen.[232]

3.3.1.4 Deferrals

Die verzögerte Auszahlung (Deferral) von Anteilen der jährlichen variablen Vergütung (STI) stellt eine Möglichkeit dar, die STI-Vergütungsbestandteile für eine langfristige Anreizsetzung heranzuziehen. Dabei wird zumeist periodisch ein bestimmter Anteil (α) der kurzfristigen variablen Vergütung (STI) einbehalten und in Bargeld, (virtuellen) Finanzinstrumenten oder Unternehmenswertanteilen nach einer Laufzeit von *n* Jahren ausgezahlt.

$$ZF(DB)_t = \alpha \times STI_t \qquad \text{3-16}$$

In Abhängigkeit der gewährten Vergütungsinstrumente erfolgt die Ausgestaltung der Erfolgsziele und der Auszahlung. Wird die Auszahlung verschoben und erfolgt keine Umwandlung, so hängt die Höhe des Auszahlungsbetrags am Ende der Laufzeit n von der Verzinsung des Deferral Betrags (DB) sowie der Zielerreichung (ZE) im Zeitpunkt $t+n$ ab. Die Zielerreichung bezieht sich bei Cash Deferrals auf mindestens eine ex ante definierte Bemessungsgrundlage und ihrer Zielgröße zum Ende der Laufzeit n, ggf. ergänzt durch Ober- und Untergrenzen. Grundsätzlich sind durch eine entsprechende Ausgestaltung der Zielerreichungsfunktion für den performanceabhängigen Teil auch negative Ausprägungen denkbar. Die Auszahlung zum Zeitpunkt $t+n$ ergibt sich demnach als:

$$AZ(KUM)_{t+n} = DB_t \times (1+w)^n \times (1+\frac{ZE_{t+n}}{c}) \qquad \text{3-17}$$

---

232 Vgl. zur Zulässigkeit von Rückforderungsmöglichkeiten insbesondere Wettich (2013) und Kapitel 4.3.4.

Der Parameter c bestimmt, welcher Anteil des DB performanceabhängig ist und in Abhängigkeit der Zielerreichung zusätzlich gewährt oder mit dem performanceunabhängigen Teil verrechnet wird. Negative Werte für die Zielerreichung führen somit zu einer Verringerung des Auszahlungsbetrags, sodass die Ausgestaltung der Zielerreichungsfunktion von besonderer Bedeutung ist. Die Zielerreichung kann auch über die Laufzeit als Durchschnitt bestimmt werden.

STI-Anteil (α)	60%	c	3
Wachstum STI	6%	$\overline{CAP}$	200%
Laufzeit (n)	3	$\underline{CAP}$	-200%
Verzinsung DB (w)	5%	Zins (i)	3%

	0	1	2	3	4	5	6	7	8
STI	48.535	10.000	10.600	11.236	11.910	12.625	0	0	0
DB	29.121	6.000	6.360	6.742	7.146	7.575	0	0	0
DB(Zins)	4.160	0	300	633	1.002	1.062	1.126	792	418
DB(kum)		6.000	12.660	20.035	21.237	22.511	15.832	8.351	0
ZE					100%	220%	-230%	0%	70%
AZ (DB)	29.121	0	0	0	6.946	7.362	7.804	8.272	8.769
AZ (ZE)	3.253	0	0	0	2.315	4.908	-5.203	0	2.046
AZ KUM	32.374	0	0	0	9.261	12.271	2.601	8.272	10.815

Tabelle 20: Cash Deferral

Solange die Verzinsung (w) des DB mindestens dem Diskontierungszins i entspricht, ist die verzögerte Auszahlung des DB, der in dem Beispiel 60 Prozent der fiktiven STI-Komponente beträgt, barwertneutral. Die Gewinnchancen und Verlustrisiken werden determiniert durch die Konstante c und die Ausgestaltung der Zielerreichungsfunktion. In dem voranstehenden Beispiel wird eine Gewinn- und Verlustbegrenzung von 200 Prozent der Zielerreichung unterstellt und ein Drittel des Auszahlungsbetrags $(AZ\ (DB))$ unterliegt der Zielerreichung im Zeitpunkt der Auszahlung nach Ablauf der Sperrfrist (s), sodass c gleich drei ist. In der vierten Periode wird bei einer Zielerreichung von 100 Prozent ein Drittel des Auszahlungsbetrags zusätzlich gewährt. Bei der Ausgestaltung von c und CAP ist darauf zu achten, dass der Quotient von Verlustbegrenzung und c nicht größer als eins sein darf, wenn keine Strafzahlung oder Verrechnung mit zukünftigen Perioden erfolgen soll. Die in dem Beispiel gewählte Konstellation führt zu einer Auszahlung des DB, der sich innerhalb des Intervalls von einem Drittel bis zu fünf Drittel des zugeführten Betrags bewegt.[233]

Erfolgt die Umrechnung des Deferral Betrags hingegen in (virtuelle) Finanzinstrumente oder Unternehmenswertanteile, so hängt die Anzahl der Anteile (A_t) oder der (virtuellen) Finanzinstrumente von dem Kurs bzw. Wert (K_t) und dem Deferral Betrag ab.

$$A_t = \frac{DB_t}{K_t} \qquad \text{3-18}$$

Als virtuelle Finanzinstrumente sind grundsätzlich Aktien, Anleihen und Optionen denkbar. Allerdings muss bei Optionen bedacht werden, dass diese im Fall von Kurssteigerungen zu einer Vervielfachung führen, hingegen ein konstantes Kursniveau eine vollständige Entwertung des originären Deferral Betrags impliziert, sodass stark risikofreudiges Verhalten induziert werden kann. Bei der der Umwandlung in Aktien oder Unternehmenswertanteile kann zudem eine Dividende bzw. Gewinnbeteiligung gewährt werden, die ebenfalls zum Ende der jeweiligen Laufzeit kumuliert oder periodisch ausgezahlt wird. Die Auszahlung des DB aus dem Jahr t ergibt sich im Jahr n demnach als:

$$AZ(Kum)_{t+n} = A_t \times \left[K_{t+n} + \sum_{t+1}^{t+n} Div_t \right] \qquad \text{3-19}$$

Alternativ zu dem hier dargestellten Vorgehen kann auch eine periodische Verzinsung der einbehaltenen Dividende, eine Umwandlung der Dividende in Unternehmenswertanteile oder Aktien sowie eine periodische Ausschüttung der Dividende erfolgen.
Die Vermögensveränderung des DB ergibt sich aus der Differenz zwischen dem Wert der Anteile im Auszahlungs- und dem im Zuteilungszeitpunkt zzgl. der in dem Zeitraum angefallenen Dividenden, multipliziert mit der Anzahl der Anteile. Für das Beispiel wird eine Laufzeit von drei Jahren angenommen, sodann die Anteile zur Auszahlung kommen können. Optional können für den Auszahlungszeitpunkt wie bei den Cash Defer-

233 Werden periodische statt endfällige Performanceziele formuliert, so kann in Abhängigkeit der hier gewählten Terminologie von Performance Cash gesprochen werden.

rals weitere Performanceziele formuliert werden. Die anschließend ermittelte Zielerreichung determiniert dann zusätzlich zur Wertentwicklung des (virtuellen) Finanzinstruments den Auszahlungsbetrag.

STI-Anteil (α)	60%	Zins (i)	5%
Wachstum STI	6%	Laufzeit (n)	3
Wachstum Kurs	6%		
Wachstum Dividende	2%		

t	0	1	2	3	4	5	6	7	8
STI	48.535	10.000	10.600	11.236	11.910	12.625	0	0	0
DB	29.121	6.000	6.360	6.742	7.146	7.575	0	0	0
Kurs		6,00	6,36	6,74	7,15	7,57	8,03	8,51	9,02
Aktien+	5.000	1.000	1.000	1.000	1.000	1.000	0	0	0
Aktien-	-5.000	0	0	0	-1.000	-1.000	-1.000	-1.000	-1.000
Aktien		1.000	2.000	3.000	3.000	3.000	2.000	1.000	0
Dividende		0,30	0,31	0,31	0,32	0,32	0,33	0,34	0,34
Dividenden	3.832	0	306	930	949	968	987	669	0
AZ DB	29.961	0	0	0	7.146	7.575	8.029	8.511	9.022
AZ Dividende	3.638	0	0	0	936	955	974	994	1.014
AZ Kum	33.599	0	0	0	8.083	8.530	9.004	9.505	10.035
Zeitwert		6.000	13.026	21.155	22.387	23.692	17.046	9.180	0
Δ Zeitwert		6.000	7.026	8.129	1.232	1.305	-6.647	-7.866	-9.180
Zeiteffekt	-4.723				-927	-936	-944	-953	-963
Kurseffekt	5.563				1.092	1.102	1.112	1.123	1.134
LTI-Effekt	840				165	166	168	170	171

Tabelle 21: Share Deferral

Der Zeitwert (ZW) entspricht der Anzahl der gehaltenen Anteile zu einem Zeitpunkt multipliziert mit dem Zeitwert des (virtuellen) Finanzinstruments bzw. der Unternehmenswertanteile und dem für diese Anteile gewährten Dividenden bzw. Gewinnbeteiligungen.

$$ZW(DB)_t = \left[\sum_{t-n+1}^{t} A_t\right] \times K_t + \sum_{t-n+1}^{t-1} \left[A_t \times \sum_{t+1}^{t+n-1} Div_t\right] \qquad 3\text{-}20$$

Der Zeiteffekt ergibt sich als Barwertdifferenz zwischen Zuteilung und Ausübung der Aktien durch die Sperrfrist. Der Kurseffekt hingegen basiert auf der Kursveränderung in diesem Zeitraum. Da der Aktienkurs während der Sperrfrist mit einem höheren Zinssatz (6 Prozent) ansteigt, als dass die Verzinsung (5 Prozent) die spätere Auszahlung mindert, ergibt sich ein positiver Barwerteffekt durch die LTI-Komponente. Deferrals stellen somit eine Möglichkeit dar die Vergütung, die für eine kurzfristige Zielerreichung gewährt wurde, in Abhängigkeit der weiteren Entwicklungen zu einem späteren Zeitpunkt auszuzahlen.

3.3.1.5 Performanceinstrumente

Erfolgt statt der endfälligen Betrachtungsweise eine periodische Anpassung des aus der STI-Komponente einbehaltenen Betrags, so sind Performanceinstrumente definiert, die ebenfalls für die anteilige Vergütung der STI-Komponente mit langfristiger Anreizwirkung in Betracht kommen.[234] Ausgehend von einer realisierten Zielerreichung oder als Anteil der STI-Komponente wird eine bestimmte Anzahl an Performanceinstrumenten zugeteilt. Die resultierende Anzahl an Performanceinstrumenten verändert sich dann periodisch in Abhängigkeit der jeweiligen Zielerreichung während der Sperrfrist. Als Performanceinstrumente werden in praxi vor allem Aktien (Performanceshare) gewährt, für nicht-kapitalmarktorientierte Unternehmen oder Bereiche können aber auch Anteile am Unternehmenswert (Performancevalue) Beachtung finden. Möglich ist theoretisch auch eine Ausgestaltung in Anleihen (Performancebonds), Optionen (Performanceoptions) oder Geldvermögen (Performancecash). Die Vorgehensweise ist grundsätzlich aber unabhängig von dem gewählten Finanzinstrument. Die Anzahl der zugeteilten Performanceshares für Periode t ergibt sich hier analog zu den vorherigen Ausführungen als Anteil der variablen Vergütung.[235]

$$PS_t = \frac{\alpha \times STI_t}{K_t} \qquad \text{3-21}$$

Für die Zuteilung oder Rücknahme von Performanceshares in Abhängigkeit der Zielerreichung während der Sperrfrist können die kumulierten Perfromanceshares zum Ende der vorherigen Periode bzw. ein bestimmter Anteil dieser Menge oder eine absolute Anzahl betrachtet werden.

$$PS_t^{ZE} = \sum_{t-1-s}^{t-1} PS_t \times \frac{ZE_t}{c} \qquad \text{3-22}$$

---

234 Vgl. zur Ausgestaltung von Performanceshare-Plänen Foote (1973).

235 Für eine direkte Bestimmung der PS in Abhängigkeit der Zielerreichung gilt: $PS_t = ZE_t \times PS_t^{100\%ZE}$.

Die Konstante c determiniert, in Kombination mit der Zielerreichung, in welchem Ausmaß Anpassungen an die Anzahl der Performanceshares während der Sperrfrist (s) vorgenommen werden, sofern auch negative Veränderungen berücksichtigt werden. So sollte $\frac{ZE_t(CAP)}{c} \leq 1$ gelten, da das Management sonst eine negative Anzahl von Perfromanceshares halten kann. Es wird zudem deutlich, dass es sich bei einer derartigen Ausgestaltung der Performanceshares um eine mehrdimensionale Anreizsetzung handelt, da neben dem Wert auch die Menge der Performanceshares eine Funktion der Tätigkeit des Managers sind. Die Anzahl der gehaltenen Performanceshares in Periode t ergibt sich als Summe der in den vergangenen Perioden zugeteilten Performanceshares, die aufgrund der Sperrfrist noch nicht ausgeübt wurde.

$$PS_t^{Kum} = \sum_{t-s}^{t} PS_t \qquad \text{3-23}$$

Der Wert dieser gehaltenen Performanceshares in Periode t entspricht dem Produkt aus der Anzahl und dem Kurs zum Zeitpunkt t.

$$ZW(PS_t^{Kum}) = \sum_{t-s}^{t} PS_t \times K_t \qquad \text{3-24}$$

Die Auszahlung in der Periode t ergibt sich in Abhängigkeit der Sperrfrist und des Aktienkurses.

$$AZ(PS)_t = PS_{t-s} \times K_t \qquad \text{3-25}$$

Zudem kann eine periodische Auszahlung der Dividende erfolgen:

$$AZ(Div)_t = PS_{t-1}^{Kum} \times Div_t \qquad \text{3-26}$$

Für das Beispiel werden wieder eine Sperrfrist von drei Jahren und ein Anteil von 60 Prozent der variablen Vergütung festgelegt:

STI-Anteil (α)	60%	Zins (i)	5%	Wachstum STI	6%
$\overline{CAP}$	200%	Sperrfrist (s)	3	Wachstum Kurs	6%
$\underline{CAP}$	-200%	c	3	Wachstum Dividende	2%

t	0	1	2	3	4	5	6	7	8
STI	47.170	10.000	10.600	11.236	11.910	12.625	0	0	0
PSB	29.121	6.000	6.360	6.742	7.146	7.575	0	0	0
Kurs		6,00	6,36	6,74	7,15	7,57	8,03	8,51	9,02
PS (+)	5.000	1.000	1.000	1.000	1.000	1.000	0	0	0
ZE			100%	-20%	60%	100%			
PS (Δ)	2.084		333	-156	636	1.271			
PSB (Δ)	12.298	0	2.120	-1.049	4.542	9.628			
PS (-)	7.084	0	0	0	1.000	1.333	844	1.636	2.271
AZ (PS)	42.613	0	0	0	7.146	10.100	6.780	13.920	20.489
Dividende		0,30	0,31	0,31	0,32	0,32	0,33	0,34	0,34
AZ (Div)	5.351	0	306	728	1.012	1.238	1.574	1.320	783
AZ gesamt	47.964	0	306	728	8.158	11.338	8.354	15.240	21.272
PS gesamt		1.000	2.333	3.178	3.813	4.751	3.907	2.271	0
Zeitwert		6.000	14.840	21.423	27.250	35.989	31.368	19.330	0
Δ Zeitwert		6.000	8.840	6.583	5.827	8.739	-4.621	-12.038	-19.330
Zeiteffekt	-6.717				-927	-1.247	-798	-1.559	-2.186
Kurseffekt	7.912				1.092	1.469	939	1.837	2.575
LTI-Effekt	1.195				165	222	142	277	389

Tabelle 22: Performanceshares

Der Zeiteffekt ergibt sich hier wiederum als Barwertdifferenz zwischen Zuteilung und Ausübung der Aktien, der Kurseffekt basiert dabei auf der Kursveränderung in diesem Zeitraum. Da der Aktienkurs auch hier während der Sperrfrist mit einem höheren Zinssatz (6 Prozent) ansteigt, als dass die Zeitpräferenz (5 Prozent) die spätere Auszahlung mindert, ergibt sich ein positiver Barwerteffekt durch die LTI-Komponente.

Alternativ zu der aufgezeigten Ausgestaltungsmöglichkeit sind Variationen dahingehend denkbar, dass die Anzahl der gehaltenen Performanceinstrumente in Abhängigkeit der Zielerreichung periodisch angepasst wird. Zudem kann die Zuteilung der Performanceinstrumente auch als bestimmte Anzahl erfolgen, sodass keine Verknüpfung zur STI-Komponente besteht.

3.3.2 Retrospektive LTI-Konzepte

Alternativ zu den zuvor aufgezeigten Möglichkeiten der Ausgestaltung von LTI Konzepten im Kontext der Managementvergütung, wird häufig auch ein Mehrjahresbonus für diesen Zweck in Erwägung gezogen. Dabei sind solche Vorgehensweisen als Mehrjahresbonus klassifizierbar, die eine retrospektive Bestimmung der Zielerreichung über einen Zeitraum von mehr als einem Jahr erfassen. Für diesen Zeitraum wird zumeist der Durchschnitt einer oder mehrerer Bemessungsgrundlagen gebildet, der dann die Vergütung determiniert.

$$MJB_t = ZE_t \times VV_{ZE=100\%}$$
$$mit\ ZE_t = \sum_{t-n}^{t} \frac{ZE_t}{t-n} \qquad \text{3-27}$$

Im Gegensatz zu den Vorgehensweisen bei den Deferrals, der Bonusbank oder Performanceinstrumenten ist der Mehrjahresbonus ausschließlich retrospektiv orientiert, sodass hier grundsätzlich eine andere Betrachtungsweise eingenommen wird. Der Erfolg in künftigen Perioden hat somit keine Auswirkungen auf den Wert bereits verdienter Vergütungszusagen. Stattdessen wird der Mehrjahresbonus für den Erfolg vergangener Perioden gewährt.

3.4 Allgemeine Anforderungen an Managementvergütungssysteme

3.4.1 Qualitative Anforderungen

Als qualitative Anforderungen werden im Folgenden solche Kriterien charakterisiert, die stark von der subjektiven Einschätzung der Akteure abhängen, sodass die Überprüfung dieser Anforderungen mit einem gewissen Ermessensspielraum behaftet ist. Dieser Gattung lässt sich das häufig postulierte Kriterium der ***Verständlichkeit***[236] von Anreizsystemen zuordnen, welches im Allgemeinen begrenzte kognitive Fähigkeiten der Individuen impliziert. Grundlage für die Verständlichkeit ist ein transparentes Vergütungssystem, das es dem Management ermöglicht, die Konsequenzen seiner Handlungen auf seine Entlohnung zu antizipieren.[237] Damit diesem Zusammenhang genügt werden kann, muss das konzipierte Vergütungssystem zum einen eindeutig spezifiziert werden, d.h. potentiell verstanden werden können, und zum anderen muss das Management die der variablen Vergütung zugrunde liegenden Kausalbeziehungen identifizieren können.[238] Die Verallgemeinerung dieser Anforderung bereitet dabei erhebliche Schwierigkeiten, da sie einer subjektiven Einschätzung unterliegt und mit den

236 Vgl. bspw. Siefke (1999), S. 53 ff.; Hebertinger (2002), S. 16 ff.; Mohnen (2002), S. 34.

237 Vgl. Mohnen (2002), S. 34.

238 Schumann (2008) bezeichnet es in diesem Zusammenhang als anmaßend, zu unterstellen, der Manager würde das Anreizsystem nicht verstehen. Vgl. zu dieser Argumentation anhand von Literaturbeispielen zur Einschätzung des DCF-Kalküls Schumann (2008), S. 121 m.w.N.

spezifischen Fähigkeiten und dem Wissen zwischen den Akteuren divergiert.[239] Grundsätzlich kann die Anforderung der Verständlichkeit dahingehend allgemeingültig reduziert werden, dass die Vergütung einer eindeutigen Berechnungsformel genügen muss.[240]

Eng verbunden mit der Anforderung der Verständlichkeit aber weniger subjektiv ist die ***Objektivität*** von Performancemaßen, diese kann als intersubjektive Nachprüfbarkeit interpretiert werden,[241] wobei weniger die Fähigkeiten zum Verständnis, als vielmehr die potentielle Möglichkeit durch die Verfügbarkeit der relevanten Informationen entscheidend ist.[242] Die juristischen Vorgaben zur Kontrolle und Transparenz bieten in diesem Kontext die Möglichkeit, den Anforderungen der Verständlichkeit und Objektivität gerecht zu werden.[243]

Als grundsätzliche Restriktion für Vergütungssysteme wird zudem deren ***Wirtschaftlichkeit*** verstanden, wodurch nicht nur die Effektivität betrachtet wird, sondern auch die Effizienz, oder mit anderen Worten, der Aufwand des Anreizsystems soll den Nutzen nicht übersteigen.[244] Dies umfasst neben der eigentlichen Vergütung auch die korrespondierenden Positionen der Gestaltung und Kontrolle sowie alle weiteren damit anfallenden Aufwendungen.[245] Aufgrund fehlender allgemeingültiger Aussagen, welches Vergütungssystems vorteilhaft ist, scheint das Wirtschaftlichkeitskriterium, wie Schumann anmerkt, mit Willkür behaftet zu sein.[246] Aus praktischer Sicht sieht Mohnen die Wirtschaftlichkeit als Grund dafür, dass die Anreizsysteme häufig auf Daten des externen Rechnungswesens basieren.[247] Grundsätzlich sollte die Wirtschaftlichkeit als Nebenbedingung eines Vergütungssystems nicht außer Acht gelassen werden, wobei dies einer Einzelfallentscheidung bedarf, da die erforderlichen Aufwendungen auch von der spezifischen Situation determiniert werden.

---

239 Vgl. Schumann (2008), S. 121.
240 Vgl. Hebertinger (2002), S. 64.
241 Vgl. Hebertinger (2002), S. 31 f.
242 Vgl. Mohnen (2002), S. 34.
243 Vgl. Kapitel 3.5.
244 Vgl. Siefke (1999), S. 63f. m.w.N. Hebertinger (2002), S. 28 f. spricht in diesem Kontext von der Effizienz des Anreizsystems.
245 Vgl. Mohnen (2002), S. 35.
246 Vgl. Schumann (2008), S. 120f.
247 Vgl. Mohnen (2002), S. 35 m.w.N.

3.4.2 Messtheoretische Anforderungen

Die Anforderungen an die Präzision von Vergütungssystemen umfassen grundlegende Eigenschaften, die notwendig sind, damit eine Kausalität zwischen Leistung und Vergütung entstehen kann. Das Vergütungssystem soll frei von Manipulationsmöglichkeiten seitens der beteiligten Akteure sein, wobei diese Anforderung in der Literatur auf die Möglichkeiten des Agenten bezogen wird.[248] Verallgemeinert kann das Kriterium der ***Manipulationsfreiheit*** dahingehend definiert werden, dass die Vertragsparteien außerstande sind, die Ausprägungen des Anreizsystems zu Ihren Gunsten zu verzerren.[249] Im dynamischen Kontext ist dabei neben dem Gesamterfolg auch die zeitliche Umverteilung Gegenstand etwaiger Manipulationspotentiale.[250] Dabei offenbart sich ein Zielkonflikt hinsichtlich der Relevanz und der Objektivität von Vergütungssystemen, wenn dies auf prospektiven Daten basiert und somit einer Vielzahl anderer und höher zu gewichtenden Anforderungskriterien[251] genügt, kann eine subjektive Beeinflussbarkeit nicht ausgeschlossen werden. Grundsätzlich kann die Forderung nach Manipulationsfreiheit als notwendige Bedingung für die Effektivität von Anreiz- und Steuerungssystemen angesehen werden.[252]

Eine zeitliche Differenzierung der Managementbeurteilung bemüht das Kriterium der ***Periodengerechtigkeit***, das durch die gegensätzlichen Ausprägungen des Realisations- und Antizipationsprinzips charakterisiert werden kann.[253] Das Antizipationsprinzip weist dabei Wertänderungen aufgrund der Veränderung von zukünftigen Wertpotentialen im Zeitpunkt der Entstehung aus, während das Realisationsprinzip den Zeitpunkt der Umsetzung von bereits geplanten Wertsteigerungen betrachtet. Sowohl das Antizipations-, als auch das Realisationsprinzip muss für die Konzeption eines gesamtheitlichen Managementvergütungssystems bedacht werden, wobei insbesondere die Verknüpfung dieser beiden Kriterien in Kapitel 5.2 eine umfassende Beachtung erfährt.

---

[248] Siehe grundsätzlich zur Manipulationsfreiheit und zu dem Zielkonflikt der Manipulationsfreiheit und der Entscheidungsverbundenheit Laux (2006), S. 432 ff. und Crasselt (2001), S. 165 ff.

[249] Vgl. Schumann (2008), S. 114f.

[250] Vgl. Mohnen (2002), S. 21ff.

[251] Dies umfasst vor allem investitionstheoretische Anforderungskriterien, die Gegenstand des Kapitels 5.1.1 sind.

[252] Vgl. Siefke (1999), S. 61.

[253] Vgl. Hesse (1996); Dreher (2010), S. 361 ff. und Kapitel 5.2.

Das Management sollte gemäß des Kriteriums der ***Verantwortlichkeit bzw. Controbility*** nur auf Grundlage solcher Größen vergütet werden, die seinen Verantwortlichkeitsbereich widerspiegeln und somit von ihm beeinflusst werden können.[254]

$$\frac{dx}{da_i} = \begin{cases} \neq 0, für\ i = 1 \\ = 0, sonst \end{cases} \qquad 3\text{-}28$$

Dabei stellt die Identifikation eines Erfolgsmaßes, das dieser Anforderung vollständig genügt, bzw. die Isolierung der beeinflussbaren Komponenten eines Erfolgsmaßes eine nahezu unlösbare Aufgabe dar, weil auch das Verhalten und die Entscheidungen anderer Agenten den kausalen Effekt der Verantwortlichkeit verzerrt.[255] Es ist aber grundsätzlich zu beachten, dass eine partielle Nichtbeeinflussbarkeit des Erfolgsmaßes eine ausreichende Beeinflussbarkeit nicht grundsätzlich ausschließt.

Neben der Verzerrung des Erfolgsmaßes eines Verantwortungsbereichs durch interne Einflüsse ist ein Erfolgsmaß auch externen Einflussfaktoren ausgesetzt, die das Management nicht beeinflussen kann. Die daraus ableitbare Anforderung der ***Störungsfreiheit*** an die Bemessungsgrundlage der Managementvergütung, in Abgrenzung zu den internen Verzerrungen durch die Aktionen andere Akteure, wird im Rahmen der PAT eine geringe Bedeutung für die Anreizsetzung beigemessen. Grundsätzlich gilt für die Auswahl der Bemessungsgrundlage gemäß dieser Anforderung, dass externe Zufallseinflüsse das Erfolgsmaß so wenig wie möglich bzw. gar nicht beeinflussen sollen.[256]

$$X = X(a, \theta) \qquad 3\text{-}29$$

Grundsätzlich bietet sich zur Berücksichtigung dieser Vorgabe die relative Leistungsbeurteilung an, wodurch exogene Faktoren bei einer geeigneten Vergleichsgruppe weitestgehend eliminiert werden können. Die exogene Beeinflussung des Ergebnisses

---

254 Vgl. Baiman (1982), S. 197; Demski (1994); Schäffer/Pelster (2007); Wagenhofer (1992), S. 323. Siefke (1999) bezeichnet diese Anforderung als sachliche Entscheidungsverbundenheit und differenziert die Verantwortlichkeiten von Revenue-, Cost-, Profit- und Investment-Center hinsichtlich ihrer Verantwortlichkeiten. Vgl. Siefke (1999), S. 56 ff.

255 Die Abgrenzung der internen Verzerrungen durch die Aktionen andere Akteure wird im Rahmen der Prinzipal-Agent-Theorie eine geringe Bedeutung für die Anreizsetzung beigemessen. Vgl. Mohnen (2002), S. 32 f.

256 Vgl. Feltham/Xie (1994).

soll nach der Anforderung der Störungsfreiheit aus der Erfolgsgröße eliminiert werden, wobei eine vollständige Bereinigung des Umweltzustandes Rückschlüsse aus dem Ergebnis auf den Arbeitseinsatz ermöglichen würde, was theoretisch und praktisch wünschenswert aber unrealistisch erscheint.[257]

3.4.3 Effektivitätsbezogene Anforderungen

Erfüllt ein Vergütungssystem die qualitativen Anforderungen und kann zudem als präzise erachtet werden, so sagt dies noch nichts darüber aus, ob es auch effektiv ist. Als effektiv kann ein Vergütungssystem klassifiziert werden, wenn eine Interessenharmonisierung zwischen Agenten und Prinzipal erfolgt und somit die Gefahr des opportunistischen Verhaltens reduziert wird.[258] Grundlegende Intention von Vergütungssystemen ist die ***Zielkongruenz*** zwischen den Vertragsparteien, die eine Kongruenz zwischen der Entscheidungs- und Kontrollebene beabsichtigt.[259] Dabei kann hinsichtlich der schwachen und der starken Zielkongruenz differenziert werden.[260] Von einer schwachen Zielkongruenz wird ausgegangen, wenn der Barwert des Performancemaßes (τ) und der Kapitalwert (KW) das gleiche Vorzeichen aufweisen.

$$BW(\tau) = KW \times \omega \quad mit\ \omega > 0 \qquad 3\text{-}30$$

Für die schwache Zielkongruenz reicht also ein linearer Zusammenhang zwischen dem Barwert des Performancemaßes und dem Kapitalwert aus.[261] Die in der Literatur postulierte Bedingung für starke Zielkongruenz lautet, dass für Investitionen mit einem positiven (negativen) Kapitalwert in jeder Periode eine positive (negative) Performance (τ) ausgewiesen wird, der als Bemessungsgrundlage der Vergütung fungiert.[262]

$$\tau_t = KW \times \omega_t \quad mit\ \omega_t > 0 \qquad 3\text{-}31$$

Im dynamischen Kontext ist zudem die intertemporale Zielkongruenz von Bedeutung, die eine kapitalwertmaximierende Nutzungsdauer einzelner Projekte impliziert, d.h.

---

257 Vgl. Mohnen (2002), S. 34 f.
258 Vgl. Laux (2006), S. 323.
259 Vgl. Mohnen (2002), S. 24.
260 Vgl. grundlegend Baldenius/Reichelstein/Fuhrmann (1999).
261 Vgl. Mohnen (2002), S. 24.
262 Vgl. Rogerson (1997), S. 772 f.; Reichelstein (1997), S. 157 f.; Pfaff (1998), S. 505 f. Moxter (1982) bezeichnet dieses Kriterium als Vergleichbarkeit, welche erreicht wird, wenn sich die Veränderung der zukünftigen Erfolge mit gleichem Vorzeichen in dem Erfolg der aktuellen Periode widerspiegeln. Vgl. Moxter (1982), S. 221.

Barwerte des Performancemaßes (τ_t) für unterschiedliche Laufzeiten sollen unterschiedliche Kapitalwerte abbilden.[263]

$$BW(\tau_t)_{max} = KW(t)_{max} \times \omega \quad mit\ \omega > 0 \qquad \text{3-32}$$

Eng verbunden mit dem Kriterium der Zielkongruenz ist die Anforderung der ***Anreizkompatibilität***, welche die Auswahl und Gestaltung der Bemessungsgrundlage um den Einbezug der Nutzenfunktionen erweitert.[264] Diese wird im Kontext der Prinzipal-Agent-Theorie explizit erfasst, indem unterstellt wird, dass der Agent stets bestrebt ist seinen eigenen Nutzen zu maximieren. Formal bedeutet diese Erweiterung, dass die Vergütung auf Basis des Performancemaßes die Nutzenfunktion des Agenten und die des Prinzipals, bis auf eine positive lineare Transformation, identisch sind, wodurch die Interessen harmonisiert werden können.[265] Als notwendige und hinreichende Bedingung für die Anreizkompatibilität muss der Nutzen des Erfolgs nach der Vergütung eine linear steigende Funktion des Nutzens der Belohnung darstellen:[266]

$$U\big(X - V(X)\big)_{Prinzipal} = \omega \times U\big(V(X)\big)_{Agent} + F \qquad \text{3-33}$$
$$\text{mit } \omega > 0 \ \text{ und } F\ beliebig$$

Der Vergütungskontrakt muss demnach derartig konzipiert sein, dass mit steigendem Erfolg (X) der Nutzen des Agenten linear mit dem Nutzen des Prinzipals ansteigt.[267] Von einer schwachen Anreizkompatibilität im dynamischen Kontext wird dabei ausgegangen, wenn die Barwerte der Vergütung und des verbleibenden Residuums zu einer linearen Transformation der Nutzenfunktionen führen.[268] Starke Anreizkompatibilität impliziert hingegen, dass die Nutzenfunktionen in jeder Periode bis auf eine lineare positive Transformation identisch sind. Mit anderen Worten gilt wie bei der Zielkongruenz, dass für eine schwache Ausprägung die Anforderung bei einer Barwertbetrachtung erfüllt sein muss, wohingegen das Performancemaß dem Kriterium bei der starken Ausprägung in jeder Periode genügen muss. Damit keine unvorteilhaften Investitionen nach Entlohnungskosten aus der Sicht des Prinzipals durchgeführt werden,

---

263 Vgl. Mohnen (2002), S. 28.
264 Vgl. Mohnen (2002), S. 30.
265 Vgl. Laux (2006), S. 366 ff. der die allgemeine Bedingung der Anreizkompatibilität wie folgt definiert „Der Erwartungswert des Nutzens des Nettoerfolges, ist eine streng monoton steigende Funktion des Erwartungswertes des Nutzens der Belohnung".
266 Vgl. Laux (2006), S.366.
267 Vgl. Laux (2006), S. 366 f.
268 Vgl. Mohnen (2002), S. 30f.

muss der Vergütungsvertrag dahingehend ausgestaltet werden, dass eine finanzielle Verbesserung des Agenten nur möglich ist, wenn dies auch bei dem Prinzipal der Fall ist.[269] Verallgemeinert entspricht die Anforderung der Anreizkompatibilität der Harmonisierung der Nutzenfunktionen beider Vertragspartner, durch die gegebene Zielgröße des Prinzipals mit der gewählten Bemessungsgrundlage der Vergütung des Agenten. Grundsätzlich muss konstatiert werden, dass Anreizkompatibilität und Zielkongruenz zu unterschiedlichen Ergebnissen bei der Auswahl von Investitionsalternativen führen können, da die Intentionen der beiden Kriterien divergieren.[270] Die Anreizkompatibilität hat die Maximierung des für den Prinzipal verbleibenden Residuums zum Ziel, wohingegen die Zielkongruenz die Maximierung des Unternehmenswertes anstrebt.[271]

3.4.4 Weitere Anforderungen

Neben den qualitativen Anforderungen sowie den Ansprüchen an die Präzision und Effektivität existieren weitere Kriterien, die die Güte eines Anreiz- und Vergütungssystems determinieren. Die ***zeitliche Entscheidungsverbundenheit*** kann einem Anreizsystem attestiert werden, wenn die Auswirkungen einer Entscheidung ohne zeitliche Verzögerung antizipiert werden.[272]

$$X_t = (KW_t - KW_{t-1}) \times \omega \quad mit\, \omega > 0 \qquad 3\text{-}34$$

Diese Anforderung impliziert einen starken prospektiven Bezug des Vergütungssystems,[273] wodurch ein Zielkonflikt hinsichtlich des Kriteriums der Manipulationsfreiheit erwächst. Der Zukunftsbezug kann als konstituierendes Merkmal einer unternehmenswertorientierten Vergütung angesehen werden[274] und soll eine langfristige Perspektive bei der Auswahl von Investitionsmaßnahmen gewährleisten. Dabei ist zu beachten, dass mit Erfüllung der zeitlichen Entscheidungsverbundenheit eine Differenzierung hinsichtlich Investitionsauswahl und -durchführung erfolgen kann, wenn der Zeithorizont des Agenten unter der der Projektdauer liegt, wodurch wiederum ein Zielkonflikt

---

269 Vgl. Laux (2006), S. 28 f. sowie grundlegend zum Kriterium der Anreizkompatibilität Wilson (1968) sowie Ross (1973) und (1974).
270 Vgl. hierzu und im folgenden Mohnen (2002), S. 31f.
271 Vgl. Mohnen (2002), S. 31.
272 Vgl. Siefke (1999), S. 55 und Mohnen (2002), S. 28 m.w.N.
273 Vgl. Siefke (1999), S. 55
274 Siehe zum Zukunfts- und Zahlungsbezug als konstitutive Merkmale der unternehmenswertorientierten Performancemessung, Schumann (2008), S. 118 ff.

zwischen den divergenten Anforderungskriterien Antizipation und Realisation ausgemacht werden kann.[275] Dabei muss die unternehmenswertorientierte und prospektiv ausgerichtete Sichtweise nicht unbedingt im Gegensatz zur retrospektiven und somit operativ ausgerichteten Perspektive stehen, da gerade die Verknüpfung beider Perspektiven eine wertorientierte Steuerung möglich. So fordert Dirrigl:

„Die aus der wertorientierten strategischen Kontrollrechnung und Abweichungsanalyse gewonnen Erkenntnisse müssen mit der operativen Kontrollrechnung verknüpft werden, weil nur so die Wechselbeziehungen zwischen den Abweichungen erkennbar werden.“[276]

Das Kriterium der zeitlichen Entscheidungsverbundenheit kann folglich auf die Frage der Antizipation und Realisation von Kapitalwerten reduziert werden. Damit die zeitliche Entscheidungsverbundenheit möglich ist, müssen die Forderungen der Barwertidentität und der schwachen Zielkongruenz erfüllt sein.[277] Die Barwertidentität des Performancemaßes ist dann erfüllt, wenn die diskontierten Ausprägungen der Beurteilungsgröße dem Kapitalwert entsprechen.[278]

$$BW(X) = KW \qquad \text{3-35}$$

Wie bereits im Rahmen der Prinzipal-Agent-Theorie aufgezeigt werden konnte, steht die ***Risikoteilung*** zwischen dem Prinzipal und dem Agenten in einem Spannungsverhältnis zur Anreizsetzung, da risikoaverse Akteure eine Risikoprämie für die Übernahme des Risikos des Erfolgsmaßstabes einfordern, welche mit zunehmendem Prämiensatz ansteigt. Die optimale Risikoallokation zwischen den Akteuren ist von Relevanz, da bei einer ausschließlichen Fixvergütung kein (extrinsischer) Anreiz zur Leistungserbringung erzeugt, wohingegen bei einer vollständigen Übernahme des Risikos die Höhe der Risikoprämie des Managers ineffizient wird.[279] Die optimale Risikoteilung

275 Siehe ausführlich zur Diskussion dieser konträren Anforderungsprinzipien, Dreher (2010), S. 361 ff.

276 Dirrigl (1998b), S. 563.

277 Vgl. Mohnen (2002), S. 28 f. Das Kriterium der starken Zielkongruenz bedeutet, dass in jeder Periode ein positiver Beitrag des Projektes ausgewiesen werden muss. Bei der zeitlichen Entscheidungsverbundenheit muss der Kapitalwert aber im Zeitpunkt der Entscheidung ausgewiesen werden, weshalb das Kriterium der starken Zielkongruenz nicht erfüllt ist.

278 Vgl. Hebertinger (2002), S. 36 f. m.w.N.

279 Vgl. Hebertinger (2002), S. 32 f. m.w.N.

hängt maßgeblich von den Risikopräferenzen der Akteure ab und wird in der Literatur als allgemeines Anforderungskriterium an Anreizsysteme postuliert.[280]

Neben den Anforderungen zur Nachvollziehbarkeit von Vergütungssystemen wird auch das Kriterium der ***Vergleichbarkeit*** propagiert, welches als erfüllt angesehen werden kann, wenn eine externe Vergleichsgruppe mit entsprechenden Erfolgsmaßen als Referenzgröße existiert und diese auch sinnvoll ist.[281] D.h. der relative Vergleich des Agenten mit der Referenzgruppe kann Aufschluss über dessen Leistung geben. Ist dies erfüllt, so kann auch die Üblichkeit der Vergütung i.S.d. § 87 (1) AktG festgestellt werden, wenn bei ähnlicher Leistung unter vergleichbaren Umständen keine wesentlichen Differenzen in der Vergütung bestehen.[282]

3.5 Regulatorische Anforderungen an Vorstandsvergütungssysteme

3.5.1 Bezugsrahmen und Entwicklung der regulatorischen Vorgaben

Die grundlegenden Regelungen zur Vorstandsvergütung sind im Wesentlichen im AktG, DCGK sowie HGB, hinsichtlich der der zu veröffentlichen Angaben, zu finden. Nicht erst seit der Wirtschaftskrise 2005 ist der Gesetzgeber bestrebt die Vergütung von Vorständen zu regulieren, um damit die Corporate Governance deutscher Aktiengesellschaften zu verbessern. § 87 AktG „Grundsätze für die Bezüge der Vorstandsmitglieder“ wurde 1965 Bestandteil des Aktiengesetzes. Dieser Paragraph geht ursprünglich auf den § 78 AktG in der Fassung von 1937 zurück und befasst sich insbesondere mit der Angemessenheit der Vorstandsvergütung zur Vermeidung überhöhter Bezüge in Krisenzeiten.[283] Explizite Regelungen zur Ausgestaltung der kurzfristigen variablen Vergütung wurden ab 1986 durch § 86 AktG formuliert.[284] Die kurzfristige variable Vergütung sollte demnach als Gewinnbeteiligung gewährt werden, wobei der Jahresüberschuss abzgl. Verlustvorträge und Einstellungen in die Gewinnrücklagen die Bemessungsgrundlage darstellt.[285] Diese Regelung wurde im Jahr 2002 durch das Transparenz- und Publizitätsgesetz aufgehoben.[286]

280 Vgl. Mohnen (2002), S. 35 f. Schultze/Hirsch (2005) sprechen in diesem Kontext allgemein von einer Risikoorientierung; vgl. Schultze/Hirsch (2005), S. 15 ff.

281 Vgl. bereits Moxter (1982), S. 221 sowie darauf bezugnehmend Schumann (2008), S. 102 f.

282 Vgl. Kapitel 3.5.3.1.2.

283 Vgl. Spindler (2014), § 87 Rn. 6.

284 Vgl. BiRiLiG (1985), Art. 2 Nr. 8.

285 Vgl. AktG (1986), § 86.

286 Vgl. TransPuG (2002), Art. 1 Nr. 4. Die Regelung wird durch § 87 Abs. 1 AktG abgedeckt und erfuhr eine sehr weite Auslegung in der Praxis. Vgl. RegE TransPuG (2002), S. 27 f.

Das 1998 verabschiedete Gesetzpaket zur Kontrolle und Transparenz im Unternehmensbereich (KonTraG) war eine Reaktion der Bundesregierung auf die damaligen Unternehmenskrisen[287]. Diese führte zu einer Reihe von Neuregelungen im AktG und HGB mit der Intention, die Transparenz zu erhöhen, die (Zusammen-)Arbeit von Aufsichtsrat und Abschlussprüfer qualitativ zu verbessern sowie die Hauptversammlung zu stärken. Nach § 91 Abs. 2 AktG ist der Vorstand fortan verpflichtet, ein Früherkennungssystem[288] für Entwicklungen einzurichten, die das Unternehmen existentiell gefährden können. Die Darstellung der künftigen Risiken ist dabei gem. § 289 HGB im Rahmen des Lageberichts verpflichtend und bedarf einer expliziten Nennung im Prüfungsvermerk. Zudem wurde die aktienbasierte Vergütung gem. § 192 AktG auf eine gesetzliche Grundlage gestellt, indem Aktienoptionen fortan direkt, ohne Umweg über Wandel- oder Optionsanleihen gewährt werden konnten.[289] Der Deutsche Corporate Governance Kodex (DCGK) wurde 2002 in seiner ersten Fassung auch als Reaktion auf die Skandale in den vorangegangenen Jahren am „Neuen Markt“ und den damit verbundenen Kurseinbrüchen verabschiedet. Intention des Gesetzgebers ist es, die Corporate Governance deutscher Aktiengesellschaften nachvollziehbarer und transparenter zu machen.

Das von der deutschen Bundesregierung im Jahr 2005 verabschiedete Gesetz zur Offenlegung der Vorstandsvergütung (VorstOG) verpflichtet gem. § 286 Abs. 5 HGB die Vergütung des Vorstandes offenzulegen. Die erhöhten Transparenzanforderungen umfassen dabei den separaten Ausweis von leistungsabhängiger und leistungsunabhängiger Vergütung sowie den gesonderten Ausweis von Vergütungskomponenten mit langfristiger Anreizwirkung für namentlich jedes Mitglied des Vorstandes. Diese Regelungen führten nur bedingt die gewünschte Wirkung herbei, weshalb der Deutsche Rechnungslegungs Standardisierungsrat (DRS) 2008 die Offenlegungspflichten im DRS 17 weiter konkretisierte. Die umfangreichsten Eingriffe in die Vergütung des Vorstandes induzierte das 2009 verabschiedete Gesetz zu Angemessenheit der Vorstandsvergütung (VorstAG). Dieses Gesetzvorhaben hat seinen Ursprung in der Finanz- und Wirtschaftskrise 2005, welche der öffentlichen Meinung nach durch falsche Verhaltensanreize und Vergütungsinstrumente für Vorstände und Manager zumindest

---

287 Als Beispiele seinen hier Balsam, Metallgesellschaft oder Schneider genannt. Siehe grundsätzlich zu kriseninduzierten Aktienrechtsreformen Fleischer (2007), S. 80 f.

288 Siehe hierzu Kap. 5.3,1.

289 Vgl. Siddiqui (1999), S. 168.

begünstigt wurde. Das VorstAG führte durch seine juristisch bindenden Vorgaben auch zu einer Anpassung der Regelungswerke des DCGK und des DRS 17.

3.5.2 Komponenten und Struktur

Der Gesetzgeber zählt in § 87 Abs. 1 AktG „Gehalt, Gewinnbeteiligungen, Aufwandsentschädigungen, Versicherungsentgelte, Provisionen, anreizorientierte Vergütungszusagen wie zum Beispiel Aktienbezugsrechte und Nebenleistungen jeder Art“ sowie „Ruhegehalt, Hinterbliebenenbezüge und Leistungen verwandter Art“ zu den Vergütungskomponenten. Das HBG erweitert diese Aufzählung im Zusammenhang mit den Pflichtangaben im Anhang gem. §§ 285, 314 HGB um „sonstige aktienbasierte Vergütungen“ und „Abfindungen“. Darüber hinaus empfiehlt der DCGK in Tz. 4.2.3, dass die monetäre Vergütung fixe und variable Bestandteile umfassen soll. Auch die Empfehlungen der EU-Kommission spiegeln dieses Spektrum von Vergütungsbestandteilen wider.[290]

Damit der nachhaltigen Unternehmensentwicklung im Rahmen der Ausgestaltung von Vergütungsverträgen Rechnung getragen werden kann, drängt sich die Frage auf, in welchem Verhältnis Fixvergütung sowie variable STI- und LTI-Vergütungsbestandteile gewährt werden sollten.[291] § 87 Abs. 1 AktG erfasst in Satz 2 auch die Fixvergütung und in Satz 3 ausschließlich die variablen Vergütungsbestandteile, gibt aber keine expliziten Anhaltspunkte zur Relation der einzelnen Bestandteile zueinander. Die Fixvergütung soll nach herrschender Meinung einen gewissen Lebensstandard des Vorstandes absichern und leistungsunabhängig gewährt werden. Grundsätzlich kann bei einer (zu) geringen Fixvergütung ein Anreiz bestehen, (zu) hohe Risiken einzugehen, um ein bestimmtes Gehaltsniveau zu erreichen.[292] Dies würde die gesamte Intention des VorstAG konterkarieren, weshalb ein wesentlicher Anteil der Gesamtvergütung fix gewährt werden sollte.Im Schrifttum existieren unterschiedliche Vorschläge, welche prozentualen Anteile die Fixvergütung sowie die variable STI- und LTI-Vergütungskomponente an der Gesamtvergütung haben sollen. Übereinkunft besteht aber weitestgehend dahin, dass die Fixvergütung mindestens 40 Prozent betragen soll,[293] wobei die Zahlenfixierung bei der Bestimmung der Anteile der Gesamtvergütung auch abgelehnt

290 Vgl. EU-Kommission (2009), Ziffer 3.
291 Vgl. Raible/Schmidt (2009), S. 251.
292 Vgl. Rieble/Schmittlein (2011), Rn. 220.
293 Vgl. hierzu und im Folgenden: Kocher/Bednarz (2011), S. 80 m.w.N.

wird mit dem Verweis, dass der Gesetzgeber bewusst auf eine Bandbreite oder konkrete Vorgaben verzichtet hat.[294] Dabei ist zu beachten, dass diese Strukturen nicht zwangsläufig der Intention des Gesetzgebers einer nachhaltigen Unternehmensentwicklung genügen. Zwischen verschiedenen Unternehmen können unterschiedliche Vergütungsstrukturen aufgrund divergierender strategischer Ziele ebenso sinnvoll sein, wie innerhalb eines Vorstandes für unterschiedliche Ressorts.[295] Fraglich ist zudem, ob eine reine Fixvergütung zulässig ist. Grundsätzlich dürfte diese eher theoretische Fragestellung positiv zu beantworten sein, wenn dies durch die Unternehmensstrategie ausreichend begründet werden kann.[296] Der Gesetzgeber zielt mit seinen Ausführungen darauf ab, negative Fehlanreize zu vermeiden und so eine nachhaltige Unternehmensentwicklung anzustreben. Insgesamt kann das Spektrum an Vorschlägen in sechs Kategorien abgebildet werden:

	Fix	LTI	STI	Aktienbasiert
Deilmann/Otte[297]	50 %	30 %	10-20 %	k.A.
Bauer/Arnold[298]	50 %	30 %	20 %	k.A.
Weber-Rey[299]	40 %	40 %	20 %	k.A.
Hoffmann-Becking/Krieger[300]	min. 50 %	k.A.	k.A.	k.A.
Lingemann[301]	40 %	20 %	20 %	20 %
Rieble/Schmittlein[302]	60 %	30 %	10 %	k.A.

Tabelle 23: Strukturierung der Vorstandsvergütung[303]

Die Struktur der Vergütung kann somit nicht starr definiert werden, vielmehr ist hier die unternehmensindividuelle Situation und Strategie ausschlaggebend. Bei der vertraglichen Umsetzung dieser Anforderungen hat der Gesetzgeber einen Spielraum eröffnet,

294 Vgl. Rieble/Schmittlein (2011), Rn. 222.

295 Vgl. Rieble/Schmittlein (2011), Rn. 223, die exemplarisch die Unterschiede eines Vertriebs- und eines Compliancevorstandes anführen.

296 Vgl. Kocher/Bednarz (2011), S. 78 f. Zudem müsste das Unternehmen in der Entsprechenserklärung nach § 161 Abs. 1 Satz 1 AktG begründen, warum es vom DCGK 4.2.3 abweicht, der wiederum fixe und variable Vergütungsbestandteile empfiehlt.

297 Vgl. Deilmann/Otte (2009), S. 261 ff., die bei dieser Relation noch Variationsmöglichkeiten zwischen Fix und LTI sehen, d.h. wenn sich Fix verringert erhöht sich LTI.

298 Vgl. Bauer/Arnold (2009), S. 717 ff.

299 Vgl. Weber-Rey (2009), S. 2255 ff.

300 Vgl. Hoffmann-Becking/Krieger, (2009), S. 1 f., die allerdings die Struktur davon abhängig machen, ob aus den LTI-Zahlungen Eigeninvestments in Aktien stattfinden.

301 Vgl. Lingemann (2009), 1918 f., der jedoch nicht klarstellt, ob die aktienbasierte Vergütung kurz- (STI) oder langfristig (LTI) ausgerichtet sein sollte.

302 Vgl. Rieble/Schmittlein (2011), Rn. 227.

303 Vgl. Kocher/ Bednarz (2011), S. 80.

für dessen Berücksichtigung eher qualitativ als quantitativ zu argumentieren ist.[304] Dabei kann der Grundsatz beachtet werden, dass die Mehrjährigkeit vor allem dann zum Tragen kommt, wenn die Vergütungsstruktur noch keine hinreichenden Anreize für eine nachhaltige Unternehmensentwicklung sicherstellt. Wird hingegen bereits durch das Vergütungssystem eine langfristige Handlungsausrichtung befruchtet, so muss die Mehrjährigkeit zur Begrenzung des Risikos weniger beachtet werden.[305] Die Gesetzesmaterialien machen deutlich, dass durch die Mehrjährigkeit negative Entwicklungen bei der Festsetzung der Vorstandsvergütung Berücksichtigung finden sollen und somit die Fälligkeit der leistungsabhängigen Vergütung zeitlich hinausgezögert wird.[306]

Exemplarisch werden in diesem Kontext Bonus-Malus-Systeme und die Performancebetrachtung über die Gesamtlaufzeit angeführt,[307] die der Mehrjährigkeit und der Partizipation an positiven wie negativen Entwicklungen Rechnung trägt. Der Gesetzgeber formuliert dazu, dass die variablen Vergütungsbestandteile auch negative Entwicklungen während des gesamten Bemessungszeitraums berücksichtigen sollen.[308] Durchschnittswerte über einen bestimmten Zeitraum können dabei die Problematik von stichtagsbezogenen Werten umgehen, wobei die Maßgabe befolgt werden muss, dass langfristige negative Entwicklungen nicht durch positive Anfangsergebnisse ausgeglichen werden können, da die langfristigen Vergütungsziele ex post als erfüllt angesehen werden müssen.[309] Zur Berücksichtigung der Leistung des Managements im Zeitablauf werden im Schrifttum „Bonusbanken-Modelle“ gegenüber Claw-back clauses aufgrund der Rechtsunsicherheit bei der Rückforderung bereits ausgezahlter Boni, präferiert.[310] Als Gestaltungsmöglichkeit, bei der keine explizite Mehrjährigkeit Beachtung findet, kann die Verwendung dynamischer Zielgrößen angesehen werden.[311] Hierbei soll ein langfristiger und somit nachhaltiger Verhaltensanreiz gesetzt werden, indem an die Größen aus dem Vorjahr angeknüpft wird. Diese retrospektive Anknüpfung wird neben der prospektiven Ausrichtung bei einer derartigen Gestaltung für statthaft gem. § 87 Abs. 1 Satz 2,3 AktG gehalten.[312]

---

304 Vgl. Rieble/Schmittlein (2011), Rn. 233.
305 Vgl. Kocher/Bednarz (2011), S. 83.
306 Vgl. Kocher/Bednarz (2011), S. 82.
307 Siehe hierzu ausführlich Kap. 3.1.4.
308 Vgl. BT-Drucksache 16/13433, S. 10.
309 Vgl. Rieble/Schmittlein (2011), Rn. 234 ff. mit Verweis auf den § 87 Abs. 1 Satz 2 AktG., die zudem ausführen, dass die meisten LTI-Programme auf Basis von Residualgewinnen oder Börsenkursen die Anforderungen weitestgehend erfüllen.
310 Vgl. Rieble/Schmittlein (2011), Rn. 237 f.
311 Vgl. Kocher/Bednarz (2011), S. 83.
312 Vgl. Rieble/Schmittlein (2011), Rn. 245.

Wird im Rahmen der variablen Vergütung eine Einbehaltung bereits erdienter, aber noch nicht fälliger Bestandteile, bspw. durch eine Bonus-Bank, vorgenommen, so bleibt zu klären, wie diese Beträge im Falle eines vorzeitigen Ausscheidens des Vorstands zu berücksichtigen sind. Hierbei überzeugt vor allem die Möglichkeit einer vorzeitigen anteiligen Auszahlung bei voraussichtlicher Zielerreichung.[313] Sofern mit hinreichender Wahrscheinlichkeit eine Erreichung der Vergütungsziele angenommen werden kann, erfolgt die Auszahlung beim Ausscheiden aus dem Unternehmen, wodurch zum Zeitpunkt der Beendigung der Vorstandstätigkeit die Rechtsbeziehungen ebenfalls enden. Alternativ stünden noch die Möglichkeiten zur Diskussion, dass die zurückgestellten Bezüge verfallen, eine vorzeitige anteilige Auszahlung erfolgt oder eine Auszahlung am Ende der Laufzeit stattfindet.

3.5.3 Anforderungen an die Bemessung

Damit geeignete Konzepte für ein leistungs- oder zumindest erfolgsabhängiges Vergütungssystem des Vorstandes konzipiert werden können, ist zunächst die konkrete Abgrenzung des Aufgabengebiets notwendig. Zu diesem Zweck können die juristischen Anforderungen aus dem Aktien- und Handelsgesetz betrachtet werden, wonach der Vorstand für die operativen und strategischen Entscheidungen verantwortlich ist und die Leitung der Gesellschaft auf Grundlage einer nachhaltige Wertschöpfung unter Berücksichtigung von Share- und Stakeholderinteressen erfolgen soll. Diese Skizzierung des grundlegenden Aufgabenbereichs kann unter Beachtung der spezifischen Organisationsform weiter konkretisiert werden.

Das VorstAG thematisiert Vorgaben zur Vergütung des Vorstandes, die in drei Kategorien eingeordnet werden können.[314] Zunächst werden die Vorgaben behandelt, die eine Höhenbegrenzung der Vorstandsvergütung zum Ziel haben. Diese umfassen die Angemessenheit hinsichtlich der Leistung und der Aufgaben, die Üblichkeit sowie die Nachhaltigkeit, die Begrenzung und die Mehrjährigkeit der Vergütung. Daraufhin werden die Maßnahmen erörtert, die für eine Sanktionierung fehlerhafter Leistungen in Erwägung gezogen werden können. Dabei sind vor allem die Haftung des Vorstandes und der Selbstbehalt in Schadensfällen zu nennen. Abschließend wird auf die Anfor-

313 Vgl. hierzu und im Folgenden: Rieble/Schmittlein (2011), Rn. 239 ff.
314 Vgl. hierzu und im Folgenden Rieble/Schmittlein (2011), S. 2 f.

derungen der Transparenz eingegangen. Die Veröffentlichung der Vergütungsansprüche sowie die Billigung des Vergütungssystems durch die Hauptversammlung werden in diesem Zusammenhang betrachtet.

3.5.3.1 Angemessenheit der Vergütung

3.5.3.1.1 Leistung und Aufgaben

Im Fokus der Regelungen des VorstAG steht gem. § 87 Abs. 1 Satz 1 AktG die Angemessenheit der Vorstandsvergütung.[315] Dieses Kriterium dient der Begrenzung des Vorstandsgehaltes und wird im Gesetz durch weitere Kriterien konkretisiert. Das vom Gesetzgeber definierte „Merkmal der Leistung" zur Ermittlung der Angemessenheit entspricht einer Verschärfung und Erweiterung des zuvor formulierten „angemessenen Verhältnisses zu den Aufgaben des Vorstandsmitgliedes" gem. § 87 Abs. 1 AktG a.F.[316] Durch die ausdrückliche Nennung der Leistung kommt ihr eine hervorgehobene Bedeutung zu. Der Leistungsbezug war zuvor größtenteils unter den Terminus Aufgaben gefallen und somit implizit bei der Angemessenheitsprüfung bedacht.[317] Dadurch stellt sich zunächst die Frage, ob die explizite Nennung eine neue rechtliche Anforderung darstellt oder ob es sich lediglich um eine Konkretisierung handelt.[318] Es dürfte jedoch unstrittig sein, dass die bisherige Regelung eher den Charakter einer Empfehlung („kann") hatte, welche fortan verpflichtend geworden ist.[319]

Dem allgemeinen Verständnis der alten Regelung folgend darf eine Anerkennungsprämie nur gewährt werden, wenn dem Unternehmen damit ein zukunftsbezogener Nutzen entsteht und es sich nicht ausschließlich um eine belohnende Maßnahme handelt.[320] Damit der Leistungsbezug der Vorstandsvergütung hergestellt werden kann, stellt sich unweigerlich die Frage, wie die Leistungsbeurteilung erfolgen soll.[321] Grundsätzlich sind zur Klärung dieser Frage zwei Perspektiven denkbar, entweder kann die Leistung dem Beitrag für den Wertschöpfungsprozess (Input) entsprechen oder das Resultat des Wertschöpfungsprozesses (Output) darstellen.

Der Leistungsbezug war bereits vor der Verabschiedung des VorstAG im DCGK und der EU-Richtlinie bedacht, hat jetzt allerdings eine legislative Grundlage erhalten. Der

315 Siehe zur Angemessenheitsprüfung von Vorstandsbezügen grundsätzlich Jickeli (2011), S. 390 f.
316 Vgl. Nikolay (2009), S. 2642 f.
317 Vgl. Thüsing (2009), S. 517 f. m.w.N.
318 Vgl. hierzu und im Folgenden Suchan/Winter (2009), S. 2531 ff.
319 Vgl. Rieble/Schmittlein (2011), Rn 122.
320 Vgl. Hohaus/Weber (2009), S. 1516.
321 Vgl. Jickeli (2011), S, 381 ff. und Seibert (2009), S. 1490.

DCGK erweiterte in Ziffer 4.2.2 der alten Fassung von 2008 die Angemessenheitskriterien bereits dahingehend, dass neben den besonders hervorzuhebenden Kriterien, Aufgaben und der persönlichen Leistung auch die Leistung des gesamten Vorstands sowie die wirtschaftliche Lage, der Erfolg und die Zukunftsaussichten des Unternehmens genannt werden.[322] Der DCGK spezifiziert die Lage der Gesellschaft dahingehend, dass der operative Erfolg und die strategische Perspektive die maßgeblichen Determinanten darstellen.[323] Durch die Neufassung des DCGK im Rahmen der Verabschiedung des VorstAG wurde lediglich die Leistung des gesamten Vorstandes als Leistungskriterium gestrichen.[324] Die Europäische Kommission spricht sich in der Empfehlung bei variablen Vergütungskomponenten für ex ante definierte und messbare Leistungskriterien aus, die sich an der langfristigen Unternehmensentwicklung orientieren und nicht nur finanzieller Art sind.[325] Eine weitergehende Klarstellung bleibt allerdings aus. Grundsätzlich lässt sich konstatieren, dass der Aufsichtsrat bei der Festsetzung der Vorstandsvergütung neben der Angemessenheit zu den „Aufgaben des Vorstandsmitgliedes" auch die Leistung explizit mit einbeziehen muss.[326]

3.5.3.1.2 Üblichkeit

Neben dem Leistungsbezug wird in § 87 Abs. 1 Satz 1 AktG auch die Üblichkeit der Vergütung als Kriterium für die Obergrenze der Angemessenheit festgelegt, welche nur durch besondere Gründe überschritten werden darf.[327] Dabei ist zu bedenken, dass eine übliche Vergütung nicht per se angemessen ist, eine unüblich hohe Vergütung aber den Verdacht einer unangemessenen Vergütung nahe legt.[328] Der Aufsichtsrat soll eine zweistufige Prüfung vornehmen, bei der die Üblichkeit der Vergütung festgestellt werden kann. Die Gesetzesbegründung definiert dabei den horizontalen Vergleich als verpflichtendes Kriterium, während der vertikale Vergleich als Empfehlung deklariert wird.

---

322 Vgl. DCGK (2008), Ziffer 4.2.2.
323 Vgl. DCGK (2008), Ziffer 4.2.2.
324 Vgl. DCGK (2009), Ziffer 4.2.2.
325 Vgl. Empfehlung der Europäischen Kommission (2009), Ziffer 3.1. Dabei wird beispielhaft die Einhaltung geltender Regeln und Verfahren als nicht finanzielles Leistungskriterium genannt, was den Compliance-Anforderungen des AktG nahe kommt.
326 Siehe weiterführend zu den Folgen einer unangemessenen Vorstandsvergütung Spindler (2011), S. 725 ff.
327 Grundsätzlich sollten die Altersvorsorgezusagen auch bei der Beurteilung der Üblichkeit Beachtung finden.
328 Vgl. Thüsing (2009), S. 518.

Die horizontale Vergleichbarkeit bezieht sich auf die Üblichkeit der jeweiligen Branche unter Berücksichtigung der Größe des Landes[329] und des Unternehmens. Der Vergleich hinsichtlich der Größe eines Unternehmens wirft zunächst die Frage auf, welches Kriterium entscheidend ist. Neben den handelsrechtlichen Größenkriterien, wie Bilanzsumme, Umsatz oder Arbeitnehmeranzahl kommen auch wettbewerbsbezogene Merkmale, wie bspw. der Marktanteil, in Betracht.[330] Hinsichtlich der Landesüblichkeit des betrachteten Unternehmens beschränkt sich die Identifikation eines Vergleichsunternehmens zunächst auf den deutschen Rechtskreis. Aufgrund der zunehmenden Internationalisierung von Führungspositionen deutscher Aktiengesellschaften und der Forderung des DCGK in Ziffer 5.1.2 nach „Diversity" im Vorstand kann ein Vergleich mit ausländischen Wettbewerbern durchaus zulässig sein. Unternehmen, die auf nationaler Ebene eine marktbeherrschende oder zumindest führende Rolle einnehmen, dürfte es zudem an vergleichbaren inländischen Unternehmen mangeln.[331] Im Wettbewerb um die international verfügbaren Manager konkurrieren diese Unternehmen mit internationalen Unternehmen, weshalb sich ein Vergleich auf diese Ebene grundsätzlich anbietet. Zu bedenken ist in diesem Zusammenhang auch, dass ein Vergleich auf internationaler Ebene durchaus begrenzende Wirkung entfalten kann, da die Vergütung von Führungskräften im deutschen Rechtskreis im internationalen Kontext nicht als besonders niedrig erscheint.[332]

Das Grundproblem der geforderten Üblichkeit durch den horizontalen Vergleich ist darin zu sehen, dass nicht zwingend eine Vergleichbarkeit hergestellt werden kann. Aufgrund endogener unternehmensspezifischer Charakteristika und exogener Umweltbedingungen ist ein Vergleich mit geeigneten Wettbewerbern teilweise nicht möglich.[333] Damit kann in diesem Fall keine Üblichkeit in der Vergütung ermittelt werden.[334] Das Nichtvorhandensein einer üblichen Vergütung ermöglicht im Umkehrschluss auch nicht die Feststellung einer unangemessenen Vergütung, wodurch das Anforderungskriterium der horizontalen Vergleichbarkeit zur Begrenzung der Vergütung und zur Prüfung der Angemessenheit keine Wirkung entfalten kann.[335] Grundsätzlich verfügt der Aufsichtsrat bei der Bestimmung des Vergleichsunternehmens für den horizontalen

329 Die Landesüblichkeit bezieht sich dabei auf den Geltungsbereich des Aktiengesetzes.
330 Vgl. Rieble/Schmittlein (2011), Rn. 147.
331 Vgl. Nikolay (2009), S. 2641 f.
332 Vgl. Dörscher (2014), S. 191 ff.
333 Vgl. Rieble/Schmittlein (2011), Rn. 144.
334 Siehe hierzu Suchan/Winter (2009), S. 2538 f. m.w.N., die in diesem Zusammenhang von einem ins „Leere laufen" des Anforderungskriteriums sprechen.
335 Vgl. Rieble/Schmittlein (2011), Rn. 145.

Vergleich über einen großen Spielraum. Bei der Identifikation potentieller Vergleichsparameter durch den Aufsichtsrat sollten neben den erwähnten Kriterien auch strukturelle Merkmale[336] und persönliche Bedingungen des Vorstandes[337] berücksichtigt werden. Das Heranziehen von Vergütungsstudien und -tabellen kann eine erste Orientierung ermöglichen, scheint im Allgemeinen aber als zu pauschal und somit nicht aussagekräftig.

Die Berücksichtigung des vertikalen Vergleichs zur Bestimmung des üblichen Vergütungsniveaus bei der Festsetzung der Vorstandsvergütung geht auf die Forderungen des DGB[338] zurück und soll das Lohn- und Gehaltsgefüge innerhalb eines Unternehmens berücksichtigen.[339] Dem vertikalen Vergleich kommt grundsätzlich eine geringere Bedeutung zu als dem horizontalen Vergleich, was der Gesetzgeber durch die Formulierung „kann auch" in der Gesetzesbegründung, bezogen auf den vertikalen Vergleich, zum Ausdruck bringt.[340] Eine feste Relation für das Verhältnis von Vorstandsbezügen zu Löhnen auf unteren Hierarchieebenen scheint dabei wenig praktikabel und sinnvoll. Zunächst würde sich hier die Frage stellen, ob sich der vertikale Vergleich auf den gesamten Konzern oder nur auf das entsprechende Unternehmen bezieht. Auch wenn hier die unternehmensbezogene Sichtweise sachgemäß erscheint, wirft diese Bestimmung das nächste Abgrenzungsproblem auf. Sind alle Mitarbeiter des Unternehmens in den Vergleich miteinzubeziehen oder nur Führungskräfte, die vergleichbare Aufgaben ausführen. Ungeachtet dieser Probleme impliziert die vertikale Vergleichbarkeit einen massiven Fehlanreiz, indem eine vermeintlich soziale Komponente suggeriert wird, bei der die Gehälter unterer Verdienstgruppen angehoben werden. Vielmehr besteht für den Vorstand ein Anreiz, Tätigkeiten, die eine geringe Vergütung erzielen, auszugliedern.[341] Kann die Üblichkeit der Vergütung auf horizontaler und ggf. auch auf vertikaler Ebene nicht festgestellt werden, so ist vom Aufsichtsrat zu prüfen, ob eine Ausnahmesituation die nicht übliche Vergütungshöhe plausibilisieren kann.[342]

336 Bspw. Kapitalmarktorientierung, Aktionärsstruktur, Stakeholderkreis.

337 Bspw. die persönliche Haftungssituation und Reputation der Gesellschaft.

338 Vgl. Thüsing (2009), S: 518.

339 Vgl. von Werder (2011), S. 53 f.

340 Hingegen präzisiert der DCGK in Ziffer 4.2.2 Abs. 2 Satz 3, dass bei der Vorstandsvergütung das Verhältnis zur Vergütung des oberen Führungskreises und der relevanten Gesamtbelegschaft zu beachten ist. Vgl. Wilsing/von der Linden (2013), S. 1292 f.

341 Vgl. Rieble/Schmittlein (2011), Rn. 155.

342 Siehe zur Relevanz der Ober- und Untergrenzen sowie zur Zulässigkeit von Zu- und Abschlägen im Rahmen eines Korridors Jickeli (2011), S. 388 ff.

3.5.3.2 Nachhaltigkeit

Ein weiteres Anforderungskriterium des VorstAG für die Bemessung der Vorstandsvergütung ist die nachhaltige Unternehmensentwicklung gem. § 87 Abs. 1 Satz 2 AktG. Der Terminus „Nachhaltigkeit" fand zuvor in den gesetzlichen Vorgaben zur Vorstandsvergütung keine Erwähnung und stellt daher eine wichtige Neuerung dar. Die definitorische Abgrenzung des abstrakten Begriffs „Nachhaltigkeit"[343] kann dabei nicht auf Grundlage der Gesetzesmaterialien erfolgen, da der Gesetzgeber das allgemeine Politikprinzip und Schlagwort der Nachhaltigkeit nicht weiter konkretisiert hat.[344] In der Literatur hat sich ein dreidimensionales Verständnis der Nachhaltigkeit etabliert, welches die Dimensionen der Ökonomie, Ökologie und Soziales umfasst.[345] Ergänzt wird diese Abgrenzung durch die zeitliche Perspektive der Langfristigkeit, die insbesondere durch das Ziel der Ressourcenerhaltung für zukünftige Perioden konkretisiert wird.[346] Bezogen auf die ökologischen Auswirkungen wirtschaftlichen Handelns kann zunächst festgehalten werden, dass Ressourcen schonend genutzt und Externalitäten möglichst vermieden werden sollten.[347] Damit dies erreicht werden kann, spielt vor allem die Gesetzgebung eine entscheidende Rolle, da derartige ökologische Anforderungen durch die Setzung von Anreizen erfüllt werden können und sonst ein free-rider Problem auftritt. Aus der Perspektive der Stakeholder kann die Nachhaltigkeit bezüglich ihrer sozialen und ökonomischen Bedürfnisse divergieren. Arbeitnehmer könnten bspw. auf langfristige Arbeitsverhältnisse mit kontinuierlich ansteigenden Löhnen bedacht sein. Fremdkapitalgeber, Kunden und Lieferanten dürften die Wahrung ihrer spezifischen Interessen favorisieren, damit die Existenz der eigenen Unternehmung nicht gefährdet wird. Diese Anforderungen sind aber zumeist juristisch geregelt und somit nicht unmittelbar Gegenstand der Handlungsmaxime des Vorstandes.[348] Bezogen auf die Ansprüche der Shareholder kann die Nachhaltigkeit dahingehend interpretiert werden, dass das eingesetzte Kapital dauerhaft rentabel verwendet und somit der Fortbestand des Unternehmens gesichert wird.[349] Der langfristige Erhalt des Unternehmens ist auch Intention des DCGK in Ziffer 4.1.1, sodass eine nachhaltige Wertschöpfung unter Be-

343 Siehe hierzu auch Wagner (2010), S. 776 ff.
344 Vgl. Raible/Schmidt (2009), S. 249.
345 Vgl. bspw. Loew et al (2004), S. 70; sowie zu einer Übersicht Huber (2014), S: 32 ff. m.w.N. Dabei hat sich als Schlagwort für diese drei Faktoren der marketingorientierte Begriff „Triple Bottom Line" etabliert. Vgl. Huber (2014), S. 33 m.w.N.
346 Vgl. Quick/Knocinski (2006), S. 616.
347 Vgl. hierzu und im Folgenden Raible/Schmidt (2009), S. 249 f.
348 Vgl. von Werder (2011), S. 55.
349 Vgl. Wagner (2010), S. 774, 778.

rücksichtigung der Belange der Share- und Stakeholder als Handlungsmaxime postuliert wird. Insofern kann die Nachhaltigkeit aus Sicht der Shareholder dahingehend konkretisiert werden, dass nur Investitionen mit einer bestimmten Mindestrendite durchgeführt werden.[350] Die darüber hinaus verfügbaren Mittel können als den Nachhaltigkeitsgedanken nicht-konterkarierender Überschuss verstanden werden, wodurch deutlich wird, dass bei fehlenden oder unrentablen Investitionsalternativen auch eine Schrumpfung nachhaltig sein kann.

Da es nicht sinnvoll erscheint, den Nachhaltigkeitsbegriff in einem starren Korsett für alle Unternehmen zu erfassen, eröffnet sich die Möglichkeit die jeweilige Strategie des Unternehmens als Maßstab für die Erfüllung des Nachhaltigkeitskriteriums anzusehen.[351] Dieser Ansatz wird sowohl dem Nachhaltigkeitsgedanken des Gesetzgebers, als auch der individuellen Situation eines jeden Unternehmens gerecht. Dabei ist zu bedenken, dass die Nachhaltigkeit nicht die Strategie oder das Ziel an sich darstellt.[352] Nachhaltige Unternehmensziele sind zudem nicht eindimensional und können daher einander sogar ausschließen. Das Ziel des Unternehmenswachstums durch Investitionen oder Akquisitionen kann im Konflikt zur Steigerung der Rentabilität stehen.[353] Welche der beiden Alternativen für die Umsetzung der unternehmensindividuellen Ziele unter Berücksichtigung von Unternehmensleitbild und -satzung nachhaltig ist, kann objektiv nicht bestimmt und somit nicht reguliert werden. Bevor also die Vergütung hinsichtlich ihrer Ziele, Struktur und Bemessungsgrundlagen festgelegt wird, muss zunächst die Strategie formuliert werden, die demnach die Grundlage der Vergütung bildet. Der damit postulierte Grundsatz „Compensation follows Strategy" stellt ein national und international anerkanntes Prinzip zur Managementvergütung dar.[354] Das Dilemma des Grundsatzes „Compensation follows Strategy" wird jedoch deutlich, wenn vergegenwärtigt wird, in wessen Kompetenzbereich die Festlegung der Unternehmensstrategie gem. § 76 Abs. 1 AktG fällt. Der Gesetzgeber definiert hierunter die strategische Ausrichtung des Unternehmens als eine der Hauptaufgaben des Vorstandes. Die von dem Vorstand vorgegebene Strategie für das Unternehmen fungiert dann

---

350 Vgl. Wagner (2010), S. 777, der eine stetige Zunahme des Unternehmenswertes dabei nicht als erforderlich ansieht.

351 Vgl. hierzu und im Folgenden Dauner-Lieb/von Preen/Simon (2010), S. 379. Die Strategieorientierung bei der Vergütung von Vorständen ist für Institute und Versicherungsunternehmen bereits explizit vorgeschrieben. Vgl. § 3 Abs. 1 Satz 3 InstitutsVergV und § 3 Abs. 1 Satz 2 Nr. 1 VersVergV.

352 Vgl. von Werder (2011), S. 56.

353 Vgl. Rieble/Schmittlein (2011), Rn. 177.

354 Vgl. Dauner-Lieb/ von Preen/Simon (2010), S. 379.

als Grundlage für die Vergütungsziele, welche der Aufsichtsrat gem. § 87 Abs. 1 AktG festlegen muss.

Ein weiteres Problem der strategiebezogenen Vergütung von Vorständen ist darin zu sehen, dass Strategien unabhängig von ihrem zeitlichen Horizont kontinuierlich angepasst werden müssen. In einem dynamischen Wirtschaftsumfeld können sich endogene und exogene Faktoren permanent verändern, wodurch die strategische Ausrichtung des Unternehmens und ihre Ziele diesen Veränderungen Rechnung tragen müssen. Insbesondere die Flexibilität, auf neue Umweltzustände zu reagieren und die Ausrichtung des Unternehmens anzupassen, kann für den zukünftigen und gegenwärtigen Erfolg einer Unternehmung maßgeblich sein. Die somit natürliche und unerlässliche Strategieanpassung bei veränderten Rahmenbedingungen führt bei einer auf die Nachhaltigkeit der Strategieumsetzung ausgerichteten Vergütung zu einer Revidierung der Erfolgsziele. Die Dynamisierung der Erfolgsziele steht im Gegensatz zu dem vom DCGK in Ziffer 4.2.3 geforderten Ausschluss der nachträglichen Änderung der Erfolgsziele oder der Vergleichsparameter,[355] da grundsätzlich ex ante definierte Ziele notwendig sind, um die entsprechenden Vergütungselemente zu festzulegen.

Aus aktienrechtlicher Sicht ergibt sich ein grundlegendes Problem bei der Kompetenzverteilung zwischen Aufsichtsrat und Vorstand.[356] Der Aufsichtsrat soll den Vorstand gem. § 111 Abs. 1 AktG überwachen. Durch die Festsetzung der Vergütung unter Berücksichtigung der Unternehmensstrategie erfolgt eine Steuerung des Vorstandes, die nicht im Sinne des aktienrechtlichen Kompetenzgeflechts ist. Dieser Paradigmenwechsel des Gesetzgebers führt zu einer Annäherung an das anglo-amerikanische Board-System und wird durch die Haftung des Aufsichtsrates für die Vorstandsvergütung gem. § 116 Satz 3 AktG weiter forciert. Es kann konstatiert werden, dass sowohl die Nachhaltigkeit der Strategie, unter Berücksichtigung des unternehmensindividuellen Leitbildes und der Satzung, Beachtung finden sollte, wie auch die Nachhaltigkeit der konkreten Strategieumsetzung.

---

355 Hingegen fordert die BaFin ausdrücklich, dass die Vergütungssysteme und die Unternehmensstrategie im Einklang stehen und bei Veränderungen der strategischen Ausrichtung angepasst werden. Vgl. BaFin-Rundschreiben 22/2009.

356 Vgl. hierzu und im Folgenden Dauner-Lieb/von Preen/Simon (2010), S. 381.

3.5.3.3 Mehrjährigkeit der variablen Vergütung

Zur Berücksichtigung der nachhaltigen Unternehmensentwicklung bei der Vorstandsvergütung i.S.d. § 87 Abs. 1, S. 2 AktG führt der Gesetzgeber in § 87 Abs. 1, S. 3 AktG aus, dass variable Vergütungsbestandteile „daher eine mehrjährige Bemessungsgrundlage haben sollen". Der Terminus „sollen" macht dem allgemeinen Verständnis folgend deutlich, dass eine grundsätzliche Pflicht besteht, von der aber noch unter besonderen Umständen abgesehen werden kann.[357] Die Verwendung des Begriffs „daher" verweist auf die in § 87 Abs. 1, S. 2 AktG geforderte Nachhaltigkeit und macht somit deutlich, dass Nachhaltigkeit auch durch die zeitliche Perspektive determiniert wird.[358] Der Terminus „Mehrjährigkeit" ist sehr viel enger gefasst als der Begriff der Nachhaltigkeit, da lediglich der zeitliche Bezug definiert wird,[359] sodass die mehrjährige Bemessungsgrundlage für variable Vergütungsbestandteile eine Möglichkeit darstellt, eine nachhaltige Unternehmensführung zu erreichen, diese aber nicht zwingend, oder weiter konkretisiert ist. Die Vergütung soll grundsätzlich erst realisiert werden, wenn sich die positiven Ergebnisse über einen gewissen Zeitraum bestätigt haben.[360] Von konkreten Vorgaben für die Anforderungen der Bemessungsgrundlagen der variablen Vergütungskomponenten hat der Gesetzgeber also, außer dem zeitlichen Kriterium der Mehrjährigkeit, abgesehen.[361]

Die Intention der Mehrjährigkeit führt der Gesetzgeber relativ präzise aus und verhilft somit zu einem einheitlichen Verständnis, wohingegen nicht konkretisiert wird, wie viele Jahre die Mehrjährigkeit umfassen soll. Grundsätzlich impliziert der Terminus „mehrjährig", dass die Bemessungsgrundlage für variable Vergütungsbestandteile mindestens zwei Jahre umfassen muss.[362] Als Anhaltspunkt für eine Festlegung der Anzahl der Jahre könnte auch der § 193 Abs. 2 Nr. 4 AktG dienen. Hier hat der Gesetzgeber im Zuge des VorstAG die Haltefrist für die erstmalige Ausübung von Bezugsrechten aus Aktienoptionen von zwei auf vier Jahre erhöht. In der Gesetzesbegründung wird zudem erwähnt, dass die Langfristausrichtung in § 87 Abs. 1 AktG der Änderung des § 193 Abs. 2 AktG entspricht,[363] wodurch aber nicht zwangsläufig davon ausgegangen werden kann, dass die Heraufsetzung der Haltedauer auf vier Jahre als

357 Vgl. Kocher/Bednarz (2011), S. 81.
358 Vgl. Rieble/Schmittlein (2011), Rn. 217.
359 Vgl. hierzu und im Folgenden: Kocher/Bednarz (2011), S. 81.
360 Vgl. Rieble/Schmittlein (2011), Rn. 217.
361 Vgl. Kocher/Bednarz (2011), S. 82.
362 Vgl. Rieble/Schmittlein (2011), Rn. 228. Siehe zur Diskussion retrospektiver und prospektiver Bemessungsgrundlagen, Rieckhoff (2010), S. 617 ff.
363 Vgl. BT-Drucksache 16/12278, S. 5.

einziger Maßstab für eine Erfüllung des Langfristigkeitskriteriums angesehen werden kann.[364] Es besteht also grundsätzlich die Möglichkeit, dass ein Zeitraum unter vier Jahren für die variable Vergütung betrachtet wird. Die zeitliche Restriktion von vier Jahren kann bei Vergütungselementen, die den Charakter von Bezugsrechten (bspw. phantom stocks und stock appreciation rights) haben oder grundsätzlich bei allen (virtuellen) LTI-Vergütungsprogrammen auf Basis von Aktien bzw. Optionen mit Verweis auf den § 193 Abs. 2 AktG zur Anwendung kommen.[365] Eine alternative Möglichkeit bei der Festlegung der Jahresanzahl zur Erfüllung der Mehrjährigkeit i.S.d. Nachhaltigkeit besteht darin, sich an der Vertragsdauer der Vorstände von maximal fünf Jahren zu orientieren.[366] Dies entspricht auch den Empfehlungen der EU-Komission.[367] Die Bemessungszeit für die variablen Vergütungsbestandteile wird sich also in einem Rahmen von zwei bis fünf Jahren bewegen, wobei dem Geschäftsmodell und den damit verbundenen Charakteristika wie Innovationszyklen eine hohe Bedeutung zukommt.[368] Kocher und Bednarz schlagen ein einfaches und praktikables zweistufiges Vorgehen zur Berücksichtigung der Mehrjährigkeit i.S.d. Gesetzgebers vor.[369] Zunächst ist die Mehrjährigkeit erfüllt, sofern mindestens zwei Jahre berücksichtigt werden. Dann ist zu prüfen, ob die Vergütungsstruktur insgesamt den Anreiz liefert, eine nachhaltige Unternehmenspolitik zu sichern. Diese Frage muss im Kontext der jeweiligen Unternehmensstrategie beantwortet werden und kann daher nicht allgemeingültig definiert werden.

Das Instrument der Mehrjährigkeit zur Berücksichtigung der Nachhaltigkeit bei der Vorstandsvergütung kann als entbehrlich angesehen werden, wenn Nachhaltigkeit und Langfristigkeit im Rahmen der Vergütung auf andere Weise Rechnung getragen wird. Auch im Rahmen von unternehmerischen Sondersituationen (Restrukturierung, Sanierung, Liquidation) lässt der § 87 Abs. 1, S. 3 AktG ausreichenden Spielraum, die eher kurz- bis mittelfristig relevanten Unternehmensziele bei der Vergütung zu berücksichtigen.[370] Insgesamt soll ein nachhaltiger Verhaltensanreiz induziert werden. Solange

---

[364] Vgl. Kocher/Bednarz (2011), S. 79.
[365] Vgl. Rieble/Schmittlein (2011), Rn. 230.
[366] Vgl. Kocher/Bednarz (2011), S. 79 f.
[367] Vgl. Empfehlung 2009/385/EG der EU-Kommission zur Vorstandsvergütung (Fn. 5).
[368] Vgl. Rieble/Schmittlein (2011), Rn. 232.
[369] Vgl. Kocher/Bednarz (2011), S. 80 und 82 f.
[370] Vgl. Rieble/Schmittlein (2011), Rn. 219.

dies erfüllt ist, kann sich auch ein Teil der Gesamtvergütung an kurzfristigen Verhaltensanreizen orientieren.[371] Daher obliegt es dem Aufsichtsrat für die unternehmensspezifische Situation die Vergütungssystem zu identifizieren, mit denen die Ausrichtung der Vergütung auf eine nachhaltige Unternehmensentwicklung gelenkt werden kann.[372] Der Gesetzgeber sieht in diesem Zusammenhang, dass „im Ergebnis ein langfristiger Verhaltensanreiz gesetzt wird“, als grundlegende Mindestanforderung für ein nachhaltiges Vergütungssystem.[373] Wie die vertragliche Umsetzung der geforderten mehrjährigen Bemessungsgrundlage und damit der Langfristigkeit erfolgen soll, führt der Gesetzgeber hingegen nicht weiter aus.[374]

3.5.3.4 Begrenzungsmöglichkeiten und -vorschriften

Im Rahmen der Bemessung von Vorstandsgehältern hat der Gesetzgeber mit § 87 Abs. 1 Satz 3 Hs. 2 AktG den gesetzlichen Rahmen geschaffen, indem der Aufsichtsrat eine Begrenzung bei außerordentlichen Entwicklungen beschließen kann. Intention des Gesetzgebers ist es, dass die Vergütung nicht durch externe Einflüsse oder zufällige, nicht leistungsinduzierte Sachverhalte determiniert werden soll. Der Gesetzgeber führt für derartige Sachverhalte exemplarisch Übernahmen, die Veräußerung von Unternehmensanteilen, Hebung stiller Reserven oder allgemein Externalitäten an, die sog. Windfall Profits ermöglichen können.[375] Als Instrument zur Minimierung der Windfall Profits erachtet der Gesetzgeber es für geeignet und ausreichend, einen fixen Maximalbetrag für die variable Vergütung vorzugeben.[376] Die Deckelung (Cap) der variablen Vergütung soll den Anreiz erzeugen, besonders hohe Risiken nicht einzugehen,[377] da sie in diesem Fall lediglich die bereits antizipierte variable Vergütung riskieren, nicht aber an dem Erfolg partizipieren können. Diese Argumentation ist allerdings nur dann korrekt, wenn bereits eine variable Vergütung nahe am Maximum erwartet werden kann. Ist hingegen nur mit einer geringen variablen Vergütung zu rechnen, so können weiterhin Windfall Profits die variable Vergütung beeinflussen.[378] In Abhängigkeit der konkreten Bemessungsgrundlage für die variable Vergütung kann diese durch

371 Vgl. Kocher/Bednarz (2011), S. 80.
372 Vgl. Kocher/Bednarz (2011), S. 82.
373 Vgl. BT-Drucksache 16/13433, S. 10.
374 Vgl. BT-Drucksache 16/13433, S. 10.
375 Vgl. BT-Drucksache 16/13433, S. 10.
376 Vgl. BT-Drucksache 16/13433, S. 10.
377 Vgl. Kocher/Bednarz (2011), S. 83.
378 Vgl. Rieble/Schmittlein (2011), Rn. 247.

nicht leistungsinduzierte Maßnahmen beeinflusst werden und somit eine variable Vergütung fällig werden, da das Instrument des fixen Maximalbetrages der Intention des Gesetzgebers nicht genügt.

Hingegen sind auch Sachverhalte denkbar, die der Gesetzgeber als potentielle außerordentliche Sachverhalte klassifiziert, die aber maßgeblich für die Umsetzung der Unternehmensstrategie sind und somit auch vergütet werden sollten.[379] Eine Unternehmensübernahme kann dem strategischen Ziel, den Marktanteil zu erhöhen dienlich sein, oder die Veräußerung von Unternehmensanteilen der strategischen Fokussierung auf bestimmte Geschäftsfelder geschuldet sein. Diese Sachverhalte sind im Rahmen einer nachhaltigen Unternehmensentwicklung durchaus vergütungswürdig. Eine sinnvolle und angemessene Obergrenze kann den Fokus des Vorstandes von der kurzfristigen Maximierung zu einer mittel- bis langfristigen Orientierung verschieben, wenn die Obergrenze so ausgestaltet wird, dass der Vorstand nicht bereits durch die variable Vergütung zu Beginn der Amtszeit ausgesorgt hat.[380] Grundsätzlich scheint es zielführend, wenn der Aufsichtsrat keine feste Obergrenze definiert, sondern lediglich außerordentliche Entwicklungen und Externalitäten von der Bemessung der Vergütung separiert,[381] sowie bestimmte strategische Entwicklungen bereits bei der Konzeption des Vergütungsvertrags antizipiert. Dies wird der Intention des Gesetzgebers gerecht, kann aber zu Diskussionen hinsichtlich der klaren Abgrenzung von einzelnen Geschäftsvorfällen zwischen Aufsichtsrat und Vorstand führen.

3.5.4 Vorgaben zur Sanktionierung

3.5.4.1 Herabsetzung

Neben den Anforderungen zur Bemessung der Vorstandsvergütung hat der Gesetzgeber durch die Verabschiedung des VorstAG auch die Herabsetzung der Vergütung berücksichtigt.[382] Die alte Fassung des § 87 Abs. 2 AktG sah die Möglichkeit der Herabsetzung als gegeben, wenn sich die Lage der Gesellschaft drastisch verschlechtert und die verabredete Vergütung dabei zu einer schweren Unbilligkeit führt. Aufgrund der restriktiven Formulierung des Gesetzestextes fand die Herabsetzung im Schrifttum nur selten Erwähnung und in der Praxis kaum Beachtung.[383] Die neue Fassung des § 87 Abs. 2 AktG setzt für die Herabsetzung der Vorstandsvergütung nunmehr voraus,

---

379 Vgl. Rieble/Schmittlein (2011), Rn. 246.
380 Vgl. Kocher/Bednarz (2011), S. 83.
381 Vgl. Rieble/Schmittlein (2011), Rn. 248.
382 Siehe zu einer ausführlichen Würdigung Klöhn (2012), S. 1 ff.
383 Vgl. Rieble/Schmittlein (2011), Rn. 286 f.

dass sich die Lage der Gesellschaft verschlechtert und die Weitergewährung unbillig ist. Die Formulierung im Gesetzestext wurde also dahingehend verschärft, dass der Aufsichtsrat in der alten Fassung die Vergütung herabsetzen „kann", in der neuen Fassung hingegen eine Kürzung erfolgen „soll".[384] Durch die Streichung der Begriffe drastisch (Verschlechterung) und schwer (Unbilligkeit) wurde zudem die Hürde zur Herabsetzung der bestehenden Vergütungsvereinbarungen gesenkt und der Fokus verstärkt auf die Angemessenheit der Vergütung, in Relation zur Lage der Gesellschaft, gelenkt.[385] Das Kriterium der Unbilligkeit bezieht sich nach der neuen Fassung zudem auf die Verantwortung des einzelnen Vorstandsmitglieds, wodurch die Verantwortlichkeit der einzelnen Vorstandsmitglieder eine höhere Beachtung zukommt.[386] Grundlegende Voraussetzung für die Herabsetzung der Vergütung gemäß § 87 Abs. 2 AktG ist und war, dass sich die Lage der Gesellschaft verschlechtert hat. War in der alten Fassung, durch die Bedingung der drastischen Verschlechterung, eine existenzgefährdende Notlage der Gesellschaft notwendig, so ist dies nach der neuen Fassung bereits bei weniger drastischen Szenarien möglich, wobei die Verschlechterung der Lage auch nicht mehr „wesentlich" sein muss.[387] Der Gesetzgeber definiert die Insolvenz oder eine unmittelbare Krise des Unternehmens als mögliche Voraussetzung für eine Verschlechterung der Lage der Gesellschaft. Weniger existenzbedrohlich für die Unternehmung, aber ebenfalls ein Indiz für die Verschlechterung der Lage der Gesellschaft, sind gemäß der Gesetzesbegründung bereits Auswirkungen auf bestimmte Stakeholder, wie bspw. die Kürzung von Arbeitnehmerentgelten oder Entlassungen. Ein Indiz für die Verschlechterung der Lage, die die Shareholder betrifft, ist ersichtlich, wenn das Unternehmen keine Dividende mehr ausschütten kann oder diese deutlich gekürzt wird.[388] Entlassungen, Lohnkürzungen und das Ausbleiben von Ausschüttungen müssen kumulativ erfüllt sein, damit von einer Verschlechterung der Lage der Gesellschaft ausgegangen werden kann.[389] Sofern die Verschlechterung der Lage der Gesellschaft in die Zeit der Vorstandsverantwortung fällt und diese dem Vorstand auch zugerechnet werden kann, kann eine Herabsetzung der Bezüge geboten sein. Nur eindeutig exogene Entwicklungen, die durch den Vorstand nicht abgefangen werden können, sind kein Herabsetzungsgrund.[390]

---

384 Siehe hierzu ausführlich mit Bezug auf die historische Entwicklung im AktG: Oetker (2011), S. 537 f.
385 Vgl. Oetker (2011), S. 528.
386 Vgl. Bauer/Arnold (2009), S. 726.
387 Vgl. auch kritisch zur Reduktion von Entgeltabsprachen, Bauer/Arnold (2009), S. 725.
388 Vgl. Martens (2010), S.650 ff.
389 Vgl. Bauer/Arnold (2009), S. 725.
390 Vgl. Bauer/Arnold (2009), S. 726.

Dem Wortlaut des § 87 Abs. 2 AktG folgend darf sich eine Herabsetzung nur auf künftig entstehende und durchsetzbare Vergütungsansprüche beziehen. Dem Aufsichtsrat wird die Verantwortung übertragen, die Weitergewährung der Vergütung in der bisherigen Höhe zu untersagen. Der Gesetzgeber hat keine Ausnahme von diesem Grundsatz vorgesehen, weshalb eine Kürzung der Vergütung nur möglich ist, wenn nicht schon alle Anspruchsvoraussetzungen erfüllt sind und diese fällig sowie einredefrei sind.[391] Der Sachverhalt, der eine Herabsetzung begründet, muss für eine Herabsetzung eingetreten sein, nachdem die Vorstandvergütung festgesetzt wurde. Dabei ist zu beachten, dass die Verschlechterung der Lage der Gesellschaft in Relation zur Ausgangslage gesehen wird, d.h. der Zeitpunkt der letztmaligen Vorstandsvergütungsfestsetzung gibt den Maßstab für eine etwaige Herabsetzung an.[392] Die Herabsetzung der Vergütung kann gem. § 87 Abs. 2 Satz 2 nur die Vergütungskomponenten betreffen, die dem Vorstand erfolgsunabhängig gewährt werden. Bei den erfolgsabhängigen und somit variablen Vergütungsbestandteilen führt die Verschlechterung der Lage des Unternehmens bei einer mehrjährigen Bemessungsgrundlage der variablen Vergütungsbestandteile i.S.d. § 87 Abs. 1 Satz 3 zu einer Reduktion der Bezüge.[393] Eine zusätzliche Herabsetzung der Fixbezüge ist lediglich in dem Fall denkbar, wenn die Einbußen bei der variablen Vergütung unzureichend sind.[394] Bei einer ausschließlich leistungsunabhängigen Vergütung kann diese ebenfalls herabgesetzt werden, wobei dies wohl auch in Krisenzeiten eher die Ausnahme darstellt. Neben den Bezügen in der Amtszeit des Vorstandes können von den Regelungen des § 87 Abs. 2 Satz 2 auch die Leistungen betroffen sein, die nach dem Ausscheiden aus der Gesellschaft gewährt werden.[395] Namentlich werden dabei die Kürzung des Ruhegehalts, Hinterbliebenenbezüge und Leistungen verwandter Art genannt.[396] Für diese Bezüge gilt aber ebenfalls der Grundsatz, dass die fixe Vergütung herabgesetzt werden kann, wenn die Minderung der erfolgsabhängigen Vergütung nicht ausreicht.

---

391 Vgl. Rieble/Schmittlein (2011), Rn. 288.

391 Vgl. Rieble/Schmittlein (2011), Rn. 305.

392 Vgl. Bauer/Arnold (2009), S. 726.

393 Vgl. Rieble/Schmittlein (2011), Rn. 303 f.

394 Grundsätzlich ist nach dem VorstAG weiterhin eine Vergütung, die keine variablen Anteile berücksichtigt, denkbar. Eine grundsätzliche Ablehnung der Herabsetzung von fixen Vergütungskomponenten kann somit nicht zielführend sein.

395 Siehe zu verfassungsrechtlichen Bedenken und dem Verweis auf die Berücksichtigung der Business Judgement Rule Rieble/Schmittlein (2011), Rn. 311 ff.

396 Hierbei ist zu beachten, dass es für die Möglichkeit einer Herabsetzung maßgeblich ist, ob die Gesellschaft die Ruhegehälter selber oder aber ein externer Versorgungsträger trägt. Wird ein externer Versorgungsträger gewählt, so unterliegt der Anspruch des Arbeitnehmers nach Eintritt des Versicherungsfalls nicht mehr dem Zugriff der Gesellschaft gem. § 159 Abs. 2 VVG. Daher kann eine Kürzung nur bei vom Unternehmen direkt geleisteten Ruhebezügen erfolgen. Vgl. hierzu Rieble/Schmittlein (2011), Rn. 310.

Die Bezüge, die nach dem Ausscheiden aus der Gesellschaft gewährt werden, können gem. § 87 Abs. 2 Satz 2 AktG bis zu drei Jahre nach der Beendigung der Tätigkeit herabgesetzt werden. Diese Fristsetzung bezieht sich auf die Entscheidung der Herabsetzung, d.h. eine Herabsetzung muss in den ersten drei Jahren nach dem Ausscheiden aus der Gesellschaft erfolgen, wobei dann auch eine dauerhafte Kürzung möglich ist.[397] Grundsätzlich ist eine Herabsetzung der Bezüge, die nach dem Ausscheiden geleistet werden, vor allem auch während der Amtszeit möglich. Zu den öffentlich kontrovers diskutierten Vergütungsbestandteilen, die dem Vorstand nach dem Ausscheiden aus der Gesellschaft gewährt werden, zählen zweifelsohne die Abfindungen bei einer vorzeitigen Abberufung gem. § 84 Abs. 3 AktG. Der Gesetzgeber hat dabei in seiner Gesetzesbegründung die Ansprüche „auf Auszahlung der Restlaufzeit des Vertrages bei Entlassung des Vorstandes" bedacht und als Leistungen verwandter Art i.S.d. § 87 Abs. 2 Satz 2 AktG kategorisiert. Im Rahmen einer Aufhebungsvereinbarung bestehen zunächst zwei Möglichkeiten den Vorstand zur Zustimmung zu bewegen, zum einen erhält der Vorstand eine Kapitalisierung der Restlaufzeit oder zum anderen eine Abfindung.[398] Sowohl bei den kapitalisierten Bezügen der Restlaufzeit, als auch bei der Abfindung kann § 87 Abs. 2 AktG Anwendung finden. Dabei muss beachtet werden, dass eine Herabsetzung nur noch durch die Verschlechterung der Lage der Gesellschaft im Zeitraum von der Aufhebungsvereinbarung bis zur Fälligkeit der Zahlung in Betracht kommt. Andernfalls würde die vereinbarte Abfindung, welche dem Vorstand bereits finanzielle Einbußen auferlegt, durch eine erneute Kürzung, die sich nicht auf die Unbilligkeit stützt, als willkürlich empfunden.[399] Bezogen auf den Umfang der Herabsetzung führt der Gesetzgeber aus, dass der Aufsichtsrat bei Erfüllung der Voraussetzungen für eine Herabsetzung i.S.d. § 87 Abs. 2 Satz 1 AktG die Vergütung auf ein angemessenes Niveau absenken soll.[400] Die Angemessenheit wird hierbei

397 Vgl. Rieble/Schmittlein (2011), Rn. 307.

398 Der DCGK empfiehlt in Ziffer 4.2.3 in diesem Zusammenhang den Wert von zwei Jahresvergütungen bzw. nicht mehr als die Restlaufzeit des Gesamtvertrages zu vergüten. Siehe hierzu ausführlich Martens (2010), S. 654 ff. Die EU-Kommission empfiehlt hingegen von Abfindungen abzusehen, sofern dies juristisch möglich ist, wenn mangelhafte Leistungen der Grund für das Ausscheiden des Managers sind. Sind andere Gründe für das Ausscheiden verantwortlich, so plädiert die EU-Kommission ebenfalls für die Höchstgrenze von zwei Jahresgehältern, wobei nur die leistungsunabhängige Vergütung relevant ist. Vgl. EU-Kommission (2009), Tz. 3.5.

399 Vgl. Oetker (2011), S. 543.

400 Oetker (2011), S. 541 merkt zu diesem Punkt zutreffend an: „§ 87 Abs. 2 S. 1 [ist] vor allem deshalb von gravierender Bedeutung, weil ein Überschreiten dieser Schwelle dazu führt, dass die Herabsetzung rechtswidrig ist, während deren Unterschreiten die Aufsichtsratsmitglieder der Gefahr einer Schadensersatzpflicht gegenüber der Gesellschaft aussetzt." Vgl. auch Rieble/Schmittlein (2011), Rn. 329.

vor allem durch die Lage der Gesellschaft determiniert.[401] Eine Aufhebung der Herabsetzung hat zu erfolgen, sobald die ursprüngliche Vergütung nicht mehr als unbillig erachtet werden kann. Bei der Herabsetzung der Vergütung kann auch einer zeitlich vorgelagerten unterdurchschnittlichen Vergütung unter besonderen Anforderungen Rechnung getragen werden.[402]

3.5.4.2 Selbstbehalt bei D&O-Versicherungen

Zur Sanktionierung fehlerhafter Leistungen bzw. nicht pflichtgemäßem Vorstandshandeln wurde in § 93 Abs. 2 Satz 3 AktG ein Selbstbehalt für D&O-Versicherungen eingeführt.[403] Bei den D&O-Versicherungen wird ein Versicherungsvertrag von der Gesellschaft als Versicherungsnehmer abgeschlossen, der das persönliche Haftungsrisiko des Vorstandmitglieds abdeckt. Die Versicherung kommt also zum Tragen, wenn die Gesellschaft einen Anspruch auf Schadensersatz gegenüber dem Vorstand aufgrund seiner Organanstellung geltend macht. Intention des Selbstbehalts ist es, das Gesellschaftervermögen zu schützen, durch den Anreiz die Vorstandsmitglieder zu pflichtgemäßem Handeln anzuleiten. Dabei bedenkt der Gesetzgeber, dass eine existenzbedrohliche Haftung für den Vorstand ebenfalls nicht zielführend wäre, da dies zu einer starken Risikoaversion führe. Um diesem Schutzbedürfnis des Vorstandes gerecht zu werden, hat der Gesetzgeber die Haftungsrisiken begrenzt, aber auch ein Minimum an Eigenhaftung berücksichtigt. Konkret führt § 93 Abs. 2 Satz 3 AktG zwei Untergrenzen an:

- Das Vorstandsmitglied muss mindesten 10 Prozent des verursachten Schadens selbst tragen.
- Das Vorstandsmitglied muss mindestens den Schaden in Höhe des Eineinhalbfachen der jährlichen Fixvergütung selbst tragen.

Diese Ausführungen werden in der Gesetzesbegründung dahingehend konkretisiert, dass „bei jedem Schadensfall [...] sich das Vorstandmitglied mit einem vertraglich festzulegenden Prozentsatz an dem Schaden zu beteiligen [hat], der mindestens 10 Pro-

---

[401] Oetker (2011), S. 541 nennt zur Konkretisierung dieses flexiblen Maßstabes die Richtgröße des § 5 Abs. 2 Nr. 4 lit. a) FMStFV i.H.v. 500.000,00 € für Gesellschaften in einer schwierigen wirtschaftlichen Lage.

[402] Vgl. Bauer/Arnold (2009), S. 727.

[403] Siehe hierzu im Folgenden Nikolay (2009), S. 2644 f.

zent betragen muss. Absolute Obergrenze ist ein Betrag, der mindestens dem Eineinhalbfachen der jährlichen Festvergütung entsprechen muss"[404]. Dabei wird deutlich, dass der Gesetzgeber einen Mindestselbstbehalt, der autonom erhöht werden kann, i.H.v. 10 Prozent des Schadensfalls vorschreibt, zugleich aber eine Begrenzung gilt, die mindestens das Eineinhalbfache des Fixgehaltes vorgibt. Damit soll zum einen ein Anreiz durch die Mindesthaftung erreicht, aber zur Existenzsicherung auch eine Obergrenze berücksichtigt werden.[405] Die Obergrenze ist dabei absolut auf ein Jahr bezogen anzusehen und nicht für jeden Schadensfall einzeln, da sonst nicht mehr von einem Existenzschutz für den Vorstand im Sinne des Gesetzgebers gesprochen werden kann. Grundlage für die Quantifizierung ist das jährliche Fixgehalt im Jahr des Schadensfalls bzw. der Schadensfälle. Wird das jährliche Fixgehalt im Jahr des Versicherungsfalls (zumeist min. ein Jahr später) herangezogen, so könnte durch Vertragsanpassungen der Eigenanteil des Vorstandes reduziert werden.[406] Dabei muss angemerkt werden, dass diese Vorgabe die Haftungsobergrenze für Vorstände mit Vergütungsverträgen, die relativ hohe Fixgehälter beinhalten, gegenüber Vergütungsverträgen mit hohen variablen Anteilen übersteigt.

3.5.5 Kontrolle und Transparenz

3.5.5.1 Votum der Hauptversammlung

Im Rahmen des VorstAG hat der Gesetzgeber den § 120 AktG um einen vierten Absatz erweitert, sodass die Hauptversammlung fortan über die Billigung des Systems der Vorstandsvergütung abstimmen kann.[407] Die Billigung begründet dabei weder Rechte noch Pflichten und lässt insbesondere die Verpflichtungen des Aufsichtsrates bei der Festsetzung der Vorstandsvergütung gem. § 87 AktG unberührt.[408] Die Abstimmung über die Vergütung des Vorstandes wird entweder auf Vorschlag der Verwaltung

---

404 BT-Drucksache 16/13433, S. 11.

405 Vgl. Rieble/Schmittlein (2011), Rn. 357 f.

406 Vgl. Rieble/Schmittlein (2011), Rn. 360. Pellens/Crasselt/Rockholtz (1998) machen bereits 1998 den praktikablen Vorschlag, die Entscheidung über das Vergütungssystem den Aktionären zu überlassen, dem mit der Möglichkeit des Hauptversammlungsvotums gefolgt wurde. Vgl. Pellens/Crasselt/Rockholtz (1998), S. 14.

407 Die grundsätzliche Möglichkeit das System der Vorstandsvergütung zu kritisieren, bestand für die Aktionäre auch schon vor der Verabschiedung des VorstAG. Die Informationsgrundlage dafür ergibt sich aus dem DCGK Ziffer 4.2.3 und 4.2.5, nach denen der Vergütungsbericht in Textform und der Aufsichtsratsvorsitzende mündlich im Rahmen der Hauptversammlung über das System der Vorstandsvergütung informieren. Vgl. Deilmann/Otte (2010), S. 545.

408 Siehe zur Rechtsnatur des § 120 Abs. 4 AktG sowie zur Vergleichbarkeit mit dem Entlastungsbeschluss gem. § 120 Abs. 2 Satz 2 AktG und den Konsequenzen einer Ablehnung Begemann/Laue (2009), S. 2443 ff.

oder aufgrund eines Minderheitsaktionärs gem. § 122 AktG auf die Tagesordnung gesetzt.[409] Im internationalen Vergleich kann das (unverbindliche) Votum der Hauptversammlung über die Vorstandsvergütung („Say on Pay") als gängige Praxis angesehen werden.[410] Auch die Empfehlungen der EU-Kommission beinhalten, dass eine Vergütungserklärung der Hauptversammlung zur Abstimmung vorgelegt werden soll.[411] Die Möglichkeit der Kontrolle durch die Hauptversammlung soll dabei die Wahrnehmung der Verpflichtungen des Aufsichtsrates gem. § 87 AktG positiv beeinflussen, und somit zu einer angemessenen Vorstandsvergütung führen. Der Gesetzgeber verspricht sich von diesem Instrument, dass eine „besondere Gewissenhaftigkeit" bei der Festlegung der Vorstandsvergütung durch den Aufsichtsrat und den Vorstand induziert wird.[412] Obwohl es sich um ein Aktionärsvotum handelt, das eher einen beratenden und unverbindlichen Charakter hat,[413] wird dem Votum durch eine starke Öffentlichkeitswirkung eine angemessene und ausreichende Kontrollwirkung attestiert.[414]

Gegenstand des Aktionärsvotums gem. § 120 Abs. 4 AktG ist das System zur Vergütung des Vorstandes. Dabei bezieht sich das Votum auf das gegenwärtige System zur Vorstandsvergütung.[415] Eine prospektive Grundkonzeption des Votums würde das Kompetenzgefüge bei der Festsetzung der Vorstandsvergütung verändern, indem der Aufsichtsrat und die Hauptversammlung demnach gemeinsam dafür zuständig wären.[416] Dadurch macht der Gesetzgeber deutlich, dass nicht primär und ausschließlich die Höhe der Bezüge zur Abstimmung steht.[417] Eine Zustimmung der Hauptversammlung zu dem System der Vorstandsvergütung wird grundsätzlich nur dann erfolgen, wenn die Aktionäre ausreichende und verständliche Informationen zur Verfügung haben, die ein fundiertes Urteil über die Vorstandsvergütung ermöglichen. Dabei sind die folgenden Anforderungen an die Angaben zum System der Vorstandsvergütung zu berücksichtigen:[418]

---

409 Vgl. Nikolay (2009), S. 2645. Der Punkt auf der Tagesordnung über die Billigung des Systems zur Vorstandsvergütung ist Voraussetzung für eine zulässige Beschlussfassung. Vgl. Deilmann/Otte (2010), S. 545.

410 Vgl. Redenius-Hövermann (2009), S. 173 sowie zum englischen Recht Begemann/ Laue (2009), S. 2443.

411 Vgl. Empfehlung der Kommission vom 14.12.2004 (2004/913/EG), ABl. EU Nr. L 385/55; Empfehlung der Kommission vom 30.04.2009 (2009/385/EG), ABl. EU Nr. L 120/28. Die konkrete Übernahme der Empfehlungen in nationales Recht ist hier aber uneinheitlich. Vgl. Begemann/Laue (2009), S. 2443.

412 Vgl. BT-Drucksache 16/13433, S. 12.

413 Vgl. Redenius-Hövermann (2009), S. 175.

414 Vgl. Begemann/Laue (2009), S. 2444; BT-Drucksache 16/13433, S. 12.

415 Vgl. Deilmann/Otte (2010), S. 546.

416 Vgl. Vetter (2009), S.2136.

417 Vgl. Redenius-Hövermann (2009), S. 174.

418 Vgl. Deilmann/Otte (2009), S. 261.

- Form und Struktur der Vergütung (Fixvergütung/variable Vergütung)
- Gewichtung der verschiedenen Vergütungsbestandteile und die daraus folgende Incentivierung der Vorstandsmitglieder
- Darstellung der Anreizfunktion und der mehrjährigen Bemessungsgrundlage der langfristigen Vergütungskomponenten
- Regelungen zur Abfindung bei vorzeitiger Abberufung sowie
- Struktur und Voraussetzungen der Altersversorgung der Vorstandsmitglieder.[419]

Der Gesetzgeber stellt nicht explizit klar, ob das Vergütungsvotum in regelmäßigen Zeitabständen durchgeführt werden soll[420] und auch im Schrifttum hat sich diesbezüglich keine einheitliche Meinung etabliert. Zum einen wird die Meinung vertreten, dass eine jährliche Vorlage nicht sinnvoll wäre, da bspw. bei Änderung des Vergütungssystems nur die Vorlage des Vergütungssystems auf der nächsten Hauptversammlung zielführend ist, wodurch entweder über ein nicht mehr relevantes oder zukünftiges Vergütungssystem abgestimmt würde.[421] Auf der anderen Seite wird argumentiert, dass eine jährliche und somit routinemäßige Abstimmung über das System der Vorstandsvergütung nur dann die gewünschte verhaltenssteuernde Wirkung entfalten kann, wenn eine jährliche Kontrolle des Aufsichtsrats stattfindet.[422] Zweckmäßig erscheint in diesem Kontext ein Aktionärsvotum immer dann, wenn sich an dem System zur Vorstandsvergütung etwas geändert hat und dieses bisher in der Form noch nicht zur Abstimmung stand.

3.5.5.2 Berichterstattung zur Vorstandsvergütung

Bereits vor der Verabschiedung des VorstAG hat der Gesetzgeber mit der Verabschiedung des Vorstandsvergütungs-Offenlegungsgesetzes (VorstOG) die Berichterstattung über die Vergütung der Organmitglieder[423] reguliert. Auf Grundlage des VorstOG erfolgte in den darauf folgenden Jahren eine sukzessive Verschärfung der Angabepflichten zur Vorstandsvergütung, sodass mit dem DRS 17 seit 2007 ein Rechnungs-

---

419 Vgl. Deilmann/Otte (2010), S. 546 m.w.N.
420 Vgl. BT-Drucksache 16/13433, S. 12.
421 Vgl. Deilmann/Otte (2010), S. 546.
422 Vgl. Redenius-Hövermann (2009), S. 174.
423 Vgl. Fülbier/Pellens (2008), Rn. 34.

legungsstandard existiert, der die Berichterstattung über die Vergütung der Organmitglieder konkretisiert.[424] Das 2009 verabschiedete VorstAG führte zu einer Revision des DRS 17, dessen Neufassung für alle Geschäftsjahre ab dem 31.12.2011 verpflichtend anzuwenden ist.[425] Intention der Regulierung zur Berichterstattung über die Vergütung von Vorstandsmitgliedern von Seiten des Gesetzgebers ist es, mögliche Fehlanreize, die das Eingehen unangemessener Risiken induzieren können, durch die Veröffentlichung transparent zu machen.[426] Auf diese Weise sollen die zuständigen Aufsichtsorgane zu einer sorgfältigen Gestaltung angemessener und geeigneter Vergütungssysteme angehalten werden und ein etwaiger öffentlicher Druck als Anpassungsmechanismus genutzt werden. Diese Reglementierung der Angaben kann als Alternative zur Regulierung der Vergütungssysteme an sich angesehen werden, wodurch ähnliche Ergebnisse durch weniger restriktive Instrumente realisiert werden sollen.[427] Zudem führt die Empfehlung, Angaben zur Vergütung der Organmitglieder in einem Vergütungsbericht zu veröffentlichen, der Teil des Konzernlageberichts ist, zu einer fundierten Informationsgrundlage für die Hauptversammlung, auf dessen Basis das Vergütungssystem zur Abstimmung gebracht werden kann.[428]

Die EU-Komission hat bereits 2004 die uneingeschränkte Veröffentlichung der Vergütungssysteme empfohlen,[429] die durch die verschärften Veröffentlichungsvorschriften des VorstAG befolgt werden, da die vorherigen Regelungen häufig umgangen werden konnten.[430] Unternehmen, die im Rahmen ihres Jahres- bzw. Konzernabschlusses verpflichtet sind einen Anhang zu erstellen, müssen gem. § 285 Nr. 9 Buchst. a) Satz 1 bis 4, Nr. 9 Buchst. b) und c) HGB sowie § 314 Abs. 1 Nr. 6 Buchst. a) Satz 1 bis 4, Nr. 6 Buchst. b) und c) HGB die geforderten Angaben bezüglich der Organbezüge tätigen.[431] Diese umfassen eine individualisierte und differenzierte Angabe für jedes Vorstandsmitglied sowie detaillierte Informationen hinsichtlich der Leistungszusagen

---

424 Die Abgrenzung der Gesamtbeträge der Organbezüge ist relativ weit gefasst und wird im DRS 17.9 dahingehend konkretisiert, dass sich eine negative Abgrenzung definieren lässt, wodurch alle Leistungen, die nicht Zuführungen zu Pensionsrückstellungen bzw. Prämien, die die Gesellschaft zur Deckung ihrer Pensionszusagen für auf ihren eigenen Namen lautende Rückversicherung zahlt, Arbeitgeberanteile zur Sozialversicherung, Beiträge für eine D&O-Versicherung und durchlaufende Umsatzsteuer sind, in den Gesamtbezügen zu erfassen sind. Im Konzernanhang müssen die Organe des Mutterunternehmens zudem auch die Bezüge angeben, die sie aufgrund der Aufgaben in Tochterunternehmen erhalten. Siehe hierzu ausführlich Büchel/Semjonow (2008), S. 1143 ff.

425 Vgl. Mujkanovic (2011), S. 996.

426 Siehe hierzu und im Folgenden Mujkanovic (2011), S. 995.

427 Vgl. Mujkanovic (2011), S. 1002.

428 Vgl. DRS 17, S. 5.

429 Vgl. Abschnitt 5 der EU-Empfehlung 2004/913/EG.

430 Vgl. Inwinkel/Schneider (2009), S. 977.

431 Befreit von den Angabepflichten nach § 285 Nr. 9 Buchst. a) und b) HGB sind gem. § 288 Abs. 1 HGB kleine Gesellschaften i.S.d. § 267 Abs. 1 HGB.

für den Fall der Beendigung der Tätigkeit.[432] Die rechtliche Grundlage für den Vergütungsbericht im Rahmen des (Konzern-)Lageberichts liefern in diesem Zusammenhang die § 289 Abs. 2 Nr. 5, § 315 Abs. 2 Nr. 4 HGB.[433] Die Neuregelungen durch das VorstAG fordern auch detaillierte Angaben zu den Leistungen, die der Vorstand nach Beendigung seiner Tätigkeit erhält, wobei eine Differenzierung hinsichtlich der regulären und vorzeitigen Beendigung gefordert ist.[434] Dem Gesetzeswortlaut nach sollen diese Informationen folgende Inhalte umfassen:

- Leistungen, die dem Vorstandsmitglied für die vorzeitige Beendigung der Tätigkeit zugesagt worden sind,
- Leistungen, die dem Vorstandsmitglied für die reguläre Beendigung der Tätigkeit zugesagt worden sind, mit ihrem Barwert und den entsprechenden jährlichen Aufwendungen für die Rückstellungen,
- Änderungen dieser Zusagen im abgelaufenen Geschäftsjahr und
- gewährte Leistungen an frühere Vorstandsmitglieder, die ihre Tätigkeit im abgelaufenen Geschäftsjahr beendet haben und dabei die Zusage für diese Leistungen erhalten haben.

Die Angabepflichten für die reguläre Beendigung der Vorstandstätigkeit umfassen die Ruhegehälter, Hinterbliebenenversorgung, Übergangs- oder Überbrückungsgelder, Abfindungen wegen fehlender Wiederbestellung, Nutzungsmöglichkeit für Büro oder Dienstwagen, Personalzusagen sowie Entschädigungen für das Wettbewerbsverbot.[435] Endet die Vorstandstätigkeit vor Ablauf der Bestellungsfrist, bspw. aufgrund von

---

432 Eine individualisierte Angabe der Vergütung kann gem. § 286 Abs. 5, § 314 Abs. 2 Satz 2 HGB lediglich dann umgangen werden, wenn dies mit mindestens drei vierteln des vertretenen Grundkapitals auf der Hauptversammlung beschlossen wird. Vgl. Mujkanovic (2011), S. 966.

433 Siehe hierzu ausführlich Büchel/Semjonow (2008), S. 1146 f. Diese Regelungen gelten durch den Verweis in § 315 a Abs. 1, Abs, 2, Abs, 3 Satz 2 HGB auf § 314 Abs. 1 Nr. 6, Abs. 2 Satz 2 HGB auch für nach IFRS berichtende Mutterunternehmen. Die (handelsrechtlichen) Anforderungen sind dabei grundsätzlich konform mit den Empfehlungen der DCGK. Dieser regt in Tz. 7.1.3 an, dass konkrete Angaben über wertpapierorientierte Anreizsysteme und Aktienoptionsprogramme kommuniziert werden sollten. Über die (handelsrechtlichen) Anforderungen hinaus geht der DCGK in Ziffer 5.4.6, indem eine individualisierte und nach Vergütungsbestandteilen differenzierte Darstellung der Vergütung der Aufsichtsratsmitglieder erfolgen soll. Nach DRS 17.17 müssen Bezüge von Aufsichtsratsmitgliedern aus zusätzlicher Beratungstätigkeit, d.h. Tätigkeiten, die nicht innerhalb des Mandats ausgeübt werden, nicht in die Gesamtbezüge einbezogen werden.

434 Vgl. Inwinkel/Schneider (2009), S. 978.

435 Vgl. DRS 17.49 f. und BT-Drucksache 16/12278, S. 7. Siehe ausführlich zu den Implikationen dieser Vorschriften aus Sicht der externen Rechnungslegung Mujkanovic (2011), S. 1000 f.

Amtsniederlegung, Dienstunfähigkeit, Widerruf der Bestellung oder Beendigung aufgrund einer Change-of-Control-Klausel[436], so müssen die zu gewährenden Leistungen angegeben werden. Diese Angaben umfassen die etwaige Weitergewährung der Bezüge (variabel und fix) und anderer Verdienste, sofern diese vorab vertraglich geregelt sind. Der DRS 17.51 definiert den Pflichtumfang der Angaben, der die Art der Leistung, Bestimmungsfaktoren für die Höhe und zeitliche Verteilung der Leistung umfasst.[437] Für die Geschäftsjahre ab 2014 hat der DCGK in Ziffer 4.2.5 weitergehende Anforderung zur Darstellung der Vorstandsvergütung im Vergütungsbericht definiert.[438]

- die für das Berichtsjahr gewährten Zuwendungen einschließlich der Nebenleistungen, bei variablen Vergütungsteilen ergänzt um die erreichbare Maximal- und Minimalvergütung,[439]
- der Zufluss im bzw. für das Berichtsjahr aus Fixvergütung, kurzfristiger variabler Vergütung und langfristiger variabler Vergütung mit Differenzierung nach den jeweiligen Bezugsjahren,
- bei der Altersversorgung und sonstigen Versorgungsleistungen der Versorgungsaufwand im bzw. für das Berichtsjahr.

Diese Informationen sollen für Zwecke der Vergleichbarkeit und Transparenz auf Grundlage einer Mustertabelle[440] veröffentlicht werden und sollen im Kontext der empirischen Analyse für den DAX 30 in Kapitel 8.2 weitergehend betrachtet werden.

---

436 Siehe hierzu ausführlich vor dem Hintergrund übernahmerechtlicher Angaben Büchel/Semanjow (2008), S. 1143 ff.

437 Werden die Beträge nicht fix festgelegt, so müssen gem. DRS 17.53 die Bestimmungsparameter angegeben werden. Diese beinhalten die Bemessungsgrundlage, Prozentstaffel (ggf. nach Amtsdauer differenziert), Dynamisierungsfaktor von Renten, beitragsbezogene Zusagen und die Hinterbliebenenansprüche. Eine weitere Differenzierung nach Beendigungsgründen entspricht der Gesetzesbegründung und wird der Intention der Offenlegung der Anreizstrukturen und der daraus resultierenden Möglichkeiten des moral hazard sowie der Fehlsteuerung gerecht. Vgl. BT-Drucksache 16/12278, S. 7.

438 Vgl. Rimmelspacher/Kapar (2013), S. 2785 ff.; Wilsing/von der Linden (2013), S. 1291 ff.; Schmidt-Bendun (2014), S. 177 ff.

439 Vgl. Sünner (2014), S. 115 ff.

440 Vgl. Wandt (2015), S. 303 ff.

Teil B: Unternehmenswertorientiertes Performancecontrolling und -management

4 Unternehmensbewertung als Grundlage des strategischen Controlling

4.1 Grundlagen der Bewertungslehre

Die Unternehmensbewertung kann als zweckorientierte Disziplin der Betriebswirtschaftslehre charakterisiert werden, die in Abhängigkeit des zugrunde liegenden Bewertungsanlasses eine entsprechende Ausgestaltung erfahren muss.[441] Grundsätzlich lassen sich dabei die gesetzlich-normierten Bewertungsanlässe von solchen differenzieren, die eine vermittelnde Funktion aufweisen oder entscheidungsorientierte Fragestellungen aus der internen Perspektive begründen.[442] Unter die gesetzlich-normierten Bewertungsanlässe können gesellschaftsrechtliche Fragestellungen aus dem AktG[443] oder Umwandlungsgesetz (UmwG)[444], kapitalmarktrechtliche Anforderungen sowie steuer- und bilanzrechtliche Erfordernisse subsummiert werden.[445] Für diesen Bewertungstypus ist eine Objektivierung des Unternehmenswertes inhärent, da als maßgebliche Intention ein angemessenes und faires Ergebnis resultieren soll.[446] Die Begriffe Angemessenheit und Fairness sind dabei auch zentrale Aspekte bei der vermittelnden Funktion der Unternehmensbewertung, die im Kontext von Eigentumswechseln von Relevanz ist.[447]

Diametral zu den gesetzlich-normierten Bewertungsanlässen, die für Zwecke des Eigentumswechsels von Unternehmensanteilen auf einen objektivierten Wert rekurrieren, kann die entscheidungsorientierte Unternehmensbewertung als subjektiv charakterisiert werden, da die Intention bei einem Eigentumswechsel die Grenzpreisfunktion

---

441 Vgl. Mandl/Rabel (1997), S. 12 ff.; Schultze (2003), S. 5 ff.

442 Siehe zu dieser Systematisierung Schumann (2008), S. 11 bezugnehmend auf Dirrigl (1988), S. 10 ff. Eine Argumentationsfunktion kann prinzipiell jedem Bewertungsverfahren attestiert werden, sodass diese keine spezifisch zweckadäquate Ausgestaltung erfahren kann. Vgl. bereits Moxter (1983) und Münstermann (1970), S. 13 ff.

443 Dabei sind insbesondere Bewertungsanlässe bei Gewinnabführungs- und Beherrschungsverträgen gem. §§ 304-307 AktG sowie bei Eingliederungen und Squeeze Out gem. §§ 319-327 zu nennen.

444 Diese umfassen die Bewertungen bei Verschmelzungen gem. §§ 2-122 UmwG, bei Spaltungen gem §§ 123-173 UmwG und bei Formwechseln gem. §§ 190-304 UmwG.

445 Vgl. Große-Frericks (2015), S. 27 ff.

446 Vgl. Künnemann (1985), S. 73 f.; Burger (2012), S. 213; Große-Frericks (2015), S. 396 ff.

447 Vgl. ausführlich Große-Frericks (2015), S. 57 ff.

darstellt.[448] Diese als normfrei zu charakterisierenden Bewertungsanlässe werden insbesondere durch betriebswirtschaftliche Fragesellungen motiviert, die auf einer internen Perspektive rekurrieren.[449]

Für die konkrete Ermittlung des Unternehmenswertes bieten sich unterschiedliche Bewertungskalküle an, die für bestimmte Zwecke und Intentionen in unterschiedlicher Weise geeignet sind. Damit eine Harmonisierung der Interessen von Anteilseignern und Vorstand auf Grundlage eines unternehmenswertorientierten Vergütungssystems erfolgen kann, muss die Bemessungsgrundlage der finanziellen Komponente des Vergütungssystems auf eine entsprechende Bezugsgröße ausgerichtet sein. Aus der Perspektive der Anteilseigner können vor allem zwei potentielle Sichtweisen differenziert werden: Strebt der Anteilseigner eine zeitnahe Veräußerung seiner Anteile an, so wird er ein besonderes Interesse haben, einen möglichst hohen Preis für diese Anteile zu realisieren, sodass hier der Marktwert als Zielgröße erachtet werden kann. Wird hingegen eine Halteabsicht des Anteilseigners unterstellt, so kann der Wert des Unternehmens aus individueller Perspektive als Zielgröße fungieren.[450]

Die Wert-Perspektive kann durch den Ertrags- oder Kapitalwert berücksichtigt werden, wohingegen der Preis durch Börsenkurse oder modelltheoretische Approximationen auf Grundlage der DCF-Verfahren bestimmt wird. Dabei herrscht im Schrifttum weitgehender Konsens, dass sich der Marktpreis und der subjektive Unternehmenswert aufgrund der Unvollkommenheit der Kapitalmärkte nur im Ausnahmefall entsprechen.[451] Die marktpreisorientierten Bewertungskalküle auf Grundlage der Separationstheoreme nach Fisher, zur Isolierung der Investitions- und Konsumentscheidung,[452] sowie nach Tobin, zur Trennung der Investitions- und Finanzierungsentscheidung,[453] basieren auf den Annahmen eines vollkommenen Kapitalmarktes, insbesondere eines homogenen Zinssatzes für die Kapitalanlage und Beschaffung.[454] Durch die Aufhebung der Annahme des realiter nicht vorherrschenden homogenen Zinssatzes werden zum einen die Konsum- und Zeitpräferenzen des Bewertungssubjektes relevant und

448 Vgl. Dirrigl (1988), S. 10 f.
449 Vgl. Dirrigl (1988), S. 10; Schumann (2008), S. 11; Dreher (2010), S. 53 f.
450 Henselmann spricht in diesem Kontext von der „Maximierung des subjektbezogenen inneren Werts“, vgl. Henselmann (1999), S. 293.
451 Vgl. Große-Frericks (2015), S. 685 ff. m.w.N.
452 Vgl. Kruschwitz/Husmann (2012), S. 7 ff.
453 Vgl. Tobin (1958).
454 Vgl. Dirrigl (1988), S. 231 f.

zum anderen muss auch die Eigenmittelausstattung Berücksichtigung finden. Dies bedeutet aber nichts anderes, als dass keine allgemeingültigen Bewertungskalküle existieren können und jede Investitionsentscheidung nur im Kontext der gesamtheitlichen Investitionsplanung und unter Beachtung der Finanzierungsentscheidung getroffen werden kann.[455]

4.2 Subjektbezogener (Standard-)Ertragswert und Grenzpreis

4.2.1 Bewertungskalkül und Erfolgsgröße

Die Ertragswertmethode kann als Inbegriff der (subjektiven) Unternehmensbewertung im deutschen Sprachraum auf eine beachtliche Historie zurückblicken,[456] ohne dass dies aber zu einer einheitlichen definitorischen Abgrenzung geführt hat.[457] Im Folgenden soll die von Dirrigl propagierte Standard-Ertragswertmethode[458] betrachtet werden, die sich als investitionstheoretisch fundiertes Bewertungskalkül charakterisieren lässt und auf dem ursprünglich im deutschsprachigen Schrifttum vorherrschenden Verständnis der Bewertungslehre beruht.[459] Der dabei bestimmte Grenzpreis in Bezug auf eine Transaktion stellt für den Verkäufer den mindestens zu realisierenden Verkaufspreis dar, wohingegen der maximale Kaufpreis in dem Entscheidungswert des Käufers zum Ausdruck kommt.[460] Dieser Entscheidungswert des potentiellen Erwerbers stellt bei dem Vergleich von zwei Alternativen den Preis dar, der für einen äquivalenten Erfolg der Alternativen notwendig wäre, und ermöglicht derart bei mehreren Alternativen eine Präferenzordnung der Vorzugswürdigkeit.[461]

Das Standard-Ertragswertverfahren basiert auf einer Erfolgsprognose, die insgesamt drei Dimensionen umfasst. Diese sind namentlich die Erfolgsfaktorisierung, die Stochastifizierung sowie die Dynamisierung.[462] Als Erfolgsgröße wird bei der Standard-Ertragswertmethode die Ausschüttung an die Anteilseigner herangezogen, die unstrittig als theoretisch maßgebliche Überschussgröße angesehen werden kann.[463]

---

455 Vgl. Dirrigl (1988), S. 232.

456 Siehe hierzu vor allem Busse von Colbe (1957) sowie Moxter (1983).

457 Dieses Phänomen ist insbesondere durch die konzeptionelle Annäherung zu den weit verbreiteten DCF-Methoden begründbar, welche durch das IDW forciert wurde. Vgl. Dreher (2010), S. 60 m.w.N.

458 Vgl. Dirrigl (2009), S: B 23 ff.

459 Vgl. Dreher (2010), S. 60.

460 Vgl. Moxter (1983), S. 9. Damit eine Transaktion realisiert werden kann, muss ein Einigungsintervall zwischen diesen beiden Grenzen existieren.

461 Vgl. Wagner (1971), S. 75.

462 Vgl. Dirrigl (2009), S. 26.

463 Vgl. Matschke/Brösel (2007), S. 235 ff.

Die Identifikation einer optimalen Ausschüttungspolitik aus der Perspektive der Anteilseigner erfolgt dabei im Rahmen der integrierten Unternehmensplanung, wodurch Abweichungen zwischen Zahlungsmittel- und Ertragsüberschuss berücksichtigt werden können.[464] Die Bestimmung der Ausschüttungspolitik kann dabei subjektiv erfolgen und wird nicht durch Annahmen der Vollausschüttungsprämisse oder der residualen Ausschüttung, die bspw. im Kontext der gesetzlich-normierten Bewertungsanlässe bzw. der DCF-Methoden unterstellt wird, eingeschränkt.[465] Dieser Anforderung genügen die in Kapitel 2.3 vorgestellte Vorgehensweise zur Unternehmensplanung und die darauf aufbauende Risikoanalyse aus Kapitel 3.3, sodass im Folgenden die Risikoberücksichtigung sowie -bewertung auf Grundlage dieser Informationen erfolgen kann.

4.2.2 Risikoberücksichtigung

Konstituierendes Merkmal der am Bewertungssubjekt orientierten Ertragswertmethode ist die Berücksichtigung eines subjektiven Risikopreises, welcher im Kontext der Sicherheitsäquivalentmethode zur Bewertung der im Rahmen der stochastifizierten Erfolgsprognose identifizierten Risikomenge benötigt wird.[466] Dabei ist die Aggregationsreihenfolge der Sicherheitsäquivalentmethode ein wertbestimmender Faktor und impliziert unterschiedliche Annahmen hinsichtlich der stochastischen Verknüpfung der periodenspezifischen Erfolgsgrößen.[467] Wird zuerst die vertikale Aggregationsreihenfolge gewählt, so wird gemäß der Sicherheitsäquivalentmethode der Erwartungswert um einen Risikoabschlag gemindert und darauf basierend erfolgt dann die horizontale Aggregation durch die Diskontierung mit einem risikofreien Kalkulationszinssatz auf den Bewertungsstichtag.[468]

---

464 Vgl. Dirrigl (2009), S. 24.
465 Vgl. Dirrigl (2009), S. 25.
466 Vgl. Dirrigl (2009), S. 25.
467 Für eine ausführliche Analyse der unterschiedlichen Möglichkeiten der Aggregationsreihenfolge, siehe vor allem Dreher (2010), S. 89 ff.
468 Dieses Vorgehen kann als „traditionelle Sicherheitsäquivalentmethode" bezeichnet werden. Vgl. Häckel/Hotlz/Buhl (2008), S. 953. Grundsätzlich ist auch eine umgekehrte Reihenfolge der Aggregation denkbar, die aber die (unrealistische) Annahme impliziert, dass das Risiko nur in der ersten Periode existiert und alle weiteren Erfolge feststehen. Vgl. Ballwieser/Hachmeister (2013), S. 75 ff.

4.2.2.1 Sicherheitsäquivalente auf Grundlage des Erwartungswert-Risikomaß-Prinzips

Das $\mu;\sigma$-Prinzip kann als Entscheidungsprinzip charakterisiert werden, das auf Grundlage des Erwartungswertes und der Streuung eine Risikobewertung der Zielgröße ermöglicht.[469] Das Entscheidungsprinzip wird zu einer Entscheidungsregel, wenn die Präferenzfunktion (Φ) dahingehend spezifiziert ist, dass ein konkreter Risikopreis berücksichtigt wird, wodurch ein bestimmter Zusammenhang der statistischen Parameter definiert ist:[470]

$$\Phi\left[\mu(\tilde{X});\sigma(\tilde{X})\right] = \mu(\tilde{X}) - \alpha \times \sigma(\tilde{X}) \qquad \text{4-1}$$

Die Präferenzfunktion besitzt somit, neben dem Erwartungswert und dessen Streuung, auch einen subjektiven Preis für eine Einheit des Risikos. Dieser Preis für eine Einheit des Risikos kann auch als Austauschverhältnis zwischen Erwartungswert und Streuung interpretiert werden, d.h. für ein risikoaverses Individuum ist der Risikopreis größer null, sodass bei einem Anstieg des Risikos der Erwartungswert um das Produkt aus Risikopreis und der Risikomenge ansteigen muss, damit ein konstantes Sicherheitsäquivalent resultiert.[471] Wird ein Referenzpunkt- bzw. Niveauunabhängige konstante absolute Risikoaversion unterstellt, so kann das Sicherheitsäquivalent auf Grundlage eines subjektiven Risikoaversionskoeffizienten (rak) bestimmt werden, der in seiner Dimension mit dem gewählten Risikomaß kompatibel sein muss.

$$S\ddot{A} = \mu(\tilde{X}) - rak \times \sigma(\tilde{X}) \qquad \text{4-2}$$

Die Bestimmung des subjektiven Risikopreises bzw. des Risikoaversionskoeffizienten stellt den zentralen Kritikpunkt dieser Methode im Schrifttum dar,[472] vor allem wenn keine Informationen über das Ausmaß der Risikoaversion des Entscheidungssubjektes vorliegen.[473] Des Weiteren wird die Nicht-Vereinbarkeit der Sicherheitsäquivalentmethode mit dem Dominanzprinzip vermutet, weshalb Kruschwitz ein Beispiel konzi-

---

469 Vgl. Laux et al. (2014), S. 107 ff. Die Zielgröße kann dabei wiederum für die hier folgenden Zwecke des Controlling allgemeingültig als Einzahlungsüberschuss und im Kontext von Anreizsystemen als Vergütung definiert werden.

470 Vgl. Laux et al. (2014), S. 107 f.

471 Vgl. Obermeier/Schüler (2006), S. 30.

472 Vgl. hierzu bereits Reuter (1970), S. 268 ff.

473 Vgl. Dreher (2010), S. 101.

piert, das die Verletzung des Dominanzprinzips bei Anwendung des $\mu;\sigma$-Prinzip belegen soll.[474] In diesem Kontext wird ein rak von 1,1 gewählt und somit der von Reuter geforderten und theoretisch akzeptierten Bedingung $|rak| \leq 0{,}5$ nicht genügt,[475] weshalb den Ausführungen keine allgemeine Gültigkeit attestiert werden kann. Auch das theoretisch korrekte Beispiel von Laux verweist auf eine Verletzung des Dominanzprinzips,[476] wobei diese Kritik aufgrund des gewählten Sachverhaltes als ebenfalls nicht generalisierbar erachtet werden muss.[477] Hingegen zeigt Dirrigl die Vorzüge dieser Methode bei der Bewertung unsicherer Zahlungsströme auf:

„Zum einen wird vermieden, dass die Risikozuschlagsmethode mit ihren problematischen Implikationen hinsichtlich der unterstellten Wahrscheinlichkeitsstruktur von Zielgrößen bei mehrperiodischen Planungsrechnungen verwendet werden muss. Zum anderen liegt das $\mu;\sigma$-Prinzip auch kapitalmarktbezogenen Risikokonzepten zugrunde […].“[478]

Das $\mu;\sigma$-Prinzip stellt eine einfache und transparente Möglichkeit dar, eine Bewertung des Risikos vorzunehmen. Als problematisch ist in diesem Zusammenhang insbesondere die Identifizierung eines rak, vor allem bei nicht homogenen Entscheidungssubjekten sowie die unterstellte konstante absolute Risikoaversion anzusehen.

4.2.2.2 Risikomaße im Kontext des $\mu;\sigma$-Prinzips

Die in der Literatur vorherrschende Definition des Risikos kann als zweiseitiger Risikobegriff kategorisiert werden, da sowohl positive, wie auch negative Abweichungen vom Erwartungswert erfasst werden. Auf Grundlage des vorherrschenden Risikoverständnisses sind zunächst Varianz und Standardabweichung als Risikomaße im Kontext des $\mu;\sigma$-Prinzips als geeignetes Risikomaß in Erwägung zu ziehen, welches dann die bewertungsrelevante Risikomenge ausweist. Die Varianz und die Standardabweichung einer Zufallsvariable ist dabei allgemeingültig definiert als:

---

474 Vgl. Kruschwitz (2011), S. 286 f.

475 Vgl. Reuter (1970), S. 267. Siehe zur Kritik an dem gewählten Beispiel auch Dreher (2010), S. 100 und Alfs (2015), S. 165 f. Auch die Ausführungen von Schneeweiß (1968) zur Unverträglichkeit des $\mu;\sigma$-Prinzips und des Dominanzprinzips, haben erst bei einem rak> 1 Gültigkeit. Vgl. Schneeweiß (1968), S. 180 ff.

476 Vgl. Laux (2007), S. 158 ff. In der aktuellen Auflage ist diese Aussage nicht mehr enthalten. Vgl. Laux et al. (2014).

477 Siehe für eine ausführliche Analyse des Beispiels Alfs (2015), S. 166 f.

478 Dirrigl (1998b), S. 554.

$$VAR(\tilde{X}) = \mu(\mu(\tilde{X}) - \tilde{X})^2 \quad 4\text{-}3$$

$$STA(\tilde{X}) = \sqrt{VAR(\tilde{X})} \quad 4\text{-}4$$

Der maßgebliche Unterschied zwischen diesen beiden Risikomaßen ist, neben der Dimension der Ausprägung, in der Abhängigkeit vom Niveau des Erwartungswertes bzw. der Wahrscheinlichkeitsverteilung zu sehen,[479] welche die Varianz exponentiell ansteigen lässt.[480] Darüber hinaus führt die exponentielle Berechnung der Varianz im Verhältnis zur Standardabweichung zu einer Übergewichtung von Ausreißern in der Wahrscheinlichkeitsverteilung. Aufgrund der Niveauabhängigkeit der Varianz können das Dominanzprinzip und das Stetigkeitsaxiom verletzt werden,[481] weshalb die Verwendung der Standardabweichung als Risikomaß der Varianz vorzuziehen ist.[482]

Alternativ zum zweiseitigen Risikobegriff ist in der Literatur eine zunehmende Diskussion der negativen Abweichung vom Erwartungswert als relevantes Risikomaß zu beobachten.[483] Diese als „downside risk[484]" bezeichnete Auffassung des Risikos entspricht dabei auch der vom Gesetzgeber auferlegten Anforderung an das Risikocontrolling.[485] Wird das Risiko als Abweichung unterhalb eines bestimmten Wertes bzw. des Erwartungswertes verstanden und das $\mu;\sigma$-Prinzip definitorisch zu einem Erwartungswert-Risikomaß-Prinzip erweitert,[486] so kommen die zuvor erwähnten Risikomaße nicht weiter in Betracht. Stattdessen kann eine Fokussierung auf die untere Abweichung der Varianz bzw. Standardabweichung erfolgen, die dann als Semivarianz bzw. Semistandardabweichung bezeichnet wird:[487]

$$SVAR(\tilde{X}) = \mu\left(\mu(\tilde{X}) - \tilde{X}^{-}\right)^2 \quad 4\text{-}5$$

479 In diesem Kontext kann die Varianz als lageabhängig und die Standardabweichung als lageunabhängig bezeichnet werden. Dies führt bei einer n-fachen Durchführung des identischen Investitionsprojektes zu einem Kapitalwert des Investitionsprogramms, der kleiner ist als der n-fache Kapitalwert. Siehe für eine ausführliche Beweisführung dieses Zusammenhangs im Kontext einer linearen Transformation der Erfolgsgröße Alfs (2015), S. 171 ff.

480 Vgl. Dreher (2010), S. 101 f.

481 Dreher (2010) illustriert diesen Zusammenhang anhand eines Beispiels; vgl. Dreher (2010), S. 470 f.

482 Vgl. hierzu auch Alfs (2015), S.167 ff. und Dreher (2010), S. 101 f.

483 Vgl. Nöll/Wiedemann (2008), S. 42; Dreher (2010), S. 68.

484 Vgl. Alfs (2015), S. 167 ff. m.w.N.

485 Vgl. Füser/Gleißner/Meier (1999), S. 754.

486 Vgl. Alfs (2015), S. 162 ff.

487 Vgl. allgemein zur Semivarianz als Risikomaß Albrecht (2003), S. 23 f. sowie im Kontext der Performancemessung Lauerbach (2012), S. 28.

$$mit{:}\ \tilde{X}^- = \begin{cases} X \ \forall\ X \leq \mu(\tilde{X}) \\ \mu(\tilde{X}) \ \forall\ X > \mu(\tilde{X}) \end{cases} \qquad 4\text{-}6$$

$$SSTA(\tilde{X}) = \sqrt{SVAR(\tilde{X})} \qquad 4\text{-}7$$

Neben den auf „herkömmlichen Risikomaßen" basierenden Möglichkeiten zur Berücksichtigung der ausschließlich negativen Abweichungen vom Erwartungswert kann auch eine Betrachtung der mittleren unteren Abweichung (MUA) als Risikomaß erfolgen.[488]

$$MUA(\tilde{X}) = \mu(\tilde{X}^-)$$

$$mit{:}\ \tilde{X}^- = \begin{cases} \mu(\tilde{X}) - X \ \forall\ X \leq \mu(\tilde{X}) \\ 0 \ \forall\ X > \mu(\tilde{X}) \end{cases} \qquad 4\text{-}8$$

Bei den Risikomaßen, die lediglich die untere Abweichung einbeziehen, können zunächst Analogien zu den Risikomaßen mit beidseitigen Abweichungen vom Erwartungswert konstatiert werden, wodurch die Semistandardabweichung der Semivarianz aufgrund der nicht vorhandenen Niveauabhängigkeit und konstanten Gewichtung von Ausreißern überlegen ist.[489] Die mittlere untere Abweichung weist diesbezüglich die gleichen Eigenschaften wie die Semistandardabweichung auf und kann daher in diesem Kontext als gleichwertig zu eben dieser erachtet werden.[490] Für die Semistandardabweichung und die mittlere untere Abweichung kann darüber hinaus das Kriterium der stochastischen Dominanz erster Ordnung als erfüllt angesehen werden, wenn der rak Werte zwischen null und eins annimmt.[491] Grundsätzlich muss die Auswahl des Risikomaßes auch bei der Bestimmung des rak berücksichtigt werden, da aufgrund der unterschiedlichen Risikodefinitionen eine einheitliche Bewertung der Risikomenge als inadäquat erachtet werden muss. Neben der im vorherigen Abschnitt bereits aufgezeigten Bedingung von $|rak| \leq 0{,}5$ für beidseitige Risikomaße kann für die einseitigen Risikomaße das Intervall $[0;1]$ als Grundlage der Bestimmung von plau-

488 Vgl. Ogryczak/Śliwiński (2011), S. 45.

489 Vgl. Alfs (2015), S. 174. Für einen ausführlichen Beweis dieser Aussage und eine weitergehende Analyse der hier vorgestellten Risikomaße, siehe vor allem Alfs (2015), S. 166 ff.

490 Alfs (2015), S. 222.

491 Vgl. Ogryczak/Ruszczyński (1999), S. 41 und 44. Auch die stochastische Dominanz zweiter Ordnung wird bei diesen Risikomaßen erfüllt Vgl. Ogryczak/ Ruszczyński (2002), S. 673 ff.

siblen rak anerkannt werden, das zudem die stochastische Dominanz zweiter Ordnung gewährleistet.[492] Darüber hinaus ist bei der Sicherheitsäquivalentmethodik stets eine Plausibilitätsprüfung hinsichtlich des rak zu empfehlen, bei der die folgende Bedingung zu beachten ist:

$$SÄ(\tilde{X}) \geq Min(\tilde{X}) \qquad 4\text{-}9$$

Die Maximalgrenze des rak ist dann erreicht, wenn das Sicherheitsäquivalent einer Verteilung dem minimalen Wert dieser entspricht.

Erfolgt aufbauend auf der Risikoanalyse des Kapitels 2.4.2.2 eine Risikobewertung mit dem Risikopreis rak_{STA}= 0,45 bzw. rak_{SSTA}= 0,65, ergeben sich folgende periodenspezifische Sicherheitsäquivalente für das Beispielunternehmen:[493]

t	0	1	2	3	4	5 ff.
E(Ausschüttung)		3.305,34	2.638,20	1.227,14	3.081,68	3.265,24
Standardabweichung (STA)		709,21	845,26	861,22	930,56	902,84
Semi – STA (SSTA)		503,91	602,29	568,93	647,63	630,43
Risikoabschlag (STA, rak =0,45)		319,15	380,37	387,55	418,75	406,28
Risikoabschlag (SSTA, rak =0,65)		327,54	391,49	369,80	420,96	409,78
Sicherheitsäquivalent (STA)		2.986,19	2.257,84	839,59	2.662,93	2.858,96
Sicherheitsäquivalent (SSTA)		2.977,80	2.246,72	857,34	2.660,72	2.855,45

Tabelle 24: Periodenspezifische Sicherheitsäquivalente

Zusammenfassend lässt sich konstatieren, dass die Standardabweichung als Risikomaß mit beidseitigen Abweichungen vom Erwartungswert und die Semistandardabweichung bzw. mittlere untere Abweichung als Risikomaß mit ausschließlich negativen Abweichungen vom Erwartungswert in Betracht kommen. Die konkrete Auswahl aus diesen drei Risikomaßen muss dem der Entscheidungssituation zugrunde liegenden Risikoverständnis folgen.

492 Vgl. Alfs (2015), S. 201.
493 Vgl. Anlage 2 und 3.

4.2.3 Berücksichtigung des Alternativobjekts

4.2.3.1 Grenzpreis als Indifferenzbedingung

Sind die periodenspezifischen Sicherheitsäquivalente des Bewertungsobjekts auf Grundlage der stochastifizierten Erfolgsprognose bestimmt, so erfolgt die Grenzpreisermittlung im Standard-Ertragswertverfahren unter Einbezug einer investorindividuellen Alternativanlage. Der Grenzpreis aus der Perspektive des Erwerbers entspricht genau dem Preis für das Bewertungsobjekt, bei dem Indifferenz hinsichtlich des Kaufs des Bewertungsobjekts und der Investition in das Alternativobjekt besteht.[494] Aus der Perspektive des Verkäufers entspricht der Grenzpreis dem Betrag, den er mindestens erhalten muss, damit er bei einer explizierten Alternativinvestition keine Nutzeneinbuße hinnehmen muss.[495] Die subjektive Nutzenäquivalenz ist somit konstituierend für die Grenzpreisermittlung und kann sich dabei entweder auf den Kapitalwert im Bewertungszeitpunkt oder auf den Vermögenswert zum Ende des Planungszeitraums T beziehen.[496]

$$C_0^{AO} = C_0^{BO} \qquad \text{4-10}$$

$$VEW_T^{AO} = VEW_T^{BO} \qquad \text{4.11}$$

Der Einbezug einer expliziten Alternativinvestition ist charakteristisch für das Standard-Ertragswertkalkül. Im Schrifttum wird diesbezüglich auch die Auffassung vertreten, dass eine allumfassende Berücksichtigung alternativer Investitionsmöglichkeiten und sonstiger bewertungsrelevanter Faktoren, wie Konsumpräferenzen des Bewertungssubjekts, in das Bewertungskalkül einbezogen werden sollen.[497] Diese als Totalmodell der simultanen Optimierung zu klassifizierende Vorgehensweise ist dabei von dem als Partialmodell zu beschreibenden Standard-Ertragswertverfahren zu differenzieren. Die nicht praktikablen Anforderungen des Totalmodells werden durch die Standard-Ertragswertmethode als sinnvolle Approximation in adäquater Weise berücksichtigt.[498] Die in der Literatur vorzufindende Forderung der Äquivalenz von Bewertungs- und Alternativobjekt hinsichtlich Unsicherheit und Laufzeit, auch im Partialmodell,[499] ist als

494 Der Grenzpreis drückt somit die maximale Konzessionsbereitschaft aus und dient daher als Entscheidungswert. Vgl. Matschke (1969), S. 59; Matschke/Brösel (2013), S. 133 ff.

495 Vgl. Mandl/Rabel (1997), S. 17.

496 Vgl. insbesondere Dirrigl (1988), S. 239.

497 Vgl. zum Totalmodell insbesondere Ballwieser/Leuthier (1986), S. 607; Matschke/ Brösel (2013), S. 206 ff.

498 Vgl. Schneider (1992), S. 72.

499 Vgl. Schultze (2003), S. 248 sowie Wollny (2010), S. 79 mit einer umfassenden Aufstellung zu Äquivalenzdimensionen.

äußerst restriktiv zu erachten.[500] Realiter sollte die Risikoäquivalenz zugunsten dem deutlich weniger einschränkenden Vorgehen, nämlich einer adäquaten Berücksichtigung der Risikounterschiede von Bewertungs- und Alternativobjekt, vorgezogen werden,[501] sodass auch divergierende Objekte vergleichbar und somit bewertbar werden. Durch eine entsprechende rechnerische Eliminierung des Risikos bei beiden Objekten kann eine bewertungstheoretische Äquivalenz erzeugt und damit die klassische Entscheidungssituation eines Managers hinsichtlich der Abwägung zweier konkurrierender Investitionsalternativen optimal berücksichtigt werden. Die laufzeitbezogene Äquivalenz kann dann bspw. durch die Berücksichtigung von kapitalwertneutralen Mittelanlagen erreicht werden.[502] Dem zentralen Bewertungspostulat „Bewerten heißt vergleichen“[503] folgend wird durch den Einbezug der Alternativanlage der Opportunitätskostengedanke aufgegriffen, sodass die Alternative berücksichtigt wird, die durch das Bewertungsobjekt verdrängt würde.[504] Stellt diese Alternative die Investition zum risikolosen Zins dar, zu dem auch bei unvollkommenen Kapitalmärkten nahezu jeder Betrag zu jeder Laufzeit risikolos investiert werden kann, so sind keine darüber hinaus gehenden risikobereinigten Überschüsse aus Investitionen verfügbar und demnach auch keine weiteren Opportunitätskosten zu berücksichtigen. Der Standard-Ertragswert des Bewertungsobjektes und somit der Grenzpreis genügen dann dem folgenden Ausdruck:[505]

$$SEW_0 = \sum_{t=0}^{\infty} \frac{SÄ_t^{BO}}{(1+i_s)^t} \qquad 4\text{-}12$$

$rak = 0{,}45$	0	1	2	3	4	5 ff.
Ausschüttung		1.045,42	635,67	1.308,35	1.079,99	1.192,60
STA		1.140,18	1.048,81	1.183,22	1.264,91	1.341,64
SÄ		532,34	163,71	775,90	510,78	588,86
$EW\ (i_s)$	19.274,85	19.320,75	19.736,67	19.552,86	19.628,67	19.628,67

Tabelle 25: Barwert der Sicherheitsäquivalente

500 Vgl. Moxter (1983), S. 125 ff.
501 Vgl. Dirrigl (2009), S. B 32 ff.
502 Vgl. Dreher (2010), S. 77 ff.
503 Moxter (1983), S. 123.
504 Vgl. Moxter (1983), S: 124; Dirrigl (1988), S. 12; Mandl/Rabel (1997), S: 20; Dirrigl (2004a), S. 5; Dirrigl (2009), S. B 29; Dreher (2010), S. 76 m.w.N.
505 Siehe hierzu Anlage 9.

Ist als Alternativobjekt eine Investition verfügbar, die nach einem noch zu identifizierenden Beurteilungsmaßstab als besser bzw. am besten zu klassifizieren ist, so findet eben diese im Bewertungskalkül Berücksichtigung.[506] Die Eliminierung des Risikos bei der Abwägung der Alternative ermöglicht die Identifizierung der besten, „(quasi)-sicheren" Alternativinvestition. Dabei sollte die Risikoberücksichtigung, wann immer möglich, konsistent zum Bewertungsobjekt erfolgen und somit auf Grundlage der Sicherheitsäquivalentmethode. Auch wenn eine Überführung der Risikozuschlags- und Risikoabschlagsmethode auf Grundlage von Barwerten mathematisch unter bestimmten Annahmen möglich ist,[507] so impliziert dies eine divergierende periodenspezifische Risikoberücksichtigung.[508]

Bei der Auswahl des Alternativobjekts sind etwaige Restriktionen in der Eigenmittelausstattung und der Fremdkapitalbeschaffung explizit zu berücksichtigen und grenzen so die potentiellen Alternativen mit bekannten Anschaffungsauszahlungen ein, was auch als finanzielle Obergrenze für einen etwaigen Grenzpreis anzusehen ist.[509] Diese Vorgehensweise impliziert begrenzte Investitionsmittel, die entweder in das Bewertungsobjekt fließen können oder auf eine konkurrierende Investitionsalternativen allokiert werden, sodass kein vollkommener Kapitalmarkt berücksichtigt wird.[510] Für die weiteren Untersuchungen wird die Akquisitionsabsicht eines neuen Geschäftsfelds unterstellt und die Entscheidungssituation dahingehend konkretisiert, dass die beste Alternative bereits identifiziert wurde.[511] Das Alternativobjekt weist dabei Anschaffungskosten i.H.v. 10.000 GE auf und aus der szenarioabhängigen Erfolgsstruktur ergeben sich folgende Lagemaße und Streuungsparameter der Erfolgsgröße:[512]

---

506 Vgl. grundlegend zur Berücksichtigung eines expliziten Alternativobjekts im Bewertungskalküls des Ertragswertes Dirrigl (1988), S. 229 ff. Vgl. zur Identifizierung eines Alternativobjekts auch Mandl/Rabel (1997), S. 68 f.

507 Vgl. Dirrigl (2009), S. B 33 ff.

508 Vgl. Alfs (2015), S. 205 ff.

509 In der Literatur wird unter dem Terminus „Supplementinvestition" der Differenzbetrag aus Mittelausstattung und benötigtem Kapital verstanden, während der Laufzeit zurückfließende Überschüsse werden hingegen unter dem Begriff „Zwischenverzinsung" subsummiert. Vgl. Dirrigl (1988), S. 246.

510 Reale Investitionen widersprechen aufgrund der häufig nicht gegebenen, beliebigen Teilbarkeit und den nicht zum internen Zinsfuß reinvestierbaren Rückflüssen dem Ideal eines vollkommenen Kapitalmarkts. Vgl. Dreher (2010), S. 78 m.w.N.

511 Siehe für die Berücksichtigung einer umfassenden Finanzierungs- und Liquiditätsrestriktion im Kontext der Portfoliorestrukturierung vor allem Alfs (2015), S. 363 ff.

512 Siehe zur Erfolgsprognose des Alternativobjekts Anlage 8.

$rak = 0{,}45$	**1**	**2**	**3**	**4**	**5 ff.**
$Ausschüttung$	540,98	567,07	583,51	589,15	632,35
STA	74,55	78,28	80,63	81,43	82,25
$SÄ\,(STA)$	507,43	531,84	547,22	552,51	595,34

Tabelle 26: Erfolgsprognose Alternativobjekt

Die risikomaßabhängigen Sicherheitsäquivalente sollen im Folgenden für die Grenzpreisbestimmung des Bewertungsobjekts herangezogen werden, wobei unterschiedliche Möglichkeiten der Opportunitätskostenberücksichtigung des Alternativobjekts existieren.

4.2.3.2 Konzepte zur Opportunitätskostenberücksichtigung

Die Berücksichtigung der Opportunitätskosten ist sowohl für die Hierarchisierung der potentiellen Alternativinvestitionen als auch für die Berücksichtigung der besten Alternativinvestition im Bewertungskalkül von maßgeblicher Bedeutung. Der Beurteilungsmaßstab kann dabei entweder rentabilitätsbezogen oder absolut gewählt werden, womit weitere Implikationen hinsichtlich der Grenzpreisbestimmung des Bewertungsobjekts verbunden sind. Als zunächst denkbare Ausprägung der rentabilitätsbezogenen Erfassung kommen der interne Zinsfuß sowie die modifizierte Variante in Betracht. Wird hingegen eine absolute Betrachtungsweise gewählt, so kann der Kapitalwert sowie der normierte Kapitalwert als Kapitalwertraterate[513] betrachtet werden.

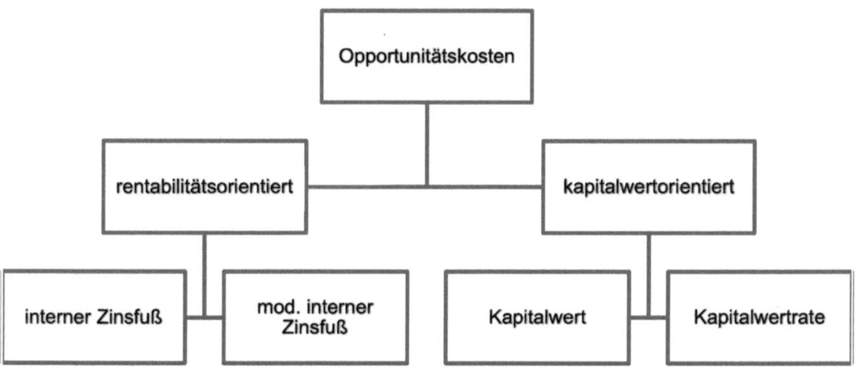

Tabelle 27: Opportunitätskostenkonzepte zur Grenzpreisbestimmung

513 Vgl. Altrogge (1991), S: 358 ff.

Unabhängig davon, welcher Zinsfuß bei der Alternativrenditelogik Anwendung findet, hat die Risikobereinigung bei dem Alternativ- und Bewertungsobjekt konsistent zu erfolgen,[514] wobei grundsätzlich dabei zwei Vorgehensweisen denkbar sind. Zum einen kann der Zinsfuß auf Basis risikobereinigter Zahlungsströme ermittelt werden, sodass der Zinsfuß aus den Sicherheitsäquivalenten der Alternativinvestition bestimmt wird und folglich ohne weitere Anpassungen für die Diskontierung der Sicherheitsäquivalente des Bewertungsobjekts erfolgen kann. Wird der Zinsfuß hingegen aus den Erwartungswerten der Zahlungsüberschüsse der Alternativinvestition ermittelt, so muss eine Risikobereinigung der ermittelten Alternativrendite erfolgen. Der Zinsfuß entspricht bei dieser Vorgehensweise der Summe aus dem risikolosen Zins, der Risikoprämie und einer über diese beiden Komponenten hinausgehenden Renditespread,[515] der aufgrund der Beobachtbarkeit der ersten beiden Komponenten residual ermittelt wird. Für einen Einbezug des Zinsfußes in das Bewertungskalkül muss dann die Risikoprämie eliminiert werden, sodass eine risikofreie Rendite aus dem risikolosen Zinssatz und dem Renditespread zur Diskontierung der Sicherheitsäquivalente des Bewertungsobjekts bestimmt ist. Eine rentabilitätsorientierte Ausgestaltung der Opportunitätskostenberücksichtigung durch den internen Zinsfuß der Sicherheitsäquivalente der Alternativinvestition führt dann zu folgendem Bewertungskalkül.

$$SEW_0 = \sum_{t=0}^{\infty} \frac{SÄ_t^{BO}}{(1+\hat{r}^{AO})^t} \; mit \; 0 = -A_0 + \sum_{t=1}^{T} \frac{SÄ_t^{AO}}{(1+\hat{r}^{AO})^t} \qquad \text{4-13}$$

Dabei muss die als problematisch zu erachtende Wiederanlageprämisse des einfachen internen Zinsfußes bedacht werden, bei der die Einzahlungsüberschüsse vom Alternativobjekt zur jeweiligen Rendite angelegt werden können, was dann auch auf das Bewertungsobjekt übertragen wird. Dies ist notwendig, da die intertemporale Struktur der Zahlungsströme von Alternativ- und Bewertungsobjekt nicht identisch sind und so eine „beträchtliche Komplexitätsreduktion erreicht werden kann“[516]. Diese Vorgehensweise kann aber nur unter der Annahme eines vollkommenen Kapitalmarkts als konsistent erachtet werden. Bei Anwendung des modifizierten internen Zinsfußes wird diese Annahme dahingehend eliminiert, dass Rückflüsse aus der Alternativinvestition zum Kalkulationszinssatz und somit kapitalwertneutral angelegt werden.[517]

---

514 Vgl. Dirrigl (2009), S. B 32.
515 Vgl. Dirrigl (2009), S. B 32 f.
516 Vgl. Dreher (2010), S. 77.
517 Vgl. Dirrigl (1988), S. 240 ff.

$$SEW_0 = \sum_{t=0}^{\infty} \frac{SÄ_t^{BO}}{(1+\hat{r}_{mod}^{AO})^t} \; mit \; \hat{r}_{mod}^{AO} = (1+i_s)\sqrt[n]{\frac{C_0^{AO}}{A_0^{AO}}+1} - 1 \qquad \text{4-14}$$

Wird die Zahlungsreihe des Bewertungsobjekts zur Grenzpreisbestimmung mit dem modifizierten internen Zinsfuß einer identischen Zahlungsreihe mit bekannter Anfangsauszahlung diskontiert, so ergibt sich ein Grenzpreis, der höher ist als die Anfangsauszahlung der Alternativinvestition, wodurch aber in dem hier betrachteten Kontext schwerwiegende Fehlurteile resultieren können.[518] Dieser kontraintuitive Zusammenhang des modifizierten internen Zinsfußes würde also einen zu hohen Grenzpreis suggerieren und somit Wert vernichten. Der einfache interne Zinsfuß würde bei einer derartigen Konstellation den korrekten Grenzpreis des Bewertungsobjekts in Höhe der Anschaffungsauszahlung der Alternativinvestition ermitteln. Bei weiterhin barwertidentischen, aber temporär ungleichen Zahlungsstromprofilen würde aber auch hier ein nicht korrekter Grenzpreis ausgewiesen, sodass bei der Verwendung des einfachen und des modifizierten internen Zinsfußes zur Berücksichtigung der Alternativrendite Vorsicht geboten ist.[519] In dem hier betrachteten Kontext einer Bereichsbewertung kann der modifizierte interne Zinsfuß als grundsätzlich ungeeignet erachtet werden, da mit zunehmendem Bewertungshorizont eine Konvergenz zum Niveau des Wiederanlagezinses erfolgt. Wird statt der rentabilitätsbezogenen Berücksichtigung der Opportunitätskosten eine Kapitalwertbetrachtung intendiert, so wird der Kapitalwert der Alternativinvestition von Barwert der mit dem risikolosen Zinssatz diskontierten Sicherheitsäquivalente des Bewertungsobjekts subtrahiert.[520] Dabei ist wiederum zu beachten, dass der Kapitalwert der Alternativinvestition risikobereinigt sein muss, sodass sich für eine Risikoberücksichtigung im Zähler des Alternativobjekts dann folgendes Bewertungskalkül ergibt:

$$SEW_0 = \sum_{t=0}^{\infty} \frac{SÄ_t^{BO}}{(1+i_s)^t} - C_0^{AO} \; mit \; C_0^{AO} = -A_0 + \sum_{t=1}^{T} \frac{SÄ_t^{AO}}{(1+i_s)^t} \qquad \text{4-15}$$

518 Vgl. für eine Veranschaulichung anhand eines Beispiels insbesondere Alfs (2015), S. 408.
519 Vgl. Alfs (2015), S. 409 f.
520 Vgl. Dirrigl (2004a), S. 19.

Als kritisch ist bei der Kapitalwertlogik zu erachten, dass der Grenzpreis bestimmt wird, der einen identischen Kapitalwert erzielt, wobei Unterschiede im Kapitaleinsatz bei Alternativ- und Bewertungsobjekt unberücksichtigt bleiben.[521] Eine auf das Investitionsvolumen bezogene Normierung des Kapitalwerts wird bei der Kapitalwertrate, als Quotient aus Kapitalwert und Anschaffungsauszahlung des Alternativobjekts, erreicht.[522] Bei einer derartigen Ausgestaltung des Grenzpreiskalküls wird die Kapitalwertrate des Alternativobjekts auf das Bewertungsobjekt übertragen, wodurch eine beliebige Skalierbarkeit des Alternativobjekts unterstellt wird.

$$SEW_0 = \sum_{t=0}^{\infty} \frac{SÄ_t^{BO}}{(1+i_s)^t} \times \frac{1}{1+kwr^{AO}} \; mit \; kwr^{AO} = \frac{C_0^{AO}}{A_0^{AO}} \qquad 4\text{-}16$$

In Abhängigkeit des gewählten Opportunitätskostenkonzepts kann der Grenzpreis des Bewertungsobjekts ermittelt werden, sodass der maximale Kaufpreis bestimmt ist:[523]

Opportunitätskosten-konzept	Opportunitätskosten Alternative	Grenzpreis Bewertungsobjekt
Risikoloser Zins (i_s)	3,00%	19.274,85
Interner Zinsfuß (r^{AO})	5,83%	9.765,89
Kapitalwert (C_0^{AO})	9.617,34	9.657,51
Kapitalwertrate (kwr^{AO})	0,9617	9.825,41

Tabelle 28: Grenzpreis in Abhängigkeit des Opportunitätskostenkonzepts

Zusammenfassend kann der nachfolgenden Tabelle die Logik des jeweiligen Opportunitätskostenkonzepts zur Bestimmung des Grenzpreises entnommen werden. Dabei wird zum einen der Vergleichsmaßstab zur Bewertung definiert sowie die jeweilige Annahme aufgeführt, die für den Grenzpreis auf Grundlage des Opportunitätskostenkonzepts konstituierend ist.

521 Vgl. Alfs (2015), S. 406.
522 Vgl. Dirrigl (2004a), S. 19.
523 Zur Herleitung der Ergebnisse siehe Anlage 8 und 9.

	Logik des jeweiligen GP
interner Zinsfuß	Rendite des AO wird auf BO übertragen, Wiederanlage von Überschüssen zur Rendite
mod. interner Zinsfuß	Rendite des AO wird auf BO übertragen, Wiederanlage von Überschüssen zum risikofreien Zins
Kapitalwert	BO soll gleichen KW wie AO erzielen, unabhängig von jeweiligem Kapitaleinsatz
Kapitalwertrate	Verhältnis von KW zu A_0 des AO wird auf GP des BO übertragen

Tabelle 29: Logik der Opportunitätskostenkonzepte bei der Grenzpreisermittlung

Aufgrund der problematischen Annahmen bei der Alternativrenditelogik soll im Folgenden die Kapitalwert- und Kapitalwertrate-Logik weiter Beachtung finden, wobei die Präferenz für eine dieser Vorgehensweisen durch den betrachteten Einzelfall determiniert wird.

4.2.3.3 Grenzpreisbestimmung unter Berücksichtigung von Verbundbeziehungen

Wird die Betrachtungsweise von der isolierten Untersuchung des Alternativ- und Bewertungsobjekts dahingehend erweitert, dass nicht mehr nur die Erfolgsprognose unter Berücksichtigung der etwaigen Synergien auf Objektebene erfolgt, so kann auch der integrierende Konzernverbund mit einbezogen werden.[524] Ein derartiges Vorgehen kann die Synergien vollständig erfassen, die aus den Verbundbeziehungen des Alternativ- bzw. Bewertungsobjekts mit dem bestehenden Konzern realisiert werden können, nicht aber in der Erfolgsprognose des Alternativ- bzw. Bewertungsobjekts erfasst sind, da diese in anderen Konzerneinheiten realisiert werden.[525] Für den Kapitalwert des Alternativobjekts gilt dabei:

$$C_0^{AO} = -A_0 + \sum_{t=1}^{T} \frac{S\ddot{A}_t^{mit\ AO}}{(1+i_s)^t} - \sum_{t=1}^{T} \frac{S\ddot{A}_t^{ohne\ AO}}{(1+i_s)^t} \qquad 4\text{-}17$$

524 Vgl. grundlegend bereits Terborgh (1962), S. 85 ff. und Matschke (1972), S. 153 ff. sowie für die Berücksichtigung von Synergien bei der Bestimmung des Umtauschverhältnisses Dirrigl (1990), S. 185 ff.

525 Eine Zuordnung der Synergien muss bei diesem Vorgehen nicht erfolgen, da es für die Wertbestimmung unerheblich ist, wo die Synergien anfallen. Vgl. Alfs (2015), S. 142 f.

Der Kapitalwert des Alternativobjekts wird in diesem Kontext als Differenz der Barwerte der Sicherheitsäquivalente des Konzerns mit und ohne Einbezug des Alternativobjekts abzüglich der Anschaffungsauszahlung bestimmt. Der Unterschied zu Stand-Alone-Betrachtung des Alternativobjekts ist in der Berücksichtigung der Synergien auf Alternativobjekt- und Konzernebene zu sehen, wohingegen bei der isolierten Betrachtung nur die Synergien auf Objektebene erfasst werden. Werden die Synergien aus den Verbundbeziehungen, die keinesfalls immer positiv sein müssen,[526] bei der Kapitalwertbestimmung des Alternativobjekts vollständig erfasst, so muss dies auch bei dem Bewertungsobjekt erfolgen, damit ein konsistentes Vorgehen gewährleistet ist. Werden die Opportunitätskosten des Alternativobjekts als Kapitalwert bzw. Kapitalwertrate erfasst, so ergeben sich folgende Bewertungskalküle:

$$SEW_0 = \sum_{t=0}^{\infty} \frac{SÄ_t^{mit\ BO}}{(1+i_s)^t} - \sum_{t=0}^{\infty} \frac{SÄ_t^{ohne\ BO}}{(1+i_s)^t} - C_0^{AO} \qquad \text{4-18}$$

$$SEW_0 = \left(\sum_{t=0}^{\infty} \frac{SÄ_t^{mit\ BO}}{(1+i_s)^t} - \sum_{t=0}^{\infty} \frac{SÄ_t^{ohne\ BO}}{(1+i_s)^t} \right) \times \frac{1}{1+kwr^{AO}} \qquad \text{4-19}$$

Sind die Opportunitätskosten des Alternativobjekts als Kapitalwert im Bewertungskalkül berücksichtigt, so liegt die Annahme zugrunde, dass das Bewertungsobjekt bei dem Grenzpreis den gleichen Mehrwert liefern soll wie das Alternativobjekt. Dabei wird keine Differenzierung dahingehend vorgenommen, ob der Mehrwert bei dem Objekt oder im Konzernverbund generiert werden kann. Verglichen mit der isolierten Betrachtungsweise können unterschiedliche Grenzpreise resultieren, da die Synergien im Konzernverbund bei dem Bewertungsobjekt höher oder geringer sein können als die des Alternativobjekts, wohingegen nur in dem als unwahrscheinlich zu erachtenden Fall identischer Synergien von Alternativ- und Bewertungsobjekt keine Werteffekte resultieren. Die Sicherheitsäquivalente des Beispielunternehmens unter Einbezug des Alternativobjekts sind in der folgenden Tabelle erfasst:

Wird der Grenzpreis auf Grundlage der Kapitalwertrate bestimmt, so impliziert dies darüber hinaus, dass das Verhältnis von Kapitaleinsatz und Kapitalwert, unter Berücksichtigung der vollständigen Synergien, vom Alternativ- auf das Bewertungsobjekt übertragen wird. Dabei erfolgt aber keine Differenzierung dahingehend, dass die durch

[526] Negative Effekte können bspw. bei konkurrierenden Zielen resultieren, siehe hierzu auch Kapitel 7.2.3.

die Synergien und den Stand-Alone-Wert determinierte Kapitalwertrate des Alternativobjekts auf die Synergien und den Stand-Alone-Wert des Bewertungsobjekts übertragen wird.

	0	1	2	3	4	5 ff.
			Konzern ohne Alternativobjekt			
Auss.		3.305,34	2.638,20	1.227,14	3.081,68	3.265,24
STA		709,21	845,26	861,22	930,56	902,84
SÄ		2.986,19	2.257,84	839,59	2.662,93	2.858,96
SEW	92.833,31	92.632,12	93.153,24	95.108,25	95.298,56	95.298,56
			Alternativobjekt			
Auss.		540,98	567,07	583,51	589,15	632,35
STA		74,55	78,28	80,63	81,43	82,25
SÄ		507,43	531,84	547,22	552,51	595,34
SEW	19.617,34	19.698,43	19.757,54	19.803,05	19.844,63	19.844,63
			Konzern mit Alternativobjekt			
Auss.		3.746,32	3.085,27	1.670,65	3.590,83	3.847,59
STA		783,76	923,54	941,85	1.011,99	985,09
SÄ		3.393,62	2.669,68	1.246,82	3.135,43	3.404,30
SEW	110.560,44	110.483,63	111.128,46	113.215,50	113.476,53	113.476,53

Tabelle 30: Bewertung des Alternativobjekts mit Verbundbeziehungen

Der Kapitalwert des Alternativobjekts ergibt sich demnach wie folgt:

$$KW_{AO} = 110.271{,}92 - 92.544{,}79 - 15.000 = 7.727{,}13$$

Im Vergleich zum Stand-Alone-Kapitalwert und Kapitalwertrate ergeben sich folgende Abweichungen:

	KW	KWR
mit-ohne	7.727,13	0,7727
stand-alone	9.617,34	0,9617
Δ	-1.890,21	-0,1890

Tabelle 31: Kapitalwert des Alternativobjekts mit Verbundbeziehungen

Das Alternativobjekt weist unter Berücksichtigung der Verbundbeziehungen einen geringeren Kapitalwert und somit auch eine geringere Kapitalwertrate auf. Dies ist auf die geringeren Ausschüttungen aus der Verbundbeziehung im Verhältnis zur Stand-Alone-Betrachtung zurückzuführen. Die negativen Synergien können beispielsweise durch die Substitutionsbeziehung von Produkten begründet sein, sodass bspw. durch die Integration eines Konkurrenten Teile des Kundenstamms wegfallen können. Die Risikoposition des Alternativobjekts wirkt zudem nicht kompensatorisch, wodurch keine Risikodiversifikationseffekte realisiert werden können.

	0	**1**	**2**	**3**	**4**	**5 ff.**
			Konzern ohne			
Auss.		3.305,34	2.638,20	1.227,14	3.081,68	3.265,24
STA		709,21	845,26	861,22	930,56	902,84
SÄ		2.986,19	2.257,84	839,59	2.662,93	2.858,96
SEW	92.833,31	92.632,12	93.153,24	95.108,25	95.298,56	95.298,56
			Bewertungsobjekt			
Auss.		1.045,42	635,67	1.308,35	1.079,99	1.192,60
STA		1.140,18	1.048,81	1.183,22	1.264,91	1.341,64
SÄ		532,34	163,71	775,90	510,78	588,86
SEW	19.274,85	19.320,75	19.736,67	19.552,86	19.628,67	19.628,67
			Konzern mit Bewertungsobjekt			
Auss.		4.600,76	3.673,87	2.885,49	4.511,67	4.477,84
STA		1.678,36	1.736,75	1.866,96	2.005,73	2.043,24
SÄ		3.845,50	2.892,34	2.045,36	3.609,09	3.558,38
SEW	116.923,98	116.586,20	117.191,45	118.661,83	118.612,59	118.612,59

Tabelle 32: Bewertung des Bewertungsobjekts mit Verbundbeziehungen

Somit ergibt sich der Grenzpreis des Bewertungsobjekts unter Berücksichtigung der Opportunitätskosten auf Grundlage des Kapitalwerts und der Kapitalwertrate wie folgt:

	KW	KWR
GP (mit-ohne)	16.363,54	13.589,72
GP (stand-alone)	9.657,51	9.825,41
Δ	6.706,03	3.764,30

Tabelle 33: Grenzpreis des Bewertungsobjekts mit Verbundbeziehungen

Der Grenzpreis des Bewertungsobjekts hat sich durch die Berücksichtigung der Verbundbeziehungen von Bewertungs- und Alternativobjekt erhöht. Aufgrund realisierbarer Synergien zwischen Bewertungsobjekt und dem betrachteten Unternehmen sind die prognostizierten Ausschüttungen angestiegen. Darüber hinaus wirkt die Aufnahme des Bewertungsobjekts in das Unternehmen hinsichtlich der Risikoposition diversifizierend, sodass die Risikomenge geringer als die Summe der Standardabweichungen von Bewertungsobjekt und Unternehmen in der Stand-Alone-Situation sind. Einen grenzpreiserhöhenden Effekt hat zudem der geringere Kapitalwert des Alternativobjekts bei der Berücksichtigung von Verbundbeziehungen, da ein geringerer Kapitalwert subtrahiert bzw. eine geringere Kapitalwertrate skaliert wird. Wie aus dem Beispiel ersichtlich wird, kann durch den Einbezug der Auswirkungen von Verbundbeziehungen der tatsächliche Wert des Alternativ- und Bewertungsobjekts aus der Investorperspektive abgeschätzt werden. Das aufgezeigte Vorgehen hat dabei den wesentlichen Vorteil, dass keine Allokation der Werteffekte zwischen dem Unternehmen und dem Alternativ- bzw. Bewertungsobjekt erfolgen muss, da aus subjektiver Perspektive stets eine Gesamtbetrachtung vorzunehmen ist.

4.3 Objektbezogene Marktpreisabschätzung

4.3.1 Konzeptionelle Grundlagen

Die in der Praxis zurzeit populärste Methode der Unternehmensbewertung stellt zweifelsohne der aus dem angelsächsischen Raum stammende Discounted-Cashflow-Ansatz (DCF) dar. Begründet ist die weitgehende Verbreitung dieser Methode nicht zuletzt durch den attestierten Zweckpluralismus, der auch den in dieser Arbeit thematisierten Anwendungsbereich der wertorientierten Unternehmensführung und Performancemessung umfasst.[527] Grundsätzlich handelt es sich bei der DCF-Methodik um ein modelltheoretisches Bewertungskalkül, das Marktpreise auf einem vollkommenen Kapitalmarkt ermittelt. Wäre der Kapitalmarkt also vollkommen und die weiteren Annahmen erfüllt, so würden sich die Marktkapitalisierung und der Wert des Eigenkapitals auf Grundlage der DCF-Methode entsprechen.

Als bewertungsrelevante Erfolgsgröße wird bei Anwendung der DCF-Verfahren auf den Erwartungswert der „potentiell verfügbaren"[528] Cashflows abgestellt, wodurch die leistungswirtschaftlichen Risiken, die im Rahmen der Erfolgsprognose und Risikoanalyse identifiziert werden konnten, keine explizite Berücksichtigung finden.[529] Der Cashflow, welcher in Abhängigkeit der gewählten DCF-Konzeption den Eigen- oder auch

---

527 Vgl. Dinstuhl (2003), S. 5 f.; Essler/Kruschwitz/Löffler (2008), S. 104; Dreher (2010), S. 118. Sowie allgemein zu den DCF-Verfahren im Kontext unterschiedlicher Bewertungszwecke Dreher (2010), S. 118 f.

528 Casey (2004), S. 140.

529 Vgl. Dreher (2010), S. 119.

Fremdkapitalgebern zusteht, wird residual ermittelt,[530] wodurch eine Annahme hinsichtlich des Ausschüttungsverhaltens gesetzt wird, die ihre theoretische Begründung in der Kapitalmarkttheorie findet.[531] Basierend auf der Theorie zur Irrelevanz der Ausschüttungspolitik und der Kapitalstruktur unter der Annahme vollkommener Kapitalmärkte nach Modigliani/Miller[532] wird für die Berücksichtigung des Risikos in den DCF-Bewertungskalkülen auf das im Folgenden dargestellte kapitalmarktorientierte Gleichgewichtsmodell des CAPM zurückgegriffen.[533] Das CAPM soll in diesem Kontext die Renditeforderung der Eigenkapitalgeber erklären und das operative bzw. leistungswirtschaftliche Risiko berücksichtigen.[534] Das finanzwirtschaftliche Kapitalstrukturrisiko, welches den Zusammenhang von Fremdfinanzierung und dem daraus resultierenden Risiko für Eigenkapitalgeber berücksichtigt,[535] wird hingegen durch die Reaktionshypothesen von Modigliani/Miller in einem neoklassischen Modellrahmen[536] erfasst.[537] Die Diskontierung der Cashflows erfolgt dann mit den kapitalmarktorientierten Kapitalkosten, wodurch eine implizite Alternativanlage in das (effiziente) Marktportfolio unterstellt wird.[538] Dieses Opportunitätskostenkonzept ist dabei diametral zur entscheidungsorientierten Erfassung der Alternativinvestition, wie auch Dirrigl zutreffend formuliert:

„Kapitalkosten, die auf der Basis finanzierungstheoretischer Gleichgewichtsmodelle bestimmt werden, können jedoch per Definition nicht den Anteil der Opportunitätskosten enthalten, der sich durch den Verzicht auf ein explizites, „vorteilhaftes" Alternativobjekt ergeben könnte." [539]

---

530 Vgl. Dirrigl (2009), S. B 24. Dies impliziert, dass eine Fremdkapitalaufnahme die Ausschüttungen c.p. erhöht, wodurch die steuerliche Belastung auf Anteilseignerebene erhöht wird. Für eine Tilgung von Fremdkapital hingegen gilt gleiches vice versa. Vgl. Husmann/Kruschwitz/Löffler (2002), S. 33.

531 Vgl. Braun (2005), S. 146 ff. m.w.N.

532 Vgl. Modigliani/Miller (1958), S. 261 ff.

533 Die Verbindung des Modigliani/Miller-Theorems und des CAPM bezeichnet Schumann (2008), S. 33 ff. im Hinblick auf die Präferenzen des Bewertungssubjektes, dem Planungshorizont und der Steuerberücksichtigung als inkompatibel. Zu dieser Erkenntnis gelangt auch Matschke/Brösel (2007), S. 686.

534 Vgl. hierzu Maier (2001), S. 300 f.

535 Vgl. Dreher (2010), S. 129.

536 Siehe hierzu Kapitel 7.1.1.

537 Vgl. grundlegend zunächst Modigliani/Miller (1958), S. 261 ff. sowie zur Erweiterung des Modells um einen pauschalen Steuersatz, vgl. Modigliani/Miller (1963), S. 433 ff. Für eine Analyse dieser Erweiterung, insbesondere dahingehend, dass eine derartige Steuerberücksichtigung nur im Rentenmodell gültig ist, vgl. Inselbag/Kaufbold (1997), S. 114. Die Eigenkapitalkosten bei unsicheren Tax-Shields und wertorientierter Verschuldungspolitik können gem. Miles/Ezzell bestimmt werden, vgl. Miles/Ezzell (1980), S.722 ff.

538 Vgl. Dreher (2010), S. 119 m.w.N.

539 Dirrigl (2009) S. B 25.

4.3.2 Kapitalmarktorientierte Risikoberücksichtigung

4.3.2.1 Risikozuschlagsmethode und CAPM

Alternativ zur Berücksichtigung des Risikos in der Erfolgsgröße wird im Schrifttum eine Risikoadjustierung des Zählers propagiert. Der Zähler entspricht bei diesem Konzept zur Risikoberücksichtigung der Erfolgsgröße, die ein risikoneutrales Individuum für seine Entscheidungen heranziehen würde.

$$BW(\tilde{X}_t) = \frac{E(\tilde{X}_t)}{(1 + r_f + r_z)^t} \quad \text{4-20}$$

Neben den Implikationen des Risikozuschlags[540] an sich muss auch die in Praxis und Theorie vorherrschende Ermittlungsmethode des CAPM kritisch betrachtet werden.[541] Basierend auf der Portfolio Selection Theory[542] nach Markowitz greift das CAPM auf das $\mu; \sigma$-Prinzip als Entscheidungsregel zurück,[543] wodurch eine Effizienzkurve risikobehafteter Portefeuilles abgebildet werden kann.[544]

Zur Bestimmung des Risikozuschlags auf Grundlage des CAPM muss neben dem risikolosen Zins auch die Marktrisikoprämie, welche im Rahmen des CAPM-Konzepts dem marktorientierten Risikopreis entspricht, als exogene Variable bestimmt werden.[545] Die Risikomenge wird durch den Betafaktor berücksichtigt,[546] der die Volatilität eines Wertpapiers im Verhältnis zum Marktportfolio misst, indem der Quotient aus Kovarianz der Renditeerwartungen eines Wertpapiers zum Marktportfolio und der Varianz der erwarteten Rendite des Marktportfolios ermittelt wird.

$$r_z = r_f + mrp \times \beta_j \quad \text{4-21}$$

$$mit{:}\ \beta_j = \frac{Cov(r_j; M)}{Var(r_M)} = \frac{\rho_{jM}\sigma_j\sigma_M}{\sigma_M^2} \ und\ mrp = r_M - r_f \quad \text{4-22}$$

540 Vgl. Kapitel 4.5.1.2.

541 Für eine ausführliche Kritik und Analyse des CAPM im Kontext der Unternehmensbewertung, siehe vor allem Dreher (2010), S. 137 ff.

542 Vgl. Markowitz (1952).

543 Vgl. Schneider (1995), S. 129.

544 Dies ist möglich, da die Diversifikationseffekte partiell korrelierter Wertpapiere genutzt werden.

545 Vgl. Schumann (2008), S. 35 f.

546 Durch die Verwendung des Erwartungswertes als Erfolgsgröße wird die explizite Risikostruktur der Erfolgsprognose aus einer Risikosimulation oder Szenarioanalyse nicht beachtet, da der Risikozuschlag (r_z) davon unabhängig ermittelt wird. Für Möglichkeiten der prospektiven Bestimmung von Betafaktoren, vgl. Gebhardt/Ruffing (2014).

Zwar findet das CAPM aufgrund der einfachen Berechnung und der durch den Markt vermeintlich objektivierten Risikoeinstellung in Theorie und Praxis eine herausragende Beachtung,[547] die Kritikpunkte an diesem Konzept werden aber zuweilen ignoriert oder als akzeptabel erachtet.

4.3.2.2 Kapitalmarktorientierte Objektivierung des Risikopreises

Alternativ zum subjektiven Risikoabschlag auf Grundlage der Sicherheitsäquivalentmethode und zur (kapitalmarktorientierten) Risikozuschlagsmethode kann auch ein auf Kapitalmarktdaten basierender Risikoabschlag bestimmt werden.[548] Die kapitalmarktbasierten Sicherheitsäquivalente nutzen die Risikoanalyse der Erfolgsprognose dahingehend, dass die Risikomenge im Verhältnis zum Marktportfolio bestimmt wird, wohingegen der Risikopreis kapitalmarktorientiert abgeleitet wird und somit eine Objektivierung erfahren soll.[549] Anknüpfungspunkt für dieses Vorgehen ist das CAPM und die damit verbundene Prämisse der vollständigen Diversifikation durch das gehaltene Marktportfolio. Als Risikomenge wird bei diesem Konzept die Kovarianz aus dem zukünftig erwarteten Zahlungsüberschuss ($\tilde{X}$) und der Rendite des Marktportfolios herangezogen, wobei die Rendite des Marktportfolios entweder retrospektiv ermittelt oder prospektiv geschätzt werden muss.[550] Der Risikopreis (λ) entspricht dem Risikopreis des Marktportfolios unter der Annahme vollständig diversifizierter Investoren.[551]

$$S\ddot{A}_{\lambda}(X_t) = \mu(X_t) - \lambda \times cov(X_t; r_m)\ mit\ \lambda = \frac{\mu(r_m) - r_f}{\sigma_m^2} \qquad \text{4-23}$$

Die dargestellte Risikoabschlagsmethodik sowie die Verwendung interner Daten aus der Risikoanalyse kann grundsätzlich als positiv erachtet werden, insbesondere wenn ein Informationsvorsprung des Managements gegenüber dem Kapitalmarkt vorliegt.[552] Darüber hinaus ermöglicht das vorgestellte Konzept auch eine kapitalmarktbezogene Risikobewertung für Unternehmen, die nicht kapitalmarktorientiert sind, und es kann eine gewisse Objektivierung der Risikobewertung erkannt werden.

---

547 Vgl. bspw. Ballwieser/Hachmeister (2013), S. 99 ff.

548 Vgl. Dinstuhl (2003), S. 278 ; Dirrigl (2003), S. 150 ff.; Henselmann/Kniest (2010), S. 240 ff.

549 Vgl. Gleißner/Wolfrum (2008), S. 603.

550 Siehe zu einer ausführlichen Kritik dieser beiden möglichen Vorgehensweisen im Kontext der kapitalmarktorientierten Sicherheitsäquivalente Alfs (2015), S. 198 f.

551 Vgl. Kruschwitz/Husmann (2012), S. 214.

552 Diese Tatsache dürfte grundsätzlich dem Regelfall entsprechen. Vgl. Gleißner/ Wolfrum (2008), S. 604.

Diesen Vorteilen stehen aber die von den problematischen Annahmen des CAPM überlagerten Implikationen entgegen, da die im folgenden Kapitel angeführten Kritikpunkte hinsichtlich der vollständigen Diversifikation der Investoren, den Informationsasymmetrien zwischen Investoren und Management, die mangelnde Anwendungsmöglichkeit für nicht-börsennotierte Unternehmen sowie die retrospektive Ermittlung der Risikoparameter auch hier Gültigkeit besitzen.

4.3.3 Varianten der DCF-Methodik

Die Varianten der DCF-Methodik können in Abhängigkeit der beabsichtigten Unternehmenswertermittlung differenziert werden, wobei zwischen den Ansätzen zu unterscheiden ist, die den Wert des Eigenkapitals indirekt ermitteln und solchen, die eine direkte Ermittlung des Eigenkapitalwerts ermöglichen. Der APV-, der WACC- und der TCF-Ansatz ermitteln dabei zunächst einen Gesamtunternehmenswert und subtrahieren dann den Marktwert des Fremdkapitals, um den Eigenkapitalwert zu bestimmen. Im Folgenden sollen der APV-, der WACC- und der FTE-Ansatz vorgestellt werden.

4.3.3.1 APV-Ansatz

Eine kapitalmarktorientierte Bewertung auf der Grundlage des Bruttoansatzes, also durch einen zweistufigen Bewertungsprozess, indem zunächst der Marktwert des gesamten Unternehmens und nach Abzug des Fremdkapitals der Marktwert des Eigenkapitals ermittelt wird, kann durch den APV-Ansatz erfolgen. Diesem wird im Schrifttum eine besondere Eignung bei Vorliegen einer autonomen Finanzierungspolitik attestiert,[553] da die Kalkülstruktur des APV-Ansatzes eine explizite Betrachtung der steuerlichen Wertbeiträge, die durch die Finanzierung determiniert werden, ermöglicht.[554] Diese Wertbeiträge resultieren durch die steuerliche Abzugsfähigkeit der Fremdkapitalaufwendungen und umfassen den Kapitalstruktureffekt und den Ausschüttungsdifferenzeffekt[555]. Insgesamt setzt sich das Bewertungskalkül des APV-Ansatzes aus drei Komponenten zusammen,[556] neben dem erwähnten Kapitalstruktur- und Ausschüttungsdifferenzeffekt, werden die bewertungsrelevanten Free-Cashflows für ein fiktiv

553 Vgl. Essler/Kruschwitz/Löffler (2008), S. 106. Für eine Anwendung des APV-Ansatzes bei wertorientierter Finanzierungspolitik, siehe Dreher (2010), S. 217 ff.

554 Siehe zu einer ausführlichen Darstellung der DCF-Verfahren unter Berücksichtigung der steuerlichen Gegebenheiten nach der Unternehmenssteuerreform 2008 im Allgemeinen, Dreher (2010), S. 198 ff. sowie für den APV-Ansatz im Speziellen, Dreher (2010), S. 217 ff.

555 Der Ausschüttungsdifferenzeffekt wird durch die Berücksichtigung der Besteuerung der persönlichen Ebene induziert. Wird hingegen nur die Unternehmensbesteuerung betrachtet, dann entfällt dieser Teil. Vgl. Dinstuhl (2003), S. 112.

556 Drukarczyk/Schüler (2009) beschreiben das Konzept des APV-Ansatzes mit den Worten „Zerlege und bewerte!", Drukarczyk/Schüler (2009), S. 148.

unverschuldetes Unternehmen zur Wertbestimmung herangezogen, die mit den Eigenkapitalkosten eines fiktiv unverschuldeten Unternehmens diskontiert werden.[557] Die Fiktion der vollständigen Eigenfinanzierung wird dann in dem zweiten und dritten Ausdruck der Formel korrigiert, indem die Steuervorteile (Tax Shield) aus der Fremdfinanzierung berücksichtigt werden.[558]

$$UW_0^{APV} = UW_0^{EK(UV)} + WB_0^{FK} + WB_0^{\Delta AS}$$
$$= \sum_{t=1}^{\infty} \frac{FCF_t}{(1+k_{EK}^{UV,S})^t}$$
$$+ \sum_{t=1}^{\infty} \frac{((1-0{,}25)\times S_{GE} + S_K)\times(1-S_{AGS}))\times i \times FK_{t-1}}{(1+i_S)^t} \qquad \text{4-24}$$
$$+ \sum_{t=1}^{\infty} \frac{S_{AGS}\times T_t}{(1+i_S)^t}$$

Die hier gewählte Darstellungsform bezieht sich auf eine ausschließlich autonome Finanzierungspolitik,[559] weshalb die Steuervorteile aus den Aufwendungen für die Fremdfinanzierung sowie deren Tilgung mit dem risikolosen Zinssatz nach Steuern diskontiert werden. In Abhängigkeit der unterstellten Finanzierungspolitik können in dem APV-Kalkül die Diskontierungsfaktoren des Kapitalstruktureffekts und des Ausschüttungsdifferenzeffekts variieren, wobei unterschiedliche Auffassungen im Schrifttum existieren.[560] Als grundsätzliche Problematik bei Anwendung des APV-Ansatzes erweist sich die Ermittlung von Eigenkapitalkosten für ein unverschuldetes Unternehmen,[561] die aus den verschuldeten Eigenkapitalkosten nach Modigliani/Miller ermittelt werden können:[562]

---

557 Dabei wird von einem konstanten leistungswirtschaftlichen Risiko ausgegangen, weshalb die Ermittlung periodenspezifischer Kapitalkosten nicht notwendig ist. Dreher (2010) weist darauf hin, dass die unterstellte Gesetzmäßigkeit realiter nicht zu erwarten ist. Vgl. Dreher (2010), S. 135.

558 Vgl. Drukarczyk/Schüler (2009), S. 155 ff.

559 Eine alternative Darstellungsform bezieht sich auf eine autonome Finanzierungspolitik für die Detailprognosephase und eine wertorientierte Finanzierungspolitik für die Restwertphase. Der Kapitalstruktureffekt wird dann in zwei Komponenten differenziert. Für die Detailprognosephase werden die Steuervorteile aus den Aufwendungen für die Fremdfinanzierung mit dem risikolosen Zinssatz nach Steuern diskontiert. Die in der Restwertphase anfallenden konstanten Steuervorteile aus den Aufwendungen für die Fremdfinanzierung werden aufgrund der Finanzierungsprämisse als unsicher angesehen. Siehe zu diesem Ansatz Kruschwitz/Löffler/Canofield (2007), S. 427 sowie Dreher (2010), S. 220 f.

560 Siehe zu einer ausführlichen Darstellung der Diskussion bzgl. der Diskontierung des Ausschüttungsdifferenzeffekts Dreher (2010), S. 213 ff. m.w.N.

561 Vgl. vor allem Ballwieser/Hachmeister (2013), S. 157, m.w.N.

562 Vgl. Dinstuhl (2003), S. 103; Baetge et al. (2015), S. 415; Dreher (2010), S. 221.

$$k_{EK}^{UV,S} = \frac{k_{EK}^{V,S} + i_S \times \frac{FK_{t-1} - WB_{t-1}^{FK} - WB_{t-1}^{\Delta AS}}{EK_{t-1}}}{1 + \frac{FK_{t-1} - WB_{t-1}^{FK} - WB_{t-1}^{\Delta AS}}{EK_{t-1}}} \quad 4\text{-}25$$

Darüber hinaus kann auch eine Anpassung der auf dem CAPM basierenden Beta-Faktoren vorgeschlagen werden:[563]

$$\beta^U = \frac{\beta^V}{\left[1 + (1 - (1 - 0{,}25) \times S_{GE} + S_K) \times \frac{FK}{EK}\right]} \quad 4\text{-}26$$

Die relevanten Bewertungsparameter für eine Marktpreisabschätzung des Bewertungsobjekts sind der folgenden Tabelle zu entnehmen. Die Erfolgsprognose befindet sich in Anlage 10:

S_{GE}	14%	GL	25,50%
S_K	15%	$,k_{EK}^{UV,S}$	10%
S_{AGS}	25%	i	4%
tsm	19,13%	i_s	3%

Tabelle 34: Bewertungsparameter des Bewertungsobjekts

T	0	1	2	3	4	5 ff.
FCF		1.278,00	618,25	1.616,00	1.259,50	1.437,75
$UW(uv)$	13.567,17	13.645,89	14.392,23	14.215,45	14.377,50	14.377,50
$TS\ FK$		79,61	79,61	83,91	82,84	83,91
$WB\ FK$	2.787,84	2.791,87	2.796,02	2.795,99	2.797,03	2.797,03
$TS\ AS$		0,00	-83,33	20,83	-20,83	0,00
$WB\ AS$	-77,99	-80,33	0,59	-20,23	0,00	0,00
$UW(v)$	16.277,02	16.357,43	17.188,84	16.991,21	17.174,53	17.174,53
EK	10.110,36	10.190,76	10.688,84	10.574,55	10.674,53	10.674,53

Tabelle 35: APV-Marktwert des Bewertungsobjekts

4.3.3.2 WACC-Ansatz

Alternativ zum APV-Ansatz wird im Schrifttum der WACC-Ansatz für die kapitalmarktorientierte Unternehmensbewertung propagiert, wenn die zukünftigen absoluten

[563] Vgl. Dinstuhl (2003), S. 185; Ballwieser/Hachmeister (2013), S. 158; Dreher (2010), S. 222.

Fremdkapitalbestände unsicher sind und somit eine wertorientierte Finanzierungspolitik vorliegt.[564] Der WACC-Ansatz ist dabei, wie auch der APV-Ansatz, den zweistufigen DCF-Bewertungs-verfahren zuzuordnen,[565] die zunächst den Gesamtwert des Unternehmens und darauf aufbauend den Marktwert des Eigenkapitals ermitteln. Der maßgebliche Unterschied zwischen den hier gewählten Darstellungsformen der beiden Konzepte ist in der Berücksichtigung der Steuervorteile aus den Aufwendungen für die Fremdfinanzierung zu sehen, die bei dem WACC-Verfahren in dem Diskontierungszins erfasst werden.[566]

Die eigentliche Erfolgsgröße hingegen entspricht in beiden Konzepten dem Free Cashflow bei fiktiv vollständiger Eigenfinanzierung und der Ausschüttungsdifferenzeffekt wird ebenfalls im Zähler erfasst, wobei sich die Diskontierungsfaktoren auch aufgrund der hier unterstellten divergierenden Finanzierungsprämissen unterscheiden. Wird von dem trivialen Fall einer im Zeitablauf konstanten Kapitalstruktur abstrahiert, so müssen periodenspezifische Diskontierungszinssätze ermittelt werden.[567] Das Bewertungskalkül lässt sich dann wie folgt darstellen:

$$UW_0^{WACC} = \sum_{t=1}^{T} \frac{FCF_t + S_{AGS} \times T_t}{\prod_{n=1}^{t}(1 + WACC_n^{L,S})} \qquad 4\text{-}27$$

Bei einer wertorientierten Finanzierungspolitik ist der unsicheren Entwicklung der Fremdkapitalbestände dahingehend Rechnung zu tragen, dass eine Anpassung der Kapitalkosten auf der Grundlage von Miles/Ezzell erfolgen muss.[568] Ausgangsgröße hierfür sind wiederum die Eigenkapitalkosten eines unverschuldeten Unternehmens.

$$k_{EK,t}^{L,S} = k_{EK}^{UV,S} + \left(k_{EK}^{UV,S} - i_S\right) \times (1 - \frac{((1 - 0{,}25) \times S_{GE} + S_K) \times i_S}{1 + i_S}) \times \frac{FK_{t-1}}{EK_{t-1}} \qquad 4\text{-}28$$

564 Vgl. Kruschwitz/Löffler (2003), S. 701.
565 Grundsätzlich wäre hier noch der Total Cashflow-Ansatz zu nennen, der aber aufgrund seiner geringen theoretischen und praktischen Relevanz hier keine weitere Beachtung erfährt.
566 Für eine Darstellung des Ausschüttungsdifferenzeffekts im Nenner bei Annahme einer autonomen Finanzierungspolitik im WACC-Ansatz, siehe vor allem Dreher (2010), S. 223 f.
567 Vgl. Dreher (2010), S. 135.
568 Vgl. Dreher (2010), S. 224 f.

$$WACC_t^{L,S} = k_{EK,t}^{L,S} \times \frac{EK_{t-1}}{GK_{t-1}} + i_S \times \left((1-0{,}25) \times S_{GE} + S_K\right) \times \frac{FK_{t-1}}{GK_{t-1}} \qquad \text{4-29}$$

Für das Bewertungsobjekt ergibt sich der Marktwert des Eigenkapitals auf Grundlage der WACC-Verfahren wie folgt:

	0	**1**	**2**	**3**	**4**	**5 ff.**
FCF		1.278,00	534,92	1.636,83	1.238,67	1.437,75
$k_{EK}^{v,s}$		11,14%	11,13%	11,17%	11,16%	11,17%
$WACC$		8,35%	8,35%	8,37%	8,37%	8,37%
UW	16.277,02	16.357,43	17.188,84	16.991,21	17.174,53	17.174,53
EK	10.110,36	10.190,76	10.688,84	10.574,55	10.674,53	10.674,53

Tabelle 36: WACC-Marktwert des Bewertungsobjekts

4.3.3.3 FTE-Ansatz

Alternativ zu dem zweistufigen Bewertungsverfahren der zuvor vorgestellten DCF-Bruttomethoden, kann durch den Flow to Equity (FTE)-Ansatz auch eine direkte Bewertung des Eigenkapitals aus der Perspektive des Kapitalmarktes erfolgen.[569] Zu diesem Zweck wird die Erfolgsgröße als Netto-Cashflow (NCF) definiert, der sich als Zahlungsmittelüberschuss nach Befriedigung der finanziellen Ansprüche aller Stakeholder und abzüglich der Investitionen ergibt.[570] Diese Erfolgsgröße wird dann mit einem risikoadjustierten Eigenkapitalkostensatz, unter Berücksichtigung der Verschuldung, diskontiert. Bei einer autonomen Finanzierungspolitik ergeben sich die Eigenkapitalkosten als:[571]

$$k_{EK,t}^{V,S} = k_{EK}^{UV,S} + (k_{EK}^{UV,S} - i_S) \times \frac{FK_{t-1} - WB_{t-1}^{FK} - WB_{t-1}^{\Delta AS}}{EK_{t-1}} \qquad \text{4-30}$$

Und der Marktwert des Eigenkapitals entspricht:

$$UW_0^{FTE} = \sum_{t=1}^{T} \frac{NCF_m}{\prod_{n=1}^{t}(1 + k_{EK,n}^{V,S})} \qquad \text{4-31}$$

---

569 Vgl. Drukarczyk/Schüler (2009), S. 199 ff.

570 Vgl. Dreher (2010), S. 225 f.

571 Bei einer wertorientierten Finanzierungspolitik wären die Eigenkapitalkosten gemäß Formel 4-28 zu bestimmen.

Für das Beispiel ergibt sich der Marktwert des Eigenkapitals auf Grundlage des FTE-Verfahrens wie folgt:

t	0	1	2	3	4	5 ff.
$k_{EK}^{V,S}$		11,14%	11,13%	11,17%	11,16%	11,17%
$NCF\ n. AbgSt$		1.045,42	635,67	1.308,35	1.079,99	1.192,60
EK	10.110,36	10.190,76	10.688,84	10.574,55	10.674,53	10.674,53

Tabelle 37: FTE-Marktwert des Bewertungsobjekts

Aufgrund der Nettokonzeption des FTE-Ansatzes wird im Schrifttum teilweise eine Verwandtschaft zum Ertragswertverfahren vermutet,[572] diese ist aber aufgrund der unterschiedlichen theoretischen Fundamente strikt abzulehnen. Insbesondere die zugrunde liegende Erfolgsprognose und die Annahme hinsichtlich der Alternativanlage sind wesentliche Differenzierungsfaktoren, die eine Verwandtschaft oder gar Äquivalenz der Ansätze als unsachgemäß erscheinen lässt.[573]

4.3.3.4 Peer Group-orientierte Marktpreisabschätzung

Ist das Bewertungsobjekt nicht am Kapitalmarkt gelistet, so liegen zwangsläufig keine Daten für die Ermittlung des Diskontierungszinses im Rahmen der Marktpreisabschätzung vor. Eine in diesem Kontext häufig empfohlene Vorgehensweise ist die Ableitung der bewertungsrelevanten Parameter aus einer Gruppe von vergleichbaren Unternehmen (Peer Group).

	Peer Group
$k_{EK}^{V,S}$	12,00%
$Verschuldungsgrad\ (VG)$	0,33
$k_{EK}^{UV,S}$	9,75%

Tabelle 38: Bewertungsparameter der Peer Group

Damit aus den beobachtbaren (verschuldeten) Eigenkapitalkosten der Peer Group die Eigenkapitalkosten des Bewertungsobjekts abgeleitet werden können, muss eine Bereinigung des finanziellen Risikos gemäß der folgenden Formel erfolgen.

572 Vgl. Drukarczyk/Schüler (2009), S. 198 ff.
573 Vgl. Dirrigl (2009), S. B 6 f.; S. B 23.

$$k_{EK-Peer}^{UV,S} = \sum_{i=1}^{n} \frac{k_{EK,i}^{V,S} - i_S \times \frac{FK}{EK_i}}{\left[1 + \frac{FK}{EK_i}\right]} \times \frac{1}{n} \qquad 4\text{-}32$$

Für die n Unternehmen umfassende Peer Group wird der Durchschnitt der um die spezifische Verschuldung bereinigten unverschuldeten Eigenkapitalkosten ermittelt, sodass das durchschnittliche leistungswirtschaftliche Risiko ermittelt ist. Die unverschuldeten Eigenkapitalkosten gemäß Modigliani/Miller werden dann als Grundlage für die Ermittlung der verschuldeten Eigenkapitalkosten des Bewertungsobjekts herangezogen. Für einen Verschuldungsgrad von 72,52 Prozent in t_0 resultieren somit verschuldete Eigenkapitalkosten des Bewertungsobjekts i.H.v. 10,76 Prozent.[574] Die Veränderung der verschuldeten Eigenkapitalkosten auf Grundlage der Peer Group führt somit auch zu anderen Marktpreisabschätzungen, da aufgrund des geringeren leistungswirtschaftlichen Risikos der Peer Group im Verhältnis zu den Annahmen des Bewertungsobjekts der Diskontierungszins sinkt und somit der Marktwert steigt.

t	0	1	2	3	4	5 ff.
$k_{EK}^{V,S}$		10,76%	10,75%	10,80%	10,79%	10,80%
$NCF\ n.AbgSt$		1.045,42	635,67	1.308,35	1.079,99	1.192,60
EK	10.475,39	10.557,47	11.057,19	10.942,83	11.043,19	11.043,19

Tabelle 39: Peer Group-orientierte Marktpreisabschätzung des Bewertungsobjekts

4.3.4 Plausibilisierung von DCF-Marktwerten

Die vergleichsorientierte Bewertung durch sog. Multiplikatoren stellt neben den DCF-Verfahren eine weitere Möglichkeit der kapitalmarktorientierten Bewertung dar, deren Intention statt einer fundamentalen Unternehmenswertbestimmung eher die Erklärung von Preisen auf dem Kapitalmarkt oder bei Transaktionen begründet. Dabei wird die Logik verfolgt, dass vergleichbare Unternehmen die gleiche oder zumindest ähnliche Relation von bestimmten Kennzahlen zu den Preisen für die Anteile am Kapitalmarkt oder bei Transaktionen aufweisen.[575] Das grundlegende Vorgehen bei der Multiplikatorbewertung entspricht der folgenden Abbildung:[576]

574 Vgl. Anlage 10.

575 Vgl. Coenenberg/Schultze (2002a), S. 697.

576 In Anlehnung an Dreher (2010), S. 153 m.w.N.

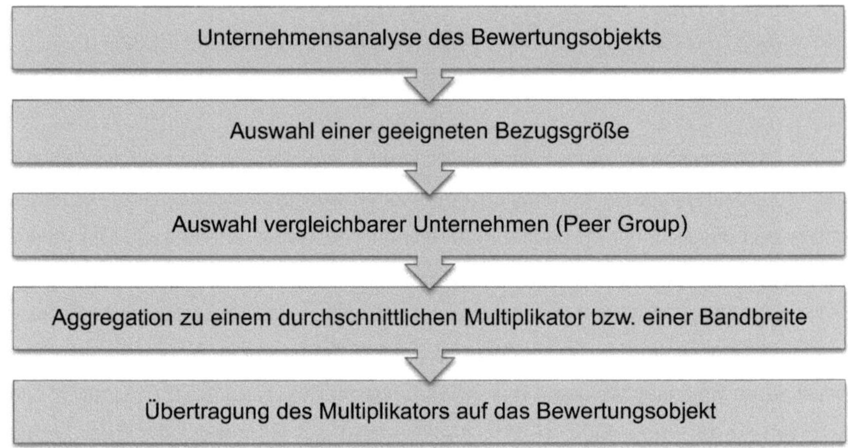

Abbildung 16: Verfahren der Multiplikatorbewertung

Die Unternehmensanalyse des Bewertungsobjekts stellt die Grundlage für die Identifikation geeigneter Bezugsgrößen und vergleichbarer Unternehmen dar. Bei der Auswahl der Bezugsgröße ist zwischen Entity (Brutto) und Equity (Netto) zu differenzieren, wobei sich Erstgenannte auf Kennzahlen beziehen, die auch die Ansprüche der Fremdkapitalgeber berücksichtigen,[577] während für den Equity-Ansatz nur Erfolgsgrößen in Betracht kommen, die ausschließlich den Eigenkapitalgebern zustehen.[578]

Als grundlegende Kritik an diesem Vorgehen ist zunächst die Problematik der Identifizierung vergleichbarer Unternehmen (Peer Group) zu nennen,[579] die insbesondere identische Annahmen hinsichtlich der zukünftigen Entwicklung umfasst. Darüber hinaus scheint es nicht nur theoretisch fraglich, wie und warum eine relative Analogie zwischen retrospektiven bzw. eine Periode umfassende Prognosen von Kennzahlen und prospektiven Unternehmenswerten existiert, weshalb diese Methode keine überzeugende theoretische Fundierung aufweist.[580] Befürworter der vergleichsorientierten Bewertungsverfahren verweisen hingegen auf die einfache Anwendung dieser in der

577 Hier kommen insbesondere Umsatz, EBITDA, EBDIT und EBIT in Betracht

578 Dabei wird zumeist Gewinn, Cashflow oder auch das bilanzielle Eigenkapital herangezogen.

579 Bei der Ermittlung der Peer Group wird die Branchenzugehörigkeit häufig als wichtigstes Merkmal angeführt, vgl. Wagner (2005), S. 14. Freiburg/Timmreck (2004) bezweifeln hingegen eine Relevanz der Branchenzugehörigkeit, wenn eine Vergleichbarkeit der fundamentalen Werttreiber gegeben ist, vgl. Freiburg/Timmreck (2004) S. 387.

580 Vgl. Peemöller/Meister/Beckmann (2002), S: 208; Barthel (2007), S. 669 sowie grundsätzlich zu dem Zusammenhang der DCF-Methodik und der Multiplikatormethode Dreher (2010), S. 161 ff.

Praxis als populär zu klassifizierenden Methode, die eine objektive Plausibilitätskontrolle der kapitalmarktorientierten Bewertungsergebnisse ermöglicht.[581] Grundsätzlich kann konstatiert werden, dass die vergleichsorientierten Bewertungsverfahren eine einfache Möglichkeit darstellen, erste Preisabschätzungen vorzunehmen. Diese „Daumenregel“[582] kann aber keineswegs eine fundierte Unternehmensbewertung ersetzen, sodass die Ergebnisse stets mit Vorsicht interpretiert werden sollten.[583]

4.4 Residualgewinnorientierte Unternehmensbewertung

Die Unternehmensbewertung anhand von Residualgewinnen entspricht „algebraischer Umformulierungen“[584] der zahlungsstrombezogenen Bewertungsansätze, weshalb sich eine Ergebnisidentität zwischen diesen Konzepten problemlos herstellen lässt.[585] Darüber hinaus werden der residualgewinnorientierten Unternehmensbewertung Vorteile gegenüber den bisher dargestellten Bewertungskalkülen attestiert, die insbesondere in einer erhöhten Transparenz[586] bei der Ermittlung des Restwertes sowie einem geringeren Anteil des Restwertes am ermittelten Unternehmenswert gesehen werden.[587] Des Weiteren wird den Residualgewinnen auch ein besonderes Potential für die Integration von externem und internem Rechnungswesen bescheinigt,[588] da die Informationen des externen Rechnungswesens die Grundlage für die Ermittlung von Residualgewinnen liefern kann.[589] Auch wenn die angeführten vermeintlichen Vorteile einer weiterführenden Analyse nur bedingt standhalten,[590] so ist die Praxisrelevanz von Residualgewinnen insbesondere für die Performancemessung unbestritten.

---

581 Siehe für eine ausführliche Würdigung der aufgezeigten „Vorteile“ insbesondere Dreher (2010), S. 161 ff.

582 Schwetzler (2003), S. 79.

583 Vgl. Wagner (2005), S. 7; Dreher (2010), S. 161.

584 Prokop (2004), S. 192.

585 Vgl. unter Berücksichtigung des bis 2008 geltenden Halbeinkünfteverfahrens Schumann (2005).

586 Vgl. Prokop (2004), S. 192. Kritisch hingegen Schumann (2005), der berechtigterweise darauf verweist, dass der wertbestimmende Einfluss der Fremdfinanzierung und Ausschüttungspolitik unter der Berücksichtigung von Steuern nicht deutlich wird, wodurch eine höhere Transparenz des Bewertungsergebnisses nicht gegeben ist. Vgl. Schumann (2005), S. 29.

587 Vgl. Schultze (2003), S 460 ff. Hingegen erkennt Schumann (2005): „Der prozentuale Anteil des Barwertes der Residualgewinne am Gesamtunternehmenswert zeichnet sich durch eine starke Abhängigkeit von der absoluten Höhe der eingesetzten Kapitalbasis aus.“ Schumann (2005), S. 29. Dieser Zusammenhang gilt auch für die Restwertphase, vgl. Schumann (2005), S. 29 f.

588 Vgl. Coenenberg/Schultze (2002b), S. 606 ff.; Schultze (2003), S. 462.

589 Hierzu kritisch insbesondere Dirrigl (1998b), S. 567 ff. sowie im Kontext eines Rahmenkonzepts zum Value Reporting Dirrigl (2008), S. 81 ff.

590 Vgl. hierzu ausführlich Schumann (2005), S. 27 ff.

Grundsätzlich kann eine Bewertung auf der Grundlage von Residualgewinnen als Brutto- oder Nettoverfahren konzipiert werden und sowohl eine Risikoberücksichtigung im Zähler als auch im Nenner des Bewertungskalküls ermöglichen.

	Bruttoverfahren	Nettoverfahren
Risikozuschlag (CAPM)	$UW_0 = GK_0^{BW} + \sum_{t=1}^{\infty} \frac{NOPAT_t - WACC_t \times GK_{t-1}^{BW}}{(1 + WACC_t)^t}$	$EK_0 = EK_0^{BW} + \sum_{t=1}^{\infty} \frac{G_t - k_{EK,t}^{V,S} \times EK_{t-1}^{BW}}{(1 + k_{EK,t}^{V,S})^t}$
Risikoabschlag (SÄ)	$UW_0 = GK_0^{BW} + \sum_{t=1}^{\infty} \frac{(SÄ(G)_t + ZA_t) - i_s \times EK_{t-1}^{BW} - r_{FK} \times FK_{t-1}^{BW}}{(1 + i_s)^t}$	$EK_0 = EK_0^{BW} + \sum_{t=1}^{\infty} \frac{SÄ(G)_t - i_s \times EK_{t-1}^{BW}}{(1 + i_s)^t}$

Abbildung 17: Konzepte der residualgewinnorientierten Unternehmensbewertung

Der Barwert der Residualgewinne entspricht dem Kapitalwert des Unternehmens und der Unternehmenswert wird durch die Addition der Kapitalbasis bestimmt.[591] Bei einem Vergleich des Standard-Ertragswertes und dem residualgewinnorientierten Unternehmenswertes auf Basis des Risikoabschlags wird deutlich, dass sich ein signifikant geringerer Anteil der Restwertphase am Unternehmenswert bei dem residualgewinnorientierten Bewertungsverfahren ergibt.[592] Hingegen muss die starke Abhängigkeit des Restwertes von der Höhe des Kapitaleinsatzes sowie die Frage der grundsätzlichen Eignung des rechnungslegungsorientierten Kapitaleinsatzes als problematisch erachtet werden.[593]

4.5 Implikationen der Risikoberücksichtigung im Kontext der Unternehmensbewertung

Aufbauend auf den Darstellungen und Analysen zu den Konzepten der Risikomessung und -bewertung soll weitergehend eine Betrachtung des Risikos im Kontext der Unternehmensbewertung erfolgen und die damit verbundenen Auswirkungen auf die Entscheidungsfindung im strategischen Management sowie bei der Bemessung der variablen Vergütungsbestandteile betrachtet werden. Ausgehend von den Risikokonzepten, die im Kontext der Unternehmensbewertung Anwendung finden, kann die kapitalmarktorientierte und die individualistische Risikoberücksichtigung differenziert werden. Diese als diametral zu klassifizierenden Risikokonzepte liegen den DCF-orientierten

591 Wie Coenenberg (1981) in diesem Kontext zutreffend erläutert, ist der „Unternehmenswert […] nichts anderes als ein Kapitalwert vor Berücksichtigung der Investitionsausgabe." Coenenberg (1981), S. 226.

592 Siehe hierzu Anlage 3.

593 Vgl. Schumann (2005), S, 27 ff.

bzw. ertragswertorientierten Konzepten zur Unternehmensbewertung zugrunde, wodurch sich unweigerlich die Frage ergibt, für welche dieser Konzepte welche Implikationen im skizzierten Kontext inhärent sind. Die grundsätzliche Identifikation des Risikos und das damit einhergehende Risikoverständnis können als notwendige Bedingung für ein adäquates Risikomanagement erachtet werden. Für die weitere Analyse erfolgt eine Differenzierung des leistungswirtschaftlichen und des finanziellen Risikos.

4.5.1 Berücksichtigung des leistungswirtschaftlichen Risikos

4.5.1.1 Risikodefinition

Das leistungswirtschaftliche Risiko umfasst die mit dem jeweiligen Geschäftsmodell einhergehende Unsicherheit der zukünftigen Geschäftsentwicklung und die damit verbundenen Auswirkungen auf die Ein- und Auszahlungen. Die Bewertung des Risikos der Geschäftstätigkeit basiert dabei auf zwei Einflussfaktoren, der Risikomenge, die durch statistische Streuungsparameter quantifiziert wird, und einem darauf bezogenen Risikopreis für eine Einheit dieser Menge.[594] Für die Bestimmung der Risikomenge und des Risikopreises kommen dabei jeweils unterschiedliche Konzepte in Betracht,[595] wodurch fundamental unterschiedliche Risikodefinitionen zum Ausdruck kommen. Die Risikomenge kann entweder prospektiv auf Grundlage der Unternehmensplanung oder diametral dazu, retrospektiv-kapitalmarktorientiert[596] auf Grundlage des aus dem CAPM abgeleiteten Beta-Faktors ermittelt werden. Für die Festlegung des Risikopreises bieten sich dann wiederum zwei alternative Vorgehensweisen an, die kapitalmarktorientierte Preisfindung und die individualistische Bepreisung der Risikomenge.

Auch die Konzepte zur Risikoberücksichtigung im Bewertungskalkül, differenziert hinsichtlich der Art der Risikoberücksichtigung als Risikoabschlag oder -zuschlag, sollen im Folgenden weitergehend analysiert werden. Dabei wird die Annahme der Risikoaversion getroffen, welche grundsätzlich als „vernünftige Verhaltensweise“ charakterisiert werden kann.[597]

---

594 Vgl. Alfs (2015), S: 149 ff.

595 Für eine Übersicht zur Risikoabbildung und -bewertung in der Rechtsprechung zur Unternehmensbewertung, vgl. Hachmeister/Ruthardt (2014).

596 Eine prospektive Ermittlung der Risikomenge auf der Grundlage von Analysteninformationen schlagen bspw. Daske/Gebhardt/Klein (2006) vor. Zur prospektiven Bestimmung von Beta-Faktoren, vgl. Gebhardt/Ruffing (2014).

597 Vgl. Schneider (1995), S. 114.

		Risikomenge	
		Kapitalmarkt-orientiert	Planungs-orientiert
Risiko-preis	Kapitalmarkt-orientiert	CAPM	λ-Methodik
	Individua-listisch	-	Sicherheitsäquivalent

Abbildung 18: Konzepte der Risikobewertung

Im Rahmen des Individualansatzes wird die Unsicherheit durch die Abbildung der ausgewerteten Informationen in den einzelnen Werttreibern der Unternehmensplanung berücksichtigt, sodass auf Grundlage der Szenarioanalyse oder Risikosimulation statistische Lagemaße und Streuungsparameter ermittelt werden können. Die prospektive Sichtweise ist charakteristisch für die hier als Individualansatz der Risikoberücksichtigung aufgezeigte Methodik, wobei retrospektive Informationen ausschließlich als Informationsquelle bzw. Indikator für zukünftige Entwicklungen fungieren können. Die Risikopositionen der einzelnen Geschäftsbereiche können im Konzernverbund kompensatorisch mit anderen Geschäftsbereichen wirken, wodurch Diversifikationseffekte ermöglicht werden, die in Abhängigkeit der strategischen Optimierungsausrichtung und konkreten Portfoliokonfiguration mehr oder weniger stark ausgeprägt sind.[598]

Die Unsicherheit über die zukünftigen wirtschaftlichen Entwicklungen soll in dem kapitalmarktorientierten Konzept auf Grundlage des CAPM erfasst werden, indem vergangenheitsorientierte Schwankungen eines Wertpapiers am Kapitalmarkt im Verhältnis zu den Schwankungen des Marktportfolios betrachtet werden.[599] Das dabei inhärente Risikoverständnis bezieht sich auf einen Investor mit Veräußerungsabsicht, da nur mit einer derartigen unmittelbaren Absicht kurzfristige Preisschwankungen und nicht langfristige Erfolgspotentiale von maßgeblichem Interesse werden. Aufgrund der retrospektiven Ermittlung des Risikos im Kontext des CAPM wird die Annahme getroffen, dass eine Interpolation des Schwankungsrisikos eines Wertpapiers stets möglich ist. Bei der Risikobetrachtung wird unterstellt, dass der Investor vollständig diversifiziert ist. Das derartig bestimmte relative systematische Risiko, also dem nicht am Kapital-

598 Siehe hierzu auch Kapitel 2.2.1.

599 Vgl. für eine ausführliche Analyse des CAPM auf Grundlage der Portfoliotheorie vor allem Alfs (2015), S. 104 ff.

markt diversifizierbaren Risiko, eines Wertpapiers impliziert, dass keine Berücksichtigung des unsystematischen Risikos im Rahmen des CAPM erfolgt, welches den Annahmen des CAPM folgend durch das Halten von Anteilen des vollständig diversifizierten Marktportfolios nicht relevant ist.[600]

Wie im vorherigen Abschnitt gezeigt wurde, kann für die Marktpreisabschätzung des Bewertungsobjekts auch auf das Risiko der Peer Group abgestellt werden. Dabei wird die Annahme getroffen, dass das Risiko als statistischer Streuungsparameter der vergangenheitsbezogenen Wertpapierschwankungen von einer Gruppe vergleichbarer Unternehmen für die Risikoberücksichtigung bei dem Bewertungsobjekt eine adäquate Approximation darstellt, was im Regelfall zumindest als fraglich erachtet werden kann.

4.5.1.2 Risikoberücksichtigung im Bewertungskalkül

Die kapitalmarktorientierte Risikoberücksichtigung weist aufgrund der idealtypischen Risikozuschlagskonzeption weitere Implikationen auf, die im Kontext der unternehmens- und kapitalwertorientierten Performancemessung zu analysieren sind. Durch die Erweiterung des Nenners um den Risikozuschlag erfolgt hier nicht mehr nur eine Erfassung der Zeitpräferenz von Individuen bzw. Bewertung der zeitlichen Struktur des Zahlungsstroms (r_f), stattdessen werden beide Komponenten aggregiert und steigen im Zeitablauf durch den Zeitindex exponentiell an.[601] Dies ist für den nicht risikobehafteten Teil des Diskontierungsfaktors aufgrund finanzmathematischer Bedingungen als zweckmäßig zu erachten. Für die risikobehaftete Komponente impliziert dies aber, dass das Risiko im Zeitablauf (exponentiell) ansteigt.[602] Der Barwert der Erfolgsgröße sinkt bei der Risikozuschlag-Methode bereits nach wenigen Perioden stark ab, da sich der Risikoabschlag dem Erwartungswert der Erfolgsgröße asymptotisch annähert.[603] Die damit unterstellte Gesetzmäßigkeit des Risikoanstiegs im Zeitablauf, häufig gerechtfertigt mit der zunehmenden Planungsunsicherheit, sollte aber vielmehr, anstelle dieser pauschalen Annahme, explizit im Kontext der Stochastifizierung der Erfolgsprognose berücksichtigt werden.

[600] Vgl. hierzu etwa Dreher (2010), S. 138 ff. m.w.N.
[601] Vgl. Hebertinger/Schabel/Velthuis (2005), S. 162; Knoll/Kruschwitz/Löffler (2015), S. 14 ff.
[602] Siehe zu einer formalen Darstellung des Risikoabschlags auf Basis der Risikozuschlag-Methode Knoll (2012), S. 11 ff.
[603] Siehe für den Beweis mittels einer Beispielrechnung Alfs (2015), S. 202 f. Sowie für einen ausführlichen Vergleich von Risikozuschlag-Methode und Sicherheitsäquivalentmethode auf Grundlage von Beispielrechnungen Alfs (2015) 205 ff.

4.5.1.3 Implikationen der Risikokonzepte

Die Annahme einer vollständigen Diversifikation der unsystematischen Risiken aus der Investorperspektive ist immer dann nicht zutreffend, wenn nicht das gesamte Marktportfolio gehalten wird oder diese Vorgehensweise, bspw. aufgrund fehlender Börsennotierung, technisch gar nicht erst möglich ist. Das Halten des vollständigen Marktportfolios und die Börsennotierung dürften bei einer Investitionsentscheidung eines Konzerns und insbesondere auf Geschäftsfeldebene als kumulativ nicht erfüllt erachtet werden. Umso verwunderlicher erscheint es, diese konzeptionelle Herangehensweise zur Risikoberücksichtigung auch für weitere Zwecke der Performancemessung und Unternehmenssteuerung zu verwenden, da lediglich die systematischen Risiken in die Bewertung eingehen, wodurch eine Reduktion und Unterbewertung des Risikos erfolgt,[604] was wiederum einen Überinvestitionsanreiz induzieren kann. Mit der Abstraktion von Informationsasymmetrien zwischen Investoren und Management, die mangelnde Anwendungsmöglichkeit für nicht börsennotierte Unternehmen, die Annahmen bezüglich der Eigenschaften von Individuen und Markt sowie die retrospektive Ermittlung und Charakteristika der Risikoparameter[605] kann eine Vielzahl an Kritikpunkten angeführt werden, die eine Eignung des CAPM für Zwecke der Risikoberücksichtigung auf realwirtschaftlicher Ebene zweifelhaft erscheinen lassen.

Die exponentielle Risikoberücksichtigung kann aufgrund der pauschal steigenden Abschläge einen Unterinvestitionsanreiz induzieren, sodass eine Auswahl von Projekten erfolgt, deren Erfolgsprofil insbesondere in frühen Phasen des Lebenszyklus hohe Rückflüsse erwarten lassen, während Projekte, die erst in späteren Perioden Erfolge generieren, nicht realisiert werden könnten. Dieser Zusammenhang forciert das Problem der im Rahmen der Finanzkrise thematisierten kurzfristigen Gewinnoptimierung, wodurch die vom Gesetzgeber geforderte Berücksichtigung einer nachhaltigen Unternehmensführung im Rahmen der Vergütung konterkariert werden kann.

---

[604] Für eine ausführliche Kritik und Analyse des CAPM im Kontext der Unternehmensbewertung, siehe vor allem Dreher (2010), S. 137 ff.

[605] Zu diesem Vorgehen zutreffend Schneider (1998), S. 1478 „[d]er Glaube, aus arithmetischen Mitteln früherer Börsenrenditen und deren Streuungen ließen sich für die Zukunft verlässliche Risikozuschläge zum gegenwärtigen risikolosen Zinssatz rechtfertigen, ist ein Aberglaube; denn hier wird unterstellt, aus Nichtwissen über Gesetzmäßigkeiten, die Vergangenes und Künftiges ursächlich verbinden, könne Wissen über Künftiges entstehen, das auch noch den strengen mathematischen Anforderungen der Zufallsabhängigkeit genügt und zudem von allen Marktteilnehmern rational und gleichartig erwartet wird."

Für die Forschungsfragen dieser Arbeit muss konstatiert werden, dass die Risikoanalyse und -bewertung für Zwecke der unternehmenswertorientierten Steuerung und Vergütungsbemessung mit dem Konzept des Risikozuschlags, insbesondere auf Grundlage des CAPM, als inadäquat erachtet werden muss. Die transparente und differenzierte Berücksichtigung von Risikomenge und Zeitpräferenz kann hingegen als zweckmäßig erachtet werden, wobei Divergenzen hinsichtlich der Zeitpräferenz von Eigentümern und Management resultieren können, was bei der Konzeption von Anreizsystemen bedacht werden muss.

4.5.2 (IR-)Relevanz von Kapitalstruktur und Steuern

4.5.2.1 Theoretische Grundlagen

Neben dem leistungswirtschaftlichen Risiko wird im Schrifttum auch die Wertrelevanz der Finanzierungsstruktur thematisiert, wobei zwischen dem Finanzierungs- bzw. Kapitalstrukturrisiko und den wertbedingten Konsequenzen aus der unterschiedlichen Besteuerung der Finanzierungsarten für die Unternehmensbewertung unterschieden werden muss. Als Finanzierungs- bzw. Kapitalstrukturrisiko wird dabei grundsätzlich die Risikoposition der Kapitalgeber in Abhängigkeit des Verschuldungsgrades angesehen.[606] Die unterschiedlichen Konzepte zur Erfassung des Zusammenhangs von Finanzierungsstruktur und Risikoposition implizieren unterschiedliche Hypothesen hinsichtlich der Kausalwirkung von zusätzlicher bzw. Eigenkapital substituierender Fremdfinanzierung und der „Reaktion“ der Kapitalkosten. Der Finanzierung eines Unternehmens wird in Abhängigkeit der betrachteten Konzepte eine (Ir-)Relevanz für den Gesamtwert eines Unternehmens attestiert, die dementsprechend auch Implikationen für die Anreizwirkung von unternehmenswertorientierten Vergütungssystemen begründet. Grundsätzlich sind zwei Dimensionen der Wertrelevanz von Finanzierungsentscheidungen identifizierbar. Zum einen die aus der fehlenden steuerlichen Abzugsfähigkeit des Eigenkapitals resultierenden Steuervorteile der Fremdfinanzierung (Tax Shield) und zum anderen, die aus den unterschiedlichen Renditeansprüchen der Fremd- und Eigenkapitalgeber resultierenden Werteffekte.

Die klassische Theorie zum Einfluss des Verschuldungsgrades auf den Marktwert eines Unternehmens geht insbesondere auf Solomon zurück.[607] Ausgangspunkt der Be-

---

606 Vgl. Schneider (1992), S. 547.

607 Vgl. für einen Überblick weitere theoretischer Ansätze zum Optimum des Verschuldungsgrades und Einfluss auf den Unternehmenswert bspw. Chen/Kim (1979), S. 371 ff.

trachtung ist dabei ein zunächst ausschließlich mit Eigenkapital finanziertes Unternehmen, das seinen Verschuldungsgrad durch Substitutionsfinanzierungen sukzessive erhöht.[608] Die Aufnahme von Fremdkapital verursacht bis zu einer bestimmten Grenze des Verschuldungsgrades keine Reaktion der Kapitalgeber, wodurch der Unternehmenswert aufgrund der unter den Eigenkapitalkosten liegenden Fremdkapitalkosten kontinuierlich ansteigt.[609] Überschreitet der Verschuldungsgrad eine definierte Grenze, die grundsätzlich für Fremd- und Eigenkapitalgeber unterschiedlich sein kann, so erfolgt eine Reaktion dahingehend, dass die Kapitalgeber ein zusätzliches Insolvenzrisiko empfinden und die Renditeforderung ansteigt. Begründet ist der Anstieg der Eigenkapitalzinsen mit der Veränderung der Risikoposition des Investors bzw. der Risikoklasse des Investments, die eine höhere Alternativrendite für ein vergleichbares Investment impliziert und somit einer weiteren Unternehmenswertsteigerung entgegenwirkt.[610] In Abhängigkeit des unterstellten Verlaufs der Reaktionshypothesen der Kapitalgeber sowie des Niveaus der Fremd- und Eigenkapitalzinsen nimmt der Marktwert eines Unternehmens mit einem bestimmten Verschuldungsgrad wieder ab, nämlich dann, wenn die Grenzrendite zusätzlicher Fremdkapitalaufnahme, unter Beachtung der Reaktionshypothesen, negativ wird. Demzufolge kann ein optimaler Verschuldungsgrad ermittelt werden, bei dem der Marktwert des Unternehmens maximiert wird. Dieser ist genau dann erreicht, wenn die Grenzrendite der zusätzlichen Fremdkapitalaufnahme null ist. Zusammenfassend lässt sich konstatieren, dass der im klassischen Modell dargestellte Einfluss des Verschuldungsgrades auf den Marktwert eines Unternehmens auf die Differenz aus Eigen- und Fremdkapitalkosten zurückzuführen ist, wobei das Ausmaß der optimalen Fremdfinanzierung von den Reaktionshypothesen der Kapitalgeber und steuerlichen Bedingungen determiniert wird.

4.5.2.2 Entscheidungsorientierte Berücksichtigung der Finanzierung

4.5.2.2.1 Finanzierungsplanung

Wird im Rahmen der strategischen Planung für einen bestimmten Zeitpunkt oder durch etwaige (operative) Planungsrevisionen ein Kapitalbedarf identifiziert, so kann dies entweder durch die Aufnahme von Beteiligungs- oder Fremdkapital erfolgen. Welche Form der Finanzierung gewählt wird, hängt von den zur Verfügung stehenden Finan-

608 Vgl. Solomon (1963), S. 92 ff.

609 Für ein intuitives Rechenbeispiel vgl. Schneider (1992), S. 550 f., der aber von konstanten Fremdkapitalzinsen ausgeht.

610 Dieser Zusammenhang ist empirisch nicht kausal identifizierbar. Siehe zum „Rendite-Risiko-Paradoxon“ Kapitel 7.1.1.1.

zierungsalternativen eines Unternehmens ab, aus denen dann die beste unter Beachtung der verfolgten Zielsetzung ausgewählt wird. Besteht ein zusätzlicher Finanzierungsbedarf, so kommt zunächst die Fremdfinanzierung in Betracht, die durch die tatsächlichen Fremdfinanzierungsmöglichkeiten bspw. auf dem Kapitalmarkt oder durch Finanzinstitutionen determiniert werden. Fraglich ist somit für ein Unternehmen, ob und zu welchen Bedingungen es sich, in Abhängigkeit des gegebenen Verschuldungsgrades, zusätzlich verschulden kann. Entgegen der Annahme konstanter Fremdkapitalkosten sollen im Folgenden vier Klassen von potentiellen Fremdfinanzierungsbedingungen differenziert werden.

$$r_{FK} = \begin{cases} i_{RL} + 0{,}5\%\ für\ FKQ \leq a \\ (i_{RL} + 0{,}5\%) \times (1 + FKQ \times 0{,}5)\ für\ a < FKQ \leq b \\ (i_{RL} + 0{,}5\%) \times (1 + FKQ \times 1)\ für\ b < FKQ \leq c \\ (i_{RL} + 0{,}5\%) \times (1 + FKQ \times 1{,}5) für\ c < FKQ \leq d \end{cases} \quad 4\text{-}33$$

Die voranstehende Gleichung soll die Grundstruktur der Fremdfinanzierungskonditionen für die weitere Analyse abbilden, bei der von einem unverschuldeten Unternehmen ausgegangen wird. Bis zu einem bestimmten Wert a des Verschuldungsgrades besteht kein Insolvenzrisiko für die Fremdkapitalgeber und die geforderten Fremdkapitalkosten entsprechen dem risikolosen Zinssatz zzgl. den Transaktionskosten i.H.v. 0,5 Prozent. Übersteigt der Verschuldungsgrad diese Grenze a, so nehmen die Fremdkapitalgeber ein geringes Insolvenzrisiko wahr, wodurch ein unterproportionaler Anstieg der Fremdkapitalkosten im Verhältnis zum Verschuldungsgrad resultieren würde. Ab einem bestimmten Wert b für den Verschuldungsgrad nimmt das Insolvenzrisiko für die Fremdkapitalgeber dann weiter zu, wodurch eine Fremdkapitalrendite gefordert wird, die proportional mit dem Verschuldungsgrad bis zu einem Verschuldungsgrad von c ansteigt. Wird nun auch dieser Wert c überschritten, so kann von einem überproportionalen Anstieg der Fremdkapitalkosten im Verhältnis zum Verschuldungsgrad ausgegangen werden, bis ab einem Wert von d kein weiteres Fremdkapital mehr angeboten wird.

Kapitalengpässe können neben den Investitions- und Substitutionsfinanzierungen auch durch drohende Überschuldung oder Zahlungsunfähigkeit begründet sein. Bei einer Überschuldung kann die Aufnahme von zusätzlichem Eigenkapital die drohende Insolvenz abwenden, wodurch eine Mindesteigenkapitalfinanzierung notwendig wird, die durch das Risiko der Unternehmung aufgrund der leistungswirtschaftlichen Gegebenheiten und den bestehenden Festverzinsungsansprüchen der Fremdkapitalgeber determiniert wird. Auf Grundlage der gegebenen Risiko-Rendite-Erwartung eines Unternehmens entsteht eine zusätzliche Eigenkapitalnachfrage, die durch ein korrespondierendes Eigenkapitalangebot gedeckt werden muss. Ob die Nachfrage und das Angebot dabei synchronisiert werden können, hängt insbesondere von den Einschätzungen der Angebotsseite hinsichtlich zukünftiger Rückflüsse ab, welche aufgrund des Residualanspruchs nicht garantiert werden können.

4.5.2.2.2 Grenzen der Fremdfinanzierung

Für Zwecke der unternehmenswertorientierten Corporate Governance ist die Finanzierung als Einflussfaktor von Investitionsentscheidungen anzusehen, wodurch auch die Interdependenzen „zwischen Finanzierungsbedarf, Finanzierungspotential und Konditionen der Kapitalüberlassung“[611] berücksichtigt werden. Die Grundlage für eine derartige Betrachtungsweise sind dann aber nicht abstrakte modelltheoretische Ergebnisse, sondern vielmehr die tatsächlichen unternehmensindividuellen Finanzierungsmöglichkeiten. Wird die Fremdfinanzierung im Rahmen des (mehrwertigen) integrierten Ergebnisprognosemodells berücksichtigt, so können die Festansprüche der Fremdkapitalgeber als Werttreiber erachtet werden, die somit einen Einfluss auf die Insolvenzprognose des betrachteten Unternehmens haben. Dabei sind die steuerlichen Implikationen sowie die konkreten Finanzierungskonditionen Gegenstand der Betrachtung, weshalb auf eine allgemeingültige Betrachtungsweise hinsichtlich etwaiger Reaktionshypothesen der Kapitalgeber verzichtet werden kann.

Aus der Perspektive eines Unternehmens führt eine vermehrte Finanzierung durch Fremdkapital zu einer gegenwärtigen Einzahlung, die mit der Verpflichtung zukünftiger Auszahlungen verbunden ist. Hat ein Unternehmen zu dem Zeitpunkt t einen Finanzierungsbedarf, so ist insbesondere zu beachten, ob die mit der Aufnahme zusätzlichen Kapitals verbundenen späteren Auszahlungen aus Sicht der Unternehmung garantiert werden können oder die Ertrags- bzw. Zahlungsprognose keinen Spielraum mehr für weitere Festansprüche implizierende Finanzierungsalternativen ermöglicht. Diese Fähigkeit eines Unternehmens wird von der leistungswirtschaftlichen Tragfähigkeit determiniert, weshalb die Fremdfinanzierung an sich das Risiko beinhaltet, dass die damit verbundenen Zahlungen durch die leistungswirtschaftlichen Gegebenheiten

---

[611] Dirrigl (2004b), S. 105.

nicht gedeckt werden können. Die Aufnahme von Eigenkapital beinhaltet aufgrund des Residualanspruchs kein derartiges Risiko und dient als Verlustpuffer für nicht gedeckte Fixkosten. Welche Eigenkapitalausstattung als optimal oder zumindest zweckmäßig erachtet werden kann, hängt von dem Geschäftsmodell und den damit verbundenen Risiken des betrachteten Unternehmens ab. So ist für risikoreiche Unternehmen, gemessen an der Streuung zukünftiger Ertrags- und Einzahlungsüberschussprognosen, c.p. eine höhere Eigenkapitalausstattung notwendig als für Unternehmen mit weniger risikobehafteten Geschäftsmodellen. Grundsätzlich impliziert die Frage der Finanzierung den Trade-Off zwischen Kapitalstrukturhebel (Leverage Effekt) und Insolvenzrisiko, der der zentralen betriebswirtschaftlichen Aufgabe der individuellen Abwägung von Chancen und Risiken entspricht.

Besondere Relevanz besitzen in diesem Kontext Kennzahlen, die das Rating und somit die Finanzierungskonditionen und -möglichkeiten determinieren. Das Rating kann dabei entweder durch die potentiellen Kapitalgeber oder durch spezialisierte Institutionen erfolgen, wobei neben den Kapitalstrukturkennzahlen insbesondere auch erfolgsabhängige Kennzahlen (Zinsdeckungsgrad, Rentabilität) beachtet werden. Die Berücksichtigung und Modellierung der vorliegenden Finanzierungsmöglichkeiten im Rahmen der Unternehmensplanung ist dabei eine nicht triviale Aufgabe des Controlling, insbesondere wenn die möglichen Finanzierungskonditionen nicht nur von vertikalen Finanzierungsregeln abhängen. In praxi sind darüber hinaus Kreditbedingungen in Form von horizontalen Finanzierungsregeln und erfolgs- oder cashflowbezogenen Kennzahlen ebenfalls Gegenstand von Finanzierungsverträgen, deren Nicht-Einhaltung eine Veränderung der Finanzierungskonditionen, Strafzahlungen oder die Beendigung der Finanzierung nach sich ziehen und somit unabdingbar bei der Planung und Risikosimulation berücksichtigt werden müssen.

Für die Abbildung der Finanzierung im Rahmen der Unternehmensplanung bietet sich insbesondere die Risikosimulation an, da hier die gegebenen Bedingungen modelliert und die Abhängigkeitsbeziehungen berücksichtigt werden können. Die Risikosimulation bietet nicht nur die Möglichkeit, die bestehenden Finanzierungskonditionen zu erfassen und ihre Auswirkungen auf den Unternehmenserfolg sowie einen zusätzlichen Kapitalbedarf bzw. -überschuss bei bestehenden Investitionsprogrammen zu identifizieren, darüber hinaus kann auch eine Evaluierung alternativer Finanzierungsstrategien erfolgen und Sensitivitätsanalysen durchgeführt werden. Grundsätzlich sind aus der internen Perspektive bei der Abwägung von Fremdfinanzierungsalternativen zwei Dimensionen zu betrachten, die gemeinsam die Vorteilhaftigkeit determinieren. Neben den Finanzierungskonditionen sind auch die Auswirkungen auf das bewertungsrelevante Risiko von Relevanz. Wird das Risiko als Streuung (Standardabweichung) um den Erwartungswert gemessen oder als negative Abweichung von diesem, so hat eine Erhöhung der Fixkosten durch die Fremdfinanzierung aber keine Auswirkungen auf die Risikomenge, da diese Belastung in allen Szenarien konstant ist.

4.5.2.2.3 Akquisitionsfinanzierung

Die Integration der Akquisition in die erfolgspotential- und amortisationskapitalbezogene Unternehmensplanung bildet die Grundlage für die unternehmens- oder kapitalwertorientierte Performancemessung, wobei die finanzierungsabhängigen Implikationen des Amortisationskapitals berücksichtigt werden müssen. Grundsätzlich können drei unterschiedliche Finanzierungsmöglichkeiten für Erweiterungsinvestitionen bzw. Akquisitionen differenziert werden:

- Eigenkapitalaufnahme
- Fremdkapitalaufnahme
- Desinvestitionen

Wird der Kaufpreis des Akquisitionsobjekts durch eine Eigenkapitalerhöhung finanziert, so kann dies entweder durch eine zusätzliche Einlage der Anteilseigner oder die Thesaurierung von Gewinnen erfolgen. Unabhängig von den Alternativen erhöht sich durch die Akquisition in diesem Fall das eigenfinanzierte Amortisationskapital. Ob dann eine Kapitalwertsteigerung realisiert werden kann, wird durch die korrespondierende Erhöhung der Erfolgspotentiale determiniert. Übersteigt der Barwert der zusätzlichen Sicherheitsäquivalente, unter Berücksichtigung von Verbundbeziehungen, das eigenfinanzierte Amortisationskapital der Akquisition, so erhöht sich der Kapitalwert. Dabei kann eine weitere Differenzierung dahingehend erfolgen, ob die Opportunitätskosten in die vergütungsrelevante Kapitalwertermittlung einbezogen werden, wie im weiteren Verlauf der Arbeit gezeigt wird. Ohne die Berücksichtigung von Opportunitätskosten und einer Diskontierung mit dem risikolosen Zinssatz gilt somit folgende Bedingung für die Steigerung des Kapitalwerts:

$$\sum_{t=0}^{\infty}\frac{SÄ_t^{mit\ KO}}{(1+i_s)^t}-\sum_{t=0}^{\infty}\frac{SÄ_t^{ohne\ KO}}{(1+i_s)^t}-KP_{KO}^{EK}>0 \qquad 4\text{-}34$$

Bei einer ausschließlich mit Fremdkapital finanzierten Akquisition erfolgt naturgemäß keine Erhöhung des eigenfinanzierten Amortisationskapitals und somit sind bei einer eigenkapitalgeberbezogenen Kapitalwertbetrachtung auf Grundlage des Ertragswerts nur die Ausschüttungen der Erfolgspotentiale relevant. Da das eigenfinanzierte Amortisationskapital in diesem Fall konstant bleibt, entspricht die Ertragswertänderung zugleich der Kapitalwertänderung. Die für die Fremdfinanzierung aufzubringenden Kapitaldienste in den folgenden Perioden bilden dann den Referenzmaßstab für die Vorteilhaftigkeit der Akquisition aus interner Perspektive. Hat die zusätzliche Fremdkapitalaufnahme auch Auswirkungen auf die weiteren Finanzierungskonditionen, so müssen diese berücksichtigt werden. Eine Kapitalwertsteigerung erfolgt demnach wenn folgende Bedingung erfüllt ist:

$$\sum_{t=0}^{\infty}\frac{SÄ_t^{mit\ KO}}{(1+i_s)^t}-\sum_{t=0}^{\infty}\frac{SÄ_t^{ohne\ KO}}{(1+i_s)^t}>0 \qquad 4\text{-}35$$

Die Auswirkungen einer veränderten Verschuldung auf die Renditeforderungen der Eigen- und Fremdkapitalgeber sind nicht direkt beobachtbar. Grundsätzlich kann für ein finanzierungsneutrales Steuerrecht die optimale Finanzierung in einer zusätzlichen Fremdkapitalaufnahme gesehen werden, bis der dafür zu zahlende Zinssatz der Grenzrendite des Investitionsprogramms entspricht.[612] Die aus der erhöhten Fremdfinanzierung resultierende Steigerung der Eigenkapitalrendite wird im Schrifttum als „Leverage Effekt“ bezeichnet und durch sinkende Grenzrenditen sowie steigende Fremdkapitalzinsen realiter begrenzt.[613]

Neben der Investition von zusätzlichem Eigen- oder Fremdkapital kann auch die Desinvestition von bestehenden Vermögenswerten oder Bereichen zur Generierung von

612 Vgl. Schneider (1992), S. 546.
613 Vgl. Schneider (1992), S. 547.

Akquisitionskapital in Erwägung gezogen werden.[614] Die Bedingung für eine eigenkapitalgeberbezogene Kapitalwerterhöhung kann dabei durch die folgende Bedingung erfasst werden:[615]

$$\sum_{t=0}^{\infty} \frac{SÄ_t^{mit\ BO}}{(1+i_s)^t} - \sum_{t=0}^{\infty} \frac{SÄ_t^{ohne\ BO}}{(1+i_s)^t} + VKP_{DO}^{EK} > \sum_{t=0}^{\infty} \frac{SÄ_t^{mit\ DO}}{(1+i_s)^t} - \sum_{t=0}^{\infty} \frac{SÄ_t^{ohne\ DO}}{(1+i_s)^t} + KP_{BO}^{EK} \quad \text{4-36}$$

Übersteigt die konzernbezogene Ertragswertsteigerung des Kaufobjekts und der Verkaufserlös des Desinvestitionsobjekts die Summe aus dem Ertragswert des Desinvestitionsobjekts und dem Kaufpreis des Kaufobjekts, so ist diese Substitution vorteilhaft.

4.5.2.2.4 Grenzpreis und Finanzierung des Bewertungsobjekts

Konstituierendes Charakteristikum der Standard-Ertragswertmethode ist die Grenzpreisermittlung im Kontext von transaktionsbezogenen Bewertungsanlässen. Die explizite Betrachtung der Fremdfinanzierungsauswirkungen bei der Grenzpreisermittlung auf Grundlage des Standard-Ertragswertes ist dabei durch unterschiedliche Fragestellungen motiviert. Zum einen kann die Fragestellung berücksichtigt werden, welche Auswirkungen das Ausmaß und die Konditionen der Fremdfinanzierung auf den Grenzpreis haben. Darauf aufbauend stellt sich die Frage, ob diese Zusammenhänge für alle Opportunitätskostenkonzepte identisch sind oder ob es Abweichungen geben kann. Darüber hinaus wird ein theoretisch fundiertes Referenzkonzept für die nachfolgende Analyse der Auswirkungen der Fremdfinanzierung im DCF-Kontext benötigt, welches die Grenzpreisermittlung auf Grundlage der Standard-Ertragswertmethode darstellt. Darüber hinaus kann auf diese Weise auch die potentiell optimale Finanzierungsstruktur des Bewertungsobjekts nach der Akquisition identifiziert werden, sodass ein finanzierungsbedingtes Wertsteigerungspotential identifiziert ist. Wird hingegen die Perspektive des Verkäufers eingenommen, so kann die Betrachtungsweise dahingehend variiert werden, dass die Finanzierungsquote für den maximalen Grenzverkaufs-

614 Eine ausführliche Darstellung von Vorteilhaftigkeitskalkülen bei Desinvestitionsentscheidungen ist bei Dreher (2010), S. 405 ff. zu finden.

615 Diese Darstellung entspricht der Kombination aus Transaktionsmehrwert und der Bewertung unter Berücksichtigung von Verbundbeziehungen. Zum Transaktionsmehrwert, vgl. Dreher (2010), S. 434 ff.

preis, unter Berücksichtigung des Alternativobjekts, bestimmt ist. Für die weitere Analyse wird eine Differenzierung der Investitionsauszahlungen hinsichtlich des fremd- und eigenfinanzierten Anteils, ausgehend von der Grenzpreisbestimmung in Kapitel 4.2.3.2 mit einer Fremdfinanzierungsquote von 50 Prozent, vorgenommen. Wird ein verschuldungsabhängiger Fremdkapitalzinssatz gemäß Formel 4-33 unterstellt, so kann der Grenzpreis unter Berücksichtigung des Alternativobjekts,[616] in Abhängigkeit des Opportunitätskostenkonzepts, wie folgt bestimmt werden.[617]

FKQ		5%	25%	50%	75%	95%
r_{FK}		4,50%	5,06%	6,75%	9,56%	13,05%
$SEW\ (i_S)$	GP	26.666,14	24.248,40	19.274,85	10.228,86	-2.288,52
	Δ		-2.417,74	-4.973,55	-9.045,99	-12.517,38
$SEW\ (r)$	GP	13.469,47	12.268,59	9.765,89	5.172,91	-1.211,88
	Δ		-1.200,88	-2.502,70	-4.592,98	-6.384,79
$SEW\ (KW)$	GP	17.048,80	14.631,06	9.657,51	611,52	-11.905,86
	Δ		-2.417,74	-4.973,55	-9.045,99	-12.517,38
$SEW\ (KWR)$	GP	13.593,15	12.360,70	9.825,41	5.214,19	-1.166,58
	Δ		-1.232,45	-2.535,28	-4.611,22	-6.380,77

Tabelle 40: Grenzpreis in Abhängigkeit der Fremdfinanzierung

In den bisherigen Ausführungen wurde von einer Fremdfinanzierungsinvestitionsquote von 50 Prozent ausgegangen. Wird als Opportunitätskostenkonzept der risikolose Zinssatz nach Steuern (i_S) oder der Kapitalwert gewählt, so wird ersichtlich, dass der Grenzpreis mit zunehmender Fremdfinanzierung um den identischen Betrag fällt. Dieser Zusammenhang ist damit begründet, dass bei beiden Konzepten die Barwertberechnung der Sicherheitsäquivalente des Bewertungsobjekts mit dem risikolosen Zinssatz nach Steuern erfolgt. Bei der Kapitalwertlogik wird ausgehend von dem identischen Wert dann der Kapitalwert des Alternativobjekts subtrahiert. Da der Kapitalwert des Alternativobjekts konstant ist, kann für diese Bewertungskonzeptionen konstatiert werden, dass mit zunehmender Fremdfinanzierung der Barwert der Sicherheitsäquivalente und somit der Grenzpreis sinkt. Formal kann der Zusammenhang ausgehend von einem eigenfinanzierten Unternehmen wie folgt dargestellt werden:

---

[616] Für das Alternativobjekt wird dabei von einer konstanten Finanzierungsstruktur ausgegangen, damit die Auswirkungen der Finanzierung auf den Grenzpreis des Bewertungsobjekts isoliert werden können.

[617] Vgl. Anlage 10.

$$GP_0^{100\%EK} = \sum_{t=1}^{T} \frac{SÄ_t^{100\%EK}}{(1+i_s)} - C_0^{AO}$$ 4-37

Werden periodenspezifische Fremdkapitalbestände in die Betrachtung mit einbezogen, so kann der Grenzpreis, ggf. gemindert um den Kapitalwert des Alternativobjekts, ausgehend von dem unverschuldeten Unternehmen dargestellt werden als:

$$GP_0 = \sum_{t=1}^{T} \frac{SÄ_t^{100\%EK} - r_{FK} \times FK_{t-1} \times (1 - 0{,}75 \times s_{GE} \times s_K) \times (1 - s_{Ab}) + \Delta FK_t \times (1 - s_{Ab})}{(1+i_s)} - C_0^{AO}$$ 4-38

Die Differenz des Grenzpreises für das Bewertungsobjekt aus zwei Finanzierungsalternativen FKQ_i und FKQ_j ergibt sich demnach als:

$$\Delta GP_0 = \sum_{t=1}^{T} \frac{r_{FK}^{FKQ_i} \times FK_{t-1}^{FKQ_i} \times (1 - 0{,}75 \times s_{GE} \times s_K) \times (1 - s_{Ab}) + \Delta FK_t^{FKQ_i} \times (1 - s_{Ab})}{(1+i_s)} - \sum_{t=1}^{T} \frac{r_{FK}^{FKQ_j} \times FK_{t-1}^{FKQ_j} \times (1 - 0{,}75 \times s_{GE} \times s_K) \times (1 - s_{Ab}) + \Delta FK_t^{FKQ_j} \times (1 - s_{Ab})}{(1+i_s)}$$ 4-40

Bei der Kapitalwertrate ist die Grenzpreisänderung der Fremdfinanzierung des Bewertungsobjekts auf die Differenz der Fremdkapitalzahlungen multipliziert mit dem Ausdruck $\frac{1}{1+kwr^{AO}}$ zu bestimmen. Dies führt zu einer Reduktion der Grenzpreisdifferenz für die betrachteten Finanzierungsalternativen bei einer $kwr^{AO} > 0$.

$$\Delta GP_0 = \left[\sum_{t=1}^{T} \frac{r_{FK}^{FKQ_i} \times FK_{t-1}^{FKQ_i} \times (1 - 0{,}75 \times s_{GE} \times s_K) \times (1 - s_{Ab}) + \Delta FK_t^{FKQ_i} \times (1 - s_{Ab})}{(1+i_s)} - \sum_{t=1}^{T} \frac{r_{FK}^{FKQ_j} \times FK_{t-1}^{FKQ_j} \times (1 - 0{,}75 \times s_{GE} \times s_K) \times (1 - s_{Ab}) + \Delta FK_t^{FKQ_j} \times (1 - s_{Ab})}{(1+i_s)}\right] \times \frac{1}{1+kwr^{AO}}$$ 4-41

Wird als Opportunitätskostenkonzept hingegen der interne Zinsfuß (r) betrachtet, so erfolgt die Diskontierung nicht mit dem risikolosen Zinssatz, sodass ein geringerer Barwert der Auszahlungen für die Fremdfinanzierung resultiert.

$$\Delta GP_0 = \sum_{t=1}^{T} \frac{r_{FK}^{FKQ_i} \times FK_{t-1}^{FKQ_i} \times (1 - 0{,}75 \times s_{GE} \times s_K) \times (1 - s_{Ab}) + \Delta FK_t^{FKQ_i} \times (1 - s_{Ab})}{(1+r)} - \sum_{t=1}^{T} \frac{-r_{FK}^{FKQ_j} \times FK_{t-1}^{FKQ_j} \times (1 - 0{,}75 \times s_{GE} \times s_K) \times (1 - s_{Ab}) + \Delta FK_t^{FKQ_j} \times (1 - s_{Ab})}{(1+r)} \quad \text{4-42}$$

Ob die Finanzierungsalternative eine Kapitalwertsteigerung, als Differenz aus Grenzpreis und dem erworbenen eigenfinanziertem Amortisationskapital, ermöglicht, wird bei unverändertem Risiko durch die Differenz aus dem zusätzlichen Barwert der zukünftigen Kapitaldienstzahlungen des Fremdkapitals mit der Abnahme des eigenfinanzierten Amortisationskapitals determiniert, d.h. solange die Abnahme des eigenfinanzierten Amortisationskapitals die Barwerterhöhung der entsprechenden Kapitaldienstzahlungen übersteigt, kommt es zu einer Kapitalwertsteigerung.

$$\Delta KW > 0 \; wenn$$
$$\left(\sum_{t=1}^{T} KD_t(FK_j) \times (1+i_s)^{-t} - \sum_{t=1}^{T} KD_t(FK_i) \times (1+i_s)^{-t}\right) - (EK_i - EK_j) < 0 \quad \text{4-43}$$
$$EK_i + FK_i = EK_j + FK_j$$

Die voranstehenden Ausführungen beziehen sich auf ein bestimmtes Alternativobjekt mit gegebener Finanzierungsstruktur. Wird die Fragestellung dahingehend modifiziert, dass nicht mehr die Werteffekte der Finanzierung des Bewertungsobjekts von Interesse sind, sondern vielmehr der Werteffekt aus dem Vergleich Bewertungs- und Alternativobjekt, so sind grundsätzlich drei Konstellationen denkbar. Sind sowohl Fremdkapitalbestand als auch Steuersystem für beide Objekte identisch, so ergibt sich keine Wertrelevanz. Weist das Bewertungsobjekt entweder bessere Fremdfinanzierungskonditionen oder ein höheres Fremdkapital bei positivem Renditespread zwischen Eigen- und Fremdkapitalkosten auf, so steigt der Grenzpreis des Bewertungsobjekts im Verhältnis zum zuvor skizzierten Fall. Neben den Unterschieden in der Finanzierung zwischen Bewertungs-und Alternativobjekt kann auch eine abweichende steuerliche Abzugsfähigkeit der Fremdfinanzierungskosten den Grenzpreis beeinflussen.

4.5.2.3 Kapitalstrukturrisiko nach Modigliani/Miller

4.5.2.3.1 Grundmodell

Nachdem der Einfluss der Fremdfinanzierung des Bewertungsobjekts auf den Grenzpreis im entscheidungsorientierten Kontext analysiert wurde, stellt sich darauf aufbauend die Frage, wie sich eine Veränderung der investitionsbezogenen Fremdfinanzierungsquoten auf den marktpreisbezogenen Unternehmenswert gemäß DCF-Verfahren und den damit verbundenen Annahmen der Finanzierung auswirkt. Die Theorie von Modigliani/Miller zur Berücksichtigung des Kapitalstrukturrisikos bildet die Grundlage der bereits vorgestellten kapitalmarktorientierten DCF-Methoden und geht auf den Beitrag aus dem Jahr 1958 „The Cost of Capital, Corporation Finance and the Theory of Investment" sowie dessen Ergänzung „Corporate Income Tax" von 1963 zurück. In einem Modellrahmen mit einem vollkommenen Kapitalmarkt ohne Transaktionskosten, Informationsasymmetrien, Insolvenzrisiken und Steuern leiten Modigliani/Miller die Irrelevanzthese der Finanzierung für den Marktwert einer Unternehmung ab.[618] Dabei wird die geforderte Eigenkapitalrendite als linear steigende Funktion des Verschuldungsgrades modelliert[619] und von Insolvenzrisiken und Transaktionskosten abstrahiert, wodurch konstante, dem risikofreien Zins entsprechende, Fremdkapitalkosten für das Modell resultieren.[620]

$$k_{EK}^{V} = k_{EK}^{UV} + (k_{EK}^{UV} - i) \times \frac{FK}{EK} \qquad \text{4-44}$$

Die gewichteten Kapitalkosten entsprechen in diesem Modellrahmen den unverschuldeten Eigenkapitalkosten, da die zusätzliche Aufnahme von günstigem Fremdkapital zu einem korrespondierenden Anstieg der Eigenkapitalkosten führt und der „Leverage Effekte" durch diese Reaktionshypothese egalisiert wird.

$$WACC = k_{EK}^{V} \times \frac{EK}{UW} + i \times \frac{FK}{UW} \qquad \text{4-45}$$

618 Vgl. grundlegend Modigliani/Miller (1958), S. 261 ff.

619 Vgl. bspw. Perridon/Steiner/Rathgeber (2015), S. 546 ff.

620 Vgl. Dreher (2010), S. 129. Für eine Berücksichtigung von Insolvenzrisiken im Rahmen der DCF-orientierten Bewertungskalküle, vgl. insbesondere Homburg/Stephan/ Weiß (2004), S. 276 ff. Grundsätzlich kann die Annahme des risikolosen Fremdkapital als nicht unplausibel im gewählten Modellrahmen angesehen werden, da die Vertragserfüllung im Rahmen von Planungsmodellen grundsätzlich als sicher gilt. Vgl. Schneider (1992), S. 552.

Dieser Zusammenhang wird in der nachstehenden Rechnung verdeutlicht, wobei die folgenden Annahmen gelten:[621]

- Keine Steuern
- Die unverschuldeten Eigenkapitalkosten betragen 10 Prozent
- Der risikolose Zinssatz liegt bei 4 Prozent
- Die Fremdkapitalquoten beziehen sich auf die Finanzierung der Investitionen
- Es wird eine autonome Finanzierungspolitik unterstellt.

FKQ	5%	25%	50%	75%	95%
UW	25.698,65	25.698,65	25.698,65	25.698,65	25.698,65
Δ		0,00	0,00	0,00	0,00
EK	25.081,99	22.615,32	19.531,99	16.448,65	13.981,99
Δ		-2.466,67	-3.083,33	-3.083,33	-2.466,67

Tabelle 41: Unternehmenswert nach Modigliani/Miller ohne Steuern

Die dargestellte Tabelle zeigt den Marktwert des Unternehmens und des Eigenkapitals. Der Unternehmens- bzw. Eigenkapitalmarktwert bleibt gemäß Irrelevanzthese unabhängig von der Fremdfinanzierungsquote konstant, lediglich der Marktwert des Eigenkapitals variiert mit dem Verschuldungsgrad.

FKQ	5%	25%	50%	75%	95%
$WACC\ (t_1)$	10,00%	10,00%	10,00%	10,00%	10,00%
$k_{EK}^{V}\ (t_1)$	10,15%	10,82%	11,89%	13,37%	15,03%

Tabelle 42: Kapitalkosten nach Modigliani/Miller ohne Steuern

Die Eigenkapitalkosten steigen mit zunehmender Fremdfinanzierung gemäß der Reaktionshypothese des Modigliani/Miller-Theorems an und zwar genau in dem Maße, dass die gewichteten Kapitalkosten konstant bleiben und dabei den unverschuldeten Eigenkapitalkosten entsprechen.

[621] Die Investitions-, Abschreibungs-, Ergebnis- und Cashflowplanung des Beispiels sind in Anlage 10 und 11 aufgeführt.

4.5.2.3.2 Einbezug von Steuern

Unter Einbezug eines definitiven Unternehmenssteuersatzes (s) und steuerlich unbegrenzt abzugsfähiger Fremdkapitalaufwendungen verwerfen Modigliani/Miller ihre Irrelevanzthese der Finanzierung.[622] Die verschuldeten Eigenkapitalkosten sind dann aufgrund der steuerlichen Abzugsfähigkeit der Fremdkapitalaufwendungen c.p. geringer als ohne Einbezug der Steuern, wobei der folgende Zusammenhang gilt:

$$k_{EK,t}^{V} = k_{EK}^{UV} + (k_{EK}^{UV} - i) \times \frac{FK_{t-1} - WB_{t-1}^{FK}}{EK_{t-1}} \qquad \text{4-46}$$

Die gewichteten Kapitalkosten unter Einbezug der Unternehmenssteuern entsprechen dann:[623]

$$WACC_t = k_{EK,t}^{V} \times \frac{EK_{t-1}}{UW_{t-1}} + i \times (1 - s) \times \frac{FK_{t-1} - WB_{t-1}^{FK}}{UW_{t-1}} \qquad \text{4-47}$$

Da auch hier von dem Insolvenzrisiko als solches abstrahiert wird und der Fremdkapitalzins somit auch dem risikolosen Zins entspricht, ist die optimale Finanzierungsstruktur durch eine vollständige Fremdfinanzierung gekennzeichnet.[624]

FKQ	5%	25%	50%	75%	95%
UW	13.724,58	14.354,20	15.141,23	15.928,26	16.557,89
Δ		629,62	787,03	787,03	629,62
EK	13.107,91	11.270,87	8.974,57	6.678,26	4.841,22
Δ		-1.837,04	-2.296,30	-2.296,30	-1.837,04

Tabelle 43: Unternehmenswert nach Modigliani/Miller mit Steuern

Begründet ist dies einzig durch die steuerliche Vorteilhaftigkeit des Fremdkapitals, da die Fremdkapitalkosten als vollständig abzugsfähig von der steuerlichen Bemessungsgrundlage angenommen werden und somit die korrespondierende Anpassung der Eigenkapitalkosten bei zunehmender Verschuldung geringfügiger ausfällt, sodass jede Einheit Fremdkapital einen positiven Wertbeitrag liefert und eine vollständige Fremdfinanzierung optimal ist. Wird die Modigliani/Miller-Theorie an die vorherrschenden steuerlichen Gegebenheiten angepasst, so unterscheiden sich die Aussagen zur optimalen

622 Vgl. Modigliani/Miller (1963), S. 433 ff.
623 Vgl. Modigliani/Miller (1963), S. 439 ff.
624 Vgl. Matschke/Brösel (2007), S. 1479 f.

Finanzierungsstruktur nicht von denen, die unter Einbezug der pauschalen Unternehmenssteuer Gültigkeit besitzen.[625] Die Entwicklung der Eigenkapitalkosten sowie der gewichteten Kapitalkosten kann der folgenden Tabelle entnommen werden:[626]

FKQ	5%	25%	50%	75%	95%
$WACC$	9,89%	9,45%	8,96%	8,52%	8,19%
k_{EK}^{V}	10,25%	11,43%	13,58%	17,22%	22,62%

Tabelle 44: Kapitalkosten nach Modigliani/Miller mit Steuern

Zusammenfassend lässt sich konstatieren, dass bei risikolosen und somit konstanten Fremdkapitalzinsen die steuerliche Abzugsfähigkeit der Fremdkapitalzinsen den Unternehmenswert mit der Fremdfinanzierungsquote ansteigen lässt, sodass schließlich eine vollständige Fremdfinanzierung optimal wird. Dieses Ergebnis verwundert insofern, als dass die angestrebte Marktwertmaximierung ohne die Existenz von Anteilsrechten eines Unternehmens, deren Wert ja schließlich maximiert werden soll, wenig brauchbare Erkenntnis liefert.[627]

4.5.2.3.3 Nicht-risikofreie Fremdkapitalkosten

Die bisher aufgezeigten Werteffekte der Fremdfinanzierung im Kontext der DCF-Bewertungskalküle auf Grundlage der Modigliani/Miller-Theorie sind einzig auf die steuerliche Abzugsfähigkeit des Fremdkapitals zurückzuführen, wodurch eine Optimierung der Kapitalstruktur aufgrund der unterstellten Reaktionshypothese hinfällig wird. Es ist stets eine vollständige Fremdfinanzierung optimal, die aus den bereits genannten Gründen als normatives Modellergebnis keinerlei Relevanz besitzt. Die Annahme, der Fremdkapitalzins wäre risikofrei, führt bei der Bestimmung der Eigenkapitalkosten auf Basis des CAPM und der Modigliani/Miller-Anpassungen zu gut modellierbaren Resultaten, verzerrt aber den Wertbeitrag aus der steuerlichen Abzugsfähigkeit der Fremdkapitalzinsen in dem Bewertungskalkül, da das Tax Shield beim WACC-Ansatz im Nenner erfasst wird und somit die Fiktion der vollständigen Eigenfinanzierung in der Zählergröße nur dann zutreffend korrigiert wird, wenn sich risikoloser Zinssatz und Fremdkapitalzinssatz entsprechen.

---

625 Vgl. Anlage 10.
626 Vgl. Anlage 10.
627 Vgl. Schneider (1992), S. 557.

Wird hingegen die Annahme aufgehoben, dass der Fremdkapitalzins grundsätzlich risikofrei ist,[628] so kann dies die Grundlage für eine optimale Kapitalstruktur liefern. Die Berücksichtigung der tatsächlichen Fremdkapitalkosten kann den Steuervorteil aus der Fremdfinanzierung korrekt im Nenner ausweisen, führt aber bei der Verwendung für die Berechnung der verschuldeten Eigenkapitalkosten zu problematischen Implikationen.

$$k_{EK,t}^{V} = k_{EK}^{UV} + (k_{EK}^{UV} - i_s) \times \frac{-WB_{t-1}^{\Delta AS} - WB_{t-1}^{FK}}{EK_{t-1}} + (k_{EK}^{UV} - r_{FK,S}) \times \frac{FK_{t-1}}{EK_{t-1}} \quad \text{4-49}$$

Der Ausdruck $\left(k_{EK}^{UV} - r_{FK,S}\right)$ kann für steigende Fremdkapitalzinsen gegen null konvergieren.[629] In jedem Fall führt aber die Verwendung der tatsächlichen Fremdkapitalkosten dazu, dass mit steigenden Fremdkapitalkosten die verschuldeten Eigenkapitalkosten sinken. Dieser Zusammenhang ist weder theoretisch noch empirisch plausibel und kann als Paradoxon erachtet werden. Für die gewichteten Kapitalkosten gilt dann:

$$WACC_t = k_{EK,t}^{V} \times \frac{EK_{t-1}}{UW_{t-1}} + r_{FK,S} \times (1 - GL) \times \frac{FK_{t-1} - WB_{t-1}^{FK} - WB_{t-1}^{\Delta AS}}{UW_{t-1}} \quad \text{4-50}$$

Für die Fremdkapitalkosten, die gemäß Formel 4-33 in Abhängigkeit des Verschuldungsgrades ansteigen, sollen nachfolgend die dargestellten Fremdkapitalzinssätze Gültigkeit haben:

FKQ	5%	25%	50%	75%	95%
r_{FK}	4,50%	5,06%	6,75%	9,56%	13,05%

Tabelle 45: Entwicklung der Fremdkapitalkosten

628 Begründet sind mit dem Verschuldungsgrad ansteigende Fremdkapitalkosten in einer mit dem Verschuldungsgrad ansteigenden Risikoposition der Fremdkapitalgeber, die bei einem (nahezu) ausschließlich fremdfinanzierten Unternehmen die gleiche Risikoposition eingehen, wie die Eigenkapitalgeber des unverschuldeten Unternehmens.

629 Unter der Annahme, dass die verschuldeten Fremdkapitalzinsen bei einer Fremdkapitalquote von 100 Prozent den unverschuldeten Eigenkapitalkosten entsprechen, da sich die Risikosituation der Kapitalgeber in beiden Situationen entsprechen. Grundsätzlich könnte der Ausdruck sogar auch negativ werden, wenn bspw. Transaktionskosten im Zinssatz erfasst werden.

Unter der Annahme, dass der risikolose Zinssatz weiterhin 4 Prozent beträgt, ergeben sich die verschuldeten Eigenkapitalkosten und die durchschnittlichen Kapitalkosten in Abhängigkeit der Fremdfinanzierungsquote als:[630]

FKQ	5%	25%	50%	75%	95%
$WACC$	9,87%	9,31%	8,35%	7,03%	5,78%
k_{EK}^{V}	10,22%	11,05%	11,14%	8,57%	4,29%
$r_{FK}\ nach\ AbgSt$	3,38%	3,80%	5,06%	7,17%	9,79%

Tabelle 46: Kapitalkosten mit Steuern

Die voranstehende Tabelle macht den paradoxen Zusammenhang von sinkenden Eigenkapitalkosten bei steigenden Fremdkapitalkosten deutlich, wobei auch die gewichteten Kapitalkosten sinken, da die Fremdfinanzierungskosten nach Steuern stets unter den unverschuldeten Eigenkapitalkosten bleiben. Mit einem ansteigenden Verschuldungsgrad steigt aber zum einen das Risiko für die Eigenkapitalgeber, da die Wahrscheinlichkeit eines Totalverlustes ansteigt. Dieser realwirtschaftliche Zusammenhang wird aber aufgrund der Abstraktion von Insolvenzrisiken in dem Modell nicht erfasst, weshalb die Verwendung beobachtbarer Fremdkapitalkosten an die Modellwelt angepasst wird.[631]

Für die Berücksichtigung des Risikos der Fremdkapitalgeber im Kontext der kapitalmarktorientierten Gleichgewichtsmodelle wird im Schrifttum das sog. Debt Beta propagiert, wodurch die restriktive Prämisse des risikolosen Fremdkapitals in den DCF-Bewertungskalkülen aufgehoben wird. Das Debt Beta, als Quotient aus (aktuellem) Credit Spread des Unternehmens und Marktrisikoprämie, soll dabei das systematische Risiko abbilden, das die Fremdkapitalgeber tragen. Damit die Modellwelt aus CAPM und Modigliani/Miller-Theorie Bestand haben kann, wird das auf Grundlage des CAPM ermittelte systematische Risiko schlicht anders verteilt, wodurch das Risiko der Eigenkapitalgeber bei Hinzunahme des Debt Beta sinken kann. Dies umfasst bestimmte Konstellationen, in denen der Beta-Faktor der Fremdkapitalgeber nicht kleiner ist als das unverschuldete Beta der Eigenkapitalgeber.

630 Vgl. Anlage 10.

631 Aus diesem Grund wird in empirischen Untersuchungen der Credit Spread häufig „aus Plausibilitätsgründen" auf einen bestimmten Zinssatz beschränkt, der noch zu plausiblen Resultaten führt. Diese Anpassung der Realität für Zwecke der Modellierbarkeit kann als weiterer Indiz für eine Nicht-Eignung der Modigliani/Miller-Irrelevanztheorie für Zwecke der Kapitalkostenbestimmung angesehen werden. Siehe zu einem derartigen Vorgehen Franken/Schulte/Dörschell (2014), S. 91 ff.

$$\beta_{EK}^{V} = \beta_{EK}^{U} + \left(\beta_{EK}^{U} - \beta_{FK}\right) \times (1 - s) \times \frac{FK_M}{EK_M}$$
$$mit\ \beta_{FK} = \frac{r_{FK} - r_f}{r_M - r_f} = \frac{r_{FK} - r_f}{mrp} \quad (4\text{-}51)$$

Unabhängig von diesen praktischen Umsetzungsproblemen, denen durch die Vielzahl an Stellschrauben wie Marktrisikoprämie, Vergleichsindex und betrachtetes Zeitintervall begegnet wird, besteht unverändert der kontraintuitive Zusammenhang, dass mit einem steigenden Debt Beta die Eigenkapitalkosten c.p. sinken.[632]

FKQ	5%	25%	50%	75%	95%
UW	13.745,23	14.573,62	16.277,02	19.374,35	23.659,66
Δ		828,39	1.703,40	3.097,32	4.285,31
EK	13.128,56	11.490,28	10.110,36	10.124,35	11.942,99
Δ		-1.638,28	-1.379,93	13,99	1.818,64

Tabelle 47: Unternehmenswert mit Steuern und Fremdkapitalkosten

Da in der Beispielrechnung die Fremdkapitalkosten nach Steuern geringer sind als die unverschuldeten Eigenkapitalkosten, führt auch hier jede Substitution von Eigenkapital durch Fremdkapital zu einer Steigerung des Marktwertes des Unternehmens und auch des Kapitalwertes.

4.5.2.4 Implikationen der Risikoberücksichtigung für die Entscheidungsfindung

Die theoretischen Ausführungen zur optimalen Kapitalstruktur bei der entscheidungsorientierten Berücksichtigung der Finanzierung und bei den Kapitalmarktgleichgewichtsmodellen basieren auf Reaktionshypothesen der Kapitalgeber und betrachten den Werteffekt der unterschiedlichen Renditeansprüche von Fremd- und Eigenkapitalgebern sowie aus der steuerlichen Abzugsfähigkeit der Fremdkapitalkosten. Die Ergebnisse dieser Modelle liefern uneinheitliche Resultate bezüglich der Wertrelevanz von Fremdfinanzierungskonditionen und -ausmaß, wohingegen die steuerliche Wertrelevanz der Fremdfinanzierung unstrittig ist, da die Finanzierungsneutralität der Steuersysteme nicht gegeben ist. Die Modellergebnisse können für eine theoretische Betrachtungsweise grundlegende Erkenntnisse liefern, versagen aber für Zwecke der unternehmensindividuellen Deduktion, da neben dem Annahmekorsett der Modelle auch die Identität der unternehmensspezifischen Verschuldungsmöglichkeiten mit den

632 Vgl. Anlage 10.

unterstellten Bedingungen am Kapitalmarkt gemeinhin nicht erfüllt ist. Darüber hinaus muss bedacht werden, dass nur eine Minderheit der Unternehmen in Deutschland überhaupt als kapitalmarktorientiert zu charakterisieren ist, womit wiederum die Frage erwächst, wie die Finanzierung im Rahmen der Unternehmensplanung, -bewertung und -steuerung berücksichtigt werden kann. Die Irrelevanzthese kann als Modellergebnis, wenn auch mit begrenzter Gültigkeit aufgrund der unterstellten Annahmen, akzeptiert werden. Problematisch ist hingegen die Attestierung eines erfahrungswissenschaftlichen Geltungsbereichs,[633] was regelmäßig durch die Verwendung DCF-orientierter Bewertungskalküle erfolgt. Die Modigliani/Miller-Theorie suggeriert eine Unabhängigkeit der Investitionsentscheidung von der Finanzierungsentscheidung, da die Finanzierung erst der Investitionsentscheidung nachgelagert betrachtet wird, weshalb die Finanzierung keinen Einfluss auf die zukünftigen Unternehmensgewinne und dem damit verbundenen Gesamtkapitalmarktwert des Unternehmens hat.[634] Insbesondere die unterstellte Reaktionshypothese der Eigenkapitalgeber in Abhängigkeit des Verschuldungsgrades sowie die Berücksichtigung der Fremdkapitalkosten sind als äußerst problematisch zu erachten. Die voranstehenden Ausführungen haben herausgestellt, dass zur Berücksichtigung der Fremdfinanzierung im Rahmen der, als zentrale Bezugsgröße für die unternehmenswertorientierte Performancemessung und Anreizsysteme fungierenden, Unternehmensbewertung zwei unterschiedliche Vorgehensweisen denkbar sind. Die zentrale Frage nach der Eignung bestimmter Unternehmensbewertungskonzeptionen und der damit untrennbar verbundenen Betrachtungsweise der Finanzierung für Zwecke der Anreizsetzung soll dabei explizit betrachtet werden. Wird die Finanzierung im Rahmen der auf kapitalmarktorientierten Gleichgewichtsmodellen basierenden DCF-Verfahren analysiert, so ergeben sich vielfältige Problemkomplexe:

- Das Modigliani/Miller-Irrelevanztheorem betrachtet die Finanzierung als einen der Investitionsentscheidung nachgelagerten Problemkomplex, wodurch die Finanzierung kein relevanter, sondern nur ein struktureller Faktor des Unternehmenswertes ist.
- Der Einbezug von Steuern suggeriert eine optimale Fremdfinanzierung von 100 Prozent, sodass die Maximierung der Anteilswerte nur ohne Existenz der Anteile erreicht wird.

633 Vgl. Schneider (1992), S. 554, der dies mit den nicht mess- und testbaren Annahmen hinsichtlich der Vollkommenheit des Kapitalmarktes, auch für Privatpersonen, begründet.

634 Vgl. Schneider (1992), S. 554 f.

- Die unterstellte Konstanz der Fremdkapitalkosten und die Reaktionshypothese der Eigenkapitalgeber können als realitätsfern erachtet werden, weshalb die darauf basierenden Resultate in ihrer Aussagefähigkeit begrenzt sind.
- Die Finanzierungskonditionen können modellbedingt keinen Wertbeitrag generieren, da diese exogen vorgegeben sind und c.p. nur durch eine Senkung des nicht beeinflussbaren risikolosen Zinssatzes oder der kapitalmarktorientierten Bewertungsparameter eine Wertsteigerung erreicht werden kann. Darüber hinaus erfolgt die Bestimmung der Fremdkapitalkosten für den Bewertungszeitraum typischerweise aus vergangenheitsorientierten Daten.
- Die Verwendung von tatsächlichen, den risikolosen Zinssatz übersteigenden Fremdkapitalkosten führt zu problematischen Implikationen. Insbesondere der Zusammenhang sinkender Eigenkapitalkosten bei steigenden Fremdkapitalkosten ist kritisch zu sehen.
- Durch die Verwendung der Risikozuschlagsmethode gilt, analog zum leistungswirtschaftlichen Risiko, die Problematik der im Zeitablauf exponentiellen Zunahme des finanziellen Risikos.
- Eine begrenzte steuerliche Abzugsfähigkeit ist nicht modelltheoretisch zu erfassen, sondern muss explizit im Rahmen der Unternehmensplanung und somit in der Erfolgsgröße des Bewertungskalküls Berücksichtigung finden.

Diese aufgezeigten Problemaspekte werfen im Kontext der unternehmenswertorientierten Ausgestaltung von Bemessungsgrundlagen für Anreizsysteme beträchtliche Probleme für die Incentivierung auf. Zum einen ist die Finanzierung bereits bei der Investitionsplanung miteinzubeziehen, da der Mehrwert einer Investition auch durch die Finanzierungskonditionen determiniert wird und die Finanzierungsmittel, entgegen der Annahmen des vollkommenen Kapitalmarkts, nicht verfügbar sein können. Darüber hinaus besteht aufgrund der in dem Gleichgewichtsmodell suggerierten Irrelevanz der Fremdfinanzierungskonditionen kein Anreiz, diese optimal auf Grundlage tatsächlicher Fremdfinanzierungsmöglichkeiten zu gestalten, da dieser Aufwand für den Agenten im Unternehmenswert nicht ersichtlich wird. Diese als ungewollt zu klassifizierenden Implikationen können durch die Verwendung einer integrierten Unternehmensplanung für Zwecke der Erfolgsprognose umgangen werden, wodurch die tatsächlichen Finanzierungsmöglichkeiten und damit verbundene etwaige Wertbeiträge der Finanzierung abgebildet werden können.

5 Strategische Wertschaffung und operative Wertschöpfung

5.1 Grundlagen der Performancemessung

5.1.1 Investitionstheoretische Anforderungen

Die Konkretisierung des shareholderbezogenen Aufgabenspektrums erfordert eine Erweiterung der Anforderungen an Managementvergütungssysteme[635] um investitionstheoretische Aspekte. Zunächst kann in diesem Kontext die investitionstheoretische Konkretisierung der Zielkongruenz und Anreizkompatibilität betrachtet werden,[636] die gemeinhin als Barwertidentität bezeichnet wird.[637] Diese besagt, dass zwischen dem Barwert des Performancemaßes und dem Unternehmens- bzw. Kapitalwert keine Differenz auftreten darf, sodass Entscheidungen auf der Grundlage des Performancemaßes zu gleichen Ergebnissen führen, wie bei der Betrachtung von Cashflows.[638]

$$KW_t = \sum_{t=1}^{T} \frac{PM_t}{(1+i)^t} \qquad 5\text{-}1$$

Diese Bedingung stellt somit sicher, dass der Barwert des Performancemaßes auch dem Barwert der zukünftig erwarteten Überschüsse entspricht, wobei die temporäre Struktur divergieren kann.[639] Eng verbunden mit der Barwertidentität ist die Wertsteigerungsabbildung des Performancemaßes, die als erfüllt angesehen wird, wenn eine Veränderung des Kapitalwertes zu einer entsprechenden Veränderung der ausgewiesenen Performance in einer Periode führt.[640]

$$\frac{dPM_t}{dKW_0} > 0 \qquad 5\text{-}2$$

Hebertinger subsumiert diese Anforderung als Nebenbedingung der Barwertidentität,[641] wobei zunächst zu klären ist, was konkret als Wertsteigerung bzw. -veränderung

635 Vgl. Kapitel 3.4.
636 Vgl. Hebertinger (2002), S. 36.
637 Schumann (2008), S. 109 definiert und würdigt die Barwertidentität wie folgt: „Die mit diesen beiden Gleichungen geforderte Äquivalenz zwischen Performancemaßen und Unternehmens- respektive Kapital(einsatzmehr-)werten eines Bewertungsobjekts kann als notwendige Bedingung interpretiert werden, die an eine wertorientierte Kennzahl zu stellen ist.“ Auch für Hebertinger (2002), S. 37 ist die Barwertidentität „[...] ein zentrales Kriterium zur Beurteilung von Wertsteigerungsmaßen als Bemessungsgrundlage für Zwecke der internen Steuerung.“ Vgl. grundsätzlich zur Barwertidentität Hebertinger (2002), S. 36 f. m.w.N.
638 Vgl. Schumann (2008), S. 108 f.
639 Vgl. Hebertinger (2002), S. 36.
640 Vgl. Schumann (2008), S. 109 sowie darauf basierend Dreher (2010), S. 359 f.
641 Vgl. Hebertinger (2002), S. 36.

anzusehen ist. Zum einen kann die Wertsteigerungsabbildung als Wertveränderung zwischen zwei Zeitpunkten interpretiert werden, zum anderen kann die Abweichung zwischen Soll- und Ist-Ausprägung betrachtet werden.[642] Die im Soll-Ist-Vergleich ersichtliche Abweichung beinhaltet ausschließlich Erwartungsrevisionen, wodurch die Wertveränderung im Verhältnis zur Planung bestimmt wird, die hinsichtlich ihrer Einflussfaktoren weiter differenziert werden kann. Eine zeitpunktbezogene Betrachtungsweise hingegen erfasst auch geplante Wertveränderungen durch den Zeiteffekt, die nicht auf die Leistung des Managements zurückzuführen sind sowie davon ausgehende Erwartungsrevisionen. Grundsätzlich erscheint insbesondere für Zwecke der Managementvergütung der Soll-Ist-Vergleich zielführend, da der Zeiteffekt keine vergütungswürdige Performance darstellt.

Darüber hinaus stellt die **Vorteilhaftigkeitsanzeige** ein häufig postuliertes Anforderungskriterium für wertorientierte Performancemaße dar.[643] Hierfür soll nach Schumann (2002) die Ausprägung des Performancemaßes in jeder Periode einen Rückschluss auf die generelle Vorteilhaftigkeit des Betrachtungsobjektes ermöglichen:[644]

$$KW_0 > 0 \rightarrow PM_t > 0 \; \forall \, t \qquad 5\text{-}3$$

Diese Anforderung kann dabei im Gegensatz zur geforderten Wertsteigerungsabbildung auf der Grundlage eines Soll-Ist-Vergleichs stehen, wodurch die Erfüllung beider Kriterien nicht möglich ist. Wird ausgehend von einer Bereichsplanung eine zusätzliche Investition mit negativem Kapitalwert durchgeführt, die den positiven Kapitalwert des Bereichs reduziert, aber nicht ins Negative zieht, so müsste gemäß dem Anforderungskriterium der Wertsteigerungsabbildung auf Soll-Ist Basis eine negative Performance ersichtlich werden, wodurch die Vorteilhaftigkeitsanzeige im vorherigen Sinn nicht mehr erfüllt ist.

5.1.2 Bezugsrahmen der Performancemessung

Ausgehend von dem Prozess der Performancemessung stellt sich die Frage, welche Informationsquellen für die Leistungsbeurteilung und Vergütungsbemessung betrachtet werden können. Grundsätzlich bieten sich in diesem Kontext drei unterschiedliche

642 Vgl. Dirrigl (2003), S. 157 f.
643 Vgl. Schumann (2008), S. 109 sowie darauf basierend Dreher (2010), S. 359 ff.
644 Vgl. Schumann (2008), S. 109.

Bezugspunkte für eine Performancemessung des Managements an. Neben der externen Rechnungslegung sowie dem Controlling kann für kapitalmarktorientierte Unternehmen auch auf Marktdaten rekurriert werden.

Die Berücksichtigung von Kapitalmarktdaten für Zwecke der Performancemessung stellt eine naheliegende Vorgehensweise zur Implementierung der Shareholder-Value-Perspektive im Kontext der Managementvergütung dar.[645] Dabei bieten Marktbewertungen zu unterschiedlichen Zeitpunkten eine Möglichkeit, intertemporale Entwicklungen zu evaluieren und insbesondere auch eine Indexierung vorzunehmen, wodurch eine relative Leistungsbeurteilung erfolgen kann. Bei der Verwendung von Kapitalmarktdaten für die beschriebene Fragestellung ist aber zu beachten, dass so keine operativen Informationen gewonnen werden können. Darüber hinaus ist anzumerken, dass keine Plandaten als Grundlage der Zielerreichung vorliegen. Lediglich Zielformulierungen anhand (indexierter) Kursentwicklung bieten hier die Möglichkeit, explizite Vorgaben zu konstruieren. Zudem eignen sich Kapitalmarktdaten ausschließlich für den Vorstand des Konzerns, wohingegen Bereichs- und Projektebene auf Grundlage anderer Informationen beurteilt werden sollten. Die externe Rechnungslegung umfasst neben der typischerweise retrospektiv ausgerichteten Postenorientierung zunehmend auch prospektiv ausgerichtete Informationen, die insbesondere im Lagebericht nach HGB und bei der Fair Value Ermittlung nach IFRS zum Ausdruck kommen.[646] Diese Informationen ermöglichen einen Plan/Ist-Vergleich im Zeitablauf, wodurch eine potentielle Eignung der Rechnungslegungsinformationen auch für Zwecke der Performancemessung vermutet werden kann. Dabei ist zu bedenken, dass Rechnungslegungsinformationen für den Konzern und einzelne Bereiche üblicherweise verfügbar sind, für eine Betrachtung auf Projektebene aber nicht unmittelbar vorliegen, sodass keine einheitliche Betrachtungsweise über die Projekt-, Bereichs- und Konzernebene erfolgen kann.

	Kapitalmarkt	Rechnungslegung	Controlling
Konzern	Strategisch	Operativ/Strategisch	Strategisch/Operativ
Bereich	-	Operativ/Strategisch	Strategisch/Operativ
Projekt	-	-	Strategisch/Operativ

Tabelle 48: Bezugsobjekte und Informationsquellen der Performancemessung

645 Vgl. Ferstl (2000), S: 54 ff.; Riedl (2000), S. 157 ff.; Pirchegger (2001), S. 65 ff.

646 Siehe zur Strategieberichterstattung im Lagebericht bspw. Ergün/Müller/Panzer (2013) sowie Müller/Ergün/Pommerenke (2013). Für die Fair Value Ermittlung nach IFRS siehe Kapitel 6.2.2.1.

Als dritte Möglichkeit kann das interne Rechnungswesen bzw. Controlling für Zwecke der Performancemessung betrachtet werden, bei der alle Informationen aus operativer und strategischer Sicht verfügbar sind, die auch für Zwecke der internen Entscheidungsfindung herangezogen werden. Darüber hinaus bietet das Controlling die Möglichkeit, die Performancemessung auf Projekt-, Bereichs- und Konzernebene zu synchronisieren.

Bei der Auswahl geeigneter Informationsquellen für die Performancemessung muss zudem der Zielkonflikt von Relevanz und Verlässlichkeit berücksichtigt werden, der typischerweise in Beiträgen zur externen Rechnungslegung thematisiert wird.[647] Kapitalmarktdaten wird in diesem Kontext eine hohe Verlässlichkeit attestiert, da diese nicht direkt vom Management beeinflusst werden können, wohingegen die Relevanz der Informationen nicht in vollem Umfang erfüllt sein kann. Zum einen spiegeln Marktdaten den Durchschnitt aller am Kapitalmarkt abgeschlossenen Wetten über den zukünftigen ökonomischen Erfolg des Unternehmens wider und zum anderen ist die Zielgröße der Marktkapitalisierung insbesondere bei einer Veräußerungsabsicht von Relevanz, im Kontext einer Halteabsicht jedoch von untergeordneter Bedeutung. Für die Informationen aus dem externen Rechnungswesen muss konstatiert werden, dass der IFRS-Abschluss die Relevanz bzw- Entscheidungsnützlichkeit der bereitgestellten Daten intendiert, wohingegen der HGB-Abschluss tendenziell eher auf die Verlässlichkeit der Informationen abstellt. Den Informationen aus dem internen Rechnungswesen bzw. Controlling kann eine maximale Relevanz attestiert werden. Es werden jedoch häufig Bedenken dahingehend geäußert, dass diese Daten nicht verifiziert (bspw. durch den Markt oder den Abschlussprüfer) werden und dementsprechend als nicht verlässlich zu kategorisieren sind.

5.2 Long-Term-Incentives durch investitionstheoretisch fundierte Berücksichtigung des Antizipations- und Realisationsperspektive

5.2.1 Defizite bestehender Vergütungssysteme

Die in der Praxis beobachtbaren Vergütungssysteme weisen als wesentliche Kritikpunkte die Ausgestaltung der LTI-Komponente sowie den fehlenden Konnex von LTI- und STI Komponente und die intransparente Darstellung, vor allem bei qualitativen bzw. nicht finanziellen Leistungskriterien, auf. Die langfristige Anreizwirkung soll in den bestehenden Vorstandsvergütungssystemen zumeist über eine bestimmte Haltedauer

[647] Vgl. Velte (2008), S. 24 ff.

von Aktien induziert werden. In einigen Fällen werden auch retrospektiv-orientierte Performancemaße über einen längeren Zeitraum betrachtet. Diese Vorgehensweisen mögen dem vom Gesetzgeber geforderten Kriterium der Mehrjährigkeit genügen, können aber keine angemessene Vergütung in dem Sinne erzeugen, dass eine adäquate Differenzierung hinsichtlich der idealtypischen Aufgaben von Wertschaffung und Wertschöpfung erfolgt. Ein nachhaltiges Vergütungssystem muss diese Aufgaben nicht nur aus Gründen der Angemessenheit entsprechend berücksichtigen, sondern vor allem auch aus investitionstheoretischer Perspektive, damit die diesbezüglich dargestellten Anforderungen erfüllt werden können. Die im Schrifttum postulierten Anforderungen an die finanzielle Performancemessung sind daher im Kontext der Managementvergütung auf das gesamte Vergütungssystem zu beziehen, wobei die investitionstheoretischen Anforderungen vor allem die Auswahl und Synchronisierung der finanziellen Leistungskriterien tangieren.

Häufig werden in praxi für die STI-Komponente Gewinngrößen, wie das EBIT, herangezogen und für die LTI-Komponente auf den Aktienkurs rekurriert. Dieses Vorgehen kann einen Anreiz erzeugen, die Ausschüttungspolitik dahingehend zu beeinflussen, dass eine möglichst geringe Dividendenzahlung erfolgt, da der Aktienkurs als approximierter Unternehmenswert bereits immer dann steigt, wenn der thesaurierte Betrag eine Rendite größer null erzielt. Der dadurch erzielte Mehrwert im Verhältnis zur Ausschüttung wird im Aktienkurs abgebildet und führt somit zu einer erhöhten Vergütung der LTI-Komponente. Wird statt des EBIT eine Kombination von Ausschüttung als STI-Bezugsgröße und Aktienkurs als LTI-Bezugsgröße gewählt, so wäre die Interdependenz berücksichtigt und nur dann eine Thesaurierung vom Management präferiert, wenn die Reduktion der STI-Komponente (Ausschüttung) durch eine entsprechende Steigerung der LTI-Komponente (Kurs) kompensiert wird. Eine vergleichbare Problematik kann für die Goodwillabschreibung identifiziert werden, wenn Aktienkurs und EBIT als LTI- bzw. STI-Komponente fungieren. Bei der Realisierung der im Goodwill abgebildeten Erfolgspotentiale sinkt c.p. der Aktienkurs. Die realisierten Erfolgspotentiale werden zwar im EBIT abgebildet, durch eine korrespondierende Abschreibung des Goodwill aber wieder reduziert.

5.2.2 Antizipations- und Realisationsperspektive im Kontext der Performancemessung

Ausgehend von der als Periodengerechtigkeit[648] definierten Anforderung an die Ausgestaltung von Anreiz- und Vergütungssystemen, kommen „das Antizipationsprinzip und das Realisationsprinzip“[649] zur Berücksichtigung dieses Kriteriums in Frage.[650] Zum einen kann die Performancemessung aus der Antizipationsperspektive erfolgen. Dabei wird eine Barwertänderung der zukünftigen Erfolge im Zeitpunkt der Initiierung der dafür ursächlichen Maßnahmen, bzw. allgemeiner der Erwartungsrevision, in dem Performancemaß erfasst.[651] Zum anderen kann die Realisationsperspektive bei der Performancemessung eingenommen werden,[652] wodurch eine bestimmte Periodisierung der im Barwert der zukünftigen Erfolge abgebildeten Wertveränderung vorgenommen und folglich die Beziehung zwischen der periodisch ausgewiesenen Performance und dem Zeitpunkt der Erfolgsrealisation betrachtet wird.[653]

Aufbauend auf den von Schumann definierten Anforderungen an wertorientierte Performancemaße soll im Folgenden eine Erweiterung dieses Kriterienkatalogs für die Bemessungsgrundlage von Managementvergütungssystemen erfolgen und für eine Analyse des Antizipations- und Realisationsperspektive herangezogen werden. Die von Schumann postulierten Anforderungen umfassen dabei insbesondere die investitionstheoretisch fundierten Kriterien der Barwertidentität, Wertsteigerungsabbildung und Vorteilhaftigkeitsanzeige. Die Barwertidentität ist erfüllt, wenn der Barwert der vergütungsrelevanten Bemessungsgrundlagen dem Barwert der Zielgröße entspricht, dies kann für die Antizipationsperspektive per se als erfüllt angesehen werden, da auf den Barwert der Zielgröße als unmittelbare Bemessungsgrundlage abgestellt wird. Für Bemessungsgrundlagen, die der Realisationsperspektive entsprechen, kann dieser Zusammenhang ebenfalls als unproblematisch erachtet werden, sofern die entsprechende bewertungsrelevante Erfolgsgröße verwendet oder diese dem Lücke-Theorem genügt.[654] Dem Anforderungskriterium der Wertsteigerungsabbildung wird genügt, wenn die Veränderung der vergütungsrelevanten Bemessungsgrundlage der Periode

648 Vgl. Kapitel 3.4.2.

649 Hesse (1996), S. 20.

650 Vgl. grundlegend Hesse (1996), S. 18 ff.

651 Vgl. Hesse (1996), S: 20 f.; Schumann (2008), S. 110; Dreher (2010), S. 361 f.

652 Vgl. Crasselt/Schmidt (2007), S. 226.

653 Vgl. Hesse (1996), S: 20; Schumann (2008), S. 110; Dreher (2010), S. 362 ff.

654 Dies betrifft somit die gängigen Residualgewinnkonzepte und die Zahlungsstromgrößen der jeweiligen Zielgrößen (Unternehmens- bzw. Kapitalwert), wohingegen Rentabilitätskennzahlen und (pro forma) Ergebnisgrößen als ungeeignet zu erachten sind.

das gleiche Vorzeichen aufweist wie die zugrunde liegende Zielgröße. Da als finanzielle Zielgröße der Unternehmens- bzw. Kapitalwert fungiert, kann diese Anforderung nur durch die prospektiv orientierte Antizipationsperspektive erfüllt werden, wohingegen Bemessungsgrundlagen, die ausschließlich auf der retrospektiv orientierten Realisationsperspektive basieren, eine derartige Abbildung nicht ermöglichen. Das dritte Anforderungskriterium stellt die Vorteilhaftigkeitsanzeige dar. Hierfür soll die Ausprägung der Bemessungsgrundlage in jeder Periode einen Rückschluss auf die generelle Vorteilhaftigkeit des Betrachtungsobjektes ermöglichen. Dieser Anforderung kann hingegen nur eine auf der Realisationsperspektive basierende Bemessungsgrundlage genügen, da hier die Wertschaffung in den folgenden Perioden als Wertschöpfung ausgewiesen wird, wohingegen eine auf der Antizipationsperspektive basierende Performancemessung dies nicht leisten kann, weil die Wertveränderung im Initiierungszeitpunkt vollständig und in den Folgeperioden keine Performance ausgewiesen wird.[655] Grundsätzlich kann somit konstatiert werden, dass die Vorteilhaftigkeitsanzeige der Realisationsperspektive und die Wertsteigerungsabbildung der Antizipationsperspektive entspricht, wodurch eine Berücksichtigung beider Anforderungen nicht durch eine isolierte Betrachtung erfolgen kann.[656]

Neben den aufgeführten Anforderungskriterien muss für die Beurteilung der Prinzipien zur Periodengerechtigkeit auch die im Rahmen der Prinzipal-Agent-Theorie postulierte Risikoteilung Beachtung finden. Da bei der Antizipationsperspektive die Wertsteigerung als Barwert der zukünftigen Erfolge direkt in die Bemessungsgrundlage der betrachteten Periode eingeht, kann eine derartige Vorgehensweise zu einer nicht optimalen Risikoallokation zwischen Eigentümern und Management führen. Aufgrund des Zeitbezuges müssen die antizipierten Erfolgspotentiale als unsicher eingestuft werden. Die korrespondierende Vergütung gilt stattdessen als sicher, was wiederum die Unsicherheit aufgrund des fehlenden Realisationsanreizes noch weiter erhöhen kann. Die Realisationsperspektive setzt hingegen an realisierten Werten an, die somit keinem Risiko mehr unterliegen.

[655] Die Antizipationsperspektive genügt somit dem Kriterium der Entscheidungsverbundenheit, vgl. Mohnen (2002), S. 29.

[656] Vgl. Schumann (2008), S. 179 ff.

Anforderungen	Barwert-identität	Wertsteigerungsabbildung	Vorteilhaftigkeitsanzeige	Risikoteilung
Antizipations-perspektive	erfüllt	erfüllt	nicht erfüllt	nicht erfüllt
Realisations-perspektive	erfüllt	nicht erfüllt	erfüllt	erfüllt

Tabelle 49: Antizipations- und Realisationsperspektive im Kontext der Anforderungen wertorientierter Performancemaße

Die Diskussion im Schrifttum, welches dieser beiden Prinzipien allgemeingültig zu präferieren ist, kann grundsätzlich als heterogen bezeichnet werden. Der Realisationsperspektive wird dabei zugutegehalten, dass es einer „Performanceperiodisierung im eigentlichen Sinne […]“[657] entspricht und auf die Verwendung von zukunftsbezogenen und insofern unsicheren, nicht verifizierbaren Größen verzichtet wird. Die Antizipationsperspektive erfüllt hingegen die mitunter geforderte zeitliche Entscheidungsverbundenheit, welche grundsätzlich im Spannungsfeld zur Manipulationsfreiheit steht. Damit die Anforderungen der Vorteilhaftigkeitsanzeige, Wertsteigerungsabbildung und Risikoteilung kumulativ erfüllt sind, müssen beide Prinzipien bei der Ausgestaltung des Vergütungssystems Berücksichtigung finden. Problematisch dabei ist aber, dass aufgrund der jeweils erfüllten Barwertidentität bei der Berücksichtigung beider Prinzipien die Barwertidentität für das Vergütungssystem nicht mehr erfüllt sein kann, sodass eine entsprechende Synchronisation erfolgen muss.

Die diametrale Diskussion im Schrifttum kann vor allem durch die unterschiedliche Gewichtung von Vorzügen bzw. Nachteilen von Antizipations- und Realisationsperspektive begründet werden, wodurch keine allgemeingültige Empfehlung hinsichtlich der zeitlichen Perspektive von Performancemaßen und damit für die Ausgestaltung von Anreiz- und Vergütungssystemen möglich wird. Die Ursache dieser als unbefriedigend zu erachtenden Situation legt die Vermutung nahe, dass der wesentliche Kern der zugrundeliegenden Problematik durch die „Entweder-oder“ Diskussion nicht adäquat berücksichtigt wird. Vielmehr sollten beide Prinzipien berücksichtigt werden, wie auch Schultze/Weiler zutreffend formulieren:

657 Schumann (2008), S. 110.

„Sowohl bei der Leistungsmessung als auch bei der Entlohnung müssen daher sowohl Wertgenerierung und -erwirtschaftung getrennt werden."[658]

Dabei soll im Folgenden nicht nur auf die isolierte Betrachtungsweise einzelner Performancemaße abgestellt werden, sondern eine Analyse auch im Gesamtkontext der Managementvergütung erfolgen. Zunächst wird aber die Anreizwirkung der Antizipations- und Realisatiperspektive betrachtet, die ebenfalls als wesentliche Anforderung für wertorientierte Performancemaße, insbesondere im Kontext von Vergütungsfragen, erachtet werden kann.[659]

5.2.3 Notwendigkeit der Berücksichtigung von Antizipations- und Realisationskomponente im Kontext der Managementvergütung

Die strategische Antizipation neuer Erfolgspotentiale sowie die operative Realisation von bereits generierten Erfolgspotentialen skizzieren neben den stakeholderorientierten Anforderungen den wesentlichen Aufgabenbereich des Top-Managements und werden auch explizit durch den Gesetzgeber als solcher klassifiziert.[660] Die Identifizierung neuer Erfolgspotentiale, ausgehend von der definierten „Corporate Strategy", kann allgemeingültig als maßgebliche Determinante für die nachhaltige Ertragskraft eines Unternehmens angesehen werden und ist somit für die dauerhafte Existenz des Unternehmens unabdingbar. Die Realisation der Erfolgspotentiale im Rahmen der operativen Führung ist hingegen vor allem für die kurzfristige Rentabilitätssicherung bzw. Effizienz der Unternehmung von besonderer Relevanz und wird auch vom Gesetzgeber explizit als Verantwortungs- und Aufgabenbereich, neben den strategischen Obliegenheiten, angesehen.

Für die unternehmenswertorientierte Ausgestaltung der Bemessungsgrundlage von Vergütungssystemen ergibt sich in diesem Zusammenhang die essentielle Frage, wie die strategische Antizipation und die operative Realisation berücksichtigt werden sollen. Bezieht sich die leistungsabhängige Vergütung nur auf die Antizipation von Erfolgspotentialen, so besteht die Gefahr, dass die operative Effizienz vernachlässigt und der Ermessensspielraum im Rahmen von Planungen vergütungsoptimierend ausge-

658 Schultze/Weiler (2007), S. 150.
659 Vgl. Schumann (2008), S. 112.
660 Bspw. kann die quartalsweise Berichterstattung des Vorstandes gegenüber dem Aufsichtsrat zur Umsatzentwicklung und Lage der Gesellschaft dahingehend interpretiert werden.

nutzt wird, da eine spätere Realisation vergütungsirrelevant wäre. Basiert die leistungsabhängige Vergütung hingegen lediglich auf der Realisation bestehender Erfolgspotentiale, so existiert für das Management ein geringer Anreiz, Arbeitseinsatz in die Identifizierung neuer Erfolgspotentiale zu investieren, vor allem wenn die Realisationsphase nicht oder nur noch geringfügig in die Vertragszeit des Managements fällt. Zwar erfolgt bei dieser Vorgehensweise eine Risikoharmonisierung dahingehend, dass nur sichere Größen vergütungsrelevant sind, allerdings ist langfristig eine derartige Vergütungspolitik durch die damit induzierten Anreize sogar als existenzbedrohend für das Unternehmen zu erachten und muss daher auch abgelehnt werden. Die aufgezeigten Vorgehensweisen scheinen aus der Perspektive des Unternehmens bzw. deren Eigentümern nicht zielführend, sodass, der juristischen Vorgabe und den Erkenntnissen des vorherigen Kapitels folgend, auch aus der ökonomischen Perspektive beide Aufgabenfelder bei der Vergütung berücksichtigt werden müssen.

Grundsätzlich sind dabei vor dem Hintergrund der Differenzierung von Antizipation und Realisation zwei Dimensionen der Performance zu berücksichtigen.

Dimensionen	Antizipation neuer Erfolgspotentiale	Realisation bestehender Erfolgspotentiale
Zeitbezug des Performancemaßes	Prospektiv	Retrospektiv
Aufgaben-charakteristik	Strategisch	Operativ

Tabelle 50: Antizipation und Realisation von Erfolgspotentialen

Die Antizipation neuer Erfolgspotentiale durch die Investition in ein Projekt kann grundsätzlich als Barwert der bewertungsrelevanten Erfolgsgröße (EG_t) dargestellt werden, sodass sich die antizipationsbezogene Performance (PM_t^A) ergibt als:

$$PM_0^A = \sum_{t=1}^{T} EG_t \times (1+i)^{-t} \qquad 5\text{-}4$$

Für eine Performancemessung, die ausschließlich auf der Antizipationsperspektive rekurriert, wäre der Barwert zum Zeitpunkt der Investition als Wertsteigerung zu erfassen und dementsprechend in der Vergütung zu berücksichtigen. Die nachfolgende Realisation der im Barwert antizipierten Einzahlungsüberschüsse würde demnach keine weitere Beachtung finden. Wird hingegen eine Performancemessung vorgenommen, die ausschließlich auf der Realisationsperspektive basiert, so wäre der Barwertausweis zum Initiierungs- bzw. Investitionszeitpunkt irrelevant für die Performancemessung und Vergütung. Stattdessen müsste eine periodische Erfolgsgröße als Performancemaß identifiziert werden, die die Realisation des Barwertes zum Ausdruck bringt. Für das operative Performancemaß (PM_t^R) aus der ex ante-Perspektive gilt dann:

$$PM_t^R = EG_t \qquad 5\text{-}5$$

Erfolgt die Vergütung sowohl für die Antizipation als auch die Realisation von Erfolgspotentialen, so muss die Frage beantwortet werden, welchen Anteil die Wertschaffung und -schöpfung jeweils an der variablen Vergütung haben sollen, damit eine effektive Anreizsetzung erfolgen kann und eine (ungewollte) Doppelzahlung aufgrund der jeweils erfüllten Barwertidentität der beiden Prinzipien vermieden wird.

Eine potentielle Doppelzahlung kann dahingehend konkretisiert werden, dass die Summe der Prämiensätze aus Antizipations- (p_A) und Realisationskomponente (p_R) den optimalem bzw. anvisierten Prämiensatz[661] (p) übersteigt, sodass bei identischer Erfolgsgröße ($BW(EG)$) der Prämien-sätze eine zu hohe Vergütung resultiert.

$$\begin{gathered} p \times BW(EG) < (p_A + p_R) \times BW(EG) \\ \text{mit } p < p_A + p_R \end{gathered} \qquad 5\text{-}6$$

Wird von einem angestrebten Prämiensatz i.H.v. 5 Prozent des Barwertes ausgegangen und sowohl die Wertschaffung als auch die periodische Wertschöpfung berücksichtigt, so ist die Summe der Barwerte aus den beiden Vergütungskomponenten doppelt so hoch, also 10 Prozent, wie die eigentlich beabsichtigte Vergütung von 5 Prozent.

661 Alternativ könnte auch ein absoluter Betrag im Sinne einer Höchstgrenze definiert werden.

p	5,00%					
$p_R(100\%)$	5,00%					
$p_A(100\%)$	5,00%					
i =10%	0	1	2	3	4	5
$Erfolgsgröße\ (EG_t)$		300,00	300,00	300,00	300,00	300,00
$BW\ (EG)$	1.137,24	950,96	746,06	520,66	272,73	
Vergütung Realis.		15,00	15,00	15,00	15,00	15,00
$BW\ (V(p_R))$	56,86	47,55	37,30	26,03	13,64	
Vergütung Antizip.	56,86	0,00	0,00	0,00	0,00	0,00
Vergütung gesamt	56,86	15,00	15,00	15,00	15,00	15,00
$BW\ (V(p_R) + V(p_A))$	113,72	47,55	37,30	26,03	13,64	

Tabelle 51: Vergütung auf Grundlage des Antizipations- und Realisationskomponente

Bei einem hinreichend hohen Prämiensatz kann der Nettoerfolg des Unternehmens nach Berücksichtigung der Managementvergütung sogar negativ werden, sodass die folgende Bedingung berücksichtigt werden muss:

$$p \times BW(EG) = V_t(p_A) + \sum_{t=1}^{T} V_t(p_R) \times (1+i)^{-t} \quad \text{5-7}$$

$$mit\ p = p_A + p_R$$

Diese Bedingung kann auch als strenge Barwertidentität der variablen Vergütung interpretiert werden, wobei hier die Antizipationszahlung und die diskontierten Realisationszahlungen dem prozentual beabsichtigten Anteil am Barwert aus der ex ante-Perspektive entsprechen.

Für die gezielte Anreizsetzung in Abhängigkeit der unternehmensindividuellen Situation[662] kann eine fundierte Differenzierung der Antizipation und Realisation als grundsätzlich maßgeblich angesehen werden, wodurch das Vergütungssystem in seiner Gesamtheit eine höhere Güte erfährt. Angemessene Reaktionen bei potentiellen Erwar-

[662] Differenzierungskriterien können allgemein die Lage des Unternehmens oder der Reifegrad der Branche sein. Für eine verstärkte Berücksichtigung der Antizipationskomponente könnte bspw. ein „Investitionsstau" in vergangenen Jahren oder ein hoher Kassenbestand ursächlich sein. Hingegen könnte bei Unternehmen, die in den vergangenen Perioden hohe Erweiterungsinvestitionen getätigt haben, zunächst die Realisationskomponente im Vordergrund stehen. Dies kann auch eine explizite Berücksichtigung von Sonderzielvereinbarungen im Rahmen der Vergütung durch die differenzierten Anreize von Antizipation und Realisation ersetzen.

tungsrevisionen, also der Veränderung des Informationsstandes und den daraus resultierenden Abweichungen von den bisherigen exogenen und endogenen Annahmen im Kontext der Unternehmensplanung, sind dabei, in Abhängigkeit der konkreten Abweichungsursachen und den damit verbundenen Implikationen, sowohl operative „Sofortmaßnahmen" wie auch strategische Anpassungen, weshalb das Vergütungssystem auch in diesem Kontext beide Aufgabenbereiche abbilden sollte.

5.2.4 Differenzierung des Prämiensatzes von Long- und Short-Term-Incentives

In Anbetracht der Ausführungen zur Berücksichtigung der Antizipation und Realisation von Erfolgspotentialen im Rahmen der wertorientierten Performancemessung und Managementvergütung soll im Folgenden eine differenzierende Perspektive zur Berücksichtigung beider Prinzipien eingenommen werden. Eine differenzierte Betrachtungsweise kann dabei zum einen die Transparenz der Vergütung, d.h. welcher Anteil der Bemessungsgrundlage für welche Leistung zu welchem Zeitpunkt gezahlt wird, gewährleisten und somit eine gezielte Anreizsetzung ermöglichen. Zum anderen kann der juristischen Vorgabe einer aufgaben- und leistungsbezogenen Angemessenheit der Vergütung sowie der ökonomisch nachhaltigen Ausgestaltung des Vergütungssystems explizit Rechnung getragen werden. Für eine derartige Vorgehensweise stellt sich aber die Frage, wie eine Gewichtung der Vergütungskomponenten ex ante erfolgen kann und welche Anknüpfungspunkte dafür existieren. Sofern die strategische Investitionsentscheidung und die operative Umsetzung der antizipierten Erfolgspotentiale nicht von unterschiedlichen Managern oder Organisationseinheiten zu verantworten sind, kann die Gewichtung der Antizipations- und Realisationskomponente auf eine Problemstellung hinsichtlich des Vergütungszeitpunktes und der Risikoteilung reduziert werden. Ist darüber hinaus eine Organisationsform vorliegend, die beiden Aufgabenbereichen unterschiedliche Bezugssubjekte als Verantwortungsträger zuweist, so determiniert die Differenzierung nicht nur die temporäre Struktur der Vergütung, sondern auch das Ausmaß.

Als zielführend kann für die Differenzierung der Antizipations- und der Realisationskomponente ein Top-Down-Ansatz erachtet werden, sodass bspw. ausgehend von der Vergütung in Höhe eines bestimmten Anteils am Kapitalwert einer Investition, die Gewichtung hinsichtlich des Anteils dieser Vergütung im Antizipationszeitpunkt und über die Realisationsphase bestimmt wird. Die Gewichtung von Antizipation und Realisation im Rahmen der variablen Vergütung kann mit einer Vergütung auf Grundlage eines pauschalen Prämiensatzes am Barwert betrachtet werden, die für die Realisation der Erfolgspotentiale auf 60 Prozent und für die entsprechende Antizipation auf 40 Prozent festgelegt wird:

p	5,00%					
p_R (60%)	3,00%					
p_A (40%)	2,00%					
i =10%	0	1	2	3	4	5
$Erfolgsgröße\ (EG_t)$		300,00	300,00	300,00	300,00	300,00
$BW\ (EG)$	1.137,24	950,96	746,06	520,66	272,73	
$Vergütung\ Realis.$		9,00	9,00	9,00	9,00	9,00
$BW\ (V(p_R))$	34,12	28,53	22,38	15,62	8,18	
$Vergütung\ Antizip.$	22,74	0,00	0,00	0,00	0,00	0,00
$Vergütung\ gesamt$	22,74	9,00	9,00	9,00	9,00	9,00
$BW\ (V(p_R) + V(p_A))$	56,86	28,53	22,38	15,62	8,18	

Tabelle 52: Differenzierung von Antizipations- und Realisationskomponente

Im Hinblick auf den prozentualen Anteil des Barwertes wird zunächst die Vergütung für die Antizipation der Erfolgspotentiale i.H.v. 22,74 GE gewährt. In den nachfolgenden Perioden wird dann die Realisation der Erfolgspotentiale zur Bemessungsgrundlage der Vergütung, die über einen der Nutzungsdauer entsprechenden Zeitraum genehmigt werden kann. Diese Vorgehensweise kann jedoch als wenig fundiert angesehen werden, da die Gewichtung über pauschal bestimmte Prozentsätze erfolgt. Wie in Kapitel 3.2.2.3 bereits dargestellt, bietet das AHP eine systematische und überzeugende Ermittlungsmöglichkeit von konsistenten Vergütungsgewichten.

$$p_R = \frac{Anteil\ R\ aus\ AHP}{Anteil\ A\ aus\ AHP + Anteil\ R\ aus\ AHP} = \frac{0{,}48}{0{,}48 + 0{,}16} = 0{,}75$$

$$p_A = \frac{Anteil\ A\ aus\ AHP}{Anteil\ A\ aus\ AHP + Anteil\ R\ aus\ AHP} = \frac{0{,}16}{0{,}48 + 0{,}16} = 0{,}25$$

Das Resultat der AHP-Gewichtematrix kann in diesem Kontext für eine explizite Gewichtung der Antizipations- und Realisationskomponente sorgen und so eine gezielte Anreizsetzung ermöglichen. Diese präferenzorientierte Sichtweise kann dabei, insbesondere durch die Konsistenz zu dem gesamtheitlich konzipierten Vergütungssystem, als besonders geeignet angesehen werden. Darüber hinaus kann so, wie auch bei der pauschalen Gewichtung, eine über mehrere Perioden konstante Gewichtung erzielt werden, aber auch Anpassungen, die bspw. aus dem gesamten Vergütungssystem resultieren, durchgeführt werden.

p	5,00%					
p_R (75%)	3,75%					
p_A (25%)	1,25%					
i =10%	0	1	2	3	4	5
$Erfolgsgröße\ (EG_t)$		300,00	300,00	300,00	300,00	300,00
$BW\ (EG)$	1.137,24	950,96	746,06	520,66	272,73	
$Vergütung\ Realis.$		11,25	11,25	11,25	11,25	11,25
$BW\ (V(p_R))$	42,65	35,66	27,98	19,52	10,23	
$Vergütung\ Antizip.$	14,22	0,00	0,00	0,00	0,00	0,00
$Vergütung\ gesamt$	14,22	11,25	11,25	11,25	11,25	11,25
$BW\ (V(p_R) + V(p_A))$	56,86	35,66	27,98	19,52	10,23	

Tabelle 53: Präferenzorientierte Differenzierung von Antizipations- und Realisationskomponente

Die Differenzierung von Bemessungsgrundlagen im Allgemeinen sowie zwischen Antizipation und Realisation von Erfolgspotentialen im Speziellen für Zwecke der Vergütung findet im Schrifttum bisher keine nennenswerte Beachtung. Eine Ausnahme ist in diesem Kontext in dem von Ferstl konzipierten Vergütungsmodell zu sehen, das im Initiierungszeitpunkt einen prozentualen Anteil des Wertbeitrages als Vergütung gewährt, in den nachfolgenden Perioden aber ausschließlich positive Erwartungsrevisionen und positive Realisationsabweichungen mit jeweils unterschiedlichen Gewichtungsfaktoren honoriert.[663] Auf diese Weise wird aber ein unzureichender Anreiz für die Realisation der Erfolgspotentiale induziert, insbesondere wenn nur geringfügige Abweichungen im Zeitablauf zu erwarten sind. Vorteilhaft erscheint es jedoch in diesem Zusammenhang zunächst einen prozentualen Anteil an der Zielgröße bspw. dem Unternehmens(mehr)wert festzulegen, der dann auf Antizipation und Realisation aufgeteilt wird. Die Antizipationsprämie sollte dabei einen absoluten Betrag annehmen, bei dem Erwartungsrevisionen und Realisationsabweichungen in folgenden Perioden mit der Realisationsvergütung verrechnet werden können. Dies kann auch über die

[663] Vgl. Ferstl (2000), S. 231 ff. Das konzipierte Vergütungssystem impliziert eine Verlustbeteiligung bei negativen Abweichungen, die beispielsweise durch eine Bonusbank realisiert werden kann.

Periodisierung des mit dem Realisationsgewicht bestimmten Anteils der Erwartungsrevisionen erfolgen, wodurch ein konsistentes Vorgehen zum Initiierungszeitpunkt gewährleistet wird.

Des Weiteren sollte der bereits vergütete Anteil für die Antizipation bei (negativen) Erwartungsrevisionen revidiert werden können. Diese Zurechnungsproblematik von Antizipation und Realisation der Wertsteigerung kann als zentraler Punkt eines nachhaltigen Vergütungssystems angesehen werden, sodass aus ex ante- und ex post-Perspektive die Bedingung gemäß Formel (5-7) erfüllt ist. Damit die Berücksichtigung dieser Äquivalenz ohne eine hohe Volatilität der Vergütung bei Erwartungsrevisionen erfolgen kann, ist daher bei stark risikobehafteten Projekten c.p. eine geringere Antizipationsprämie zu wählen, als dies bei Projekten mit geringerem Risiko der Fall ist.

5.2.5 Problemkomplexe der Performancemessung im Kontext von Antizipations- und Realisationsperspektive

5.2.5.1 Abgrenzung des Performancezeitraums

Die zeitliche Abgrenzung des Performancezeitraums bezieht sich nicht auf die Initiierung einer Investition, sondern auf die korrespondierende Realisation. Übersteigt die Nutzungsdauer den Beschäftigungszeitraum oder handelt es sich bei der Investition um einen Bereich, so kann für die Abgrenzung des Performancezeitraums zunächst einfach der korrespondierende Beschäftigungszeitraum herangezogen werden, wodurch der nachfolgende Manager den gleichen Realisationsprämiensatz erhält und keine weiteren Anpassungen im Verhältnis zum zuvor gezeigten Vorgehen notwendig sind. Verlässt Manager 1 nach der ersten Periode das Unternehmen, so wird das Projekt von Manager 2 weiter geführt. Dieser muss keinen Arbeitseinsatz für die Antizipation der Erfolgspotentiale leisten und wird daher mit dem gleichen Prämiensatz an der periodischen Wertschöpfung beteiligt. Bei der unterstellten Struktur der Erfolgsgröße sind auf diese Weise keine Anreizprobleme zu befürchten.

Ein Problem bei dieser Vorgehensweise kann aber dadurch resultieren, dass für den betrachteten Manager die Investitionsbeurteilung auf Grundlage der eigenen Vergütung erfolgt, sodass der Betrachtungszeitraum einer Investition auf den noch verbleibenden Beschäftigungszeitraum reduziert wird. Ist in dem Realisationszeitraum des Managers 1 der Barwert der Erfolgsgröße negativ, so muss die Antizipationsprämie einen hinreichenden Anreiz bieten, die Investition trotzdem durchzuführen.

p	5,00%					
p_R (75%)	3,75%					
p_A (25%)	1,25%					
i =10%	0	1	2	3	4	5
$Erfolgsgröße\ (EG_t)$		300,00	300,00	300,00	300,00	300,00
$BW\ (EG)$	1.137,24	950,96	746,06	520,66	272,73	
$Vergütung\ Realis.$		11,25	11,25	11,25	11,25	11,25
$BW\ (V^{M1}(p_R))$	10,23					
$BW\ (V^{M2}(p_R))$	32,42	35,66	27,98	19,52	10,23	
$Vergütungs\ Antiz.$	14,22	0,00	0,00	0,00	0,00	0,00
$Vergütung\ gesamt$	14,22	11,25	11,25	11,25	11,25	11,25
$BW(V(p_R) + V(p_A))$	56,86	35,66	27,98	19,52	10,23	

Tabelle 54: Begrenzter Performancezeitraum

Bei dem nachfolgenden Cashflowprofil würde der Manager 1, der zum Ende der ersten Periode das Unternehmen verlässt, die Investition nicht durchführen, da diese einen negativen Einfluss von 5,69 - 6,14 = - 0,45 auf seine Vergütung hat. Der Manager 2 partizipiert in dieser Konstellation zwar überproportional an den Realisationserfolgen, das Problem an dieser Konstellation ist aber, dass Manager 1 die Investition gar nicht erst durchführen würde.[664]

p	5,00%					
p_R (90%)	4,50%					
p_A (10%)	0,50%					
i =10%	0	1	2	3	4	5
$Erfolgsgröße\ (EG_t)$		-150,00	0,00	450,00	650,00	791,65
$BW\ (EG)$	1.137,24	1.400,96	1.541,06	1.245,17	719,68	
$Vergütung\ Realis.$		-6,75	0,00	20,25	29,25	35,62
$BW\ (V^{M1}(p_R))$	-6,14					
$BW\ (V^{M2}(p_R))$	57,31	63,04	69,35	56,03	32,39	
$Vergütungs\ Antiz.$	5,69	0,00	0,00	0,00	0,00	0,00
$Vergütung\ gesamt$	5,69	-6,75	0,00	20,25	29,25	35,62
$BW(V(p_R) + V(p_A))$	56,86	63,04	69,35	56,03	32,39	

Tabelle 55: Unterinvestitionsproblem im Antizipations- und Realisationskontext

664 Diese im Schrifttum als Unterinvestitionsproblematik bezeichnete Situation wird insbesondere bei der Ausgestaltung von Residualgewinnkonzepten thematisiert. Siehe hierzu auch Kapitel 5.5.1.

Damit aber in einer derartigen Situation die Anreizsetzung erfolgreich sein kann, d.h. wertsteigernde Investitionen durchgeführt werden, muss grundsätzlich gelten:

$$p_A^{M1} \times BW\,(EG) + p_R^{M1} \times \sum_{t+1}^{T} \frac{EG_t}{(1+i)^t} \geq 0 \qquad \text{5-8}$$

Die voranstehende Bedingung der Anreizkompatibilität kann immer dann als potentiell nicht erfüllt angesehen werden, wenn in dem Realisationszeitraum des Managers 1 negative Erfolgsgrößen ausgewiesen werden. Damit der Manager 1 zumindest indifferent hinsichtlich der Durchführung des Projekts ist, muss die Realisationsprämie in der ersten Periode gesenkt werden, sodass er weniger stark an dem negativen Ergebnis partizipiert. Soll aber auch die strenge Barwertidentität über die Projektdauer gewahrt werden, d.h. dass der Barwert der Vergütung dem prozentualen Anteil des Barwerts der Erfolgsgröße entspricht, so muss auch die Realisationsprämie von Manager 2 sinken. Sind die Prämiensätze für Manager 1 bezüglich Antizipation und Realisation bestimmt, sodass die Bedingung aus der voranstehenden Formel 5-8 erfüllt ist, so kann der Prämiensatz für die Realisation des Managers 2 bestimmt werden.

$$p_R^{M2} = \frac{BW_t \times p - p_A^{M1} \times BW_t - p_R^{M1} \times \sum_t^{T(M1)} \dfrac{EG_t}{(1+i)^t}}{\sum_{T(M1)}^{T(M2)} \dfrac{EG_t}{(1+i)^{T(M1)}} \times (1+i)^{-(T(M1))}} \qquad \text{5-9}$$

Da die Realisationskomponente des Managers 1 aufgrund der negativen Cashflows zu Beginn der Investition gering ausfällt, muss für die Anreizkompatibilität des Managers 2 noch die folgende Bedingung erfüllt sein.

$$p_R^{M2} > 0 \qquad \text{5-10}$$

Damit der Manager 1 zumindest indifferent hinsichtlich der Durchführung des Projekts ist, muss die Realisationsprämie in der ersten Periode gesenkt werden, sodass er weniger stark an dem negativen Ergebnis partizipiert. Zum Zwecke der Wahrung der strengen Barwertidentität über die Projektdauer muss auch die Realisationsprämie von Manager 2 sinken und zwar genau in dem Umfang, dass der Barwert der Vergütung von Manager 1 und 2 dem prozentualen Anteil des Barwerts der Erfolgsgröße entspricht. Der Prämiensatz für die Realisierung der Erfolgspotentiale wurde für Manager

1 so gewählt, dass die Gesamtvergütung 0 ist, und derjenige des Managers 2 derart, dass die strenge Barwertidentität erfüllt ist. Bei einem marginal geringeren Realisationsprämiensatz für Manager 1 würde dieser die Investition also durchführen.

p	5,00%					
$p_R^{M1}(83{,}39\%)$	4,17%					
p_R^{M2} (89,29%)	0,45%					
p_A (10%)	0,50%					
i =10%	0	1	2	3	4	5
$Erfolgsgröße\ (EG_t)$		-150,00	0,00	450,00	650,00	791,65
$BW\ (EG)$	1.137,24	1.400,96	1.541,06	1.245,17	719,68	
$Vergütung\ Realis.$		-6,25	0,00	20,09	29,02	35,34
$BW\ (V^{M1}(p_R))$	-5,69					
$BW\ (V^{M2}(p_R))$	56,86	62,55	68,80	55,59	32,13	
$Vergütungs\ Antiz.$	5,69	0,00	0,00	0,00	0,00	0,00
$Vergütung\ gesamt$	5,69	-6,25	0,00	20,09	29,02	35,34
$BW(V(p_R) + V(p_A))$	56,86	62,55	68,80	55,59	32,13	

Tabelle 56: Anpassung der Realisationsprämie zur Beseitigung der Unterinvestitionsproblematik

Problematisch an dieser Vorgehensweise ist die Ausgestaltung des Prämiensatzes in Abhängigkeit der Cashflowstruktur, die somit bereits vor Ausgestaltung des Vergütungskontrakts bekannt sein muss.

VD =5	t	1	2	3	4	5	6	7	8	9	10
$M1$	A	0	0	0	0	0	0	0	0	0	0
	R_t^{M1}	0,4	0,3	0,2	0,1	0	0	0	0	0	0
$M2$	A	1	1	1	1	1	0	0	0	0	0
	R_t^{M2}	0,6	0,7	0,8	0,9	1	0,4	0,3	0,2	0,1	0
$M3$	A	0	0	0	0	0	1	1	1	1	1
	R_t^{M3}	0	0	0	0	0	0,6	0,7	0,8	0,9	1
Σ	A	1	1	1	1	1	1	1	1	1	1
	$R_t^{\sum_i^n Mi}$	1	1	1	1	1	1	1	1	1	1

Tabelle 57: Verallgemeinerte Vorgehensweise zur Induktion nachhaltiger Investitionsanreize

Als Alternative zu der dargestellten Vorgehensweise kann auch eine Berücksichtigung über die Dienstzeit hinaus erfolgen, die eine verallgemeinerte Vorgehensweise der zuvor beschriebenen Logik ermöglicht und im Bereichsbezug vorteilhaft erscheint. Die voranstehende Tabelle verdeutlicht die verallgemeinerte Vorgehensweise bei einer Vertragsdauer von fünf Jahren. Die Vertragsdauer des Managers 1 endet im Zeitpunkt null, sodass ab der ersten Periode der Manager 2 verantwortlich ist.

Da der Manager 1 während der Vertragsdauer Investitionen tätigt, deren Realisierung nur teilweise während seiner Vertragsdauer erfolgt, kann durch eine Beteiligung an der Realisation der Erfolgspotentiale über die Vertragsdauer hinaus ein nachhaltiger Investitionsanreiz erfolgen.

$$R_t^{Mi} = \frac{Vertragsdauer - (t - Zeitpunkt\ Dienstende)}{Vertragsdauer} \qquad 5\text{-}11$$

p	5,00%					
p_R (90%)	4,50%					
p_A (10%)	0,50%					
i =10%	0	1	2	3	4	5
$Erfolgsgröße\ (EG_t)$		-150,00	0,00	450,00	650,00	791,65
$BW\ (EG)$	1.137,24	1.400,96	1.541,06	1.245,17	719,68	
$Vergütung\ Realis.$		-6,75	0,00	20,25	29,25	35,62
$Anteil\ Manager\ 1(R_t^{M1})$		1,00	0,40	0,30	0,20	0,10
$BW\ (V^{M1}(p_R; R^{M1}))$	4,64	11,85	13,03	8,26	3,24	
$Anteil\ Manager\ 2(R_t^{M2})$		0,00	0,60	0,70	0,80	0,90
$BW\ (V^{M2}(p_R; R^{M2}))$	46,54	51,19	56,31	47,77	29,15	
$Vergütung\ Antizip.$	5,69	0,00	0,00	0,00	0,00	0,00
$Vergütung\ gesamt$	5,69	-6,75	0,00	20,25	29,25	35,62
$BW(V(p_R) + V(p_A))$	56,86	63,04	69,35	56,03	32,39	

Tabelle 58: Verallgemeinerten Vorgehensweise bei der Unterinvestitionsproblematik

Die Beteiligung des Managers über die Vertragsdauer hinaus führt zum einen zu einer Abschwächung der zuvor skizzierten Problematik und kann zum anderen für den Zeitraum nach seiner Dienstzeit als Planungsprämie interpretiert werden. Die damit verbundene Reduzierung des Realisationsprämiensatzes des Nachfolgers in den ersten

Perioden wird dann durch den an seine Dienstzeit anschließenden Zeitraum ausgeglichen. Auf diese Weise ist stets ein Anreiz zur Realisierung von Erfolgspotentialen vorhanden, wobei eine Berücksichtigung auch auf den Zeitraum nach seiner Vertragsdauer eine besondere Sorgfalt bei der Auswahl der Investitionen auch zum Ende der Dienstzeit begründen kann.[665] Wird die verallgemeinerte Vorgehensweise zur Induzierung nachhaltiger Investitionsanreize auf das Beispiel übertragen, so ergeben sich folgende Vergütungen:

Als nicht trivial für eine adäquate Anreizsetzung kann die Situation erachtet werden, wenn der Manager 1 eine Periode vor Ende der Projektdauer das Unternehmen verlässt und die letzte Periode eine negative Erfolgsgröße aufweist. Auch hier kann die Beteiligung an der periodischen Erfolgsgröße über die Vertragsdauer hinaus zumindest eine Abschwächung der Zurechnungsproblematik ermöglichen.

p	5,00%					
p_R (90%)	4,50%					
p_A (10%)	0,50%					
i =10%	0	1	2	3	4	5
$Erfolgsgröße\ (EG_t)$		650,00	450,00	250,00	200,00	-241,58
$BW\ (EG)$	1.137,24	600,96	211,06	-17,83	-219,62	
$Vergütung\ Realis.$		29,25	20,25	11,25	9,00	-10,87
$BW\ (V^{M1}(p_R^{M1}))$	57,93					
$BW\ (V^{M2}(p_R^{M2}))$	-6,75					
$Vergütung\ Antizip.$	5,69	0,00	0,00	0,00	0,00	0,00
$Vergütung\ gesamt$	5,69	29,25	20,25	11,25	9,00	-10,87
$BW(V(p_R) + V(p_A))$	56,86	27,04	9,50	-0,80	-9,88	

Tabelle 59: Vorzeitiges Ende der Dienstzeit

Grundsätzlich ist bei der Verwendung uneinheitlicher Prämiensätze zu beachten, dass die angestrebte prozentuale Vergütung in Abhängigkeit des Barwertes aus der ex ante-Perspektive erfüllt ist. Für die Einhaltung der strengen Barwertidentität können periodenspezifische Realisationsprämiensätze für Manager 2 ermittelt werden, sodass entweder zum Ende einer jeden Periode auf Grundlage der Ist-Daten oder zu Beginn

665 Der empirisch bewiesene Zusammenhang, dass Manager zum Ende Ihrer Vertragsdauer überdurchschnittliche Investitionen tätigen, könnte hiermit adäquat berücksichtigt werden, sodass sehr riskante Investitionen nur bei hinreichenden Erfolgsaussichten durchgeführt werden, da eine Partizipation auch an der Realisierung der Erfolgspotentiale erfolgt. Siehe zu dem Zusammenhang der Vertragslaufzeit und der Investitionstätigkeit Pan/Wang/Weisbach (2015).

einer Periode auf Basis der Plan-Daten die periodenspezifischen Realisationsprämiensätze bestimmt werden. Im Zeitpunkt der jeweiligen Festlegung stimmt dann der prozentuale Anteil am Ertragswert mit dem Barwert der bisher getätigten Antizipations- und Realisationszahlungen sowie den noch geplanten Realisationszahlungen überein.

Weist eine Investition für die Perioden nach dem Ausscheiden des Managers 1 einen negativen Barwert aus, so muss dies bei der Gestaltung der Prämiensätze berücksichtigt werden, indem ein Anteil der Realisationsprämie von Manager 1 mit den negativen Erfolgsgrößen nach seiner Vertragsdauer verrechnet wird. Grundsätzlich muss aber akzeptiert werden, dass nicht in jeder Situation eine perfekte Anreizsetzung erfolgen kann, wenn der Manager nur einen begrenzten Zeitraum im Unternehmen verbleibt. Eine Abschwächung der Problematik kann aber durch die dargestellte verallgemeinerte Vorgehensweise ermöglicht werden.

p	5,00%					
p_R (90%)	4,50%					
p_A (10%)	0,50%					
i =10%	0	1	2	3	4	5
$Erfolgsgröße\ (EG_t)$		650,00	450,00	250,00	200,00	-241,58
$BW\ (EG)$	1.137,24	600,96	211,06	-17,83	-219,62	
$Vergütung\ Realis.$		29,25	20,25	11,25	9,00	-10,87
$Anteil\ Manager\ 1(R_t^{M1})$		1,00	1,00	1,00	1,00	0,60
$BW\ (V^{M1}(p_R; R^{M1}))$	53,88	30,01	12,76	2,79	-5,93	
$Anteil\ Manager\ 2(R_t^{M2})$		0,00	0,00	0,00	0,00	0,40
$BW\ (V^{M2}(p_R; R^{M2}))$	-2,70	-2,97	-3,27	-3,59	-3,95	
$Vergütung\ Antizip.$	5,69	0,00	0,00	0,00	0,00	0,00
$Vergütung\ gesamt$	5,69	29,25	20,25	11,25	9,00	-10,87
$BW(V(p_R) + V(p_A))$	56,86	27,04	9,50	-0,80	-9,88	

Tabelle 60: Verallgemeinerte Vorgehensweise beim vorzeitigen Ende der Dienstzeit

5.2.5.2 Berücksichtigung von Erwartungsrevisionen

Das grundsätzliche Problem bei einer Vergütung auf Grundlage der Antizipationsperspektive ist in der fehlenden Risikoteilung hinsichtlich negativer Erwartungsrevisionen nach Initiierung der Investition zu sehen. Im Folgenden sollen unterschiedliche Möglichkeiten zur Berücksichtigung von Erwartungsrevisionen aufgezeigt werden, die wiederum auf der Antizipations- bzw. Realisationsperspektive rekurrieren. Wird eine Erwartungsrevision zum Ende der ersten Periode ersichtlich, so kann diese gemäß der Antizipationsperspektive in diesem Zeitpunkt bei der Vergütung berücksichtigt werden.

Die ex ante-Situation entspricht der Tabelle 51, sodass eine Reduktion der Erfolgsgröße um 30 GE je Periode durch die Erwartungsrevision resultiert. Die Erwartungsrevision der ersten Periode wird durch die Vergütung der Realisationskomponente in der korrespondierenden Periode berücksichtigt und die Erwartungsrevision der nachfolgenden Perioden durch eine negative Antizipationskomponente ebenfalls zu diesem Zeitpunkt erfasst. Die negative Ausprägung der Antizipationskomponente in der ersten Periode ergibt sich als Differenz des Barwerts der Erfolgsgröße aus der ex post- und ex ante-Perspektive, multipliziert mit dem antizipationsbezogenen Prämiensatz.

p	5,00%					
p_R (75%)	3,75%					
p_A (25%)	1,25%					
i =10%	0	1	2	3	4	5
$Erfolgsgröße\ (EG_t)$		270,00	270,00	270,00	270,00	270,00
$BW\ (EG)$	1.023,51	855,86	671,45	468,60	245,45	
$Vergütung\ Realis.$		10,13	10,13	10,13	10,13	10,13
$BW\ (V_t(p_R)))$	38,38	32,09	25,18	17,57	9,20	
$Vergütung\ Antizip.$	14,22	-1,56	0,00	0,00	0,00	0,00
$Vergütung\ gesamt$	14,22	8,56	10,13	10,13	10,13	10,13
$BW\ (V(p_R) + V(p_A))$	51,18	32,09	25,18	17,57	9,20	

Tabelle 61: Erwartungsrevision gemäß Antizipationsperspektive

Wird stattdessen zur Berücksichtigung der Erwartungsrevision in der Vergütung eine realisationsbezogene Sichtweise eingenommen, so kann diese unter Berücksichtigung von Zinseffekten mit dem Kapitalwiedergewinnungsfaktor auf die nachfolgenden Perioden allokiert werden. Bei einer derartigen Vorgehensweise werden die Perioden mit der Annuität der Erwartungsrevision belastet, die für eben diese auch verantwortlich sind. Als wesentlicher Vorteil bei dieser Vorgehensweise kann die Glättung der Vergütung angesehen werden, sodass in dem hier betrachteten Beispiel keine negative Vergütung in der ersten Periode resultiert.

p	5,00%					
p_R (75%)	3,75%					
p_A (25%)	1,25%					
i =10%	0	1	2	3	4	5
$Erfolgsgröße\ (EG_t)$		270,00	270,00	270,00	270,00	270,00
$BW\ (EG)$	1.023,51	855,86	671,45	468,60	245,45	
$Vergütung\ Realis.$		10,13	10,13	10,13	10,13	10,13
$BW\ (V_t(p_R))$	38,38	32,09	25,18	17,57	9,20	
$Vergütung\ Antizip.$	14,22	-1,56	0,00	0,00	0,00	0,00
$Zahlung\ Antizip.$	14,22	0,00	-0,49	-0,49	-0,49	-0,49
$Vergütung\ gesamt$	14,22	10,13	9,63	9,63	9,63	9,63
$BW\ (V(p_R) + V(p_A))$	51,18	30,53	23,95	16,72	8,76	

Tabelle 62: Erwartungsrevision gemäß Realisationsperspektive

Darüber hinaus ist es auch denkbar, die Antizipationsperiode der Erwartungsrevision mit einzubeziehen, sodass zum einen ein größerer Zeitraum zur Verrechnung der Erwartungsrevision resultiert und zum anderen eine konsistente Vorgehensweise bezüglich der Antizipation von Erfolgspotentialen im Initiierungszeitpunkt besteht. Dies erscheint insbesondere bei positiven Erwartungsrevisionen sinnvoll, da auch die Erwartungsrevisionen weiterhin risikobehaftet sind.

p	5,00%					
p_R (75%)	3,75%					
p_A (25%)	1,25%					
i =10%	0	1	2	3	4	5
$Erfolgsgröße\ (EG_t)$		270,00	270,00	270,00	270,00	270,00
$BW\ (EG)$	1.023,51	855,86	671,45	468,60	245,45	
$Vergütung\ Realis.$		10,13	10,13	10,13	10,13	10,13
$BW\ (V_t(p_R))$	38,38	32,09	25,18	17,57	9,20	
$Vergütung\ Antizip.$	14,22	-1,56	0,00	0,00	0,00	0,00
$Zahlung\ Antizip.$	14,22	-0,39	-0,37	-0,37	-0,37	-0,37
$Vergütung\ gesamt$	14,22	9,73	9,76	9,76	9,76	9,76
$BW\ (V(p_R) + V(p_A))$	51,18	30,92	24,26	16,93	8,87	

Tabelle 63: Erwartungsrevision gemäß differenzierter Berücksichtigung

Für die negative Erwartungsrevision kann ebenfalls ein entsprechendes Vorgehen sinnvoll sein, sodass der antizipative Anteil der Erwartungsrevision entsprechend der

Gewichtung von Antizipations- und Realisationskomponente berücksichtigt wird. Der Anteil der Erwartungsrevision, der in den Realisationszeitpunkten erfasst wird, kann mit dem Kapitalwiedergewinnungsfaktor auf eben diese Perioden verteilt werden. Diese Vorgehensweise kann insbesondere auch bei Erwartungsrevisionen in späteren Perioden als zielführend beurteilt werden, wobei wiederum die unternehmensindividuelle Gewichtung der Antizipation und Realisation von Erfolgspotentialen zum Ausdruck kommt.

5.2.5.3 Divergierende Zeitpräferenzen

Die bisherigen Ausführungen gehen von einer einheitlichen Zeitpräferenz (i) der Akteure aus. Wird diese Annahme verworfen, so hat dies Auswirkungen auf den individuellen Zeitwert der Vergütung und es können Unterschiede in der Beurteilung von Investitionen resultieren, wodurch die Zielkongruenz und die Anreizkompatibilität konterkariert werden können. Im Kontext der Unternehmensführung ist dabei zu beachten, dass die Investitionsentscheidungen im Normalfall Auswirkungen auf mehrere Perioden haben, womit Zielkonflikte erwachsen können. Zum einen wird die Dauer der Auftragsbeziehungen stets geringer sein als die der letzten Investitionsentscheidung des Managers und zum anderen ergeben sich Zielkonflikte, wenn der Manager die zukünftigen Zahlungen mit einem höheren Kalkulationszinssatz diskontiert als der Eigentümer. Dieser Problemkomplex wird in der Literatur als Problem des ungeduldigen Managers bezeichnet.[666]

$$i_{Manager} > i_{Eigentümer} \qquad \text{5-12}$$

Die Lösung dieses Problems ist in einer weitsichtigen Performancemessung zu sehen, die zukünftige Konsequenzen gegenwärtiger Investitionsauszahlungen antizipiert und diese den korrespondierenden Perioden zurechnet.[667] Eine starke Zielkongruenz zwischen dem Manager und dem Eigentümer kann erreicht werden, indem kapitalwertsteigernde Maßnahmen das Performancemaß in jeder Periode erhöhen.[668] Wird von einer abweichenden Zeitpräferenz zwischen Eigentümer und Manager ausgegangen,

[666] Vgl. bspw. Wagenhofer (2009), S. 5.

[667] Vgl. Pfaff (2004), S. 176.

[668] Vgl. Pfaff (2004), S. 177. In der Literatur wird der Problemkomplex daher dahingehend analysiert, dass die Regeln des Rechnungswesens in den Fokus der Betrachtung treten und somit die Periodisierung der Zahlungen analysiert werden. Für diese Periodisierung muss auch der Prinzipal über Informationen hinsichtlich des Investitionsobjektes verfügen. Die exakten Zahlungsströme können zwar unbekannt sein, die zeitliche Struktur hingegen nicht.

so ergeben sich drei mögliche Anknüpfungspunkte im Rahmen der Aufgabendelegation für eine Harmonisierung. Die Anpassung der Bemessungsgrundlage und des Prämiensatzes stellen dabei die naheliegenden Lösungen im Rahmen des Vergütungskontraktes dar. Darüber hinaus kann eine Modifikation der Auszahlungssystematik zielführend sein. Der Prämiensatz kann durch eine Skalierung mit dem Quotienten der Diskontierungszinssätze zu Zielkongruenz führen, d.h. der Agent tätigt (unterlässt) die Investitionen, die der Eigentümer in Abhängigkeit seiner Zeitpräferenz ($i_{Eigentümer}$) auch (nicht) durchführen würde.[669]

$$p_t = p \times \left(\frac{1 + i_{Manager}}{1 + i_{Eigentümer}}\right)^t \ \forall\, t \qquad \text{5-13}$$

Durch die periodisch ansteigenden Prämiensätze wird der Effekt der stärkeren Diskontierung aufgehoben und der Barwert der variablen Vergütungszahlungen entspricht genau dem Wert, der resultieren würde, wenn von einer einheitlichen Zeitpräferenz ausgegangen werden könnte.[670] Dabei muss beachtet werden, dass die steigenden Prämiensätze zur Durchführung auch solcher Projekte beitragen können, die nach den Entlohnungskosten unvorteilhaft sind. Die Entlohnungskosten können indes den Kapitalwert übersteigen, weil Prämiensätze von über 100 Prozent resultieren können.[671] Damit keine unvorteilhaften Investitionen nach Entlohnungskosten aus der Sicht des Eigentümers durchgeführt werden, muss der Vergütungsvertrag dahingehend modifiziert werden, dass eine finanzielle Verbesserung des Managers nur möglich ist, wenn dies auch bei dem Eigentümer der Fall ist.[672] Diese als Anreizkompatibilität definierte Bedingung lässt sich formal darstellen als:

$$\begin{aligned} & p_t \times X_t \times \left(1 + i_{Manager}\right)^{-t} \\ & \quad = \omega \times (1 - p_t) \times X_t \times \left(1 + i_{Eigentümer}\right)^{-t} \ \forall\, t \\ & \quad\quad mit\ \omega > 0 \end{aligned} \qquad \text{5-14}$$

Die linke Seite der Gleichung entspricht dem Barwert der erfolgsabhängigen Vergütung aus der Sicht des Managers und die rechte Seite der Gleichung entspricht dem

669 Vgl. Reichelstein (1997), S. 157.
670 Vgl. Crasselt (2003), S. 102.
671 Vgl. Gillenkirch/Schnabel (2001), S. 224 f.
672 Vgl. Laux (2006), S. 28 f. sowie grundlegend zum Kriterium der Anreizkompatibilität, Wilson (1968) und Ross (1973) und (1974).

Barwert des Residuums aus der Sicht des Eigentümers, gewichtet mit dem beliebigen Parameter ω. Da für diesen Parameter nur positive Werte zugelassen sind, muss sich bei einer Erhöhung der erfolgsabhängigen Vergütung auch das Residuum erhöhen. Für den optimalen Prämiensatz gilt somit:

$$p_t = \frac{\omega}{\omega + \left(\frac{1 + i_{Eigentümer}}{1 + i_{Manager}}\right)^t} \; \forall\, t \qquad \text{5-15}$$

Auch hier steigen die Prämiensätze im Zeitablauf kontinuierlich an. Dabei erfolgt allerdings eine Begrenzung auf 100 Prozent, die bei realistischen Annahmen nicht erreicht wird. Wird die betrachtete Situation dahingehend modifiziert, dass der Eigentümer die Zeitpräferenz des Managers nicht kennt, so ist die Steuerung des Managers nicht mehr trivial lösbar.[673] Ohne Kenntnisse der Zeitpräferenz des Managers ist eine Anpassung des Kalkulationszinssatzes nicht möglich, weshalb eine Steuerung über die Bemessungsgrundlage oder die Auszahlungssystematik in Betracht kommt. Der in der Literatur postulierte Lösungsansatz lautet dabei, dass für Investitionen mit einem positiven (negativen) Kapitalwert in jeder Periode ein positiver (negativer) Residualgewinn ausgewiesen wird, der als Bemessungsgrundlage der Vergütung fungiert.[674] Sofern diese Bedingung erfüllt ist, liegt starke Zielkongruenz vor,[675] wohingegen die schwache Zielkongruenz[676] bereits erfüllt ist, wenn der Barwert des Performancemaßes und der Kapitalwert das gleiche Vorzeichen aufweisen. Für die schwache Zielkongruenz reicht also ein linearer Zusammenhang zwischen dem Barwert des Performancemaßes und dem Kapitalwert aus.[677] Die Informationen über das Investitionsobjekt sind bei dem Manager hinsichtlich der Zahlungsströme vollständig und der Prinzipal kennt zumindest die zeitliche Struktur. Dabei wird von der Problematik abstrahiert, dass diese Informationen risikobehaftet sind. Die ex ante vorherrschenden Informationen können sich aus der ex post-Perspektive als unzutreffend erweisen, sodass sich unweigerlich die Frage nach der verursachungsgerechten Zurechnung der Abweichungen stellt.

---

673 Vgl. Pfaff/Kunz/Pfeiffer (2000), S. 563.

674 Vgl. Rogerson (1997), S. 772 f.; Reichelstein (1997), S. 157 f.; Pfaff (1998), S. 505 f.

675 Starke Zielkongruenz impliziert einen positiven Barwert der Vergütung bei einem positiven Kapitalwert, der unabhängig von der Zeitpräferenz ist. Vgl. Baldenius et al. (1999), S. 54 f.

676 Bei der schwachen Zielkongruenz eines Performancemaßes wird der Agent nur dann die Investitionsentscheidung im Sinne des Prinzipals treffen, wenn der Planungshorizont und der Diskontierungszins übereinstimmen.

677 Vgl. Mohnen (2002), S. 24.

5.3 Operativ-retrospektive Performancemessung

Wird die Antizipation und die Realisation von Erfolgspotentialen im Rahmen der finanziellen Performancemessung berücksichtigt, so stellt sich zunächst die Frage, welche spezifischen Anforderungen für die als Bemessungsgrundlage fungierenden Performancemaße in diesem Kontext zu erfüllen sind. Nachdem im vorherigen Abschnitt der grundsätzliche Zusammenhang zwischen Antizipations- und Realisationsperspektive sowie deren Berücksichtigung im Kontext der Performancemessung dargestellt wurde, sollen im Folgenden die Möglichkeiten zur Bestimmung der spezifischen Bemessungsgrundlagen für diese beiden Konzepte analysiert und gewürdigt werden. Zunächst sollen in diesem Abschnitt die operativ-retrospektiven Performancemaße und Kennzahlen beleuchtet werden, bevor im nachfolgenden Kapitel auch die strategisch-prospektive Sichtweise eine ausführliche Betrachtung erfährt.

5.3.1 Systematisierung operativ-retrospektiver Kennzahlen und Performancemaße

Für die Realisation von Erfolgspotentialen und einer damit verbundenen Vergütung von operativen Aufgaben kommen zunächst alle operativ-retrospektiv ausgerichteten Performancemaße bzw. Kennzahlen in Betracht.[678] Anknüpfungspunkte für diese Vergütungskomponente können dabei cashflow- und gewinnbezogene Erfolgsgrößen darstellen, die hinsichtlich der Berücksichtigung des investierten Kapitals und einer relativen bzw. absoluten Erfolgsermittlung[679] differenziert werden können.

Bei den gewinnbezogenen Erfolgsgrößen kann ausgehend vom Umsatz eine sukzessive Abstufung zu den Kennzahlen EBITDA, EBIT und Jahresüberschuss erfolgen, sodass in Abhängigkeit der betrachteten Kennzahl die Aufwendungen für Abschreibungen, Fremdkapital sowie Steuern in der Performancegröße berücksichtigt werden. Wird weitergehend eine eigen- oder gesamtkapitalgeberbezogene Erfolgsgröße in Relation zu dem korrespondierenden Kapitaleinsatz gesetzt, so sind Rentabilitätskennzahlen definiert. Für eine Berechnung der Wertbeitragskennzahlen muss hingegen noch die kalkulatorische Verzinsung des eingesetzten Eigenkapitals einbezogen werden, damit ein Residualgewinn ermittelt werden kann. Für die ausschließlich cashflowbezogenen Erfolgsgrößen kann ebenfalls eine Systematisierung erfolgen, wobei hier

678 Vgl. Hesse (1996), S. 18, der für die Realisationsperspektive allerdings ausschließlich cashfloworientierte Erfolgsgrößen in Betracht zieht.

679 Vgl. hierzu grundlegend bspw. Ewert/Wagenhofer (2008), S. 516 ff.

über die Investitionsauszahlungen und die Zahlungen an die Fremdkapitalgeber zwischen operativem Cashflow, Free-Cashflow und Flow-to-Equity[680] differenziert wird. Durch den Einbezug einer der Cashflowgröße entsprechenden Kapitalbasis kann auch hier eine relative Rentabilitätskennzahl sowie unter Einbezug kalkulatorischer Eigenkapitalzinsen eine absolute Wertbeitragskennzahl definiert werden.

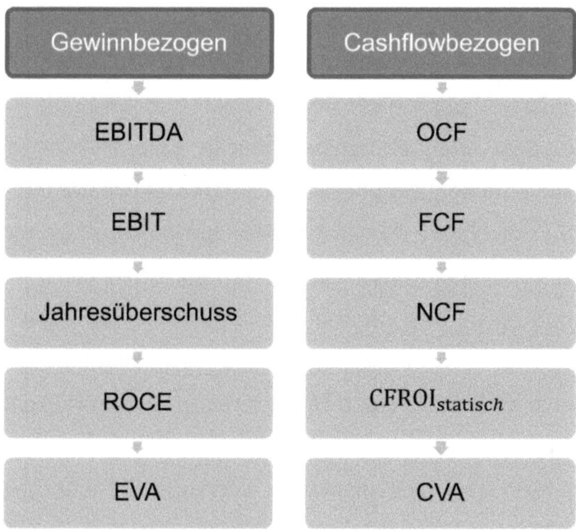

Abbildung 19: Gewinn- und cashflowbezogene operative Performancegrößen

5.3.2 (Pro forma-)Kennzahlen

Die variable Vergütung des Top-Managements wurde 1986 erstmalig im AktG konkretisiert, indem diese fortan als Gewinnbeteiligung am Jahresüberschuss abzüglich der Verlustvorträge und Einstellungen in die Gewinnrücklagen, die somit der Ausschüttung entspricht, empfohlen wurde.[681] Aufgrund der zunehmenden Kritik durch die Verbreitung der Shareholder-Value-Philosophie an einer variablen Vergütung, die sich auf absolute Gewinngrößen bezieht, wurde in den 90er Jahren ein zunehmendes Augenmerk auf „wertorientierte“ Kennzahlen gelegt. Vor dem Hintergrund der 2008 beginnenden Finanzkrise ist und war hingegen, nicht zuletzt begründet durch die Kritik im Schrifttum und die anscheinend nicht nachhaltige Incentivierung aufgrund der verwendeten „wert-

680 Der Flow to Equity entspricht immer dann der Ausschüttung, wenn eine residuale Ausschüttungspolitik tatsächlich erfolgt. Siehe hierzu auch Anlage 2.

681 Die Regelung galt bis 2002 und wurde dann durch das TransPuG erweitert. Für eine ausführliche Darstellung der Entwicklung judikativer Vorgaben zur Vergütung, vgl. Kapitel 3.5.1 m.w.N.

orientierten" Kennzahlen, wieder eine verstärkte Fokussierung auf absolute Gewinngrößen zu beobachten, sodass 2014 bspw. von den 26 untersuchten DAX-Unternehmen 14 absolute Gewinngrößen und nur drei „wertorientierte" Kennzahlen in ihren Vergütungssystemen für die STI-Komponente berücksichtigten.[682]

Einer besonderen Popularität erfreuen sich im Zuge dieser Renaissance insbesondere solche Gewinngrößen, die nicht durch gesetzliche Konventionen normiert sind und unternehmensindividuellen Anpassungen unterliegen.[683] Diese werden im Schrifttum unter dem Begriff „pro forma" Ergebnisse subsummiert und sollen die allgemeingültigen Gewinngrößen an das unternehmensindividuelle Geschäftsmodell anpassen,[684] wodurch eine höhere Güte der Leistungsbeurteilung und auch der Informationsvermittlung erreicht werden soll. Neben dem Transparenzgewinn aus der Informationsbereitstellung kann auch die Steuerung von Investoren als wesentliche Intention erachtet werden,[685] insbesondere da das Informationsmotiv häufig durch die fehlende Nachvollziehbarkeit aufgrund unvollständiger oder gar nicht angegebener Überleitungsrechnungen konterkariert wird.[686] Nach Hitz können „pro forma" Ergebnisse i.e.S. als unternehmensindividuelle Kennzahlen definiert werden,[687] die ausgehend von konventionellen Gewinngrößen allgemein einmalige, außergewöhnliche und/oder nicht der (fortgeführten) gewöhnlichen Geschäftstätigkeit zuzurechnende Ergebnisbestandteile eliminieren. Als „pro forma" Ergebnisse i.w.S. können hingegen „Earnings Before"-Kennzahlen (EBIT, EBITDA) definiert werden, wobei auch bei diesen Gewinngrößen erhebliche Unterschiede bei der Ermittlung zu beobachten sind.[688]

---

682 Vgl. Kapitel 8.3.

683 Dabei erfolgt i.d.R. auch keine Verifizierung durch den Abschlussprüfer. Vgl. Hillebrandt/Sellhorn (2002), S. 3. Schumann bezeichnet diese Größen als „‚Abarten' des Betriebsergebnisses", vgl. Schumann (2008), S. 101.

684 Für 2011 kommen Ruhwedel/Thale (2013) auf Grundlage einer Stichprobe aus DAX- und MDAX-Unternehmen zu dem Ergebnis, dass derartige „pro forma"-Ergebnisse von 99 Prozent der Unternehmen kommuniziert werden. Vgl. Ruhwedel/Thale (2013), S. 390.

685 Vgl. Bhattacharya et al. (2007), S. 584 f.

686 Vgl. Ruhwedel/Thale (2013), S. 388.

687 Vgl. Hitz (2010), S. 131.

688 Vgl. Ruhwedel/Thale (2013), S. 390 f. Die Kommunikation von Gewinngrößen, die steuerliche Einflüsse und Finanzierungsaufwendungen nicht berücksichtigen (EBIT), wird häufig von international tätigen Unternehmen damit begründet, dass der Einbezug der Steuern und Finanzierung für einen operativen Vergleich zwischen Regionen oder strategischen Geschäftsfeldern zu Verzerrungen führt. Darüber hinaus werden teilweise auch Abschreibungen vollständig außer Acht gelassen (EBITDA) oder es wird zwischen Abschreibungen auf Sachanlagevermögen und immaterielle Vermögenswerte bzw. planmäßigen und außerplanmäßigen Abschreibungen differenziert. Neben diesen Anpassungsmöglichkeiten wird dem EBITDA eine starke Korrelation mit dem operativen Cashflow attestiert, die aber durch die Konventionen des externen Rechnungswesens nicht per se gegeben sein muss.

Grundsätzlich ist festzuhalten, dass die gewinnorientierten Erfolgsgrößen in der Praxis dominieren und durch unterschiedliche Berechnungsmethoden für externe Zwecke schwer nachvollziehbar sind, hingegen für interne Zwecke, durch die der externen Rechnungslegung immanenten Verzerrungen, bestenfalls bedingt geeignet sind. Insbesondere ertragsschwachen Unternehmen oder solchen mit einem hohen Goodwill konnten in empirischen Studien eine besondere Neigung zu der Publikation von „pro forma“ Ergebnissen nachgewiesen werden,[689] was wiederum als Indiz dafür angesehen werden kann, dass die Intention zur Publikation dieser Kennzahlen im Kontext des Earnings Management zu finden ist.[690]

5.3.3 Rentabilitätskennzahlen

Rentabilitätskennzahlen basieren grundsätzlich auf einer gewinn- oder cashflowbezogenen periodischen Erfolgsgröße und berücksichtigen im Verhältnis zu den im vorherigen Abschnitt erwähnten Erfolgskomponenten auch eine korrespondierende Kapitaleinsatzgröße. Durch die Berücksichtigung des Kapitaleinsatzes kann die verwendete Gewinn- oder Cashflowgröße ins Verhältnis zu dieser gesetzt werden, wodurch der betriebswirtschaftlichen Informationsgehalt im Verhältnis zur absoluten Betrachtungsweise gesteigert wird. Die Bestimmung der Erfolgs- und Kapitaleinsatzgröße kann ebenfalls unternehmensindividuell erfolgen, sodass hinsichtlich Transparenz und Informationsgehalt die gleichen Implikationen wie im vorherigen Abschnitt Geltung besitzen. Von besonderer Relevanz für den Aussagegehalt der Rentabilitätskennzahlen ist die Konsistenz der Erfolgs- und Kapitalgröße, weshalb die (Nicht-)Berücksichtigung von einmaligen, außergewöhnlichen und nicht der fortgeführten (gewöhnlichen) Geschäftstätigkeit zurechenbaren Erträgen und Aufwendungen bzw. Ein- und Auszahlungen in Analogie zu der gewählten Kapitaleinsatzgröße erfolgen muss.

Die Kennzahlen für den Beispielkonzern sind in Tabelle 64 aufgeführt.[691] Als populärste Vertreter der Renditekennzahlen können die gewinnbezogenen Kennzahlen Return on Capital Employed (ROCE), Return on Investment (ROI) und Return on Equity (ROE) sowie der zahlungsstrombezogene Cashflow Return on Investment (CFROI) angesehen werden. Bei den gewinnbezogenen Rentabilitätskennzahlen wird eine („pro forma“) Gewinngröße ins Verhältnis zu dem eingesetzten verzinslichen Kapital

689 Vgl. Hillebrandt/Sellhorn (2002); Hitz/Jennings (2008). Für einen Überblick zum Stand der Forschung zu „pro forma“- Ergebnissen, siehe auch Ruhwedel/Thale (2013), S. 388 f.

690 Vgl. Hitz (2010), S. 153.

691 Zu den Daten der Unternehmensplanung siehe Anlage 2.

gesetzt, die beim ROE dem Gewinn, beim ROI der Summe aus Fremdkapitalzinsen und Gewinn sowie beim ROCE dem Gewinn bei fiktiver Eigenfinanzierung nach Anpassungen, sog. conversions, entspricht.

t	1
$EBIT_t$	7.863,40
$NOPAT_t$	5.583,01
CE_{t-1}	29.000,00
$ROCE_t$	19,25%
G_t	5.238,50
ZA_t	480,00
GK_{t-1}	30.000,00
ROI_t	19,06%
EK_{t-1}	17.000,00
ROE_t	30,81%

Tabelle 64: Rentabilitätskennzahlen

Die Kapitaleinsatzgröße unterscheidet sich zwischen den Renditekennzahlen dahingehend, dass beim ROI das gesamte (bilanziell) zur Verfügung stehende Kapital berücksichtigt wird, während beim ROCE conversions erfasst werden,[692] die Nenner- und Zählergröße betreffen.

$$ROCE_t = \frac{NOPAT_t}{CE_{t-1}} \; mit \; NOPAT_t = EBIT_t \times (1 - S_K - S_{GE}) \qquad 5\text{-}16$$

$$ROI_t = \frac{G_t + ZA_t}{GK_{t-1}} \qquad 5\text{-}17$$

Neben den gesamtkapitalbezogenen Kennzahlen weist der ROE eine ausschließlich auf die Eigenkapitalgeber bezogene Sichtweise auf.

$$ROE_t = \frac{G_t}{EK_{t-1}} \qquad 5\text{-}18$$

692 Vgl. Paul (2014), S. 125 ff. sowie 138 f.

Alternativ zu den gewinnbezogenen Rentabilitätskennzahlen kann mit dem CFROI eine operativ-retrospektive Cashflowgröße bestimmt werden. Der $CFROI^{stat}$ repräsentiert eine gesamtkapitalbezogene Kennzahl, bei der im Zähler der OCF abzüglich einer „ökonomischen Abschreibung“[693], bezogen auf die Bruttoinvestitionsbasis (BIB), die zugleich die korrespondierende Kapitaleinsatzgröße im Nenner darstellt, als Erfolgsgröße fungiert.

$$CFROI_t^{stat} = \frac{OCF_t - BIB_{t-1} \times RVF_{i=WACC_t^s}^{n=ND}}{BIB_{t-1}} \quad \text{5-19}$$

Diametral zu der operativ-retrospektiven Perspektive des $CFROI^{stat}$ wird im Schrifttum eine weitere Kennzahl unter derselben Bezeichnung propagiert, die sich fundamental von der zuvor dargestellten Konzeption unterscheidet, aber nicht eindeutig differenziert wird. Der durch die prospektiv-strategische Ausrichtung charakterisierte $CFROI^{dyn}$ wird als interner Zinsfuß eines Geschäftsbereichs ermittelt, indem der Diskontierungszins einer über die Nutzungsdauer konstanten Zahlungsreihe bestimmt wird,[694] für den der Barwert der Erfolgsgröße den Bruttoinvestition entspricht.[695]

$$\sum_{t=1}^{T} \frac{BCF}{(1 + CFROI_t^{dyn})^t} - BIB_0 = 0 \quad \text{5-20}$$

Als zentrales Problem der operativ-retrospektiven Renditekennzahlen kann die inhärente Anreizwirkung erachtet werden, die bei einer Vergütung auf Grundlage dieser Größen dazu führen kann, dass kapitalwertsteigernde Investitionen unterlassen werden, da die durchschnittliche Rentabilität gesenkt wird.[696] Unabhängig von der konkreten Ausgestaltung der Rentabilitätskennzahlen muss eine Verwendung zur Beurteilung der ökonomischen Performance aufgrund konzeptioneller Schwächen und problematischer Implikationen hinsichtlich der Anreizwirkung abgelehnt werden.[697] Neben

---

693 Vgl. Paul (2014), S. 140 f.

694 Der BIB wird dabei der in der letzten Periode erwirtschaftete BCF gegenübergestellt, der für die Nutzungsdauer als repräsentativ angenommen wird. Vgl. Lewis (1994), S. 44. Die BIB wird als Summe der inflationierten historischen Anschaffungs- und Herstellungskosten des abnutzbaren Anlagevermögens und des übrigen Sachanlage- und Umlaufvermögens ermittelt. Vgl. Lewis (1994), S. 40 ff.

695 Vgl. Lewis (1994), S. 40 ff.

696 Vgl. Ewert/Wagenhofer (2014), S. 521.

697 Vgl. bspw. Coenenberg/Mattner/Schultze (2003), S. 14 ff.; Kunz/Pfeiffer (2007), Sp. 1339; Pfaff (2007), Sp. 32.

den aufgezeigten Renditekennzahlen kann aus den Daten des externen und des internen Rechnungswesens eine Vielzahl an Kennzahlen ermittelt werden, die insbesondere eine branchenspezifische Relevanz haben.

5.3.4 Retrospektiv-orientierte Residualgewinne

Ausgehend von der Betrachtung der bereits dargestellten Rentabilitätskennzahlen können durch den Einbezug von Kapitalkosten absolute Kennzahlen bestimmt werden, die als gemeinsames Charakteristikum eine residualgewinnorientierte Konzeption aufweisen und im Schrifttum häufig unter dem Attribut „wertorientiert" geführt werden.[698]

5.3.4.1 Economic Value Added (EVA)

Der Economic Value Added (EVA)[699] von Stern Stewart & Co[700] stellt das am weitesten verbreitete Konzept zur residualgewinnorientierten Performancemessung dar und kann daher als prominentester Vertreter der wertorientierten Kennzahlen bezeichnet werden.[701] Als Erfolgsgröße wird in dem EVA-Konzept der operative Periodenerfolg nach Steuern (NOPAT) herangezogen,[702] der dem Gewinn bei fiktiv vollständiger Eigenfinanzierung entspricht, wodurch zum einen deutlich wird, dass eine Berücksichtigung des Steuervorteils aus der Fremdfinanzierung in den Kapitalkosten erfolgt, und zum anderen die grundsätzliche Gewinnorientierung des Performancemaßes erkennen lässt. Die Kapitalbasis wird durch das zu Periodenbeginn eingesetzte bilanzielle Geschäftsvermögen (Capital Employed) determiniert,[703] welches konsistent hinsichtlich der Abgrenzung zum erwirtschafteten NOPAT zu bestimmen ist, sodass die fiktive Tilgungsstruktur als lineare Abschreibung, also gemäß der im externen Rechnungswesen dominierenden Konventionen, berücksichtigt wird.[704] Die Kapital-kosten (Capital Charge) werden dann durch Multiplikation der CE mit dem Gesamtkapitalkostensatz ermittelt, wodurch eine zuschlagsbezogene Risikoberücksichtigung erfolgt.[705]

$$EVA_t = NOPAT_t - CE_{t-1} \times WACC_t^s \qquad 5\text{-}21$$

698 Vgl. kritisch Dreher (2010), S. 356.

699 Vgl. grundlegend zu dem EVA-Konzept Stewart (1991); Hostettler (1998); Crasselt (2001), S. 165; sowie kritisch Schumann (2008), S. 119 ff.

700 Vgl. Stewart (1991).

701 Vgl. Schumann (2008), S. 119 f.

702 Zur Ermittlung des NOPAT, siehe vor allem Hostettler (1998), S. 150 ff.

703 Vgl. wiederum Hostettler (1998), S. 150 ff. Auch hier erfolgt konsistent zum NOPAT eine Fokussierung auf das betriebsnotwendige Vermögen. Somit wird genau das Vermögen betrachtet, das zur Generierung des NOPAT eingesetzt wurde.

704 Vgl. für eine weitergehende Analyse der Abschreibungsmethodik im Kontext residualgewinnorientierter Performancemaße Crasselt (2004), S. 126 ff.

705 Vgl. Stewart (1991), S. 136 ff.

Alternativ kann der EVA auch über die Value Spread-Formel ermittelt werden,[706] welcher sich dann als Produkt aus CE und Differenz aus der operativen Gesamtkapitalrendite und den Gesamtkapitalkosten ergibt.

$$EVA_t = (ROCE_t - WACC_t^s) \times CE_{t-1}$$
$$mit\ ROCE_t = \frac{NOPAT_t}{CE_{t-1}} \quad \text{5-22}$$

Aufgrund der starken Orientierung des EVA an den Daten des externen Rechnungswesens werden von Stewart insgesamt 164 Anpassungen aufgezeigt, die eine Transformation vom „Accounting Model“ zum „Economic Model“ gewährleisten sollen.[707] Die Systematisierung dieser Anpassungen kann nach Hostettler in vier Kategorien erfolgen:[708]

- Operating Conversion (Bereinigung des Ergebnisses um nicht betriebliche Komponenten)
- Funding Conversion (vollständiger Einbezug aller Finanzierungsmittel)
- Tax Conversion (konsistente Anpassung der tatsächlichen Steuerlast an die Bemessungsgrundlage nach den conversions sowie Fiktion der Eigenfinanzierung)
- Shareholder conversion (Anpassungen der bilanziellen Vermögenswerte Marktwerte, Aktivierung nicht-bilanzieller Vermögenswerte).

	ex ante
$EBIT_t$	7.863,40
$NOPAT_t$	5.583,01
CE_{t-1}	29.000,00
$WACC_t^s$	5,36%
CC_t	1.553,72
EVA_t	4.029,30

Tabelle 65: Economic Value Added

706 Vgl. bspw. Schumann (2008), S. 120 und Dreher (2010), S. 369 jeweils m.w.N.

707 Vgl. Stewart (1991), S. 21 ff. Diese Anpassungen sind im Detail nicht zugänglich und können als Geschäftsgeheimnis von Stern Stewart & Co. angesehen werden. Vgl. Hostettler (1998), S. 97.

708 Vgl. Hostettler (1998), S. 99.

Nach der Durchführung dieser conversions soll dann, gemäß dem Lücke-Theorem,[709] eine zumindest barwertbezogene Äquivalenz zu den zahlungsstromorientierten Bewertungskalkülen gegeben sein, sodass sich für das Beispielunternehmen im Rahmen der Performanceplanung voranstehender EVA ergibt.

Für eine weitergehende Analyse des EVA sei an dieser Stelle auf Schumann verwiesen, der insbesondere herausstellt, dass der im Schrifttum teilweise vertretenen Auffassung, der EVA erfülle das Kriterium der Wertsteigerungsabbildung,[710] nicht gefolgt werden kann.[711] Somit scheidet, wie aufgrund des zeitlichen Bezuges des EVA zu erwarten, eine Eignung für die Abbildung der Antizipation neuer Erfolgspotentiale grundsätzlich aus.[712] Für die intendierte Messung der Realisation von Erfolgspotentialen, ggf. erweitert um eine Plan-Ist-Abweichung, muss eine Eignung vor dem Hintergrund der Buchwertorientierung ebenfalls kritisch gesehen werden, da auch nach umfangreichen Anpassungen Abweichungen zu einer auf Zahlungsströmen ermittelten Kapitalbindung und -freisetzung zu erwarten sind.[713]

5.3.4.2 Cash Value Added (CVA)

Der Cash Value Added (CVA)[714] kann als cashfloworientierte Variante des im vorangegangen Abschnitt thematisierten EVA interpretiert werden,[715] wodurch eine Eignung für die Abbildung der Antizipation neuer Erfolgspotentiale ebenfalls ausscheidet. Als Erfolgsgröße wird bei dem CVA der Brutto-Cashflow vor Zinsen und Investitionen verwendet, der indirekt aus dem Jahresüberschuss ermittelt wird und unternehmensspezifisch um außerordentliche Ergebnisse bereinigt werden soll.[716] Die Kapitalbasis wird im CVA-Konzept als Summe der inflationierten historischen Anschaffungs- und Herstellungskosten des abnutzbaren Anlagevermögens und des übrigen Sachanlage- und

---

709 Vgl. Lücke (1955).

710 „Ziel des EVA ist die Abbildung der Steigerung des Unternehmenswertes." Kremer (2008), S. 136 oder auch Hostettler (1998), S. 251: „Ein positiver EVA bedeutet, dass Aktionärswerte geschaffen wurden. Ein negativer EVA heißt, dass Werte in dem Sinne vernichtet wurden, als die betrieblichen Erträge nicht ausreichten, um die dem Investitionsrisiko entsprechenden Kapitalkosten zu decken."

711 Vgl. Schumann (2008), S. 123 ff.

712 Vgl. Schumann (2008), S. 127 ff.

713 Vgl. insbesondere Dirrigl (2004b), S. 124. Dirrigl bezeichnet die Verwendung von Buchwerten im Rahmen der Performancemessung zutreffend als „erstaunlich", da Abschreibungen keine direkten finanziellen bzw. monetären Konsequenzen implizieren. Vgl. Dirrigl (2004b), S. 105.

714 Vgl. grundlegend zu dem CVA-Konzept Stelter (1999), S. 233 ff.; Crasselt/Schremper (2001), S. 271 ff.; Hachmeister (2003), S. 100 ff.; Schumann (2008), S. 142 ff.; Dreher (2010), S. 378 ff.

715 Vgl. Stelter (1999), S. 233 ff.

716 Vgl. Schumann (2008), S. 143 m.w.N. Darüber hinaus erfolgt eine Eliminierung von Miet- und Leasingaufwendungen, die dann in den Kapitalkosten und Abschreibungen erfasst werden. Vgl. Lewis (1994), 41.

Umlaufvermögens ermittelt,[717] wodurch Wiederbeschaffungswerte als Kapitalbasis fungieren.[718] Auf Grundlage dieser Kapitalbasis werden dann die Kapitalkosten durch Multiplikation mit dem WACC[719] bestimmt und die ökonomischen Abschreibungen ergeben sich als Produkt mit dem Rückwärtsverteilungsfaktor, sodass eine annuitätische Tilgungsstruktur unterstellt wird.[720]

$$\begin{aligned} CVA_t &= BCF_t - Afa_t^{CVA} - BIB_{t-1} \times WACC_t^s \\ &= BCF_t - BIB_{t-1} \times KWF_{i=WACC_t^s}^{n=ND} \\ mit\ Afa_t^{CVA} &= BIB_{t-1} \times \frac{WACC_t^s}{(1+WACC_t^s)^{ND}-1} \end{aligned} \quad 5\text{-}23$$

Alternativ kann der CVA auch über die Value Spread Formel ermittelt werden, welcher sich dann als Produkt aus BIB und Differenz aus dem CFROI[721] und den Gesamtkapitalkosten ergibt.

$$\begin{aligned} CVA_t &= (CFROI_t^{stat} - WACC_t^s) \times BIB_{t-1} \\ mit\ CFROI_t^{stat} &= \frac{BCF_t - Afa_t^{CVA}}{BIB_{t-1}} \end{aligned} \quad 5\text{-}24$$

Für eine weitergehende Analyse des CVA sei an dieser Stelle erneut auf Schumann verwiesen, der auch hier herausstellt, dass der im Schrifttum teilweise vertretenen Auffassung, der CVA erfülle das Kriterium der Wertsteigerungsabbildung,[722] nicht gefolgt werden kann.[723]

---

717 Vgl. Schumann (2008), S. 143 f. m.w.N.

718 Die aus der Erfolgsgröße eliminierten Miet- und Leasingaufwendungen werden als Barwert der zukünftigen Aufwendungen in der BIB berücksichtigt. Vgl. Stelter (1999), S. 234 ff.

719 Für eine Anpassung der Afa_t^{CVA} bei periodenspezifischen Diskontierungssätzen siehe Schumann (2008), S. 144 f.

720 Bei einer Projektbetrachtung entspricht diese Abschreibung dem Betrag, der periodisch über die Nutzungsdauer zum Kalkulationszins angelegt werden müsste, damit am Ende der Nutzungsdauer eine Ersatzinvestition aus diesen Mitteln möglich wird. Vgl. Stelter (1999), S. 235. Im Schrifttum wird dabei häufig von „ökonomischen Abschreibungen" gesprochen, die aber keine „echte" Abschreibung darstellt. Vgl. Schumann (2008), S. 143 m.w.N. Durch die annuitätische Abschreibung wird im Verhältnis zur linearen Abschreibung die Problematik einer abnehmenden Kapitalbasis im Projektverlauf umgangen. Vgl. Dreher (2010), S. 379 m.w.N.

721 Der CFROI ist in seiner ursprünglichen Definition als interner Zinsfuß konzipiert, vgl. Lewis (1994), S. 125 ff. Für eine Analyse der Unterschiede der beiden CFROI-Konzepte, die den zeitlichen Bezug sowie die Rechenarithmetik umfassen und somit auch zu unterschiedlichen Ergebnissen führen, siehe Crasselt/Pellens/Schremper (1997), S. 205 ff. und Schultze (2003), S. 122 ff.

722 Vgl. Strack/Villis (2001), S. 70.

723 Vgl. Schumann (2008), S. 148 ff.

5.3.5 EVA-bezogene Performanceanalyse

5.3.5.1 Grundlagen

Die aus der ex post-Perspektive ermittelten Ausprägungen der operativ-retrospektiven Performancemaße für Zwecke der Beurteilung der Realisation von geplanten Erfolgspotentialen werden aufgrund der vorherrschenden Unsicherheit im Planungszeitpunkt regelmäßig nicht mit den geplanten Ausprägungen für die Kennzahlen und Residualgewinne übereinstimmen. Für die Performancemessung und die daran anknüpfende Vergütung kann insbesondere die Performanceanalyse auf Grundlage einer faktor- und ursachenbezogenen Abweichungsanalyse dieser Performancegrößen als sinnvoll erachtet werden und so die Möglichkeit eröffnen, dass eine ausschließlich auf endogenen Effekten beruhende Performancemessung oder eine explizite Differenzierung von endogenen und exogenen Effekten erfolgen kann. Im Kontext einer Abweichungsanalyse für Zwecke der operativen Performancemessung ist zwischen exogenen und endogenen Einflussfaktoren zu differenzieren, sodass bei einer weitergehenden Betrachtungsweise neben der Verantwortlichkeit einer Abweichung auch die kausale Zuordnung zu einzelnen Verantwortungsbereichen bzw. Budgets ermöglicht wird. Im Folgenden soll dies anhand des EVA verdeutlicht werden, wobei ausgehend von einer periodischen Erfolgsgröße Residualgewinne bestimmt werden und so die unterschiedlichen Komponenten isoliert betrachtet, aber konsistent gewürdigt werden können. Aus der ex post-Perspektive ergeben sich für das Beispielunternehmen folgende Planungsabweichungen für den EVA:[724]

EVA	1 (Plan)	1 (Ist)	Δ
$EBIT_t$	7.863,40	6.572,57	-1.290,83
$NOPAT_t$	5.583,01	4.666,52	-916,49
CE_{t-1}	29.000,00	29.000,00	0,00
$WACC_t^s$	5,36%	5,39%	0,03%
CC_t	1.553,72	1.563,84	10,12
EVA_t	4.029,30	3.102,68	-926,61

Tabelle 66: Planabweichungen EVA

Die Abweichung des EVA zwischen der ex ante und der ex post-Perspektive beträgt -926,61 GE und setzt sich aus der Veränderung des NOPAT (-916,49 GE) sowie der

724 Für die ex ante Planung siehe Anlage 2 und für die ex post Planung siehe Anlage 6.

Capital Charge (10,12 GE) zusammen, wobei hinsichtlich der Erfolgsgröße weitergehend zwischen Erträgen und Aufwendungen differenziert wird. Die Bestimmung der Abweichungen im Rahmen der Performanceanalyse kann zunächst bzgl. der endogenen und exogenen Effekte erfolgen, die dabei bestimmten Abweichungen werden dann bezüglich der Verantwortlichkeit der Werttreiber separiert.

5.3.5.2 Abweichungsanalyse der Erlöse

Die Umsatzplanung basiert im Ein-Produkt-Fall auf der Prognose der Absatzmenge ($Menge_t^P$) und des Absatzpreises ($Preis_t^P$) bzw. Marktanteils (MAT_t^P) am gesamten Marktvolumen (MV_t^P.) Der Marktanteil ist dabei definiert als Umsatzerlöse des Unternehmens (UE_t^P) im Verhältnis zum Umsatz des Marktes (MU_t^P).

$$UE_t^P = Menge_t^P \times Preis_t^P = MV_t^P \times MAT_t^P$$
$$mit\ MAT_t^P = \frac{UE_t^P}{MU_t^P} = \frac{Menge_t^P \times Preis_t^P}{MMenge_t^P \times MPreis_t^P} \qquad 5\text{-}25$$

So ergeben sich für das Beispielunternehmen folgende Plan- und Ist-Werte:

	$MMenge_t$	$Menge_t$	$MPreis_t$	$Preis_t$	MV_t	MAT_t	UE_t
Plan	12.000	1.000	19,00	18,42	228.000	8,08%	18.420
Ist	10.000	920	20,00	19,00	200.000	8,17%	16.330

Tabelle 67: Daten für die Erlös-Ursachenanalyse

Die Identifizierung des Marktvolumens stellt den Ausgangspunkt der quantifizierenden Planung dar, woraufhin die jeweiligen Marktanteile prognostiziert werden können. Die daraus voraussichtlich resultierenden Absatzmengen[725] können unter Berücksichtigung des geplanten Absatzpreises dann für einen Vergleich mit den ex post realisierten Werten des Umsatzes herangezogen werden.[726]

$$\begin{aligned}\Delta UE_t &= MV_t^I \times MAT_t^I - MV_t^P \times MAT_t^P \\ &= \Delta MV_t \times MAT_t^P + \Delta MAT_t \times MV_t^P + \Delta MAT_t \times \Delta MV_t\end{aligned} \qquad 5\text{-}26$$

[725] Wird hingegen von Dienstleistungsunternehmen ausgegangen, so modifiziert sich die Planung dahingehend, dass die Umsätze ausgehend von den zu erwartenden Aufträgen prognostiziert werden können.

[726] Vgl. grundsätzlich zur Erlösabweichungsanalyse Ewert/Wagenhofer (2014), S. 338 ff.

Für das Beispiel ergeben sich zum Ende der Periode somit folgende Abweichungen:

externe Abw.	-2.262,11
interne Abw.	196,20
Sekundär-Abw.	-24,09
$\sum$	-2.090,00

Tabelle 68: Erlös-Gesamtabweichung

Die Erlösabweichung zwischen Ist und Plan kann weitergehend in drei Komponenten zerlegt werden, die auf exogenen Effekten beruhende Marktvolumenabweichung ($\Delta MV_t \times MAT_t^P$), die auf endogene Effekte zurückgehende Marktanteilsveränderung ($\Delta MAT_t \times MV_t^P$) sowie die Sekundärabweichung ($\Delta MAT_t \times \Delta MV_t$).[727] Die so bestimmte Abweichung ermöglicht eine tiefergehende Differenzierung hinsichtlich der externen und internen Einflussfaktoren auf Grundlage weiterer Abweichungsanalysen. Das Marktvolumen kann dabei als exogene Variable angesehen werden, da das Management keinen direkten Einfluss darauf ausüben kann und insbesondere konjunkturelle Faktoren Auswirkungen haben.[728]

$$\begin{aligned}\Delta MV_t \times MAT_t^P &= \Delta MMenge_t \times MPreis_t^P \times MAT_t^P \\ &+ MMenge_t^P \times \Delta MPreis_t \times MAT_t^P \\ &+ \Delta MMenge_t \times \Delta MPreis_t \times MAT_t^P\end{aligned} \qquad 5\text{-}27$$

Der erste Term quantifiziert die Marktvolumenabweichung, als die Abweichungen, die auf veränderte Absatzzahlen des Gesamtmarktes zurückzuführen sind. Der zweite Term bezieht sich hingegen auf die Branchenpreisabweichung und der dritte Term entspricht der Abweichung höheren Grades. Diese Abweichungen liefern wertvolle Informationen hinsichtlich der Planungsgüte und der Qualität der Marketingforschung, sodass dieser Verantwortungsbereich auch einer expliziten Kontrolle unterzogen werden kann.

Für das Bewertungsobjekt ergeben sich zum Ende der Periode somit folgende Abweichungen:

---

727 Vgl. Ewert/Wagenhofer (2014), S. 342.

728 Vgl. Ewert/Wagenhofer (2014), S. 342.

Branchenpreisabw.	969,47
Marktvolumenabw.	-3.070,00
Interaktionsabw.	-161,58
externe Abw.	-2.262,11

Tabelle 69: Exogene Erlösabweichungen

Der Preis ist bei nicht homogenen Produkten als Marketinginstrument im Kontext des Marketing-Mix anzusehen,[729] sodass die Preisgestaltung als wesentlicher Werttreiber identifiziert werden kann. Auch der Marktanteil wird als ausschließlich endogen bedingter Werttreiber als solcher klassifiziert, sodass etwaige Abweichungen auf das Werbebudget oder die Parameter der Werbewirksamkeitsfunktion zurückgehen.[730] Grundsätzlich kann die endogene Abweichung in eine Preis- und eine Marketing-Effektivitätsabweichung differenziert werden, wofür zunächst die Soll-Größe des Marktanteils bestimmt werden muss. Zu diesem Zweck wird die Absatzmenge ermittelt, die auf Grundlage des Ist-Preises hätte realisiert werden sollen, wofür der funktionale Zusammenhang zwischen diesen Variablen bekannt sein muss.[731]

$$MAT_t^S = \frac{Preis_t^I}{MPreis_t^I} \times \frac{Menge_t^S(Preis_t^I)}{MMenge_t^I} \tag{5-28}$$

Für das Beispiel ergibt sich somit ein Soll-Marktanteil von 22,44 Prozent.

$$MAT_t^S = \frac{19{,}00}{20{,}00} \times \frac{2.362}{10.000} = 0{,}2244$$

Basierend auf dem Soll-Marktanteil kann dann eine Aufteilung der endogenen Abweichung in die Marketing-Effektivitätsabweichung und die Preis-Effektivitätsabweichung erfolgen.[732]

$$\begin{gathered} \Delta MAT_t \times MV_t^P = (MAT_t^I - MAT_t^S) \times MV_t^P + (MAT_t^S - MAT_t^P) \times MV_t^P \\ \Delta MAT_t = (MAT_t^I - MAT_t^S) + (MAT_t^S - MAT_t^P) \end{gathered} \tag{5-29}$$

---

729 Vgl. Homburg (2000), S. 209 ff.

730 Vgl. Gavranovic (2014), S. 57 ff.

731 Die Soll-Menge wird auf Grundlage einer Preis-Absatzfunktion unter Berücksichtigung des Ist-Preises ermittelt. Für die Preisabsatzfunktion gilt: $Preis = 1200 - 0{,}5 \times Menge \Rightarrow Menge_t^S(Preis_t^I) = \frac{1.200-19{,}00}{0{,}5} = 2.362{,}00.$

732 Vgl. Ewert/Wagenhofer (2014), S. 342 f.

Im ersten Term wird die Marketing-Effektivitätsabweichung als Differenz aus Ist- und Soll-Marktanteil bestimmt. Diese Abweichung gibt Auskunft darüber, inwiefern der realisierte Marktanteil einer Periode von dem Marktanteil abweicht, der auf Grundlage der erfolgten Preissetzung hätte erreicht werden sollen und kann somit als Indikator für die Effizienz der Marketing-Maßnahmen angesehen werden. Der zweite Term bezieht sich hingegen auf die Abweichung des Marktanteils aus dem Soll-Marktanteil und dem geplanten Marktanteil, womit die Abweichung zwischen geplantem und tatsächlichem Preis anhand eines funktionalen Zusammenhangs zwischen Preis und Absatzmenge quantifiziert wird. Die Preis-Absatzfunktion muss dabei für die Plan- und Soll-Werte des Marktanteils konstant sein. Ist dies nicht der Fall, so kann hier eine weitere Abweichung bestimmt werden. Für das Beispiel ergeben sich die Marketing- und die Preis-Effektivitätsabweichung als:

Marketingeffektivitätsabw.	-32.544,72
Preiseffektivitätsabw.	32.740,92
interne Abw.	196,20

Tabelle 70: Endogene Erlösabweichungen

Diese Abweichungen können als Bemessungsgrundlage für die entsprechenden Verantwortungsbereiche fungieren, wodurch im Vertrieb bzw. Marketing eine variable Vergütung mit gezielten Anreizen ermöglicht wird.

5.3.5.3 Abweichungsanalyse der Aufwendungen

Aufbauend auf den ausführlich analysierten Abweichungen des Umsatzes sollen im Folgenden die entsprechenden Aufwendungen als Einflussfaktor der Erfolgsgröße NOPAT eine weitergehende Analyse erfahren. Im Rahmen dieser Arbeit wurde das Corporate Model mit stochastifizierten Werttreibern für Zwecke der Risikosimulation bereits ausführlich dargestellt und als Grundlage für die Unternehmensbewertung identifiziert. Die periodischen Abweichungen zwischen den geplanten und den realisierten Werttreibern des Corporate Model sollen daher im Folgenden für Zwecke einer operativen Abweichungsanalyse fruchtbar gemacht werden. Daraus ergeben sich folgende Aufwandsveränderung zwischen ex ante und ex post-Perspektive:

Aufwandsabweichungen	Plan	Ist	Δ
Bestandsveränderung FE	0,20	397,30	397,10
Materialeinsatz	4.666,35	3.983,18	-683,17
Personalaufwand	3.069,97	2.814,78	-255,19
Sonstiger Aufwand	1.320,09	1.062,18	-257,91
Abschreibungen	1.500,00	1.500,00	0,00
Steuern	2.280,39	1.906,04	-374,34
Σ	12.836,99	11.663,48	-1.173,51

Tabelle 71: Aufwandsabweichungen

Die Aufwendungen fallen in Summe mit 1.173,51 GE geringer aus als geplant, was grundsätzlich auf zwei Faktoren zurückzuführen sein kann. Zum einen ist der Umsatz deutlich geringer ausgefallen, was auch bei der positiven Bestandsveränderung zu einer Reduktion der Gesamtleistung geführt hat, die als Bezugsgröße für die Aufwandsquoten dient.[733] Zum anderen können die realisierten Aufwandsquoten von den ex ante definierten Erwartungswerten der Wahrscheinlichkeitsverteilungen aus der Unternehmensplanung abweichen, die in diesem Kontext auch als Zielvorgabe interpretiert werden können. Grundsätzlich können alle aufgeführten Aufwandsarten einer Abweichungsanalyse unterzogen werden. Im Rahmen dieser Arbeit soll zur Illustration eine exemplarische Betrachtung der Material- und Personalaufwendungen erfolgen.[734] Die geplanten Materialaufwendungen entsprechen dem Produkt aus Gesamtleistung und der Materialeinsatzquote.

$$MA_t^P = GL_t^P \times MEQ_t^P \qquad \text{5-30}$$

Die Materialeinsatzquote kann dabei auch weitergehend analysiert werden, wodurch bspw. die Faktormenge und der Faktorpreis differenziert werden. Die Abweichung des Materialaufwands ist definiert als:

$$\Delta MA_t = MA_t^I - MA_t^P \qquad \text{5-31}$$

733 Siehe hierzu Anlage 2.

734 Die Abweichungen der sonstigen Aufwendungen können in Analogie zu den Material- und Personalaufwendungen analysiert werden. Die Abschreibungen verändern sich immer dann, wenn außerplanmäßige Abschreibungen anfallen oder nicht geplante (Des-)Investitionstätigkeiten im Laufe der Periode erfolgen, wodurch anteilige planmäßige Abschreibungen (nicht) zu erfassen sind. Denkbar ist es zudem, die Abweichung der Steuerlast zwischen Plan- und Ist-Ausprägung hinsichtlich der Bemessungsgrundlage und der Steuerquote zu differenzieren.

Auf Grundlage der kumulativen Abweichungsanalyse ergeben sich die Abweichungen:

Abweichungsanalyse	Plan	Ist	Δ
Materialeinsatzquote	25,33%	25,00%	-0,33%
Gesamtleistung	18.419,80	15.932,70	-2.487,10
Δ Materialeinsatzquote			-61,40
Δ Gesamtleistung			-630,07
Sekundärabw.			8,29
Σ			-683,17

Tabelle 72: Materialaufwandsabweichung

Die Gesamtabweichung des Materialaufwands beträgt -683,17 GE und kann hinsichtlich der Materialeinsatzquote, der Gesamtleistung und der Abweichung höheren Grades zusätzlich differenziert werden.

$$\begin{aligned} \Delta MA_t &= GL_t^I \times MEQ_t^I - GL_t^P \times MEQ_t^P \\ &= \Delta GL_t \times MEQ_t^P + GL_t^P \times \Delta MEQ_t + \Delta GL_t \times \Delta MEQ_t \end{aligned} \quad \text{5-32}$$

Der Großteil der Materialaufwandsreduktion kann mit der reduzierten Gesamtleistung begründet werden, die hier als exogener Einflussfaktor bei den Verantwortlichen angesehen werden kann, da die Produktionsleitung keinen wesentlichen Einfluss auf die Umsätze hat. Hingegen kann die um 0,33 Prozent reduzierte Aufwandsquote und die entsprechende Einsparung von 61,40 GE als positiv für diesen Bereich angesehen werden.Für die Personalaufwendungen lässt sich eine vergleichbare Vorgehensweise anwenden, wobei die geplanten Personalaufwendungen dem Produkt aus Gesamtleistung und der Personaleinsatzquote entsprechen.

$$PA_t^P = GL_t^P \times PEQ_t^P \quad \text{5-33}$$

Die Personaleinsatzquote kann dabei auch weitergehend analysiert werden, wodurch bspw. die Faktormenge und der Faktorpreis differenziert werden. Die Abweichung des Personalaufwands ist definiert als:

$$\Delta PA_t = PA_t^I - PA_t^P \quad \text{5-34}$$

Auf Grundlage einer kumulativen Abweichungsanalyse auf Plan-Basis ergeben sich folgende Abweichungen:

Abweichungsanalyse	Plan	Ist	Δ
Personalquote	16,67%	17,67%	1,00%
Gesamtleistung	18.419,80	15.932,70	-2.487,10
Δ Personalquote			184,20
Δ Gesamtleistung			-414,52
Sekundärabw.			-24,87
Σ			-255,19

Tabelle 73: Personalaufwandsabweichung

Die Gesamtabweichung des Personalaufwands beträgt -255,19 GE und kann hinsichtlich der Personaleinsatzquote, der Gesamtleistung und der Abweichung höheren Grades weiter differenziert werden.

$$\begin{aligned} \Delta PA_t &= GL_t^I \times PEQ_t^I - GL_t^P \times PEQ_t^P \\ &= \Delta GL_t \times PEQ_t^P + GL_t^P \times \Delta PEQ_t + \Delta GL_t \times \Delta PEQ_t \end{aligned} \qquad 5\text{-}35$$

Die Personalaufwandsreduktion kann mit der reduzierten Gesamtleistung begründet werden, die hier als weitestgehend exogener Einflussfaktor angesehen werden kann. Hingegen können die um 1,00 Prozent gesteigerte Aufwandsquote und die entsprechenden Mehraufwendungen von 184,20 GE als negativ für diesen Bereich erachtet werden. Fraglich bleibt dabei allerdings, welcher Anteil der Personalaufwendungen überhaupt unmittelbar beeinflusst werden kann und somit Gegenstand der Leistungsbeurteilung sein sollte.

5.3.5.4 Abweichungsanalyse der Kapitalbasis und -kosten

Werden Residualgewinne auf der Grundlage des EVA ermittelt, können die Abweichungen aus der ex ante und der ex post-Perspektive neben den Erträgen und Aufwendungen auch die Kapitalbasis und die Kapitalkosten umfassen. Dies kann beispielsweise der Fall sein, wenn die geplanten Abschreibungen nicht erwartungsgemäß eingetroffen sind, weil außerplanmäßige Abschreibungen angefallen sind. Eine andere Möglichkeit besteht in der veränderten (Des-)Investitionspolitik während der Periode, wodurch zumindest bei exakter Abgrenzung der Kapitalbasis Abweichungen zu erwarten sind.

Abweichungsanalyse	Plan	Ist	Δ
Capital Employed	29.000,00	29.000,00	0,00
WACC	5,36%	5,39%	0,03%
Δ Capital Employed			0,00
Δ WACC			-10,12
Sekundärabw.			0,00
Σ			-10,12

Tabelle 74: Kapitalkostenabweichung

Bei den gewichteten Kapitalkosten können Unterschiede zwischen Plan- und Ist-Ausprägung durch eine unterschiedliche Kapitalstruktur oder veränderte Eigen- und Fremdkapitalkostensätze resultieren. Ebenfalls als Abweichungsursache denkbar wäre eine veränderte Steuerquote im WACC. Die Erhöhung des WACC um 0,03 Prozent führt zu einer Reduktion des EVA um 10,12 GE und ist mit der Abweichung der Kapitalstruktur zu begründen.[735]

5.4 Strategisch-prospektive Performancemessung und -analyse

5.4.1 Systematisierung strategisch-prospektiver Performancemaße

Den bisherigen Ausführungen folgend kann mit den ausschließlich einperiodisch-retrospektiv orientierten Performancemaßen bzw. Kennzahlen lediglich die Realisation zuvor antizipierter und somit geplanter Erfolgspotentiale gemessen werden. Soll aber auch die Antizipationsperspektive berücksichtigt werden, so kann die Konsistenz zwischen der dafür betrachteten Barwertveränderung zukünftiger Erfolge und der verwendeten Realisationsgröße für eben diese Erfolge als zielführend erachtet werden.[736]

Wird die Sichtweise der betrachteten Performance dahingehend erweitert, dass auch die Identifikation bzw. Veränderung zukünftiger Erfolgspotentiale einbezogen wird, so kann von einer strategisch-prospektiv ausgerichteten Performancemessung gesprochen werden. Eine geeignete Bemessungsgrundlage für Vergütungssysteme zur Abbildung der Antizipation von zukünftigen Erfolgspotentialen muss deren Veränderung periodisch abbilden und möglichst frei von Verzerrungen sein. Dementsprechend kommen für diese Vergütungskomponente nur solche Performancemaße bzw. Kennzahlen in Betracht, die eine prospektive Ausrichtung aufweisen und somit Aufschluss über

735 Vgl. Anlage 2 und 6.
736 Vgl. Dirrigl (2007), Sp. 122.

zukünftige Entwicklungen geben können.[737] Diametral zur operativen Performancemessung wird die Antizipation von zukünftigen Erfolgspotentialen in den gängigen strategisch-prospektiven Performancemaßen nicht isoliert betrachtet, wobei kompensatorische Wechselwirkungen bestehen und diese Tatsache bei der Auswahl der Vergütungsbemessungsgrundlage und der Konzeption des Vergütungssystems berücksichtigt werden sollte.

Grundsätzlich bietet sich in diesem Kontext vor allem die Unternehmensbewertung als Anknüpfungspunkt für die prospektive Performancemessung an,[738] wobei zwischen den einzelnen Methoden der Unternehmensbewertung differenziert werden muss. Bei der (Standard-)Ertragswertmethode werden die Ausschüttungen an die Anteilseigner als Erfolgsgröße diskontiert, wodurch eine starke Zielkongruenz zwischen den Anteilseignern und dem Management ermöglicht wird. Allerdings muss bei der Unternehmensbewertung auf Grundlage von Ausschüttungen bedacht werden, dass diese rechtlichen Konventionen unterliegen und bei einer periodisch-isolierten Betrachtungsweise nicht die ökonomische Leistungsfähigkeit widerspiegeln müssen, da Ausschüttungen auch aus den Rücklagen erfolgen können, sofern die finanziellen Mittel vorhanden sind. Dieser Kritik ist zu entgegnen, dass bei einer dynamisch-prospektiven Betrachtungsweise die periodischen Interdependenzen zwischen den Ausschüttungen zum Ausdruck kommen. Eine weitere Möglichkeit der Berücksichtigung des Unternehmenswertes stellen die kapitalmarktorientierten DCF-Verfahren dar, die wiederum hinsichtlich der einzelnen Methoden unterschieden werden können. Dabei wird als Erfolgsgröße auf den Free-Cashflow oder den Flow to Equity abgestellt, wobei keine Überprüfung bezüglich der gesellschaftsrechtlichen Ausschüttbarkeit dieser Erfolgsgrößen erfolgt.[739] Aufgrund der zugrunde liegenden Subjektivität von Unternehmenswerten wird in praxi häufig die Marktkapitalisierung als Grundlage der strategisch prospektiven Performancemessung betrachtet. Dieser Marktwert kann aus theoretischer Perspektive als Barwert der zukünftigen Dividenden eine starke Zielkongruenz mit den Eigentümern gewährleisten, wird aber realiter auch stark von exogenen Faktoren beeinflusst und impliziert daher Nachteile bei der Performanceanalyse.

---

737 Dreher nennt in diesem Kontext grundsätzlich unternehmens- und kapitalwertorientierte Performancemaße. Vgl. Dreher (2010), S. 361.

738 Vgl. Dirrigl (2003).

739 Vgl. im Kontext der Unternehmensbewertung Dirrigl (2009), S. B 4.

Konstituierend für die strategisch-prospektive Performancemessung ist der Einbezug eines Referenzwertes, der im Verhältnis zu der interessierenden Unternehmenswertgröße betrachtet wird.[740] Der Referenzwert kann dabei als Barwert oder Anderswert definiert sein und sich auf den früheren oder gleichen Zeitpunkt beziehen. Bei der Kombinationsmöglichkeit (1) werden zwei Barwertgrößen miteinander verglichen und so die intertemporale Veränderung der jeweiligen Unternehmenswertgröße bestimmt.[741] Dieses Vorgehen kann als charakteristisch für den ökonomischen Gewinn und die Erfolgspotentialrechnung angesehen werden. Werden zwei Barwerte zum identischen Zeitpunkt für den Vergleich herangezogen, so müssen sich diese hinsichtlich ihres Informationsstandes voneinander unterscheiden. Konstellation (3) kann also als Plan-Ist-Abweichung der Unternehmenswertgröße interpretiert werden und eliminiert somit im Verhältnis zur ersten Konstellation den Zeiteffekt. Der Anderswert kann dem eingesetzten Kapital entsprechen, sodass insbesondere der Kapitalwert im Mittelpunkt der Betrachtung steht.[742]

		Art des Referenzwertes	
		Barwert	Anderswert
Zeitbezug	Früherer Zeitpunkt $(t-1)$	(1)	(2)
	Gleicher Zeitpunkt (t)	(3)	(4)

Abbildung 20: Systematisierung der strategischen Performancemessung[743]

Im Rahmen dieser Arbeit werden die Konstellationen (1) und (3) im Folgenden thematisiert, wohingegen die Kombinationsmöglichkeiten (2) und (4) Gegenstand des Kapitels 5.5. sind.

740 Vgl. Dirrigl (2003), S. 157.
741 Vgl. Dirrigl (2003), S. 158 f. sowie darauf bezugnehmend Stüker (2009), S. 119.
742 Vgl. Dirrigl (2003), S. 158 f. sowie darauf bezugnehmend Stüker (2009), S. 119.
743 Quelle: Dirrigl (2003), S. 158.

5.4.2 Unternehmenswertorientierte Performancemessung und -analyse

5.4.2.1 Ausgestaltungsmöglichkeiten unternehmenswertorientierter Performancemaße

5.4.2.1.1 Ökonomischer Gewinn

Der ökonomische Gewinn (ÖG) basiert als unternehmenswertorientiertes Performancemaß auf dem kapitalbezogenen Gewinnbegriff gemäß der Wahrung der ökonomischen Leistungsfähigkeit,[744] indem die Differenz des Erfolgskapitals zu zwei Zeitpunkten um die in diesem Zeitraum getätigten Entnahmen erhöht bzw. Einlagen gemindert wird.[745] Das Erfolgskapital ist dabei definiert als Wert des Unternehmens zum betrachteten Zeitpunkt t, der wiederum auf Grundlage seiner zukünftigen Erfolge ermittelt wird. Konzeptionell stellt der ÖG das älteste unternehmenswertorientierte Performancemaß[746] dar und kann durch den Vergleich des Erfolgskapitals zu zwei Zeitpunkten als zweiseitig-unternehmenswertorientiert klassifiziert werden.[747] In Abhängigkeit der gewählten Bewertungskonzeption unterscheiden sich die retrospektivorientierte Entnahmegröße und die Differenz des Erfolgskapitals:[748]

$$ÖG_t^{EW} = AS_t + EW_t - EW_{t-1} \quad \text{5-36}$$

$$ÖG_t^{FTE} = NCF_t + UW_t^{EK} - UW_{t-1}^{EK} \quad \text{5-37}$$

Ein positiver ÖG wird dabei durch zwei Effekte determiniert. Zum einen erhöhen Investitionsprojekte mit positivem Kapitalwert den ÖG,[749] da die für die Investition notwendige Anschaffungsauszahlung durch die im Erfolgskapital abgebildeten Rückflüsse überkompensiert wird. Zum anderen ist die Erhöhung des ÖG auch auf den Zeiteffekt,[750] d.h. dem zeitlichen Näherrücken der Ausschüttungen um eine Periode, zurückzuführen. Die Entnahme des ÖG lässt den Unternehmenswert unbeeinflusst,[751] wobei die Annahme zugrunde liegt, dass einbehaltene Mittel aus der Erfolgsgröße kapitalwertneutral investiert werden können. Eine Abweichung der Entnahme von dem

---

744 Vgl. Schultze/Weiler (2007), S. 143 f.
745 Vgl. Münstermann (1966), S. 580 f.
746 Vgl. Dirrigl (2003), S. 157.
747 Vgl. Dirrigl (2003), S. 156; Dreher (2010), S. 334.
748 Nachdem bereits die Implikationen der Unterschiede in den zugrundeliegenden Bewertungskonzeptionen thematisiert wurden, zielen die folgenden Ausführungen insbesondere auf die Methode des Standard-Ertragswertes ab.
749 Vgl. Pellens/Crasselt/Sellhorn (2002), S. 147 sowie Dreher (2010), S. 335, der richtigerweise darauf hinweist, dass auch Erwartungsrevisionen bereits initiierter Projekte Auswirkungen auf den ÖG haben. Vgl. Dreher (2010), S. 335 Fn. 98.
750 Vgl. bspw. Schultze/Weiler (2007), S. 141 f.
751 Vgl. Drukarczyk (1973), S. 183 ff.; Moxter (1976), S. 351; Schneider (1997), S. 41; Schumann (2008), S. 159.

ÖG würde hingegen zu einer Unternehmenswertänderung führen.[752] Der ÖG entspricht aus der ex ante-Perspektive stets der Verzinsung des Unternehmenswertes der Vorperiode, wobei in Abhängigkeit der gewählten Bewertungskonzeption unterschiedliche Ausprägungen resultieren. Für die differenzierte Managementbeurteilung muss an dem Konzept des ÖG bemängelt werden, dass der Zeiteffekt stets eine positive Ausprägung des Performancemaßes liefert, die weder auf veränderte Umweltbedingungen noch auf Maßnahmen des Managements zurückzuführen und somit nicht als leistungsbezogen zu kategorisieren ist.[753] Aus der ex ante-Perspektive ergeben sich für den Beispielkonzern in Abhängigkeit des Bewertungsverfahrens folgende Ausprägungen für den ÖG:[754]

ex ante	**0**	**1**	**2**	**3**	**4**	**5 ff.**
$SÄ_t$		2.986,19	2.257,84	839,59	2.662,93	2.858,96
EW_t	92.833,31	92.632,12	93.153,24	95.108,25	95.298,56	95.298,56
$ÖG_t^{EW}$		2.785,00	2.778,96	2.794,60	2.853,25	2.858,96
FTE_t		3.305,34	2.638,20	1.185,72	3.081,68	3.265,24
EK_t	52.261,68	52.131,05	52.620,85	54.590,68	54.745,82	54.745,82
$ÖG_t^{FTE}$		3.174,71	3.128,00	3.155,55	3.236,83	3.265,24

Tabelle 75: Ökonomischer Gewinn aus der ex ante-Perspektive

Dem Barwert des ÖG kann keine Barwertkompatibilität attestiert werden, sodass die ausgewiesene Performance keine direkte Aussage hinsichtlich der Leistung des Managements ermöglicht.

5.4.2.1.2 Residualer ökonomischer Gewinn

Durch den Einbezug der Kapitalkosten als Produkt aus Diskontierungszins und Erfolgskapital der Vorperiode kann das Konzept des ÖG dahingehend erweitert werden, dass der Zeiteffekt eliminiert wird.[755] Das daraus resultierende Performancemaß wird im Schrifttum als residualer ökonomischer Gewinn (RÖG)[756] oder kapitaltheoretischer Residualgewinn[757] bezeichnet und kann in Abhängigkeit der betrachteten Bewertungskonzeption wie folgt dargestellt werden:

---

752 Eine geringere (höhere) Entnahme würde zu einem höheren (geringeren) Unternehmenswert führen. Vgl. Schneider (1997), S. 1 ff.

753 Vgl. Schumann (2008), S. 159 f.

754 Siehe zur Berechnung der Unternehmenswerte Anlage 3.

755 Vgl. Dreher (2010), S. 338, Fn. 121.

756 Vgl. bspw. Schultze/Weiler (2007), S. 144.

757 Vgl. Hebertinger (2002), S. 82.

$$RÖG_t^{EW} = AS_t + EW_t - EW_{t-1} \times (1 + i_s) \quad \text{5-38}$$

$$RÖG_t^{FTE} = NCF_t + UW_t^{EK} - UW_{t-1}^{EK} \times (1 + k_{EK,t}^{L,S}) \quad \text{5-39}$$

Konzeptionell basiert der RÖG ebenso wie der ÖG auf der Antizipationsperspektive, sodass die Wertsteigerung im Zeitpunkt der Initiierung von Maßnahmen abgebildet wird und eine Kontrolle lediglich dahingehend erfolgt, dass unterschiedlichen Planungen zu zwei Zeitpunkten betrachtet werden.[758] Die so durchgeführte Performancekontrolle kann dabei im Kontext der Verhaltenssteuerung einen Anreiz induzieren, möglichst pessimistische Planungen ex ante zu veranlassen und dann sukzessive Verbesserungen zu erreichen, um so einen positiven Ausweis für den RÖG zu realisieren.[759] Der so ermittelte RÖG weist bei erwartungskonformer Realisation der Plandaten stets einen Wert von null aus,[760] sodass positive bzw. negative Ausprägungen des RÖG auf eine Veränderung der Erfolgs- oder Bewertungsparameter schließen lassen, ohne aber eine diesbezüglich wünschenswerte Differenzierung vorzunehmen:[761]

ex ante	0	1	2	3	4	5 ff.
$SÄ_t$		2.986,19	2.257,84	839,59	2.662,93	2.858,96
EW_t	92.833,31	92.632,12	93.153,24	95.108,25	95.298,56	95.298,56
i_s		3,00%	3,00%	3,00%	3,00%	3,00%
$RÖG_t^{EW}$		0,00	0,00	0,00	0,00	0,00
FTE_t		3.305,34	2.638,20	1.185,72	3.081,68	3.265,24
EK_t	52.261,68	52.131,05	52.620,85	54.590,68	54.745,82	54.745,82
$k_{EK}^{V,S}$		6,07%	6,00%	6,00%	5,93%	5,96%
$RÖG_t^{FTE}$		0,00	0,00	0,00	0,00	0,00

Tabelle 76: Residualer ökonomischer Gewinn

Hinsichtlich der allgemeinen investitionstheoretischen Anforderungen an Performancemaße können für den RÖG die Wertsteigerungsabbildung und die Barwertidentität als erfüllt angesehen werden.[762] Als problematisch muss hingegen erachtet werden, dass der RÖG die Vorteilhaftigkeit eines Projektes oder Bereichs nicht periodisch ausweist,[763] sondern lediglich in der Periode der Antizipation einen Aufschluss über

[758] Vgl. Kremer (2008), S.107.
[759] Vgl. Hesse (1996), S. 116.
[760] Vgl. Dreher (2010), S. 337.
[761] Siehe zur Berechnung der Unternehmenswerte Anlage 3.
[762] Vgl. insbesondere Schumann (2008), S. 161 ff.
[763] Vgl. Dirrigl (2004b), S. 124.

die Vorteilhaftigkeit durch die Wertsteigerung gibt.[764] Darüber hinaus ist die undifferenzierte Betrachtung der Wertveränderung kritisch zu sehen,[765] sodass keine kausale Beziehung zu der Leistung des Managements hergestellt werden kann. Diese Erweiterung erfolgt in der erfolgspotentialorientierten Performancemessung, die Gegenstand des folgenden Kapitels ist.

5.4.2.1.3 Unternehmenswertorientierte Performancemessung im Kontext von Antizipations- und Realisationsperspektive

Wird also die Synchronisation der Realisationskomponente mit der Antizipationskomponente angestrebt, so kann zunächst der (R)ÖG für eine integrierte Berücksichtigung von operativ-retrospektiver Realisation und strategisch-prospektiver Performancemessung in Erwägung gezogen werden, da die erwähnte Konsistenz zwischen retrospektiver Überschussgröße und prospektivem Barwert erfüllt wird. Die unternehmenswertorientierte Performancemessung auf der Grundlage des ÖG kann als integrativer Ansatz zur Berücksichtigung der Wertsteigerung und Erwirtschaftung bereits geplanter Erfolge angesehen werden, da hier eine periodisch retrospektive Erfolgsgröße mit der Wertsteigerung einer Periode aggregiert in dem Performancemaß erfasst wird. Zwischen den beiden Komponenten des ÖG besteht dabei ein kompensatorischer Zusammenhang, der im Folgenden analysiert werden soll, wobei von dem geplanten ÖG einer Periode ausgegangen wird.

Wird unterstellt, dass zum Ende der vergangenen Periode eine zusätzliche Investitionsauszahlung (A) durchgeführt wurde, die Überschüsse in den folgenden Perioden $AS(A)_t$ erwarten lässt, und darüber hinaus eine erwartungskonforme Entwicklung angenommen wird, so gilt für den ÖG:

$$\begin{aligned} ÖG_t &= AS_t - A + EW_{t-1} \times (1 + i_S) - AS_t \\ &\quad + \sum_{t=1}^{T} AS(A)_t \times (1 + i_S)^{-t} - EW_{t-1} \\ &= \sum_{t=1}^{T} AS(A)_t \times (1 + i_S)^{-t} - A + EW_{t-1} \times i_S \end{aligned} \qquad \text{5-40}$$

Der ÖG in der Periode t entspricht somit dem der Verzinsung des Ertragswertes der Vorperiode zuzüglich des Kapitalwertes der initiierten Investition. Weist die Investition

[764] Vgl. Schmidbauer (1999), S. 375 m.w.N.; Schumann (2008), S. 162; Dreher (2010), S. 338.
[765] Vgl. Dreher (2010), S. 339.

mit der Auszahlung (A) einen positiven Kapitalwert auf, so übersteigt der Barwert der Ausschüttungen die Anschaffungsauszahlung und es kann eine Wertsteigerung antizipiert werden.[766] Diese Darstellung macht deutlich, dass das Performancemaß den Kapitalwert der Investition im Antizipationszeitpunkt vollständig ausweist und in den nachfolgenden Perioden lediglich eine Verzinsung des Barwertes der Rückflüsse zur jeweiligen Vorperiode vorgenommen wird. Diese als Zeiteffekt bezeichnete Performancekomponente wird bei dem RÖG durch den Abzug kalkulatorischer Zinsen auf den Ertragswert der Vorperiode eliminiert, sodass dann nur der Kapitalwert der Investition als RÖG in der Periode t dargestellt wird.

5.4.2.1.4 Erwartungsrevision beim (R)ÖG

Ausgehend von der bereits aufgezeigten ex ante Situation nimmt der ÖG aufgrund der getätigten Akquisition mit einem Kapitalwert von 22.544,20 GE aus der ex post-Perspektive folgende Ausprägungen an:[767]

ex post	0	1	2	3	4	5 ff.
EW_t	92.833,31	112.317,26	115.280,81	117.794,50	120.269,51	120.266,63
$SÄ_t$		5.845,66	405,97	944,73	1.058,83	3.610,97
$ÖG_t^{EW}$		25.329,21	3.369,52	3.458,42	3.533,84	3.608,09
EK_t	52.261,68	60.027,87	63.263,85	65.905,99	68.529,06	68.521,85
FTE_t		6.053,42	591,12	1.327,64	1.455,97	4.194,43
$ÖG_t^{FTE}$		13.819,61	3.827,10	3.969,78	4.079,04	4.187,22

Tabelle 77: Ökonomischer Gewinn (ex post)

Dadurch resultieren folgende Abweichungen zwischen den Informationsständen aus der ex ante und der ex post-Perspektive:

Δ	0	1	2	3	4	5 ff.
$\Delta ÖG_t^{EW}$		22.544,61	590,55	663,83	680,59	749,13
$\Delta ÖG_t^{FTE}$		10.644,89	699,10	814,22	842,21	921,98

Tabelle 78: Abweichungen des ökonomischen Gewinns

766 Für Investitionen mit negativem Kapitalwert gilt dieser Zusammenhang vice versa.
767 Siehe zur Berechnung der Unternehmenswerte Anlage 7.

Es wird ersichtlich, dass die Erwartungsrevision im ÖG sowohl in der Realisations- wie auch in der Antizipationskomponente vollumfänglich erfasst wird und in den nachfolgenden Perioden Ertragswertveränderungen nur noch durch die daraus resultierenden Zeiteffekte die Performance erhöhen. Dies verdeutlicht auch der um den Zeiteffekt bereinigte RÖG:[768]

ex post	0	1	2	3	4	5 ff.
EW_t	92.833,31	112.317,26	115.280,81	117.794,50	120.269,51	120.266,63
$SÄ_t$		5.845,66	405,97	944,73	1.058,83	3.610,97
i_S		3,00%	3,00%	3,00%	3,00%	3,00%
$RÖG_t^{EW}$		22.544,20	0,00	0,00	0,00	0,00
EK_t	52.261,68	60.027,87	63.263,85	65.905,99	68.529,06	68.521,85
FTE_t		6.053,42	591,12	1.327,64	1.455,97	4.194,43
$k_{EK}^{V,S}$		6,00%	6,38%	6,27%	6,19%	6,11%
$RÖG_t^{FTE}$		10.683,72	0,00	0,00	0,00	0,00

Tabelle 79: Residualer ökonomischer Gewinn (ex post)

Der RÖG beruhend auf dem Ertragswert entspricht erwartungsgemäß der Veränderung des ÖG. Dieser Zusammenhang ist bei der Unternehmensbewertung auf Grundlage des DCF-Kalküls nicht vollständig erfüllt, da die Diskontierungszinssätze periodisch variieren. Der RÖG auf Basis des Ertragswertes entspricht der Summe aus den Abweichungen der Sicherheitsäquivalente (2.859,47 GE) und der Ertragswerte (19.685,14 GE) im Betrachtungszeitpunkt im Verhältnis zu den ex ante geplanten Ausprägungen. Zunächst kann die operativ-retrospektive Betrachtungsweise Aufschluss über die Realisation der bewertungsrelevanten Planüberschussgröße geben, indem ein Vergleich der geplanten mit der realisierten Überschussgröße erfolgt. Die bereits in der Antizipationskomponente vergütete Planüberschussgröße kann somit auf ihre Realisation überprüft werden, wobei Abweichungen nicht isoliert betrachtet werden, sondern in Zusammenhang mit der Antizipationskomponente. Für diese kann dann die strategisch-prospektive Sichtweise eingenommen werden, indem eine etwaige Planungsrevision der zukünftigen bewertungsrelevanten Überschussgrößen zum Ende

768 Siehe zur Berechnung der Unternehmenswerte Anlage 7.

einer jeden Periode erfolgt. Dabei wird der geplante Unternehmenswert mit dem Unternehmenswert nach Erwartungsrevisionen verglichen,[769] wodurch zum einen die Planungsgüte beurteilt werden kann und darüber hinaus die Veränderung der Erfolgspotentiale deutlich wird.[770]

Eine weitergehende Differenzierung der Veränderung von antizipierten Erfolgspotentialen kann dahingehend erfolgen, dass die durch exogene Einflussfaktoren, ggf. zusätzlich differenziert nach Bewertungsparametern und Planungsvariablen des Corporate Model, bedingte Planabweichung der zukünftigen Überschussgrößen von den dadurch eingeleiteten Maßnahmen des Managements separiert werden.[771] Diese Maßnahmen können wiederum auch Auswirkungen auf die operativ-retrospektiv betrachtete Überschussgröße haben, weshalb der Konsistenz von operativ-retrospektiver und prospektiv-strategischer Überschussgröße eine besondere Relevanz zukommt. Der kompensatorische Zusammenhang zwischen der Realisations- und Antizipationskomponente als Charakteristikum der unternehmenswertorientierten Performancemessung kann dabei für in der Planung nicht berücksichtigte Investitionen allgemeingültig dargestellt werden. Für eine gezielte Anreizsetzung muss hingegen als kritisch erachtet werden, dass der (R)ÖG keinen differenzierten Ausweis der Vergütungskomponenten ermöglicht und auch die isolierte Betrachtung dieser durch die kompensatorischen Zusammenhänge wenig sinnvoll ist. Darüber hinaus erfolgt keine Berücksichtigung des Amortisationskapitals.

5.4.2.2 Unternehmenswertorientierte Performanceanalyse

5.4.2.2.1 Erfolgspotentialrechnung

Die Erfolgspotentialrechnung ist als Instrument der strategischen Planung und Kontrolle konzipiert[772] und setzt an der Kritik des (R)ÖG an, sodass eine ursachengerechte Differenzierung der Unternehmenswertänderung zwischen zwei Zeitpunkten erfolgt. Auf Grundlage der erfolgspotentialbasierten Abweichungsanalyse[773] kann ausgehend

769 Bei einem Vergleich des Unternehmenswertes zu zwei Zeitpunkten, also $\Delta UW_t = UW_t^{Ist} - UW_{t-1}^{Ist}$, muss der Zeiteffekt $UW_t^{Plan} = UW_{t-1}^{Ist} \times (1+k) - \widetilde{ÜG}_t$ bereinigt werden, sodass dann ebenfalls der Ausdruck $\Delta UW_t = UW_t^{Ist} - UW_t^{Plan}$resultiert.

770 Vgl. bspw. Ewert/Wagenhofer (2000), S. 4.

771 Unternehmenswertveränderungen, die auf derartige Maßnahmen zurückzuführen sind, können als Aktionseffekt bezeichnet werden. Vgl. Dirrigl (2002), Sp. 428. Eine Vergütung auf Grundlage dieses Aktionseffektes weist dabei eine starke Zielkongruenz auf. Vgl. Dreher (2010), S. 336.

772 Vgl. Stüker (2008), S. 130.

773 Dirrigl (2002), Sp. 427.

von der Veränderung des Unternehmenswertes innerhalb einer Periode eine Performanceanalyse durchgeführt werden, die wiederum in einem Performancemaß aggregiert und somit im Rahmen der Leistungsbeurteilung und Vergütung genutzt werden kann. Die auf Breid[774] zurückgehende und von Dirrigl[775] erweiterte Erfolgspotentialrechnung basiert auf einer ertragswertorientierten Erfolgspotentialbewertung aus der ex ante-Perspektive, die dann mit dem Informationsstand der ex post-Perspektive zur Performancekontrolle verglichen wird.[776]

$$\Delta EW = EW(P)_1^{[1,1]} - EW(A)_0^{[0,0]} \qquad 5\text{-}41$$

Dieser erste Schritt identifiziert potentielle Ertragswertänderungen, wie auch bei der intertemporalen Bestimmung der Ertragswertdifferenz im ÖG, die in einem zweiten Schritt durch eine ursachenbezogene Abweichungsanalyse hinsichtlich ihrer Einflussfaktoren differenziert werden können.[777] Die Differenz der Ertragswerte zwischen zwei Zeitpunkten wird gemäß einer kumulativen Abweichungsanalyse[778] auf fünf Einflussfaktoren aufgeteilt,[779] wobei zunächst der Zeiteffekt (ZE), wie auch beim RÖG, bereinigt wird und darauf aufbauend ein Vergleich zu identischen Zeitpunkten mit unterschiedlichen Informationsständen und Bewertungsparametern erfolgt.

$$ZE = EW(A)_1^{[0,0]} - EW(A)_0^{[0,0]} \qquad 5\text{-}42$$

Die Ertragswertänderung, die aus einer Veränderung der Bewertungsparameter resultiert, also bezogen auf das Ertragswertverfahren aufgrund einer Änderung des risikolosen Zinses nach Steuern und des Risikoaversionskoeffizienten,[780] kann nach diesen

774 Vgl. Breid (1994).
775 Vgl. Dirrigl (2002).
776 Vgl. Dreher (2010), S. 339.
777 Vgl. Dirrigl (2002), Sp. 427 ff.; Stüker (2008), S. 134 ff.
778 Dabei determiniert die Reihenfolge der Abspaltung die Zurechnung der Abweichungen höheren Grades. Alternative Vorgehensweisen zu der hier Dargestellten sind insbesondere hinsichtlich der Reihenfolge denkbar. Siehe hierzu Dirrigl (2002), Sp. 426 f. Prinzipiell könnte auch eine alternative Abweichungsanalyse durchgeführt werden.
779 Grundsätzlich lässt sich die Abweichungsanalyse auf jeden Faktor anwenden, der im Rahmen der Planung berücksichtigt wird, sodass eine Analyse hinsichtlich der Ursache für die Abweichung erfolgen kann. Im Folgenden wird zunächst auf die grundlegende Systematik von Dirrigl (2002) zurückgegriffen, bei der der Zeitindex untenstehend geführt wird, der Informationsstand in der Klammer zum Ausdruck kommt und die Bewertungsparameter (Zins, Risikopräferenz) hochstehend abgebildet werden.
780 Vgl. insbesondere Stüker (2008), S. 134. Siehe für eine Anwendung des Konzepts der Erfolgspotentialrechnung auf Kalküle der risikozuschlagsorientierten Unternehmensbewertung Haaker (2009) im Kontext des Impairment-Tests nach IAS 36.

Einflussparametern abgespalten werden, wodurch eine Vereinheitlichung der Bewertungsparameter erreicht und der Zinsänderungseffekt ($Z\ddot{A}E$) sowie der Risikopräferenzänderungseffekt ($R\ddot{A}E$) ausgewiesen wird.

$$Z\ddot{A}E = EW(A)_1^{[1,0]} - EW(A)_1^{[0,0]} \quad 5\text{-}43$$

$$R\ddot{A}E = EW(A)_1^{[1,1]} - EW(A)_1^{[1,0]} \quad 5\text{-}44$$

Für die Isolierung der Auswirkungen der durch das Management induzierten Maßnahmen wird dann auf eine Trägheitsprojektion abgestellt,[781] die eine Differenzierung hinsichtlich externer und interner Ursachen für die Ertragswertänderungen ermöglicht.[782] Insgesamt werden damit drei Zustände betrachtet, die ausgehend von dem ex ante vorherrschenden Informationsstand (A), den Beharrungszustand (B) und die ex post-Situation (P) umfassen. Der Beharrungszustand ist dadurch gekennzeichnet, dass hier bereits auf den neuen Informationsstand nach einer Periode abgestellt wird, allerdings nur in Bezug auf die exogen begründeten Veränderung im Vergleich zur Vorperiode, sodass die vom Management induzierten Maßnahmen noch nicht einbezogen werden. Der so ermittelte Beharrungszustand ermöglicht folglich die Ertragswertänderung zu identifizieren, die ausschließlich durch exogene Einflüsse begründet ist, und wird als Informations- oder Umwelteffekt (UEF) bezeichnet.[783]

$$UEF = EW(B)_1^{[1,1]} - EW(A)_1^{[1,1]} \quad 5\text{-}45$$

Die Differenz aus dem Ertragswert des ex post Informationsstandes (P) und dem Beharrungszustand (B) kann dann Aufschluss über die Ertragswertänderung geben, die kausal den Maßnahmen des Managements in der abgelaufenen Periode zuzurechnen ist und von der Planung des vorherigen Zeitpunktes abweicht.[784]

$$MEF = EW(P)_1^{[1,1]} - EW(B)_1^{[1,1]} \quad 5\text{-}46$$

781 Vgl. Dirrigl (2002), Sp. 424; Dolny (2003), S. 277; Stüker (2008), S. 137.

782 Vgl. Dirrigl (2002), Sp. 424; Stüker (2008), S. 137.

783 Vgl. Dirrigl (2002), Sp. 427 ff. Der Umweltveränderungseffekt kann auch als Informationseffekt charakterisiert werden und somit in Analogie zu der, vom Gesetzgeber geforderten, Berücksichtigung der Lage der Gesellschaft bei der Vergütung herangezogen werden.

784 Vgl. Dirrigl (2002), Sp. 428 f. Der Managementeffekt kann auch als Aktionseffekt charakterisiert werden und somit in Analogie zu der, vom Gesetzgeber geforderten, Berücksichtigung der Leistung bei der Vergütung herangezogen werden.

Für das Beispielunternehmen ergeben sich folgende Unternehmenswerte:[785]

Informationsstand	Ertragswert
$EW(A)_0$	92.833,70
$EW(A)_1$	92.632,52
$EW(B)_1$	82.104,65
$EW(P)_1$	112.317,26

Tabelle 80: Ertragswerte in Abhängigkeit des Informationsstandes

Die Gesamtabweichung der Unternehmenswerte aus der ex post-Perspektive beträgt 19.483,55 GE und kann mit dem Zeit-, Umwelt- und Managementeffekt begründet werden. Der Risikopräferenz- und der Zinsänderungseffekt werden hingegen aufgrund unveränderter Annahme nicht weiter betrachtet.

Zeiteffekt (ZE)	-201,18
Umwelteffekt (UEF)	-10.527,87
Managementeffekt (MEF)	30.212,61
Δ Ertragswert (EW)	19.483,55

Tabelle 81: Effekte der ertragswertbezogenen Abweichungsanalyse

Der Zeiteffekt resultiert durch die Nicht-Berücksichtigung des Sicherheitsäquivalents der betrachteten Periode und dem zeitlichen Näherrücken der zukünftigen Sicherheitsäquivalente. Der Umwelteffekt hingegen basiert auf der Verschlechterung der Zukunftsaussichten, wohingegen der Managementeffekt durch die Akquisition des Bewertungsobjekts zu einem Kaufpreis i.H.v. 9.000 GE determiniert wird, der als Maßnahme des Managements aufgrund der verschlechterten Zukunftsperspektive angesehen werden kann.

5.4.2.2.2 Erfolgspotentialorientierte Performancemessung

Ausgehend von der erfolgspotentialbasierten Abweichungsanalyse kann der ökonomische Erfolg (PE) einer Periode bestimmt werden,[786] der als aggregiertes Performancemaß eine Unternehmenswertorientierung aufweist, aber auch die operative Abweichung des Zahlungsstroms betrachtet, sodass analog zum ökonomischen Gewinn kompensatorische Effekte berücksichtigt werden.[787] Insgesamt setzt sich der PE aus

[785] Siehe zur Berechnung der Unternehmenswerte Anlage 3, 5 und 7.
[786] Vgl. Dirrigl (2002), Sp. 429 ff.
[787] Vgl. Dreher (20110), S. 342 f.

drei Komponenten zusammen. Neben der operativen Abweichung des Zahlungsstroms, bestehend aus der erwarteten Ausschüttung der Periode und dessen Sicherheitsäquivalent, wird die Ertragswertverzinsung und die strategische Erfolgspotentialabweichung einbezogen.[788]

$$PE_1 = AS_1 - SÄ(AS_1) + EW(A)_0^{[0,0]} \times i_s + EW(P)_1^{[1,1]} - EW(A)_1^{[0,0]} \quad 5\text{-}47$$

Für den Beispielresultieren dabei folgende Werte:

$$PE_1 = 5.845{,}66 - 2.986{,}19 + 92.833{,}31 \times 0{,}03 + 112.317{,}26 - 92.632{,}12 = 25.329{,}61$$

Der ökonomische Erfolg geht dabei sowohl auf die positive Veränderung der Ausschüttung im Verhältnis zu dem geplanten Sicherheitsäquivalent zurück, wie auch auf die Ertragswertsteigerung während der betrachteten Periode und entspricht somit dem ÖG. Der PE kann nach Dreher für die Ermittlung einer Übergewinngröße tauglich gemacht werden,[789] indem die aufgrund der Nicht-Beeinflussbarkeit in der Periode als sicher anzusehende Ertragswertverzinsung eliminiert wird. Darüber hinaus wird eine erwartungskonforme Realisation der Ausschüttung unterstellt, sodass die Differenz aus der erwarteten Ausschüttung und dessen Sicherheitsäquivalent als Risikoprämie interpretiert werden kann und somit auch keine Berücksichtigung mehr im residualen ökonomischen Periodenerfolg (RPE) stattfindet.[790]

$$\begin{aligned} RPE_t &= PE_t - \left(\mu(AS_1) - SÄ(AS_1)\right) - EW(A)_0^{[0,0]} \times i_s \\ &= AS_1 - \mu(AS_1) + EW(P)_1^{[1,1]} - EW(A)_1^{[0,0]} \end{aligned} \quad 5\text{-}48$$

Für den Beispielkonzern resultieren dabei folgende Werte:

$$RPE_1 = 25.329{,}61 - (3.305{,}34 - 2.986{,}19) - 92.833{,}31 \times 0{,}03 = 22.225{,}46$$

Der so definierte RPE entspricht im Ergebnis dem RÖG abzüglich der Risikoprämie, wodurch auch die mit dem RÖG verbundene Kritik an dieser Stelle ihre Gültigkeit besitzt, der nur durch den Einbezug des Kapitaleinsatzes begegnet werden kann.

---

788 Vgl. Stüker (2008), S.137.
789 Vgl. Dreher (2010), S. 343 f.
790 Vgl. Dreher (2010), S. 343 f.

5.4.3 Kapitalmarktorientierte Performancemessung und -analyse

5.4.3.1 Konzeption kapitalmarktorientierter Performancemaße

Wird eine Konvergenz von Managementvergütung und dem Marktwert des Vermögens der Anteilseigner gewünscht, so stellt der Aktienkurs für die Vergütung des Top-Managements eines börsennotierten Unternehmens eine naheliegende Bemessungsgrundlage dar. Im Kontext der Managementvergütungen werden Aktien dabei häufig als Vergütungsinstrument thematisiert und sollen somit eine über die Bemessung der Performance hinausgehende Anreizwirkung durch Sperrfristen induzieren. Diese Perspektive der aktienkursorientierten Vergütungsinstrumente wurde im Rahmen dieser Arbeit bereits thematisiert, sodass im Folgenden von maßgeblichem Interesse ist, wie der Aktienkurs[791] bei der Performancemessung und somit bei der Bemessung der Vergütung Anwendung finden kann.

Der Total Shareholder Return (TSR) stellt ein Performancemaß analog zum ÖG auf Grundlage von Aktienkursen dar, bei dem die Differenz aus den Aktienkursen zu zwei Zeitpunkten ermittelt und dann zu der Ausschüttung an die Anteilseigner für den betrachteten Zeitraum addiert wird. Bezieht sich die Ausschüttung und damit auch die Kurssteigerung auf eine Aktie, so ergibt sich folgende formale Darstellung.

$$TSR_t = AS_t + K_t - K_{t-1} \qquad \text{5-49}$$

Konzeptionell ist der TSR eine auf Kapitalmarktdaten rekurrierende Version des ökonomischen Gewinns, dessen konzeptionelle Ausführungen hinsichtlich der Wechselwirkung von Gewinnverwendung zur Ausschüttung oder Wachstumsfinanzierung analog gelten. Allerdings muss dabei beachtet werden, dass hier die Kausalität von Wertsteigerung und Thesaurierung nicht explizit durch Unternehmensplanungen und daran anschließende Bewertungen plausibilisiert werden kann. Eine Erhöhung der Ausschüttung zulasten notwendiger Investitionen könnte in diesem Kontext zu einer kurzfristigen Erhöhung des TSR führen, weil die mit der unterlassenen Investition verbundenen Auswirkungen erst später am Kapitalmarkt antizipiert werden.

[791] Dabei wird sich stets auf den Aktienkurs einer Minderheitsbeteiligung bezogen, da etwaige Paketzuschläge nicht beobachtbar sind.

Alternativ zur absoluten Betrachtungsweise kann auch eine renditebezogene Darstellung erfolgen,[792] indem der TSR durch den Aktienkurs zu Beginn der Periode normiert wird.

$$r_t^{TSR} = \frac{AS_t + K_t - K_{t-1}}{K_{t-1}} \quad \text{5-50}$$

Der TSR spiegelt die Kapitalmarkterwartungen hinsichtlich der zukünftigen Erfolgspotentiale und den damit verbundenen Risiken wider, wodurch bei einem vollkommenen Kapitalmarkt periodisch die Eigenkapitalkosten in der renditebezogenen Betrachtungsweise und bei der absoluten Ermittlung die Verzinsung des Aktienkurses resultieren würde.[793]

5.4.3.2 Kapitalmarktorientierte Performanceanalyse

Eine differenzierte Performanceanalyse im Sinne einer Abweichungsanalyse wie bei der Erfolgspotentialrechnung kann aufgrund der intransparenten Preisbildung auf dem Kapitalmarkt bei der kapitalmarktorientierten Performanceanalyse nicht erfolgen. Als Referenzmaßstab für die Performancemessung stellen die zu Beginn einer Periode prognostizierten impliziten Kapitalkosten[794] einen möglichen Vergleichsmaßstab für die TSR-Rendite dar, sodass ein Plan-Ist-Vergleich am Ende der Periode ermöglicht wird.

$$RTSR_t^{imp} = \left(r_t^{TSR} - r_t^{imp}\right) \times K_{t-1}$$
$$mit \sum_{t=1}^{T} \frac{AS_t}{(1 + r_t^{imp})^t} = K_{t-1} \quad \text{5-51}$$

Durch diesen Vergleich kann der renditebezogene TSR mit der durchschnittlich erwarteten Rendite am Kapitalmarkt verglichen werden. Der Residuale Total Shareholder Return (RTSR) gibt demnach Auskunft, ob die zu Beginn der Periode auf Grundlage der Markterwartungen bestimmten impliziten Kapitalkosten verdient und ein darüber hinausgehender Mehrwert realisiert werden konnte. Die implizite Rendite zu Beginn der Periode könnte im Kontext der Vergütung als Zielerreichungsgrad von 100 Prozent

---

792 Hierbei handelt es sich um die Aktienrendite, siehe hierzu auch Hesse (1996), S. 35.

793 Vgl. hierzu Hesse (1996), S. 107 ff. sowie Rappaport (1998), S. 101 ff.

794 Vgl. Daske/Gebhardt (2006), S. 537; Daske/Gebhardt/Klein (2006), S. 3; Daske/Wiesenbach (2005), S. 408; Gebhardt/Lee/Swaminathan (2001), S. 136 f.; Hachmeister/Wiese (2009), S. 59.

festgelegt werden, wobei die genannten Implikationen zu beachten sind. Alternativ kann der RTSR auch auf Grundlage der geplanten Ausschüttungen und des Aktienkurses zum Ende der Periode bestimmt werden.

$$RTSR_t^{Ist-Plan} = \left(r_t^{TSR} - r_t^{TSR(Plan)}\right) \times K_{t-1}$$
$$mit\ r_t^{TSR(Plan)} = \frac{AS_t^{Plan} + K_t^{Plan} - K_{t-1}}{K_{t-1}} \qquad 5\text{-}52$$

Hierbei kann eine kumulative Abweichungsanalyse auf Grundlage der Einflussfaktoren Ausschüttung und Kurs erfolgen, wodurch eine weiterführende Differenzierung möglich wird. Somit wäre dann das Ausmaß der Abweichung auf die Einflussfaktoren allokiert, die um eine weitergehende Differenzierung hinsichtlich exogener und endogener Effekte ergänzt werden soll. Der Aktienkurs unterliegt aufgrund der allgemeinen Kapitalmarktstimmung, Spekulationen und sonstigen Kapitalmarktanomalien starken Schwankungen im Verhältnis zum fundamentalen Unternehmenswert,[795] der nur durch wirtschaftliche und politische Erwartungsrevisionen[796] exogen beeinflusst wird. Damit eine weitergehende Eliminierung der Kapitalmarkt und sonstiger, exogen bedingter Einflüsse bei der Performancemessung erreicht werden kann, wird in der Literatur häufig die Indexierung empfohlen, wodurch die Kapitalmarktperformance über einen Zeitraum im Relation zu einer Peer Group betrachtet wird.[797]

$$r_t^{TSRI} = \frac{1 + r_t^{TSR}}{1 + r_t^{TSR(Peer)}} - 1 \qquad 5\text{-}53$$

Ein positiver Total Shareholder Return Index (TSRI) besagt aus der ex post-Perspektive, dass in der abgelaufenen Periode eine Aktienrendite erreicht wurde, die diejenige der Peer Group übersteigt. Diese Möglichkeit der Analyse kann, auch in Kombination mit dem Plan-Ist-Vergleich des TSR, als zentrale Möglichkeit der Performancemessung und -analyse angesehen werden.

---

795 Vgl. Riedl (2000), S. 99 f.

796 Als wesentliches Beispiel für derartige Einflussfaktoren führt Riedl (2000) Konjunkturschwankungen, Inflations- und Zinsniveauschwankungen sowie politische Veränderungen auf. Vgl. Riedl (2000), S. 269.

797 Vgl. Riedl (2000), S. 270 f.

Eine relative Betrachtungsweise, die durch die Indexierung ermöglicht wird, kann aber nur insofern exogene Effekte isolieren, wenn diese Kapitalmarkteinflüsse den gesamten Markt gleichermaßen betreffen.[798] Sind hingegen Kapitalmarktanomalien oder -einflüsse vorherrschend, die lediglich das betrachtete Unternehmen tangieren, die aber nicht durch das Management beeinflusst werden können, so kann die Differenzierung exogener und endogener Effekte der Aktienkursveränderung nur rudimentär erfolgen. Darüber hinaus ist die Anreizwirkung zu beachten, die durch eine Indexierung der Kursentwicklung als Grundlage der Managementvergütung induziert werden kann. Wird das Vergleichsportfolio aus einer regionalen, größen- oder branchenabhängigen Peer Group gebildet, so besteht für das Management ein Anreiz, etwaigen Trends hinsichtlich der strategischen Ausrichtung innerhalb dieser Peer Group zu folgen, da anderenfalls die Abweichungen zur Bezugsgruppe und somit auch das unsystematische Risiko im CAPM am Kapitalmarkt ansteigen. Ist ein derartiger Trend allerdings für die eigene Geschäftstätigkeit ohne weiteren Nutzen oder schadet eventuell sogar dem Geschäftsmodell, so kann dies das Unterlassen der aus der internen Perspektive möglicherweise vorteilhaften Entscheidungen, aufgrund konträrer Auffassungen des Marktes, zur Folge haben und somit die vergütungsrelevante (relative) Aktienkursperformance statt der für die Anteilseigner eigentlich vorzuziehenden Entscheidung für den Manager als Zielgröße fungiert. Diese Vorgehensweise der Anreizsetzung konterkariert die Ausnutzung des Informationsvorsprungs des Managements hinsichtlich etwaiger Marktpotentiale und strategischer Entscheidungen gegenüber dem Markt bei der Unternehmensführung,[799] wodurch Risiken, die aus unternehmerischer Sicht als sinnvoll zu erachten sind und daher eingegangen werden sollten, unterlassen werden.[800] Hingegen ist zu beachten, dass die kapitalmarktorientierte Performancemessung eine marktbezogene Bewertung der Faktoren eines Umwelt- oder Managementeffekts ermöglicht, wobei für den TSR bei vollkommener Informationseffizienz des Kapitalmarkts die gleichen Implikationen bezüglich der Antizipation neuer und der Realisation geplanter Erfolgspotentiale Gültigkeit besitzen, wie auf der Grundlage der unternehmenswertorientierten Performancemessung basierend auf dem ÖG.

[798] Vgl. Riedl (2000), S. 100.
[799] Vgl. Riedl (2000), S. 100.
[800] Vgl. Rappaport (1998), S. 185.

5.5 Kapitalwertorientierte Performancemessung

5.5.1 Residualgewinnorientierte Performancemessung

Neben den Überlegungen Lückes zur Äquivalenz einer Investitionsrechnung auf der Grundlage von Ausgaben und Kosten im deutschsprachigen Raum wurden auch in der angloamerikanischen Literatur bereits Mitte des 20. Jahrhunderts Überlegungen zur Performancemessung auf der Basis von Residualgewinnen thematisiert. Eine Belebung dieser zwischenzeitlich wenig beachteten Diskussion erfuhren die Residualgewinne zunächst als Konzept zur „wertorientierten“ Performancemessung Mitte der 90er Jahre durch die Verbreitung der Shareholder Value-Philosophie. Diese sehr praxisnahen Ausführungen führten dann auch zu einer Beachtung von Residualgewinnen im Kontext der Unternehmensbewertung. Durch die daraus erwachsene Verzahnung von Performancemessung und Unternehmensbewertung beruhend auf Residualgewinnen kann eine besondere Eignung für die in dieser Arbeit betrachtete Fragestellung vermutet werden.

5.5.1.1 Ausgestaltungsmöglichkeiten operativ-retrospektiver Residualgewinne

Für die operativ-retrospektive Realisationskomponente der Performancemessung stellen Residualgewinnkonzepte in Theorie und Praxis ein viel beachtetes Instrument dar, die in Abhängigkeit der gewählten Konzeption eine Periodisierung des Kapitalwertes vornehmen und dabei jeweils unterschiedliche Erfolgs- und Kapitaleinsatzgrößen berücksichtigen. Durch den Einbezug der Verzinsung und des Risikos soll im Allgemeinen eine Aussage darüber getroffen werden, ob die risikoadäquaten Kapitalkosten erwirtschaftet werden konnten.

Die Komponenten der Residualgewinnkonzepte können hinsichtlich vier wesentlicher Determinanten systematisiert werden. Neben der Erfolgsgröße und dem Kapitaleinsatz werden auch die Abschreibungsmethode sowie die Berücksichtigung des Risikos differenziert.[801] Die Erfolgsgröße der wertorientierten Kennzahlen kann analog zu den

---

801 Für die Risikoberücksichtigung bieten sich zunächst ebenfalls unterschiedliche Konzepte an, wobei für die Risikozuschlagsmethode insbesondere auf das CAPM zurückgegriffen wird und die Risikoabschlagsmethode auf den statistischen Streuungsparametern der Risiko- oder Szenarioanalyse basiert. Siehe hierzu auch Kapitel 2.4.2.

Rentabilitätskennzahlen gewinn-[802] oder cashfloworientiert[803] definiert werden. Diese der Realisationsperspektive entsprechende Erfolgsgröße wird durch die Berücksichtigung einer Tilgungsstruktur und den dadurch determinierten Kapitalkosten auf das gebundene Kapital reduziert, wodurch eine bestimmte Performanceperiodisierung sichergestellt wird.[804]

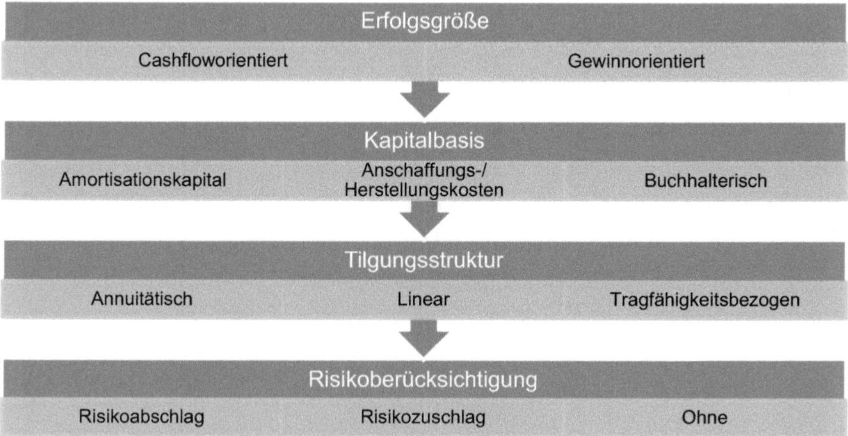

Abbildung 21: Gestaltungsparameter von Residualgewinnen

5.5.1.2 Definition des Kapitaleinsatzes

Wird das eingesetzte Kapital bei der Performancemessung nicht als outputorientiertes Erfolgskapital berücksichtigt, sondern gemäß der voranstehenden Systematisierung von Dirrigl als Anderswert erfasst,[805] so kann unter Einbezug der zukünftigen Erfolgspotentiale eine kapitalwertorientierte Performancemessung vorgenommen werden,[806] der im Schrifttum eine übergeordnete Bedeutung für die Umsetzung der Shareholder

802 Hierzu zählt neben dem Economic Value Added (EVA) auch das Performancemaß Earnings less riskfree interest charge (ERIC), das als wesentliches Merkmal risikofreie Eigenkapitalkosten verwendet, wodurch das Unterinvestitionsproblem eliminiert werden kann und somit Anreizkompatibilität vorliegt. Vgl. grundlegend Velt-huis/Wesner (2005) m.w.N. Sowie kritisch Schumann (2008), S. 134. Eine weitgehende konzeptionelle Ähnlichkeit besteht zudem zum Economic Profit (EP) von McKinsey & Company, vgl. hierzu Koller/Goedhart/Wessels (2005), S. 63 ff.

803 Von den operativ-retrospektiv ausgerichteten Performancemaßen stellt der CVA das populärste und nahezu konkurrenzlose cashfloworientierte Konzept dieser Gattung dar. Vgl. Schumann (2008), S. 101.

804 Vgl. Dirrigl (2003), S. 178; Dreher (2010), S. 357 f.

805 Vgl. dazu grundlegend Dirrigl (2003), S. 158 sowie darauf aufbauend Stüker (2008), S. 118 ff.

806 Siehe zur kapitalwertorientierten Performancemessung insbesondere im Kontext des Beteiligungscontrolling Dreher (2010), S. 345 ff. m.w.N.

Value-Philosophie attestiert wird.[807] Als Anderswert kommen dabei verschiedene Konzepte zur Ermittlung des Kapitaleinsatzes in Betracht, die in drei Kategorien unterschieden werden können. Neben dem inputorientierten Amortisationskapital kann der Anderswert auch als buchwertbasierte Größe oder als marktbezogener Zeitwert bestimmt werden.[808]

Das inputorientierte Amortisationskapital ermittelt sich grundsätzlich als fortgeschriebenes Investitionskapital,[809] das ausgehend von dem (kollektiv) investierten Kapital um nachträgliche Auszahlungen[810] erhöht und um bereits realisierte Rückflüsse reduziert wird.[811] Als marktorientierte Zeitwerte können, sofern für das/die betrachtete(n) Asset(s) überhaupt bestimmbar,[812] Marktpreise fungieren, wodurch eine Opportunitätsperspektive eingenommen wird,[813] da eine Veräußerung zum Marktpreis zu Periodenbeginn und die durch eine alternative Verwendung realisierbare (risikobereinigte) Rendite als Referenzmaßstab herangezogen werden.[814]

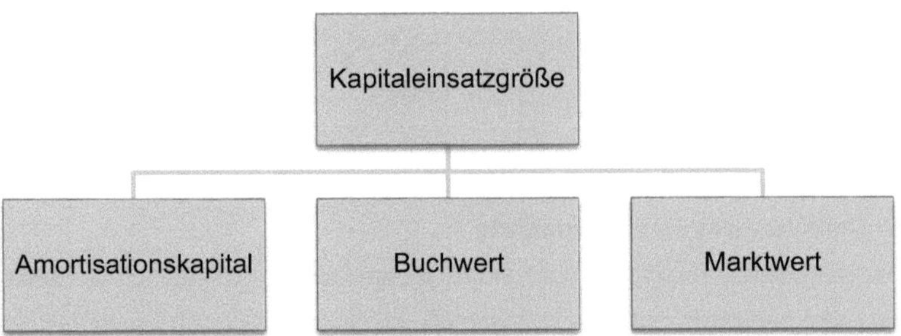

Abbildung 22: Systematisierung der Kapitaleinsatzgrößen

807 Vgl. bspw. Pfaff/Bärtl (1999), S. 91; Dirrigl (2003), S. 161; Hering/Vincenti (2004), S. 344; Schumann (2008), S. 98.

808 Vgl. Stüker (2008), S. 119.

809 Vgl. Dirrigl (2003), S. 162; Dirrigl (2004b), S. 104 ff.; Schumann (2008), S. 46 ff.; Dreher (2010), S. 347.

810 Diese können bspw. durch nachträgliche Anschaffungs- und Herstellungskosten, aufgrund von Fehlplanungen bei Investitionen oder auch durch Earn-Out-Vereinbarungen bei Akquisitionen, begründet sein.

811 Vgl. insbesondere Dirrigl (1998a), S. 4 ff. Im Schrifttum wird das inputorientierte Amortisationskapital auch als irrelevante „sunk costs" für die prospektive Planung angesehen und daher eine Eignung für die Performancemessung aus Relevanzgründen abgelehnt. Vgl. Schmidbauer (1998), S. 223; Kremer (2008), S. 141 f. Für eine Performancemessung aus der ex post-Perspektive kann das inputorientierte Amortisationskapital aber durchaus nützliche Informationen bzgl. der getroffenen Investitionsentscheidungen liefern. Vgl. Dreher (2010), S. 348.

812 Alternativ könnten auch auf Basis kapitalmarktorientierter Bewertungsverfahren eine Marktpreisabschätzung vorgenommen werden, wofür sich insbesondere DCF-Verfahren anbieten. Sind die Marktpreise für eine Investition hingegen beobachtbar, so kann eine kapitalmarktorientierte Betrachtungsweise eingenommen werden.

813 Vgl. hierzu insbesondere Dreher (2010), S. 346 ff.

814 Vgl. Burger/Ulbrich (2005), S. 602; Kremer (2008), S. 141; Stüker (2008), S. 140; Dreher (2010), S. 347.

Die buchwertorientierte Ermittlung des Kapitaleinsatzes setzt hingegen bei bilanziellen Werten an und kann unternehmensspezifische Anpassungen berücksichtigen, wobei eine wertmäßige Übereinstimmung mit den zuvor dargestellten Konzepten nicht als Regelfall zu erachten ist.[815] Für die weiteren Ausführungen wird die Betrachtung des Amortisationskapitals fortgeführt, da Buchwertgrößen durch bilanzpolitische Intentionen oder Bilanzierungsvorschriften zu Abweichungen von der tatsächlichen Tilgungsstruktur führen können, sodass Buchwerte und Amortisationskapital divergieren. Eine Erwägung von Marktwerten kann bei Veräußerungsabsicht sinnvoll sein. Für den hier betrachteten Kontext stellt diese Situation aber nicht den Regelfall dar.

5.5.1.3 Mehrstufige Finanzierungsrechnung als Grundlage der Equity-bezogenen Performancemessung

Die Tragfähigkeitsstruktur wird für die (unterstellte) Tilgung in den Residualgewinnkonzepten als überlegendes Konzept propagiert,[816] die allerdings in praxi nur von geringer Relevanz ist. Das Spannungsverhältnis, in dem die Bestimmung der Abschreibungsmethode bei Residualgewinnkonzepten zur Performancemessung steht, umfasst zum einen die Abbildung der tatsächlichen Finanzierungsbedingungen und zum anderen eine möglichst anreizkompatible Periodisierung der Residualgewinne. Eine mehrstufige Finanzierungsrechnung[817] als Grundlage der Equity-bezogenen Performancemessung kann dabei an der tatsächlichen Tilgungsstruktur des Fremdkapitals und den damit verbundenen Implikationen ansetzen und für die Kapitaldienste des Eigenkapitals eine tragfähigkeitsbezogene Tilgungsstruktur unterstellen. Da dies zugleich eine strukturäquivalente Periodisierung des Kapitalwertes durch die Residualgewinne ermöglicht, die wiederum den Anknüpfungspunkt für die variable Vergütung des Managements darstellt, werden die Kapitaldienste der Eigenkapitalgeber und die variable Vergütung strukturell harmonisiert. Insbesondere kann bei dieser Vorgehensweise die Situation der Eigenkapitalgeber auf die variable Vergütung des Managements übertragen werden, da auf diese Weise beide dem finanziellen Risiko ausgesetzt sind und in gleicher Struktur an Erfolgen (bzw. Verlusten) partizipieren.

---

815 Vgl. Dreher (2010), S. 348.
816 Vgl. Dirrigl (2004b), S. 97 m.w.N.
817 Vgl. Dirrigl (2003), S. 170 f.

1.Cashflow-Ebene: Operativer Zahlungsmittelüberschuss
- Kapitaldienst an Fremdkapitalgeber
2.Cashflow-Ebene: Eigenkapitalgeberbezogener Zahlungsmittelüberschuss
- Kapitaldienst an Eigenkapitalgeber
3.Cashflow-Ebene: Kapitalwertbezogener Zahlungsmittelüberschuss

Abbildung 23: Mehrstufige Finanzierungsrechnung

Ausgehend von dem operativen Zahlungsüberschuss können zunächst die Kapitaldienstzahlungen an die Fremdkapitalgeber berücksichtigt werden, sodass eine Cashflowgröße resultiert, die der Perspektive der Eigenkapitalgeber entspricht. Werden in einem darauf folgenden Schritt auch die Kapitaldienstzahlungen an die Eigenkapitalgeber einbezogen, so ist der Cashflow bestimmt, der für die Berechnung des Kapitalwertes herangezogen werden kann. Ein derartiges Vorgehen hat den wesentlichen Vorteil, dass unterschiedliche Tilgungsstrukturen für Eigen- und Fremdkapital berücksichtigt werden können und derartig sowohl die vereinbarte Tilgungsstruktur für das Fremdkapital, wie auch die anreizkompatible Tilgung des Eigenkapitals.

5.5.1.4 Tilgungsstruktur als Determinante des Kapitaleinsatzes

Sollen die Auswirkungen der Tilgungsstruktur des Fremdkapitals auf den Unternehmens- bzw. Kapitalwert analysiert werden, so bildet die Investitionsplanung den geeigneten Anknüpfungspunkt für diese Zwecke. Damit eine Isolierung der Finanzierungskonsequenzen bei Betrachtung der Residualgewinne erfolgen kann, soll zu diesem Zweck kein (weiterer) Vergleich der Residualgewinnkonzepte EVA und CVA vorgenommen werden, sondern lediglich die in den Konzepten unterstellte Tilgungsstruktur analysiert werden. Bei der annuitätischen Tilgungsstruktur wird ein konstanter Betrag über die Nutzungsdauer als Kapitaldienst ausgewiesen, wobei der Tilgungsanteil über den Betrachtungszeitraum zunimmt und der Zinsanteil abnimmt. Die lineare Tilgungsstruktur hingegen führt zu abnehmenden Kapitaldiensten im Zeitablauf, da die Tilgung über die Nutzungsdauer konstant bleibt und die Zinsen abnehmen. Werden diese Erkenntnisse der Projektbetrachtung auf die Bereichsebene übertragen, so kann festgehalten werden, dass das Amortisationskapital bei der annuitätischen Tilgungsstruktur im Zeitablauf höher ausgewiesen wird, wodurch auch höhere Zinszahlungen resultieren. Unter der Annahme eines konstanten Fremdkapitalzinssatzes (r_{FK}) und einheitlicher Nutzungsdauern (ND) der fremdfinanzierten Investitionen ergibt sich die Differenz des ausgewiesenen Amortisationskapitals (AK) bei annuitätischer (A) und linearer (L) Tilgungsstruktur zum Zeitpunkt (T) als:

$$
\begin{aligned}
AK(A)_T - AK(L)_T \\
&= \left(\sum_{t=T-ND+1}^{T} INV(FK)_t \right. \\
&\quad \left. - \sum_{t=T-ND+1}^{T-1} INV(FK)_t \times \frac{(1+r_{FK})^{(T-t)} - 1}{(1+r_{FK})^{ND} - 1} \right) \\
&\quad - \left(\sum_{t=T-ND+1}^{T} INV(FK)_t - \sum_{t=T-ND+1}^{T-1} INV(FK)_t \times \frac{(T-t)}{ND} \right) \\
&= \sum_{t=T-ND+1}^{T-1} INV(FK)_t \times \left(\frac{(T-t)}{ND} - \frac{(1+r_{FK})^{(T-t)} - 1}{(1+r_{FK})^{ND} - 1} \right)
\end{aligned}
\qquad \text{5-54}
$$

Der Klammerausdruck nimmt für alle $t < T$ einen positiven Wert an, sodass das Amortisationskapital bei annuitätischer Tilgungsstruktur stets höher ist als bei der linearen und ein Ausgleich erst in der letzten Periode der Nutzungsdauer erfolgt.

5.5.1.5 Kapital- und Opportunitätskosten

Die Bestimmung kalkulatorischer Eigenkapitalzinsen kann grundsätzlich als Achillesferse der Finanzierungstheorie sowie der darauf basierenden Unternehmensbewertung und Performancemessung angesehen werden, deren Bestimmung modelltheoretisch, implizit oder anhand von Alternativrenditen erfolgt. Die Kapitalmarktgleichgewichtsmodelle suggerieren in diesem Kontext die unbegrenzte Möglichkeit der Eigenkapitalaufnahme zu bestimmten Verzinsungsansprüchen, wobei die unterstellten Zusammenhänge empirisch zumeist widerlegt werden.[818] Die implizite Schätzung der Eigenkapitalkosten[819] als interner Zinssatz aus Marktkapitalisierung und Analystenprognosen kann aus theoretischer Sicht als überzeugend klassifiziert werden, da hier eine investitionstheoretische Fundierung insofern vorliegt, als dass die periodenspezifischen Markterwartungen durch die Analystenschätzungen approximiert werden und als Barwert in der beobachtbaren Marktkapitalisierung Berücksichtigung finden. Allerdings sind hierbei die Annahmen hinsichtlich der Restwertphase als wesentlich zu erachten.

Darüber hinaus eignet sich dieser Ansatz aufgrund der notwendigen Kapitalmarktorientierung nur für eine Minderheit der Unternehmen. Die Alternativrenditelogik zur Bestimmung kalkulatorischer Eigenkapitalkosten ist auch für die Grenzpreisbestimmung

818 Vgl. Zimmermann/Meser (2013) m.w.N.
819 Vgl. Fn. 1161.

von zentraler Bedeutung,[820] wodurch bereits eine investitionstheoretische Fundierung deutlich wird. Dieses Vorgehen trägt auch dem keinesfalls eindeutigen Zusammenhang von Rendite und Risiko Rechnung, da entgegen der in den kapitalmarktorientierten Modellen herrschenden Annahmen eine (vollständige) positive Korrelation nicht zwingend vorliegt, wie durch das Risiko-Rendite-Paradoxon bereits gezeigt werden konnte.[821] Risikoadäquate kalkulatorische Eigenkapitalzinsen sind aber nur insofern überhaupt von Relevanz, wenn eine Risikoberücksichtigung als Zuschlag auf den risikolosen Zinssatz erfolgen soll. Wird stattdessen die bereits als überlegen klassifizierte Risikoabschlagsmethode präferiert, so kann der risikolose Zinssatz zur Berücksichtigung der kalkulatorischen Verzinsung den Zeitwert der Zahlungen abbilden.

5.5.2 Earned Economic Income

Nachdem für den fremdfinanzierten Teil des Amortisationskapitals die annuitätische und die lineare Tilgung betrachtet sowie die Problematik der Kapitalkostenbestimmung für die Berechnung von Residualgewinnen aufgezeigt wurde, soll im Folgenden die Performancemessung auf Grundlage des Earned Economic Income (EEI) dargestellt werden. Dabei wird für die Bestimmung des EEI eine eigenkapitalgeberbezogene Sichtweise auf Basis der mehrstufigen Finanzierungsrechnung eingenommen.

5.5.2.1 Konzept des Earned Economic Income

Der EEI stellt ein von Grinyer konzipiertes Performancemaß dar,[822] das den periodischen Residualgewinn in Abhängigkeit des Verhältnisses von Kapitaleinsatz und Barwert der zukünftigen Erfolge ermittelt.[823] Diese im Schrifttum als „Tragfähigkeitsprinzip“[824], „relatives Beitragsverfahren“[825], „Relative Benefit Depreciation Schedule“[826] oder „Relative Marginal Benefits Allocation Rule“[827] bezeichnete Vorgehensweise er-

---

820 Siehe hierzu insbesondere Dirrigl (2009), S. B 31 f.

821 Siehe hierzu insbesondere Kapitel 4.2.3.2.

822 Vgl. Grinyer (1985), S. 130 ff.; Grinyer/Elbadri (1987), S. 247 ff.; Grinyer/Lyon (1989), S. 303 ff.; Grinyer (1993), S. 747 ff.; Grinyer (1995), S. 211 ff.; Grinyer (2000), S. 115 ff.

823 Die Methode von Grinyer kann dabei im Projektbezug unter bestimmten Annahmen als identisch zu den Ansätzen von Rogerson (1997) und Reichelstein (1997) bzw. zur Ladelle/Brief/Owen-Methode angesehen werden, da sie hier gleiche Ergebnisse liefert. Vgl. Hebertinger (2002), S. 150. Zur historischen Entwicklung der Ladelle/Brief/Owen Methode, die bis ins 19. Jahrhundert zurückgeht, siehe insbesondere Schumann (2008), S. 164.

824 Vgl. Pfaff (1999), S. 66; Henselmann (2001), S. 177 ff.; Hebertinger (2002), S. 142; Schumann (2008), S. 164 f.; Stüker (2008), S. 162.

825 Baldenius/Fuhrmann/Reichelstein (1999), S. 59; Crasselt (2004), S. 121; Hax (2004), S. 91.

826 Reichelstein (1997), S. 168 f.

827 Rogerson (1997), S. 790.

möglicht einen Abschreibungsverlauf, der relativ zu den Zahlungsströmen der einzelnen Perioden ein konstantes Verhältnis aufweist.[828] Diesen nach dem Tragfähigkeitsprinzip ermittelten Abschreibungsbeträgen wird eine besondere Eignung, im Verhältnis zur linearen oder annuitätischen Abschreibung, für Zwecke der Managementvergütung attestiert,[829] was insbesondere bei nicht konstanten Cashflows durch die Erfüllung der Vorteilhaftigkeitsanzeige und der daraus resultierenden starken Zielkongruenz begründet ist.[830] Auch wenn der zugrunde liegenden Abschreibungsregel ursprünglich eine starke Buchwertorientierung attestiert werden muss,[831] kann durch die Erweiterung des EEI zur bereichsorientierten Performancemessung nach Dirrigl[832] eine cashflowbezogene Ausgestaltung erfolgen.[833] Ausgehend von der Kritik an dem EEI bei der Betrachtung mehrerer Projekte bzw. eines Bereichs, die nur unter strengen Prämissen überhaupt möglich ist,[834] hat Dirrigl eine Erweiterung des Ansatzes entwickelt, die es ermöglicht unter Kenntnis der (kumulierten) Periodencashflows und der Investitionsplanung eine bereichsbezogene Performancemessung vorzunehmen.[835]

[828] Vgl. Schumann (2008), S. 164; Dreher (2010), S. 382 f.

[829] Vgl. Hesse (1996), S: 164; Hebertinger (2002), S. 142 ff.; Dirrigl (2004b), S: 106 f.; Crasselt (2004), S. 121 ff. Siehe auch für eine Analyse auf Grundlage des LEN-Modells Dutta/Reichelstein (2002), S. 253 ff.

[830] Vgl. Crasselt (2004), S. 121 ff.

[831] Vgl. Schumann (2008), S. 165. Die Abschreibung nach dem Tragfähigkeitsprinzip wird bspw. auch im Kontext der Ausgestaltung des EVA diskutiert. Vgl. hierzu Hesse (1996), S. 139 ff.; Henselmann (2001), S. 177 ff.

[832] Vgl. Dirrigl (2003), S. 154 ff.

[833] Vgl. Schumann (2008), S. 165 f. mit Verweis auf Grinyer (1985), der die Cashflowbezogenheit des EEI aufgrund von Vorteilhaftigkeitsentscheidungen herausstellt. Vgl. Grinyer (1985), S. 135.

[834] Zum einen müssen die Zahlungsströme den einzelnen Projekten direkt zurechenbar bzw. die kumulierten Zahlungsströme projektspezifisch differenzierbar sein. Vgl. hierzu kritisch Skinner (1993), S. 741 ff. Zum anderen muss die Summe der EEI der Einzelprojekte gleich dem EEI auf kollektiver Investitionsrechnung sein. Vgl. Peasnell (1995), S. 231.

[835] Vgl. Dirrigl (2003), S. 161 ff.

Für das Beispiel ergeben sich folgende eigenfinanzierten Investitionen:

$k_{EK} = 5{,}25\%$		-2	-1	0	1	2	3
Investitionen		4.000,00	4.000,00	4.000,00	2.000,00	3.500,00	4.000,00
Fremdfinanzierungsquote		50,00%	50,00%	50,00%	50,00%	50,00%	50,00%
Eigenfinanzierte Investitionen		2.000,00	2.000,00	2.000,00	1.000,00	1.750,00	2.000,00
Investitionsjahrgangsspezifische Entwicklung des Amortisationskapitals	1	2.000,00	1.367,14	701,05	0,00		
	2		2.000,00	1.367,14	701,05	0,00	
	3			2.000,00	1.367,14	701,05	0,00
	4				1.000,00	683,57	350,53
	5					1.750,00	1.196,25
	6						2.000,00
	7						
	8						
	9						
	10						
	11						
	Σ	2.000,00	3.367,14	4.068,19	3.068,19	3.134,62	3.546,77
Investitionsjahrgangsspezifische Entwicklung des Kapitaldienstes	1		737,86	737,86	737,86		
	2			737,86	737,86	737,86	
	3				737,86	737,86	737,86
	4					368,93	368,93
	5						645,63
	6						
	7						
	8						
	9						
	10						
	11						
	Σ		737,86	1.475,72	2.213,58	1.844,65	1.752,42

Tabelle 82: Entwicklung des eigenfinanzierten Amortisationskapitals Teil 1

Jahr		4	5	6	7	8
Investitionen		4.500,00	3.000,00	0,00	0,00	0,00
Fremdfinanzierungsquote		50,00%	50,00%	50,00%	50,00%	50,00%
Eigenfinanzierte Investitionen		2.250,00	1.500,00	1.500,00	1.500,00	1.500,00
Investitionsjahrgangsspezifische Entwicklung des Amortisationskapitals	1					
	2					
	3					
	4	0,00				
	5	613,42	0,00			
	6	1.367,14	701,05	0,00		
	7	2.250,00	1.538,03	788,69	0,00	
	8		1.500,00	1.025,35	525,79	0,00
	9			1.500,00	1.025,35	525,79
	10				1.500,00	1.025,35
	11					1.500,00
	Σ	4.230,56	3.739,09	3.314,04	3.051,15	3.051,15
Investitionsjahrgangsspezifische Entwicklung des Kapitaldienstes	1					
	2					
	3					
	4	368,93				
	5	645,63	645,63			
	6	737,86	737,86	737,86		
	7		830,09	830,09	830,09	
	8			553,40	553,40	553,40
	9				553,40	553,40
	10					553,40
	11					
	Σ	1.752,42	2.213,58	2.121,35	1.936,88	1.660,19

Tabelle 83: Entwicklung des eigenfinanzierten Amortisationskapitals Teil 2

Die Kapitalbasis entspricht bei der Projektbetrachtung den eigenfinanzierten Anschaffungskosten, die über die Nutzungsdauer mit einem konstanten Faktor in Abhängigkeit des Cashflowprofils amortisiert werden. Dieses Vorgehen kann aber nicht ohne weiteres auf die Bereichsbetrachtung übertragen werden, sodass Dirrigl für die Bestimmung des Amortisationskapitals auf den Barwert der Kapitaldienstannuitäten abstellt.[836] Ausgangspunkt für eine derartige Ermittlung stellt die Abgrenzung der Investitionen für den

[836] Vgl. Dirrigl (2004b), S. 104 ff. sowie Schneider (1997) zum annuitätischen Kapitaldienst im Kontext der Innenfinanzierung, vgl. Schneider (1997), S. 440 ff.

Betrachtungszeitraum dar. Die in diesem Zeitraum Zahlungsmittelrückflüsse generierenden Investitionen werden dabei annuitätisch über die (durchschnittliche) Nutzungsdauer verteilt.[837]

$$AK_t^{EEI} = \sum_t^T \frac{KDA_t}{(1 + k_{EK})^t} \qquad 5\text{-}55$$

Bei Eigenkapitalkosten von 5,25 Prozent und einer durchschnittlichen Nutzungsdauer von 3 Jahren resultieren dabei folgende Kapitaldienstannuitäten:

ex ante	**0**	**1**	**2**	**3**	**4**
KDA_t		2.213,58	1.844,65	1.752,42	1.752,42
BW_t	33.430,28	32.971,79	32.858,16	32.830,79	32.801,99
ex ante	**5**	**6**	**7**	**8**	
KDA_t	2.213,58	2.121,35	1.936,88	1.660,19	
BW_t	32.310,52	31.885,47	31.622,57		

Tabelle 84: Kapitaldienstannuitäten (ex ante)

Ausgehend von dem so ermittelten Amortisationskapital kann dann die Kapitaleinsatz-Barwert-Relation (KBR) bestimmt werden,[838] die sich als Quotient aus dem Amortisationskapital und dem Barwert der Erfolgsgröße ergibt. Als Erfolgsgröße wird dabei auf die Ausschüttungen nach Fremdfinanzierung abgestellt,[839] die den periodischen Rückflüssen aus dem eigenfinanzierten Amortisationskapital entsprechen.

$$KBR_t = \frac{AK_t^{EEI}}{BW(SÄ(AS_t))} \qquad 5\text{-}56$$

Wird die eigenkapitalgeberbezogene Performancemessung auf Grundlage einer mehrstufigen Finanzierungsrechnung durchgeführt, so sind als relevante Erfolgsgröße die Ausschüttungen an die Anteilseigner heranzuziehen, da der thesaurierte Anteil des

837 Vgl. Dirrigl (2003), S. 155. Sofern eine Investition nur anteilig in den Betrachtungszeitraum fällt, werden nur die in diesem Zeitraum anfallenden Kapitaldienstannuitäten berücksichtigt. Vgl. Dirrigl (2003), S. 169.

838 Vgl. Dirrigl (2003), S. 164; Grinyer (1985), S. 141; Schumann (2008), S. 168 m.w.N.

839 Bei einer gesamtkapitalbezogenen Betrachtungsweise ist hingegen der operative Cashflow vor Finanzierungstätigkeiten als Erfolgsgröße zu verwenden. Vgl. Dirrigl (2003), S. 164; Grinyer (1985), S. 137 f.

Gewinns als Investition der Anteilseigner zu interpretieren ist, der bei der Bestimmung der KDA berücksichtigt wird.

ex ante	**0**	**1**	**2**	**3**	**4**	**5 ff.**
$SÄ(AS_t)$		2.986,19	2.257,84	839,59	2.662,93	2.858,96
BW_t	92.833,31	92.632,12	93.153,24	95.108,25	95.298,56	95.298,56

Tabelle 85: Barwert der Sicherheitsäquivalente

Die KBR im Zeitpunkt 0 ergibt sich demnach als:

$$KBR_o = \frac{33.430,28}{92.833,31} = 0,36$$

Nachdem die KBR bestimmt ist, kann der periodische Kapitaldienst ermittelt werden.[840]

$$KD_t^{EEI} = SÄ(AS_t) \times KBR_t \qquad 5\text{-}57$$

Der EEI entspricht dem residualen Anteil des operativen Cashflows, der nicht als Kapitaldienst geleistet werden muss.[841]

$$EEI_t = SÄ(AS_t) \times (1 - KBR_t) \qquad 5\text{-}58$$

Die diskontierten EEI entsprechen dabei dem Kapitalwert des Unternehmens unter Berücksichtigung des auf Grundlage der Kapitaldienstannuitäten ermittelten Amortisationskapitals.

Für das Beispiel ergeben sich die periodenspezifischen EEI aus der ex ante-Perspektive als:

840 Vgl. Grinyer (1985), S. 137 f.
841 Vgl. Dirrigl (2003), S. 164; Grinyer (1985), S. 137 f.

ex ante	**0**	**1**	**2**	**3**	**4**	**5 ff.**
$SÄ(AS_t)$		2.986,19	2.257,84	839,59	2.662,93	2.858,96
BW_t	92.833,31	92.632,12	93.153,24	95.108,25	95.298,56	95.298,56
KBR_o	0,36					
SCF_t		1.075,36	813,07	302,35	958,95	1.029,54
$Zins_t$		213,58	220,84	281,62	385,53	473,55
$Tilgung_t$		861,78	592,24	20,73	573,42	555,99
KB_t	4.068,19	4.206,41	5.364,18	7.343,45	9.020,03	9.964,04
EEI_t		1.910,83	1.444,77	537,25	1.703,98	1.829,42
$BW(EEI_t)$	59.403,03	59.274,29	59.607,75	60.858,74	60.980,52	60.980,52
EK_t	92.833,31					

Tabelle 86: Earned Economic Income (ex ante)

5.5.2.2 Earned Economic Income als integratives Konzept von Antizipation und Realisation

Soll wie im Rahmen der unternehmenswertorientierten Performancemessung die strategisch-prospektive und die operativ-retrospektive Komponente betrachtet werden, darüber hinaus aber auch eine explizite Betrachtung des Amortisationskapitals erfolgen, so kommt insbesondere der EEI in Betracht. Nicht in der bisherigen Planung erfasste Investitionstätigkeiten führen zu einer Veränderung der Kapitaleinsatz-Barwert-Relation (KBR), sofern diese nicht kapitalwertneutral sind, da eine kontinuierliche Anpassung konstituierend für den EEI ist. Diesen Zusammenhang formuliert Schumann zutreffend und allgemeingültig wie folgt:

„Da somit die Kapitaleinsatz-Barwert-Relation […] ständig auf dem aktuellsten Informationsstand bezüglich des Bewertungsobjekts gehalten wird, erfährt der periodenbezogene EEI ‚automatisch' eine Anpassung in Richtung der beobachteten Wertänderung."[842]

Basiert eine Erwartungsrevision ausschließlich auf einer zusätzlichen Investition A_t zum Ende der Periode t, die korrespondierende Überschüsse in den folgenden Perioden $AS(A_t)^{Plan}$ erwarten lässt, gilt somit für den EEI aus der ex post-Perspektive:

842 Schumann (2008), S. 172.

$$EEI_t = AS_t \times \left(1 - \frac{(AK_{t-1}^{Plan} + A_t \times (1 + k_{EK})^{-1})}{EW_{t-1}^{Plan} + (\sum_t^T AS(A_t)^{Plan} \times (1 + i_s)^{-t} \times (1 + i_s)^{-1})}\right) \quad \text{5-59}$$

Diese Darstellung macht deutlich, dass die Wertveränderung einer Periode die Performance durch die Anpassung der KBR genau in der Höhe beeinflusst, die dem Produkt aus konstanten Ausschüttungen der Periode t und der Plan-Ist-Abweichung des zweiten Terms entspricht. Das Ausmaß der Performanceänderung durch die zusätzliche Investition hängt dabei von insgesamt drei Faktoren ab: Neben dem Kapitalwert der zusätzlichen Investition und der absoluten Höhe der Ausschüttungen ist auch das niveaubezogene Verhältnis der betrachteten Investition zu dem Bereichskapitalwert zu Periodenbeginn von Bedeutung. Weist die Investition einen positiven Kapitalwert auf und ist diese im Verhältnis zu dem Niveau der Einflussgrößen der KBR als relativ geringfügig anzusehen, so ist auch die zu beobachtende Veränderung des EEI auf tendenziell niedrigem Niveau.[843] Wird im Vergleich zum vorherigen Abschnitt die ex post-Perspektive eingenommen, so können in Analogie zur Erfolgspotentialrechnung zwei Informationsstände differenziert werden. Die Auswirkungen der durch die Trägheitsprojektion isolierten exogenen Veränderungen auf den EEI können der nachfolgenden Tabelle entnommen werden.[844]

ex post (Träg)	0	1	2	3	4	5	6 ff.
KDA_t		2.213,58	1.844,65	1.752,42	1.752,42	2.213,58	2.121,35
$BW(KDA_t)$	33.430,28	32.971,79	32.858,16	32.830,79	32.801,99	32.310,52	31.885,47
$SÄ(AS_t)$		2.703,45	1.928,82	498,05	2.198,75	2.541,21	2.549,03
$BW(SÄ(AS_t))$	82.337,95	82.104,65	82.638,97	84.620,08	84.959,94	84.967,53	84.967,53
KBR_0	0,41						
SCF_t		1.097,63	783,13	202,22	892,72	1.031,76	1.034,94
$Zins_t$		213,58	219,67	226,23	251,11	290,41	268,20
$Tilgung_t$		884,05	1.624,98	1.526,19	1.501,31	1.923,17	1.853,15
KB_t	4.068,19	4.184,14	4.309,16	4.782,97	5.531,66	5.108,49	4.755,34
EEI_t		1.605,81	1.145,69	295,84	1.306,03	1.509,45	1.514,09
$BW(EEI_t)$	48.907,67	48.769,09	49.086,47	50.263,23	50.465,10	50.469,61	50.469,61
EK_t	82.337,95						

Tabelle 87: Earned Economic Income (Trägheitsprojektion)

[843] Dieser Zusammenhang gilt für positive Kapitalwerte vice versa.
[844] Die Unternehmensplanung unter Trägheitsprojektion befindet sich in Anlage 4.

Die Kapitalbasis bleibt im Rahmen der Trägheitsprojektion konstant, da keine veränderte Investitionstätigkeit erfasst wird. Lediglich der Barwert der Ausschüttungen sinkt, sodass die KBR von 0,36 auf 0,41 steigt.[845] Der EEI sinkt damit aufgrund der höheren KBR und der geringeren Ausschüttung an sich von 1.910,83 GE auf 1.605,81 GE.

ex post	**0**	**1**	**2**	**3**	**4**	**5**	**6 ff.**
KDA_t		2.213,58	3.504,84	3.412,60	3.412,60	2.213,58	2.121,35
$BW(KDA_t)$	37.705,81	37.471,79	35.934,22	34.408,17	32.801,99	32.310,52	31.885,47
$SÄ(AS_t)$		5.845,66	405,97	944,73	1.058,83	3.610,97	3.608,00
$BW(SÄ(AS_t))$	114.721,28	112.317,26	115.280,81	117.794,50	120.269,51	120.266,63	120.266,63
KBR_0	0,33						
SCF_t		1.921,31	133,43	310,51	348,01	1.186,83	1.185,85
$Zins_t$		213,58	412,67	519,21	635,17	768,37	825,15
$Tilgung_t$		1.707,73	-279,24	-208,70	-287,16	418,46	360,70
KB_t	4.068,19	7.860,46	9.889,71	12.098,41	14.635,57	15.717,11	16.856,40
EEI_t		3.924,35	272,54	634,22	710,82	2.424,14	2.422,15
$BW(EEI_t)$	77.015,47	75.401,58	77.391,09	79.078,60	80.740,14	80.738,21	80.738,21
EK_t	114.721,28						

Tabelle 88: Earned Economic Income (ex post)

Die Kapitalbasis erhöht sich durch die als Managementeffekt zu bezeichnenden Investitionen weniger stark als der Barwert der Ausschüttungen, da die getätigten Investitionen einen positiven Kapitalwert aufweisen, sodass die KBR von 0,41 auf 0,33 fällt. Der EEI steigt folglich aufgrund der geringeren KBR und der höheren Ausschüttung an sich von 1.605,81 GE auf 3.924,35 GE im Verhältnis zur Trägheitsprojektion.

Erfolgt eine Erwartungsrevision nur in Bezug auf die vormals geplanten Ausschüttungen der betrachteten Periode, so muss auch hier rückwirkend der Ertragswert zu Periodenbeginn angepasst werden, was c.p. zu einer veränderten KBR und somit zu einer doppelten Beeinflussung der Performance aus ex post Sicht führt. Bei einer Erwartungsrevision der zukünftigen Erfolge muss die KBR ebenfalls zu Periodenbeginn angepasst werden, sodass auch hier eine unmittelbare Auswirkung auf die Performance der Periode, in der die Erwartungsrevision antizipiert wird, zu beobachten ist. Zusammenfassend lässt sich somit konstatieren, dass durch die Plan-Ist-Abweichung des EEI zwar eine Wertsteigerung bei einer konstanten periodischen Erfolgsgröße abgebildet wird, allerdings muss es als kritisch erachtet werden, dass bei einer zusätzlichen Erwartungsrevision der Ausschüttungen keine differenzierte Aussage hinsichtlich der

845 Die Entwicklung des Amortisationskapitals (ex post) ist in Anlage 6 ersichtlich.

beiden Aufgabenbereiche Wertsteigerung und Wertrealisierung möglich ist, sodass keine gezielte Anreizsetzung auf der Grundlage dieses Konzeptes erfolgen kann.An dieser Stelle kann eine Abweichungsanalyse auf der Grundlage des EEI ansetzen, die zunächst eine ursachenbezogene Differenzierung vornimmt, bevor eine weitere aufgabenbezogene Performanceanalyse erfolgt. Dabei werden wiederum der Umwelt- und der Managementeffekt betrachtet.

5.5.2.3 Performanceanalyse des EEI

Die Performanceanalyse des EEI bezieht sich auf die Abweichungen zwischen der geplanten und der realisierten Ausprägung des Performancemaßes. Dabei ist aufgrund der tragfähigkeitsbezogenen Kapitaldienstermittlung nicht nur die operative Ausprägung der Ausschüttung von Relevanz, sondern auch die Veränderung der strategischen Erfolgsgröße, die in der KBR berücksichtigt wird. Die Abweichungen zwischen geplanter und realisierter Ausprägung des EEI sind in der folgenden Tabelle ersichtlich.

	Plan	Ist	Δ
AS_t	2.986,19	5.845,66	2.859,47
KBR_t	0,36	0,33	-0,03
EEI_t	1.910,83	3.924,35	2.013,51

Tabelle 89: Ausprägungen EEI (Trägheitsprojektion)

Der EEI ist durch den Umwelteffekt und den Managementeffekt von 1.910,83 GE auf 3.924,35 GE gestiegen, wobei sowohl die periodische Ausschüttung wie auch die veränderte KBR einen positiven Einfluss auf den EEI haben. Auf Grundlage einer alternativen Abweichungsanalyse ergeben sich folgende Differenzen der Ausschüttungen und der KBR.

alternative Abw.analyse	Plan	Ist
Primärabw. AS_t	1.829,74	1.919,64
Primärabw. KBR_t	93,88	183,77
Sekundärabw.	89,89	89,89
Σ	2.013,51	2.013,51

Tabelle 90: Alternative Abweichungsanalyse EEI (Trägheitsprojektion)

Für eine weitergehende Analyse der operativen und strategischen Abweichung des EEI können für die KBR zwei Ausprägungen bestimmt werden, die nur die operative Veränderung der Ausschüttung in der betrachteten Periode bzw. nur die strategische Veränderung in allen zukünftigen Perioden berücksichtigen.

ex post	**0**	**1**	**2**	**3**	**4**	**5**	**6 ff.**
$AS(O)_t$		5.845,66	2.257,84	839,59	2.662,93	2.858,96	2.858,96
$BW(AS(O)_t)$	95.609,49	92.632,12	93.153,24	95.108,25	95.298,56	95.298,56	95.298,56
$AS(S)_t$		2.986,19	405,97	944,73	1.058,83	3.610,97	3.608,00
$BW(AS(S)_t)$	111.945,10	112.317,26	115.280,81	117.794,50	120.269,51	120.266,63	120.266,63

Tabelle 91: Differenzierung der operativen und strategischen Abweichung

Auf Grundlage der Barwerte können dann die KBR mit der operativen und diejenige mit der strategischen Abweichung bestimmt werden, wobei sich die Kapitalbasis zwischen der operativen und der strategischen Betrachtungsweise ändert.

Informationsstand	Performanceanteil
$(1 - KBR(P)_t)$	0,63989
$(1 - KBR(O)_t)$	0,65035
$(1 - KBR(S)_t)$	0,66318
$(1 - KBR(I)_t)$	0,67133

Tabelle 92: Performanceanteil in Abhängigkeit des Informationsstandes

Der Performanceanteil der Ausschüttungen nimmt von der Planausprägung über die operative und strategische Abweichung bis ex ante-Perspektive kontinuierlich zu.

Aufteilung (ΔKBR)	Abweichung
$\Delta(KBR(P) - KBR(I))$	3,14%
$\Delta(KBR(P) - KBR(O))$	1,05%
$\Delta(KBR(O) - KBR(S))$	1,28%
$\Delta(KBR(S) - KBR(I))$	0,82%

Tabelle 93: Abweichungen des Performanceanteils

Für eine absolute Darstellung kann dann die Primärabweichung der KBR den einzelnen Abweichungen in Abhängigkeit es Informationsstandes zugerechnet werden.

Aufteilung Primärabw. KBR	93,88
$\Delta(KBR(P) - KBR(O)) \times AS(P)_1$	31,22
$\Delta(KBR(O) - KBR(S)) \times AS(P)_1$	38,31
$\Delta(KBR(S) - KBR(I)) \times AS(P)_1$	24,34

Tabelle 94: Absolute Abweichungen der KBR

Die Bestimmung des Anteils der Primärabweichung in Abhängigkeit des Informationsstandes erfolgt, indem die geplanten Ausschüttungen i.H.v. 2.986,19 GE mit den Abweichungen des Performanceanteils multipliziert werden. Dabei beträgt die operative Abweichung, als Differenz aus Plan-EEI und berücksichtigter operativer Erwartungsrevision 31,22 GE und ist auf die positive Erwartungsrevision der Ausschüttung zurückzuführen. Die Abweichung zwischen der strategischen und der operativen Ausprägung der KBR weist mit 38,31 GE einen positiven Wert auf, der zum einen als Nettoeffekt aus dem negativen Umwelt- und positiven Managementeffekt angesehen werden kann, jedoch auch durch die realisierten Ausschüttungen der operativen Ausprägung und der geplanten Ausschüttung im Kontext der strategischen Ausprägung einen reduzierenden Effekt erfährt. Die Differenz aus der Ist-Ausprägung und dem strategischen Wert ist hingegen auf den operativen Anteil zurückzuführen, da hier nur die Ausschüttung angepasst wird. Ein vergleichbares Vorgehen ist auch für die Aufteilung der Sekundärabweichung möglich.

Aufteilung Sekundärabw.	89,89
$\Delta\big(KBR(P) - KBR(O)\big) \times (AS(I)_1 - (AS(P)_1)$	29,90
$\Delta\big(KBR(O) - KBR(S)\big) \times (AS(I)_1 - (AS(P)_1)$	36,69
$\Delta\big(KBR(S) - KBR(I)\big) \times (AS(I)_1 - (AS(P)_1)$	23,31

Tabelle 95: Aufteilung der Sekundärabweichungen

Die Bestimmung des Anteils der Sekundärabweichung in Abhängigkeit des Informationsstandes erfolgt, indem die Differenz aus geplanten Ausschüttungen i.H.v. 2.986,19 GE und realisierten Ausschüttungen i.H.v. 5.845,66 GE mit den Abweichungen des Performanceanteils multipliziert wird. Auf Grundlage der zuvor ermittelten Abweichungen kann eine Zusammenfassung der Abweichungen gemäß der nachfolgenden Tabelle erfolgen.

	Operativ	Strategisch	Σ
Primärabw. AS_t	1.829,74	0,00	1.829,74
Primärabw. KBR_t	55,57	38,31	93,88
Sekundärabw.	53,21	36,69	89,89
Σ	1.938,51	75,00	2.013,51

Tabelle 96: Übersicht der Abweichungen ex ante – ex post

Die Abweichung zwischen dem Informationsstand ex ante und ex post ist durch eine höhere realisationsbezogene Erfolgsgröße in Form der Ausschüttung und dem gestiegenen antizipationsbezogenen Barwert der zukünftigen Erfolgsgrößen charakterisiert. Beide Faktoren wirken auf das periodische Performancemaß des EEI, wodurch eine Differenzierung der Antizipations- und der Realisationskomponente nicht trivial ist. Die operative Abweichung der Ausschüttung wirkt insgesamt auf drei Arten auf den EEI. Die Primärabweichung der Ausschüttung führt zu einer Erhöhung des EEI um 1.829,74 GE. Die Veränderung der auf das Ende der Vorperiode bezogenen KBR impliziert eine Steigerung des EEI um 55,57 GE und durch die Interaktion der beiden Einflussfaktoren Ausschüttung und KBR entsteht zudem eine Abweichung höheren Grades, die zu 53,21 GE ebenfalls der operativen Abweichung kausal zugeordnet werden kann. Die strategische Abweichung der Ausschüttungen hingegen hat keinen Einfluss auf die Bezugsgröße des Performanceanteils, sodass nur die KBR über die Primär- und Sekundärabweichung durch die strategische Abweichung beeinflusst wird. Der Erstgenannten ist dabei eine Erhöhung des EEI i.H.v. 38,31 GE zuzurechnen und Letztgenannter i.H.v. 36,69 GE, sodass in Summe eine Erhöhung des EEI i.H.v. 75,00 GE mit der strategischen Abweichung begründet ist. Die Performanceanalyse des EEI kann grundsätzlich auch hinsichtlich des Informationsstandes weiter differenziert werden, sodass in Analogie zur Erfolgspotentialrechnung der Umwelt- und Managementeffekt in Summe der Gesamtabweichung zwischen der ex ante und der ex post-Perspektive darstellt wird.

5.5.3 Kapitalwertorientierte Synchronisation von Antizipations- und Realisationskomponente

5.5.3.1 Konzeptionelle Ausgestaltung

Der Kapitalwert kann unstrittig als zentrale Beurteilungsgröße für die strategisch-prospektive Performance eines Bereichs angesehen werden,[846] der zudem bei einer adäquaten Ausgestaltung den Barwert der zukünftigen Residualgewinne abbildet. Unabhängig von der gewählten Konzeption zur Bestimmung der Kapitalbasis und dem Kalkül zur Bewertung der zukünftigen Erfolgspotentiale[847] kann eine Kapitalwertänderung entweder als intertemporale Veränderung zwischen zwei Zeitpunkten oder als Planabweichung zwischen der ex ante und der ex post-Perspektive interpretiert werden. Für Zwecke der mehrwertorientierten Performancemessung muss dem Investitions- und Finanzierungsbereich eine besondere Beachtung zuteil werden,[848] da nur eine explizite Berücksichtigung bei der Performancemessung den Ausweis eines „Unternehmensmehrwertes" im Kontext einer Betrachtung der Antizipation und Realisation von Erfolgspotentialen ermöglicht. Zur Abbildung eines Unternehmensmehrwertes kann der RÖG als Performancemaß herangezogen werden, der den Anforderungen der Barwertidentität und der Wertsteigerungsabbildung genügt. Als kritisch an einer Vergütung auf Grundlage des RÖG muss aber erachtet werden, dass die Anforderungskriterien der Vorteilhaftigkeitsanzeige und der Risikoteilung als nicht erfüllt angesehen werden müssen. Als wünschenswert kann im Kontext der finanziellen Performancemessung für Zwecke der Managementvergütung auch der Einbezug der Kapitalbasis in Form des Amortisationskapitals angesehen, wohingegen beim RÖG das outputorientierte Erfolgskapital berücksichtigt wird. Ausgehend von dem ÖG kann die zugrunde liegende Logik auch für eine Kapitalwertbetrachtung brauchbar gemacht werden, wobei als periodische Erfolgsgröße der eigenkapitalgeberbezogene Residualgewinn berücksichtigt werden muss.

$$\ddot{O}P_t = RG_t + KW_t - KW_{t-1} = RG_t + (EW_t - AK_t) - (EW_{t-1} - AK_{t-1}) \quad 5\text{-}60$$

Die intertemporale Ertragswertänderung ist dabei durch die im vorherigen Kapitel bereits thematisierten Komponenten Zeiteffekt sowie die Veränderung der Bewertungs-

---

846 Vgl. bspw. Dirrigl (2003), S. 161 und Schumann (2008), S. 98.

847 Dies kann wiederum entweder kapitalmarktorientiert oder individualisiert erfolgen, wobei neben den zahlungsstrombezogenen Bewertungskalkülen grundsätzlich auch residualgewinnorientierte Verfahren und Marktpreise denkbar sind.

848 Vgl. Dirrigl (2003), S. 169.

parameter und der Erfolgspotentiale begründet. Die Differenz des Amortisationskapitals wird hingegen durch die planmäßigen Tilgungs- und Investitionszahlungen,[849] sowie den außerplanmäßigen Abweichungen davon, zu denen auch nachträgliche bzw. außerplanmäßige Investitionsauszahlungen zählen, determiniert.[850] Die ökonomische Performance (ÖP) entspricht in Analogie zum ÖG ohne Erwartungsrevisionen den Zinsen auf den Kapitalwert der Vorperiode, sodass für eine Eliminierung des Zeiteffekts auf die residuale ökonomische Performance (RÖP) abgestellt werden kann:

$$RÖP_t = RG_t + KW_t - KW_{t-1} \times (1 + k_{EK}) \qquad \text{5-61}$$

Der Kapitalwert ist im bereichsbezogenen Kontext definiert als Barwert der Ausschüttungen abzüglich des Barwertes der zukünftigen Kapitaldienstzahlungen und entspricht somit dem Barwert der eigenkapitalgeberbezogenen Residualgewinne:

$$KW_t = \sum_{t}^{T} \frac{AS_t}{(1 + k_{EK})^t} - \sum_{t}^{T} \frac{KDA_t^{EK}}{(1 + k_{EK})^t} = \sum_{t}^{T} \frac{RG}{(1 + k_{EK})^t} \qquad \text{5-62}$$

Die Ausschüttungen stellen aus der Perspektive der Eigenkapitalgeber Zahlungen für das überlassene Kapital dar und können somit als Kapitaldienst an die Eigenkapitalgeber interpretiert werden. Das Residuum aus dem Sicherheitsäquivalent der Ausschüttungen und den eigenkapitalgeberbezogenen Kapitaldienstannuitäten entspricht dabei den Residualgewinnen, die durch Diskontierung in den Kapitalwert überführt werden können.

$$RG_t = AS_t - KDA_t^{EK} = AS_t - Zins_t - Tilgung_t \qquad \text{5-63}$$

Aus der ex ante-Perspektive ergeben sich unter Berücksichtigung der Eigenkapitalkosten von 5,25% folgende Ausprägungen:

---

849 Vgl. Dirrigl (2004b), S. 104 ff.

850 Die Abgrenzung von nachträglichen Investitionen und außerplanmäßigen Kosten kann dabei für die Performancemessung von wesentlicher Bedeutung sein und Auswirkungen auf die Anreizsetzung haben.

ex ante	0	1	2	3	4	5	6	7	8
AS_t		3.305	2.638	1.227	3.082	3.265	3.265	3.265	3.265
BW_t	59.769	59.602	60.093	62.021	62.195	62.195	62.195	62.195	
KDA_t^{EK}		2.214	1.845	1.752	1.752	2.214	2.121	1.937	1.660
BW_t	33.430	32.972	32.858	32.831	32.802	32.311	31.885	31.623	0
$Zins_t$		214	161	165	186	222	196	174	160
$Tilgung_t$		2.000	1.684	1.588	1.566	1.991	1.925	1.763	1.500
KB_t	4.068	3.068	3.135	3.547	4.231	3.739	3.314	3.051	3.051
RG_t^{EK}		1.092	794	-525	1.329	1.052	1.144	1.328	1.605
KW_t	26.339	26.630	27.235	29.190	29.393	29.884	30.310	30.572	
$ÖP_t$	59.769	59.602	60.093	62.021	62.195	62.195	62.195	62.195	
$RÖP_t$	26.339	26.630	27.235	29.190	29.393	29.884	30.310	30.572	

Tabelle 97: ÖP und RÖP ex ante

Der so ermittelte Residualgewinn impliziert eine annuitätische Tilgungsstruktur, kann aber aufgrund der Eigenkapitalorientierung auch problemlos durch das Tragfähigkeitsprinzip ersetzt werden, sodass eine höhere Anreizkompatibilität erzielt wird.

5.5.3.2 Kapitalwertbezogene Performanceanalyse

Durch die veränderte Informationslage hinsichtlich der Umweltbedingungen kann auch für die kapitalwertorientierte Performancemessung eine Analyse dahingehend erfolgen, dass die kausalen Implikationen auf die betrachteten Performancemaße deutlich werden. Die RÖP erfasst Erwartungsrevisionen nach der Antizipationsperspektive vollständig im Entstehungszeitpunkt, sodass Abweichungen von der Planausprägung sowohl auf die veränderte Wertgenerierung wie auch auf die abweichende Wertschaffung zurückzuführen sind. Die intertemporale Veränderung des Kapitalwertes unter Eliminierung des Zeiteffekts ist mit den Erwartungsrevisionen innerhalb einer Periode zu begründen und somit sind diese einzig auf die außerplanmäßigen Sachverhalte zurückzuführen. Durch die Reduzierung der zukünftigen Residualgewinne sinkt der Kapitalwert bei konstanter Kapitalbasis und hat daher einen negativen Einfluss auf die (R)ÖP. Ebenfalls negativ wirkt zudem der geringere Residualgewinn im Verhältnis zur geplanten Ausprägung. Für das Beispiel ergibt sich nach umweltbezogener Erwartungsrevision:

ex post	0	1	2	3	4	5	6	7	8
AS_t		2.986	2.292	818	2.615	3.000	2.998	2.998	2.998
BW_t	54.278	54.142	54.692	56.746	57.110	57.108	57.108	57.108	
KDA_t^{EK}		2.214	1.845	1.752	1.752	2.214	2.121	1.937	1.660
BW_t	33.430	32.972	32.858	32.831	32.802	32.311	31.885	31.623	
$Zins_t$		122	92	94	106	127	112	99	92
$Tilgung_t$		2.092	1.753	1.658	1.646	2.087	2.009	1.837	1.569
KB_t	4.068	3.068	3.135	3.547	4.231	3.739	3.314	3.051	3.051
RG_t		772	448	-934	863	786	877	1.061	1.338
BW_t	20.848	21.170	21.834	23.915	24.308	24.798	25.223	25.486	
EK_t	54.278	54.142	54.692	56.746	57.110	57.108	57.108	57.108	
KW_t	20.848	21.170	21.834	23.915	24.308	24.798	25.223	25.486	
$ÖP_t$		-4.396	1.111	1.146	1.256	1.276	1.302	1.324	
$RÖP_t$		-5.779	0	0	0	0	0	0	

Tabelle 98: ÖP und RÖP ex post (Trägheitsprojektion)

Durch die Maßnahmen des Managements, ergeben sich dann folgende Werte:

ex post	0	1	2	3	4	5	6	7	8
AS_t		6.053	751	1.386	1.503	4.194	4.187	4.187	4.187
BW_t	73.838	71.661	74.672	77.206	79.756	79.749	79.749	79.749	
KDA_t^{EK}		2.214	3.505	3.413	3.413	2.214	2.121	1.937	1.660
BW_t	37.706	37.472	35.934	34.408	32.802	32.311	31.885	31.623	
$Zins_t$		214	413	519	635	768	825	885	948
$Tilgung_t$		1.708	-279	-209	-287	418	361	301	238
KB_t	4.068	7.568	6.211	5.124	4.231	3.739	3.314	3.051	3.051
RG_t		3.840	-2.754	-2.026	-1.909	1.981	2.065	2.250	2.527
BW_t	36.132	34.189	38.738	42.798	46.954	47.438	47.863	48.126	
UW_t	73.838	71.661	74.672	77.206	79.756	79.749	79.749	79.749	
KW_t	36.132	34.189	38.738	42.798	46.954	47.438	47.863	48.126	
$ÖP_t$		11.690	1.795	2.034	2.247	2.465	2.491	2.513	
$RÖP_t$		10.307	0	0	0	0	0	0	

Tabelle 99: ÖP und RÖP ex post

Durch die getätigte Investition des Managements findet auch hier eine kompensatorische Beziehung zwischen den Erfolgspotentialen und dem eingesetzten Kapital statt, da die Investitionsauszahlung, diametral zu den unternehmenswertorientierten Konzepten, nicht in der periodisch-retrospektiven Erfolgsgröße erfasst wird, sondern das Amortisationskapital erhöht. Weist eine noch nicht antizipierte Investition einen positiven Kapitalwert auf, so überkompensiert die Ertragswerterhöhung das ansteigende

Amortisationskapital und erhöht den Gesamtkapitalwert. Die Bestimmung der (R)ÖP kann in dieser Situation entweder in Bezug auf die geplanten Ausprägungen oder auf die nach der exogen bedingten Erwartungsrevision erfolgen, wodurch die Berücksichtigung des Informationseffekts aus der Veränderung des Umweltzustands im Kontext der Performancemessung determiniert wird. Sollen exogene Effekte bei der Performancemessung eliminiert werden, was dem Anforderungskriterium der Beeinflussbarkeit entspricht aber die Forderung des Gesetzgebers zur Berücksichtigung der Lage des Unternehmens bei der Vergütung konterkarieren kann.

Performance	RG	KW	ÖP	RÖP
ex post	3.839,84	34.188,93	11.689,64	10.306,83
ΔMEF	3.067,44	13.018,64	16.086,08	16.086,08
ex post (Träg)	772,39	21.170,28	-4.396,45	-5.779,25
$\Delta\ UEF$	-319,37	-5.168,84	-5.779,25	-5.779,25
ex ante	1.091,76	26.339,13	1.382,80	0,00
Δ	2.748,08	7.849,80	10.306,83	10.306,83

Tabelle 100: ÖP und RÖP bei Erwartungsrevision

Die Veränderung der ÖP und der RÖP entspricht der Summe aus der Abweichung des Residualgewinns und der Veränderung des Kapitalwertes abzüglich dem Zeiteffekt der Kapitalwertänderung aus der ex ante-Perspektive $(26.297{,}18 - 26.005{,}99 = 291{,}19)$. Die niveaubezogenen Unterschiede zwischen ÖP und RÖP sind dabei auf den konstanten Wert aus dem Produkt von Kapitalwert der Vorperiode und Zinssatz zurückzuführen.

5.5.3.3 Kapitalwertorientierte Performancemessung im Vergütungskontext

Damit die RÖP als Grundlage der Managementvergütung fungieren kann, muss das gesamte Vergütungssystem auch die Anforderungen der Vorteilhaftigkeitsanzeige und der Risikoteilung erfüllen, sowie eine explizite Differenzierung der Antizipations- und Realisationskomponente ermöglichen. Die investitionstheoretische Anforderung der Vorteilhaftigkeitsanzeige an Anreiz- und Vergütungssysteme fordert eine periodische Abbildung der ökonomischen Situation des Bewertungsobjektes. Dies kann durch die Betrachtung der Realisationskomponente auf Grundlage des Residualgewinns erreicht werden. Die Differenzierung der Vergütung hinsichtlich Antizipation- und Realisationskomponente kann hingegen eine wesentliche Verbesserung der Risikoteilung implizieren, wobei bedacht werden muss, dass die realisationsbezogene Residualgewinngröße nicht doppelt erfasst wird, nämlich im (R)ÖP und als Performancegröße (RG) an sich. Die darüber hinaus geforderte Wertsteigerungsabbildung kann hingegen durch die Antizipationskomponente abgebildet werden, wodurch diesem Kriterium ebenfalls genügt werden kann. Aus der ex ante-Perspektive ergeben sich für das Beispiel somit folgende Vergütungsausprägungen:

p	5%								
p_R (75%)	3,75%								
p_A (25%)	1,25%								
ex ante	**0**	**1**	**2**	**3**	**4**	**5**	**6**	**7**	**8**
RG_t		1.091,76	793,55	-525,27	1.329,26	1.051,66	1.143,89	1.328,35	1.605,05
$V_t(p_R)$		40,94	29,76	-19,70	49,85	39,44	42,90	49,81	60,19
$BW(V_t(p_R))$	987,72	998,63	1.021,30	1.094,62	1.102,24	1.120,67	1.136,61	1.146,47	
$RÖP_t$		0,00	0,00	0,00	0,00	0,00	0,00	0,00	0,00
$V_t(p_A)$	0,00	0,00	0,00	0,00	0,00	0,00	0,00	0,00	
$V_t(p_R) + V_t(p_A)$	987,72	40,94	29,76	-19,70	49,85	39,44	42,90	49,81	60,19

Tabelle 101: Kapitalwertorientierte Vergütung ex ante

Der Barwert der realisationsbezogenen Vergütung entspricht dem Produkt aus Kapitalwert und Prämiensatz sowie realisationsbezogenem Anteil. Die Vergütung für die Antizipation dieses Kapitalwertes wurde bereits in den Vorperioden, also dem Antizipationszeitpunkt erfasst, sodass aus der ex ante-Perspektive keine Abweichungen erwartet werden und die RÖP den Wert null annimmt. Bei einer planmäßigen Zielerreichung ist noch kein intertemporaler Mehrwert realisiert worden, sodass auch keine neu antizipierte Wertschaffung resultiert. Es wurden lediglich die bereits antizipierten Erwartungen erfüllt, die im Hinblick auf die Realisationskomponente vergütet werden.[851] Die Erwartungsrevision, bestehend aus Umwelt- und Managementeffekt, führt aus der ex post-Perspektive zu einer Erhöhung des Residualgewinns von 1.091,76 GE auf 3.893,84 GE und zu einer Steigerung des Kapitalwertes von 26.339,13 GE auf 34.188,93 GE. Die Summe dieser beiden Effekte abzüglich dem Zeiteffekt der Kapitalwertänderung aus der ex ante-Perspektive entspricht dem RÖP, sodass zum einen die Kapitalwertsteigerung abgebildet und vergütet wird, zum anderen aber auch eine Anpassung der ex ante gezahlten Antizipationsprämie erfolgt. Die Anpassung der ex ante gezahlten Antizipationsprämie für den Residualgewinn der betrachteten Periode muss erfolgen, da sich die bereits gezahlte Antizipationsprämie auf die Planausprägung des

851 Vgl. Drukarczyk/Schüler (2009), S. 420 ff.; Schüler/Krotter (2004), S. 432; Schumann (2008), S. 91 f.

RG bezieht und somit aus der ex post-Perspektive zu gering ist, sodass der Barwert der Gesamtvergütung nicht mehr dem Produkt aus Prämiensatz und Kapitalwert entsprechen würde.

p	5%
p_R (75%)	3,75%
p_A (25%)	1,25%

ex post	0	1	2	3	4	5	6	7	8
RG_t		3.839,84	-2.754,04	-2.026,23	-1.909,27	1.980,85	2.065,46	2.249,93	2.526,62
$V_t(p_R)$		143,99	-103,28	-75,98	-71,60	74,28	77,45	84,37	94,75
$BW(V_t(p_R))$	1.354,94	1.282,08	1.452,67	1.604,92	1.760,78	1.778,93	1.794,87	1.804,73	
$RÖP_t$		10.306,83	0,00	0,00	0,00	0,00	0,00	0,00	0,00
$V_t(p_A)$	122,41	128,84	0,00	0,00	0,00	0,00	0,00	0,00	
$BW(V_t(p_A))$	1.477,35	272,83	-103,28	-75,98	-71,60	74,28	77,45	84,37	94,75
$V_t(p_R) + V_t(p_A)$		3.839,84	-2.754,04	-2.026,23	-1.909,27	1.980,85	2.065,46	2.249,93	2.526,62

Tabelle 102: Kapitalwertorientierte Vergütung ex post

Der Residualgewinn wird für die explizite Differenzierung der Realisations- und Antizipationskomponente benötigt und sorgt dafür, dass das kapitalwertorientierte Vergütungssystem die wesentlichen Anforderungen der Wertsteigerungsabbildung, der Vorteilhaftigkeitsanzeige sowie der Risikoteilung erfüllt, auch die Barwertidentität des Vergütungssystems ist durch die adäquate Berücksichtigung der RG und der RÖP erfüllt.

ex post	0	1	2	3	4	5	6	7	8
AS_t		6.053	751	1.386	1.503	4.194	4.187	4.187	4.187
BW_t	73.838	71.661	74.672	77.206	79.756	79.749	79.749	79.749	
KDA_t		2.214	3.505	3.413	3.413	2.214	2.121	1.937	1.660
BW_t	37.706	37.472	35.934	34.408	32.802	32.311	31.885	31.623	
KBR_0	0,51								
SCF_t		3.091	383	708	768	2.142	2.138	2.138	2.138
$Zins_t$		214	351	441	532	638	638	638	638
$Tilgung_t$		2.878	32	267	235	1.504	1.500	1.500	1.500
KB_t	4.068	6.691	8.408	10.142	12.157	12.153	12.153	12.153	12.153
RG_t		2.962	367	678	736	2.053	2.049	2.049	2.049
BW_t	36.132	35.067	36.540	37.780	39.028	39.024	39.024	39.024	
$ÖP_t$		12.755	1.841	1.918	1.983	2.049	2.049	2.049	
$RÖP_t$		10.307	0	0	0	0	0	0	

Tabelle 103: ÖP und RÖP ex post (Tragfähigkeit)

Grundsätzlich kann dabei wiederum die Perspektive der Eigen- oder Gesamtkapitalgeber eingenommen werden, wodurch unterschiedliche Ausgestaltungsformen der Bemessungsgrundlagen betrachtet werden können. Auch bei einem positiven Kapitalwert des Bereichs wird durch die unterstellte annuitätische Tilgungsstruktur in den Perioden 2 bis 4 ein negativer Residualgewinn ausgewiesen. Dies ist aus der Perspektive der Anreizsetzung und dem realiter vorherrschenden begrenzten Performancezeitraum als problematisch zu erachten, sodass eine tragfähigkeitsbezogene Tilgungsstruktur verwendet werden sollte. Die auf Grundlage der tragfähigkeitsbezogenen Kapitaldienste ermittelten Residualgewinne weisen in jeder Periode einen positiven Wert aus und können somit als anreizkompatibel klassifiziert werden. Durch die veränderten Kapitaldienste stimmt der Kapitalwert auf Basis annuitätischer und tragfähigkeitsbezogener Kapitaldienste nur im Zeitpunkt null überein, sodass die ÖP und der RÖP höher ausgewiesen werden, da in der ersten Periode eine höhere Tilgung gemäß tragfähigkeitsbezogener Betrachtung resultiert.

p	5%								
p_R (75%)	3,75%								
p_A (25%)	1,25%								
ex post	**0**	**1**	**2**	**3**	**4**	**5**	**6**	**7**	**8**
RG_t		2.962,19	367,39	678,41	735,64	2.052,51	2.048,78	2.048,78	2.048,78
$V_t(p_R)$		111,08	13,78	25,44	27,59	76,97	76,83	76,83	76,83
$BW(V_t(p_R))$	1.354,94	1.315,00	1.370,26	1.416,75	1.463,55	1.463,41	1.463,41	1.463,41	
$RÖP_t$		10.306,83	0,00	0,00	0,00	0,00	0,00	0,00	0,00
$V_t(p_A)$		128,84	0,00	0,00	0,00	0,00	0,00	0,00	
$BW(V_t(p_A))$	125,08								
$V_t(p_R) + V_t(p_A)$	1.480,03	239,92	13,78	25,44	27,59	76,97	76,83	76,83	76,83

Tabelle 104: Vergütung ex post (Tragfähigkeit)

Auf Grundlage der vorgestellten Vorgehensweisen kann somit die Antizipation neuer Erfolgspotentiale abgebildet werden und es erfolgt zugleich eine differenzierte Betrachtung der Kapitalbasis, wodurch eine transparente Abbildung der strategisch-prospektiven Antizipationskomponente ermöglicht wird. Negative Erwartungsrevisionen können gemäß der in Kapitel 5.2.5.2 vorgestellten Vorgehensweisen berücksichtigt werden, sodass die postulierten Anforderungen an Vergütungssysteme auch dann erfüllt worden und eine explizite Differenzierung der Antizipation- und Realisationskomponente gegeben ist. Zusammenfassend kann eine Vergütung auf Grundlage des eigenkapitalgeberbezogenen Residualgewinns mit tragfähigkeitsbezogenen Kapitaldiensten für die Realisationskomponente als vorteilhaft erachtet werden. Für die Antizipationskomponente hingegen ist eine zusätzliche Betrachtung der RÖP erforderlich, damit die Veränderung des intertemporalen Kapitalwertes abgebildet und eine Korrektur zuvor gezahlter Vergütungen für die Antizipation bei Realisierungsabweichungen erfasst werden kann.

6 Controlling und Rechnungslegung im Akquisitionsbezug

6.1 Akquisitionsmehrwertorientierte Erfolgsrechnung

6.1.1 Notwendigkeit und Konzept der Akquisitionserfolgsrechnung

Unternehmensakquisitionen dienen als zentrales Instrument der Strategieumsetzung und sind aufgrund der hohen Kapitalintensität mit einem nicht unwesentlichen Risiko behaftet. Auch im Kontext dieser Arbeit stellt der Erwerb von neuen Unternehmensbereichen einen essentiellen Untersuchungsgegenstand dar, weil diese häufig explizit in Vergütungskontrakten als Sonderzielvereinbarung erfasst werden, der nachhaltige Erfolg dieser Maßnahmen aber nicht weiter kontrolliert wird. Darüber hinaus spielen Akquisitionen auch im Rahmen der Corporate Governance eine besondere Rolle, da für derartige Entscheidungen häufig auch die explizite Zustimmung des Aufsichtsrats notwendig wird, wodurch bei der Akquisitionskontrolle und der damit einhergehenden Vergütung für das Management Kollusionen erwachsen können, da eine negative Beurteilung im Rahmen der Vergütung auch ein Eingeständnis der Fehlbeurteilung des Aufsichtsorgans bedeuten könnte. Die Begründung für die in praxi beobachtbaren hohen Misserfolgsquoten[852] von Akquisitionen kann auf mehreren Argumenten basieren. Dabei scheint zunächst die Vermutung plausibel, dass ex ante keine geeigneten Kalküle zur Grenzpreisbestimmung vorliegen oder die zugrunde liegenden Annahmen nicht realistisch sind. Sofern die Bewertungskalküle als adäquat klassifiziert werden können, müssen die zugrunde liegenden Prämissen im Zeitablauf überprüft und etwaige Abweichungen analysiert werden. Ein in diesem Kontext notwendiges Akquisitionscontrolling kann auch aus der ex ante-Perspektive zu einem angemessenen Verhalten leiten, da vom Management bereits im Akquisitionszeitpunkt antizipiert wird, dass eine Kontrolle der Akquisitionsentscheidung erfolgt.

Eine andere potentielle Begründung für Akquisitionsmisserfolge ist, dass Anreize durch das Vergütungssystem induziert werden, die lediglich die Antizipation neuer Erfolgspotentiale berücksichtigen, die daran anknüpfende Realisation aber keine oder eine zu geringe Relevanz erfährt, sodass negative Erwartungsrevisionen durch eine unzureichende Kontrolle der Integration des Akquisitionsobjekts und der Realisation der Erfolgspotentiale begründet werden können. Aber auch die gewählte Relation von Antizipations- und Realisationskomponente kann durch eine unangemessene Ausgestaltung der jeweiligen Bemessungsgrundlage zu problematischen Implikationen bei

[852] Empirische Studien kommen zu Misserfolgsquoten von bis zu 85 Prozent. Vgl. für einen Überblick der Studien Jansen (2008), S. 336 ff.

der Anreizsetzung führen, sodass neben der Gewichtung auch die Auswahl der Bemessungsgrundlage für die Antizipations- und Realisationskomponente von hoher Relevanz ist. Im 4. Kapitel konnte bereits ausführlich aufgezeigt werden, wie eine Grenzpreisbestimmung unter Berücksichtigung unterschiedlicher Konzepte der Opportunitätskostenerfassung des Alternativobjekts durchgeführt wird und welche Implikationen damit sowie mit der Fremdfinanzierung von Bewertungsobjekt und Kaufpreis inhärent sind. Aufbauend auf diesen Erkenntnissen aus der ex ante-Perspektive soll im Folgenden die Fragestellung beantwortet werden, wie der Erfolg einer Akquisition ex post bestimmt werden kann und wie eine darauf ausgerichtete Performancemessung und Vergütung erfolgen sollte. Als Ausgangspunkt des Akquisitionscontrolling kann die Bestimmung des Akquisitionsmehrwerts (AKMW) dienen, der als zentrale Bezugsgröße für das weitere Vorgehen definiert werden soll. Die planmäßige Entwicklung des AKMW im Zeitablauf kann dann als Grundlage der Performancemessung herangezogen und somit auch für die Vergütung dienlich gemacht werden. Darauf aufbauend soll die zeitliche Differenzierung der unterschiedlichen Informationsstände dargestellt werden, bevor diese temporär zuordenbaren Abweichungen hinsichtlich ihrer kausalen Einflussfaktoren weitergehend analysiert werden. Die Integration des Akquisitionsmehrwerts in die Performancemessung unter Berücksichtigung der Antizipations- und Realisationskomponente sowie die phasen- und ursachenbezogenen Abweichungen stellen dann das gesamtheitliche Konzept des Akquisitionscontrolling für Zwecke der Performancemessung und Vergütung dar.

6.1.2 Definition des Akquisitionsmehrwerts

Der Grenzpreis zum Zeitpunkt der Akquisition, ist als Standard-Ertragswert[853] unter Berücksichtigung der Opportunitätskosten des verdrängten Alternativobjekts anzusehen und stellt somit den Ausgangspunkt für weitere Überlegungen dar. Die wesentliche Frage an dieser Stelle lautet, entspricht der AKMW dem Barwert der mit dem risikolosen Zinssatz diskontierten Sicherheitsäquivalente abzüglich des Kaufpreises oder sind auch die Opportunitätskosten des Alternativobjekts zu berücksichtigenden. Für eine Abstraktion von den Opportunitätskosten und der damit einhergehenden Bestimmung des AKMW, spricht grundsätzlich, dass die Opportunitätskosten des Alternativobjekts nur den Bewertungsmaßstab darstellen, für den Zeitraum nach der Akquisition aber kein Bezug mehr besteht. Für eine konsistente Vorgehensweise müsste an dieser

[853] Als Ertragswert wird im Folgenden der Barwert der mit dem risikolosen Zinssatz diskontierten Sicherheitsäquivalente definiert. Bei dem Standard-Ertragswert erfolgt zudem eine Berücksichtigung des Alternativobjekts. Siehe Kapitel 4.2.

Stelle auch das Alternativobjekt fortgeschrieben werden, d.h. etwaige Erwartungsrevisionen berücksichtigt und ggf. zwischen Umwelt- und Managementeffekt differenziert werden, was realiter unmöglich erscheint.[854] Die im Ertragswert des Bewertungsobjekts enthaltenden Wertpotentiale können grundsätzlich wie folgt differenziert werden:

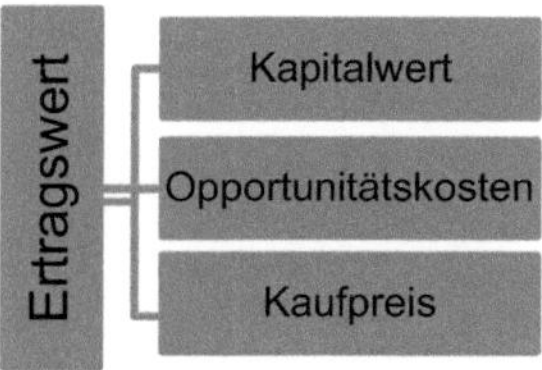

Abbildung 24: Bestandteile des Ertragswerts

Der mit dem Kaufpreis abgegoltene Anteil des Ertragswertes stellt, auch aus ex post-Perspektive, den mindestens zu erreichenden Wert dar, damit sich die Akquisition amortisieren kann. Der für die eigenkapitalbezogene Kapitaldienste für die Amortisation des Beteiligungskapitals $(Bet.Kap._{\cdot t})$ sollte für eine variable Vergütung keine positive Berücksichtigung erfahren, da dieser mindestens erzielt werden muss, damit ein AKMW von Null resultiert. Werden keine Opportunitätskosten berücksichtigt, dann entspricht die Differenz aus dem Ertragswert und dem Kaufpreis dem AKMW:

$$AKMW_0 = \sum_{t=0}^{T} \frac{SÄ_t^{BO}}{(1+i_s)^t} - KP_0^{BO} \qquad 6\text{-}1$$

Bei einem Kaufpreis von 9.000 GE für das Bewertungsobjekt ergibt sich der AKMW im Akquisitionszeitpunkt demnach als:

$$AKMW_0 = 19.274{,}85 - 9.000{,}00 = 10.274{,}85$$

Werden die Opportunitätskosten auf Grundlage der Kapitalwertrate oder des Kapitalwerts hingegen miteinbezogen, so ergibt sich der AKMW als:

854 Im Rahmen der Projektstandsrechnung wird das Alternativobjekt auf Grundlage der risikoadjustierten Kapitalkosten während der gesamten Projektdauer explizit berücksichtigt, wobei Akquisitionen als Projekt mit unendlicher Nutzungsdauer angesehen werden können. Vgl. Gebhardt (1995), S. 2228; Bergmann (1996), S. 175 ff.; Dreher (2010), S. 349 ff.

$$AKMW_0 = \sum_{t=0}^{T} \frac{SÄ_t^{BO}}{(1+i_s)^t} - C_0^{AO} - KP_0^{BO} \quad \text{6-2}$$

$$AKMW_0 = \sum_{t=0}^{T} \frac{SÄ_t^{BO}}{(1+i_s)^t} \times \frac{1}{1+kwr^{AO}} - KP_0^{BO} \quad \text{6-3}$$

In Abhängigkeit der gewählten Akquisitionsmehrwertdefinition kann dieser als Grundlage für die weitere Vorgehensweise betrachtet werden, wodurch eine Berücksichtigung des Kaufpreises und der antizipierten Erfolgspotentiale erfolgt:[855]

	0	1	2	3	4	5 ff.
$SÄ_t^{BO}$		532,34	163,71	775,90	510,78	588,86
$EW(i_s)_t$	19.274,85	19.320,75	19.736,67	19.552,86	19.628,67	19.628,67
$AKMW_t$	10.274,85	10.299,32	10.521,03	10.423,05	10.463,46	10.463,46
$BetKap_t$	9.000,00	9.021,43	9.215,64	9.129,82	9.165,21	9.165,21
KBR_t	0,47					
KD_t		248,57	76,44	362,29	238,50	274,96
$Zins_t$		270,00	270,64	276,47	273,89	274,96
$Tilgung_t$		-21,43	-194,20	85,82	-35,40	0,00
$BetErfolg_t$		283,78	87,27	413,61	272,28	313,90
BW	10.274,85	10.299,32	10.521,03	10.423,05	10.463,46	10.463,46

Abbildung 25: Entwicklung des AKMW und BetErfolg ex ante

Das Akquisitionscontrolling aus der Investorenperspektive rekurriert auf den Ausschüttungen, die aus dem Akquisitionsobjekt erzielt werden können, und das für diese Erfolgspotentiale investierte Kapital $(BetKap_t)$ in Höhe des Kaufpreises zzgl. etwaiger nachträglicher Kaufpreisbestandteile bzw. Anschaffungskosten.[856] Die Tilgung des Kaufpreises erfolgt tragfähigkeitsbezogen und für die Vergütung wird der darauf basierende Beteiligungserfolg $(BetErfolg_t)$ ermittelt.

855 Vgl. Anlage 9.

856 Vgl. zur Ausschüttung als relevante Erfolgsgröße Dirrigl (2009), S. B 23; Frey/Rapp/ Barthel (2011) S. 2106. Vgl. zum Amortisationskapital insbesondere Dirrigl (2003), S. 155 f. Von steuerlichen Effekten in Abhängigkeit des Vorliegens einer Organschaft wird im Folgenden abstrahiert. Siehe hierzu ausführlich Alfs (2015), S. 122 ff.

6.1.3 Akquisitionsmehrwertabweichung in der Akquisitionsphase

6.1.3.1 Phasenbezogene Differenzierung der Abweichungen

Der Akquisitionsprozess umfasst ausgehend von der Bewertung des Kaufobjekts und der damit verbundenen Grenzpreisermittlung die Kaufverhandlung, die Kaufpreisfestlegung, die Verarbeitung der nach dem Erwerb zugänglichen Informationen sowie die Integration des Akquisitionsobjekts in den Konzern.[857] Im Anschluss an diesen Prozess kann eine Gesamtabweichung zwischen dem Ertragswert aus der ex ante und der ex post-Perspektive ermittelt werden, sodass die Erwartungsrevisionen im Kontext der Akquisitionsphase quantifiziert werden können.[858]

$$\begin{aligned} \varDelta AKMW_0 &= AKMW_0^I - AKMW_0^P \\ &= (EW_0^I - KP_0^{BO} - Inv_0^{BO}) - (EW_0^P - KP_0^{BO}) \qquad 6\text{-}1 \\ &= (EW_0^I - Inv_0^{BO}) - EW_0^P \end{aligned}$$

Die Abweichung des AKMW zum Ende der Akquisitionsphase entspricht der Differenz aus dem Ertragswert auf Grundlage der Informationen nach der Integration des Akquisitionsobjekts in den Konzernverbund abzgl. der zusätzlichen Investitionsauszahlungen und dem Ertragswert des Bewertungsobjekts, bezogen auf den Zeitpunkt der Akquisition.

$$\varDelta AKMW_0 = 21.714{,}73 - 1.913{,}47 - 19.274{,}85 = 526{,}41$$

Der Ertragswert nach der Integration des Akquisitionsobjekts beträgt 21.714,73 GE, wobei die zusätzlichen Investitionen i.H.v. 1.913,47 GE berücksichtigt werden müssen und der Ertragswert aus der ex ante-Perspektive wurde auf 19.274,85 GE beziffert. Die so berechnete Abweichung des AKMW in der Akquisitionsphase lässt aber keine kausal-differenzierten Rückschlüsse auf die Ursachen eines Mehr- oder Mindererfolgs zu. Die ermittelte positive Abweichung kann unterschiedliche Determinanten aufweisen, die zudem untereinander kompensatorisch wirken können, aber hinsichtlich der Performancemessung und -analyse im Kontext des Akquisitionscontrolling jeweils von besonderem Interesse sind.[859] Als erste Teilabweichung ist die Verhandlungsabwei-

---

857 Vgl. zum Akquisitionsprozess Li (2009), S.20 ff.

858 Vgl. Küting (1999), S.6; Ahlemeyer/Burger (2015), S.1272. Als Betrachtungszeitpunkt wird im Folgenden stets $t = 0$ gewählt; vgl. hierzu auch Li (2009), S.151 ff.

859 Vgl. Baetge (1997), S.455; Li (2009), S.153.

chung zu bestimmen, die sich durch die Subtraktion des Kaufpreises von dem Grenzpreis ergibt.[860] Nach dem Erwerb des Objekts kann dann eine Planrevision durchgeführt werden, sodass die Erfolgspotentiale unter Berücksichtigung der neuen bzw. der jetzt zugänglichen Informationen ermittelt werden können. Im Verhältnis zu dem ursprünglich ermittelten Grenzpreis ergibt sich anschließend die Planüberholungsabweichung.[861] Die dritte Abweichung stellt folglich die Integrationsabweichung dar und wird bestimmt durch die Differenz des planungsrevidierten AKMW und des AKMW nach der Integration. Die gesamte Abweichung in der Akquisitionsphase kann demnach in vier Abweichungen unterteilt werden.[862]

$$\begin{aligned} AKMW_0^I &= EW_0^I - Inv_0^{BO} - KP_0^{BO} \\ &= \underbrace{AKMW_0^I - AKMW_0^{PÜ}}_{\text{Integrations-abweichung}} + \underbrace{AKMW_0^{PÜ} - AKMW_0^P}_{\text{Planüberholungs-abweichung}} + \underbrace{GP_0 - KP_0^{BO}}_{\text{Verhandlungs-abweichung}} \end{aligned} \qquad (6\text{-}2)$$

Die Verhandlungsabweichung ergibt sich auf Grundlage des ermittelten Grenzpreises als maximale Wertobergrenze der Konzessionsbereitschaft des Käufers und dem Kaufpreis als Resultat der Kaufpreisverhandlung. Der Verhandlungserfolg enthüllt, inwieweit die Verhandlungsführer den Akquisitionserfolg beeinflusst haben und damit inwiefern die Kaufverhandlungen als positiv oder negativ zu beurteilen sind.[863] Entgegengesetzt zum Fallbeispiel, bei dem eine positive Verhandlungsabweichung vorliegt, sind auch negative Verhandlungsabweichungen denkbar, sodass bereits hier ein negativer AKMW resultieren kann und die Akquisition zu dem gezahlten Preis nicht vorteilhaft ist. Im Beispiel ergibt sich eine Verhandlungsabweichung i.H.v. 10.274,85 GE als Differenz aus dem Ertragswert und dem Kaufpreis.[864]

$$VA_0 = 19.274{,}85 - 9.000{,}00 = 10.274{,}85$$

860 Vgl. Beatge (1997), S.458; Ahlemeyer/Burger (2015), S.1272.
861 Vgl. Beatge (1997), S.454
862 Vgl. Baetge (1997), S.454 ff. sowie darauf bezugnehmend Ahlemeyer/Burger (2015), S.1272 ff.
863 Vgl. Beatge (1997), S.458; Ahlemeyer/Burger (2015), S.1272.
864 Alternativ kann die Verhandlungsabweichung auch als Differenz aus Standard-Ertragswert und Kaufpreis bestimmt werden, die für Vergütungszwecke berücksichtigt werden sollte. Die Verhandlungsabweichung beträgt unter Berücksichtigung des Alternativobjekts 9.657,51 - 9.000 = 657,51, sodass der Kapitalwert des Alternativobjekts i.H.v. 9.617,34 den Opportunitätskosten entspricht.

In der Planüberholungsabweichung ($PÜA_0$) kommt zum Ausdruck, inwiefern revidierte Planungen zu einer Änderung des Unternehmenswertes im Vergleich zum ursprünglich ermittelten Wert führen.[865] Da nach dem Kauf des Akquisitionsobjekts neue Informationen zugänglich sind, charakterisieren diese den neuen Informationsstand, weil die bei der Grenzpreisermittlung zugrundeliegenden Daten damit überholt sind. Ausgehend von den Planausprägungen zum Akquisitionszeitpunkt aus dem vorherigen Abschnitt, ergibt sich die Planüberholungsabweichung:

Planabweichung	0	1	2	3	4	5 ff.
$BetKap_t^P$	9.000,00	9.021,43	9.215,64	9.129,82	9.165,21	9.165,21
EW_t^P	19.274,85	19.320,75	19.736,67	19.552,86	19.628,67	19.628,67
$AKMW_t^P$	10.274,85	10.299,32	10.521,03	10.423,05	10.463,46	10.463,46
$BetKap_t^{PÜ}$	9.000,00	9.103,84	9.291,78	9.249,95	9.289,39	9.289,39
$EW_t^{PÜ}$	17.297,48	17.497,06	17.858,27	17.777,86	17.853,67	17.853,67
$AKMW_t^{PÜ}$	8.297,48	8.393,22	8.566,49	8.527,92	8.564,28	8.564,28
$\Delta BetKap_t$	0,00	82,41	76,14	120,13	124,18	124,18
ΔEW_t	-1.977,37	-1.823,69	-1.878,40	-1.775,00	-1.775,00	-1.775,00
$\Delta\, AKMW_t$	-1.977,37	-1.906,10	-1.954,54	-1.895,13	-1.899,18	-1.899,18

Tabelle 105: Planabweichung des Bewertungsobjekts

Zur Ermittlung der Planüberholungsabweichung sind folglich der anfängliche Ertragswert von 19.274,85 GE und der modifizierte Ertragswert von 17.297,48 GE auf Basis der neuen Informationen über das akquirierte Unternehmen gegenüberzustellen, sodass zu diesem Zeitpunkt noch keine Veränderung des AK durch eine revidierte Investitionsplanung beobachtbar ist.[866] Die negative Planüberholungsabweichung kann prinzipiell darauf zurückgeführt werden, dass eine unzureichende Einschätzung der Risiken, falsche Annahmen in der Erfolgsprognose oder auch eine nicht realisierbare Schätzung bezüglich der Synergien vorlag. Des Weiteren ist zu berücksichtigen, dass die im Rahmen der Due Diligence unter Zeitdruck erstellten Prognosen häufig nur auf einer beschränkten Informationsgrundlage basieren. Indes lässt eine positive Planüberholungsabweichung darauf spekulieren, dass mehr Potentiale als erwartet nutzbar gemacht werden könnten.[867]

865 Vgl. Beatge (1997), S.454.
866 Vgl. Baetge (1997), S.460.
867 Vgl. Ahlemeyer/Burger (2015), S.1272; Baetge (1997), S.460.

Die dritte Abweichung bezieht sich auf die Integration und quantifiziert, ob die Akquisition nach der Eingliederung des erworbenen Unternehmens in den Konzernverbund als werterhöhend oder wertvernichtend anzusehen ist.[868] Hierfür erfolgt ein Vergleich des realisierten Unternehmenswertes mit dem Unternehmenswert nach Planrevision (Sollwert).[869] Im Beispiel wird der Ist-Unternehmenswert nach Ablauf der ersten Periode der Integrationsphase ermittelt.

Integrations-abweichung	0	1	2	3	4	5 ff.
$BetKap_t^{PÜ}$	9.000,00	9.103,84	9.291,78	9.249,95	9.289,39	9.289,39
$EW_t^{PÜ}$	17.297,48	17.497,06	17.858,27	17.777,86	17.853,67	17.853,67
$AKMW_t^{PÜ}$	8.297,48	8.393,22	8.566,49	8.527,92	8.564,28	8.564,28
$BetKap_t^I$	10.913,47	10.825,57	10.605,73	10.610,63	10.660,82	10.660,82
EW_t^I	21.714,73	21.539,83	21.102,42	21.112,16	21.212,03	21.212,03
$AKMW_t^I$	10.801,26	10.714,26	10.496,69	10.501,53	10.551,21	10.551,21
$\Delta BetKap_t$	1.913,47	1.721,72	1.313,95	1.360,68	1.371,43	1.371,43
ΔEW_t	4.417,25	4.042,77	3.244,15	3.334,30	3.358,36	3.358,36
$\Delta AKMW_t$	2.503,78	2.321,04	1.930,20	1.973,62	1.986,93	1.986,93

Tabelle 106: Integrationsabweichung des Bewertungsobjekts

Die Integrationsabweichung (IA_0) weist mit 2.503,78 GE einen positiven Wert aus, sodass die im Grenzpreis antizipierten Erfolgspotentiale auch nach der Integration des Akquisitionsobjekts in den Unternehmensverbund mindestens den Erwartungen auf Grundlage detaillierterer Informationen entsprechen und darüber hinaus weitere Erfolgspotentiale identifiziert werden konnten. Die Gesamtabweichung setzt sich folglich aus den positiven Abweichungen der Kaufpreisverhandlung und der Integration sowie dem negativen Einfluss der Planüberholung zusammen.

Verhandlungsabweichung (VA_0^I)	10.274,85
Planüberholungsabweichung ($PÜA_0$)	-1.977,37
Integrationsabweichung (IA_0)	2.503,78
Gesamtabweichung	10.801,26

Tabelle 107: Gesamtabweichung AKMW

[868] Vgl. Baetge (1997), S.455.
[869] Vgl. Baetge (1997), S.462; Ahlemeyer/Burger (2015), S.1265 ff.

Die Abweichung des AKMW entspricht der Summe aus Planüberholungsabweichung und Integrationsabweichung, da die auf den Kaufpreis zurückzuführende Verhandlungsabweichung dem AKMW entspricht und somit die Referenzgröße für die Planüberholungsabweichung und Integrationsabweichung darstellt.

6.1.3.2 Ursachenbezogene Differenzierung der Abweichungen

Eine weitergehende Differenzierung der Integrationsabweichung kann hinsichtlich der Abweichungsursachen erfolgen. Die Integrationsphase ist dadurch gekennzeichnet, dass Planabweichungen durch neue Informationen eine geeignete Reaktion des Managements begründen. Daher erscheint es sinnvoll, zwischen Abweichungen, die durch Managemententscheidungen (endogen) und solchen, die durch Änderungen der Umweltzustände (exogen) bedingt sind, zu differenzieren.[870] Folglich lässt sich die Integrationsabweichung in einen Umwelteffekt und einen Managementeffekt aufspalten,[871] wobei die Antizipation neuer Umweltbedingungen von großer Wichtigkeit ist, da eine Steuerung auf Basis veralteter Daten zu Fehlentscheidungen führen kann.[872] Somit ergibt sich die Integrationsabweichung als Summe aus Umwelt- und Managementeffekt:

$$IA_1 = IA_1^U + IA_1^M \qquad \text{6-3}$$

Die Integrationsabweichung kann in den Umwelt- und Managementeffekt aufgespalten werden, indem der AKMW unter Trägheitsprojektion (TP) ermittelt wird, der nur die exogenen Veränderungen abbildet. Die Differenz aus dieser Größe und dem Planwert kann dann die Abweichungen aufgrund der neuen Informationen quantifizieren. Wird der AKMW unter Berücksichtigung der Trägheitsprojektion von dem Ist-Wert des AKMW subtrahiert, so ist der vom Management zu verantwortende Effekt isoliert. Im Fallbeispiel liegen nach der Integrationsphase, also zum Ende von t_1, neue Umweltbedingungen vor, die ein aktives Eingreifen des Managements erfordern. Um den Umwelteffekt zu separieren, wird die Trägheitsprojektion benötigt, bei der die neuen Informationen bezüglich der Umwelt in die Planung einbezogen werden, jedoch Managementmaßnahmen zunächst unberücksichtigt bleiben.[873]

---

870 In diesem Zusammenhang soll auf die Systematik der Erfolgspotentialrechnung nach Dirrigl verwiesen werden; vgl. Dirrigl (2002), Sp. 421, 424; Li (2009), S.155.

871 Vgl. Dirrigl (2002), Sp.421 f.; Haaker (2009), S.695; Li (2009), S.155.

872 Vgl. Li (2009), S.155.

873 Vgl. Dirrigl (2002), Sp. 424; 427; Haaker (2009), S.692; Li (2009), S.155.

Trägheits-projektion	0	1	2	3	4	5 ff.
$BetKap_t^{PÜ}$	9.000,00	9.021,43	9.215,64	9.129,82	9.165,21	9.165,21
$EW_t^{PÜ}$	19.274,85	19.320,75	19.736,67	19.552,86	19.628,67	19.628,67
$AKMW_t^{PÜ}$	10.274,85	10.299,32	10.521,03	10.423,05	10.463,46	10.463,46
$BetKap_t^{Träg}$	9.000,00	7.151,74	5.218,00	3.658,38	2.413,72	2.413,72
$EW_t^{Träg}$	17.194,08	13.663,06	9.968,75	6.989,16	4.611,30	4.611,30
$AKMW_t^{Träg}$	8.194,08	6.511,32	4.750,75	3.330,78	2.197,58	2.197,58
$\Delta BetKap_t$	0,00	-1.952,11	-4.073,78	-5.591,57	-6.875,67	-6.875,67
ΔEW_t	-103,40	-3.834,00	-7.889,52	-10.788,71	-13.242,37	-13.242,37
$\Delta AKMW_t$	-103,40	-1.881,89	-3.815,74	-5.197,14	-6.366,70	-6.366,70

Tabelle 108: AKMW-bezogener Umwelteffekt (Trägheitsprojektion)

Es ergibt sich eine negative Abweichung auf Grundlage des Umwelteffekts i.H.v. -103,40 GE. In der nachstehenden Tabelle wird deutlich, dass die negative Abweichung durch Maßnahmen des Managements kompensiert wird.

Management-effekt	0	1	2	3	4	5 ff.
$BetKap_t^{Träg}$	9.000,00	7.151,74	5.218,00	3.658,38	2.413,72	2.413,72
$EW_t^{Träg}$	17.194,08	13.663,06	9.968,75	6.989,16	4.611,30	4.611,30
$AKMW_t^{Träg}$	8.194,08	6.511,32	4.750,75	3.330,78	2.197,58	2.197,58
$BetKap_t^I$	10.913,47	10.825,57	10.605,73	10.610,63	10.660,82	10.660,82
EW_t^I	21.714,73	21.539,83	21.102,42	21.112,16	21.212,03	21.212,03
$AKMW_t^I$	10.801,26	10.714,26	10.496,69	10.501,53	10.551,21	10.551,21
$\Delta BetKap_t$	1.913,47	3.673,83	5.387,73	6.952,25	8.247,10	8.247,10
ΔEW_t	4.520,65	7.876,77	11.133,68	14.123,00	16.600,73	16.600,73
$\Delta AKMW_t$	2.607,18	4.202,94	5.745,94	7.170,75	8.353,63	8.353,63

Tabelle 109: AKMW-bezogener Managementeffekt

Die durch das Management induzierten Maßnahmen haben zu einer Steigerung des Ertragswertes um 4.520,65 GE geführt, wobei aber Investitionen getätigt wurden, die das Amortisationskapital bezogen auf den Akquisitionszeitpunkt um 1.913,47 GE erhöht hat. Der Nettoeffekt wird im AKMW abgebildet und führt zu einer Veränderung des AKMW aufgrund der durch das Management induzierten Maßnahmen i.H.v. 2.607,18 GE.

Integrationsabweichung (UEF)	-103,40
Integrationsabweichung (MEF)	2.607,18
Integrationsabweichung	2.503,78

Tabelle 110: Differenzierung der Integrationsabweichung

Ausgehend von den phasenbezogenen Abweichungen des AKMW kann somit, auch eine weitergehende ursachenbezogene Analyse der Abweichungen erfolgen. Die folgende Tabelle erfasst die einzelnen Teilabweichungen des Fallbeispiels und gibt somit einen Überblick über die einzelnen phasen- und ursachenbezogenen Teilabweichungen.

AKMW nach Akquisition	$AKMW_0$	10.274,85
bezahlter Kaufpreis	KP_0	9.000,00
Ist-AKMW	$AKMW_0^I$	10.801,26
AKMW nach Planrevision	$\mathrm{AKMW}_0^{\mathrm{P}}$	8.297,48
AKMW (Trägheitsprojektion)	$AKMW_0^{TP}$	8.194,08
Gesamtabweichung	$\Delta AKMW$	10.801,26
Verhandlungsabweichung (Plan-Kapitalwert)	VA_0	10.274,85
Planüberholungsabweichung	$PÜA$	-1.977,37
Integrationsabweichung	IA	2.503,78
Umwelteffekt	UEF	-103,40
Managementeffekt	MEF	2.607,18

Tabelle 111: Übersicht der Teilabweichungen

Anschließend an die Integration des Akquisitionsobjekts erfolgt die Beteiligungsführungsphase, in der die Realisation des AKMW erfolgen soll. Die Planung der Realisation von Erfolgspotentialen und somit der Entwicklung des AKMW kann als Planung zur Vermeidung von Akquisitionsmisserfolgen angesehen werden und auch für die variable Managementvergütung fruchtbar gemacht werden.

6.1.4 Akquisitionsmehrwertveränderung und -abweichung in der Beteiligungsführungsphase

Ausgehend von dem AKMW nach der Integration soll in der zeitlich daran anschließenden Beteiligungsführungsphase die Realisation dieser Zielgröße erfolgen. Die Veränderung des AKMW ist demnach durch die Realisierung der im AKMW antizipierten

Erfolgspotentiale, die den Kaufpreis übersteigen, begründet. Der AKMW entwickelt sich nach der Integration und vor den Managementmaßnahmen aus der ex ante-Perspektive als:

Trägheits-projektion	0	1	2	3	4	5 ff.
$SÄ_t^{Träg}$		4.046,84	4.104,21	3.278,65	2.587,53	138,34
$KD_t^{Träg}$		2.118,26	2.148,29	1.716,16	1.354,41	72,41
$BetErfolg_t^{Träg}$		1.928,58	1.955,92	1.562,49	1.233,12	65,93
$BetKap_t^{Träg}$	9.000,00	7.151,74	5.218,00	3.658,38	2.413,72	2.413,72
$EW_t^{Träg}$	17.194,08	13.663,06	9.968,75	6.989,16	4.611,30	4.611,30
$AKMW_t^{Träg}$	8.194,08	6.511,32	4.750,75	3.330,78	2.197,58	2.197,58
$\Delta\ AKMW_t$		-1.682,76	-1.760,58	-1.419,96	-1.133,20	0,00

Tabelle 112: Entwicklung des AKMW ohne Maßnahmen des Managements

Wie ersichtlich wird, nimmt der AKMW kontinuierlich über die Detailprognosephase ab, wodurch die Realisation der Erfolgspotentiale adäquat erfasst wird. Für die Restwertphase resultiert dann ein konstanter AKMW, der periodisch verzinst wird und so ein konstantes Beteiligungserfolg in Höhe der Verzinsung des AKMW für die Restwertphase impliziert. Formal ergibt sich die AKMW-Veränderung im Zeitablauf als:

$$\begin{aligned} \Delta AKMW_t &= AKMW_t - AKMW_{t-1} \\ &= (EW_t - BetKap_t) - (EW_{t-1} - BetKap_{t-1}) \\ \text{mit } EW_t &= EW_{t-1} \times (1 + i_S) - SÄ_t \\ \text{und } BetKap_t &= BetKap_{t-1} \times (1 + i_S) - KD_t + Inv_t \end{aligned} \quad \text{6-4}$$

$$\begin{aligned} \Delta AKMW_t = &(EW_{t-1} \times (1 + i_S) - SÄ_t - (AK_{t-1} \times (1 + i_S) - KD_t \\ &+ Inv_t) - (EW_{t-1} - BetKap_{t-1}) \\ &= AKMW_{t-1} \times i_S - SÄ_t + KD_t - Inv_t \end{aligned} \quad \text{6-5}$$

Eine Reduzierung des AKMW erfolgt aus der ex ante-Perspektive immer dann, wenn der Zeiteffekt und der gezahlte Kapitaldienst für das Amortisationskapital geringer sind als die Summe der realisierten Ausschüttung aus dem Akquisitionsobjekt und den zusätzlichen, eigenfinanzierten Investitionen, wie bspw. nachträgliche Kaufpreiszahlungen, die das Amortisationskapital erhöhen. Durch Umformung ergibt sich:

$$\Delta AKMW_t = (EW_{t-1} \times i - SÄ_t) - (BetKap_{t-1} \times i - KD_t + Inv_t) \quad \text{6-6}$$

Durch eine derartige Darstellung der AKMW-Veränderung kann die erfolgspotential- und die amortisationskapitalbezogene Komponente separiert werden, sodass beide Komponenten des AKMW isoliert betrachtet werden können. Eine planmäßige Reduzierung des AKMW erfolgt immer dann, wenn folgende Bedingung erfüllt ist:

$$EW_{t-1} - AK_{t-1} > AKMW_t \qquad 6\text{-}7$$

Durch einige Umformungen ergibt sich:

$$S\ddot{A}_t - KD_t - AKMW_{t-1} \times i_S > 0 \qquad 6\text{-}8$$

Sofern die aus dem Akquisitionsobjekt realisierte Ausschüttung die Verzinsung des AKMW der Vorperiode sowie den geleisteten Kapitaldienst in Bezug auf das Eigenkapital übersteigt, erfolgt eine (planmäßige) Verringerung des AKMW, da das „zeitliche Näherrücken" der zukünftigen Ausschüttungen und die Verringerung des Amortisationskapitals durch den Kapitaldienst nicht den „Wegfall" der periodischen Ausschüttung kompensieren. Wird hingegen die ex post-Perspektive eingenommen, so kann nicht nur die intertemporale Veränderung des AKMW bestimmt werden, sondern auch die Abweichung zwischen der geplanten und realisierten Ausprägung des AKMW zu einem bestimmten Zeitpunkt. Diese Abweichung kann dabei auf veränderte Ausschüttungen, Kapitaldienste oder Investitionstätigkeit zurückgeführt werden.

6.1.5 Akquisitionsmehrwertbezogene Performancemessung und Vergütung

Ausgehend von der Definition des AKMW und der damit verbundenen Bereinigung der Opportunitätskosten aus der Grenzpreisbestimmung kann die Akquisitions- und die Beteiligungsführungsphase für Zwecke der Performancemessung unterschieden werden. Im Rahmen der Akquisitionsphase kann eine weitergehende Differenzierung der einzelnen Phasen erfolgen sowie für die Integrationsphase auch eine ursachenbezogene Betrachtungsweise eingenommen werden. In der Beteiligungsführungsphase wird die Realisation der Erfolgspotentiale gemessen und Erwartungsrevisionen können gemäß dem festgelegten Verhältnis von Antizipations- und Realisationskomponente berücksichtigt werden. Für Zwecke der Vergütung kann die periodische Realisation durch die zufließende Ausschüttung aus der Beteiligung nach Abzug des Kapitaldienstes, also dem Beteiligungserfolg, und der antizipativen Veränderung der Erfolgspotentiale verrechnet werden, wobei die vor der Akquisition festgelegte Differenzierung hinsichtlich der Anteile von Antizipations- und Realisationskomponente Bestand hat. Eine zusätzliche Wertsteigerung ist dabei aus der ex ante-Perspektive nicht zu erwarten, da alle geplanten Maßnahmen bereits im AKMW bzw. in der RÖP zum Ausdruck kommen und nur darüber hinaus gehende Veränderungen einen Werteffekt haben können. Die Antizipationskomponente ist demnach aus der ex ante-Perspektive zu jedem Zeitpunkt der Planung nach der Akquisition gleich null und die Vergütung entspricht im Barwert der angestrebten prozentualen Beteiligung am AKMW.

p	10%					
p_R (75%)	7,50%					
p_A (25%)	2,50%					
ex ante	**0**	**1**	**2**	**3**	**4**	**5 ff.**
$BetKap_t^P$	9.000,00	9.021,43	9.215,64	9.129,82	9.165,21	9.165,21
EW_t^P	19.274,85	19.320,75	19.736,67	19.552,86	19.628,67	19.628,67
$AKMW_t^P$	10.274,85	10.299,32	10.521,03	10.423,05	10.463,46	10.463,46
$RÖP_t$	10.274,85	0,00	0,00	0,00	0,00	0,00
$V_t(p_A)$	256,87	0,00	0,00	0,00	0,00	0,00
$BW(V_t(p_A))$	256,87					
$BetErfolg_t$		283,78	87,27	413,61	272,28	313,90
$V_t(p_R)$	0,00	21,28	6,55	31,02	20,42	23,54
$BW(V_t(p_R))$	770,61	772,45	789,08	781,73	784,76	
V_t	256,87	21,28	6,55	31,02	20,42	23,54
$BW\ (V_t)$	1.027,48	772,45	789,08	781,73	784,76	

Tabelle 113: Vergütung auf Grundlage des AKMW ex ante

Die voranstehende Planung zum Zeitpunkt der Akquisition, aber vor der Planungsüberholung und Integration, kann die Ausgangsbasis für eine Zielerreichung von 100 Prozent der Realisationskomponente darstellen. Aufgrund der stets vorherrschenden Unsicherheit stellt die Planung der Realisationskomponente die Bezugsgröße für Abweichungen des AKMW zum Ende einer jeden Periode aus der ex post-Perspektive sowie durch Erwartungsrevisionen hinsichtlich der zukünftigen Entwicklung dar. Die operative Abweichung zwischen dem ex ante geplanten und ex post realisierten Beteiligungserfolgs einer Periode und die strategische Abweichung des erwartungsrevidierten AKMW in der RÖP zum Ende einer jeden Periode können dabei separiert werden. Es sollte aber stets eine gesamtheitliche Betrachtung erfolgen, damit kompensatorische Effekte in der Zielgröße adäquat berücksichtigt werden. Soll zudem eine weitergehende ursachenbezogene Vergütung der Akquisitionsmehrwertveränderung erfolgen, so kann das Vorgehen auf die Integrationsphase übertragen werden, sodass der exogene Umwelteffekt und der endogene Managementeffekt differenziert sind.

p	10%					
p_R (75%)	7,50%					
p_A (25%)	2,50%					
Management-effekt	0	1	2	3	4	5 ff.
$BetKap_t^I$	10.913,47	10.825,57	10.605,73	10.610,63	10.660,82	10.660,82
EW_t^I	21.714,73	21.539,83	21.102,42	21.112,16	21.212,03	21.212,03
$AKMW_t^I$	10.801,26	10.714,26	10.496,69	10.501,53	10.551,21	10.551,21
$RÖP_t$		2.424,10	0,00	0,00	0,00	0,00
$V_t(p_A)$	256,87	60,60	0,00	0,00	0,00	0,00
$BW(V_t(p_A))$	315,71					
$BetErfolg_t$		411,04	539,00	310,06	265,37	316,54
$V_t(p_R)$	0,00	30,83	40,43	23,25	19,90	23,74
$BW(V_t(p_R))$	810,09	803,57	787,25	787,61	791,34	
V_t	256,87	91,43	40,43	23,25	19,90	23,74
$BW\ (V_t)$	1.125,80	803,57	787,25	787,61	791,34	

Tabelle 114: Vergütung des AKMW auf Grundlage endogener Effekte

Das grundsätzliche Problem an dieser Vorgehensweise ist, dass die strenge Barwertkompatibilität von Antizipations- und Realisationskomponente in Bezug auf die prozentuale Beteiligung am AKMW dabei nicht mehr erfüllt ist. Für eine Performancemessung, die vollständig auf den Managementeffekt abstellt und somit die exogenen Einflüsse eliminiert, kann ausgehend von dem AKMW nach der Integrationsphase eine managementeffektbezogene Akquisitionsmehrwertrechnung angestrebt werden. Durch die Isolierung der endogenen Veränderungen in der Antizipations- und Realisationskomponente im Sinne der Performancemessung und daran anschließender Vergütung kann die Barwertidentität innerhalb des Vergütungssystems für das theoretische Ideal einer kausalen Beziehung von Leistung und Vergütung als erfüllt angesehen werden, nicht aber in Bezug auf den AKMW. Die Vergütung auf Grundlage des Managementeffekts, als Differenz aus dem Informationsstand nach Berücksichtigung der veränderten Umweltbedingungen und den Ist-Ausprägungen zum Ende einer Periode, führt dabei zu einer Vergütung, die nicht dem prozentualen Anteil am AKMW entspricht. Durch die Eliminierung der exogenen Faktoren wird das Management an einer dadurch begründeten Veränderung der Erfolgspotentiale nicht partizipieren; sofern diese negativ sind, wirkt sich dies, wie im vorliegenden Beispiel, positiv auf die betrachtete Vergütung aus. Gleiches gilt vice versa für positive Veränderungen der exogenen Faktoren. Es ist aber zu beachten, dass dieses Ideal der Performancemessung und Vergütung nicht der Intention des Gesetzgebers für die Vorstandsvergütung entspricht, da die Lage der Gesellschaft[874], abgebildet durch externe Einflussfaktoren, nicht einbezogen wird. Damit dieser Anforderung aber genügt werden kann, soll eine Differenzierung dahingehend erfolgen, dass der Anteil der Wertänderungen, die exogen und diejenigen die endogen sind, mit unterschiedlichen Gewichten in die Vergütung einfließen. Werden die endogenen und exogenen Einflussfaktoren bspw. im Verhältnis 2:1 bei der Vergütung berücksichtigt, so dominiert der Leistungsanreiz die durch die Unsicherheit begründeten Abweichungen von der Planung und die Vergütung weist einen hinreichenden Bezug zur Lage der Gesellschaft auf.

ex post	0	1	2	3	4	5ff
$BetKap_t^I$	10.913,47	10.825,57	10.605,73	10.610,63	10.660,82	10.660,82
EW_t^I	21.714,73	21.539,83	21.102,42	21.112,16	21.212,03	21.212,03
$AKMW_t^I$	10.801,26	10.714,26	10.496,69	10.501,53	10.551,21	10.551,21
$RÖP_t$		542,20	0,00	0,00	0,00	0,00
$V_t(p_A)$	256,87	13,56	0,00	0,00	0,00	0,00
$BW(V_t(p_A))$	270,03					
$BetErfolg_t$	0,00	411,04	539,00	310,06	265,37	316,54
$V_t(p_R)$	0,00	30,83	40,43	23,25	19,90	23,74
$BW(V_t(p_R))$	810,09	803,57	787,25	787,61	791,34	791,34
V_t	256,87	44,38	40,43	23,25	19,90	23,74
$BW\ (V_t)$	1.080,13	803,57	787,25	787,61	791,34	791,34

Tabelle 115: Vergütung des AKMW aus der (ex post)

Wird für die Vergütung aus der ex post-Perspektive die Differenz von ex ante geplanten und realisierten Werten betrachtet, so erfolgt keine Differenzierung hinsichtlich exogener und endogener Faktoren, sodass der Barwert der Vergütung und der AKMW jeweils bezogen auf den Akquisitionszeitpunkt dem gewünschten Verhältnis entsprechen. Die RÖP wird geringer ausgewiesen als bei der auf dem Managementeffekt rekurrierenden Sichtweise aufgrund des Vergleichs der ex ante mit der ex post-Perspektive und somit ist die Differenz geringer als zwischen ex post und der Planung nach

[874] Siehe hierzu Kapitel 3.5.3.1.

Berücksichtigung der Umwelteffekte. Der auf den Ist-Wert bezogene Beteiligungserfolg wird unabhängig von der Vergleichsperspektive, also ohne Abweichungen, ausgewiesen. Durch eine entsprechende Ausgestaltung der Vergütungsfunktion kann aber eine Berücksichtigung der Realisationsabweichung erfolgen.

6.2 Akquisitions- und unternehmenswertorientierte Rechnungslegung

6.2.1 Determinanten des Goodwill

6.2.1.1 Betriebswirtschaftlicher Aussagegehalt und Erstbewertung

Wird für die Performancemessung auf Informationen aus dem externen Rechnungswesen zurückgegriffen, so stellt die Berücksichtigung des Goodwill eine zentrale Fragestellung dar, die auch Gegenstand vielfältiger Forschungsbemühungen ist.[875] Aus betriebswirtschaftlicher Perspektive kann der Goodwill als Differenzbetrag aus Gesamt- und Einzelbewertung eines Unternehmens definiert werden.[876] Die Komponenten dieses Unterschiedsbetrags können dabei weitergehend differenziert werden, nämlich dahingehend, ob diese im Rahmen einer Akquisition erworben oder aber selber erschaffen wurden.[877] Der akquirierte Anteil des Goodwill, der explizit mit dem Kaufpreis abgegolten wurde, wird dabei als derivativer Goodwill bezeichnet, wohingegen der originäre Goodwill selbst erschaffen wurde oder aber im Akquisitionskontext den AKMW darstellt.[878] Der originäre Goodwill wird dabei als nicht aktivierungsfähiges Erfolgspotential verstanden, das Faktoren wie Synergiepotentiale, Managementqualität, prozess- und organisationsbezogene Wettbewerbsvorteile oder sonstige immaterielle Vermögenswerte umfasst,[879] die nicht isoliert bewertet werden können.[880]

Der derivative Goodwill stellt im Kontext der externen Rechnungslegung den wohl am meisten diskutierten Bilanzposten dar. Diese Prominenz des Goodwill kann auf unterschiedliche Gründe zurückgeführt werden. Zum einen ist die theoretische Auseinandersetzung seit langem und aktuell wieder von unterschiedlichen Auffassungen im

---

875 Für einen Überblick der Forschungsbereiche und -arbeiten zum Goodwill Impairmenttest, siehe insbesondere Sellhorn/Hombach (2014).

876 Vgl. Moxter (1993), S. 853.

877 Vgl. zu den unterschiedlichen Arten des Goodwill insbesondere Haaker (2008), S. 62 ff.

878 Siehe zur Abgrenzung des derivativen vom originären Goodwill auch Haaker (2008), S. 62 ff. m.w.N.

879 Sellhorn differenziert den Goodwill im Kontext einer Akquisition in fünf Komponenten. Neben dem Going-Concern-Goodwill wird der Synergie-Goodwill, ein Restrukturierungs-Goodwill sowie der Strategie- und Flexibilitäts-Goodwill differenziert. Vgl. Sellhorn (2000), S. 891. Diese Sichtweise basiert auf einer ursachenbezogenen Differenzierung, wohingegen im Folgenden eine erfolgspotentialbezogene Perspektive eingenommen wird. Grundsätzlich kann für eine detaillierte Analyse auf eine Matrix aus diesen beiden Sichtweisen zielführend sein.

880 Siehe zu einer ausführlichen Diskussion verschiedener Goodwill-Konzepte aus der Akquisitionsperspektive insbesondere Haaker (2008), S. 122 ff.

Schrifttum geprägt. Darüber hinaus ist der Goodwill auch aufgrund seiner Dimensionen in den Bilanzen deutscher Aktiengesellschaften ein äußerst wichtiger Posten,[881] der zudem bei der Bestimmung von pro forma Kennzahlen und darauf basierenden Residualgewinnen für Zwecke der Performancemessung eine sehr uneinheitliche Berücksichtigung erfährt. Die Bestimmung des derivativen Goodwill nach einer Transaktion erfolgt als Residuum aus gezahltem Kaufpreis und den neubewerteten bilanziellen Vermögenswerten des akquirierten Unternehmens.

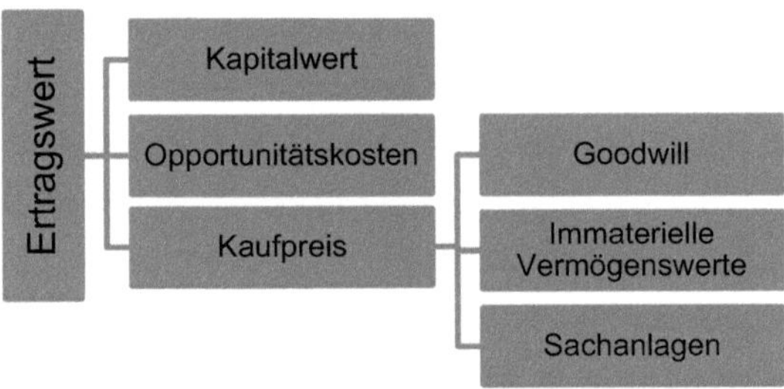

Abbildung 26: Kaufpreisbezogene Erfolgspotentiale in der externen Rechnungslegung

Der Goodwill entspricht demnach den entgeltlich erworbenen Erfolgspotentialen, die nach den Konventionen des externen Rechnungswesens einzeln nicht aktivierungsfähig sind, aber aufgrund der getätigten Zahlung in der Bilanz ausgewiesen werden sollen.[882] Im Hinblick auf die Beispielrechnung ergibt sich der Goodwill als Differenz aus dem Kaufpreis i.H.v. 9.000 GE und dem neu bewerteten Eigenkapital i.H.v. 4.500 GE.

$$Goodwill = Kaufpreis - neubewertetes\ Eigenkapital = 9.000 - 4.500 = 4.500$$

Bei der Kaufpreisallokation (Purchase Price Allocation) gemäß IFRS 3 entspricht der Goodwill demzufolge der positiven Differenz[883] aus gezahltem Kaufpreis und neu bewertetem Eigenkapital.[884] Der bestehende Ermessensspielraum bei der Identifizierung immaterieller Vermögensgegenstände kann als nicht unerheblich erachtet werden und unterliegt dem Anreiz, für das bilanzierende Unternehmen einen möglichst geringen

881 Vgl. Kümpel/Klopper (2011), S. 129 ff.

882 Vgl. Streim et al. (2007), S. 22 ff.

883 Bei einem negativen Unterschiedsbetrag ist von irrationalem Verhalten der Verkäufer auszugehen, da diese das Unternehmen unter dem Liquidationswert veräußern. Vgl. IFRS 3.34-36 und Haaker (2008), S. 67 f.

884 Vgl. IFRS 3.32 sowie darauf bezugnehmend Sellhorn/Hombach (2014), S. 282 und Pellens et al. (2014), S. 739 ff.

Differenzierungsgrad der aktivierten Vermögenswerte vorzunehmen, damit Wertminderungen unwahrscheinlicher werden.[885] Der identifizierte Goodwill muss dann auf sog. zahlungsmittelgenerierende Einheiten (ZGE) allokiert werden, wobei ein möglichst geringes Aggregationsniveau vom Standardsetter intendiert wird und ein Geschäftssegment die maximal zulässige Ebene gemäß IFRS 8.5 darstellt.[886] Damit kompensatorische Effekte wirken und so etwaige Abschreibungen des Goodwill umgangen werden können, ist hier ein weiterer Anreiz für die Unternehmen in der bilanzpolitischen Allokation des Goodwill zu sehen.[887] Durch die unweigerliche Vermengung von originärem und derivativem Goodwill auf Ebene der ZGE kann eine Wertminderung des derivativen Goodwill nicht ausgewiesen werden,[888] sodass eine implizite Aktivierung des originären Goodwill erfolgt.[889] Die Aktivierung des derivativen Goodwill, in Analogie zur akquisitionsmehrwertorientierten Erfolgsrechnung, führt zudem zu einer Konsistenz von Amortisationskapital und ausgewiesenen Vermögenswerten in der Konzernbilanz im Akquisitionszeitpunkt.

6.2.1.2 Goodwillveränderung und -abweichung

In Anbetracht der Erstbewertung des Goodwill als Residuum aus gezahltem Kaufpreis und neu bewertetem Eigenkapital erfolgt in den nachfolgenden Perioden eine Veränderung der zuvor im Kaufpreis abgegoltenen Erfolgspotentiale. Dabei sollte aus bilanztheoretischer Perspektive vor allem der Differenzierung des derivativen vom originären Goodwill eine besondere Aufmerksamkeit zuteil werden, sodass kompensatorische Wirkungszusammenhänge eliminiert und ursachenbezogene Veränderung des derivativen Goodwill ermöglicht werden.[890] Im Kontext des Akquisitionscontrolling kann eine Veränderung bzw. Abweichung des Goodwill grundsätzlich zwei Ursachen haben:[891]

- Die (planmäßige) Realisation der Erfolgspotentiale ist erfolgt (Veränderung).
- Eine Erwartungsrevision ist eingetreten, sodass die antizipierten Erfolgspotentiale nicht mehr planmäßig realisiert werden (Abweichung).

---

885 Vgl. Böcking (2014), S. 28 f. m.w.N.
886 Vgl. IAS 36.80(b). Diese maximal zulässige Vorgehensweise wird von 11 Konzernen des DAX 30 im Geschäftsjahr 2012 durchgeführt. Vgl. Sellhorn/Hombach (2014), S. 283.
887 Vgl. Hachmeister (2014), S. 383 f. und Böcking (2014), S. 28 f.
888 Vgl. Moxter (2003), S. 85.
889 Vgl. Böcking (2014), S. 28 f.
890 Vgl. Dirrigl/Große-Frericks (2011), S. 103 ff:
891 Eine ursachenbezogene Differenzierung nehmen ebenfalls Schultze/Hirsch (2005), S. 147 ff. vor.

Diese unterschiedlichen Möglichkeiten sollen im Folgenden weiter betrachtet werden, sodass auch eine entsprechende Berücksichtigung bei der Managementbeurteilung erfolgen kann. Die planmäßige Realisation der in der Planung antizipierten Erfolgspotentiale stellt ein stets positives Ereignis dar, wohingegen die Abweichungen zwischen geplanten und realisierten Erfolgspotentialen (Plan-Ist) sowie eine Veränderung der antizipierten Erfolgspotentiale sowohl positiv wie auch negativ sein kann.

Neben der Ursache ist auch die periodische Erfassung der Goodwill-Veränderung bzw. -Abweichung für Zwecke der Performancemessung auf Grundlage der Daten des externen Rechnungswesens von besonderer Relevanz. Die erwartungskonforme Goodwill-Veränderung bei planmäßiger Realisation von Erfolgspotentialen kann theoretisch durch die verursachungsbezogene Goodwill-Abschreibung adäquat erfasst werden. Diese Vorgehensweise kann dem im folgenden Abschnitt dargestellten Impairment-Only-Approach gemäß IAS 36 attestiert werden, wohingegen eine lineare Abschreibung des Goodwill über eine bestimmte Nutzungsdauer als pauschale und hypothetische Realisationsstruktur klassifiziert werden kann.

Alternativ zur planmäßigen Abschreibung auf Grundlage einer linearen oder verursachungsbezogenen Vorgehensweise kann auch die Erfassung der außerplanmäßigen Abschreibung auf unterschiedliche Vorgehensweisen beruhen. Bei der erwartungsrevisionsbedingten Abweichung des Goodwill ist eine zukunftsbezogene Sichtweise inhärent, wodurch wiederum das Spannungsfeld von Antizipations- und Realisationsperspektive betrachtet werden kann. Erfolgt die Berücksichtigung der Abweichung antizipationsbezogen, so wird die Erwartungsrevision im Zeitpunkt der Erkenntniserlangung vollständig erfasst. Bei einer realisationsbezogenen Erfassung der Erwartungsrevision wird die Wertminderung auf die Nutzungsdauer verteilt.

		Außerplanmäßige Abschreibung (Abweichung)	
		Antizipations-bezogen	Realisations-bezogen
Planmäßige Abschreibung (Veränderung)	Verursachungs-bezogen	1	2
	Linear	3	4

Abbildung 27: Systematisierung der Goodwill-Abschreibungsmethoden

Die erste Variante beschreibt das Vorgehen nach IAS 36, wodurch eine planmäßige Realisation der Erfolgspotentiale des Goodwill im Realisationszeitpunkt ausgewiesen werden soll und eine antizipierte Verringerung der Erfolgspotentiale in den zukünftigen Perioden sofort erfasst wird. Die dritte Konstellation stellt die aktuellen Regelungen des HGB dar, bei der durch die lineare Abschreibung eine pauschale Realisation der Erfolgspotentiale unterstellt wird und darüber hinaus gehende antizipierte Minderungen der zukünftigen Erfolgspotentiale im Goodwill im Zeitpunkt der Erkenntniserlangung erfasst werden. Das Konzept 4 kann als Vorgehensweise bei einer veränderten Nutzungsdauer angesehen werden und die zweite Konstellation, eine planmäßige verursachungsbezogene Abschreibung bei der Wertminderungen aus Erwartungsrevisionen auf die entsprechenden Perioden allokiert werden, ist praktisch nicht beobachtbar.

6.2.2 Goodwillveränderung und -abweichung in der Beteiligungsführungsphase

6.2.2.1 Folgebewertung gemäß Impairment-Only-Approach

6.2.2.1.1 Konzeption des Impairment-Only-Approach

Der Impairment-Only-Approach (IOA) gemäß IAS 36 verzichtet auf eine explizite planmäßige Abschreibung des Goodwill, da der Goodwill als Vermögenswert mit unbestimmter Nutzungsdauer definiert wird und somit periodisch einem Werthaltigkeitstest zu unterziehen ist.[892] Ausgehend von der Erstbewertung des Goodwill ist dieser zu jedem Bilanzstichtag[893] und bei sog. „triggering events"[894] auf seine Werthaltigkeit zu prüfen, sodass ein Vergleich des bilanziellen Goodwill mit dem Barwert der korrespondierenden Erfolgspotentiale erfolgt.[895] Es soll also überprüft werden, inwieweit die erworbenen Erfolgspotentiale, die im Goodwill abgebildet sind, sich periodisch oder aufgrund neuer Informationen verändert haben oder von der bisherigen Planung abweichen. Sofern ein solcher Sachverhalt vorliegt, erfolgt eine Abschreibung auf diesen geringeren Wert.

Als Vergleichsmaßstab für den bilanziellen Wert der ZGE inklusive des Goodwill muss der erzielbare Betrag für die ZGE bestimmt werden. Der erzielbare Betrag ist dabei der höhere aus den beiden Wertperspektiven des Value in Use und des Fair Value

892 Vgl. IAS 36.90 sowie darauf bezugnehmend Pellens et al. (2014), S. 302 f. und Hachmeister (2014), S. 379.
893 Vgl. IAS 36.10 (b).
894 Vgl. IAS 36.12-36.14.
895 Vgl. IAS 36.8.

less Cost of Disposal (FVICoD).[896] Übersteigt der bilanzielle Wert der ZGE den erzielbaren Betrag, so ist der Buchwert auf diesen abzuschreiben, wobei zuerst der Goodwill gemindert und ein etwaiger darüber hinaus gehender Wertminderungsbedarf proportional auf die anderen Vermögenswerte verteilt wird.[897] Eine Zuschreibung des Goodwill aufgrund positiver Erwartungsrevisionen kann aufgrund des Wertaufholungsverbots[898] nicht erfolgen und auch mit zukünftigen Aktionen des Managements soll ein Wertzuwachs eine endogene Verschlechterung nicht neutralisieren können, da die Vorgaben für die Bestimmung des Barwertes der korrespondierenden Erfolgspotentiale derartige Maßnahmen nicht berücksichtigen. Der Goodwill gemäß IFRS 3 und IAS 36 kann somit als Vermögenswert charakterisiert werden, für den eine flexible Tilgungsstruktur bei Realisation von geplanten Erfolgspotentialen oder bei Antizipation von negativen Erwartungsrevisionen hinsichtlich zukünftiger Erfolgspotentiale erfolgt.

6.2.2.1.2 Bestimmung des Value in Use

Der ViU entspricht dem Barwert der zukünftigen Cashflows, die bei der fortgeführten Nutzung der ZGE zu erwarten sind.[899] Diese charakteristische Sichtweise des ViU rekurriert auf eine interne Perspektive, die bei der Bestimmung der Bewertungsparameter zum Ausdruck kommt, indem explizit auf bestmögliche Schätzungen des Managements abgestellt wird,[900] unter Beachtung der Plausibilität externer Informationen.[901] Für die Bestimmung der bewertungsrelevanten Cashflows und die Risikoberücksichtigung müssen darüber hinaus die Vorgaben des IAS 36 beachtet werden, sodass Abweichungen zu dem Ertragswert bei der akquisitionsmehrwertorientierten Erfolgsrechnung zu erwarten sind.[902] Ausgangspunkt der Cashflowplanung für die Barwertbestimmung des ViU ist die aktuelle, vom Management genehmigte Finanzplanung, die im Regelfall einen Zeitraum von fünf Jahren umfasst.[903] Diese Planungen sind dann insofern zu adjustieren, als dass Effekte, die aus Finanzierungsaktivitäten, Besteuerung, Erweiterungsinvestitionen und Restrukturierungsmaßnahmen resultieren, zu eliminieren sind.

---

[896] Vgl. IAS 36.18.
[897] Vgl. IAS 36.104 und IAS 36.105.
[898] Vgl. IAS 36.110.
[899] Vgl. IAS 36.6.
[900] Vgl. IAS 36.33 (a).
[901] Vgl. IAS 36.22 (a).
[902] Vgl. Schumann (2008), S. 355 ff. mit Verweis auf Hoffmann (2007), § 11, Rz. 60.
[903] Vgl. IAS 36.33 (b) und IAS 36.35. Wobei auch Prognosezeiträume über fünf Jahren möglich sind, wenn verlässlich Schätzungen vorliegen.

Die Nicht-Berücksichtigung der Finanzierungsaktivitäten impliziert zunächst, dass keine Differenzierung hinsichtlich Eigen- und Fremdfinanzierung und somit keine Berücksichtigung der Mittelzu- oder .-abflüsse aus Finanzierungstätigkeiten erfolgt.[904] Begründet wird dies mit der Vermeidung einer Doppelerfassung,[905] die dann vorliegen würde, wenn der Buchwert der ZGE[906] weiterhin als Summe der entsprechenden Aktiva definiert und daher unabhängig von der Finanzierung ist, die Cashflows aber eine rein eigenkapitalbezogene Perspektive einnehmen würden.[907] Dies würde zu einer systematischen Unterschätzung der Cashflows und somit des erzielbaren Betrag führen. Die gleiche Logik, die der Vermeidung von Inkonsistenzen bei der Ermittlung des ViU und des Buchwerts, wird auch bei der Nicht-Berücksichtigung von steuerlichen Konsequenzen bemüht.[908] Eine Doppelerfassung könnte hier auftreten, wenn aktive latente Steuern gem. IAS 12 der ZGE zugerechnet und gleichzeitig die entsprechenden Steuerzahlungen im Bewertungskalkül erfasst werden.[909] Bei der Bestimmung der bewertungsrelevanten Cashflows für den ViU sind folglich keine Steuerzahlungen bzw. -erstattungen auf Unternehmens- und persönlicher Ebene zu erfassen.[910] Das IASB argumentiert für den Verzicht der Berücksichtigung steuerlicher Konsequenzen zudem auf Grundlage des Zirkularitätsproblems bei der Durchführung des Werthaltigkeitstests.[911] Da eine Abschreibung durch die Verminderung der steuerlichen Bemessungsgrundlagen den ViU erhöht, führt dies wiederum zu einer Reduktion des Abschreibungsbedarfs.[912]

Mittelabflüsse für Erweiterungsinvestitionen und die damit verbundenen Mittelzuflüsse in folgenden Perioden dürfen bei der Cashflowplanung für den ViU nicht berücksichtigt werden, da die ZGE in ihrem gegenwärtigen Zustand bewertet werden soll.[913] Da derartige Investitionen aus der ex ante-Perspektive stets einen positiven Kapitalwert aufweisen, würde eine Berücksichtigung dieser Investitionsmaßnahme zudem zu einer

---

904 Vgl. IAS 36.43 (b); 36. 50 (a) und 36.76 (b). Zu den Ausnahmen, vgl. Schumann (2008), S. 262.
905 Vgl. IAS 36.43.
906 Für eine ausführliche Darstellung zur Bestimmung des Buchwerts einer ZGE, siehe insbesondere Schumann (2008), S. 240 ff.
907 IAS 36.75 fordert zudem, dass der Buchwert und der erzielbare Betrag einer ZGE konsistent zueinander bestimmt werden sollen.
908 Vgl. IAS 36. 50 (a).
909 Vgl. Husmann/Schmidt/Seidel (2002), S. 16.
910 Vgl. Schumann (2008), S. 260; bezugnehmend auf Ballwieser (2006), S. 201.
911 Vgl. IAS 36.BCZ84.
912 Vgl. zutreffend kritisch vor allem Schumann (2008), S. 260 ff. m.w.N.
913 Vgl. IAS 36.44 (b) und 36.45 (b).

Vermischung aus derivativem und originärem Goodwill führen.[914] Erhaltungsinvestitionen müssen hingegen bei den Cashflowplanungen berücksichtigt werden, was aus praktischer Perspektive zu Abgrenzungsproblem führen kann.[915] Analog zur Nicht-Berücksichtigung von Erweiterungsinvestitionen im Cashflow des ViU dürfen auch die Implikationen von Restrukturierungsmaßnahmen nur dann in den Prognosen berücksichtigt werden, wenn diese bereits verpflichtend für das Unternehmen sind.[916] Mit der Verabschiedung der Restrukturierungsmaßnahmen sind dann die Zahlungsmittelzuflüsse, bspw. aus Kosteneinsparungen, bei der Cashflowprognose zu berücksichtigen, wohingegen die korrespondierenden Mittelabflüsse nur insoweit Beachtung finden, als für diese keine Rückstellungen gem. IAS 37 gebildet wurden.[917]

Aufbauend auf der Abgrenzung des Cashflows für die meist fünf Jahre umfassende Detailprognosephase[918] stellt sich die Frage, welche Annahmen hinsichtlich des Wachstums in der zeitlich daran anschließenden Restwertphase gem. IAS 36 zulässig sind. Die Cashflowplanung des letzten Jahres der Detailprognosephase stellt die Bezugsgröße für eine Extrapolation dar, bei der eine abnehmend positive, eine konstante oder fallende Wachstumsrate berücksichtigt werden kann.[919] Sofern objektive Informationen steigende Wachstumsraten der Geschäftstätigkeit einer ZGE verifizieren können, darf auch eine derartige Wachstumsrate angesetzt werden.[920] Allerdings äußert sich das IASB in IAS 36.37 kritisch bezüglich der dauerhaften Realisierung von positiven Wachstumsraten und begründet dies mit Wettbewerbern, die bei günstigen Bedingungen in den Markt eintreten und somit eine Erosion der Wachstumsraten erwarten lassen.[921] Diese Argumentation basiert auf dem strategietheoretischen Konzept des market-based-view und exkludiert somit die Möglichkeit des unternehmensindividuellen ressource-based-view.[922]

914 Hingegen müssen die bereits initiierten Erweiterungsinvestitionen im Cashflow des ViU berücksichtigt werden, da die korrespondierenden Investitionen aktiviert oder als Aufwand erfasst wurden und nur so eine Konsistenz von Buchwert und ViU erreicht werden kann. Dies führt aber unweigerlich zu einer Vermischung von derivativem und originärem Goodwill.

915 Vgl. Schumann (2008), S. 262 ff., der die Erweiterungsinvestition anhand unterschiedlicher Auslegungsmöglichkeiten des Terminus in drei Ebenen differenziert.

916 Vgl. IAS 36.44 (a); 36.45 (a) und 36.47.

917 Vgl. Schumann (2008), S. 264 f.

918 Vgl. IAS 36.33.

919 Vgl. IAS 36.33 (c) und 36.36.

920 Vgl. IAS 36.36.

921 Vgl. IAS 36.37.

922 Siehe zur Abgrenzung des market- und ressource-based-view in der Restwertphase Kapitel 2.3.2.2. Für eine ausführliche Diskussion der Ausgestaltung der Restwertphase gem. IAS 36 siehe insbesondere Schumann (2008), S. 265 ff. m.w.N.

Werden die Vorgaben des IAS 36 für die Bestimmung des ViU befolgt, so ergeben sich für das Akquisitionsobjekt folgende Erfolgsgrößen:

ViU	0	1	2	3	4	5 ff.
$EBIT_t$		2.400,00	2.400,00	2.300,00	2.100,00	1.900,00
Afa_t		4.500,00	4.500,00	4.333,33	3.833,33	3.333,33
Inv_t	4.500,00	4.500,00	4.000,00	3.000,00	3.000,00	3.000,00
FCF_t		2.400,00	2.900,00	3.633,33	2.933,33	2.233,33

Tabelle 116: Bestimmung des FCF für die Berechnung des ViU

Nach der Bestimmung der Cashflows muss die Berücksichtigung des Risikos und des Zeiteffekts erfolgen, damit der ViU bestimmt werden kann.[923] Der Zeiteffekt wird durch die Diskontierung der prognostizierten Cashflows mit dem risikolosen Zinssatz berücksichtigt, wobei Steuern konsistent zur Bestimmung des Cashflows unberücksichtigt bleiben.[924] Die Beachtung des Risikos kann gem. IAS 36 auf Grundlage des „Traditional Approach“ und des „Expected Cashflow Approach“ erfolgen.[925] Der „Traditional Approach“ rekurriert auf vertraglich festgelegte Cashflows bzw. den Modalwert einer mehrwertigen Cashflowplanung, wobei das Risiko auf Basis von Marktdaten in dem Diskontierungszinssatz abgebildet wird.[926] Dieser Ansatz kann insbesondere für Vermögenswerte Anwendung finden, für die vergleichbare Vermögenswerte mit entsprechenden Marktdaten vorliegen.[927] Bei „komplexen Bewertungsproblemen” nicht-finanzieller Vermögenswerte, für die keine unmittelbaren Vergleichsobjekte vorliegen, ist hingegen der „Expected Cashflow Approach“ anzuwenden, bei dem auf Basis einer mehrwertigen Cashflowplanung Risikoabschläge vom Erwartungswert vorgenommen werden oder ein dazu korrespondierender Aufschlag auf den risikolosen Zinssatz erfolgt.[928] Grundsätzlich erscheint den Ausführungen des IAS 36.55 (b) nach auch eine kombinierte Berücksichtigung aus Risikozu- und -abschlag möglich, sofern Risiken dadurch nicht doppelt erfasst werden.[929] Ob die Risikoberücksichtigung in Abhängigkeit der gewählten Konzeption aber grundsätzlich marktorientiert oder individualistisch

923 Vgl. IAS 36.30 (c) und (d).
924 Vgl. IAS 36.55.
925 Vgl. IAS 36.A4-36.A14.
926 Vgl. IAS 36.A4-36.A6. Für eine umfassende Darstellung des „Traditional Approach“, siehe zudem Schumann (2008), S. 267 f.
927 Vgl. IAS 36.A4.
928 Vgl. IAS 36.A7-36.A14. Für eine umfassende Darstellung des „Expected Cashflow Approach“, siehe zudem Schumann (2008), S. 268 ff.
929 Vgl. IAS 36.56.

bzw. eine Differenzierung hinsichtlich Risikomenge und -preis[930] erfolgen soll, geht aus den Ausführungen des IAS 36 nicht hervor.

Wird eine Risikoadjustierung des Kalkulationszinssatzes und eine darauf basierende Bestimmung der gewichteten Kapitalkosten vorgenommen, so erweist sich die Abstraktion von Steuer- und Finanzierungseffekten als nicht trivial.[931] Als überzeugendste Argumentation kann in diesem Kontext auf die Resultate von Modigliani/Miller rekurriert werden,[932] wonach ohne Berücksichtigung der Besteuerung die unverschuldeten Eigenkapitalkosten aufgrund der Reaktionshypothese der Eigenkapitalgeber immer gleich den gewichteten Kapitalkosten sind.[933] Für die Perioden 1 bis 5 ff. kann auf Grundlage der voranstehenden Modifikationen der Erfolgsprognose der nachstehenden Tabelle entnommen werden:

ViU	0	1	2	3	4	5 ff.
FCF_t		2.400,00	2.900,00	3.633,33	2.933,33	2.233,33
ViU_t	25.152,85	25.205,25	24.762,76	23.543,80	22.905,98	22.905,98

Tabelle 117: Ermittlung des ViU

Wird auf einen risikoadjustierten Diskontierungszins abgestellt, so erfolgt die Diskontierung der FCF mit den unverschuldeten Eigenkapitalkosten von 9,75 Prozent, sodass eine Abstraktion von der Finanzierung erfüllt ist.

6.2.2.1.3 Bestimmung des Fair Value less cost of disposal

Der erzielbare Betrag kann alternativ zum unternehmensspezifischen ViU auch dem marktbezogenen Fair Value less Cost of Disposal (FVlCoD) entsprechen, bei dem der Fair Value (FV) „als der Preis[934] definiert ist, der in einem geordneten Geschäftsvorfall[935] zwischen Marktteilnehmern[936] am Bemessungsstichtag für den Verkauf eines

---

930 Beispielsweise könnte gem. λ-CAPM auf die Risikomenge der internen Planung und den Risikopreis des Kapitalmarkts abgestellt werden. Siehe zum λ -CAPM Kapitel 4.3.2.2.

931 Vgl. Schumann (2008), S. 273 ff.

932 Vgl. Baetge/Krolak/Thiele (2002), Rz. 68; Lienau/Zülich (2006), S. 324. Alternativ wird in der Literatur auch die Bestimmung des WACC mit unverschuldeten Eigenkapitalkosten propagiert. Vgl. Beyhs (2002), S. 134 ff., Wirth (2005), S 75 f.

933 Siehe hierzu Kapitel 4.5.2. Ebenfalls denkbar ist die Anwendung des λ-CAPM, sodass die Risikomenge aus der Unternehmensplanung mit einem kapitalmarktbezogenen Risikopreis bewertet wird.

934 Siehe zur definitorischen Abgrenzung IFRS 13.24-13.26.

935 Siehe zur definitorischen Abgrenzung IFRS 13.15-13.21.

936 Siehe zur definitorischen Abgrenzung IFRS 13.22 und 13.23.

Vermögenswertes eingenommen bzw. für die Schuld gezahlt würde.“[937] Sind Marktpreise für die ZGE verfügbar, so ist der FV objektiv beobachtbar und es ergibt sich kein Bewertungsproblem, da nur noch die Veräußerungskosten von dem FV subtrahiert werden müssen, um den FVICoD zu bestimmen.[938] Beobachtbare Marktpreise für eine ZGE sind aber als Ausnahme zu klassifizieren, sodass im Regalfall kein aktiver Markt vorliegt und somit kein Preis für eine ZGE beobachtbar ist, weshalb alternative Bewertungstechniken Anwendung finden müssen. Grundsätzlich können diese alternativen Bewertungstechniken in markt-, kosten- und einkommensbasierte Verfahren differenziert werden,[939] wobei für die folgenden Ausführungen im Kontext des Werthaltigkeitstests auf Letztere abgestellt wird.

Die einkommensbasierten Ansätze umfassen bei der Ermittlung des FVICoD einer ZGE solche Bewertungstechniken, die den aktuellen Wert künftiger Beträge bestimmen[940] wie Barwerttechniken und Residualgewinnmethoden,[941] die aufgrund der algebraischen Identität bei korrekter Anwendung identische Ergebnisse liefern. Die Bewertungstechnik zur Bestimmung des ViU und des FVICoD basiert somit auf vergleichbaren Kalkülstrukturen, die Bestimmung der Bewertungsparameter hingegen divergiert durch die konträre Perspektive der Bewertungskonzepte. Bei der Bestimmung des FVICoD wird gemäß einer dreistufigen Bewertungshierarchie die Priorität der Inputfaktoren deutlich,[942] wonach Preise auf aktiven Märkten für identische Vermögenswerte auf der ersten Stufe, Preise auf aktiven Märkten für vergleichbare Vermögenswerte auf der zweiten Stufe und nicht beobachtbare Inputfaktoren auf der dritten Stufe berücksichtigt werden.[943] Diese Priorisierung kommt auch an anderen Stellen des IFRS 13 zum Ausdruck, wodurch die Intention der Bewertung auf Grundlage eines Höchstmaßes an beobachtbaren Inputfaktoren ersichtlich wird.[944] Realiter kann die Berücksichtigung von Inputparametern der 3. Stufe für Zwecke des Werthaltigkeitstests als Regelfall erachtet werden,[945] sodass die internen Daten eine Anpassung erfahren müssen, wenn die dabei getroffenen Annahmen nicht generalisierbar sind.[946]

937 IFRS 13.9.
938 Vgl. IAS 36.28.
939 Vgl. IFRS 13.62. Dabei können auch Kombinationen aus unterschiedlichen Bewertungsmethoden Anwendung finden. Vgl. IFRS 13.63.
940 Vgl. IFRS 13.B10.
941 Vgl. IFRS 13.B11.
942 Vgl. IFRS 13.72-75.
943 Vgl. IFRS 13.76-13.90.
944 Vgl. IFRS 13.36.
945 Vgl. IFRS 13.B36(e).
946 Vgl. IFRS 13.89.

Die Ausführungen im IFRS 13 beziehen sich zweifelsfrei auf eine marktbezogene Bewertungskonzeption, allerdings fehlt es an konkreten Ausführungen zu der Objektivierung der internen Inputparameter, sodass ein erheblicher Ermessensspielraum verbleibt. Dem Grundsatz „Zahlungsströme und Abzinsungssätze müssen die Annahmen widerspiegeln, auf die sich Marktteilnehmer bei der Preisbildung für den Vermögenswert oder die Schuld stützen würden“[947] folgend, werden lediglich unternehmensspezifische Synergien nicht in die Prognose einbezogen, wohingegen unechte Synergien für den FVICoD Wertrelevanz besitzen.[948] Als Restriktion bei der Bestimmung des FV gilt die Vorgabe, dass beim erstmaligen Ansatz die Bewertungstechnik so zu gestalten ist, dass der Kaufpreis dem FV entspricht, sofern dieser im Erwerbszeitpunkt den FV widerspiegelt.[949] Der FV zum Akquisitionszeitpunkt sowie in den nachfolgenden Perioden auf Basis periodenspezifischer Cashflows, unter Eliminierung der unechten Synergien, kann für die Bestimmung des FV auf Grundlage risikoadjustierter Kapitalkosten der nachstehenden Tabelle entnommen werden.

FVICoD	0	1	2	3	4	5 ff.
$EBIT_t$		1.600,00	1.250,00	900,00	850,00	773,26
$GewSt_t$		224,00	175,00	126,00	119,00	108,26
KSt_t		240,00	187,50	135,00	127,50	115,99
Afa_t		4.500,00	4.500,00	4.333,33	3.833,33	3.333,33
Inv_t		4.500,00	4.000,00	3.000,00	3.000,00	3.000,00
$AbgSt_t$		284,00	346,88	493,08	359,21	220,59
$FCF_t^{n.AbgSt}$		852,00	1.040,63	1.479,25	1.077,63	661,76
$S_{AGS} \times T_t$		125,00	145,83	83,33	20,83	0,00
FCF_t		977,00	1.186,46	1.562,58	1.098,46	661,76
$k_{EK,t}^{V,S}$		14,44%	14,44%	14,44%	14,44%	14,44%
$WACC_t$		9,10%	9,10%	9,10%	9,10%	9,10%
$FVICoD_t$	9.000,00	8.842,41	8.461,01	7.668,76	7.268,51	7.268,51

Tabelle 118: Ermittlung des FVICoD

Die Berücksichtigung des Risikos kann grundsätzlich analog zum ViU erfolgen, wobei die „Technik zur Anpassung von Abzinsungssätzen“[950] gem. IFRS 13 und der „traditionelle Ansatz“ gem. IAS 36 als äquivalent zu erachten sind, ebenso wie die „Technik

947 Vgl. IFRS 13.B14(a).
948 Vgl. IFRS 13.89.
949 Vgl. IFRS 13.64.
950 Vgl. IFRS 13.B18-13.B22.

des erwarteten Barwerts“[951] gem. IFRS 13 und der „erwartete Cashflow-Ansatz“ gem. IAS 36. Innerhalb der erwartungswertbezogenen Risikokonzeptionen kann, wie auch beim ViU, für den FVICoD gem. IFRS 13 die Risikozu- und -abschlagsmethode Anwendung finden,[952] wobei der maßgebliche Unterschied zwischen dem FVICoD und dem ViU in dem zugrunde liegenden Risikoverständnis zum Ausdruck kommt. Aufgrund der unterstellten Marktperspektive sind Risikozuschlagssätze unter Annahme eines vollkommenen Kapitalmarkts zu bestimmen, sodass lediglich das systematische Risiko berücksichtigt wird.[953]

Die Bestimmung der Kapitalkosten für die ZGE kann auf Grundlage der Kapitalkosten der Peer Group erfolgen, wobei eine Anpassung an den Verschuldungsgrad (VG) der ZGE notwendig ist.[954]

Peer Group		ZGE	
$k_{EK}^{V,S}$	12,00%	$k_{EK}^{UV,S}$	9,75%
VG	0,33	VG	1,0
$k_{EK}^{UV,S}$	9,75%	$k_{EK}^{V,S}$	14,44%

Tabelle 119: Peer Group-orientierte Bestimmung der Kapitalkosten

Die Differenzierung zwischen systematischem und unsystematischem Risiko ist durch die geforderte Äquivalenz von Risikozu- und -abschlag auch für die Sicherheitsäquivalentmethode zu beachten,[955] sodass nur die systematischen Risiken aus der stochastifizierten Unternehmensplanung zu bestimmen sind, was realiter aber als kaum möglich zu erachten ist, sodass diese Anforderung nur mit der Äquivalenzbedingung ausgehend von dem Risikozuschlag zu erfüllen ist.

6.2.2.1.4 Vergleich der Bewertungskonzepte

Als Synthese der voranstehenden Ausführungen sollen im Folgenden die wesentlichen Charakteristika und Unterschiede der Bewertungskonzepte des ViU und des FV auf-

951 Vgl. IFRS 13.B23-13.B30.
952 Vgl. IFRS 13.B17.
953 Vgl. IFRS 13.B24.
954 Siehe zur Peer Group-bezogenen Kapitalkostenbestimmung insbesondere Kapitel 4.3.3.4. Im Folgenden wird von einem Verschuldungsgrad von 1 ausgegangen.
955 Vgl. IFRS 13.B29.

gezeigt werden. Für diese Zwecke kann dabei eine Differenzierung der grundsätzlichen Bewertungskonzeption sowie der dabei einzubeziehenden Inputparameter erfolgen.

	Fair Value (IFRS 13)	Value in Use (IAS 36)
Bewertungssubjekt	Markt	Eigentümer
Bewertungsobjekt	ZGE	ZGE
Bewertungsintention	Transaktion	Nutzung
Informationsgrundlage	Markt	Management
Bewertungskonzept ZGE	Technik des erwarteten Cashflows	erwarteter Cashflow-Ansatz
Restriktion Erstbewertung ZGE	FV entspricht Kaufpreis	keine

Abbildung 28: Bewertungskonzeption ViU und FV

Bei der Bestimmung des erzielbaren Betrags einer ZGE kann vor allem der (fiktive) Bewertungsanlass im Zusammenhang mit den eingehenden Informationsquellen zu Bewertungsunterschieden zwischen dem ViU und dem FV führen. Darüber hinaus führt die in IFRS 13.58 geforderte Kalibrierung des Bewertungskalküls bei der erstmaligen Bestimmung des FV zu interessanten Implikationen bei der Folgebewertung,[956] da ausgehend von der Äquivalenz des FV und des Kaufpreises die Abweichungen von bisherigen Annahmen einer besonderen Erklärung bedürfen.[957]

Die in den Bewertungskonzeptionen geforderten Inputparameter zur Bestimmung der Barwerte lassen sich prinzipiell in die drei Komponenten Cashflow, Risikoberücksichtigung und Diskontierungszinssatz differenzieren. Bei der Cashflowprognose ist insbesondere die Nicht-Berücksichtigung von Steuern, Finanzierung und noch nicht getätigten Erweiterungsinvestitionen, d.h. noch nicht im korrespondierenden Buchwert der

[956] Ausnahmen von dieser Identität können Situationen begründen, die in IFRS 13.B4 aufgeführt sind.
[957] Vgl. IFRS 13.65.

ZGE enthaltenen Investitionen[958] sowie noch nicht verpflichtende Restrukturierungsmaßnahmen, bei der Bestimmung des ViU charakteristisch. Die Werteffekte für die Vernachlässigung der Steuern und Finanzierung sind dabei nicht eindeutig, wohingegen Erweiterungsinvestitionen und Restrukturierungsmaßnahmen aus der ex ante-Perspektive stets einen positiven Kapitalwert aufweisen und somit einen wertsteigernden Effekt haben. Im Gegensatz dazu führt die Berücksichtigung der unechten Synergien im Verhältnis zum FV zu einer Wertsteigerung des ViU. Bei der Risikoberücksichtigung impliziert die Vernachlässigung des unsystematischen Risikos bei der FV-Ermittlung einen geringeren Risikoabschlag bei Anwendung der Sicherheitsäquivalentmethode.

	Fair Value (IFRS 13)	Value in Use (IAS 36)
Cashflowprognose	objektiviert, konform zu Markterwartungen	interne Planung
- Steuern	zu berücksichtigen	keine Berücksichtigung
- Finanzierung	zu berücksichtigen	keine Berücksichtigung
- Restrukturierungsmaßnahmen	zu berücksichtigen	keine Berücksichtigung
- Erweiterungsinvestitionen	zu berücksichtigen	keine Berücksichtigung
- Synergien	nur echte	echte und unechte
Wachstumsrate	Marktbezogen	Geschäftsmodellabhängig
Risikoverständnis	nur systematisches Risiko	Gesamtrisiko
Risikoberücksichtigung		
- Risikozuschlag	CAPM	CAPM
- Sicherheitsäquivalent	Risikoabschlag basierend auf Risikozuschlag	Risikomenge und Risikopreis gem. interner Planung
Diskontierungszins		
- Risikozuschlag	WACC	unverschuldete Eigenkapitalkosten
- Sicherheitsäquivalent	risikoloser Zins nach Steuern	risikoloser Zins vor Steuern

Abbildung 29: Inputparameter ViU und FV

[958] Wären derartige Investitionen in der Planung zu berücksichtigen, so würde der auf den Bewertungsstichtag diskontierte Kapitalwert bereits ausgewiesen.

6.2.2.2 Folgebewertung gemäß linearer Abschreibung

Alternativ zu der Vorgehensweise des Impairment-Only-Approach kann auch eine lineare Abschreibung des Goodwill vorgenommen werden, die im Handels- und Steuerrecht vorherrschend ist. Statt des Werthaltigkeitstests ist dabei ein konstanter Betrag über die zu definierende oder pauschale Nutzungsdauer abzuschreiben, sodass eine fiktive Realisationsstruktur der im Goodwill enthaltenden Erfolgspotentiale unterstellt wird. Diese Vorgehensweise ist nach Inkrafttreten des Bilanzrechtsmodernisierungsgesetzes (BilMoG) verpflichtend anzuwenden,[959] wonach der Goodwill als Vermögensgegenstand klassifiziert werden kann, der dem aktiven Unterschiedsbetrag aus Beteiligungsbuchwert und dem beizulegenden Zeitwert des Eigenkapitals im Akquisitionszeitpunkt entspricht.[960] Die Nutzungsdauer und somit der Realisationszeitraum antizipierter Erfolgspotentiale des Goodwill können betriebsindividuell festgelegt werden,[961] wobei der Gesetzgeber eine Nutzungsdauer über 5 Jahren als erklärungswürdig erachtet.[962] Eine derartige Rechtfertigung können branchenbezogen insbesondere die Lebensdauer und der Abschnitt im Lebenszyklus begründen, ebenso wie weitere unternehmensindividuelle und branchenspezifische Faktoren.[963] Die Nutzungsdauer stellt bei der Abschreibung des Goodwill den wesentlichen Bestimmungsparameter dar und führt somit auch bei dieser Folgebewertungsmethode zu einem nicht unerheblichen Bilanzierungsspielraum.

Neben der planmäßigen Abschreibung über die prognostizierte Nutzungsdauer können auch darüber hinausgehende außerplanmäßige Abschreibungen notwendig sein, nämlich immer dann, wenn am Abschlussstichtag der niedrige beizulegende Zeitwert

---

959 Für eine ausführliche Darstellung der Änderungen durch das BilMoG für die Goodwillbilanzierung, siehe beispielsweise Hachmeister (2014), S. 385 ff.

960 Vgl. § 301 Abs. 3 HGB.

961 Vgl. § 253 Abs. 3 Satz 1,2 HGB i.V.m. § 298 HGB im Konzernabschluss.

962 Vgl. § 285 Nr. 13 HGB, § 314 Abs. 1 Nr. 20 HGB. In der Praxis war vor Einführung des BilMoG eine Orientierung an der steuerlichen Nutzungsdauer von 15 Jahren zu beobachten. Mittlerweile findet die Vorgabe von 5 Jahren eine zunehmende Berücksichtigung. Vgl. Eichenlaub (2014), S. 1.

963 Vgl. für eine ausführliche Darstellung der zu berücksichtigenden Faktoren bei der Bestimmung der Nutzungsdauer Hachmeister (2014), S. 386 f. sowie DRS 4.33. Die Nutzungsdauer im Steuerrecht gem. 7 Abs. 1 Satz 3 EStG beträgt 15 Jahre und die Richtlinie 2013/34/EU des Europäischen Parlaments und des Rates gibt für den Fall einer nicht verlässlichen Schätzung der Nutzungsdauer einen Zeitraum von 5 bis 10 Jahren vor.

des impliziten Goodwill, als Differenz aus Ertragswert und Substanzwert im Erwerbszeitpunkt,[964] den Buchwert des Goodwill übersteigt oder eine Verkürzung der Nutzungsdauer notwendig ist.[965] Dabei ist zu beachten, dass eine Wertaufholung in nachfolgenden Perioden nicht gestattet ist, da sonst eine Vermischung von derivativem und originärem Goodwill ermöglicht wird.[966]

6.2.3 Diskussion zur Goodwillbilanzierung

Die Diskussion der Goodwillbilanzierung in der internationalen Rechnungslegung hat im Schrifttum eine wachsende Anzahl an kritischen Beiträgen aus Theorie und Praxis hervorgebracht, die sich neben den Ermessensspielräumen der Erst- und Folgebewertung sowie der Abgrenzung der ZGE und der Allokation des Goodwill[967] zunehmend auch auf empirische Resultate stützen können.[968] Aus der regulatorischen Perspektive hat die European Securities and Markets Authority (ESMA) den Zusammenhang der Goodwillabschreibungsquoten und der ökonomischen Situation mit einem Datensatz von nach IFRS bilanzierenden Unternehmen in der Europäischen Union untersucht.[969] Zentrale Erkenntnis der Forschungsbemühungen ist, dass die massive Verschlechterung der makroökonomischen Indikatoren nur geringfügigen Einfluss auf die ausgewiesenen Wertminderungen des Goodwill hat.[970] Auch auf nationaler Ebene hat die Deutsche Prüfstelle für Rechnungslegung (DPR) den Impairmenttest (IAS 36) und die bilanzielle Abbildung von Unternehmenszusammenschlüssen (IFRS 3) als Prüfungsschwerpunkte wiederholt in den Jahren 2006 bis 2014 auserkoren,[971] wodurch die Relevanz, aber insbesondere auch die Skepsis gegenüber der Bilanzierungspraxis des Goodwill deutlich wird.

Die Intention des IASB, mit der dargestellten Vorgehensweise entscheidungsnützliche Informationen für die Marktteilnehmer bereitzustellen,[972] kann durch eine Vielzahl von

---

964 Vgl. Hachmeister (2014), S. 389.
965 Vgl. Hachmeister (2014), S. 388 ff.
966 Vgl. Hachmeister (2014), S. 388 f.
967 Vgl. Kasperzak (2011), S. 14 m.w.N.
968 Für eine Übersicht derartiger Studien, siehe beispielsweise Wulf/Hartmann (2013), S. 592.
969 Vgl. ESMA (2013).
970 Zu einem ähnlichen Resultat kommen auch Hayn/Bassemir (2013). Im Rahmen der ESMA-Studie konnte zudem aufgezeigt werden, dass 53 Prozent der Unternehmen, deren Marktkapitalisierung unterhalb des Buchwerts liegt, keine Wertminderung des Goodwill vorgenommen haben. Vgl. ESMA (2013) S. 9.
971 Für eine Auswertung der Tätigkeitsberichte der DPR in Bezug auf den IOA für die Jahre 2006-2013 siehe Beyer (2014).
972 Siehe zum Zweck der Rechnungslegung nach IFRS im Kontext des IOA Baetge/ Dittmar/Klönne (2014), S. 4 ff.

Anreizen konterkariert werden, sodass Abweichungen zu der ökonomisch begründeten Abschreibung des derivativen Goodwill resultieren. In Abhängigkeit der konkreten Situation können entweder Abschreibungen des Goodwill vermieden oder gezielt vorgenommen werden, sodass bspw. eine Glättung des Ergebnisses erfolgt.[973] Für eine Vermeidung von Wertberichtigungen können darüber hinaus Anreize führen, die Vergütungseinbußen implizieren oder die persönliche Reputation, durch das vermeintliche Eingeständnis einer überteuerten Akquisition, negativ tangieren.[974] Alternativ dazu können hohe Wertberichtigungen ausgewiesen werden, mit der Intention einen zukünftigen Wertberichtigungsbedarf vorwegzunehmen. Diese als „Big Bath Accounting"[975] bezeichnete Vorgehensweise ist für das Management insbesondere in Jahren mit ohnehin schlechtem Ergebnis oder geringer Vergütung attraktiv, sodass in den Folgeperioden geringere Wertberichtigungen mit entsprechenden vergütungsrelevanten Implikationen resultieren. Finden personelle Veränderungen im Management statt, so ist ebenfalls eine erhöhte Goodwillabschreibung zu Beginn der Tätigkeit des neuen Managements zu beobachten,[976] da die Verantwortlichkeit für die Wertminderung den Vorgängern zugeschrieben werden kann.[977] Als Resultat der voranstehenden Bilanzierungsanreize kann die Bilanzierungspraxis den Informationsgehalt des IOA konterkarieren. Die in empirischen Untersuchungen identifizierten durchschnittlichen Abschreibungsraten lassen eine implizite Nutzungsdauer beim IOA von 20 bis 50 Jahren erkennen,[978] welche nur in den seltensten Fällen ökonomisch begründbar und vielmehr bilanzpolitisch motiviert sind. Diese impliziten Nutzungsdauern können nur mit der Aktivierung des originären Goodwill begründet werden,[979] was der eigentlichen Intention der internationalen Rechnungslegung widerspricht, aber beim IOA in Kauf genommen werden muss.

---

973 Vgl. Zülch/Siggelkow (2012) S. 391; Zülch/Siggelkow (2014) S. 70 ff.

974 Vgl. Böcking (2014), S. 30 sowie für eine weitergehende Darstellung der Anreize zur Bilanzpolitik Ramanna/Watts (2012). Empirisch weist die Untersuchung von Hayn/ Bassemir (2013) auf eine zeitliche Verzögerung der Goodwillabschreibungen hin. Vgl. Hayn/Bessemir (2013), S. 234.

975 Vgl. für eine Übersicht bspw. Velte (2008), S. 289 ff.

976 Vgl. Wells (2002), S. 173. Für eine aktuelle Untersuchung der SDAX-Unternehmen hinsichtlich Goodwillabschreibung und Managementwechsel aus verhaltensökonomischer Perspektive, siehe Holtfort/Dreesen (2013). Den Zusammenhang von Managementwechseln und Goodwillabschreibungen im IOA können auch Tettenborn/Rohleder/Rogler (2013) empirisch nachweisen.

977 Auch wenn das Aufdecken von Fehlinvestitionen Aufgabe des neuen Managements ist, wie Hachmeister (2014), S. 383 zutreffend feststellt.

978 Küting (2012) weist für das Geschäftsjahr 2011 eine Abschreibungsquote von ca. 2 Prozent für die größten kapitalmarktorientierten Unternehmen in Deutschland nach, die insbesondere auf die hohe Wertberichtigung bei der Telekom AG i.H.v. 3,1 Mrd. zurückzuführen ist. Vgl. Küting (2012), S. 1938. Auf EU-Ebene liegt die Abschreibungsquote hingegen bei ca. 5 Prozent. Vgl. ESMA (2013), S. 9.

979 In diesem Kontext sprechen Pottgießer/Velte/Weber (2005) von einer Backdoor Capitalization. Vgl. Pottgießer/Velte/Weber (2005), S. 1751 m.w.N.

Als bedeutender Vorteil bei der Informationsvermittlung einer linearen Abschreibung gegenüber dem IOA kann die Angabe einer Nutzungsdauer erachtet werden, da eine Angabe über den angenommenen Realisationszeitraum des Goodwill nötig wird. Eine exakte Schätzung der Nutzungsdauer des Goodwill kann aber auch intern, aus der ex ante-Perspektive, kaum erfolgen und ist auch nicht extern überprüfbar.[980] Dennoch ist der bilanzpolitische Spielraum im Verhältnis zum IOA deutlich geringer und Erwartungsrevisionen hinsichtlich der Nutzungsdauer können durch eine Anpassung des Abschreibungsplans erfasst werden. Im Vergleich dazu ist aber zu beachten, dass die mit dem IOA intendierte Informationsvermittlung über die Werthaltigkeit des Goodwill verloren gehen würde, wobei beachtet werden muss, dass bei einer linearen Abschreibung auch darüber hinaus gehende außerplanmäßige Abschreibungen zu erfassen sind, sodass der Goodwill nicht höher als beim IOA ausgewiesen wird. Zielführend könnte in diesem Kontext eine Kombination der Vorgehensweise gemäß IOA und linearer Abschreibung erachtet werden und zwar in der Form, dass zwar eine flexible Abschreibung des Goodwill gemäß IOA erfolgt, der dafür betrachtete Zeitraum aber wie bei der linearen Abschreibung begrenzt wird.[981] Im Regelfall dürfte die lineare Abschreibung des Goodwill somit zu der Bildung von stillen Reserven führen, was tendenziell einer gläubigerschutzorientierten Rechnungslegung entspricht und nicht der vom IASB anvisierten Darstellung entscheidungsnützlicher Informationen dient. Aus bilanztheoretischer Perspektive wird durch die Goodwillbilanzierung grundsätzlich der idealtypische Zielkonflikt zwischen Zuverlässigkeit und Relevanz zum Ausdruck gebracht,[982] bei dem der Nettoeffekt hinsichtlich der Entscheidungsnützlichkeit der Goodwillbilanzierung nach IFRS aufgrund der Bedeutung des Goodwill und der fehlenden Zuverlässigkeit seiner Bestimmung gering sein kann.[983] Alternativ wird daher im Schrifttum aus theoretischer[984], praktischer[985] und Enforcement-Perspektive zunehmend für die Wiedereinführung einer planmäßigen Abschreibung plädiert. Diese von den Kritikern des IOA propagierte Vorgehensweise wird weniger durch die Vorteile der linearen Abschreibung begründet, als dass die aufgezeigten Kritikpunkte an dem IOA als Indiz für die Zweckmäßigkeit der linearen Abschreibung angesehen werden. Da es

---

980 Vgl. Baetge/Dittmar/Klönne (2014), S. 10.

981 Dies setzt eine Änderung der Definition des Goodwill gem. IASB voraus, sodass keine unbegrenzte Nutzungsdauer vorliegt.

982 Vgl. Saelzle/Kronner (2004), S. 156 sowie grundsätzlich zur Entscheidungsnützlichkeit des IOA im Spannungsfeld von Relevanz und Verlässlichkeit Baetge/Dittmar/Klönne (2014).

983 Vgl. Ballwieser (2013), S. 36; Böcking (2014), S. 33.

984 Vgl. Küting (2012), S. 1933; Rogler/Straub/Tettenborn (2012), S. 351.

985 So zeigt sich in einer Befragungsstudie von Crasselt/Pellens/Rowoldt, dass nur 33 Prozent der Teilnehmer die Anwendung des IOA als sinnvoll erachten. Vgl. Crasselt/ Pellens/Rowoldt (2014), S. 2095.

sich bei der Goodwillbilanzierung im Kern um eine Frage der Gewichtung der verschiedenen Argumente, insbesondere der Relevanz und Verlässlichkeit von Rechnungslegungsdaten handelt, kann eine eindeutige Aussage darüber, welche Bilanzierungsmethode am sinnvollsten ist nicht allgemeingültig formuliert werden.[986]

6.3 Goodwill-Controlling und akquisitionsmehrwertorientierte Erfolgsrechnung

6.3.1 Planmäßige Realisation des Goodwill

Der derivative Goodwill ist als mit dem Kaufpreis abgegoltenes Erfolgspotential definiert, sodass eine planmäßige Realisation dieser Erfolgspotentiale in der Beteiligungsführungsphase bzw. durch eine Desinvestition und dem dabei erzielten Verkaufspreis erfolgen soll. Die im derivativen Goodwill abgebildeten Erfolgspotentiale sind dabei im Akquisitionszeitpunkt als Teil des Beteiligungskapitals anzusehen, wohingegen der originäre Goodwill einer Akquisition dem AKMW entspricht. Der Ertragswert einer Akquisition ergibt sich als Summe aus dem AKMW und dem gezahlten Kaufpreis.

$$EW_0 = AKMW_0 + KP_0 \qquad 6\text{-}9$$

Der Kaufpreis kann dabei hinsichtlich der einzeln identifizierbaren Vermögenswerte (BUW), insbesondere dem Anlagevermögen sowie den immateriellen Vermögenswerten, und des Residuums zum Kaufpreis, dem Goodwill (GW), differenziert werden:

$$EW_0 = AKMW_0 + GW_0 + BUW_0 \qquad 6\text{-}10$$

Sofern die nachfolgende Bedingung erfüllt ist, ist demnach eine erwartungskonforme Realisation der im Goodwill abgebildeten Erfolgspotentiale erfolgt:

$$EW_t - AKMW_t - BUW_t < GW_{t-1} \qquad 6\text{-}11$$

Wird für den Werthaltigkeitstest des Goodwill gemäß IAS 36 auf den erzielbaren Betrag (EB) statt auf den Ertragswert rekurriert, so ergibt sich die folgende Darstellung:

986 Im Kontext der Zweckadäquanz der Goodwillbilanzierung kommt Haaker zu dem Resultat, dass die Goodwillbilanzierung nur bedingt zur Fundierung der Anlageentscheidung oder der Kontrolle des Managements dient. Vgl. Haaker (2008), S. 136 f. Zu einem anderen Resultat kommen Streim et al. (2007), die dem IOA eine höhere Relevanz im Verhältnis zur planmäßigen Abschreibung attestieren. Vgl. Streim et al. (2007), S. 27.

$$UW_t^{EB} - AKMW_t - BUW_t < GW_{t-1} \quad \text{6-12}$$

Dabei ist zu beachten, dass der AKMW im Kontext der bilanziellen Erfassung der Akquisition nicht berücksichtigt wird, sodass dieser als originärer Goodwill interpretiert werden kann, der kompensatorisch einer Abschreibung des derivativen Goodwill entgegen wirkt:

$$UW_t^{EB} - BUW_t < GW_{t-1} \quad \text{6-13}$$

Eine Goodwillabschreibung erfolgt aus der ex ante-Perspektive immer dann, wenn die Differenz aus der periodischen Erfolgsgröße und der Verzinsung des UW_t^{EB} der Vorperiode die Differenz aus dem UW_t^{EB} der Vorperiode, den bilanziellen Vermögenswerten zum Betrachtungszeitpunkt sowie dem Goodwill der Vorperiode übersteigt. Somit ergibt sich folgende Impairmentbedingung (Impairment) für den Goodwill:

$$\begin{gathered} CF_t^{EB} - UW_{t-1}^{EB} \times i > UW_{t-1}^{EB} - BUW_t - GW_{t-1} \\ \text{mit } UW_t^{EB} = UW_{t-1}^{EB} \times (1+i) - CF_t^{EB} \end{gathered} \quad \text{6-14}$$

Aus der ex ante-Perspektive ergeben sich für den ViU keine Abschreibungen des derivativen Goodwill (GW^D), wohingegen der gesamte Goodwill (GW^{O+D}) der Akquisition zwar im Zeitablauf von 21.205,25 GE auf 19.905,98 GE sinkt, was aber lediglich den originären Goodwill betrifft.

ViU	0	1	2	3	4	5 ff.
Impairment		Nein	Nein	Nein	Nein	Nein
GW_t^{O+D}		21.205,25	21.346,09	20.460,46	19.905,98	19.905,98
ViU_t	25.152,85	25.205,25	24.762,76	23.543,80	22.905,98	22.905,98
$Afa_t(GW^D)$		0,00	0,00	0,00	0,00	0,00
GW_t^D	4.500,00	4.500,00	4.500,00	4.500,00	4.500,00	4.500,00
AV_t	4.500,00	4.000,00	3.416,67	3.083,33	3.000,00	3.000,00
$BUW_t(ZGE)$	9.000,00	8.500,00	7.916,67	7.583,33	7.500,00	7.500,00

Tabelle 120: Erwartungskonforme Goodwillabschreibungen auf Grundlage des ViU

Die Normierung des FVICoD auf den Kaufpreis im Akquisitionszeitpunkt verhindert eine kompensatorische Wirkung des originären mit dem derivativen Goodwill, da das Bewertungskalkül derart ausgestaltet wird, dass kein originärer Goodwill resultiert. In den Perioden 1, 3 und 4 ergeben sich auf Grundlage des FVICoD die voranstehenden

Impairmentbeträge. Wird hingegen der Nutzungswert in Form des ViU betrachtet, der aufgrund der erfolgten Normierung des FVICoD höher ist, so ergeben sich keine Impairmentbeträge aus der ex ante-Perspektive. Für den FVICoD ergeben sich aus der ex ante-Perspektive folgende Abschreibungen auf den Goodwill:

FVICoD	0	1	2	3	4	5 ff.
Impairment		JA	Nein	JA	JA	Nein
$FVICoD_t$	9.000,00	8.842,41	8.461,01	7.668,76	7.268,51	7.268,51
$Afa_t(GW^D)$		157,59	0,00	90,31	66,92	0,00
GW_t^D	4.500,00	4.342,41	4.342,41	4.252,09	4.185,17	4.185,17
AV_t	4.500,00	4.000,00	3.416,67	3.083,33	3.000,00	3.000,00
$BUW_t(ZGE)$	9.000,00	8.342,41	7.759,07	7.335,43	7.185,17	7.185,17

Tabelle 121: Erwartungskonforme Goodwillabschreibungen auf Grundlage des FVICoD

Wird hingegen eine lineare Abschreibung für den Goodwill mit einer Nutzungsdauer von 5 Jahren veranschlagt, so ergeben sich folgende Entwicklungen des Goodwill.

linear	0	1	2	3	4	5 ff.
AV_t	4.500,00	4.000,00	3.416,67	3.083,33	3.000,00	3.000,00
GW_t^D	4.500,00	3.600,00	2.700,00	1.800,00	900,00	0,00
$BUW_t(ZGE)$	9.000,00	7.600,00	6.116,67	4.883,33	3.900,00	3.000,00

Tabelle 122: Lineare Goodwillabschreibungen

Der Goodwill reduziert sich periodisch um den Abschreibungsbetrag von 900 GE, sodass zum Ende der Detailprognosephase der Goodwill den Wert null annimmt.

6.3.2 Auswirkungen der Goodwillbilanzierung auf die Performancemessung und Managementvergütung

Nachdem die Konzepte zur Erst- und Folgebewertung des Goodwill gewürdigt und auf Grundlage der Beispielsrechnung illustriert werden konnten, soll im Folgenden eine weitergehende Analyse der Implikationen der Goodwillabschreibung für die Performancemessung erfolgen. Die antizipationsbezogene Vergütung ist dabei in Analogie zu den vorherigen Ausführungen als Anteil an der Erhöhung eines prospektiven Wertmaßstabs bestimmt, wobei der ViU unter Berücksichtigung des bilanziellen Kapitaleinsatzes für die Bemessung der Antizipationskomponente im Akquisitionszeitpunkt bestimmt werden kann. Die zu erwartenden Bewertungsunterschiede zwischen dem ViU und dem Standard-Ertragswert wurden dabei bereits ausführlich thematisiert. Hingegen sind die realisationsbezogenen Residualgewinne bei einer Orientierung an Bezugsgrößen aus der Rechnungslegung durch die Goodwillbilanzierung determiniert. Inwiefern die ausgewiesenen RG von der vorliegenden Struktur der Erfolgsgröße, der erwartungskonformen Abschreibungsmethode an sich und der Berücksichtigung von negativen Erwartungsrevisionen tangiert werden, soll im Folgenden analysiert werden.

6.3.2.1 Auswirkungen der Cashflowstruktur

Die Cashflowstruktur kann idealtypisch drei Ausprägungen annehmen, neben dem konstanten Verlauf ist auch eine sinkende oder steigende Struktur denkbar. Im Folgenden soll für eine endliche Nutzungsdauer analysiert werden, welchen Einfluss die Cashflowstruktur auf den Abschreibungszeitpunkt einer Wertminderung des Goodwill hat. Dabei beträgt die unterstellte Nutzungsdauer des Goodwill 7 Jahre und der konstante sowie ViU konforme FCF beträgt 2.000,00 GE. Als Diskontierungszins werden weiterhin die unverschuldeten Eigenkapitalkosten i.H.v.9,75 Prozent verwendet. Wie die Beispielrechnung veranschaulicht, erfolgt in den ersten beiden Perioden keine Wertminderung des derivativen Goodwill, da der Buchwert der ZGE unterhalb des ViU liegt und somit der originäre Goodwill in den ersten zwei Perioden realisiert wird. Das Anlagevermögen wird planmäßig linear über die Nutzungsdauer abgeschrieben, sodass ein Wertberichtigungsbedarf für den Goodwill nur dann erfolgt, wenn die Bereichswertabschreibung des ViU die planmäßige Abschreibung des Anlagevermögens übersteigt und sich der ViU auf einem Niveau befindet, das unterhalb des Buchwerts aus Goodwill der Vorperiode und Buchwert des Anlagevermögens der aktuellen Periode liegt. Der Performancegröße (RG) ist dabei definiert als FCF abzüglich der Abschreibungen auf Anlagevermögen und Goodwill sowie der kalkulatorischen Zinsen auf den Buchwert der Vorperiode.

Konstant	0	1	2	3	4	5	6	7
FCF_t		2.000,00	2.000,00	2.000,00	2.000,00	2.000,00	2.000,00	2.000,00
ViU_t	9.817,50	8.774,71	7.630,24	6.374,19	4.995,68	3.482,75	1.822,32	0,00
Impairment		Nein	JA	JA	JA	JA	JA	JA
GW_t^{O+D}		4.353,06	3.911,41	3.364,03	2.700,59	1.909,79	979,21	-104,78
$Afa_t(GW^D)$		0,00	84,04	613,19	735,66	870,06	1.017,57	1.179,47
GW_t^D	4.500,00	4.500,00	4.415,96	3.802,76	3.067,10	2.197,04	1.179,47	0,00
AV_t	4.500,00	3.857,14	3.214,29	2.571,43	1.928,57	1.285,71	642,86	0,00
$BUW_t(ZGE)$	9.000,00	8.357,14	7.630,24	6.374,19	4.995,68	3.482,75	1.822,32	0,00
RG_t	817,50	479,64	458,28	0,00	0,00	0,00	0,00	0,00

Tabelle 123: Goodwillabschreibung bei konstanter CF-Struktur

Dabei wird ersichtlich, dass nur in den ersten drei Perioden ein RG ausgewiesen wird. Dies ist in den ersten beiden Perioden mit der nicht erfolgten und in der dritten Periode mit der vergleichsweise geringen Abschreibung des derivativen Goodwill zu begründen, da die in diesem Zeitraum erfolgte Abschreibung des originären Goodwill der Akquisition nicht im RG erfasst wird. Dieser Zusammenhang verdeutlicht, dass zunächst der AKMW als periodischer Residualgewinn realisiert wird, bevor die Aufwendungen für die Goodwillabschreibung erfasst werden und dies, obwohl in allen Perioden konstante Cashflows und somit konstante ViU-Abschreibungen vorliegen. Wird der Verlauf der risikobereinigten Ausschüttungen dahingehend modifiziert, dass ausgehend von der ersten Periode eine periodische Senkung um 15 Prozent, erfolgt, so werden die identifizierten Zusammenhänge bei konstanter Cashflowstruktur noch deutlicher. Lediglich in der ersten Periode wird ein RG ausgewiesen und somit die vollständige Realisation der im Kapitalwert abgebildeten Wertsteigerung abgebildet, sodass in allen nachfolgenden Perioden keine positiven RG mehr resultieren. Begründet ist dies in der geringen Goodwillabschreibung der ersten Periode aufgrund der Kompensation des originären Goodwill.

Fallend	0	1	2	3	4	5	6	7
FCF_t		2.917,48	2.479,86	2.107,88	1.791,70	1.522,94	1.294,50	1.100,33
ViU_t	9.817,50	7.857,22	6.143,44	4.634,55	3.294,72	2.093,01	1.002,58	0,00
Impairment		JA	JA	JA	JA	JA	JA	JA
GW_t^{O+D}		3.435,58	2.477,37	1.709,87	1.099,66	617,85	239,37	-57,65
$Afa_t(GW^D)$		499,92	1.070,92	866,04	696,97	558,85	447,58	359,72
GW_t^D	4.500,00	4.000,08	2.929,16	2.063,12	1.366,15	807,30	359,72	0,00
AV_t	4.500,00	3.857,14	3.214,29	2.571,43	1.928,57	1.285,71	642,86	0,00
$BUW_t(ZGE)$	9.000,00	7.857,22	6.143,44	4.634,55	3.294,72	2.093,01	1.002,58	0,00
RG_t	817,50	897,21	0,00	0,00	0,00	0,00	0,00	0,00

Tabelle 124: Goodwillabschreibung bei sinkender CF-Struktur

Als dritte Verlaufsmöglichkeit des Cashflows kann eine steigende Entwicklung betrachtet werden, die ausgehend von dem Cashflow der ersten Periode um 15 Prozent je Periode zunimmt. Wie nach den bisherigen Ausführungen zu erwarten ist, erfolgt bei einer derartigen Betrachtungsweise zunächst keine Goodwillabschreibung, da sich die ViU-Abschreibung gemäß der Cashflowstruktur entwickelt. Die RG nehmen dabei im Zeitablauf bis zu dem Zeitpunkt zu, in dem erstmals eine Goodwillabschreibung erfolgt, sodass danach, wie auch bei den vorherigen Verläufen, keine RG mehr ausgewiesen werden.

Steigend	0	1	2	3	4	5	6	7
FCF_t		1.528,76	1.681,63	1.849,80	2.034,78	2.238,25	2.462,08	2.708,29
ViU_t	9.817,50	9.245,95	8.465,80	7.441,42	6.132,18	4.491,81	2.467,69	0,00
Impairment		Nein	Nein	Nein	JA	JA	JA	JA
GW_t^{O+D}		4.824,30	4.719,87	4.383,20	3.775,73	2.853,50	1.566,55	-141,89
$Afa_t(GW^D)$		0,00	0,00	0,00	296,39	997,51	1.381,27	1.824,83
GW_t^D	4.500,00	4.500,00	4.500,00	4.500,00	4.203,61	3.206,10	1.824,83	0,00
AV_t	4.500,00	3.857,14	3.214,29	2.571,43	1.928,57	1.285,71	642,86	0,00
$BUW_t(ZGE)$	9.000,00	8.357,14	7.714,29	7.071,43	6.132,18	4.491,81	2.467,69	0,00
RG_t	817,50	8,40	223,95	454,80	406,06	0,00	0,00	0,00

Tabelle 125: Goodwillabschreibung bei steigender CF-Struktur

6.3.2.2 Analyse der Abschreibungsmethode

Da Abschreibungen als beliebige Tilgungsstruktur des investierten Kapitals interpretiert werden können und dabei eine möglichst adäquate Erfassung des Werteverzehrs einer Periode abbilden sollen, wird im Folgenden ein Vergleich der möglichen Abschreibungsbeträge und der RG bei unterschiedlichen Abschreibungsmethoden durchgeführt. Grundsätzlich kann an dieser Stelle konstatiert werden, dass der IOA, insbesondere auch bei unbestimmter Nutzungsdauer, die Wertminderungen in spätere Perioden verlagert, wenn also der originäre Goodwill vollständig abgeschrieben ist. Bei einem unbegrenzten Betrachtungszeitraum kann dieser Zusammenhang dazu führen, dass in der Praxis häufig keine oder nur geringfügige Abschreibungen auf den Goodwill zu beobachten sind. Intendiert ist mit dem IOA aber nicht, dass der derivative erst nach dem originären Goodwill abgeschrieben wird und somit eine Vermengung dieser beiden Komponenten erfolgt, statt dessen soll eigentlich ein kausaler Zusammenhang der Realisation von Erfolgspotentialen bzw. negativer Erwartungsrevisionen und Goodwillabschreibungen bestehen. Wird andererseits eine lineare Abschreibung des Goodwill vorgeschrieben, so ist die Bemessung des Zeitraums, in dem sich die im Goodwill abgebildeten Erfolgspotentiale realisieren sollen, als nützliche Information zu erachten. Die fiktive Realisierungsstruktur gemäß linearer Abschreibung muss hingegen aber kritisch gesehen werden.

Linear	0	1	2	3	4	5	6	7
FCF_t		1.528,76	1.681,63	1.849,80	2.034,78	2.238,25	2.462,08	2.708,29
ViU_t	9.817,50	9.245,95	8.465,80	7.441,42	6.132,18	4.491,81	2.467,69	0,00
GW_t^{O+D}		4.824,30	4.719,87	4.383,20	3.775,73	2.853,50	1.566,55	-141,89
$Afa_t(GW^D)$		1.285,71	1.285,71	1.285,71	1.285,71	1.285,71	1.285,71	1.285,71
GW_t^D	4.500,00	3.857,14	3.214,29	2.571,43	1.928,57	1.285,71	642,86	0,00
AV_t	4.500,00	3.857,14	3.214,29	2.571,43	1.928,57	1.285,71	642,86	0,00
$BUW_t(ZGE)$	9.000,00	7.714,29	6.428,57	5.142,86	3.857,14	2.571,43	1.285,71	0,00
RG_t	817,50	-634,46	-356,22	-62,70	247,63	576,47	925,65	1.297,21

Tabelle 126: Lineare Goodwillabschreibung

Erfolgt eine Betrachtung der linearen Abschreibung bei einer steigenden Cashflowstruktur, so werden die RG erst zum Ende der Nutzungsdauer ausgewiesen, da der sinkende Kapitaldienst und der steigende Cashflow den RG positiv im Zeitablauf beeinflussen. Diese zweiseitige Beeinflussung des RG führt dabei in den ersten Perioden zu deutlich negativen RG, sodass die Anreizprobleme der linearen Abschreibung noch verstärkt werden.

Eine mögliche Vorgehensweise, um die Vorteile der linearen Abschreibung und des IOA zu kombinieren und die jeweiligen Nachteile zu eliminieren, kann in der tragfähigkeitsbezogenen Abschreibung des Goodwill gesehen werden, sodass die Abschreibungen gemäß der Cashflowstruktur über eine festgelegte Nutzungsdauer erfasst werden.

Tragfähigkeit	0	1	2	3	4	5	6	7
FCF_t		1.528,76	1.681,63	1.849,80	2.034,78	2.238,25	2.462,08	2.708,29
ViU_t	9.817,50	9.245,95	8.465,80	7.441,42	6.132,18	4.491,81	2.467,69	0,00
GW_t^{O+D}		4.824,30	4.719,87	4.383,20	3.775,73	2.853,50	1.566,55	-141,89
SCF_t	0,92	1.401,46	1.541,60	1.695,76	1.865,34	2.051,87	2.257,06	2.482,77
ZA_t		877,50	826,41	756,68	665,12	548,10	401,48	220,56
Afa_t		523,96	715,19	939,08	1.200,22	1.503,77	1.855,58	2.262,20
GW_t^D	4.500,00	4.618,90	4.546,57	4.250,34	3.692,98	2.832,07	1.619,35	0,00
AV_t	4.500,00	3.857,14	3.214,29	2.571,43	1.928,57	1.285,71	642,86	0,00
$BUW_t(ZGE)$	9.000,00	8.476,04	7.760,85	6.821,77	5.621,55	4.117,78	2.262,20	0,00
RG_t	817,50	127,30	140,03	154,03	169,44	186,38	205,02	225,52

Tabelle 127: Tragfähigkeitsbezogene Goodwillabschreibung

Es wird ersichtlich, dass in allen Perioden positive RG resultieren und die Goodwillabschreibungen betragsmäßig mit den ausgewiesenen RG korrelieren. Insbesondere im

Bereichsbezug kann diese Vorgehensweise als sinnvoll gesehen werden, da es eigentlich der Philosophie des IOA entspricht, die Abschreibungen des Goodwill im Realisationszeitpunkt der mit dem Kaufpreis abgegoltenen Erfolgspotentiale auszuweisen, was auf Grundlage des Tragfähigkeitsprinzips idealtypisch erfolgt.

6.3.2.3 Wertberichtigungen im Kontext von Antizipations- und Realisatiperspektive

Ausgehend von der erwartungskonformen Realisation der Erfolgspotentiale aus der ex ante-Perspektive in Tabelle 127 können im Zeitablauf Erwartungsrevisionen auftreten. Bei einer Verschlechterung der Zukunftserwartungen wird dabei eine nicht antizipierte Senkung des ViU erfolgen und es würde, sofern kein originärer Goodwill mehr vorhanden ist, zu einer Abschreibung des Goodwill gemäß IOA führen. Die Verringerung des FCF in den Perioden 4 bis 7 wird zum Ende der vierten Periode ersichtlich und gemäß dem IOA vollständig im Antizipationszeitpunkt erfasst, sodass nach der Erwartungsrevision nur noch Goodwillabschreibungen vorgenommen werden, die sich auf die Realisation der angepassten FCF beziehen. Diese Vorgehensweise impliziert, dass in den nachfolgenden Perioden ein RG von null ausgewiesen wird, da der originäre Goodwill bereits in den vorherigen Perioden realisiert wurde und somit der Goodwill auf den Betrag abgeschrieben werden muss, der dem Barwert der angepassten FCF abzüglich des Anlagevermögens entspricht.

ViU/A	0	1	2	3	4	5	6	7
ΔFCF_t					834,78	1.338,25	1.262,08	1.908,29
FCF_t		1.528,76	1.681,63	1.849,80	1.200,00	900,00	1.200,00	800,00
ViU_t	9.817,50	9.245,95	8.465,80	7.441,42	2.421,47	1.757,57	728,93	0,00
Impairment		Nein	Nein	Nein	JA	JA	JA	JA
GW_t^{O+D}		5.756,01	5.341,75	4.741,03	5.038,38	471,85	86,07	0,00
Imp_t		0,00	0,00	0,00	4.007,10	21,05	385,78	86,07
GW_t^D	4.500,00	4.500,00	4.500,00	4.500,00	492,90	471,85	86,07	0,00
AV_t	4.500,00	3.857,14	3.214,29	2.571,43	1.928,57	1.285,71	642,86	0,00
$BUW_t(ZGE)$	9.000,00	8.357,14	7.714,29	7.071,43	2.421,47	1.757,57	728,93	0,00
RG_t	-2.918,95	8,40	223,95	454,80	-4.139,42	0,00	0,00	0,00

Tabelle 128: Antizipative Erfassung der Erwartungsrevision in Periode 4

Alternativ zu der Berücksichtigung von Erwartungsrevisionen im Kontext des IOA gemäß der Antizipationsperspektive kann eine Wertminderung des Goodwill auch auf

Grundlage der Realisationsperspektive erfasst werden.[987] Für diesen Zweck können zunächst die Abweichungen der FCF in dem relevanten Zeitraum ermittelt werden.

	4	5	6	7
FCF_t(ex ante)	2.034,78	2.238,25	2.462,08	2.708,29
FCF_t (ex post)	1.200,00	900,00	1.200,00	800,00
Δ	834,78	1.338,25	1.262,08	1.908,29

Tabelle 129: Abweichung der FCF

Die Summe der periodischen Abweichungen beträgt 5.343,39 GE und der zu allokierende Wertberichtigungsbedarf, als Differenz aus ex ante geplantem Impairment und ex post festgestelltem Impairmentbedarf in der vierten Periode, bestimmt sich als:

$$4.007{,}10 - 296{,}39 = 3.710{,}71$$

Dieser Abschreibungsbedarf soll in Abhängigkeit der Abweichung des FCF auf die betroffenen Perioden verteilt werden, weshalb der Quotient aus dem Abschreibungsbedarf und der Summe der periodischen Abweichungen bestimmt werden muss.

$$\frac{3.710{,}71}{5.343{,}39} = 0{,}69445$$

Durch die Multiplikation der periodenspezifischen Abweichung des FCF mit dem soeben bestimmten Faktor kann dann der realisationsbezogene Abschreibungsbedarf jeder Periode bestimmt werden.

Der identifizierte Abschreibungsbedarf i.H.v. 4.007,10 GE wird um den planmäßigen Abschreibungsaufwand i.H.v. 296,39 GE reduziert und dann gemäß der voranstehenden Systematik auf die Perioden 4 bis 7 verteilt. Darüber hinaus sind auch in den Perioden 5 bis 7 noch die erwartungskonformen Goodwillabschreibungen zu berücksichtigen, die sich auf Grundlage des Goodwill in der 4. Periode in Höhe von 492,90 GE ergeben, wobei hier die Erwartungsrevision bereits vollständig im Goodwill berücksichtigt ist. Dieser Glättungseffekt kann auch der tragfähigkeitsbezogenen Abschreibung des Goodwill attestiert werden, wobei bereits Abschreibungen des Goodwill in den ersten Perioden erfolgen, was nicht nur für Zwecke der Performancemessung als wün-

[987] Vgl. Dirrigl/Große-Frericks (2011), S. 103 ff:

schenswert zu erachten ist. Es lässt sich somit konstatieren, dass die tragfähigkeitsbezogene Abschreibung des derivativen Goodwill eine parallele Abschreibung von originärem und derivativem Goodwill vornimmt, wohingegen der IOA zunächst eine Abschreibung des originären Goodwill impliziert, bevor dann auch der bilanzielle Goodwill abgeschrieben wird.

ViU/R	0	1	2	3	4	5	6	7
FCF_t		1.528,76	1.681,63	1.849,80	1.200,00	900,00	1.200,00	800,00
ViU_t	9.817,50	9.245,95	8.465,80	7.441,42	2.421,47	1.757,57	728,93	0,00
Impairment		Nein	Nein	Nein	JA	JA	JA	JA
GW_t^{O+D}		5.756,01	5.341,75	4.741,03	5.038,38	471,85	86,07	0,00
Imp_t		0,00	0,00	0,00	4.007,10	21,05	385,78	86,07
GW_t^D	4.500,00	4.500,00	4.500,00	4.500,00	492,90	471,85	86,07	0,00
AV_t	4.500,00	3.857,14	3.214,29	2.571,43	1.928,57	1.285,71	642,86	0,00
$BUW_t(ZGE)$	9.000,00	8.357,14	7.714,29	7.071,43	2.421,47	1.757,57	728,93	0,00
$Imp_t(Plan)$					296,39	21,05	385,78	86,07
$Imp_t(ER)$					579,71	929,35	876,45	1.325,20
$GW_t^D(R)$				4.500,00	3.623,90	2.673,50	1.411,28	0,00
RG_t		8,40	223,95	454,80	-1.008,42	-1.234,62	-1.091,11	-1.454,41

Tabelle 130: Realisationsbezogene Erfassung der Erwartungsrevision in Periode 4

6.4 Empfehlungen zur Berücksichtigung der Goodwillveränderung und -abweichung im Kontext der Performancemessung

Grundsätzlich sollte der Goodwill bei der Performancemessung auf Grundlage von gewinnbezogenen pro forma Kennzahlen und Residualgewinnkonzepten stets berücksichtigt werden, da sich überhaupt keine argumentative Grundlage ergibt, die die Nicht-Berücksichtigung von gebundenem Kapital, welches durch die Transaktion eindeutig investiert wurde, nicht in die Gegenüberstellung mit den Erfolgen, die ja gerade auch aus diesen im Goodwill abgebildeten Erfolgspotentialen entstehen, eingehen sollen. Damit das beabsichtigte Verhältnis von Anteil am AKMW und dem prozentualen Anteil der Vergütung aber konvergieren kann, muss die Barwert-identität als gewichtete Summe aus Antizipationskomponente und Realisationskomponente gegeben sein. Werden aber bestimmte Aufwendungen (Abschreibungen und Zinsen) nicht in dem Performancemaß erfasst, für die aber Kapitaldienste zu leisten sind, dann kann die Argumentation für die rechnungslegungsorientierte Performancemessung auf Grundlage des Lücke-Theorems nicht standhalten und die vermeintliche Objektivität der externen Rechnungslegung für Zwecke der Performancemessung muss verworfen werden. Die planmäßige lineare Abschreibung des Goodwill weist eine beliebige Struktur der Realisation von Erfolgspotentialen auf, die nur im Falle zusätzlicher außerplanmäßiger Abschreibungen mit der Wertveränderung und -abweichung einer Periode übereinstimmt. Hingegen ist der verminderte Gestaltungsspielraum im Vergleich zur werthaltigkeitstestbezogenen Abschreibungsmethode als positiv zu bewerten. Bei dieser Vorgehensweise können Abschreibungen dann resultieren, wenn die entsprechenden Erfolgspotentiale realisiert wurden oder eine zukünftige Verringerung der antizipierten Erfolgspotentiale erfolgt. Beide Gründe rechtfertigen die Erfassung der Abschreibung in dem jeweiligen Zeitpunkt. Wurden Erfolgspotentiale realisiert, so konnten Einzahlungen realisiert werden, die eine korrespondierende Tilgung in diesem Zeitpunkt rechtfertigen. Auch die vollständige Erfassung der Erwartungsrevision kann hier sinnvoll sein. Alternativ kann eine auch temporär differenzierte Allokation der Goodwillabschreibung erfolgen. Eine denkbare Vorgehensweise dabei ist, dass gemäß der grundsätzlichen Differenzierung von Antizipations- und Realisationskomponente eine Verteilung des auf negativen Erwartungsrevisionen basierenden Abschreibungsbedarfs durchgeführt wird, sodass eine gewisse Glättung des Performanceausweises erreicht werden kann. Der vom IASB intendierten Entscheidungsnützlichkeit kann durch den Ausweis eines aggregierten Barwertes kaum genügt werden, da dieser keine Einschätzung in Bezug auf Höhe, Zeitpunkt und Sicherheit der zukünftigen Zahlungen ermöglicht.[988] Statt des Barwertes sollten vielmehr die Inputparameter veröffentlicht werden, sodass eine differenzierte Beurteilung der Annahmen und somit des Bewertungsergebnisses ermöglicht wird.[989] Für eine erhöhte Transparenz könnte in diesem Kontext ein expliziter Realisationsplan der mit dem derivativen Goodwill korrespondierenden Erfolgspotentiale sorgen, wodurch periodisch nicht mehr nur dargelegt würde, was noch an Erfolgspotentialen zu erwarten ist, sondern auch was bereits realisiert wurde. Diese Darstellung könnte der vorherrschenden Praxis adäquat begegnen, bei der Goodwillabschreibungen als negatives Signal interpretiert werden und somit die erwartungskonforme Realisation keine Beachtung findet, da stets eine nicht intendierte Kompensation des derivativen durch einen originären Goodwill unterstellt wird. Diese Problematik ist darin begründet, dass der Goodwill als Vermögenswert mit unbestimmter Nutzungsdauer gem. IFRS klassifiziert wird, sodass eine fortwährende Verschiebung der Abschreibung in die Zukunft erfolgt. Für die in dieser Arbeit thematisierte Fragestellung erkennt Böcking zutreffend, dass die Vergütungsstrukturen im Kontext

988 Vgl. IASB conceptual framework objective 3.
989 Vgl. Dirrigl (2009) S. B 84 ff.

des Goodwill „problematische Anreize für Manager“[990] erzeugen. Die Bilanzierungsanreize aufgrund der Bemessung der Vergütung müssen im Kontext der Corporate Governance, also für deutsche Aktiengesellschaften durch den Aufsichtsrat antizipiert werden,[991] indem das Vergütungssystem derart konzipiert wird, dass die tatsächliche Realisation von Erfolgspotentialen und die Antizipation von Erwartungsrevisionen adäquat berücksichtigt werden.

990 Böcking (2014), S. 30.
991 Vgl. Böcking (2014), S. 35.

Teil C: Synchronisation von unternehmenswertorientierter Performancemessung und Vergütung

7 Theoretische Fundierung der variablen Managementvergütung

7.1 Modelltheoretischer Untersuchungsrahmen der Managementvergütung

7.1.1 Institutionenökonomie als Grundlage der Prinzipal-Agent-Theorie

Bezugsrahmen für ökonomische Untersuchungen zur Ausgestaltung von Vertragsbeziehungen ist die neue Institutionenökonomie[992], welche grundsätzlich auch als Informations- oder Motivationsökonomik bezeichnet werden kann.[993] Basierend auf der neoklassischen Theorie[994] befasst sich die neue Institutionenökonomie mit der Frage, wie vertragliche, institutionelle oder gesetzliche Regelungen konstruiert sein müssen, damit potentielle Kooperationsvorteile gesichert werden können.[995] Die der Neoklassik zugrunde liegende Annahme des Homo Oeconomicus[996] wird durch die neue Institutionenökonomie dahingehend modifiziert, dass Marktungleichgewichte, asymmetrische Informationen,[997] Opportunismus und Transaktionskosten explizit berücksichtigt werden.[998] Unternehmen werden in diesem Kontext als Gebilde vertraglicher Beziehungen definiert,[999] die zwischen den unterschiedlichen Anspruchsgruppen und den Eigentümern unter gegebenen Rahmenbedingungen vereinbart werden können.[1000] Untersuchungsgegenstand dieses Analyserahmens ist das individuelle Verhalten der Akteure unter Modellierung von Auftragsbeziehungen, Transaktionskosten und Verfügungsrechten. Die Theorie der Verfügungsrechte (Property-Rights Theory) versteht ein Unternehmen als Gebilde von Verfügungsrechten, die über Verträge dahingehend koordiniert werden, dass bestimmt ist, wer über welche Ressourcen inwiefern verfügen kann.[1001] Dieser Theoriezweig kann im Kontext der Corporate Governance bei der Analyse der Unternehmensverfassung und den Mitbestimmungsregeln herangezogen

---

992 Für einen Überblick zur neuen Institutionsökonomik, vgl. Göbel (2002) sowie die grundlegenden Werke dieser Theorie von Coase (1937) und Williamson (1983), welche den Begriff der „Neuen Institutionsökonomik“ geprägt haben.

993 Vgl. Dirrigl (1995), S. 138.

994 Für eine kompakte Darstellung der Theorie und Einordnung in den betriebswirtschaftlichen Kontext, siehe zudem Jansen (2005), S. 49 ff.

995 Vgl. Neus (2013), S. 9 ff.

996 Vgl. zur Theorie des Homo Oeconomicus ausführlich Kirchgässner (2008).

997 Vgl. Spremann (1990), S. 561 ff.

998 Vgl. Simon (1957), S. 198 f.

999 Siehe zum „nexus of contracts“ Jensen/Meckling (1976) und Fama (1980).

1000 Vgl. Jensen/Meckling (1976), S. 310 f. Der ordnungspolitische Rahmen, in dem die jeweiligen Unternehmen agieren, ist vorgegeben und somit nicht Gegenstand der Untersuchungen. Das Ziel dieser Überlegungen besteht darin, innerhalb dieses Rahmens den Nutzen der Akteure zu optimieren.

1001 Vgl. Alchain/Demsetz (1972).

werden und dabei helfen, die Machtverteilung zwischen Unternehmensführung und Eigentümern effizient auszugestalten.[1002]

Die Transaktionskostentheorie befasst sich hingegen mit den Kosten, die aus der Informationsbeschaffung sowie Kommunikation im Kontext des Abschlusses von Transaktionen (Verträgen) resultieren.[1003] Dieser Theoriezweig kann die Übertragung der Unternehmensleitung von den Eigentümern auf den Vorstand und deren Kontrolle durch den Aufsichtsrat begründen,[1004] da die gemeinsame Leitung bei Publikumsgesellschaften aufgrund der Vielzahl von Eigentümern exorbitante Transaktionskosten verursachen würde und die dafür notwendigen Managementfähigkeiten nicht zwangsläufig bei den Eigentümern liegen.[1005] Damit einhergehend muss die Unternehmensführung durch die Leitungsdelegation nicht die Finanzierung und somit das finanzielle Risiko tragen,[1006] wodurch wiederum Zielkonflikte zwischen Unternehmensführung und -eigentümern erwachsen können.

Die möglichen Zielkonflikte unter hierarchischen Delegationsstrukturen sind Gegenstand des dritten Teilgebiets der neuen Institutionenökonomie, die als Prinzipal-Agent-Theorie (PAT) bezeichnet wird und die die Ausgestaltung von (monetären) Anreizsystemen analysiert.[1007] Die Separation von Eigentum und Verfügungsgewalt bei Publikumsgesellschaften ist bereits seit den 30er Jahren Gegenstand von Untersuchungen, die dabei erwachsenden Zielkonflikte zwischen den Akteuren,[1008] wurden dann als „Agency-Problem" definiert.[1009] Bis heute kann die aus diesen Arbeiten erwachsene PAT als dominierender Analyserahmen für Auftragsbeziehungen angesehen werden.[1010] Bei Publikumsgesellschaften stellt das Verhältnis zwischen Management und Eigentümern eine klassische Prinzipal-Agent-Beziehung dar, bei der die Eigentümer

---

1002 Vgl Niedereichholz (2010), S. 29.

1003 Vgl.Williamson (1975 und 1985) und Coase (1937) sowie kritisch Schneider (1987), S. 487 ff. und Schneider (1995), S. 263 ff. Dies umfasst den gesamten Transaktionszyklus, also die Anbahnung, Vereinbarung, Abwicklung, Kontrolle sowie ggf. die Anpassung der Transaktion.

1004 Vgl. Niedereichholz (2010), S. 31. Die Wohlfahrtsgewinne, welche c.p. durch die Kooperation entstehen, sind nicht explizit Gegenstand theoretischer Überlegungen im Prinzipal-Agent Kontext, sondern stellen vielmehr die Sicherung des maximalen Nutzens des Prinzipals dar, vgl. Meinhövel (2005), S. 77.

1005 Siehe grundsätzlich zu den Vor- und Nachteilen einer managergeleiteten Unternehmung Neus (2013), S. 172 ff.

1006 Vgl. Fama (1980), S. 288 ff. und Fama/Jensen (1983), S. 327 ff.

1007 Vgl. Lazar (2007), S. 10 sowie grundsätzlich zu Anreizsystemen, Hofmann (2002b).

1008 Vgl. hierzu Bearle/Means (1968), S. 112 ff.

1009 Vgl. Jensen/Meckling (1976), S. 308 f.

1010 Vgl. Gerum (2007), S. 19 f. und Stiglbauer (2010), S. 28 f.

als Prinzipal und die Unternehmensführung als Agent identifiziert werden können.[1011] Innerhalb der PAT lassen sich wiederum zwei Ausrichtungen differenzieren, die einander ergänzen.[1012] Zum einen die positive PAT, welche bestehende Organisationsformen und Delegationsverhältnisse (empirisch) identifiziert, und zum anderen die normative PAT[1013], die Empfehlungen effizienter Anreiz- und Organisationsstrukturen auf Basis mathematischer Modelle liefert.[1014]

7.1.1.1 Entscheidungstheorie und Risiko

7.1.1.1.1 Grundlagen der Entscheidungstheorie und Risikoeinstellung

Die Entscheidungsfindung als bestimmte Auswahl aus einer Anzahl von Handlungsalternativen stellt für jedes Individuum eine alltägliche und in Abhängigkeit der spezifischen Situation zuweilen komplexe Aufgabe dar. Die Determinanten dieses Auswahlprozesses sowie Abweichungen von rational erscheinendem Verhalten sind dabei Gegenstand vielfältiger und interdisziplinärer Forschungsbemühungen.[1015] Als Ausgangspunkt der Untersuchung von Entscheidungen unter Unsicherheit kann das Bernoulli-Prinzip herangezogen werden, welches grundsätzlich rationale Individuen unterstellt. Das rationale Verhalten wird durch das Axiom der vollständigen Ordnung sowie das Transitivitätsaxiom begründet.[1016] Zudem setzt die Erwartungsnutzentheorie das Unabhängigkeitsaxiom voraus, sodass irrelevante Alternativen gemäß stochastischer Dominanz keinen Einfluss auf das Ergebnis haben dürfen.[1017]

[1011] Vgl. Bearle/Means (1968). In der Literatur findet sich eine Vielzahl von Beziehungen, die durch die PAT charakterisiert werden können. Zu nennen sind hier neben dem Eigentümer - Manager bzw. Arbeitgeber - Arbeitnehmer auch Kreditgeber - Kreditnehmer, Steuergesetzgeber - besteuertes Unternehmen, Versicherungsunternehmen - Versicherter, Mandant - Rechtsanwalt, vgl. hierzu Kah (1994), S. 17 m.w.N. und Meinhövel (1999), S. 27 f. Insbesondere die Beziehung zwischen Fiskus und Unternehmen lässt Analogien zur Vergütung erkennen, die Steuern können dabei als Erfolgsbeteiligung angesehen werden, für die eine Bemessungsgrundlage und eine Funktion festgelegt wird.

[1012] Diese Systematisierung geht zurück auf Jensen (1983), S. 319.

[1013] Siehe hierzu Müller (1995).

[1014] Vgl. Picot/Neuburger (1995), S. 15 f. und zu einer ausführlichen Darstellung, Meinhövel (2005), S. 69 ff. Im Kontext dieser Arbeit stellt die Corporate Governance in Deutschland den positiven Analyserahmen dar, für den auf normativer Basis Empfehlungen für die Anreiz- und Vergütungssysteme entwickelt werden. Konstituierendes Merkmal der PAT sind Informationsasymmetrien zwischen den Akteuren, wobei diese in Verbindung mit der Annahme der individuellen Nutzenmaximierung zu vielschichtigen Problemen führen können.

[1015] Im Kontext der Entscheidungstheorie lässt sich grundsätzlich die normative von der deskriptiven Forschungsausrichtung unterscheiden. Die deskriptive Entscheidungstheorie versucht Umstände zu identifizieren, die das Entscheidungsverhalten erklären, wohingegen die normative Entscheidungstheorie Empfehlungen hinsichtlich des Entscheidungsverhaltens liefert. Vgl. Laux et al. (2014), S. 16 ff.

[1016] Vgl. Laux et al. (2014), S: 41 ff.

[1017] Vgl. Neumann/Morgenstern (1944).

Als subjektives Bewertungskriterium für das mit Unsicherheit behaftete Ergebnis (X) dient der Erwartungsnutzen, dieser entspricht dem erwarteten Wert der individuellen Nutzenfunktion $E[u(X)]$, wodurch die Präferenzen des Individuums für eine bestimmte Situation zum Ausdruck kommen. Die Nutzenfunktion ist eine mathematische Darstellung von Individuen mit gegebenen (Risiko-)Präferenzen[1018], wobei die relevanten Parameter zunächst die Dimension der Zielgröße, die Unsicherheit sowie deren zeitliche Struktur darstellen.[1019] Die durch die Nutzenfunktion abgebildete absolute Risikoeinstellung der Akteure kann dabei auf Basis des absoluten Arrow-Pratt Maßes[1020] (AAP) unter Berücksichtigung des Erwartungswertes und der Varianz der Zielgröße (X) dargestellt werden.[1021]

$$AAP = -\frac{U''(X)}{U'(X)} \qquad 7\text{-}1$$

Das AAP weist die wünschenswerte Eigenschaft der positiv linearen Transformation auf,[1022] wodurch die Präferenzordnung des Entscheiders konstant bleibt.[1023] Die Normierung der Krümmung der Nutzenfunktion durch deren Steigung führt zu einer Unabhängigkeit des AAP von der linearen Transformation und lässt die Relation dieses Verhältnisses unverändert.[1024] Die den Individuen dabei zugrunde liegenden Nutzenfunktionen unterscheiden sich hinsichtlich der Bewertung und der daraus resultierenden Kompensation für das zu tragende Risiko. Bei risikoaversen Akteuren muss den Individuen für jede Einheit an übertragendem Risiko eine Prämie (RP) gezahlt werden, damit die durch die Unsicherheit induzierte Nutzeneinbuße kompensiert wird.[1025]

$$SÄ_{Risikoavers} = E(X) - RP \; mit \; RP > 0 \qquad 7\text{-}2$$

$$RP = E(X) - SÄ_{Risikoavers} \; mit \; E(X) > SÄ_{Risikoavers} \qquad 7\text{-}3$$

1018 Das Risiko des unsicheren Ergebnisses X umfasst dem allgemeinen Verständnis folgend sowohl das Gewinn- wie auch das Verlustrisiko und ist auf den unsicheren Umweltzustand zurückzuführen. Alternativ kann auch eine Differenzierung hinsichtlich der Gewinn- und Verlustrisiken erfolgen. Vgl. Pratt (1964), S. 124 f. sowie zu den unterschiedlichen Risikomaßen, Kapitel 4.2.2.2.

1019 Vgl. Schneeweiß (1967), S. 178 ff. Einflussfaktoren der Nutzenfunktion, die sich nicht unmittelbar in der Ergebnisdimension darstellen lassen, können als monetäres Äquivalent berücksichtigt werden.

1020 Siehe grundlegend zur Herleitung und Darstellung des Arrow-Pratt Maßes, Arrow (1970), S. 90 ff. und Pratt (1964), S. 123.

1021 Vgl. Bamberg/Spremann (1981), S. 206 ff.

1022 Diese Eigenschaft ermöglicht die Gültigkeit der von Neumann/Morgenstern Theorie (1944).

1023 Vgl. Laux et al. (2014), S. 135 ff.

1024 Dies wäre bei der isolierten Betrachtung der ersten U' und zweiten U'' Ableitung der Nutzenfunktion nicht möglich, weshalb ein solches Vorgehen in diesem Kontext als nicht zielführend erachtet werden kann. Vgl. Arrow (1970), S. 94.

1025 Vgl. Arrow (1970), S. 100.

Kann hingegen von risikoneutralen Akteuren ausgegangen werden, so beträgt die Risikoprämie Null, da für diese Individuen lediglich der Erwartungswert des Ergebnisses relevant ist und sich das zugrunde liegende Risiko weder nutzensteigernd noch -mindernd auswirkt. Wird hingegen der Fall der Risikofreude betrachtet, so ist die Risikoprämie negativ, da diese Individuen eine Präferenz für das Risiko haben und dies den individuellen Nutzen erhöht.[1026]

Verhältnis von Erwartungsnutzen zum Nutzen des Erwartungswertes	Risikopräferenz	Absolutes Arrow-Pratt Maß
$E(U(X)) < U(E(X))$	Risikoavers	$AAP > 0$
$E(U(X)) = U(E(X))$	Risikoneutral	$AAP = 0$
$E(U(X)) > U(E(X))$	Risikofreudig	$AAP < 0$

Tabelle 131: Grundstruktur der Risikopräferenzen

Neben der grundsätzlichen Risikoeinstellung eines Individuums kann es von Interesse sein, wie das Individuum mit steigendem Nutzen bzw. Einkommen sein marginales Risikoverhalten innerhalb einer Risikopräferenzausprägung variiert. Diese Veränderung kann entweder absolut oder prozentual von einem Referenzwert gemessen werden.[1027] Die erste Ableitung des Arrow-Pratt Maßes gibt Auskunft darüber, ob die absolute Risikoaversion mit zunehmendem Nutzen bzw. Einkommen abnehmend, konstant oder zunehmend ist.[1028]

$$\frac{dAAP}{dX}\begin{cases} < 0 \rightarrow abnehmende\ absolute\ Risikoaversion \\ = 0 \rightarrow konstante\ absolute\ Risikoaversion \\ > 0 \rightarrow zunehmend\ absolute\ Risikoaversion \end{cases} \quad 7\text{-}4$$

Für eine relative Betrachtung der Risikoneigung kann das relative Arrow-Pratt Maß (RAP)[1029] herangezogen werden, welches ebenfalls das Verhalten des Individuums

[1026] Vgl. hierzu Neus (2013), S. 498 ff. sowie grundsätzlich zur Bernoulli-Nutzenfunktion, Neus (2013), S. 488 ff.

[1027] Vgl. Laux et al. (2014), S. 135 f.

[1028] Im Fall der abnehmenden absoluten Risikoaversion wird das Individuum bei steigendem Einkommen weniger risikoavers und somit absolut betrachtet mehr Risiko eingehen. Bei konstanter absoluter Risikoaversion bleibt das absolut betrachtete Risiko unverändert und bei zunehmender absoluter Risikoneigung würde mit steigendem Einkommen das absolute Risikoniveau abnehmen. Vgl. Arrow (1970), S. 92 ff.

[1029] Vgl. Arrow (1970), S. 94 ff.

bei Veränderung des Einkommens beschreibt.[1030] Allerdings ist dabei die Veränderung der relativen Risikoposition im Verhältnis zur Einkommenserhöhung von Interesse und nicht die Veränderung der absoluten Risikoposition.

$$RAP(X) = AAP(X) \times X = -\frac{U''(X)}{U'(X)} \times X \qquad 7\text{-}5$$

Das relative RAP entspricht somit der Elastizität der Nutzenfunktion und gibt durch eine Marginalbetrachtung Aufschluss, ob eine lineare Risikoaversion vorliegt, oder ob sich diese in Abhängigkeit des Vergütungs- und somit des Nutzenniveaus ändert.[1031]

$$\frac{dRAP}{dX}\begin{cases} < 0 \rightarrow abnehmende\ relative\ Risikoaversion \\ = 0 \rightarrow konstante\ relative\ Risikoaversion \\ > 0 \rightarrow zunehmend\ relative\ Risikoaversion \end{cases} \qquad 7\text{-}6$$

Dabei implizieren negative Werte, dass die relative Risikoaversion mit zunehmendem Vermögen abnimmt, d.h. im Unterschied zur abnehmenden absoluten Risikoaversion wird nicht nur absolut das Risiko erhöht, sondern auch überproportional in Relation zur Erhöhung des Einkommens.[1032]

7.1.1.1.2 Nutzenfunktion und Risikoprämie

Nutzenfunktion	AAP	RAP
$U(X) = X - \frac{1}{2b}X^2$	zunehmend	zunehmend
$U(X) = -e^{-X/b}$	konstant	zunehmend
$U(X) = \sqrt{X}$	abnehmend	konstant
$U(X) = \ln(X)$	abnehmend	konstant

Tabelle 132: Ausgewählte Nutzenfunktionen sowie absolute und relative Risikoaversion[1033]

1030 Vgl. Kruschwitz/Husmann (2012), S. 70 f.

1031 Vgl. Pratt (1964).

1032 Eine konstante relative Risikoaversion bedeutet hingegen, dass das Individuum bei der Erhöhung des Einkommens eine lineare Erhöhung des Risikos vornimmt. Eine zunehmende relative Risikoaversion besagt folglich, dass das eingegangene Risiko in Relation zum steigenden Einkommen sinkt, wobei die absolute Risikoaversion aber abnehmen kann. Vgl. Laux et al. (2014), S. 105 ff. Die abnehmende und die konstante relative Risikoaversion implizieren somit eine abnehmende absolute Risikoaversion, wohingegen eine zunehmende relative Risikoaversion entweder eine abnehmende, eine konstante oder auch eine zunehmende absolute Risikoaversion beinhalten kann.

1033 In Anlehnung an: Kruschwitz/Husmann (2012), S. 79.

Für risikoaverse Individuen kann in Abhängigkeit der absoluten und relativen Risikoaversion eine Vielzahl von Nutzenfunktionen modelliert werden, wobei die Potenz- und die Logarithmusfunktion über die theoretisch und empirisch überzeugendste Eigenschaft, in Form einer abnehmenden absoluten und konstanten relativen Risikoaversion, verfügen.[1034]

Als äußerst flexibel erweist sich der Einsatz von HARA-Funktionen (hyperbolic absolute risk aversion). Diese Form der Nutzenfunktion kann durch eine geeignete Parameterauswahl eine Vielzahl unterschiedlicher Eigenschaften charakterisieren.[1035]

$$U(X) = \frac{1}{\alpha - 1}(\alpha X + b)^{\frac{\alpha-1}{1}} \; mit \; \alpha X + b > 0 \qquad \text{7-7}$$

Das Vorzeichen des Parameters α gibt dabei Aufschluss über die Form der absoluten Risikoaversion[1036] und die Ausprägung von b determiniert die relative Risikoaversion,[1037] sodass auf Basis dieser Eigenschaften mit der HARA-Funktion die folgenden Formen der Risikoaversion dargestellt werden können.

	Abnehmende RAP	Konstante RAP	Zunehmende RAP
Abnehmende AAP	$\alpha > 0$ und $b < 0$	$\alpha > 0$ und $b = 0$	$\alpha > 0$ und $b > 0$
Konstante AAP	-	-	$\alpha = 0$ und $b > 0$
Zunehmende AAP	-	-	$\alpha < 0$ und $b > 0$

Tabelle 133: HARA-Nutzenfunktion und Differenzierungsmöglichkeiten der Risikoaversion[1038]

Neben den unterschiedlichen Darstellungsformen bezüglich der absoluten und relativen Risikoaversion besteht die Möglichkeit die HARA-Nutzenfunktion durch die Wahl der Parameter dahingehend zu modellieren, dass sie den Nutzenfunktionen aus Tabelle 132 entsprechen.

[1034] Vgl. Neus (2013), S. 502 m.w.N.

[1035] Vgl. hierzu und im Folgenden Kruschwitz/Husmann (2012), S. 79 ff. Siehe zu einer alternativen Darstellung auch Bamberg/Spremann (1981), S. 207 f.

[1036] Der Fall $\alpha > 0$ impliziert eine abnehmende absolute Risikoaversion, $\alpha = 0$ steht für eine konstante absolute Risikoaversion und $\alpha < 0$ für eine zunehmende absolute Risikoaversion.

[1037] Eine zunehmende relative Risikoaversion wird durch b>0 modelliert, eine konstante relative Risikoaversion ist bei b=0 zu beobachten und eine abnehmende relative Risikoaversion wird durch b<0 dargestellt.

[1038] In Anlehnung an: Kruschwitz/Husmann (2012), S. 79.

Nutzenfunktion	Parameter
$U(X) = X - \frac{1}{2b}X^2$	$\alpha = -1$ und b > 0
$U(X) = -e^{-X/b}$	$\alpha \to 0$ und b > 0
$U(X) = \sqrt{X}$	$\alpha = 2$ und b = 0
$U(X) = \ln(X)$	$\alpha \to \infty$ und b = 0

Tabelle 134: Parameterauswahl für bestimmte Nutzenfunktionen[1039]

Die Nutzenfunktion determiniert die Risikoprämie eines Individuums und gibt somit Aufschluss über die Kompensationszahlung für das Risiko des Ergebnisses (X), die ein Individuum erhalten muss, damit es entsprechend seiner Risikoaversion indifferent zwischen einem sicheren und dem risikobehafteten Ergebnis ist. Zu diesem Zweck wird im Folgenden die exponentielle Nutzenfunktion mit konstanter absoluter und somit zunehmender relativer Risikoaversion betrachtet.[1040] Es wird zudem von einem normal-verteilten Ergebnis X ausgegangen. Somit entspricht die Dichtefunktion von X:[1041]

$$f(X) = \frac{1}{\sigma\sqrt{2\pi}} \mathrm{e}^{\left(\frac{(X-\mu)^2}{2\sigma^2}\right)} \qquad \text{7-8}$$

Des Weiteren ermöglicht die Annahme der konstanten absoluten Risikoaversion (AAP) die Darstellung der Nutzenfunktion als:[1042]

$$u(X) \sim -e^{-AAP \times X} mit\ AAP > 0 \qquad \text{7-9}$$

Damit die Nutzenfunktion im Ursprung beginnt, kann folgende Transformation der Nutzenfunktion erfolgen:[1043]

$$u(X) = 1 - e^{-AAP \times X} mit\ AAP > 0 \qquad \text{7-10}$$

[1039] Für die Beweisführung bzgl. der Parameterauswahl und resultierender Nutzenfunktion siehe Kruschwitz/Husmann (2012), S. 80 ff.

[1040] Empirisch sind zwar die Wurzel- oder Logarithmusfunktionen plausibler, jedoch wird dieser Nachteil aufgrund der Vorzüge hinsichtlich der analytischen und formalen Darstellbarkeit in Kauf genommen.

[1041] Vgl. hierzu und im Folgenden Kräkel (2012), S. 70 f. m.w.N.

[1042] Vgl. Pratt (1964), S. 130, "~" bedeutet dabei, dass sich die Ausdrücke bis auf eine positive lineare Transformation entsprechen. Vgl. Kräkel (2012), S. 70.

[1043] Vgl. Kräkel (2012), S. 70.

Unter Verwendung der Normalverteilungsannahme gilt für den Erwartungsnutzen bei einer konstanten absoluten Risikoaversion (AAP):[1044]

$$E[u(X)] = \int_{-\infty}^{\infty} (1 - e^{-AAP \times X}) \frac{1}{\sigma\sqrt{2\pi}} \mathrm{e}^{\left(-\frac{(X-\mu)^2}{2\sigma^2}\right)} dx$$
$$= 1 - e^{\left[-AAP\left(u - \frac{AAP}{2}\sigma^2\right)\right]} \int_{-\infty}^{\infty} \frac{1}{\sigma\sqrt{2\pi}} \mathrm{e}^{\left(-\frac{(X-(\mu-\sigma^2 \times AAP))^2}{2\sigma^2}\right)} dx \qquad \text{7-11}$$

Der Erwartungswert des Nutzens entspricht dem Ausdruck $\mu - \sigma^2 \times AAP$ mit der Varianz σ^2. Dies führt unter Berücksichtigung der Fläche der Dichtefunktion von 1 zu folgender Darstellungsmöglichkeit des Erwartungsnutzens.[1045]

$$E[u(X)] = 1 - e^{\left[-AAP\left(u - \frac{AAP}{2}\sigma^2\right)\right]} = u\left(\mu - \frac{r}{2} \times \sigma^2\right) \qquad \text{7-12}$$

Unter der Berücksichtigung der Bedingung $E[u(X)] = u(S\ddot{A})$ kann das Sicherheitsäquivalent in der folgenden Form dargestellt werden:

$$S\ddot{A} = \mu - \frac{AAP}{2} \times \sigma^2 \qquad \text{7-13}$$

Das Sicherheitsäquivalent entspricht somit der Differenz aus Erwartungswert u und Risikoprämie $\frac{AAP}{2} \times \sigma^2$, wobei diese von der exogenen Risikomenge und dem individuellen Risikopreis in Form der absoluten konstanten Risikoaversion abhängt.

7.1.1.1.3 Determinanten der Risikoneigung

Für die Fragestellung dieser Arbeit ist auf normativer Basis zu analysieren, welches Risiko und somit auch welche Chancen eine Unternehmung tragen kann oder muss, sodass darauf aufbauend das gewünschte Risikoverhalten des Managements mit gegebener Risikopräferenz durch geeignete Anreize induziert werden kann. Dabei ist zu

[1044] Vgl. Bamberg/Spremann (1981), S. 212 und wiederum Kräkel (2012), S. 70 f.
[1045] Vgl. hier und im Folgenden Kräkel (2012), S. 71.

beachten, ob und in welchem Ausmaß das Risikoverhalten situationsspezifisch variieren kann. In Abhängigkeit der individuellen[1046] oder unternehmerischen Situation kann die Risikoeinstellung eines Individuums variieren.[1047] Einen maßgeblichen Einfluss auf die situative Präferenz kann dabei eine referenzpunktabhängige Erwartung haben.[1048] Für die Analyse des Einflusses der (relativen) Unternehmenssituation auf das Risikoverhalten kann das „Rendite-Risiko-Paradoxon"[1049] betrachtet werden, das in der Literatur zum Zusammenhang von Risiko und Performance der Unternehmen, ausgehend von divergierenden und unsystematisch erscheinenden empirischen Ergebnissen, die relative Unternehmenssituation als Determinante für die Beziehung von Risiko und Rendite identifiziert.[1050] Unternehmen, die über dem Branchendurchschnitt liegen, können folglich eine hohe Performance bei einem geringeren Risiko realisieren und Unternehmen, die unterhalb des Branchendurchschnitts liegen, weisen eine geringere Rendite bei hohem Risiko auf. Diese im Widerspruch zur Erwartungsnutzentheorie und den Kapitalmarktgleichgewichtsmodellen stehende Beziehung kann durch unternehmens- bzw. managementspezifische Wettbewerbsvorteile erklärt werden.[1051] Die Annahme der durchgängigen Risikoaversion der Entscheidungsträger kann dadurch modifiziert werden, sodass die Risikoneigung in Abhängigkeit der relativen Wettbewerbssituation variieren kann. Das theoretische Fundament für diese Beobachtung liefern Kahneman/Tversky (1979) mit der Prospect-Theorie[1052], wodurch das Konzept des Erwartungsnutzens dahingehend modifiziert werden konnte, dass die Entscheidungssituation i.S.d. Branchenstatus maßgeblichen Einfluss auf die Entscheidungspräferenz hat.[1053] In diesem Kontext kann das Risiko nicht mehr nur undifferenziert als Abweichung vom Erwartungswert definiert werden,[1054] sondern es wird eine unterschiedliche

1046 Siehe für eine Übersicht Fehrenbacher (2013), wonach Frauen zunehmendes Alter, abnehmende Größe, abnehmende Bildung der Eltern, zunehmende Anzahl der Kinder, abnehmende Gesundheit, abnehmende Lebenszufriedenheit oder Arbeitslosigkeit die Risikoaversion positiv beeinflussen. Vgl. Fehrenbacher (2013), S. 384 f. m.w.N.

1047 Günther/Detzner (2012), S. 247 ff.

1048 Vgl. Detzner (2012), S. 27.

1049 Siehe hierzu ausführlich Detzner (2012), S. 37 m.w.N.

1050 Vgl. Bowman (1980). Siehe für eine empirische Untersuchung mit deutschen Unternehmen, die keine eindeutige Aussage zulässt, Henkel (2000).

1051 Unternehmen können dabei gegenüber Wettbewerbern Vorteile bei der Auswahl oder dem Zugang zu Investitionsprojekten oder -programmen, bspw. durch gewachsene Netzwerke oder qualifiziertes Management, haben. Vgl. Bowman (1980), S. 33. Der gegenläufige Zusammenhang von Risiko und Rendite berücksichtigt, dass bei einer schlechten Performance zunehmend risikofreudig agiert wird, um diesem Zustand entgegen zu wirken, sodass das Risiko erhöht wird, weshalb ein positiver Einfluss auf die Performance nicht zwingend ist. Vgl. Wiemann/Mellewigt (1998), S. 551 f.

1052 Vgl. Kahneman/Tversky (1979).

1053 Siehe hierzu Fiegenbaum et al. (1996).

1054 Vgl. Wiemann/Mellewigt (1998), S. 553. Die daraus die Hypothesen ableiten, dass unterhalb des Referenzpunktes ein negativer und oberhalb des Referenzpunktes ein positiver Zusammenhang zwischen Risiko und Rendite besteht. Diese Hypothesen können im Rahmen einer empirischen

Gewichtung hinsichtlich der Gewinn- und Verlustaussichten in Abhängigkeit der Situation möglich.[1055]

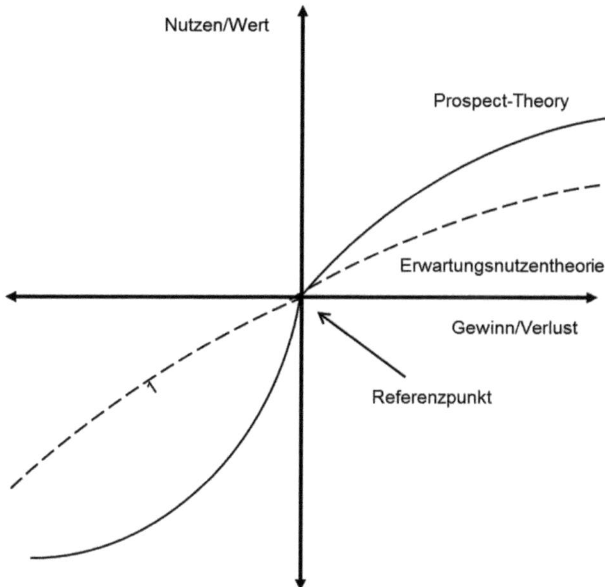

Abbildung 30: Bewertungsfunktion der Erwartungsnutzen- und Prospect-Theorie[1056]

7.1.2 Prinzipal-Agent-Theorie als Analyserahmen für Anreiz- und Vergütungssysteme

7.1.2.1 Aufgabendelegation und Informationsasymmetrien

Der Auftraggeber (Prinzipal) ist von der Kontaktaufnahme bis zur Beendigung des Auftragsverhältnisses grundsätzlich dem Risiko einer nicht wahrheitsgemäßen Informationsweitergabe des Auftragnehmers (Agenten) ausgesetzt.[1057] Aus dieser Problematik der *hidden information*[1058] resultiert für ein Anreizsystem, dass der Agent sein Wissen vor und während der Auftragsbeziehung nur dann wahrheitsgemäß offenbart[1059], wenn

Untersuchung bei einem hohen Signifikanzniveau nicht abgelehnt werden. Vgl. Wiemann/Mellewigt (1998) S.564 f.

1055 Detzner (2012) S. 99 f. und 273 f. untersucht in seiner Arbeit die Hypothese „Manager verhalten sich nicht rational in dem Sinne, dass sie bei verschiedenen risikoreichen Alternativen nicht die Alternative mit dem höchsten Erwartungswert wählen“, welche nicht verworfen werden kann.

1056 Quelle: Kahneman/Tversky (1979), S. 279

1057 Diese Problematik kann auch aus der Sicht der Agenten auftreten, wenn der Prinzipal ihm Informationen vorenthält, die für ihn vergütungsrelevant sein können, insbesondere im Hinblick auf eine erfolgsabhängige variable Vergütung.

1058 Vgl. Demougin/Jost (2001), S. 77 ff.

1059 Vgl. Kah (1994), S. 23.

der Agent stets einen höheren Nutzen bei wahrheitsgemäßer Informationsweitergabe $(U_{Agent}(V_i) - U_{Agent}(a_i))$ realisiert als durch das Vorenthalten oder die unkorrekte Weitergabe der Information $(U_{Agent}(V_j) - U_{Agent}(a_j))$.[1060]

$$U_{Agent}(V_i) - U_{Agent}(a_i) \geq U_{Agent}(V_j) - U_{Agent}(a_j) \qquad \text{7-14}$$

Das grundsätzliche Problem dieser Vorgehensweise ist darin zu sehen, dass der Agent den gesamten Vorteil vergütet bekommen muss, den er aus der nicht wahrheitsgemäßen Informationsweitergabe bzw. Durchführung des persönlich optimalen Anstrengungsniveaus generieren kann.[1061]

Die asymmetrische Informationsverteilung zwischen Agent und Prinzipal ist konstituierend für eine Prinzipal-Agent-Beziehung und impliziert jeweils unterschiedliche Konsequenzen für die verschiedenen Zeitpunkte der Auftragsbeziehung.[1062] Vor Abschluss des Vertrages ist der Prinzipal bemüht, die Eigenschaften des Agenten hinsichtlich seiner Eignung für die zu übertragene Aufgabe umfangreich zu beurteilen. Aufgrund der annahmegemäß fehlenden Beobachtbarkeit von relevanten Faktoren sind ihm diese aber weitestgehend unbekannt, wodurch das Problem der *hidden characteristics*[1063] resultiert.[1064] Auf Basis der ex ante vorherrschenden asymmetrischen Informationsverteilung bezüglich der individuellen Charakteristika des Agenten kann es dabei zu einer *adversen Selektion* kommen, sodass aufgrund der Qualitätsunsicherheit nur noch Leistungen von schlechter Qualität gehandelt werden und ein (vollständiges) Marktversagen resultieren kann.[1065] Um die Eignung des Agenten abschät-

[1060] Vgl. Rees (1985), S. 86.

[1061] Im Bewusstsein möglicher *hidden information* Konflikte zwischen den Hierarchieebenen fordert der DCGK in Ziffer 4.1.3 ein Compliance-System zur vertikalen Informationsversorgung. Die potenzielle Verfügbarkeit von Informationen wird somit im Verantwortungsbereich des Vorstandes verankert, wodurch die Zurückhaltung von Informationen gegenüber den Eigentümern zumindest eine unzureichende Erfüllung dieser Vorgabe bedeutet.

[1062] Siehe hierzu grundlegend Arrow (1985), S. 37 ff.

[1063] Vgl. Demougin/Jost (2001), S. 68 ff.

[1064] Dieselbe Problematik lässt sich auf den Prinzipal übertragen, wenn dieser bspw. Anteile des Unternehmens veräußern möchte, was wiederum Einfluss auf die Vergütung des Agenten haben kann. Vgl. Meinhövel (2005), S. 68 f.

[1065] Siehe grundlegend Akerlof (1970), S. 488 ff. Dieser Zusammenhang konnte jüngst im Rahmen der Subprime-Krise beobachtet werden, wobei ein vollständiger Zusammenbruch des Marktes für verbriefte Immobilien-Forderungen zu beobachten war. Vgl. Fendel/Frenkel (2009), S. 82 ff.

zen zu können und damit die Ungewissheit hinsichtlich seiner Charakteristika abzuschwächen, kann der Agent das Signaling[1066] nutzen und der Prinzipal auf das Screening[1067] zurückgreifen.

Nach dem Vertragsabschluss[1068] kann es wiederum zu einer asymmetrischen Informationsverteilung zwischen Prinzipal und Agent kommen. Das Grundproblem in dieser Situation aus Sicht des Prinzipals ist dabei, dass er die Handlungen des Agenten nicht (vollständig) beobachten kann (*hidden action*).[1069] Das Ergebnis der Handlungen des Agenten kann, sofern überhaupt beobachtbar, nur bedingt Rückschlüsse auf dessen Leistung zulassen,[1070] weil es auch durch exogene Faktoren beeinflusst wird.[1071] Durch diese Informationsasymmetrien muss der Prinzipal befürchten, dass der Agent die Aufgabe nicht ausschließlich im Sinne des Prinzipals ausführt und gemäß der unterstellten Nutzenmaximierung[1072] eigene Interessen verfolgt, die von denen des Prinzipals divergieren können,[1073] wobei sogar opportunistisches Verhalten des Agenten möglich ist (*hidden intention*).[1074] Die Nutzenmaximierung und etwaiges opportunisti-

---

1066 Das Signaling umfasst dabei das verifizierte Aufzeigen des Qualifikationsniveaus und der spezifischen Berufserfahrungen, aber auch die Wahl eines leistungsbezogenen Entlohnungsvertrages kann ein geeignetes Signal sein. Vgl. ausführlich zur Signaling-Theorie Hartmann-Wendels (1989), S. 724.

1067 Beim Screening hingegen versucht der Prinzipal bspw. durch Tests die Eigenschaften und Qualifikationen aufzudecken. Winter (1997) stellt die Eignung von Anreizsystemen zur Selektion von geeigneten Bewerbern heraus, wodurch einer aufgabenspezifischen Ausgestaltung besondere Bedeutung zukommt. Vgl. Winter (1997), S. 619 f.

1068 Der PAT liegt die Vertragserfüllungsannahme zugrunde, welche die Analyse dahingehend vereinfacht, dass abgeschlossene Verträge erwartungsgemäß erfüllt werden. Vgl. Meinhövel (1999), S. 140 m.w.N.

1069 Vgl. Arrow (1985), S. 37 ff.; Demougin/Jost (2001), S. 46 ff.

1070 Vgl. Pfaff/Zweifel (1998), S. 185.

1071 Vgl. Elschen (1991), S. 1004 f.

1072 Vgl. Shleifer/Vishny (1997), S. 740 ff.; Jensen (1986), S. 323 ff. Die Nutzenmaximierung ist Grundvoraussetzung dafür, dass Zielkonflikte erwachsen können. Von einer Beeinflussung durch nichtmonetäre Faktoren, bspw. Einfluss und Prestige, wird grundsätzlich abstrahiert, wobei auch eine implizite Umwandlung in monetäre Äquivalente denkbar ist.

1073 Der Agent versucht dabei alle Möglichkeiten zur Eigennutzenmaximierung auszunutzen (hidden action), die juristisch nicht anfechtbar sind, da diese auf der Unvollständigkeit der Verträge basieren. Die Verpflichtung einer ordnungsgemäßen Aufgabenerfüllung, wie sie auch das AktG vorsieht, kann dabei Abhilfe schaffen, jedoch verbleibt ein gewisser Spielraum des Agenten, dem wiederum durch Interessenharmonisierung begegnet werden soll. Vgl. Meinhövel (1999), S. 142.

1074 Vgl. Hartmann-Wendels (1991), S. 148 ff.; Wirth (2004) formuliert diese Problematik zutreffend, dass „das Management Investitionen lieber in eigene Annehmlichkeiten als in kapitalwertsteigernde Investitionsprojekte tätigt", Wirth (2004), S. 30.

sches Verhalten des Agenten ist die Grundlage für das moralische Risiko (*moral hazard*[1075]),[1076] dem der Prinzipal ausgesetzt ist.[1077] Im Rahmen der zu treffenden unternehmerischen Entscheidungen können immer dann Anreize zu ineffizienten Investitionen entstehen, wenn der Agent der Hauptnutznießer dieser Investition ist, die anfallenden Kosten aber überproportional auf die Unternehmung abgewälzt werden können.[1078]

7.1.2.2 Grundmodell

Der Interessenkonflikt zwischen Prinzipal und Agent aufgrund der asymmetrischen Informationsverteilung kann entweder durch eine Angleichung des Informationsstandes oder durch geeignete Anreize reduziert werden.[1079] Eine vollständige Informationsversorgung des Prinzipals durch den Agenten würde allerdings zu einem unverhältnismäßigen Aufwand führen und die Leitungsdelegation im Rahmen von Kapitalgesellschaften konterkarieren.[1080] Es erscheint vielmehr sinnvoll, die (monetären) Anreize für den Agenten so zu setzen, dass seine Handlungen im Sinne des Prinzipals ausgeführt werden und somit beide an dem Erfolg der Tätigkeit partizipieren. Der Prinzipal beauftragt den Agenten für einen bestimmten Zeitraum bspw. mit der Aufgabe der Unternehmensführung, dafür erhält der Agent eine (leistungsabhängige) Entlohnung $V(X)$.[1081] Das Residuum aus dem erwirtschafteten Ergebnis X und der Entlohnung des Agenten $V(X)$ verbleibt beim Prinzipal.

$$U_{Prinzipal}\big(X, V(X)\big) = X - V(X) \qquad \text{7-15}$$

Der Prinzipal sucht also den Entlohnungsvertrag, der seinen Erwartungsnutzen maximiert:

1075 Siehe hierzu grundsätzlich Arrow (1970), S. 212 ff.

1076 Das moralische Risiko wird von Brune (2005) als Etikettenschwindel bezeichnet, da das zugrunde liegende Risiko des Prinzipals lediglich die Gefahr bezeichnet, nicht das hypothetische Maximum seines möglichen Nutzens zu erhalten.

1077 So kann der Agent dem Anreiz einer geringen Arbeitsleistung ausgesetzt sein, da er selbst die Kosten seiner Arbeit vollständig zu tragen hat, während er lediglich anteilig am Erfolg partizipiert. Vgl. Holmström (1979), S. 74.

1078 Vgl. Bebchuk/Fried (2004), S. 15; Winter (2003), S. 336.

1079 Vgl. Harris/Raviv (1979), S. 231 ff.; Hartmann-Wendels (1991), S. 191 ff.; Hax (1991), S. 61 ff. Schneider (1987) weist in diesem Kontext auf die alternativen Möglichkeiten der Sanktionierung und eines manipulationsfreien Rechnungswesens vor dem Hintergrund bestehender Vertragsrechte hin. Vgl. Schneider (1987), S. 490 ff.

1080 Vgl. Hartmann-Wendels (1991), S. 3. Darüber hinaus wäre dies bei Publikumsgesellschaften mit mehreren Großaktionären oder im Streubesitz befindlichen Anteilen nicht praktikabel.

1081 Vgl. Holmström (1979), S. 75 f.; Ewert/Wagenhofer (2014), S. 357 f.

$$max\, E\left[U_{Prinzipal}\,(X, V(X)) = X - V(X)\right] \qquad \text{7-16}$$

Die Ausführung der durch den Prinzipal übertragenen Aufgabe wirkt sich dabei grundsätzlich nutzenmindernd auf den Agenten aus, weil diese mit Anstrengungen verbunden ist und der Agent annahmegemäß Arbeitsleid empfindet.

$$\begin{gathered} U_{Agent}(V(X), a) = U_{Agent}\big(V(X)\big) - U_{Agent}(a) \\ mit\text{: } U'_{Agent}\big(V(X)\big) > 0\, und\, U''_{Agent}\big(V(X)\big) \leq 0 \\ U'_{Agent}(a) > 0\, und\, U''_{Agent}(a) > 0 \end{gathered} \qquad \text{7-17}$$

Bei der Maximierung des Erwartungsnutzens muss der Prinzipal beachten, dass der Agent seinen eigenen Erwartungsnutzen maximiert und die Entlohnung des Agenten mindestens seinem Reserverationsnutzen (r)[1082] entspricht, damit eine Kooperation zustande kommt.

$$\max_{a \in A} E\left[U_{Agent}(V(X), a)\right] \text{ (Anreizbedingung)} \qquad \text{7-18}$$

$$E\left[U_{Agent}(V(X), a)\right] \geq r \text{ (Partizipationsbedingung)} \qquad \text{7-19}$$

Der Reservationsnutzen (r) wird dabei von seinen alternativen Verdienstmöglichkeiten determiniert und somit insbesondere von seinen Fähigkeiten.[1083] Das Ergebnis X ist vom Anstrengungsniveau[1084] des Agenten a und von der auf den Umweltzustand zurückzuführenden exogenen Störvariable θ abhängig.[1085]

1082 Dem Prinzipal wird ein derartiger Mindestnutzen nicht zugestanden, was zumeist mit dem Vertragsvorschlagsrecht begründet wird, wodurch nur Verträge mit einem hinreichenden Nutzenniveau in die Auswahl kommen. Vgl. Meinhövel (1999), S. 126. Dabei scheint es fraglich, ob der mit der Aufgabe weniger vertraute Prinzipal dem Spezialisten (Agent), welcher i.d.R. besser über die Aufgaben und die damit verbundenen Probleme informiert ist, einen perfekten oder zumindest hinreichenden Vertrag vorlegen kann, der letztendlich auch zur Annahme seitens des Agenten führt. Vgl. Meinhövel (1999), S. 136; Laux (2006), S. 228 f. Die mit dem Arbeitseinsatz verbundenen Annahmen zum Arbeitsleid werfen vor allem im Kontext der Managementvergütung Fragen nach der Realitätskonformität auf, da hier teilweise sogar von Arbeitsfreude ausgegangen werden kann. Vgl. Siefke (1999), S. 52.; Hebertinger (2002), S. 41 f. Meinhövel (2005), S. 70.

1083 Vgl. hierzu und im Folgenden Meinhövel (2005), S. 70 f. Grundlegend lassen sich zwei Aspekte bei der Managementvergütung differenzieren, die absolute Höhe und die Struktur. Bezüglich der absoluten Höhe kann die PAT keinerlei Aussagen treffen, da diese maßgeblich von Reservationslohn bzw. durch die Verhandlungsposition des Agenten determiniert wird. Vgl. Kopel (1998), S. 537.

1084 Der in den Modellen unterstellte Arbeitseinsatz kann insofern als problematisch erachtet werden, dass der Parameter a als eine Aggregation verschiedenster Arbeitsparameter verstanden werden kann. Dabei bleibt es fraglich, wie eine derartige Aggregation erfolgen soll. Vgl. Meinhövel (1999), S. 134 f.

1085 Vgl. Dierkes/Schäfer (2008), S. 20.

$$X = X(a, \theta) \qquad \text{7-20}$$

Welchen Einfluss der erbrachte Arbeitseinsatz (a) auf das Ergebnis (X) hat, wird durch die Produktivität (β) determiniert und spiegelt die der Aufgabe zugrunde liegende Technologie wider.[1086]

$$E(X) = \beta \times a \; und \; Var(X) = \sigma^2 \qquad \text{7-21}$$

$$\frac{\partial X}{\partial a} > 0 \; und \; \frac{\partial^2 X}{\partial a^2} = 0 \qquad \text{7-22}$$

7.1.2.3 Variable Vergütung im LEN-Modell

Als Ausgangspunkt der Untersuchungen zur optimalen Vertragsausgestaltung wird zunächst vereinfachend auf die sogenannten LEN-Annahmen[1087], einer linearen Erfolgsbeteiligung (L),[1088] exponentieller Nutzenfunktionen (E)[1089] und normalverteilter Zufallsvariablen (N) zurückgegriffen. Diese Annahmen implizieren einen risikoneutralen Prinzipal und einen konstanten Grenznutzen des Arbeitseinsatzes (a).[1090] Für den Umwelteinfluss (θ) werden zudem nur normalverteilte Zufallsvariablen zugelassen, sodass sich die positiven und negativen Umwelteinflüsse im Durchschnitt ausgleichen und die Varianz des Umwelteinflusses (θ) dem exogenen Risiko entspricht.[1091] Ist der Umwelteinfluss (θ) normalverteilt, dann folgt daraus, dass auch das Ergebnis $X(a, \theta)$ normalverteilt ist.

$$X(a, \theta) = \beta \times a + \theta \; mit \; \theta \sim N(0, \sigma_\theta^2) \qquad \text{7-23}$$

$$E(\theta) = 0 \; und \; Var \; (\theta) = \sigma_\theta^2 \qquad \text{7-24}$$

1086 Vgl. Wagenhofer (1996), S. 158 f., der die Variable als Deckungsbeitrag je geleisteter Arbeitseinheit definiert.

1087 Siehe hierzu grundlegend Spremann (1987), S. 17 ff.

1088 Die Linearitätsannahme des Modells betrifft darüber hinaus die Nutzenfunktion des Prinzipals und die Produktionsfunktion des Ergebnisses (X).

1089 Die exponentielle Nutzenfunktion impliziert eine konstante absolute und eine zunehmende relative Risikoaversion, weshalb eine systematische Überbewertung des Risikos, im Verhältnis zur plausiblen Konstellation der abnehmenden absoluten und konstanten relativen Risikoaversion, im LEN Modell erfolgt.

1090 Vgl. Kräkel (2012), S. 35.

1091 Alternativ kann θ auch als Messfehler des Prinzipals bei der Beurteilung des Anstrengungsniveaus a interpretiert werden, da der Prinzipal zwar das Ergebnis X nicht aber den Einfluss der einzelnen Parameter beobachten kann. Vgl. Kräkel (2012), S. 35.

Des Weiteren wird für den Agenten eine exponentielle Nutzenfunktion unterstellt, sodass dieser als risikoavers mit konstanter absoluter Risikoaversion charakterisiert wird.[1092]

$$U(X) = -e^{-X/b} \qquad 7\text{-}25$$

Die Vergütungsfunktion $V(X)$ des Agenten setzt sich generell aus einem ergebnisunabhängigen, risikolosen Fixum (F) und einer, vom Ergebnis der Tätigkeit (X), abhängigen variablen Komponente zusammen.[1093] Die lineare Erfolgsbeteiligung impliziert eine unbegrenzte Erfolgs- und Verlustbeteiligung in Höhe des festzulegenden Prämiensatzes (p) an dem Ergebnis.

$$V(X) = F + p \times X \; mit \; 0 \leq p \leq 1 \qquad 7\text{-}26$$

Das hier definierte LEN-Modell basiert auf insgesamt sieben Variablen.[1094] Die drei endogenen Parameter bilden der Arbeitseinsatz des Agenten (a) sowie die Vergütungsparameter (F) und (p). Die exogenen Variablen umfassen somit den Grad der Risikoaversion des Agenten $(AAP_{Agent} > 0)$, den Reservationsnutzen des Agenten (r), die Produktivität (β) sowie die Streuung des Umwelteinflusses (θ). Die gesetzten Annahmen ermöglichen es, unter Beachtung des Grades an absoluter Risikoaversion des Agenten, die Zielfunktionen des Prinzipals und des Agenten als Sicherheitsäquivalent darzustellen.[1095]

$$SÄ_{Prinzipal}\big(X - V(X)\big) = (1 - p) \times E(X) - F \qquad 7\text{-}27$$

$$SÄ_{Agent}(V(X), a) = E\big(V(X)\big) - \frac{AAP_{Agent}}{2} \times Var(V(X)) - L(a) \qquad 7\text{-}28$$

Das Arbeitsleid des Agenten kann durch eine quadratische Funktion dargestellt werden.[1096]

1092 Vgl. Spremann (1987), S. 17. Würde für den Agenten ebenfalls die Annahme der Risikoneutralität herangezogen, so würde eine Verpachtung der Unternehmung von dem Prinzipal an den Agenten das hier zugrunde liegende Prinzipal Agent-Problem lösen, da Risikoteilung nicht mehr notwendig wäre.

1093 Vgl. Müller (1995), S. 63.

1094 Vgl. Spremann (1987), S. 19.

1095 Mit: $SÄ\big(V(X)\big) = E(X) - \frac{AAP_{Agent}}{2} \times \sigma^2$, vgl. Bamberg/Spremann (1981), S. 212 und $VAR\big(V(X)\big) = VAR(F + p \times X) = p^2 \times \sigma^2$. Siehe zur Herleitung des Sicherheitsäquivalents Kapitel 7.1.1.1.2.

1096 Vgl. Spremann (1987), S. 18.

$$L(a) = \frac{1}{2}a^2 \qquad \text{7-29}$$

Bei der Konzeption des Vertrages ergibt sich aus der Sicht des Prinzipals das Problem der optimalen Festsetzung der beiden Parameter F und p, um das gewünschte Anstrengungsniveau bei gegebener Produktivität zu induzieren.[1097] Das Maximierungsproblem des Prinzipals lautet demnach:

$$max\ SÄ_{Prinzipal} = E(X) - E\big(V(X)\big) = (1-p) \times \beta \times a - F \qquad \text{7-30}$$

Dabei muss die Partizipationsbedingung des Agenten beachtet werden:

$$SÄ_{Agent}(V(X), a) = E\big(V(X)\big) - \frac{AAP_{Agent}}{2} \times p^2 \times \sigma^2 - \frac{1}{2}a^2 \geq r \qquad \text{7-31}$$

Durch Auflösen der mit Gleichheit erfüllten Partizipationsbedingung nach $E\big(V(X)\big)$ und Einsetzen in die Zielfunktion des Prinzipals folgt somit als Maximierungskalkül des Prinzipals:

$$max\ SÄ_{Prinzipal} = \beta \times a - r - \frac{AAP_{Agent}}{2} \times p^2 \times \sigma^2 - \frac{1}{2}a^2 \qquad \text{7-32}$$

Der optimale Arbeitseinsatz entspricht, unter der Annahme des beobachtbaren Arbeitseinsatzes, der Bedingung erster Ordnung aus dem Maximierungskalkül des Prinzipals:

$$a^{FB} = \beta \qquad \text{7-33}$$

In dieser als *first-best*[1098] bezeichneten Situation entspricht der optimale Arbeitseinsatz der Grenzproduktivität und ist dabei unabhängig vom variablen Prämiensatz. Der optimale variable Prämiensatz (p^{FB}) ergibt sich ebenfalls als Bedingung erster Ordnung aus dem Maximierungskalkül des Prinzipals:

[1097] Vgl. Müller (1995), S. 63. Siehe grundlegend zur optimalen Risikoallokation und der Bedeutung zusätzlicher Informationen in diesem Kontext Holmström (1979), S. 75 ff. Siehe zur Herleitung der Ergebnisse Anlage 13.1.

[1098] Vgl. Picot/Neuburger (1995), S. 19.

$$p^{FB} = 0 \qquad 7\text{-}34$$

Der risikoneutrale Prinzipal trägt in dieser Situation das gesamte Risiko des Ergebnisses (X), welches durch den Umweltzustand (θ) determiniert wird und muss damit keine Risikoprämie an den Agenten zahlen. Durch die vollständige Beobachtbarkeit der Tätigkeit wird der Prinzipal das vereinbarte Anstrengungsniveau des Agenten durchsetzen können.

$$F^{FB} = r + \frac{1}{2}a^2 \qquad 7\text{-}35$$

Das Fixgehalt entspricht in diesem Szenario folglich dem Reservationslohn zzgl. der Entschädigung für das zu tragende Arbeitsleid. Das Anstrengungsniveau des Agenten lässt sich in dem hier betrachteten Fall der kostenlosen Beobachtbarkeit als ideale Bemessungsgrundlage für seine Entlohnung festlegen. Daher wird ein ex ante definiertes Anstrengungsniveau vereinbart, für das der Agent dann die korrespondierende Vergütung erhält. Wird die Annahme der (kostenlosen) Beobachtbarkeit des Arbeitseinsatzes des Agenten verworfen, so muss neben dem Risikoteilungsproblem auch das Anreizproblem gelöst werden.[1099] Das Anreizproblem impliziert, dass der Agent bei Nicht-Beobachtbarkeit seiner Handlungen das Anstrengungsniveau a^{SB} wählen wird, welches sich aus der Maximierung des Sicherheitsäquivalents $SÄ_{Agent}$ ergibt.[1100]

$$a^{SB} = p \times \beta \qquad 7\text{-}36$$

Der Arbeitseinsatz hängt in diesem Szenario sowohl von der Höhe des Prämiensatzes als auch von der Grenzproduktivität ab, sodass der Prämiensatz die Induktion eines bestimmten Anstrengungsniveaus ermöglicht. Für einen Prämiensatz von $p = 1$ gilt dann $a^{SB} = a^{FB}$, wobei der Agent für das einzugehende Risiko vergütet werden muss. Durch Einsetzen der Partizipationsbedingung in die Zielfunktion des Prinzipals, unter Berücksichtigung der *hidden action*, ergibt sich demzufolge als Maximierungskalkül:

$$\max_{F,p,a} SÄ_{Prinzipal} = \beta^2 \times p - \frac{AAP_{Agent}}{2} \times p^2 \times \sigma^2 - r - \frac{1}{2}(p \times \beta)^2 \qquad 7\text{-}37$$

[1099] Vgl. Müller (1995), S. 63 f.

[1100] Siehe zu diesem Resultat für die optimalen Vergütungsparameter bspw. Müller (1995), S. 63 m.w.N. Siehe zur Herleitung der Ergebnisse Anlage 13.2.

Daraus folgt für den optimalen variablen Prämiensatz (p^{SB}) unter Einbeziehung von (a^{SB}) aus der Anreizbedingung und anschließender Ermittlung der Bedingung erster Ordnung:

$$p^{SB} = \frac{\beta^2}{AAP_{Agent} \times \sigma^2 + \beta^2} \qquad \text{7-38}$$

Im *hidden action* Fall erfolgt eine Ergebnisbeteiligung des Agenten, die durch die Grenzproduktivität positiv und durch die Risikomenge sowie den Grad der Risikoaversion negativ beeinflusst wird. Die zusätzlich erforderliche Motivation aufgrund des Anreizproblems impliziert, dass in dieser *second-best* Situation der Prämiensatz höher und der Arbeitseinsatz niedriger sein wird als in der *first-best* Situation, wodurch das Ergebnis geringer ausfällt.[1101] Das Fixgehalt wird durch die Risikomenge sowie den Grad der Risikoaversion erhöht, da sich diese Faktoren nutzenmindernd auswirken, sodass das eingegangene Risiko entsprechend der Risikoneigung zusätzlich zum Reservationsnutzen abgegolten werden muss.[1102]

$$F^{SB} = r - \left(\frac{\beta^2}{AAP_{Agent} \times \sigma^2 + \beta^2}\right)^2 \times \left(\frac{1}{2}\beta^2 - \frac{AAP_{Agent}}{2} \times \sigma^2\right) \qquad \text{7-39}$$

Das Spannungsfeld zwischen Anreizsetzung, der damit verbundenen Vergütung des Anstrengungsniveaus und dem übertragenen Risiko ist konstituierend für diese *second-best* Situation. Daher kann konstatiert werden, dass das Sicherheitsäquivalent des Prinzipals aufgrund der *hidden action* Problematik geringer ist als in der *first-best* Situation. Die Differenz zwischen der *first-* und der *second-best* Situation entspricht dabei den Agency-Kosten[1103].

7.1.2.4 Fehlende Diversifikationsmöglichkeiten des Prinzipals

Damit ein Anreiz- und Steuerungssystem dem Anforderungskriterium der optimalen Risikoteilung genügen kann, muss die Risikopräferenz der Vertragsparteien beachtet werden. Die Argumentation für die im LEN-Modell zugrunde liegende Annahme der

---

1101 Für den Fall $\sigma^2 = 0$ entsprechen sich die Ergebnisse.

1102 Unter der Annahme, dass $\left(\frac{1}{2}\beta^2 - \frac{AAP_{Agent}}{2} \times \sigma^2\right) < 0$ hat die Grenzproduktivität hingegen einen negativen Einfluss auf das Fixum, da es die erwartete Vergütung über die Erhöhung des Arbeitseinsatzes sowie des Prämiensatzes steigert und somit die Nutzenposition des Agenten verbessert.

1103 Siehe hierzu ausführlich Jensen/Meckling (1976).

Risikoneutralität des Prinzipals basiert häufig auf seinen Diversifikationsmöglichkeiten als Kapitalgeber,[1104] wobei eine explizite Unterscheidung hinsichtlich des systematischen und des unsystematischen Risikos nur in seltenen Fällen erfolgt.[1105] Im Folgenden soll das im vorherigen Kapitel dargestellte Modell dahingehend erweitert werden, dass auch der Prinzipal als risikoavers charakterisiert werden kann, wodurch die Risikoteilung weniger trivial wird.[1106] Das Maximierungskalkül des Prinzipals wird durch die Annahme der Risikoaversion um einen Risikoabschlag erweitert,[1107] der analog zur Risikoprämie des Agenten von der konstanten absoluten Risikoaversion sowie von der Risikomenge abhängig ist.[1108]

$$\begin{aligned} max\ SÄ_{Prinzipal} &= E(X) - E\big(V(X)\big) \\ &= (1-p) \times E(X) - F - \frac{AAP_{Prinzipal}}{2} \times (1-p)^2 \times \sigma^2 \end{aligned} \qquad 7\text{-}40$$

Die Maximierungsbedingung des Agenten und somit sein optimaler Arbeitseinsatz sind unabhängig von der Risikoeinstellung des Prinzipals und entsprechen, bei Nicht-Beobachtbarkeit seiner Handlungen, wiederum dem *second-best* Optimum im LEN-Modell.

$$a^{SB} = p \times \beta \qquad 7\text{-}41$$

Durch das Einsetzen der mit Gleichheit erfüllten Partizipationsbedingung in die Zielfunktion des Prinzipals lässt sich der optimale Prämiensatz aus der Bedingung erster Ordnung ermitteln:

$$p = \frac{\beta^2 + AAP_{Prinzipal} \times \sigma^2}{\beta^2 + AAP_{Prinzipal} \times \sigma^2 + AAP_{Agent} \times \sigma^2} \qquad 7\text{-}42$$

Dabei wird deutlich, dass der variable Prämiensatz nicht mehr nur von dem Ausmaß des konstanten AAP des Agenten, der Risikomenge und der Produktivität abhängt. Maßgeblich für den optimalen variablen Prämiensatz ist vielmehr das Verhältnis der

---

1104 Vgl. Bamberg/Spremann (1981). Darüber hinaus ermöglicht die Annahme eines risikoneutralen Prinzipals auch eine übersichtlichere Modellierung der Prinzipal-Agent-Beziehung.

1105 Siehe hierzu ausführlich Gillenkirch/Velthuis (1997).

1106 Vgl. Schneider (1995), S. 280 ff.

1107 Vgl. zu einer ähnlichen Modellierung Dierkes/Schäfer (2008), S. 20 f.

1108 Siehe zur Herleitung der Ergebnisse Anlage 13.3.

Risikoeinstellung der Akteure, wodurch das Risikoteilungsproblem effizient berücksichtigt wird. Der Akteur mit dem geringeren konstanten AAP wird dabei einen höheren Anteil am Ergebnis und somit ebenfalls am Risiko tragen, sodass mit zunehmender Risikoaversion des Agenten im Verhältnis zum Prinzipal der variable und infolgedessen risikobehaftete Vergütungsanteil sinkt.[1109] Das optimale Fixum des Agenten ergibt sich in dieser Konstellation als:

$$F = r - \left(\frac{\beta^2 + AAP_{Prinzipal} \times \sigma^2}{\beta^2 + AAP_{Prinzipal} \times \sigma^2 + AAP_{Agent} \times \sigma^2}\right)^2 \times \left(\frac{1}{2}\beta^2 - \frac{AAP_{Agent}}{2} \times \sigma^2\right) \qquad \text{7-43}$$

Das Fixum unterscheidet sich zum vorherigen Fall allein durch die Prämienfunktion aufgrund der Risikoaversion des Prinzipals. Es wirken dieselben Einflussfaktoren wie im Standardfall. Mit steigender Produktivität bzw. Beeinflussbarkeit des Ergebnisses nimmt das Fixum ab.[1110]

7.2 Erkenntnisse der Prinzipal-Agent-Theorie für die Konzeption von Managementvergütungssystemen

7.2.1 Zur Berücksichtigung mehrerer Aufgaben bei der Performancemessung

Werden mehrere Ziele für die variable Vergütung definiert, so müssen auch korrespondierende Bemessungsgrundlagen als Maßgröße für die Performance identifiziert werden, wodurch auch die Implikationen aus der Beziehung der einzelnen Performancemaße zueinander relevant werden. Durch entsprechende Erweiterungen der Prinzipal-Agent-Modelle lassen sich modelltheoretische Wirkungsbeziehungen ableiten, die als theoretisches Fundament für die Ausgestaltung der Bemessung von variablen Vergütungsbestandteilen hilfreich sind. Die bisher betrachtete Situation ist dadurch gekennzeichnet, dass dem Agenten eine Aufgabe übertragen wird, welche

---

[1109] Die Grenzsituationen, in denen entweder nur der Prinzipal bzw. der Agent risikoneutral ist, führen zu den Prämiensätzen von 0 bzw. 1.

[1110] Positiv wird das Fixum hingegen von dem Ausmaß der Risikoaversion sowie von der Risikomenge beeinflusst. Der Prämiensatz wirkt als Multiplikator und kann in Verbindung des Verhältnisses von Produktivität zu Risikopreis und Risikomenge herangezogen werden. Unter der Annahme das $\frac{1}{2}\beta^2 > \left(\frac{AAP_{Agent}}{2} \times \sigma^2\right)$ ist, führt ein hoher Prämiensatz c.p. zu einem geringeren Fixum. Für $\frac{1}{2}\beta^2 < \frac{AAP_{Agent}}{2} \times \sigma^2 - \frac{1}{2}$ gilt dieser Zusammenhang vice versa.

durch die Ausübung genau einer Aktion erfüllt werden kann. Diese Situation kann dahingehend erweitert werden, dass der Agent mehrere Aktionen durchführen kann, welche eine oder mehrere Bezugsgrößen beeinflussen.[1111]

7.2.1.1 Eine Zielgröße und mehrere Aufgaben

Dem Agenten werden zur Beeinflussung der Zielgröße zwei Aufgaben übertragen. Beide Aktionen haben einen direkten, aber nicht zwingend homogenen, Einfluss auf die Erfolgsgröße, wobei von einer linearen Produktionsfunktion ausgegangen wird:

$$X(a_1, a_2, \theta) = \beta_1 \times a_1 + \beta_2 \times a_2 + \theta \; mit \; \theta \sim N(0, \sigma_\theta^2) \qquad \text{7-44}$$

$$\frac{\partial X}{\partial a} > 0 \; und \; \frac{\partial^2 X}{\partial a^2} = 0 \qquad \text{7-45}$$

Die zugrundeliegende Produktionsfunktion weist eine limitationale Beziehung der Aufgaben auf und der Disnutzen des Agenten entspricht der folgenden funktionalen Beziehung:

$$L(a_1, a_2) = \frac{1}{2}(a_1^2 + a_2^2) \qquad \text{7-46}$$

Das Sicherheitsäquivalent des risikoaversen Agenten entspricht in dieser Situation:

$$\begin{aligned} SÄ_{Agent}(V(X), a_1, a_2) &= V(X(a_1, a_2)) - L(a_1, a_2) \\ &= F + (\beta_1 \times a_1 + \beta_2 \times a_2) \times p - \frac{AAP_{Agent}}{2} \times p^2 \times \sigma^2 \\ &- \frac{1}{2}(a_1^2 + a_2^2) \end{aligned} \qquad \text{7-47}$$

Und für das Maximierungskalkül des risikoaversen Prinzipals gilt:

[1111] Siehe hierzu grundlegend Holmström/Milgrom (1991); Feltham/Xie (1994) und Wagenhofer (1996) sowie für eine Betrachtung mit Steuern Ewert/Niemann (2012). Vgl. für einen Überblick zu diesen Modellen Kräkel (2012), S. 89 f. m.w.N. Formal impliziert diese Erweiterung, dass die Arbeitsleistung anstelle eines Skalars als Vektor $a = \begin{pmatrix} a_1 \\ \vdots \\ a_n \end{pmatrix}$ mit n Komponenten dargestellt werden kann. Wobei die bereits beschriebenen Annahmen hinsichtlich der Wahrscheinlichkeitsverteilung des Ergebnisses und des Arbeitsleids gelten, sodass diese kontinuierlich differenzierbar sind. Vgl. Wagenhofer (1996), S. 159 m.w.N.

$$\max_{F,p,a} SÄ_{Prinzipal} = E(X) - E\big(V(X)\big)$$
$$= (\beta_1 \times a_1 + \beta_2 \times a_2) \times (1-p) - F - \frac{AAP_{Prinipal}}{2} \times (1-p)^2 \times \sigma^2 \quad 7\text{-}48$$

Unter Berücksichtigung des Anreizproblems wählt der Agent seinen Arbeitseinsatz, der sich als Bedingung erster Ordnung aus seinem Maximierungskalkül ergibt:[1112]

$$a_i = p \times \beta_i \quad 7\text{-}49$$

Der Arbeitseinsatz weist dieselbe Form wie im Standard LEN-Modell auf und wird durch den Prämiensatz und die Produktivitätsfaktoren beeinflusst,[1113] sodass die Aufgabe stärker berücksichtigt wird, die eine höhere Produktivität aufweist.

Durch Einsetzen der mit Gleichheit erfüllten Partizipationsbedingung in die Zielfunktion des Prinzipals resultiert für den optimalen Prämiensatz aus der Bedingung erster Ordnung:[1114]

$$p = \frac{\beta_1^2 + \beta_2^2 + AAP_{Prinzipal} \times \sigma^2}{AAP_{Agent} \times \sigma^2 + AAP_{Prinzipal} \times \sigma^2 + \beta_1^2 + \beta_2^2} \quad 7\text{-}50$$

Der Prämiensatz hängt in dieser Konstellation wiederum von dem Verhältnis der Risikoaversion des Prinzipals zu der des Agenten ab. Mit steigender Risikoaversion des Prinzipals nimmt der Prämiensatz c.p. zu, steigt hingegen die Risikoaversion des Agenten so sinkt dieser. Die Produktivitätsfaktoren fungieren dagegen als Skalierungskonstante, d.h. bei Risikoneutralität des Agenten beträgt der Prämiensatz eins und mit zunehmender Risikoaversion des Agenten verringert sich dieser. In welchem Ausmaß eine Reduktion des Prämiensatzes bei steigender Risikoaversion des Agenten erfolgt, hängt dabei von dem Niveau der anderen Parameter ab.

1112 Siehe zur Herleitung der Ergebnisse Anlage 13.6.
1113 Vgl. Kräkel (2012), S. 90.; Wagenhofer (1996), S. 159.
1114 Siehe zur Herleitung der Ergebnisse Anlage 13.6.

7.2.1.2 Beeinflussbarkeit des Risikos

Im Rahmen des herkömmlichen LEN-Modells ist das Erfolgsrisiko und somit auch das Vergütungsrisiko eine vom Anstrengungsniveau a unabhängige Variable.[1115] Im Folgenden soll diese Annahme dahingehend modifiziert werden, dass das Risiko $Var\ (X)$ als Funktion des Anstrengungsniveaus a und des Umweltzustandes θ charakterisiert wird.

$$Var\ (X) = f(a, \theta) \qquad 7\text{-}51$$

Der Wirkungszusammenhang ist zunächst nicht eindeutig definiert. So kann ein höheres Anstrengungsniveau das Erfolgsrisiko senken, indem bspw. eine sorgfältigere Planung erfolgt oder aber erhöhen, da bspw. neue Expansionsmöglichkeiten identifiziert werden, welche mit einem höheren Risiko als mit dem bisherigen Geschäft einhergehen.[1116] Bei Betrachtung des *second-best* Standard-LEN-Modells gilt für die marginale Erhöhung von a:

$$\frac{\partial SÄ_{Agent}}{\partial a} = p \times \beta - \frac{AAP_{Agent}}{2} \times p^2 \times \frac{\partial Var(X(a))}{\partial a} - a \ \text{ mit } \frac{\partial Var(X(a))}{\partial a} \begin{matrix} > 0 \\ = 0 \\ < 0 \end{matrix} \qquad 7\text{-}52$$

Es zeigt sich, dass bei einem positiven oder neutralen Verhältnis zwischen Arbeitseinsatz und Risiko der Grenznutzen abnimmt, da der zusätzliche Arbeitseinsatz den Disnutzen erhöht und zudem auch die Risikoprämie steigt bzw. nicht sinkt. Dies bedeutet im Rahmen des LEN-Modells mit risikoaversen Akteuren, dass es zu einer Verminderung des Prämiensatzes und zu einer Erhöhung des Fixums kommt. Für einen negativen Zusammenhang kann keine eindeutige Aussage über die Implikationen einer Erhöhung des Arbeitseinsatzes gegeben werden. Entscheidend ist dabei das Verhältnis zwischen der Verringerung der Risikoprämie und der Erhöhung des marginalen Arbeitsleids.[1117]

Wird der betrachtete Analyserahmen explizit um einen funktionalen Zusammenhang von Arbeitseinsatz und Risiko erweitert, so ergeben sich unterschiedliche Ansätze zur

[1115] Vgl. Laux/Schenk-Mathes (1992), S. 17.
[1116] Vgl. Laux/Schenk-Mathes (1992), S. 17.
[1117] Siehe für eine grafische Darstellung der Ergebnisse Laux/Schenk-Mathes (1992), S. 49.

Modellierung der betrachteten Problematik. Das Multi-Task Modell des vorherigen Abschnitts kann in diesem Kontext dahingehend fruchtbar gemacht werden, dass von zwei Anstrengungsparametern mit unterschiedlichen Zielgrößen ausgegangen wird. Der Anstrengungsparameter a_1 determiniert unter Beachtung des Produktivitätsfaktors β_1 das Ergebnis. Das Risiko setzt sich aus einer beeinfluss-baren $\left[\frac{\sigma_2}{a_2 \times \beta_2}\right]^2$ sowie einer von jeglichem Anstrengungsniveau unabhängigen Komponente (σ_1^2) zusammen:[1118]

$$E[X(a_1)] = a_1 \times \beta_1 \tag{7-53}$$

$$Var[X(a_2)] = \sigma_1^2 + \sigma_2^2(a_2) = \sigma_1^2 + \left[\frac{\sigma_2}{a_2 \times \beta_2}\right]^2 \tag{7-54}$$

Der Anstrengungsparameter a_2 reduziert unter Beachtung der spezifischen Produktivität β_2 das beeinflussbare Risiko. Das Sicherheitsäquivalent des risikoaversen Agenten entspricht in dieser Situation:

$$S\ddot{A}_{Agent}(V(X), a) = p \times a_1 \times \beta_1 + F - \frac{AAP_{Agent}}{2} \times p^2 \times \left[\sigma_1^2 + \left[\frac{\sigma_2}{a_2 \times \beta_2}\right]^2\right] - \frac{1}{2}{a_1}^2 - \frac{1}{2}{a_2}^2 \tag{7-55}$$

Für das Maximierungskalkül des risikoneutralen Prinzipals gilt unter Beachtung des beeinflussbaren Risikoniveaus:

$$\begin{aligned} \max_{F,p,a} S\ddot{A}_{Prinzipal} &= E(X) - E\big(V(X)\big) \\ &= a_1 \times \beta_1 - a_1 \times \beta_1 \times p - F \end{aligned} \tag{7-56}$$

Unter Berücksichtigung des Anreizproblems wählt der Agent seinen Arbeitseinsatz, der sich als Bedingung erster Ordnung aus seinem Maximierungskalkül ergibt:[1119]

$${a_1}^{SB} = p \times \beta_1 \tag{7-57}$$

$$a_2 = \left(AAP_{Agent} \times p^2 \times \frac{{\sigma_2}^2}{\beta_2^2}\right)^{\frac{1}{4}} \tag{7-58}$$

1118 Vgl. Velthuis (1998), S. 157 ff.

1119 Siehe zur Herleitung der Ergebnisse Anlage 13.7.

Dabei wird deutlich, dass der optimale Arbeitseinsatz für die Beeinflussung des Ergebnisses a_1 wie in den vorherigen Modellen positiv von dem Prämiensatz und der Produktivität abhängt. Der optimale Arbeitseinsatz für die Beeinflussung des Risikos a_2 hängt hingegen positiv von dem Ausmaß der konstanten Risikoaversion und dem Prämiensatz, also der Beteiligung am Risiko, ab. Der Quotient aus beeinflussbarem Risiko $({\sigma_2}^2)$ und dem Quadrat der risikoreduzierenden Produktivität (Risikobegrenzungspotenzial (β_2)) wirkt positiv auf das Anstrengungsniveau.

Nach Einsetzen der mit Gleichheit erfüllten Partizipationsbedingung in die Zielfunktion des Prinzipals ergibt sich der optimale Prämiensatz aus der Bedingung erster Ordnung:[1120]

$$p = \frac{{\beta_1}^2 - {AAP_{Agent}}^{\frac{1}{2}} \times \frac{\sigma_2}{\beta_2}}{{\beta_1}^2 + AAP_{Agent} \times \sigma_1^2} \qquad 7\text{-}59$$

Der Prämiensatz weist unter der Annahme des beeinflussbaren Risikos grundsätzlich dieselbe Struktur auf, wie im *second-best* LEN-Modells. Der Unterschied ist im Zähler zusehen, in dem es zu einem Abschlag des Prämiensatzes um die Wurzel der konstanten absoluten Risikoaversion und dem Verhältnis der beeinflussbaren Risikomenge zu der zugrundeliegenden Produktivität kommt. Grundsätzlich lässt sich an dieser Stelle konstatieren, dass der Prämiensatz durch die Reduktion im Zähler geringer ausfallen kann. Dabei ist aber auch zu beachten, dass das Risiko im Nenner c.p. für $a_2 \neq 0$ und $\beta_2 \neq 0$ geringer ist als im *second-best* LEN-Modell, wodurch der Nettoeffekt nicht eindeutig ist und vom Niveau von a_2 und β_2 abhängt.

7.2.2 Zur Beziehung von Aufgabe und Performancemaß

Ist statt der tatsächlich interessierenden Erfolgsgröße (X) nur eine indikative Größe (τ) beobachtbar, so ist es von maßgeblichem Interesse, welche Auswirkungen eine Abweichung zwischen X und τ für die Anreizsetzung haben kann. In Verbindung mit dem Multi-Task-Fall liefert die Analyse dieser Situation beachtenswerte Ergebnisse bezüglich der Verwendung von Performancemaßen sowie der optimalen Anreize, in Abhängigkeit der zur Verfügung stehenden Beurteilungsgrößen.[1121]

[1120] Siehe zur Herleitung der Ergebnisse Anlage 13.7.

[1121] Siehe zu einer derartigen Fragestellung: Wagenhofer (1996); Kopel (1998); Hofmann (2002a); Dierkes/Schäfer (2008); Hofmann et al. (2007). In dem beschriebenen Kontext steht, neben der

7.2.2.1 Ein Performancemaß und eine Aufgabe

In den vorherigen Ausführungen wurde das Ergebnis (X) der zu Grunde liegenden Tätigkeit als direkt beobachtbar charakterisiert, lediglich der kausale Einfluss der Arbeitsleistung war dabei nicht eindeutig identifizierbar. Wird der Analyserahmen dahingehend konkretisiert, dass die Aufgabe des Agenten in der Unternehmensleitung liegt,[1122] so können Abweichungen zwischen den beobachtbaren Indikatoren und dem interessierenden Ergebnis auftreten.[1123] Bei dieser zumindest partiellen nicht Kontrahierbarkeit des Ergebnisses ergeben interessante Implikationen für die Anreizsetzung mit der alternativen Größe (τ) zur Beurteilung des Agenten.[1124]

$$\tau = y \times a + \varepsilon \; mit \; \varepsilon \sim N(0, \sigma_\varepsilon^2) \qquad \text{7-60}$$

Der Prinzipal kann lediglich die Größe τ beobachten, nicht aber die Parameter auf der rechten Seite der Gleichung. Die Vergütung des Agenten hängt somit ausschließlich von τ ab.

$$V(\tau) = F + \tau \times p \qquad \text{7-61}$$

$$mit \; 0 \leq p \leq 1 \; und \; p = p(a) \qquad \text{7-62}$$

Für die Produktivitätsfaktoren des beobachtbaren und des nicht beobachtbaren Ergebnisses gilt dabei folgender Zusammenhang:

$$y \neq \beta \rightarrow X \neq \tau \text{ bzw. } y = \beta \rightarrow X = \tau \qquad \text{7-63}$$

Der risikoaverse Agent maximiert in diesem Kontext:

genannten Fragestellung, auch die die Verteilung der Arbeitsleistung auf die einzelnen Aufgaben im Fokus. Vgl. Wagenhofer (1996), S. 164.

1122 In dem hier betrachteten Kontext kann die geforderte Berücksichtigung der Leistung und Aufgaben des Gesetzgebers dahingehend konkretisiert werden, dass ein zukunftsbezogener Nutzen geschaffen, die wirtschaftlichen Lage berücksichtigt, der Erfolg und die Zukunftsaussichten bei der Vergütung bedacht werden soll. Dies wirft aber aufgrund der Messproblematik dieser Kriterien die Frage auf, wie diese zu evaluieren sind und welche Konsequenzen aus der Abweichung zwischen interessierender und beobachtbarer Größe resultieren können.

1123 Bspw. kann der fundamentale Unternehmenswert als interessierende Größe des Prinzipals aufgrund des erheblichen Berechnungsaufwandes, oder der nicht Verfügbarkeit von Daten, dazu führen, dass nur approximierte Größen wie bspw. der Aktienkurs bei der Beurteilung des Agenten herangezogen werden können.

1124 Vgl. Wagenhofer (1996), S. 159 f. sowie für die Betrachtung mehrerer Beurteilungsgrößen Wagenhofer (1996), S. 161 f.

$$SÄ_{Agent}(V(\tau), \mathrm{a}) = F + a \times y \times p - \frac{AAP_{Agent}}{2} \times \mathrm{p}^2 \times \sigma_\varepsilon^2 - \frac{1}{2}\mathrm{a}^2 \qquad 7\text{-}64$$

Die Risikoprämie des Agenten wird dabei von der Risikomenge der beobachtbaren Größe (τ) tangiert, da diese die Vergütung determiniert und somit die Risikomenge des Ergebnisses (X) nicht relevant ist.[1125] Das Maximierungskalkül des risikoaversen Prinzipals entspricht in diesem Modell:

$$\begin{aligned} \max_{F,P,a} \mathrm{SÄ}_{\mathrm{Prinzipal}} &= \mathrm{E(X)} - E\big(V(\tau)\big) \\ &= \beta \times a - a \times y \times p - \mathrm{F} - \frac{\mathrm{AAP}_{\mathrm{Prinzipal}}}{2} \times (1 - \mathrm{p})^2 \times \sigma_\theta^2 \end{aligned} \qquad 7\text{-}65$$

Unter Berücksichtigung des Anreizproblems wählt der Agent seinen Arbeitseinsatz a, dieser ergibt sich als Bedingung erster Ordnung aus seinem Maximierungskalkül:[1126]

$$a = p \times y \qquad 7\text{-}66$$

Dieser Arbeitseinsatz weist wiederum dieselbe Form auf wie im Standard LEN-Modell und wird durch den Prämiensatz und die Produktivitätsfaktoren beeinflusst.[1127] Sofern $\beta \neq y$ ist, folgt daraus, dass auch $X \neq \tau$ gilt, unter Vernachlässigung des Risikos. Dies impliziert, dass wenn die Produktivitätsfaktoren des Ergebnisses kleiner sind als die der beobachtbaren Größe y, der Agent dadurch einen Anreiz besitzt ein höheres Anstrengungsniveau zu erbringen. Durch den höheren Arbeitseinsatz steigen beide Größen, allerdings steigt die betrachtete Größe stärker durch die höhere Produktivität wodurch der Agent seine Vergütung überproportional zur interessierenden Größe steigert. Dies kann die Effizienz einer leistungsabhängigen Vergütung sogar vollständig konterkarieren, nämlich wenn die Differenz aus der Vergütung und dem Beitrag zum interessierenden Ergebnis negativ wird. Wird hingegen der Fall $\beta > y$ betrachtet, so wird der Agent einen geringeren Arbeitseinsatz leisten, wobei eine Vergütung unterproportional zur interessierenden Größe resultiert.

1125 Vgl. Wagenhofer (1996), S. 159. Korrelieren die beiden Größen (τ) und (X) vollständig, so entsprechen sich die Risikomengen.

1126 Siehe zur Herleitung der Ergebnisse Anlage 13.8.

1127 Vgl. Kräkel (2012), S. 90.

Durch das Einsetzen der mit Gleichheit erfüllten Partizipationsbedingung in die Zielfunktion des Prinzipals, erhält man für den optimalen Prämiensatz aus der Bedingung erster Ordnung:[1128]

$$\mathrm{p} = \frac{y \times \beta + AAP_{Prinzipal} \times \sigma_\theta^2}{y^2 + AAP_{Agent} \times \sigma_\varepsilon^2 + AAP_{Prinzipal} \times \sigma_\theta^2} \qquad \text{7-66}$$

Der Prämiensatz hängt in dieser Konstellation wiederum maßgeblich von der Risikoaversion des Prinzipals und des Agenten ab, mit steigender Risikoaversion des Prinzipals nimmt der Prämiensatz c.p. zu, steigt hingegen die Risikoaversion des Agenten so sinkt dieser. Dem zuvor beschriebenen Zusammenhang zwischen Arbeitseinsatz und Produktivitätsfaktoren wird bei Bestimmung des Prämiensatzes Rechnung getragen, indem der Prämiensatz für $\beta < y$ sinkt. Der Agent hat in diesem Fall aber bereits den Anreiz einen höheren Arbeitseinsatz zu erbringen und eine weitere Erhöhung des Prämiensatzes lässt den Arbeitseinsatz auch weiter steigen, das Ergebnis würde aber nur unterproportional zur Vergütung ansteigen. Darüber hinaus müsste der Arbeitseinsatz und das höhere Risiko des Agenten vergütet werden. Ist der Produktivitätsfaktor des Ergebnisses β hingegen größer als der der beobachtbaren Größe y, so gilt der beschriebene Zusammenhang vice versa. Ein besonderer Faktor dieser Konstellation ist in der Abweichung der Risikomenge von beobachtbarer und interessierender Größe zu sehen, welche ebenfalls Auswirkungen auf den Prämiensatz hat. Ist die Größe τ mit einem geringeren Risiko behaftet als X, so dass gilt $\sigma_\varepsilon^2 < \sigma_\theta^2$, so steigt der Prämiensatz.

Grundsätzlich lässt sich somit konstatieren, dass Informationen über die Differenzen in den Produktivitätsparametern für die Anreize genutzt und somit die gewünschten Anstrengungsniveaus induziert werden können. Das Grundproblem bei nicht Kontrahierbarkeit der interessierenden Größe stellt die Identifizierung eines geeigneten Performancemaßes dar. Den Abweichungen in den Produktivitätsfaktoren zwischen beobachtbarem und interessierendem Ergebnis wird im Anstrengungsniveau des Agenten Rechnung getragen, den damit verbundenen Konsequenzen kann der Prinzipal durch die Berücksichtigung im Prämiensatz entgegen wirken, wobei auch Divergenzen des Risikos einzubeziehen sind. Diese Zusammenhänge sollten bei der Gestaltung

[1128] Siehe zur Herleitung Anlage 13.8.

des Anreizsystems bedacht werden, weshalb der Auswahl der Bemessungsgrundlage eine hohe Bedeutung zukommt.

7.2.2.2 Ein Performancemaß und mehrere Aufgaben

Das nicht verifizierbare Ergebnis (X) wird im Rahmen des Multi-Task-Modells durch die beiden Anstrengungsparameter (a_1) und (a_2) beeinflusst. Der Prinzipal kann wiederum statt des interessierenden Ergebnisses (X) lediglich die Größe (τ) beobachten, wodurch auch die Annahmen zur nicht-Kontrahierbarkeit des Ergebnisses gelten. Unter Berücksichtigung des Anreizproblems wählt der Agent seinen Arbeitseinsatz (a_i). Dieser ergibt sich als Bedingung erster Ordnung aus seinem Maximierungskalkül:[1129]

$$a_i = p \times y_i \qquad \text{7-67}$$

Für abweichende Produktivitätsparameter $\beta_i \neq y_i$ wird wiederum deutlich, dass das Anstrengungsniveau nach unten vom Optimum abweicht, sofern $\beta_i > y_i$ gilt bzw. nach oben für $\beta_i < y_i$. Für den optimalen Prämiensatz ergibt sich bei risikoaversen Akteuren in dieser Konstellation:[1130]

$$p = \frac{\beta_1 \times y_1 + \beta_2 \times y_2 + AAP_{Prinzipal} \times \sigma_\theta^2}{y_1^2 + y_2^2 + AAP_{Agent} \times \sigma_\varepsilon^2 + AAP_{Prinzipal} \times \sigma_\theta^2} \qquad \text{7-68}$$

Der Prämiensatz entspricht dem des vorherigen Abschnitts kombiniert mit dem des Multi-Task Modells, d.h. der Nenner wird um den quadrierten Produktivitätsfaktor der beobachtbaren Bemessungsgrundlage erweitert. Analog erfolgt eine Berücksichtigung des Produkts aus dem Produktivitätsfaktor der Bemessungsgrundlage und dem des Ergebnisses (X) im Zähler, wobei die gleichen Zusammenhänge wie im Modell mit einer Aufgabe Gültigkeit besitzen.[1131] Im Vergleich zur *first-best* Lösung entstehen dem Prinzipal dabei Nutzeneinbußen sog. Agency-Kosten, die als Differenz zwischen dem Sicherheitsäquivalent des Prinzipals in der *first-best* und *second-best* Situation dargestellt werden können:[1132]

1129 Siehe zur Herleitung der Ergebnisse Anlage 13.9.

1130 Siehe zur Herleitung Anlage 13.9.

1131 Vgl. Dierkes/Schäfer (2008), S. 21 f.

1132 Die Agency-Kosten beziehen sich dabei auf die Differenz zwischen dem *first-best* Modell und dem Multi-Task Modell unter Berücksichtigung des nicht kontrahierbaren Ergebnisses und eines risikoneutralen Prinzipals. Für den Prinzipal wird Risikoneutralität angenommen, damit der Vergleich zum *first-best* Fall nicht durch Risikoallokationseffekte überlagert wird. Der Prämiensatz wird dabei

$$AC = \frac{[\beta_1 \times y_2 - \beta_2 \times y_1]^2 + (\beta_1^2 + \beta_2^2) \times AAP_{Agent} \times \sigma_\varepsilon^2}{2 \times (y_1^2 + y_2^2 + AAP_{Agent} \times \sigma_\varepsilon^2)} \qquad \text{7-69}$$

Die Agency-Kosten lassen sich in zwei Komponenten zerlegen, deren Betrachtung weitere Erkenntnisse bezüglich der Anforderungen an ein Performancemaß liefert. Der erste Term des Zählers ist auf die Übereinstimmung zwischen den Produktivitätsfaktoren von interessierendem Ergebnis und dem betrachteten Performancemaß zurückzuführen. Für die vollständige Übereinstimmung der beiden Größen gilt:[1133]

$$\frac{\beta_i}{\beta_j} = \frac{y_i}{y_j} \text{ bzw. } [\beta_1 \times y_2 - \beta_2 \times y_1] = 0 \qquad \text{7-70}$$

Der zweite Term im Zähler der Agency-Kosten basiert auf dem Risiko eines Performancemaßes und wird bei einer vollständigen Beobachtbarkeit Null.[1134] Es ist somit erkennbar, dass bei mehreren Aufgaben und einem Performancemaß die Agency-Kosten mit zunehmender Übereinstimmung und abnehmendem Risiko des Performancemaßes sinken.[1135]

Im *first-best* Fall entspricht der optimale Arbeitseinsatz der jeweiligen (Grenz-)Produktivität. Sind diese nicht beobachtbar und wird stattdessen eine andere Größe zur Leistungsbeurteilung eingesetzt, so sind alle Aktionen auf der Geraden mit der Steigung y_2/y_1 durch die Größe τ induzierbar. Mit zunehmender Übereinstimmung von beobachtbarem und interessierendem Ergebnis nähert sich die Gerade mit den durch τ induzierbaren den durch X induzierbaren Anstrengungsniveaus an. Bei vollständiger Übereinstimmung entsprechen sich diese. Bei abnehmendem Risiko bzw. Risikoaversion nähert sich der Arbeitseinsatz ebenfalls der *first-best* Situation an. Dadurch wird deutlich, dass bei nicht übereinstimmenden Performancemaßen das *first-best* Anstrengungsniveau nicht erreicht werden kann, hingegen bei risikobehafteten aber überein-

---

um die Risikoprämie des Prinzipals im Nenner und Zähler reduziert. Siehe zur Herleitung der Ergebnisse Anlage 13.9.

1133 Vgl. Feltham/Xie (1994), S. 435.

1134 Vgl. Feltham/Xie (1994), S. 435 ff.; Wagenhofer (1996), S. 160 f.; Dierkes/Schäfer (2008), S. 21 f.

1135 Vgl. Dierkes/Schäfer (2008), S. 22.

stimmenden Performancemaßen grundsätzlich schon, jedoch ist nur mit ineffizient hohen Kosten realisierbar ($p > 1$).[1136] Die Differenz des Arbeitseinsatzes eines risikoneutralen und eines risikoaversen Agenten ist auf den geringeren Prämiensatz zurückzuführen.

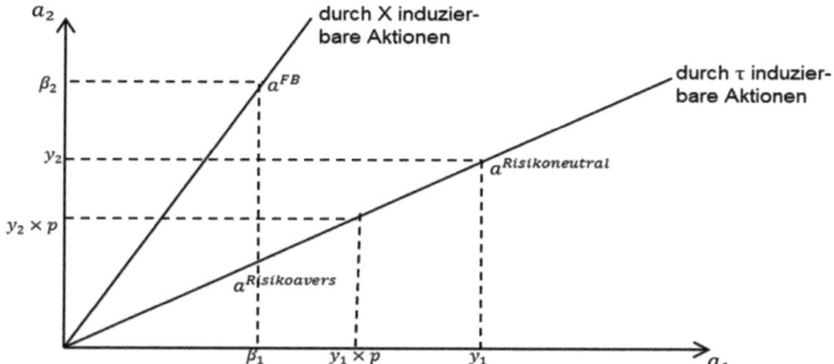

Abbildung 31: Auswirkungen unterschiedlicher Performancemaße auf die induzierbaren Aktionen[1137]

Für eine weitergehende Analyse der Differenzen in den Produktivitätsfaktoren von interessierendem Ergebnis (X) und beobachtbarer Größe (τ), kann eine allgemeine und strukturelle Abweichung der Produktivitätsparameter betrachtet werden.

	$L(a_1, a_2) = \frac{1}{2}(a_1^2 + a_2^2)$	$L(a_1, a_2) = \frac{1}{2}(a_1 + a_1)^2$
$\tau = y_1 \times a_1 + y_2 \times a_2$ mit $y_1 > y_2$ und $\beta_1 > \beta_2$	1	5
$\tau = y_1 \times a_1 + y_2 \times a_2$ mit $y_1 = y_2$ und $\beta_1 > \beta_2$	2	6
$\tau = y_1 \times a_1 + y_2 \times a_2$ mit $y_1 < y_2$ und $\beta_1 > \beta_2$	3	7
$\tau = y_1 \times a_1$	4	8

Abbildung 32: Mögliche Ausprägungen des Arbeitsleids und der Produktivitäts-faktoren

[1136] Vgl. Feltham/Xie (1994), S. 436 sowie zu einer intuitiven Erläuterung Wagenhofer (1996), S. 161.
[1137] In Anlehnung an Wagenhofer (1996), S. 161 und Feltham/Xie (1994), S. 436.

Der erste Fall umfasst die Situation, in der die Relation zwischen den Produktivitätsfaktoren das gleiche Vorzeichen hat, also bspw. $y_1 > y_2$ und $\beta_1 > \beta_2$, aber Unterschiede in der Ausprägung bestehen. Der zweite Fall hingegen lässt auch unterschiedliche Vorzeichen für die Relation der Produktivitätsfaktoren zu. Unter Berücksichtigung unterschiedlicher Annahmen zur Separierbarkeit des Arbeitsleids sind grundsätzlich folgende Fälle denkbar. Die Konstellationen mit separierbarem Arbeitsleid (1-4) sowie abweichenden Produktivitätsfaktoren von (X) und der beobachtbaren Größe (τ) können durch den Übereinstimmungsverlust $(\ddot{U}V)$ der Agency Kosten analysiert werden.

$$\ddot{U}V = [\beta_1 \times y_2 - \beta_2 \times y_1]^2 \qquad 7\text{-}71$$

Steht eine beobachtbare Größe zur Verfügung, die lediglich einen Produktivitätsfaktor und somit ein Anstrengungsniveau berücksichtigt, so hängt der Übereinstimmungsverlust zum einen davon ab, welches Anstrengungsniveau nicht induziert werden kann und zum anderen, wie hoch die Abweichungen in den spezifischen Produktivitätsparametern sind.[1138] Dabei zeigt sich, dass dieser definitionsgemäß für exakt übereinstimmende Produktivitätsfaktoren gleich Null ist und strukturelle Abweichungen zu deutlich größeren Übereinstimmungsverlusten führen als proportionale Differenzen.

Fall	β_1	β_2	y_1	y_2	**ÜV**
1	10	5	10	5	0
1	10	5	12	7	100
2	10	5	7,5	7,5	1.406
3	10	5	5	10	5.625
4	10	5	10	0	2.500
4	10	5	0	10	10.000

Tabelle 135: Übereinstimmungsverlust in Abhängigkeit divergierender Produktivitätsfaktoren bei separierbarem Arbeitsleid

Wird statt von einer additiven Produktionsfunktion des interessierenden Ergebnisses (X) von einer multiplikativen Verknüpfung ausgegangen, so ist es bei einer beobachtbaren Größe mit nur einem Produktivitätsfaktor vorteilhaft vollständig von einer leistungsabhängigen Vergütung abzusehen, da in diesem Fall eine Aktion nicht induziert

[1138] Holmström/Milgrom (1991) schlagen in diesem Kontext vor die Organisationsstruktur zu ändern, sodass diese Tätigkeiten über andere Bemessungsgrundlagen induziert werden können. Vgl. Holmström/Milgrom (1991), S. 44 ff.

und somit das interessierende Ergebnis gleich Null werden kann. Wird die Arbeitsleidfunktion des Agenten dahingehend modifiziert, dass diese nicht separierbar (5-8) ist,[1139] so ergeben sich weitere Erkenntnisse hinsichtlich der optimalen Anreizsetzung.[1140]

Bei unterschiedlichen Produktivitätsfaktoren der für die Vergütung relevanten Bemessungsgrundlage, wird das Anstrengungsniveau mit einem höheren Grenzertrag verstärkt betrachtet. Das Anstrengungsniveau mit dem geringeren Produktivitätsfaktor wird hingegen vernachlässigt und tendiert gegen Null. Der Agent besitzt also im 5. Fall einen Anreiz nur a_1 zu erbringen, da er somit über y_1 seine Vergütung maximiert. Sofern $\beta_1 > \beta_2$ gilt, wovon im Folgenden ausgegangen wird, ist es für den Prinzipal vorteilhaft nur die Aktion mit dem höheren Produktivitätsfaktor zu induzieren, da von konstanten Grenzerträgen ausgegangen wird. In diesem Szenario kann es aus der Perspektive des Prinzipals für den Fall $y_1 > \beta_1$ sogar vorteilhaft sein, τ statt X als Bemessungsgrundlage zu definieren, da die höhere Produktivität ein höheres Anstrengungsniveau induziert.[1141] Der 6. Fall kann nicht eindeutig interpretiert werden, da der Agent seine Arbeitskraft zur Maximierung des Nutzenniveaus einsetzt und dabei indifferent zwischen den beiden Aufgaben ist. Im 7. Fall hingegen kann nur die Aufgabe mit der geringeren Produktivität des Ergebnisses induziert werden, da der Agent wieder ausschließlich die Aufgabe ausübt, die seine Vergütung maximiert. In Abhängigkeit der konkreten Abweichung ist es für den Prinzipal abzuwägen, ob er ggf. ganz auf eine Anreizsetzung verzichtet, nämlich wenn bei einer hinreichend großen Abweichung zwischen β_2 und y_2 die Differenz aus Vergütung und Ergebnisbeitrag nicht mehr positiv ist.

$$(\beta_2 - y_2 \times P) \times a_2 < 0 \qquad 7\text{-}72$$

In Fall 8 steht hingegen eine beobachtbare Größe mit nur einem Produktivitätsfaktor zur Verfügung. Dies kann vorteilhaft sein, wenn es sich um den Faktor mit der höheren Produktivität handelt. In Abhängigkeit der zur Verfügung stehenden Beurteilungsgrö-

[1139] Werden die Anstrengungsniveaus bspw. als Arbeitszeit interpretiert, die der Agent in die jeweilige Aufgabe investiert, so hängt das Arbeitsleid nur von der investierten Arbeitszeit ab. Vgl. Wagenhofer (1996), S. 162.

[1140] Siehe hierzu und im Folgenden ausführlich Wagenhofer (1996), S. 162 ff.

[1141] Vgl. Wagenhofer (1996), S. 163.

ßen können manche Aktionen nicht induziert werden oder es sollte, aufgrund der negativen Auswirkungen, vollständig von Anreizen abgesehen werden.[1142] Wird der 2. Fall dahingehend modifiziert, dass $\beta_2 = 0$ und $y_2 > 0$ ist, dann kann das Anstrengungsniveau a_2 als Manipulation des Performancemaßes interpretiert werden, wodurch wiederum deutlich wird, dass die Eignung eines Performancemaßes mit seiner Präzision steigt und mit zunehmender Manipulierbarkeit bzw. abnehmender Übereinstimmung sinkt.[1143]

7.2.2.3 Mehrere Performancemaße und mehrere Aufgaben

Kann ein Performancemaß nur ein Anstrengungsniveau induzieren oder handelt es sich um ein nicht übereinstimmendes Performancemaß, so kann die Verwendung eines zweiten Performancemaßes (τ_2) möglicherweise vorteilhaft sein.[1144]

$$\tau_1 = y_{11} \times a_1 + y_{21} \times a_2 + \varepsilon_1 \text{ mit } \varepsilon_1 \sim N\left(0, \sigma_{\varepsilon_1}^2\right) \qquad 7\text{-}73$$

$$\tau_2 = y_{12} \times a_1 + y_{22} \times a_2 + \varepsilon_2 \text{ mit } \varepsilon_2 \sim N\left(0, \sigma_{\varepsilon_2}^2\right) \qquad 7\text{-}74$$

Bei der Hinzunahme eines zweiten Performancemaßes ergeben sich die die optimalen Anstrengungsniveaus des Agenten, unter Berücksichtigung einer separierbaren Disnutzensfunktion, für eine additive Produktionsfunktion mit jeweils beiden Anstrengungsparametern als:[1145]

$$a_1 = P_1 \times y_{11} + P_2 \times y_{12} \qquad 7\text{-}75$$

$$a_2 = P_1 \times y_{21} + P_2 \times y_{22} \qquad 7\text{-}76$$

Die optimalen Prämiensätze ergeben sich für die beiden Performancemaße aus der Bedingung erster Ordnung des Prinzipals als:[1146]

1142 Vgl. Wagenhofer (1996), S. 164.

1143 Vgl. Dierkes/Schäfer (2008), S. 22 f. für den Prämiensatz gilt dann: $P = \frac{\beta_1 \times y_1}{y_1^2 + y_2^2 + AAP_{Agent} \times \sigma^2}$.

1144 Vgl. Feltham/Xie (1994), S. 437 ff. Der Wert eines zusätzlichen Performancemaßes kann dabei nicht negativ sein, da stets ein Prämiensatz von Null gewählt werden kann.

1145 Vgl. Wagenhofer (1996), S. 161.

1146 Siehe zur Herleitung Anlage 13.10.

$$P_1 = \frac{\beta_1 \times y_{11} + \beta_2 \times y_{21} + AAP_{Prinzipal} \times \sigma_\theta^2}{y_{11}^2 + y_{21}^2 + AAP_{Agent} \times \sigma_{\varepsilon_1}^2 + AAP_{Prinzipal} \times \sigma_\theta^2} - \frac{P_2(y_{11} \times y_{12} + y_{21} \times y_{22} + AAP_{Agent} \times \rho \times \sigma_1 \times \sigma_2 + AAP_{Prinzipal} \times \sigma_{(}}{y_{11}^2 + y_{21}^2 + AAP_{Agent} \times \sigma_{\varepsilon_1}^2 + AAP_{Prinzipal} \times \sigma_\theta^2} \quad \text{7-77}$$

$$P_2 = \frac{\beta_1 \times y_{12} + \beta_2 \times y_{22} + AAP_{Prinzipal} \times \sigma_\theta^2}{y_{12}^2 + y_{22}^2 + AAP_{Agent} \times \sigma_{\varepsilon_2}^2 + +AAP_{Prinzipal} \times \sigma_\theta^2} - \frac{P_1(y_{11} \times y_{12} + y_{21} \times y_{22} + AAP_{Agent} \times \rho \times \sigma_1 \times \sigma_2 + AAP_{Prinzipal} \times \sigma_{(}}{y_{12}^2 + y_{22}^2 + AAP_{Agent} \times \sigma_{\varepsilon_2}^2 + AAP_{Prinzipal} \times \sigma_\theta^2} \quad \text{7-78}$$

Die Prämiensätze basieren auf dem Multi-Task-Fall für risikoaverse Akteure in Kombination mit der nicht-Kontrahierbarkeit des Ergebnisses, wobei durch die Hinzunahme eines zweiten Performancemaßes eine Erweiterung im Zähler erfolgt. Der erste Bruch entspricht strukturell dem Prämiensatz des vorherigen Kapitels, wobei nur das Risiko des ersten Performancemaßes relevant ist. Durch die Hinzunahme des zweiten Performancemaßes wird der Prämiensatz dahingehend erweitert, dass auch der Prämiensatz des anderen Performancemaßes mit negativem Vorzeichen Berücksichtigung findet. Dieser wird mit der Summe aus den Produkten der anstrengungsniveauspezifischen Produktivitätsparametern, dem Produkt aus der Kovarianz der beiden Performancemaße, mit dem Korrelationskoeffizienten ρ, und der konstanten absoluten Risikoaversion des Agenten sowie der Risikoprämie des Prinzipals multipliziert.

Es lässt sich erkennen, dass die Prämiensätze geringer als bei nur einem Performancemaß sein können, da im Zähler eine Reduktion erfolgt.[1147] Das zu tragende Risiko des Agenten sinkt mit den Prämiensätzen, ohne auf Arbeitsanreize zu verzichten.[1148] Somit kann die Hinzunahme eines zweiten Performancemaßes das Vergütungsrisiko und somit die Risikoprämie für den Agenten verringern.[1149] Ob eine Verbesserung hinsichtlich der Risikomenge des Vergütungskontraktes durch die Hinzunahme eines zweiten Performancemaßes erfolgt, hängt maßgeblich von der Korrelation der Störterme (ε_i) der Performancemaße ab.[1150] Besteht eine negative Korrelation

---

[1147] Vgl. Feltham/Xie (1994), S. 438.
[1148] Vgl. Wagenhofer (1996), S. 162.
[1149] Vgl. Feltham/Xie (1994), S. 440 ff.
[1150] Vgl. Wagenhofer (1996), S. 161.

der Störterme ($\rho < 0$), so erfolgt eine Reduktion des Risikos, sodass die Induktion eines bestimmten Anstrengungsniveaus aufgrund der Verringerung der Risikoprämie kostengünstiger wird. Die Prämiensätze der einzelnen Performancemaße sind abhängig von dem jeweiligen Risiko. Dabei sinkt die relative Bedeutung eines Performancemaßes mit seinem Risiko.[1151] Ein spezieller Fall ergibt sich, wenn beide Performancemaße eine nahezu perfekte positive Korrelation besitzen und das Risiko der Performancemaße erheblich voneinander abweicht. Dabei kann es auch zu einem negativen Prämiensatz für ein Performancemaß kommen,[1152] wobei der Prämiensatz des weniger risikobehafteten Performancemaßes höher ist, als wenn nur eine Beurteilungsgröße zur Verfügung steht. Das stärker risikobehaftete Performancemaß wird dann negativ.[1153] Damit ist auch der Fall möglich, dass ein Performancemaß vollständig mit der interessierenden Größe übereinstimmt, aber dennoch nicht in den Vergütungsvertrag aufgenommen wird, da Kombinationen aus anderen Performancemaßen zu präziseren Lösungen führen.[1154]

Die relative Bedeutung eines Performancemaßes im Multi-Task-Fall wird grundsätzlich durch das Risiko und die Kongruenz determiniert.[1155] Mit zunehmendem Risiko eines Performancemaßes sinkt c.p. der korrespondierende Prämiensatz, da der Nenner steigt. Stehen im Multi-Task Fall zur Leistungsbeurteilung mehrere linear unabhängige Performancemaße als Aktionen zur Verfügung, die induziert werden sollen, so ergeben sich unendlich viele Kombinationsmöglichkeiten zwischen den Performancemaßen, um das gewünschte Anstrengungsniveau zu induzieren.[1156] Wird hingegen von zwei Performancemaßen ausgegangen, die jeweils nur von einer, aber unterschiedlichen Aktion abhängen, so können im Vergleich zu Fall 1 und 4 aus Abbildung 32 beide Aktionen induziert werden. Darüber hinaus kann ein Verzicht auf die variable Vergütung, die wie in Fall 4 vorteilhaft sein kann, umgangen werden, wodurch das zweite Performancemaß Ineffizienzen beseitigt.

7.2.3 Verbundbeziehungen als Determinante der Vergütungsebene

Im vorherigen Abschnitt wurde die Identifizierung geeigneter Performancemaße thematisiert, wobei von etwaigen Verbundbeziehungen und Interdependenzen innerhalb

---

1151 Vgl. Dierkes/Schäfer (2008), S. 20 ff

1152 Vgl. Wagenhofer (1996), S. 161ff., der dies mit einem Zahlenbeispiel verdeutlicht. Siehe auch Kopel (1998), S. 548 und Hofmann (2002a), S. 1186 ff.

1153 Vgl. Wagenhofer (1996), S. 161 f.

1154 Siehe zu einer formalen Darstellung dieser Erkenntnis vor allem Feltham/Xie (1994), S. 439 f.

1155 Vgl. Dierkes/Schäfer (2008), S. 22 f. und Kopel (1998), S. 548.

1156 Vgl. Wagenhofer (1996), S. 162.

einer Organisationseinheit abstrahiert wurde. Wird die Sichtweise jedoch auf ein Unternehmen mit verschiedenen Bereichen erweitert, so müssen die möglichen Verbundbeziehungen innerhalb des Unternehmens bei der Ausgestaltung des Vergütungssystems berücksichtigt werden.[1157] Verbundbeziehungen können dabei als nicht isolierbare Entscheidungen konkretisiert werden,[1158] sodass die Interdependenzen innerhalb des Gesamtunternehmens bei der Entscheidungsfindung bedacht werden müssen. Die Vorteile aus Verbundbeziehungen können in zwei Kategorien differenziert werden, zum einen die Kooperationsvorteile[1159] und zum anderen die Koordinationsvorteile aus den Verbundbeziehungen.[1160] Durch die Delegation der Bereichsleitung kann das Problem entstehen, dass sich die Bereichsleiter nicht optimal im Sinne der Gesamtunternehmung verhalten, sondern Bereichsegoismen fokussieren und somit Abweichungen vom Gesamtoptimum resultieren, die das Ausnutzen der Koordinationsvorteile konterkarieren. Die Erkenntnisse zur horizontalen und vertikalen Koordination auf Basis der Prinzipal-Agent-Modelle aus dem Multi-Task- und Mehragenten-Fall können diese Problemstellung abbilden, sodass diese Erkenntnisse für die Konzeption eines geeigneten Vergütungssystems herangezogen werden sollten.[1161]

Für die Berücksichtigung der Verbundbeziehungen im Rahmen der Anreizsetzung und Vergütung ergibt sich dabei ein Trade-Off zwischen der Orientierung an dem Bereichserfolg, wodurch kein kooperatives Verhalten mit anderen Bereichen induziert wird, und der Vergütung über den Unternehmenserfolg, womit das Controbillity-Prinzip[1162] teilweise konterkariert wird und Freerider-Verhalten erwachsen kann.[1163] Aus dem Informationsprinzip kann dabei der Grundsatz abgeleitet werden, dass der Erfolg des Gesamtunternehmens oder anderer Bereiche immer dann bei der Performancemessung Berücksichtigung finden sollte, wenn dieser informativ bezüglich des Arbeitseinsatzes des Agenten ist.[1164] Bei einem positiv (negativ) abhängigen Aufgabenverbund sollte der Bereichsleiter positiv (negativ) am Erfolg des anderen Bereichs beteiligt werden,

---

1157 Siehe zu einer Systematisierung von Verbundbeziehungen Hofmann/Daugert (2004), S. 195 f.

1158 Vgl. Daugart (2009), S. 74.

1159 Siehe zu den Wettbewerbsvorteilen aus Kooperationsvorteilen auch Müller-Stewens/ Lechner (2011), S. 421 ff., die anhand von Praxisbeispielen die gemeinsame Ressourcennutzung, den Ressourcentransfer und die externen Verflechtungen im Kontext der Funktionalstrategien aufzeigen.

1160 Die koordinationsorientierte Sichtweise von Verbundbeziehungen verwendet als theoretischen Analyserahmen vor allem die Transaktionskosten- und die Verfügungsrechtetheorie. Vgl. Kräkel (2012), S. 59 f.

1161 Vgl. Dierkes/Schäfer (2008), S. 22.

1162 Siehe hierzu Antle/Demski (1988) und Kapitel 3 4.1.

1163 Vgl. Hofmann/Daugart (2004), S. 197; Pfaff (2004), S. 178 ff. Siehe zu den Investitionsanreizen bei Verbundbeziehungen Pfaff (1998), S. 501 ff.

1164 Vgl. Dierkes/Schäfer (2008), S. 22.

da sonst keine Kooperation erfolgt.[1165] Dabei ist zu beachten, dass je stärker die Verbundbeziehungen sind und je größer der Bereich ist, desto aggregierter sollte das Performancemaß des Bereichsleiters ausgewählt werden, wobei auch Auswirkungen auf das Risikoverhalten zu berücksichtigen sind.[1166]

Wird ausschließlich von einem Risikoverbund ausgegangen, der eine hohe Korrelation der stochastischen Abhängigkeit impliziert,[1167] so unterscheiden sich die Implikationen hinsichtlich der Beteiligung am Ergebnis des anderen Bereichs bzw. der Gesamtunternehmung.[1168] Eine positive Beteiligung an dem Ergebnis führt in diesem Kontext zu einer Teamentlohnung, die die Gefahr des Freerider-Verhaltens beinhaltet und aus der Sicht der Risikoteilung bestenfalls zu einem nicht ansteigenden Risiko der Vergütung führt. Wird hingegen von einer negativen Beteiligung des Bereichsleiters an dem Erfolg des anderen Bereichs ausgegangen, so kann von einer relativen Performancemessung gesprochen werden,[1169] wobei dies Anreize zur Sabotage induzieren kann. Bezieht sich die relative Leistungsbewertung auf die Branche, so kann es dem Prinzipal durch eine branchenorientierte relative Performancemessung gelingen das systematische Risiko vollständig zu eliminieren, wodurch die Risikoprämie sinkt und die Vergütung des Agenten nur noch dem unternehmensspezifischen Risiko unterliegt.[1170] Dabei erfolgt bei positiver (negativer) Korrelation zwischen dem unternehmens- und dem branchenspezifischen Performancemaß eine negative (positive) Berücksichtigung im Vergütungskontrakt des Agenten.[1171]

Daugart (2009) untersucht im Rahmen seiner Arbeit die Auswirkungen von Verbundbeziehungen auf die Eignung und Anforderungen von Performancemaßen, wobei hinsichtlich der Beobachtbarkeit der Agenten untereinander differenziert und vor allem die effiziente Allokation des Arbeitseinsatzes thematisiert wird. Für die Realisierung von

---

1165 Vgl. Dierkes/Schäfer (2008), S. 22 und Hofmann/Daugart (2004), S. 194 ff.

1166 Vgl. Hofmann/Daugart (2004), S. 197.

1167 Beispiele hierfür können spezifische Risiken auf der Kostenseite (Beschaffung von Produktionsfaktoren) und auf der Erlösseite (Nachfrage auf den Absatzmärkten) oder allgemeine Risiken (Konjunktur) sein. Vgl. Hofmann/Daugart (2006), S. 195 f.

1168 Siehe zu einer umfassenden Darstellung von Aufgaben- und Risikoverbundbeziehungen Posselt (1007).

1169 Die Verwendung relativer Leistungsbeurteilungen unterstützt dabei vor allem die Motivationsfunktion, wohingegen die Verwendung teamorientierter Bemessungsgrundlagen die Koordination bzw. Kooperation fördert. Vgl. Winter (1997), S. 621 ff.

1170 Vgl. Hofmann et al. (2009), S. 554 f.

1171 Vgl. Banker/Datar (1989). Sofern keine Korrelation zwischen den Performancemaßen vorliegt, sollte von einer Berücksichtigung abgesehen werden.

Synergien zeigt Daugart (2009) auf, dass deren Ausnutzung nur bei kongruenten Performancemaßen vorteilhaft ist.[1172]

7.2.4 Auswirkungen von Nachverhandlungen

Die Veränderung von ex ante abgeschlossenen Verträgen kann entweder in beiderseitigen Einvernehmen stattfinden, wenn dadurch eine pareto Verbesserung der Vertragspartner realisiert werden kann[1173] oder eine Vertragspartei dazu ein allgemeines oder bestimmtes Recht hat.[1174] Diese Situation kann entstehen, wenn zwischen dem Arbeitseinsatz des Agenten und der Realisation des Ergebnisses eine gewisse Zeit liegt. Nachdem der Arbeitseinsatz erbracht wurde, ist das Anreizproblem irrelevant und die Akteure sind nur noch dem Risiko des vergütungsdeterminierenden Ergebnisses ausgesetzt. In Abhängigkeit der unterstellten Risikoeinstellung von Agent und Prinzipal kann es dann sinnvoll sein, dass der weniger risikoaverse Akteur den anderen versichert.[1175] Diese sequentielle Abfolge kann als allgemeingültiger Modellrahmen angesehen werden, wobei hinsichtlich der Informationen, die der Prinzipal nach dem Ausführen des Arbeitseinsatzes erhält, differenziert werden kann.[1176]

Abbildung 33: Zeitliche Struktur von Nachverhandlungen

1172 Grundsätzlich wird die Eignung nach Daugart (2009) maßgeblich durch dessen Kongruenz und Risikomenge determiniert, wobei die Annahmen hinsichtlich des Informationsstandes der Agenten zur Beobachtbarkeit der anderen Agenten maßgeblich sind. Die Aufgabenallokation kann dabei als wichtiges Instrument identifiziert werden, da eine Umstrukturierung die Möglichkeit zur Anreizsetzung verbessern kann. Vgl. Daugart (2009), S. 143.

1173 Vgl. Schmidt (1995), S. 56. Die ex ante geschlossenen Vergütungsverträge sollen gem. EU-Empfehlung und DCGK nicht ex post verändert werden, damit diese eine Anreizwirkung entfalten können.

1174 Grundsätzlich hat der Gesetzgeber drei Fälle bedacht, in denen Anpassungen des Vergütungskontraktes möglich sind. Dies sind die Herabsetzung, die Abfindung oder die Korrektur der Erfolgsziele. Bei der Herabsetzung der Vergütung handelt es sich um ein einseitiges Recht des Auftraggebers auf Veränderungen des erwarteten Ergebnisses zu reagieren, wobei sowohl eine mangelhafte Ausführung der Aufgabe als auch exogene Einflüsse dies bedingen können. Die Anpassung der Erfolgsziele im Vergütungsvertrag kann neu definiert werden, wenn Veränderungen im Zeitablauf dies notwendig machen. Abfindungen hingegen bieten nur dann einen positiven Arbeitsanreiz, wenn diese geringer ausfallen als der kapitalisierte Vergütungsvertrag zzgl. dem Betrag, den der Entlassene in der Restlaufzeit des Vertrages am Markt verdienen kann.

1175 Dies berücksichtigt das Risikoallokationsproblem effizient, da die Risikoprämien minimiert werden, wenn von konstanter Risikoaversion ausgegangen wird. Den folgenden Ausführungen liegt die Annahme einer stärkeren Risikoaversion des Agenten zugrunde. Vgl. Schmidt (1995), S. 56.

1176 Vgl. Fudenberg/Tirole (1990); Hermalin/Katz (1991); Schmidt (1995).

Das Informationssignal I kann dabei drei Ausprägungen bezüglich des Informationsgehalts über den Arbeitseinsatz des Agenten a haben. Freudenberg/Tirole unterstellen, dass I keine Information über a enthält. Auf der Grundlage dieser Annahme kommen Freudenberg/Tirole zu dem Ergebnis, dass Nachverhandlungen nicht vorteilhaft sind, weil der Agent aufgrund seiner Risikoaversion von dem Prinzipal versichert wird. Antizipiert der Agent diese Versicherung, so hat er keinen Anreiz einen höheren Arbeitseinsatz zu leisten, da die Information I keine Rückschlüsse auf den Arbeitseinsatz zulässt. Hermalin/Katz betrachten hingegen den Fall, dass I vollständige Informationen über den Arbeitseinsatz des Agenten liefert, aber dass diese Information nicht verifizierbar[1177] ist.[1178] In dieser Situation können Nachverhandlungen zu einem Effizienzgewinn führen, weil das Anstrengungsniveau beobachtbar und somit das *first-best* Anstrengungsniveau induzierbar wird.[1179] Wird hingegen die Annahme getroffen, dass I unvollständige Informationen über den erbrachten Arbeitseinsatz liefert, so ist keine verallgemeinerte Aussage möglich.

7.2.5 Implikationen nicht-linearer Vergütungsfunktionen

Im LEN-Modell wird stets von einer unbegrenzten Gewinn- und Verlustbeteiligung und somit von einer linearen Vergütungsfunktion ausgegangen. Diese Annahme kann als relativ praxisfern angesehen werden und steht zudem im Gegensatz zu den Anforderungen des Gesetzgebers an die Vergütung, der eine Begrenzung der variablen Vergütung, welche ex ante definiert werden muss bzw. durch den horizontalen Vergleich bei der Üblichkeit vorgegeben ist, fordert.[1180] Die Linearitätsannahme der Vergütungsfunktion wird in der Literatur kontrovers diskutiert.[1181] Dabei wird die Linearitätsannahme auch als eine vereinfachende Approximation angesehen, die ein reduziertes Problem löst und dabei allgemeingültige Implikationen liefert.[1182] Wird die Linearitätsannahme dahingehend verletzt, dass der Agent nur an positiven Ergebnissen partizipiert und eine Verlustbeteiligung ausgeschlossen ist, so hat dies hinsichtlich der Anreizwirkung weitreichende Implikationen.

[1177] Wäre die Information verifizierbar, so könnte der eigentliche Vertrag schon die Information I beinhalten. In diesem Zusammenhang wären lediglich nachverhandlungssichere Verträge relevant, weil der Vorherige obsolet würde. Vgl. Schmidt (1995), S. 58.

[1178] Vgl. Hermalin/Katz (1991).

[1179] Schmidt (1995) fasst diesen Zusammenhang wie folgt zusammen: „Die intuitive Idee ist, dass der Prinzipal zunächst den Gewinnstrom gegen ein Lumpsum-Payment an den Agenten verkauft. Nachdem der Agent a gewählt hat, verkauft der Agent die Lotterie über mögliche Gewinne an den Prinzipal zurück, sodass er kein Risiko tragen muss. Das funktioniert natürlich nur, wenn der Prinzipal a beobachten kann." Vgl. Schmidt (1995), S. 60 f.

[1180] Vgl. Kapitel 3.5.3.4.

[1181] Siehe hierzu Wagenhofer/Ewert (1993) m.w.N.

[1182] Vgl. Wagenhofer/Ewert (1993), S. 387.

$$\underline{V}(X) = \begin{cases} X \times p + F \text{ für } X > \underline{X} \\ F \text{ für } X \leq \underline{X} \end{cases} \qquad 7\text{-}79$$

Die Eliminierung der Verlustbeteiligung in der Vergütungsfunktion führt dabei zu einer Steigerung des Erwartungswerts der Vergütung.[1183]

$$E\big(V(X)\big) \leq E\left(\underline{V}(X)\right) \qquad 7\text{-}80$$

Von hoher Relevanz sind die Implikationen der begrenzten Verlustbeteiligung für die Risiko- und Investitionssteuerung. Ausgehend von den Überlegungen im Rahmen der *Prospect Theory* kann eine Haftungsgrenze von Null zu einem risikofreudigen Agieren führen, sofern der Referenzpunkt als Nullpunkt der Bemessungsgrundlage interpretiert wird.

Für $X \leq \underline{X}$ gilt somit $RAP(\underline{V}) \leq RAP(V)$ bzw. $AAP(\underline{V}) \leq AAP(V)$ 7-81

Dies ist damit zu begründen, dass bei einem erwarteten Gewinn, und folglich auch einer Bemessungsgrundlage der Vergütung unterhalb des Referenzpunktes, der Agent bei einer Investition lediglich an den Gewinnchancen partizipiert und etwaige Verlustrisiken nicht in sein Kalkül aufnehmen muss.[1184] Im Fall keiner oder einer begrenzten Verlustbeteiligung kann die induzierte Risikofreude somit zum Eingehen weiterer hoher Risiken[1185] führen und damit auch einen Überinvestitionsanreiz zur Folge haben.[1186] Zudem kann bei einem durch den Arbeitseinsatz beeinflussbaren Risiko davon ausgegangen werden, dass das korrespondierende Anstrengungsniveau gegen Null tendiert.[1187] Der Prämiensatz kann hingegen steigen, da die Risikoprämie des Agenten ohne Verlustbeteiligung sinkt.[1188]

Wird die Linearitätsannahme dahingehend verworfen, dass die Gewinnbeteiligung begrenzt wird, also nur bis zu einer bestimmten Höhe des Gewinns eine Beteiligung an diesem erfolgt, so kann dies einen Unterinvestitionsanreiz zur Folge haben.

1183 Vgl. Laux/Schenk-Mathes (1992), S. 17 ff. und Crasselt (2003), S. 127 ff.
1184 Vgl. Crasselt (2003), S. 129.
1185 Zur Differenzierung hinsichtlich des systematischen und des unsystematischen Risikos im Kontext linearer Vergütungsverträge, siehe ausführlich Gillenkirch/Velthuis (1997).
1186 Vgl. Crasselt (2003), S. 128.
1187 Siehe hierzu das Modell in Anlage 13.7 sowie die dazugehörigen Ausführungen in Kapitel 7.2.1.2.
1188 Vgl. Laux/Schenk-Mathes (1992), S. 65 ff.

$$\bar{V}(X) = \begin{cases} \bar{X} \times p + F \text{ für } X > \bar{X} \\ X \times p + F \text{ für } X \leq \bar{X} \end{cases} \qquad 7\text{-}82$$

Sofern der erwartete Gewinn dem Maximum des für die Vergütung relevanten Gewinnniveaus entspricht, wäre der Agent bei zusätzlichen Investitionen nur noch an dem Risiko der Investition beteiligt, aber nicht mehr an den Gewinnchancen. Dies hat einen Anstieg der Risikoaversion zur Folge, der sogar zu einer vollständigen Vermeidung von zusätzlichem Risiko führen kann.

Für $X > \bar{X}$ gilt somit $RAP(V) \leq RAP(\bar{V})$ bzw. $AAP(V) \leq AAP(\bar{V})$ 7-83

Neben dem Problem der Unterinvestition muss bedacht werden, dass eine begrenzte Gewinnbeteiligung dazu führen kann, dass die Partizipationsbedingung nicht erfüllt sein kann. Übersteigt $E(X_t)$ die maximal mögliche Bemessungsgrundlage der variablen Vergütung $\bar{X}$, so könnte der Entscheidungsträger durch eine zunehmende absolute und relative Risikoaversion charakterisiert werden, sodass eine absolute und relative Reduktion des Risikos erfolgt, bis die maximale Vergütung mit minimalem Risiko erreicht wird. Ist $E(X_t)$ unterhalb von $\bar{X}$ aber oberhalb der Zielvorgabe $Z(X_t)$, so ist eine Risikoneigung denkbar, die eine konstante absolute und zunehmende relative Risikoaversion betrachtet, wodurch die risikobehafteten Positionen absolut gesehen konstant gehalten werden. Entspricht $E(X_t)$ dem Wert $Z(X_t)$, so könnte auch von einer abnehmenden absoluten Risikoaversion ausgegangen werden, wodurch die risikobehafteten Positionen zwar absolut erhöht werden, das Verhältnis zu den risikolosen Positionen aber dennoch abnehmen würde. Eine konstante relative Risikoaversion könnte für erwartete Werte, die kleiner als $Z(X_t)$ aber größer als die nach unten begrenzte variable Vergütung $\underline{X}$ sind, unterstellt werden, sodass die bisherige Relation von Risiko zu Zielgröße gewahrt wird. Für Werte unterhalb von $\underline{X}$ ist von einer abnehmenden relativen Risikoaversion auszugehen, wodurch nicht nur die risikobehafteten Positionen absolut erhöht werden, sondern auch im Verhältnis zur bisherigen Relation von Risiko zu Zielgröße.

	Ausprägung	AAP	$\frac{dAAP}{dX}$	$\frac{dRAP}{dX}$	Nutzenfunktion[1189]
$E(X_t)$	$\geq \bar{X}$	>0	>0	>0	HARA ($a > 0$ und $b < 0$)
	$< \bar{X}$ und $> Z(X_t)$	>0	=0	>0	HARA ($a > 0$ und $b = 0$)
	$= Z(X_t)$	>0	<0	>0	HARA ($a > 0$ und $b > 0$)
	$< Z(X_t)$ und $> \underline{X}$	>0	<0	=0	HARA ($a = 0$ und $b > 0$)
	$\leq \underline{X}$	>0	<0	<0	HARA ($a < 0$ und $b > 0$)

Abbildung 34: Zusammenhang zwischen dem Verhältnis von erwartetem zu gegenwärtigem Vermögen und der Risikoneigung

1189 Vgl. Kruschwitz/Husmann (2012), S. 79 f.

8 Corporate Governance als Kontextfaktor der Vorstandsvergütung

8.1 Ordnungsrahmen der Vorstandsvergütung

8.1.1 Grundlagen der Corporate Governance

8.1.1.1 Systeme der Corporate Governance

Corporate Governance Systeme können grundsätzlich in monistische sowie dualistische Führungs- und Aufsichtssysteme unterschieden werden,[1190] wobei das in Deutschland vorherrschende dualistische Corporate Governance System dadurch charakterisiert ist, dass die Führungs- und Aufsichtsfunktion von separaten Organen erfüllt wird.[1191] Diametral zum dualistischen System der Corporate Governance, welches eine Trennung von Führung und Kontrolle impliziert, werden bei dem monistischen System der Corporate Governance beide Aufgaben von einem Organ erfüllt. Innerhalb des als Board of Directors[1192] bezeichneten Führungsgremiums wird aber zwischen Inside- und Outside-Directors unterschieden. Die Inside- bzw. Executive Directors entsprechen dem Top-Management der Unternehmung,[1193] wohingegen die wesentliche Aufgabe der Outside- bzw. Non-Executive Directors, die i.d.R. nur nebenberuflich dem Board of Directors angehören, die Wahrnehmung der Kontrollfunktion darstellt. Ein wesentlicher Unterschied zum dualistischen System besteht insbesondere in der Berufungsfähigkeit des Chairman of the Board, dessen unternehmensinterne Stellung tendenziell der eines Aufsichtsratsvorsitzenden entspricht, die auch vom CEO besetzt werden kann. Die einstufige Unternehmensführung impliziert somit, dass keine strikte Trennung von Unternehmensführung und -überwachung besteht, wobei die Überwachung über die Ausschüsse der Non-Executive Directors erfolgt.[1194]

1190 Das monistische System wird im Aktienrecht der angelsächsischen Ländern wie Schweden, Belgien, Luxemburg, Portugal und Italien vorgeschrieben. Hingegen verfügen Deutschland, Dänemark, Niederlande und Österreich über rein dualistische Corporate Governance Systeme. Siehe zu einem Vergleich der deutschen Corporate Governance mit den Regelungen in den USA Beetz (2005). Das norwegische und französische Aktienrecht verfügen über eine Wahlmöglichkeit, wodurch grundsätzlich beide Systeme zugelassen sind. Diesen Freiraum räumt auch die Europäische Aktiengesellschaft (SE) ein, womit dem Corporate Governance Pluralismus in Europa Rechnung getragen wird. Siehe für einen Überblick der Corporate Governance in Europa, Fleischer (2012a), S. 160 ff.

1191 Seit dem Entwurf für das Allgemeine Deutsche Handelsgesetzbuch im Jahr 1861 besteht in Deutschland eine Trennung zwischen der Unternehmensführung und deren Aufsicht. Zuvor war noch das monistische System mit einem Verwaltungsrat für deutsche Aktiengesellschaften vorherrschend. Die Implementierung des dualistischen Systems in Deutschland geht dabei noch auf das römische Recht zurück, welches eine Trennung von „gestio" und „electio, instructio et custodia" vorsieht. Vgl. Böckli (2009), S. 256 m.w.N.

1192 Berufen werden alle Mitglieder des Board of Directors durch die Aktionärsversammlung.

1193 Unter den Executive Directors wird innerhalb des Boards der Chief Executive Officer (CEO) bestimmt, der den Vorsitz des Boards übernimmt.

1194 Vgl. Böckli (2009), S. 262 f. Die Non-Executive Directors haben Einfluss auf die strategische Ausrichtung der Unternehmung oder die Entscheidungsfindung in Krisenzeiten, nehmen während des üblichen Geschäfts jedoch eher eine passive Rolle ein. Vgl. Adams et al. (2010), S. 80.

Insgesamt weisen sowohl das einstufige als auch das zweistufige Corporate Governance System Vor- und Nachteile auf, weshalb eine zunehmende Konvergenz beider Systeme zu beobachten ist,[1195] die durch die Verabschiedung des Deutschen Corporate Governance Kodex (DCGK) und des amerikanischen Sarbanes-Oxley Acts verstärkt wurde. Unabhängig von der konkreten Ausgestaltung des jeweiligen Corporate Governance Systems besteht für Unternehmen ein Anreiz, „gute“ und transparente Corporate Governance zu verfolgen, da im Schrifttum ein positiver Einfluss auf die Kapitalkosten, aufgrund des informationsbedingten Risikoaufschlags, postuliert wird.[1196]

8.1.1.2 Determinanten und Regelungsrahmen der Corporate Governance in Deutschland

Die Großaktionäre, in Form von institutionellen Gesellschaftern oder Gründerfamilien, prägen traditionell das Finanzierungssystem in Deutschland, wobei auch Banken als direkte Investoren, Inhaber von Depotstimmrechten und Fremdkapitalgeber von hoher Relevanz sind.[1197] Die Mitsprache von Arbeitnehmern, Banken und Großaktionären bei der Bestellung des Vorstandes führt zu einer deutlichen Stakeholderorientierung der Unternehmenspolitik in Deutschland.[1198] Begründet ist diese Orientierung vor allem durch die historische Entwicklung des nationalen Rechtssystems,[1199] da sodass Deutschland als Vertreter einer Code-Law- und Stakeholder-orientierten Gesetzgebung angesehen werden kann.[1200]

Den aufgrund des historisch gewachsenen Rechts- und Finanzierungssystems entstandenen Kritikpunkten an der deutschen Corporate Governance wurde durch die Verabschiedung des DCGK im Jahr 2002 Rechnung getragen.[1201] Mit dem DCGK wird den Unternehmen ein Rahmen vorgegeben, der es ermöglichen soll, die Kritikpunkte

---

1195 Vgl. Böckli (2009), S. 269 ff.

1196 Vgl. Weber/Velte (2011), S. 39. Siehe zur Übersicht des Schrifttums sowie zum Zusammenhang von Corporate Governance und (Eigen-)Kapitalkosten: Tran (2011), S. 551 ff. Für eine Übersicht zur bisherigen, ausgewählten empirischen Untersuchungen zu dem postulierten Zusammenhang ebenfalls Weber/Velte (2011), S. 41 ff. Für eine empirische Untersuchung des deutschen Prime Standards, siehe Stiglbauer (2010), S. 359 ff., wobei ein positiver kausaler Zusammenhang aufgezeigt werden kann.

1197 Vgl. La Porta et al. (1997), S. 1131 ff.

1198 Siehe für eine Diskussion, in wessen Interesse eine deutsche Aktiengesellschaft zu führen ist, Hutzschenreuter/Metten/Weigand (2011), S. 305 ff.

1199 Siehe zu dem Einfluss rechtlicher, kultureller und politischer Determinanten auf die Corporate Governance und das Finanzierungssystem ausgewählter Länder, Matoussi/Jardak (2010), S. 1 ff.

1200 Vgl. La Porta et al. (1997), S. 1137 ff.

1201 Vgl. zu einer kritischen Würdigung des DCGK Sünner (2012), S. 265 ff. Für eine detaillierte Darstellung der deutschen Corporate Governance und des DCGK, siehe zudem Krieger (2012), S. 202 ff.

an der deutschen Corporate Governance zumindest abzuschwächen,[1202] wobei die Richtlinien des DCGK bis auf die jährliche Entsprechenserklärung legislativ nicht bindend sind.[1203] Obwohl eine derartige Vorgehensweise dem Rechtsverständnis von Code-Law-Staaten widerspricht, kann dies als Resultat des internationalen Wettbewerbs angesehen werden, wodurch flexible Anpassungen an die jeweiligen Informationsbedürfnisse möglich sind.[1204] Im Fokus des DCGK stehen die Etablierung von mehr Transparenz, die Förderung sowie Überwachung von börsennotierten Unternehmen sowie eine risikoadäquate und nachhaltige Unternehmensführung unter Beachtung der Interessen von Eigentümern und der Stakeholder. Nicht nur auf nationaler Ebene besitzt das Thema Corporate Governance seit der Finanzkrise einen hohen Stellenwert,[1205] auch auf europäischer Ebene ist eine zunehmende Beachtung der Thematik zu beobachten, was durch die Veröffentlichung von Diskussionspapieren deutlich wird.[1206]

8.1.2 Corporate Governance deutscher Aktiengesellschaften

Die maßgeblichen Regelungen zur Corporate Governance deutscher Aktiengesellschaften stellen das Aktiengesetz (AktG) und das Handelsgesetzbuch (HGB) dar, in denen die Rechte und Pflichten der Organe einer Aktiengesellschaft, namentlich der Eigentümer im Rahmen der Hauptversammlung, des Aufsichtsrates als Kontrollorgan und des Vorstandes als Führung der Gesellschaft, definiert werden. Diese Regelungen werden im Folgenden skizziert, wobei das AktG und das HGB die legislativ bindenden Regelungsquellen darstellen, die um die Empfehlungen des DCGK und der Europäischen Kommission ergänzt werden.

8.1.2.1 Aktionäre und Hauptversammlung

Die wirtschaftlichen Eigentümer einer Aktiengesellschaft partizipieren residual an der Geschäftstätigkeit der Unternehmung, d.h. ihnen steht das verbleibende Ergebnis

---

1202 Dabei waren vor allem die zweistufige Unternehmensverfassung mit Vorstand und Aufsichtsrat, die mangelnde Ausrichtung an den Informationsbedürfnissen der (privaten) Investoren, die geringe Transparenz der Unternehmensführung sowie die eingeschränkte Unabhängigkeit von Aufsichtsratsmitgliedern Gegenstand der Kritik. Vgl. Dörner/Orth (2005), S. 19 ff.

1203 In der comply-or-explain-Regel gemäß § 161 AktG wird offen gelegt, welche Empfehlungen des DCGK befolgt und welche nicht eingehalten wurden. Siehe grundlegend zur Entsprechenserklärung nach § 161 AktG Mülbert/Wilhelm (2012), S. 286 ff.

1204 Vgl. Dörner/Orth (2005), S. 16.

1205 Siehe zu den Reformen und Vorhaben der Corporate Governance Regulierung auf nationaler und europäischer Ebene seit der Finanzkrise Bachmann (2011), S. 181 ff.

1206 Inwieweit diese „Grünbücher“ allerdings umgesetzt werden und welchen Charakter diese haben, bleibt abzuwarten. Für eine Würdigung der nationalen und europäischen Regelungsebene, siehe Fleischer (2012a), S. 160 ff.

nach Erfüllung der (vertraglichen) Verpflichtungen gegenüber den Stakeholdern zu.[1207] Im Gegenzug haben die Shareholder das Recht, die Unternehmenspolitik über die direkte Mitwirkung im Rahmen der Hauptversammlung und die Entsendung von Aufsichtsratsmitgliedern mitzugestalten. Die Hauptversammlung ist eines der drei verpflichtend einzurichtenden Organe einer jeden Aktiengesellschaft und stellt den konstitutionellen Rahmen dar, durch den die Aktionäre gem. § 118 Abs. 1 Satz 1 AktG ihre Rechte, die sich allgemeingültig aus den Gesetzen und unternehmensspezifisch aus der Satzung ergeben, wahrnehmen können.[1208] Zu den Rechten der Eigentümer gehören grundsätzlich gem. § 131 AktG das Rede-, Antrags- und Fragerecht im Rahmen der Hauptversammlung[1209] sowie das Stimmrecht, welches gem. § 12 AktG und DCGK 2.1.2 die prozentuale Kapitalbeteiligung an der Unternehmung widerspiegelt.[1210] Die Anlässe der Stimmrechtsausübung in der Hauptversammlung können allgemeingültig in regelmäßig wiederkehrende und außerordentliche Sachverhalte kategorisiert werden.[1211] Bei den turnusmäßigen Abstimmungen kommt es gem. § 119 Abs. 1 Nr. 3-5 AktG zu den Entscheidungen über die Verwendung des Bilanzgewinns, die Entlastung von Aufsichtsrat und Vorstand sowie zur Bestellung des Abschlussprüfers[1212]. Die Abstimmung über die Verwendung des Bilanzgewinns soll gem. § 120 Abs. 3 S. 1 AktG mit der Entlastung des Vorstandes und des Aufsichtsrates verbunden werden.[1213] Im Zuge der Entlastung kann die Hauptversammlung gem. § 120 Abs. 4 AktG auch das Vergütungssystem des Vorstandes billigen. Voraussetzung hierfür ist, dass die Beschlussfindung entweder von der Verwaltung vorgeschlagen wird oder mindestens eine qualifizierte Mehrheit der Aktionäre diese verlangt.[1214]

1207 Vgl. Schmidt/Weiß (2009), S. 165.

1208 Siehe zu der Entwicklung der Aktionärsrechte Förster (2011), S. 362 ff.

1209 Siehe zum Anspruch und zu Beschränkungen des Informationsrechts gem. AktG Förster (2011), S. 368 ff.

1210 Vgl. Metten (2010), S. 181. Dies gilt nicht für stimmrechtslose Vorzugsaktien gem. § 12 Abs. 2 AktG.

1211 Siehe weiterführend zu den „ungeschriebenen" Zuständigkeiten der Hauptversammlung, vor allem im Kontext des Unternehmenserwerbes, Priester (2011), S. 654 ff.

1212 Die Bestellung des Abschlussprüfers obliegt gem. § 318 Abs. 1 S. 1 AktG und § 119 Abs. 1 Nr. 4 AktG der Hauptversammlung, indem über den Vorschlag des Aufsichtsrates für die Tagesordnung gem. § 124 Abs. 3 S. 1 AktG abgestimmt wird. Siehe zum Problem der Koalitionsbildung im Rahmen der Abschlussprüfung, unter Beachtung der Regelungen des BilMoG, Velte/Weber (2010), S. 393 ff.

1213 Die Entlastung durch die Hauptversammlung entspricht der Billigung der Geschäftsführung, führt aber gem. § 120 Abs. 2 S. 2 AktG nicht zu einem Verzicht auf Ersatzansprüche.

1214 Vgl. zu rechtlichen Überlegungen und einer empirischen Erhebung des Vergütungsvotums im Rahmen der Hauptversammlung Freiherr von Falkenhausen/Kocher (2010), S. 623 ff.

In Abhängigkeit der jeweiligen Sachlage können gem. § 119 Abs. 1 Nr. 1, 6-8 AktG zudem Wahlen zur Bestellung der Aufsichtsratsmitglieder, Satzungsänderungen, Kapitalmaßnahmen, Bestellung von Prüfern zur Geschäftsführung[1215] und zur Auflösung der Gesellschaft anstehen.[1216] Die Sonderprüfung der Geschäftsführung stellt ein Kontrollinstrument dar, das zur Aufklärung etwaiger Missstände beitragen soll und kann entweder gerichtlich oder von den Eigentümern im Rahmen der Hauptversammlung verlangt werden.[1217] Gegenstand der Sonderprüfung sind konkrete Sachverhalte[1218], die zur Geltendmachung von (Schadens-)Ansprüchen führen können, der Informationsbeschaffung zur Ausübung von Gesellschafterrechten oder der Prävention dienen.[1219]

Die Überwachung und Kontrolle des Vorstandes aus der Perspektive der Eigentümer ist die Aufgabe der durch die Anteilseigner entsandten Aufsichtsräte. Daher kommt der Bestellung der Aufsichtsratsmitglieder gem. § 119 Abs. 1 Nr. 1 AktG eine besondere Bedeutung zu.[1220] Institutionelle Investoren[1221] nehmen ihre Stimmrechte häufig nicht selbst wahr, sondern delegieren diese an sog. Proxy Advisor[1222],[1223] wobei aufgrund der vorherrschenden Einheitstheorie gesellschaftsrechtlich keine erkennbare Differenzierung hinsichtlich institutioneller und privater Investoren existiert.[1224] Die Eigentümerstruktur kann als wesentliche Determinante der Corporate Governance erachtet werden, was auch empirisch im Hinblick auf die Einhaltung der Empfehlungen des

---

1215 Vgl. zur Sonderprüfung im Rahmen der Hauptversammlung Bork (2009), S. 750 ff.

1216 Dieser Einteilung der wesentlichen Zuständigkeiten der Hauptversammlung schließt sich der DCGK in Ziffer 2.2.1 sinngemäß an. Siehe zu einer detaillierten Darstellung des DCGK Ziffer 2.2.1 Ringleb et al. (2014), Rn. 233 ff.

1217 Nachdem die Sonderprüfung gem. § 124 Abs. 1 Satz 1 AktG zur Tagesordnung auf der Hauptversammlung angekündigt ist, kann gem. § 142 Abs. 1 AktG der Sonderprüfer bestellt werden. Siehe zur Person des Sonderprüfers Bork (2009), S. 747 und zum „Novum“ einer freiwilligen Sonderprüfung, vgl. Strenger (2014), S. 17.

1218 Vgl. § 142 Abs. 2, § 258 Abs. 2 Satz 3, § 315 Satz 2 AktG.

1219 Vgl. hierzu ausführlich Wehner (2011), S. 111 ff.

1220 Vgl. Witt (2009), S. 307. Der bestehende Aufsichtsrat muss der Hauptversammlung bei der Neubesetzung eines Aufsichtsratspostens einen Wahlvorschlag für das zu besetzende Aufsichtsratsmandat unterbreiten, der dann gem. § 101 Abs. 1 Satz 1 AktG darüber abstimmt Gem. § 101 Abs. 2 AktG können bestimmten Aktionären satzungsmäßige Entsendungsrechte für den Aufsichtsrat zugewiesen werden. In besonderen Fällen können Aufsichtsratsmitglieder auch vom Gericht bestellt oder satzungsbedingt von Aktionären entsandt werden, vgl. Roth/Wörle (2004), S. 575 f. Dabei darf gem § 101 Abs. 2 AktG höchstens ein Drittel der durch die Aktionäre zu wählenden Aufsichtsräte durch derartige Entsenderechte besetzt werden.

1221 Vgl. zu institutionellen Investoren im Kontext der Corporate Governance Faber (2009), S. 219 ff.

1222 Siehe zur Rolle und Regulierung von Proxy Advisors im deutschen sowie europäischen Aktien- und Kapitalmarktrecht Fleischer (2012b), S. 2ff.

1223 Vgl. hierzu und im Folgenden Fleischer (2011b), S. 169 ff.

1224 Vgl. hierzu sowie grundlegend zu institutionellen Anlegern im Unternehmensrecht Zetsche (2011), S. 381 ff. Die im Aktienrecht notwendigen Quoren sind daher unabhängig von dem Status des jeweiligen Gesellschafters.

DCGK evident ist.[1225] Der kausale Zusammenhang zwischen dem Anteil an institutionellen Investoren und der Güte der Corporate Governance einer Gesellschaft scheint empirisch belegt,[1226] wobei sich institutionelle Investoren tendenziell eher für Investitionen entscheiden, bei denen eine „gute" Corporate Governance vorliegt, als dass diese Investoren einen signifikant positiven Einfluss darauf nehmen.

8.1.2.2 Kontrolle der Unternehmensführung durch den Aufsichtsrat

Der Aufsichtsrat setzt sich gem. § 101 AktG aus Vertretern der Aktionäre und der Arbeitnehmer zusammen, wobei sich die Größe des Aufsichtsrates und die anteilsmäßige Zusammensetzung an den Regelungen des §§ 95, 96 AktG i.V.m. §§ 7-24 MitbestG orientiert.[1227] Die Mindestanzahl an Aufsichtsratsmitgliedern beträgt gem. § 95 AktG drei Personen. Diese Anzahl erhöht sich gem. § 95 Satz 4 AktG, § 9 Abs. 2 Montan-MitbestG, in Abhängigkeit des Grundkapitals und satzungsspezifischer Vorgaben.[1228] § 107 AktG regelt die innere Ordnung des Aufsichtsrates und empfiehlt dabei gem. § 107 Abs. 3 AktG, dass Ausschüsse gebildet werden, die die Verhandlungen und Beschlüsse vorbereiten und überwachen.[1229] Die Beschlussfassung zu Aufgaben gem. § 107 Abs. 2 Satz 3 AktG sowie zu Geschäften, die nur mit Zustimmung des Aufsichtsrates durchgeführt werden können, kann nicht an einen Ausschuss delegiert werden.[1230] Für die Festsetzung der Vorstandsvergütung folgt daraus, dass ein zum Thema Vorstandsverträge gebildeter Ausschuss lediglich Vorschläge unterbreiten kann, wohingegen die Festsetzung der Vorstandsvergütung durch den gesamten Aufsichtsrat erfolgen muss.[1231]

[1225] Vgl. hierzu und im Folgenden statt vieler Warning (2011), S. 265 ff. m.w.N.

[1226] Vgl. Chung/Zhang (2011), S. 247.

[1227] Siehe zur Größe des Aufsichtsrates aus rechtlicher Sicht und deren empirischen Implikationen Gerum/Debus (2006).

[1228] Siehe zur Organisation und Zusammensetzung des Aufsichtsrates Oetker (2009), S. 287 ff. Bei mitbestimmten Aktiengesellschaften beträgt die maximale Anzahl an Aufsichtsratsmitgliedern gem. § 7 Abs. 1 Satz 1 Nr. 2 MitbestG zwanzig, wobei die Hälfte der Vertreter von den Arbeitnehmern entsandt wird. Der bestehende Zwang einer ungeraden Anzahl an Aufsichtsratsmitgliedern gem. § 95 Satz 3 AktG greift aufgrund des Zweistimmrechts des Aufsichtsratsvorsitzenden gem. § 29 Abs. 2 MitbestG nicht. Die Aufsichtsräte von nicht mitbestimmten und die nach dem Montangesetz bzw. Drittelbeteiligungsgesetz mitbestimmten Gesellschaften dürfen die in § 95 Satz 1 AktG genannte Obergrenze von einundzwanzig nicht überschreiten. Die maximale Anzahl der Arbeitnehmervertreter im Aufsichtsrat beträgt dabei gem. §§ 4, 9 MontanMitbestG acht bzw. gem. § 4 Abs. 1 DrittelbG sieben. Die Vertreter der Arbeitgeber im Aufsichtsrat werden üblicherweise von Gewerkschaften bestellt, die Vertreter der Aktionäre wählt hingegen die Hauptversammlung.

[1229] Zudem wird in § 107 Abs. 3 Satz 3 AktG erwähnt, dass die Vorsitzenden der jeweiligen Ausschüsse den gesamten Aufsichtsrat über die Arbeit unterrichten sollen.

[1230] Siehe zu den Möglichkeiten des Aufsichtsrates bei der Ausgestaltung und Handhabung von Zustimmungsvorbehalten Seebach (2012), S. 70 ff.

[1231] Vgl. Manz/Mayer/Schröder (2014), S. 372.

Dem Aufsichtsrat obliegt gem. §111 Abs. 1 AktG die Aufgabe, die Geschäftsführung des Vorstandes zu überwachen. Diese Funktion bezieht sich nicht nur auf die retrospektive Kontrolle des operativen Geschäfts und das Aufzeigen begangener Fehler, sondern impliziert ebenfalls die Präventivkontrolle bzw. -überwachung der strategischen Ausrichtung und Geschäftspolitik.[1232] Die weitergehende Beratungsfunktion kann dabei im Spannungsverhältnis zur originären Aufgabe stehen, wenn die Intensität der Beratungsfunktion den Umfang der Aufsichtsratstätigkeit übersteigt.[1233] Aufsichtsräte, die von den Arbeitnehmern entsandt werden, sehen ihre Aufgabe tendenziell im Bereich der Kontrolle, während bei den Vertretern der Anteilseigner die Beratung stärker im Fokus steht.[1234] Neben der Überwachungs- und Kontrollfunktion ist der Aufsichtsrat gem. § 84 AktG für die Bestellung der Mitglieder des Vorstandes sowie deren Vertragsverlängerung und Abberufung und demzufolge für die wichtigste Personalentscheidung eines Unternehmens verantwortlich.[1235] Der Aufsichtsrat hat bei der Wahrnehmung seiner Aufgaben darauf zu achten, dass der Vorstand die Unternehmung im Interesse der Stakeholder effizient führt.[1236] Stellt der Aufsichtsrat bei der Überwachung des Vorstandes Mängel in der Geschäftsführung fest, so kann dieser mit einer Vielzahl von Instrumenten reagieren. Die Möglichkeiten reichen von der Anforderung einer Stellungnahme oder Beanstandung gegenüber dem Vorstand, über die Verschärfung der Geschäftsordnung des Vorstandes und Erweiterung der Zustimmungsvorbehalte, bis hin zu einer Änderung der Ressortverteilung oder der Einschränkung der Geschäftsführungsbefugnis.[1237] Die ultima ratio stellt die Abberufung des Vorstandes gem. § 111 Abs. 3 AktG dar. Die Verletzung der gewissenhaften Wahrnehmung des Aufsichtsratsmandates kann gem. § 93 Abs. 1 AktG i.V.m. § 116 AktG Schadensersatzansprüche gegen den Aufsichtsrat begründen.[1238]

[1232] Vgl. Henze (2005), S. 165; vgl. Oetker (2009), S. 281 f.; vgl. Hirt (2013), S. 144 ff. Der DCGK konkretisiert dieses Aufgabenprofil in Ziffer 5.1.1, wonach der Aufsichtsrat den Vorstand bei seiner Arbeit regelmäßig beratend und unterstützend begleiten soll. Siehe hierzu ausführlich Ringleb et al. (2014), Rn. 327 ff.

[1233] Vgl. Oetker (2009), S. 282.

[1234] Vgl. Schoppen (2011), S. 38 f.; der einen empfehlenswerten Richtwert von Kontrolle zu Beratung bei 2:1 sieht. Dabei ist zu beachten, dass gem. § 111 Abs. 4 Satz 1 AktG die Übertragung von Maßnahmen der Geschäftsführung ausdrücklich nicht gestattet ist.

[1235] Siehe kritisch zur Personalarbeit der Aufsichtsräte und ausführlich zum Prozess der Auswahl von Vorständen sowie zu den Implikationen von Fehlbesetzungen Bellmann (2011), S. 6 f.

[1236] Vgl. Bellavite-Hövermann/Lindner/Lüthje (2005), S. 97. sowie unter spezieller Berücksichtigung einer nachhaltigen Unternehmensführung Ruter/Rosken (2011), S. 1123 ff.

[1237] Vgl. Ringleb et al. (2014), Rn. 432 f.

[1238] Vgl. BGH-Urteil vom 21.04.1997, Aktz. II ZR 175/95, in: BGHZ 135,244; OLG Frankfurt/Main, Urteil vom 18.11.2012 – 5 U 110/08, AG 2011, S. 462. Die wesentlichen Risiken, aus denen eine persönliche Haftung der Aufsichtsratsmitglieder resultieren kann, sind das eigene Fehlverhalten, die Verletzung der Überwachungspflicht und auch die Haftung für die Nichtgeltendmachung von Schadenersatzansprüchen.

Damit der Aufsichtsrat sein Mandat sorgfältig ausüben kann, benötigt er Informationen, mit denen er sich ein Urteil über die Geschäftsführung des Vorstandes bilden kann.[1239] Das Aktiengesetz verpflichtet zu diesem Zweck den Vorstand dem Aufsichtsrat Informationen zukommen zulassen, fordert aber ebenso den Aufsichtsrat sich aktiv mit der Informationsbeschaffung zu befassen.[1240] Zudem verfügt der Aufsichtsrat über das Recht für besondere Aufgaben die Expertise externer Sachverständiger einzuholen, wie bspw. die eines Vergütungsberaters, dessen Unabhängigkeit in Ziffer 4.2.2 Abs. 3 des DCGK explizit gefordert wird.[1241]

Weitgehender als die Informationspflichten und -rechte des Aufsichtsrates sind die Mitwirkungskompetenzen und die daraus resultierende Teilhabe an den Leitungsaufgaben gem. § 111 Abs. 4 Satz 2 AktG. Demnach kann die Satzung oder der Aufsichtsrat bestimmen, dass bestimmte Geschäfte nur mit der Zustimmung des Aufsichtsrates durchgeführt werden können. Untersagt der Aufsichtsrat seine Zustimmung zu einem derartigen Geschäft, so kann der Vorstand das Geschäft der Hauptversammlung unterbreiten und darüber abstimmen lassen. Das Vetorecht für bestimmte Geschäfte soll dabei den Informationsfluss zwischen Vorstand und Aufsichtsrat befruchten, lässt aber das gestaltende Geschäftsführungsverbot unberührt.[1242] Der Zustimmungsvorbehalt bezieht sich in der Regel auf Investitionen einer bestimmten Größenordnung und M&A-Transaktionen, wodurch die strategische Ausrichtung maßgeblich beeinflusst wird.[1243] Eine weitere Säule der Überwachung der Unternehmensführung ist die Abschlussprüfung des Jahres- bzw. Konzernabschlusses. Dem Aufsichtsrat obliegt gem. § 111 Abs. 2 Satz 3 AktG die Erteilung des Prüfauftrages gem. § 290 HGB. In diesem Kontext kommt dem Prüfungsausschuss eine besondere Rolle zu, da dieser in einen intensiven Dialog mit dem Abschlussprüfer tritt.[1244] Nah verbunden mit der Abschlussprüfung ist

1239 Siehe grundlegend zur Informationsbeschaffung im Aufsichtsrat Lutter (2006) und Schneider (2006).

1240 Vgl. Oetker (2009), S. 291. Die rechtliche Grundlage für die Selbstinformation des Aufsichtsrates liefert § 111 Abs. 2 Satz 1 AktG. Dieser besagt, dass der Aufsichtsrat die Bücher und Schriften der Gesellschaft sowie die Vermögensgegenstände einsehen und prüfen kann.

1241 Siehe ausführlich zu der Rolle des Vergütungsberaters, auch im internationalen Vergleich Baums (2010) sowie zur Unabhängigkeit Fleischer (2009), S. 170 ff.

1242 Vgl. Habersack (2010), S. 259 f.; Oetker (2009), S. 283 ff.; Witt (2009), S. 316 f.

1243 Vgl. Degen/Ruhwedel (2011), S. 138 sowie grundsätzlich zu den Vorstandspflichten bei M&A-Transaktionen, Hüffer (2010), S. 365 ff. und zu den Anforderungen an die Compliance bei M&A-Transaktionen, Hesse/Röhrich/Chance (2011), S. 537 ff.

1244 Vgl. Mattheus (2009), S. 572 f.

auch das Risikomanagement,[1245] welches vor allem in den Bereichen Compliance, interne Revision und Controlling Anwendung findet.[1246] Aufgrund der im DCGK und AktG dargestellten Anforderung an den Aufsichtsrat und der durch den Normierungsausschuss zu definierenden Idealbesetzung lässt sich eine personelle Grundanforderung an den Aufsichtsrat erkennen, die als relativ unabhängig von den spezifischen Charakteristika der Unternehmung angesehen werden kann.[1247] Ein unabhängiges Mitglied des Aufsichtsrates soll als Experte für die Rechnungslegung und die Abschlussprüfung gelten. Zudem sollte (mindestens) ein Mitglied bereits ein Unternehmen geleitet haben und somit fundierte Kenntnisse über die Organisation und die wichtigen Steuerungs- und Kontrollabteilungen, wie bspw. Compliance, Controlling und Revision, aufweisen. Damit das Risiko von Liquiditätsengpässen und Fehlinvestitionen verringert werden kann, sollte ein Mitglied des Aufsichtsrates über fundierte Kenntnisse im Bereich Finanzen verfügen und für die steigenden juristischen Anforderungen sollte ein Aufsichtsratsmitglied den rechtlichen Sachverstand besitzen, um Verträge mit dem Abschlussprüfer oder Vorstand schließen zu können. Weiteres Fachwissen bspw. bei Auslandsinvestitionen oder im Bereich der Forschung und Entwicklung kann dazu beitragen, sofern dies den Gegebenheiten der unternehmerischen Tätigkeit der Gesellschaft entspricht, das Unternehmen effektiv zu überwachen.

Damit eine unabhängige Beratung und Kontrolle des Vorstandes gewährleistet werden kann, fordert der DCGK in Ziffer 5.4.2, dass eine ausreichende Anzahl unabhängiger Mitglieder und maximal zwei ehemalige Vorstände dem Aufsichtsrat angehören.[1248] Die Konkretisierung der Unabhängigkeit, durch das Nichtvorhandensein von geschäftlichen oder persönlichen Beziehungen, soll zu einer erhöhten Reflexion der Sachverhalte und somit zu weniger Barrieren bei der Äußerung von Kritik führen.[1249] Als Aufsichtsratsmitglied kommt gem. § 100 Abs. 2 AktG grundsätzlich nicht in Betracht, wer bereits in zehn Handelsgesellschaften Aufsichtsratsmitglied ist, wobei bis zu fünf Aufsichtsratsmandate in Tochterunternehmen nicht anzurechnen sind. Aufsichtsratsvorsitze sind hingegen doppelt anzurechnen. Die Berufung in einen Aufsichtsrat ist für gesetzliche Vertreter einer Tochterunternehmung oder gesetzliche Vertreter einer anderen Kapitalgesellschaft, deren Aufsichtsrat ein Vorstandsmitglied der Gesellschaft

---

1245 Vgl. zum Risikomanagement durch den Aufsichtsrat auch Gleißner (2011), S. 173 ff.
1246 Vgl. hierzu Degen/Ruhwedel (2011), S. 138 f.
1247 Vgl. hierzu und im Folgenden Lutter (2009), S. 326 f. Die Idealbesetzung orientiert sich dabei vornehmlich an § 100 AktG und Ziffer 5.3.2 des DCGK.
1248 Siehe zur Definition der Unabhängigkeit aus Sicht des DGCK und der EU Kremer/v. Werder (2013).
1249 Vgl. Ruter (2011), S. 17.

angehört, ebenfalls nicht möglich. Für den Wechsel vom Vorstand in den Aufsichtsrat ist eine zweijährige Sperrpflicht zu beachten, es sei denn die Wahl erfolgt auf Vorschlag der Hauptversammlung mit mindestens 25 Prozent der Stimmrechte.[1250] Der Aufsichtsrat hat gem. § 107 Abs. 1 AktG einen Vorsitzenden und seinen Stellvertreter aus seiner Mitte zu wählen.[1251]

8.1.2.3 Die Unternehmensführung durch den Vorstand

8.1.2.3.1 Bestellung und Zusammensetzung

Der Aufsichtsrat kann gem. § 84 Abs. 1 AktG einen Vorstand für die Dauer von höchstens fünf Jahren bestellen. Eine Verlängerung der Amtszeit des Vorstandes um maximal weitere fünf Jahre ist möglich, wobei der notwendige Aufsichtsratsbeschluss gem. § 84 Abs. 1 Satz 3 AktG frühestens ein Jahr vor Ablauf der Amtszeitzeit gefasst werden kann,[1252] sofern die Verlängerung zu einer Amtszeit von mehr als fünf Jahren führt.[1253] Die Ernennung eines Vorstandsmitgliedes kann gem. § 84 Abs. 2 AktG widerrufen werden, wenn eine grobe Pflichtverletzung, Unfähigkeit zur ordnungsmäßigen Geschäftsführung oder Vertrauensentzug durch die Hauptversammlung vorliegen. Eine Aktiengesellschaft hat bei einem Grundkapital von mehr als drei Mio. Euro einen mehrköpfigen Vorstand gem. § 76 AktG zu bestellen, sofern die Satzung nicht ausdrücklich einen Einzelvorstand zulässt.[1254] Der DCGK empfiehlt für die Besetzung des Vorstandes in Ziffer 4.2.1 in Einklang mit § 84 Abs. 2 AktG, dass der Vorstand aus mehreren Personen bestehen und einen Sprecher oder Vorsitzenden haben sollte.[1255]

1250 Siehe zum Wechsel eines Vorstandes in den Aufsichtsrat aus juristischer Sicht Krieger (2010), S. 521 ff. sowie zu den ökonomischen Auswirkungen des Wechsels vom Vorstand in den Aufsichtsrat im Rahmen einer empirischen Untersuchung Grigoleit et al. (2011), S. 578 ff.

1251 Der DCGK gibt in Ziffer 5.2 Empfehlungen zu den Aufgaben des Aufsichtsratsvorsitzenden ab. Ihm obliegt vor allem die Koordination der Aufsichtsratsarbeit und die Vertretung des Aufsichtsrates nach außen. Siehe zu den speziellen Anforderungen an den Aufsichtsratsvorsitzenden, vor allem in mitbestimmten Gesellschaften, von Werder (2009b), S. 340 f.

1252 Vgl. für betriebswirtschaftliche Aspekte der Bestellung zum Vorstand Witt (2009), S. 314 f. sowie zur vorzeitigen Wiederbestellung von Vorständen Fleischer (2011a), S. 861 ff.

1253 Vgl. Wallisch (2010), S. 563 m.w.N. Der DCGK regt in Ziffer 5.1.2 an, die Höchstdauer bei einer Erstbestellung nicht auszuschöpfen und bekräftigt, dass die Wiederbestellung frühestens ein Jahr vor Ablauf der Bestellung vorgenommen werden soll. Vgl. Raguß (2009), S. 27 f. Die notwendigen persönlichen Voraussetzungen für einen Vorstand sind in § 76 Abs. 3 AktG geregelt. Demnach darf eine natürliche, unbeschränkt geschäftsfähige Person keine Inhabilität durch die Nicht-Erfüllung der juristischen Integrität gem. § 76 Abs. 3 AktG aufweisen. Darüber hinaus empfiehlt der DCGK dem Aufsichtsrat in Ziffer 5.2.1 eine Altersgrenze für Vorstände zu definieren.

1254 Der DCGK verlangt dabei in Ziffer 3.10 i.V.m. 161 AktG eine Erklärung der Abweichung.

1255 Vgl. Ringleb et al. (2014), Fn. 653 ff. Besteht der Vorstand aus mehr als einem Mitglied, so kann gem. § 84 Abs. 2 AktG der Aufsichtsrat eine Person zum Vorstandsvorsitzenden ernennen. Dem Vorstandsvorsitzenden obliegen vor allem die Leitung der Sitzungen und die Koordination der Vorstandsarbeit. Zudem repräsentiert er den Vorstand und das Unternehmen nach außen. Die Geschäftsordnungskompetenz des Vorstandes ermöglicht die Funktionen und Befugnisse des Sprechers konkret festzulegen. Dies ist dem Vorstand aufgrund fehlender gesetzlicher Vorgaben anzuraten. Der konstituierende Unterschied zwischen Vorstandssprecher und Vorstandsvorsitzendem

Trotz nicht vorhandener Vorgaben zur Struktur der Geschäftsordnung seitens des Gesetzgebers hat sich, ausgehend von der Hierarchisierung der für das Vorstandshandeln maßgeblichen Normen wie Gesetz, Satzung und Geschäftsordnung, in der Praxis dennoch eine charakteristische Struktur der Vorstandsressorts etabliert.[1256] Die zumindest teilweise Verwerfung des aktienrechtlichen Kollegialprinzips hin zu einem praktikablen Direktorialprinzip,[1257] entspricht dabei den praktischen Gepflogenheiten der Organisationsstruktur von Vorständen.[1258] Prinzipiell erscheint eine Aufteilung der Vorstandsressorts in funktionale und divisionale Aufgaben zielführend, wobei die individuelle Charakteristik einer jeden Aktiengesellschaft zu beachten ist. Folgt die Aufgabenteilung des Vorstandes einer funktionalen Struktur, so werden die Ressorts gemäß der Unternehmensfunktionen (bspw. Finanzen, Personal, Einkauf, Produktion, Vertrieb) abgegrenzt.[1259] Die segmentbezogene Organisationsstruktur ist hingegen durch eine Aufteilung nach Unternehmenseinheiten charakterisiert, die wiederum durch Produkte und Regionen abgegrenzt werden.[1260]

Des Weiteren kann eine sachliche Beschränkung vorgenommen werden, die Wertgrenzen und Geschäftsvorfälle definiert, bei denen der Gesamtvorstand i.S.d. § 77 Abs. 1 Satz 2 AktG entscheidet. Die gesetzlich vorgeschriebene Gesamtgeschäftsführung impliziert, dass der Vorstandsvorsitzende über keine Weisungsbefugnis innerhalb des Vorstandes verfügt und die Führung des Unternehmens gem. § 77 Abs. 1 AktG nicht mit einer Minderheit innerhalb des Gremiums erfolgen kann. Zudem stünde das Alleinentscheidungsrecht im Widerspruch zu der in § 76 Abs. 1 AktG manifestierten Vorstandspflicht der eigenverantwortlichen Leitung. Verfügt der Vorstand über mehr als zwei Personen, so kann einem Vorstand (bspw. dem Vorstandsvositzenden) im

ist darin zu sehen, dass der Vorstandssprecher nicht vom Aufsichtsrat ernannt, sondern gem. § 77 Abs. 2 AktG vom Vorstand gewählt wird. Vgl. Ringleb et al. (2014), Fn. 656 f.

1256 Vgl. hierzu und im folgenden Ringleb et al. (2014), Fn. 670 ff. Eine Geschäftsordnung für den mehrköpfigen Vorstand wird vom DCGK in Ziffer 4.2.1 empfohlen, die vor allem die Ressortzuständigkeiten der einzelnen Vorstandsmitglieder, die durch den Gesamtvorstand zu entscheidenden Angelegenheiten sowie die erforderlichen Beschlussmehrheiten regelt.

1257 Vgl. hierzu ausführlich Grundei (2008).

1258 Vgl. Oesterle (2003), S. 204 ff.; Witt (2009), S. 315f.

1259 Entsprechend dieser Organisation weisen Mitglieder des Vorstandes einen hohen Spezialisierungsgrad in den einzelnen Sachbereichen auf.

1260 Siehe zum Zusammenhang von Strategie und Organisationsstruktur Kapitel 2.2.2.

Fall von Pattsituationen ein Recht zum Stichentscheid eingeräumt werden.[1261] Ein weiteres Machtinstrument ist das Vetorecht, welches üblicherweise dem Vorstandsvorsitzenden das Recht einräumt, Entscheidungen anderer Vorstände abzulehnen.[1262]

8.1.2.3.2 Aufgaben und Pflichten

Die Leitung einer Aktiengesellschaft erfolgt gem. § 76 Abs. 1 AktG auf eigene Verantwortung des Vorstandes. Dies impliziert, dass vor allem die operativen und strategischen Entscheidungen des Vorstandes nicht den Weisungen des Aufsichtsrates, der Hauptversammlung oder Dritter unterliegen.[1263] Dabei hat der Vorstand mit der Sorgfalt eines ordentlichen und gewissenhaften Geschäftsleiters gem. § 93. Abs. 1 Satz 1 AktG zu agieren, wobei die Business Judgement Rule[1264] i.S.d. § 93 Abs. 1 Satz 2 AktG den Organmitgliedern in diesem Kontext Schutz vor Haftung bietet,[1265] sofern eine unternehmerische Entscheidung[1266] auf Basis angemessener Informationen zum Wohle der Gesellschaft getroffen wird.[1267] Die in § 93 Abs. 1 Satz 2 AktG definierte Leitmaxime des Wohls der Gesellschaft verdeutlicht, dass die Leitungsaufgabe nicht nur unter Berücksichtigung der Gesellschafterinteressen wahrzunehmen ist, sondern eine deutliche Stakeholder-Orientierung erkennen lässt.[1268] Der DCGK konkretisiert diese Leitmaxime in Ziffer 4.1.1, wonach die Belange von Aktionären, Arbeitnehmern und sonstiger Stakeholder bei der Zielerreichung der nachhaltigen Wertschöpfung berücksichtigt werden sollen.[1269] Die Maximierung des Unternehmenswertes i.S.d.

1261 Vgl. Oesterle (2003), S. 201. Dieses Recht kann von dem Aufsichtsrat gemäß Satzung oder durch die vom Vorstand verfasste Geschäftsordnung gewährt werden.

1262 Bei Aktiengesellschaften, die dem Montan-MitbestG oder dem Mitbestimmungsgesetz unterliegen und somit gem. § 76 Abs. 2 Satz 3 AktG i.V.m. § 33 Abs. 1 Satz 1 MitbestG, § 13 Abs. 1 Satz 1 Montan-MitbestG einen Arbeitsdirektor aus ihrem Vorstand ernennen müssen, ist die Erteilung des Vetorechts für einen Vorstand nicht möglich. Begründet ist dies in der gesetzlich manifestierten Gleichstellung des Arbeitsdirektors zu allen anderen Vorständen, welche durch das Vetorecht verletzt wäre.

1263 Vgl. Oetker (2009), S. 279. Eine Ausnahme stellt eine beherrschte Aktiengesellschaft gem. § 308 AktG dar. Das herrschende Unternehmen ist dabei berechtigt der Geschäftsleitung Weisungen zu erteilen.

1264 Siehe zur Rechtsbindung der Business Judgement Rule im Kontext des DCGK, Weber-Rey (2011), S. 845 ff.

1265 Siehe zur aktuellen Diskussion der Haftungsrisiken von Vorständen Grunewald (2013), S. 813 ff.

1266 Entscheidendes Kriterium für das Vorliegen einer unternehmerischen Entscheidung ist, dass dem Vorstand ein Beurteilungs- und Ermessensspielraum zusteht. Vgl. Weber-Rey/Buckel (2011), S. 849 f.

1267 Dabei werden formelle Kriterien zur Klärung der Haftungsfrage herangezogen, weshalb die Dokumentation eines Entscheidungsprozesses für die Unternehmensführung von maßgeblicher Bedeutung ist. Vgl. Gehrig/Breu (2013), S. 52. Von zentraler Bedeutung sind in diesem Kontext der Informationsversorgung und ein logischer, sachgerechter Ablauf des Entscheidungsprozesses.

1268 Vgl. ebenfalls Oetker (2009), S. 279.

1269 Siehe zur ökonomischen, juristischen und gesellschaftlichen Diskussion, in wessen Interesse eine Aktiengesellschaft zu leiten ist, Hutzschenreuter et al. (2011) S. 305 ff. m.w.N.

Shareholder Value-Konzepts kann dabei im Einklang mit der grundsätzlich interessenpluralistischen Unternehmensführung stehen, sofern die Interessen der unterschiedlichen Stakeholder-Gruppen durch gesetzliche Regelungen, wie bspw. Arbeitsrecht oder Konzernrecht, Beachtung finden.[1270]

Die Leitung der Unternehmung beinhaltet unter anderem die Personalverantwortlichkeit, d.h. Auswahl, Einstellung, Kontrolle und Führung von Mitarbeitern und damit verbunden die Gewährleistung der Compliance. Der Begriff Compliance[1271] steht für die an sich selbstverständliche, juristische Einhaltung[1272] sämtlicher relevanter gesetzlicher Pflichten, Vorschriften und Regeln, die in diesem Kontext einer Beachtung der Stakeholderinteressen Rechnung tragen kann. Neben den juristischen Anforderungen subsumiert die Compliance auch die Beachtung unternehmensinterner und -externer Regelungen und Richtlinien sowie die Einhaltung dieser in den einzelnen Konzerneinheiten.[1273] Durch die Implementierung eines aus juristischer Sicht nur implizit verpflichtenden Compliance-Systems[1274] soll der Informationsfluss zwischen den einzelnen Teilbereichen bzw. unteren Hierarchieebenen zum Vorstand standardisiert werden.[1275] Wesentlich konkreter als die Vorgaben zur Compliance sind die Informationspflichten des Vorstandes gegenüber dem Aufsichtsrat zu den Geschäften der Gesellschaft in § 90 AktG formuliert.[1276] Die strategische Ausrichtung und grundsätzliche Geschäftspolitik müssen dem Aufsichtsrat mindestens jährlich gem. § 90 AktG Abs. 1 Satz 1 i.V.m. § 90 AktG Abs. 2 Satz 1 kommuniziert werden. Die Grundlage für die Abbildung der strategischen Ausrichtung stellt die Unternehmensplanung, insbesondere die Planung der Kapital- und Personalressourcen, dar.[1277] Des Weiteren hat der Vorstand der Berichtspflicht gem. § 90 AktG gegenüber dem Aufsichtsrat im Hinblick auf die Erklärung von Abweichungen von früheren Planungen jährlich sowie ad-hoc bei besonderen Ereignissen, die (Umsatz-)Entwicklung und Lage der Gesellschaft

---

1270 Vgl. Ringleb (2014), Rn. 565 ff.

1271 Vgl. zur definitorischen Heterogenität und juristischen Abgrenzung des Begriffs Compliance Raguß (2009), S. 273 ff.

1272 Vgl. zur Hinweisgeberverantwortung (Whistleblowing) des Vorstandes Fleischer/ Schmolke (2012), S. 1013 ff.

1273 Diesem abstrakten Verständnis folgend, definiert der DCGK den Begriff der Compliance in Ziffer 4.1.3: *„Der Vorstand hat für die Einhaltung der gesetzlichen Bestimmungen und der unternehmensinternen Richtlinien zu sorgen und wirkt auf deren Beachtung durch die Konzernunternehmen hin (Compliance)."* Siehe zur Interpretation des DCGK Ziffer 4.1.3 Ringleb et al. (2014), Rn. 575 ff.

1274 Vgl. Raguß (2009), S. 275 f.

1275 Vgl. Rodewald/Unger (2007), S. 1629 ff.

1276 Vgl. Eibelshäuser (2014), S. 123 ff.

1277 Vgl. Witt (2009), S. 304. Der DCGK konkretisiert in Ziffer 4.1.2 diese Anforderungen dahingehend, dass der Vorstand für die Entwicklung und Umsetzung der strategischen Ausrichtung, in Abstimmung mit dem Aufsichtsrat, verantwortlich ist. Siehe zu den Inhalten strategischer Entscheidungen Ringleb et al. (2014), Rn. 571 ff.

mindestens vierteljährlich sowie besondere Geschäfte, die für die Rentabilität und Liquidität der Gesellschaft von erheblicher Bedeutung sind, mit ausreichendem zeitlichem Vorlauf nachzukommen.

Zudem kann der Aufsichtsrat außerplanmäßig eine Berichterstattung zu den juristischen und ökonomischen Angelegenheiten der Gesellschaft anfordern. Damit etwaige gefährdende Entwicklungen für die Gesellschaft möglichst früh erkannt und Gegenmaßnahmen ergriffen werden können, obliegt dem Vorstand gem. § 91 Abs. 2 AktG[1278] die Aufgabe ein Überwachungssystem zu implementieren.[1279] Die vom Gesetzgeber dabei verwendete Formulierung macht deutlich, dass ein Risikofrüherkennungssystem für existenzbedrohende Risiken zwingend notwendig ist, ein umfassendes Risikomanagement hingegen nicht.[1280] Wird das Risiko als Gefahr der Zielverfehlung definiert,[1281] so kann die in § 90 AktG Abs. 1 Satz 1 geforderte Unternehmensplanung[1282] einen geeigneten Anknüpfungspunkt für das Risikocontrolling darstellen. Im Rahmen des Lageberichtes gem. §§ 289 Abs. 1 Satz 4, 315 Abs. 1 Satz 5 HGB ist über die voraussichtliche Entwicklung und die damit verbundenen Chancen und Risiken zu berichten sowie gem. §§ 289 Abs. 2 Nr. 2, 315 Abs. 2 Nr. 2 HGB über die verwendeten Risikomanagementziele und -methoden.[1283] Diese aufgeführten Anforderungen aus dem AktG und HGB spiegeln wiederum die Notwendigkeit eines umfassenden Controlling zur Unterstützung des Vorstandes wider.[1284]

8.1.3 Erkenntnisse der Prinzipal-Agent-Theorie im Kontext der Corporate Governance deutscher Aktiengesellschaften

Wird das Kompetenzgeflecht deutscher Aktiengesellschaften betrachtet, so wird deutlich, dass der Aufsichtsrat als Bindeglied zwischen Eigentümern und Vorständen fungiert. Der Aufsichtsrat nimmt gegenüber den Eigentümern die Rolle des Agenten ein

1278 Vgl. für eine umfassende Würdigung Berwanger/Kullmann (2012), S. 111 ff.

1279 Vgl. Witt (2009), S. 317.

1280 Vgl. Dreher, Me. (2010) S. 162 f. Siehe für einen Vergleich der aktienrechtlichen Anforderungen und des Prüfungsstandards PS 340 zu den Risikomanagementpflichten Spindler (2014); sowie grundsätzlich zum Risikomanagement im Konzern Hommelhoff/Mattheus (2000), S. 217 ff.

1281 Vgl. Ballwieser (2009), S. 449.

1282 Siehe zu den Anforderungen an die Unternehmensplanung Neis/Leis (2011), S. 12 ff. sowie bei aktienrechtlichen Strukturmaßnahmen Schrenker (2011), S. 484 ff.

1283 Namentlich müssen dabei die Methoden zur Absicherung von Preisänderungs-, Ausfall- und Liquiditätsrisiken und Risiken aus Zahlungsstromschwankungen im Rahmen des Lageberichtes kommuniziert werden. Siehe zum internen Überwachungssystem als Grundlage des Risikomanagements Wien/Kirschner (2012), S. 192 ff.

1284 Siehe zum Zusammenwirken von Corporate Governance und Controlling Becker/ Ulbrich (2010), S. 5 ff. und für die Funktionen des Controlling im Rahmen der Corporate Governance Wall (2008), S. 228 ff.

und agiert als Prinzipal des Vorstandes,[1285] der von ihm überwacht wird und auch seine Vergütung maßgeblich beeinflusst. Damit die bisher betrachteten Prinzipal-Agent-Modelle für eine Analyse dieser Struktur fruchtbar gemacht werden können,[1286] muss eine vertikale Erweiterung erfolgen, die auch Erkenntnisse hinsichtlich der Effizienz von Aufsichtsinstanzen liefern kann.

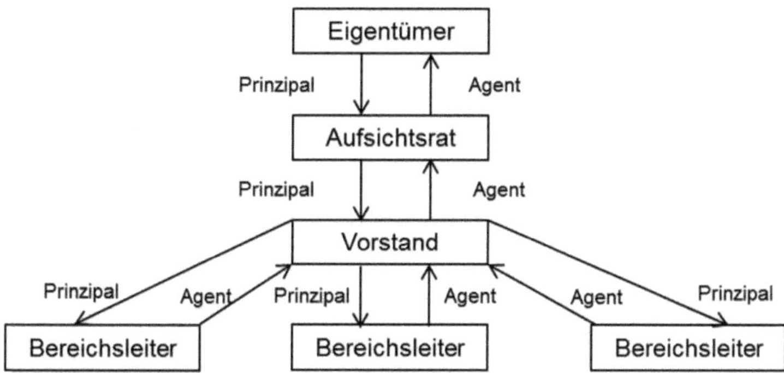

Abbildung 35: Corporate Governance deutscher Aktiengesellschaften

Eine Verallgemeinerung der mehrstufigen Prinzipal-Agent-Beziehung auf nachgelagerte Hierarchieebenen ist dahingehend möglich, als dass der Vorstand als Prinzipal gegenüber der nachgelagerten Hierarchieebene (bspw. Segmentleitung) agiert und diese selbst als Agent fungiert.[1287] Dabei erfolgt zwar keine Vermögensüberlassung, jedoch sind die oberen Hierarchieebenen zur Erfüllung der ihnen übertragenen Aufgaben und somit zur Maximierung ihrer leistungsabhängigen Vergütung auf die nachgelagerten Hierarchieebenen in gewissem Maße angewiesen.[1288] Vorstände und Aufsichtsräte bestehen nach aktienrechtlicher Vorgabe aus mehreren Personen, wodurch weitere Anpassungen des Standardmodells erforderlich werden. Die horizontale Erweiterung des Standardmodells, wonach wiederum hinsichtlich der Stellung in einem Team differenziert werden kann, gewährt Erkenntnisse bei der Anreizsetzung in

---

1285 Vgl. Winter (2003), S. 337.

1286 Vgl. hierzu sowie allgemein zur Verwendung des Prinzipal-Agent-Modells im Kontext des Koordinations-orientierten Controlling, Dirrigl (1995), S. 134 ff.

1287 Vgl. hierzu Pratt/Zeckhauser (1985), S 2; sowie kritisch zu dieser Auslegung Schneider (1995), S 47 f.

1288 Meinhövel (2005), S. 67 sieht eine vertragliche Beziehung „bei der der Beauftragte gegen einen Entlohnungsanspruch die Verpflichtung zur Erfüllung einer Dienstpflicht für den Auftraggeber eingeht“ als konstituierendes Merkmal einer Prinzipal-Agent-Beziehung.

Teamstrukturen. Neben den erwähnten Konstellationen zählen auch die relativen Leistungsturniere (Rank-Order-Tournaments) zur Gattung der Mehragentenmodelle.[1289] Die relativen Leistungsturniere[1290] finden ebenfalls in Konstellationen mit einem Prinzipal und mehreren Agenten Beachtung. Damit eine relative Leistungsbeurteilung erfolgen kann, müssen die Agenten über vergleichbare Aufgaben verfügen und zueinander in einem konkurrierenden Verhältnis stehen,[1291] d.h. das Ergebnis (X) darf nicht auf einem kooperativen Arbeitsinput basieren. Die Vorteile dieser Art der Leistungsbeurteilung sind vor allem in einer einfachen und transparenten, da ordinalen Messung der Leistung zu sehen. Darüber hinaus ermöglicht diese Form der Beurteilung externe Effekte zu isolieren, weil diese bei ähnlichen Aufgaben auf alle Agenten gleichermaßen wirken und Unterschiede im Ergebnis zwischen den Agenten damit nur auf ihr Talent bzw. Arbeitseinsatz zurückzuführen sind.[1292] Die relative Leistungsbeurteilung kann aber auch negative Folgen aufweisen, wenn die Sabotage bei anderen Akteuren oder die horizontale Kollusion nicht kontrolliert werden kann, sodass das Prinzip der Leistungsturniere ausgehebelt wird, was für den Prinzipal dann kontraproduktiv sein kann.[1293]

8.1.3.1 Vertikale Erweiterung

8.1.3.1.1 Berücksichtigung einer Aufsichtsinstanz

Die bisher in dieser Arbeit betrachtete einstufige Prinzipal-Agent-Beziehung wird um eine weitere Hierarchiestufe zu einem mehrstufigen Delegationsverhältnis ausgebaut, indem der Prinzipal zunächst Aufgaben an eine zwischengeschaltete Instanz $(Agent_1)$ delegiert.[1294] Ausgehend von der Aufgabendelegation des Prinzipals an $Agent_1$, Informationen hinsichtlich der Determinanten des Ergebnisses X zu beobachten, ergeben sich interessante Implikationen bezüglich des Nutzens dieser Funktion für den Prinzipal.[1295] Der als Aufseher fungierende $Agent_1$ leistet hier keinen produktivitätsbezogenen Arbeitsinput und erhält für die Weitergabe der Information über die Produktivität β_2

1289 Siehe grundlegend zu dieser Systematisierung Kräkel (2012), S.86 ff.

1290 Vgl. vor allem Lazear/Rosen (1981) sowie zu einem Überblick der relativen Leistungsbeurteilung Winter (1996).

1291 Vgl. hierzu und im Folgenden Kräkel (2012), S. 87 f.

1292 Vgl. Asseburg/Hofmann (2009), S. 819. Sie identifizieren im Rahmen der Untersuchung die Produkt-, Markt- und Brancheneigenschaften als Determinanten der Eignung der relativen Performancebewertung.

1293 Vgl. Kräkel (1998), S. 1010 ff.

1294 Die Beziehungen sind ebenfalls von Informationsasymmetrien geprägt, wobei der Agent den höchsten Informationsstand hat und der Prinzipal auch gegenüber dem Aufseher ein Informationsdefizit aufweist.

1295 Vgl. statt vieler Tirole (1986).

eine fixe Vergütung,[1296] wodurch das Anstrengungsniveau a_2 identifiziert ist und somit die maßgebliche Variable für die Vergütung des $Agenten_2$ darstellen kann.[1297]

$$X = \beta_2 \times a_2$$

In diesem Kontext gilt ein besonderes Augenmerk der vertikalen Kollusion zwischen dem Agenten und seiner Aufsicht zulasten des Prinzipals, wobei vier mögliche Umweltzustände skizziert werden, die durch unterschiedliche Informations- und Produktivitätsniveaus gekennzeichnet sind.

	$\beta_2 = \overline{\beta_2}$	$\beta_2 = \underline{\beta_2}$
$Agent_1$ kann β beobachten	1	2
$Agent_1$ kann β nicht beobachten	3	4

Abbildung 36: Analyserahmen zur Kollusionsbildung

Die Produktivität des $Agenten_2$ kann entweder hoch ($\beta_2 = \overline{\beta_2}$) oder gering ($\beta_2 = \underline{\beta_2}$) sein und es erfolgt eine Differenzierung hinsichtlich der Beobachtungsmöglichkeit dieser Produktivität durch $Agent_1$, sodass nur bei Beobachtbarkeit des β_2 die vergütungsrelevante Variable a_2 bestimmt werden kann. Sofern risikoaverse Akteure[1298] agieren und nicht von der Möglichkeit der Kollusion[1299] abstrahiert wird, kann es zu einer Absprache zwischen $Agent_1$ und $Agent_2$ hinsichtlich der produktivitätsbezogenen Informationsübermittlung von $Agent_2$ an den Prinzipal kommen. Das Resultat dieser Kollusion entspricht einer Transferzahlung von $Agent_2$ an $Agent_1$, damit $Agent_1$ Informationen, die auf einen geringen Arbeitseinsatz schließen lassen, gegenüber dem Prinzipal verschweigt, wodurch ein höheres Sicherheitsäquivalent für $Agent_2$ resultiert. Relevant aus Sicht des $Agenten_2$ ist dabei lediglich das Szenario eins, da der $Agent_1$ hier wahrheitskonform und verifizierbar die hohe Produktivität berichten könnte. Der Anreiz für $Agent_2$ ist darin zu sehen, dass er $Agent_1$ dahingehend kompensiert, dass dieser

1296 Siehe hierzu grundlegend Tirole (1986).

1297 Von einem unsicheren exogenen Umweltzustand wird im Folgenden abstrahiert.

1298 Wäre der Aufseher risikoneutral, so könnte der Prinzipal diesem das gesamte residuale Einkommen für den Erwartungswert dieser Zahlung abzüglich des Reservationslohns des Aufsehers übertragen. Der Aufseher würde aufgrund seiner Risikoneutralität keine Risikoprämie verlangen. Somit entspricht diese Konstellation weitestgehend der im Standardmodell betrachteten Situation, wobei der einzige Unterschied in der Zahlung des Fixums an den Aufseher in Höhe des Reservationslohns zu sehen ist. Vgl. Tirole (1986), S. 196 f.

1299 Wird von der Möglichkeit der Kollusion abstrahiert, so verfügt der Prinzipal über die Informationsstand des Aufsehers und die Resultate sind, bis auf die fixe Vergütung des Aufsehers, äquivalent zu denen im Standardmodell. Vgl. Tirole (1986), S. 190 ff.

stets $\underline{\beta_2}$ an den Prinzipal kommuniziert, da bei $\overline{\beta_2}$ folgt, dass ein geringeres a_2 gewählt werden kann, damit das erwartete X resultiert. Der $Agent_1$ wird also im zweiten Fall $\underline{\beta_2}$ kommunizieren und in den übrigen Szenarien berichten, dass β_2 nicht beobachtbar ist. Die Lösung des Kollusionsproblems aus der Sicht des Prinzipals liegt in der anreizkompatiblen Vertragsgestaltung, indem die Kompensationszahlung des Prinzipals an $Agent_1$ genauso gewählt wird, dass dieser im ersten Szenario mindestens indifferent zwischen der wahrheitsgemäßen Kommunikation und der Kollusion ist.

8.1.3.1.2 Berücksichtigung mehrerer Hierarchieebenen

Die zuvor betrachtete Situation kann derart modifiziert werden, dass auch $Agent_1$ einen produktiven Arbeitsinput (a_1) liefert,[1300] sodass für das Ergebnis (X) gilt:

$$X(a_1, a_2, \theta) = \beta_1 \times a_1 + \beta_2 \times a_2 + \theta$$
$$mit\ \theta \sim N(0, \sigma_\theta^2)\ sowie \frac{\partial X}{\partial a_i} > 0\ und\ \frac{\partial^2 X}{\partial {a_i}^2} = 0 \qquad \text{8-1}$$

Der Prinzipal legt in diesem Kontext den für ihn optimalen Prämiensatz (P) fest. Die Aufteilung der variablen Anteile der Agenten wird zunächst an $Agent_1$ delegiert.

$$p_i = P \times \omega_i\ mit \sum_{i=1}^{n} \alpha_i = 1 \qquad \text{8-2}$$

Darüber hinaus gelten dieselben Annahmen wie in den zuvor betrachteten Kapiteln und es wird von ausschließlich risikoaversen Akteuren ausgegangen. Die Anreizbedingungen der Agenten entsprechen in dieser Situation:

$$\max_{a_1 \in A_1} SÄ_{Agent_1}(V(X), a_1, a_2)$$
$$= F_1 + X(a_1, a_2) \times p_1 - \frac{AAP_{Agent_1}}{2} \times p_1^2 \times \sigma^2 - \frac{1}{2} a_1^2 \qquad \text{8-3}$$

$$\max_{a_2 \in A_2} SÄ_{Agent_2}(V(X), a_1, a_2)$$
$$= F_2 + X(a_1, a_2) \times p_2 - \frac{AAP_{Agent_2}}{2} \times p_2^2 \times \sigma^2 - \frac{1}{2} a_2^2 \qquad \text{8-4}$$

[1300] Vgl. zu einem derartigen Modellrahmen vor allem Ruhl (1990), S. 178.

Die Maximierungsbedingung des ebenfalls risikoaversen Prinzipals ergibt sich unter Beachtung der Mehragentenstruktur als:

$$\max_{F,P,a} SÄ_{Prinzipal} = E(X) - E\big(V(X)\big)$$
$$= X(a_1, a_2) \times (1-P) - F_1 - F_2 - \frac{AAP_{Prinzipal}}{2} \times (1-P)^2 \times \sigma^2 \quad \text{8-5}$$

Unter Berücksichtigung des Anreizproblems wählt der Agent seinen Arbeitseinsatz, welcher sich als Bedingung erster Ordnung aus seinem Maximierungskalkül ergibt:[1301]

$$\max_{F,P,a} SÄ_{Prinzipal} = E(X) - E\big(V(X)\big)$$
$$= X(a_1, a_2) \times (1-P) - F_1 - F_2 - \frac{AAP_{Prinzipal}}{2} \times (1-P)^2 \times \sigma^2 \quad \text{8-6}$$

Das optimale Anstrengungsniveau hängt dabei, wie auch in den zuvor betrachteten Konstellationen, von der jeweiligen Produktivität und dem individuellen variablen Prämiensatz ab. Nach Einsetzen der mit Gleichheit erfüllten Partizipationsbedingungen in die Zielfunktion des Prinzipals lässt sich der optimale Prämiensatz aus der Bedingung erster Ordnung ermitteln:

$$P = \frac{\beta_1^2 \times \alpha_1 + \beta_2^2 \times \alpha_2 + AAP_{Prinzipal} \times \sigma^2}{\beta_1^2 \times \alpha_1^2 + \beta_2^2 \times \alpha_2^2 + AAP_{Prinzipal} \times \sigma^2 + \alpha_1^2 \times AAP_{Agent_1} \times \sigma^2 + \alpha_2^2 \times AAP_{Agent_2} \times \sigma^2} \quad \text{8-7}$$

Der variable Anteil der Agenten hängt positiv von dem Ausmaß der Risikoaversion des Prinzipals und den quadrierten Produktivitätsparametern ab, welche mit dem individuellen Anteil an dem Prämiensatz gewichtet werden. Negativ wirken sich hingegen die Risikoprämien der Agenten und die mit dem Anteil am Prämiensatz gewichtete quadrierte Produktivität aus. Maßgeblich für den Prämiensatz ist in dieser Situation das Verhältnis der Risikoaversion der Agenten zu derjenigen des Prinzipals. Durch die Maximierung der Bedingung erster Ordnung ergibt sich für den optimalen Anteil am Prämiensatz α_1 aus der Perspektive des $Agenten_1$:

$$\alpha_1 = \frac{\beta_1^2 + AAP_{Agent_2} \times \sigma^2}{\beta_1^2 + \beta_2^2 + AAP_{Agent_1} \times \sigma^2 + AAP_{Agent_2} \times \sigma^2} \quad \text{8-8}$$

$$\alpha_2 = 1 - \alpha_1 \quad \text{8-9}$$

[1301] Siehe zur Herleitung der Ergebnisse Anlage 13.4.

Der optimale Anteil α_1 des $Agenten_1$ am Prämiensatz P hängt positiv von seiner Produktivität und der Risikoaversion des $Agenten_2$ ab. Negativ wirken sich hingegen die Produktivität des $Agenten_2$ und seine Risikoaversion aus. Der optimale Anteil des $Agenten_1$ kann nur den Wert 1 annehmen, wenn seine Risikoprämie Null ist, d.h. bei Risikoneutralität oder einem Risiko gleich Null, und zugleich einer Produktivität des $Agenten_2$ von gleich Null. Die Aufteilung des Prämiensatzes wird somit durch das Verhältnis der Produktivität und der AAP von beiden Agenten determiniert.

8.1.3.2 Horizontale Erweiterung

Ausgehend von der zuvor betrachteten Situation lässt sich eine Modifikation dahingehend vornehmen, dass der Prinzipal nicht mehr nur den Prämiensatz (P) festlegt, sondern auch die optimalen Anteile α_1 und α_2 bestimmt.[1302] Diese Modifizierung impliziert, dass bei gleichem P die optimalen Anteile α_1 und α_2 von denen abweichen, die aus dem Maximierungskalkül des $Agenten_1$ resultieren. Die Bedingungen erster Ordnung für die Anteile an dem Prämiensatz ergeben sich aus dem Maximierungskalkül des Prinzipals:

$$\frac{\partial SÄ_{Prinzipal}}{\partial \alpha_1} = \beta_1^2 \times P - AAP_{Agent_1} \times P^2 \times \alpha_1 \times \sigma^2 - \beta_1^2 \times P^2 \times \alpha_1 = 0 \qquad \text{8-8}$$

$$\frac{\partial SÄ_{Prinzipal}}{\partial \alpha_2} = \beta_2^2 \times P - AAP_{Agent_2} \times P^2 \times \alpha_2 \times \sigma^2 - \beta_2^2 \times P^2 \times \alpha_2 = 0 \qquad \text{8-9}$$

Durch einige Umformungen ergibt sich für die optimalen Anteile α_1 und α_2:[1303]

$$\alpha_1 = \frac{(\beta_1^2 - \beta_2^2) \times \frac{1}{P} + \beta_2^2 + AAP_{Agent_2} \times \sigma^2}{\beta_1^2 + \beta_2^2 + AAP_{Agent_1} \times \sigma^2 + AAP_{Agent_2} \times \sigma^2} \qquad \text{8-10}$$

$$\alpha_2 = \frac{(\beta_2^2 - \beta_1^2) \times \frac{1}{P} + \beta_1^2 + AAP_{Agent_1} \times \sigma^2}{\beta_1^2 + \beta_2^2 + AAP_{Agent_1} \times \sigma^2 + AAP_{Agent_2} \times \sigma^2} \qquad \text{8-11}$$

[1302] Siehe zu einem ähnlichen Untersuchungsdesign Feltham/Hofmann (2007), S. 348 ff.
[1303] Siehe zur Herleitung der Ergebnisse Anlage 13.5.

Legt der Prinzipal die optimalen Anteile α_1 und α_2 fest, so entsprechen sich die Nenner beider Anteile und setzen sich als Summe der quadrierten Produktivitätsfaktoren und der Risikoprämien zusammen. Der optimale Anteilssatz eines Agenten aus der Perspektive des Prinzipals steigt mit zunehmender Risikoaversion des jeweils anderen Agenten sowie mit der eigenen Produktivität. Die optimalen Anreize werden somit ebenfalls in Abhängigkeit der individuellen Charakteristika festgelegt.[1304] Die Teamkonstellation kann darüber hinaus gehende Implikationen haben,[1305] wobei das grundsätzliche Problem in der fehlenden Messbarkeit des Grenzprodukts der geleisteten Arbeit des Einzelnen zu sehen ist, da sich das Resultat der Gruppe nicht als Summe aus den Beiträgen der Einzelnen definieren lässt.[1306]

$$\frac{\partial^2 X}{\partial a_i \partial a_j} \neq 0 \qquad \text{8-12}$$

Ohne die Möglichkeit einer direkten Zuordnungsmöglichkeit von Arbeitseinsatz oder Erfolgsanteil erhöht sich der Anreiz des Einzelnen seinen Arbeitseinsatz zu minimieren. Diese Problematik ist insbesondere bei Gruppen ohne hierarchische Strukturen gegeben, weil kein Teammitglied für die Kontrolle der anderen Teammitglieder verantwortlich ist und auch keinen Anreiz besitzt diese Funktion wahrzunehmen.[1307]

8.2 Konnex von Corporate Governance und Vorstandsvergütung

8.2.1 Managerial Power Approach

Die PAT suggeriert eine effiziente Ausgestaltung von Vergütungsverträgen durch eine gezielte Anreizsetzung unter Berücksichtigung des Risikoteilungsproblems. Die Maximierung des in diesem Kontext als Unternehmenswert zu interpretierenden Ergebnisses stellt die Zielgröße der Eigentümer dar, welche auf Grundlage einer Ergebnisbeteiligung im Vergütungskontrakt erreicht werden soll, wobei die konkrete Vergütungshöhe, als Summe aus Fixum und Ergebnisbeteiligung, das Verhältnis von Angebot und Nachfrage auf einem effizienten Arbeitsmarkt für (Top-)Manager widerspiegelt. Damit

---

1304 Dies ist intuitiv nachvollziehbar, wenn bedacht wird, dass der Agent mit der höheren Risikoaversion eine höhere Risikoprämie vom Prinzipal erhalten muss, um dieses Risiko zu tragen. Entsprechen sich die AAP der beiden Agenten, so wird der Agent stärker am Ergebnis beteiligt, der eine höhere Produktivität aufweist, da das induzierte Anstrengungsniveau einen höheren Ergebnisbeitrag liefert. Vgl. Feltham/Hofmann (2007), S. 369.

1305 Vgl. hierzu und im Folgenden Alchain/Demsetz (1972), S. 779 ff.

1306 Die Funktion wäre zweifach separierbar, wenn $\frac{\partial^2 X}{\partial a_i \partial a_j} = 0$ gilt. Vgl. Alchain/Demsetz (1972), S. 779 ff.

1307 Vgl. Pfaff/Zweifel (1998), S. 188.

diese theoretischen Zusammenhänge Gültigkeit besitzen und die Vergütungsverträge effizient sind, müssen zwei Voraussetzungen kumulativ erfüllt sein:[1308]

1. Die Boardmitglieder müssen mit dem Management unabhängig und sachkundig über die Vergütung verhandeln.
2. Aufgrund von Kapital- und Arbeitsmarktrestriktionen können die Manager keine Renten aus den Vergütungsverträgen generieren.

Die Unabhängigkeit der Boardmitglieder wird in praxi aufgrund mehrerer Sachverhalte in Frage gestellt,[1309] sodass diese Voraussetzung nicht erfüllt ist und somit ineffiziente Vergütungsverträge resultieren können. Insbesondere die personellen Verflechtungen von Boardmitgliedern mit dem Management können für eine objektive und den Interessen der Shareholder folgende Ausgestaltung der Vergütungsverträge hinderlich sein,[1310] zumal die Boardmitglieder zugleich häufig selber die Managerposition in anderen Unternehmen einnehmen und somit von einem hohen Niveau der Managementvergütung profitieren.[1311] Auf der Grundlage dieser Argumentation sehen Bebchuk/Fried die Vergütungspraxis als ineffizient an und formulieren ihre Kernthese, dass die Macht eines CEO die Möglichkeit eröffnet, Renten in Form von überhöhter und leistungsunabhängiger Vergütung auszuschöpfen.[1312] Je größer die Macht dabei ist, desto höher fallen diese Renten im Vergleich zu effizienten Verträgen aus.[1313] Eine explizite Definition des abstrakten Terminus (Manager-)Macht existiert in diesem Kontext nicht, jedoch werden fünf Indikatoren aufgeführt, die Rückschlüsse auf das Ausmaß der Managermacht zulassen, wonach ein Manager umso mehr Macht besitzt,

1. je ineffektiver das board of directors agiert,
2. je verstreuter die Aktionärsstruktur ist,

1308 Vgl. Bebchuk/Fried (2003), S. 73.

1309 In diesem Kontext führen Bebchuk/Fried (2005) eine Vielzahl von Umständen an, die eine Verhandlung auf Augenhöhe zwischen CEO und den Boardmitgliedern über die Vergütung des CEO konterkarieren. Dies sind u. a. die Wiederwahl der Boardmitglieder, die Bestimmung des Gehalts der Boardmitglieder durch den CEO sowie verschiedene soziale und psychologische Faktoren und Beziehungen. Vgl. Bebchuk/ Fried (2005), S. 12 ff.

1310 Vgl. Bebchuk/Fried (2005), S. 13. Für einen Überblick der Studien zu den Auswirkungen personeller Verflechtungen auf den Unternehmenserfolg vgl. Velte/Eulerich (2014), S. 156 ff

1311 Vgl. Bebchuk/Fried (2005), S. 13.

1312 Vgl. Bebchuk/Fried/Walker (2002), S. 764 ff., die sich bei ihrer Aussage auf empirische Untersuchungen stützen. Siehe auch Dorff (2005), der diesen Zusammenhang anhand eines Experiments nachweist. Vgl. Dorff (2005), S. 272 ff.

1313 Vgl. Dorff (2005), S. 267 ff.

3. je höher der Anteil des CEO am Unternehmen ist,[1314]
4. je weniger institutionelle Anteilseigner beteiligt sind und
5. je besser die Unternehmung vor Übernahmen geschützt ist.[1315]

Die Ineffizienz des Boards wird mit den Ergebnissen der Studie von Core/Holthausen/Larcker (1999) begründet. Demnach steigt die Vergütung mit der Größe des Boards, dem Alter sowie der Anzahl weiterer Mandate der Boardmitglieder.[1316] Darüber hinaus wird mit dem Verweis auf die Studie von Cyert et al. (2002) ein negativer Zusammenhang der Vergütung des CEO mit dem Anteilsbesitz der Boardmitglieder sowie ein positiver Effekt, wenn der CEO zugleich Vorsitzender des Boards ist, angeführt. Der positive Zusammenhang zwischen fehlenden Blockholdern (<5 Prozent) und der Vergütung wird dabei insbesondere mit Bezug auf die Studie von Tosi Jr./Gomez-Mejia (1989) geschlussfolgert. Der negative Einfluss von institutionellen Investoren auf die Vergütung des CEO, die demnach die Macht des CEO begrenzen, wird aus der Studie von Hartzell/ Starks (2003) abgeleitet. Grundsätzlich lässt sich der überwiegende Teil der von Bebchuk/Fried/Walker (2002) aufgeführten Argumente für die Machtposition des CEO als Problem der Corporate Governance und insbesondere der fehlenden Unabhängigkeit der Boardmitglieder ansehen.[1317]
Als begrenzender Faktor wird gemäß Managerial Power Approach (MPA) die Außenwahrnehmung der Vergütungsverträge erachtet, da eine negative Außenwahrnehmung sogenannte Empörungskosten in Form von Reputationsschäden sowohl für den CEO als auch für die Boardmitglieder entstehen lässt.[1318] Dieser Umstand führt demzufolge dazu, dass nur solche Vergütungskontrakte zustande kommen, bei denen ein bestimmtes Ausmaß der Empörung nicht überschritten wird.

1314 Bebchuk/Fried/Walker (2002) beziehen sich auf die Studie von Cyert et al. (2002), wobei auch Studien vorliegen, die auf einen negativen Zusammenhang von Anteilsbesitz und Vergütung des CEO schließen lassen, siehe bspw. Lambert et al. (1993).

1315 Vgl. Bebchuk/Fried/Walker (2002), S. 837 ff.

1316 Vgl. Core/Holthausen/Larcker (1999), auch die Anzahl der durch den CEO berufenen Boardmitglieder führt demnach zu einer höheren Vergütung.

1317 Für Schweizer Publikumsgesellschaften können die Ergebnisse dahingehend bestätigt werden, dass mit zunehmender Größe des Verwaltungsrates und der Zugehörigkeit des CEO zum Verwaltungsrat die CEO-Vergütung ansteigt, wohingegen ein unabhängiger Verwaltungsrat die Vergütung senkt, insbesondere wenn der Hauptaktionär im Verwaltungsrat ist. Vgl. Meyer/Barmettler (2013), S. 693 ff.

1318 Vgl. Bebchuk/Fried/Walker (2002), S. 779 ff.

8.2.2 Managerial Power Approach und deutsche Corporate Governance

Die dargestellten Zusammenhänge wurden für das US-amerikanische Corporate Governance- und Rechtssystem formuliert,[1319] weshalb eine unreflektierte Übernahme der Theorie auf deutsche Unternehmen nicht grundsätzlich möglich erscheint, da vor allem die unterschiedliche Aktionärsstruktur und Differenzen in der ein- bzw. zweistufigen Unternehmensführung zwischen Deutschland und den USA zu beachten sind. Im Hinblick auf die Thesen des MPA könnte bereits die unterschiedliche Eigentümer- und Kapitalmarktstruktur,[1320] die der unterschiedlichen Gesetzgebung geschuldet sind,[1321] eine stärkere Machteingrenzung des Managements bedeuten. Auch durch den hohen Streubesitz und die geringe Macht institutioneller Investoren in den USA wird deutlich, dass hier weniger die konzentrierte Stimmrechtsausübung und somit eine aktive Einflussnahme auf die Corporate Governance als zentrales Instrument der Sanktionierung angesehen wird, sondern vielmehr der Marktmechanismus und eine damit verbundene Desinvestitionsentscheidung.[1322] Die im MPA postulierte Macht des Managers wird vor allem durch Umstände begründet, die auf Schwachstellen der Corporate Governance von US-amerikanischen Unternehmen zurückzuführen sind. Die Übertragung der Argumentation auf deutsche Unternehmen verdeutlicht, dass der Gesetzgeber explizite Anforderungen formuliert hat, die die wesentlichen vergütungssteigernden Faktoren der MPA-Theorie berücksichtigen. Dies sind bspw. die Begrenzung der Anzahl der Aufsichtsratsmandate, die Definition einer maximalen Größe des Aufsichtsrates und das Verbot eines direkten Wechsels von dem Vorstand in den Aufsichtsrat. Darüber hinaus sind die systemimmanenten Unterschiede zu beachten, wobei insbesondere die im einstufigen Corporate Governance System bestehende Möglichkeit, dass der CEO dem Aufsichtsgremium vorsitzt, in Deutschland nicht möglich ist.

Für das einstufige System der Corporate Governance lässt sich festhalten, dass tendenziell ein besserer Informationsfluss zwischen der Unternehmensführung und dem Kontrollorgan ermöglicht wird. Dies kann die Machtposition des CEO grundsätzlich

---

1319 Siehe hierzu auch Kapitel 8.1.1.

1320 Vgl. für einen Überblick im Kontext der externen Rechnungslegung bspw. Achleitner/Behr/Schäfer (2011), S. 9 ff.

1321 Vgl. zur Differenzierung von common law- und code (civil) law-orientierter Gesetzgebung grundsätzlich La Porta et al. (1998), S. 1117 ff.

1322 Vgl. Brühl (2009), S. 15 ff.

schwächen, weil executive und non-executive Directors über die gleichen Informationen verfügen.[1323] In deutschen Aktiengesellschaften ist dabei allerdings der Effekt einer höheren Machtdiversifikation, nicht zuletzt aus der paritätischen Mitbestimmung, zu beachten,[1324] die den Vorstand in seiner Handlungsautonomie einschränken kann. Die Sanktionierungsmechanismen sind aufgrund der unterschiedlichen Rechtstraditionen ebenfalls divergent und die persönliche Haftbarkeit[1325] des CEO ist im Vergleich zum Vorstandsvorsitzenden deutlich höher, weshalb die Macht und auch die Risiken für den CEO vergleichsweise höher sind. Es kann also konstatiert werden, dass aufgrund der unterschiedlichen Corporate Governance Systeme, der Finanzierungssysteme sowie der Gesetzgebung tendenziell eine schwächere Position des Vorstandsvorsitzenden im Verhältnis zum CEO resultiert, sofern die postulierten Wirkungszusammenhänge des MPA Gültigkeit besitzen. Selbst wenn die aufgezeigten Divergenzen zwischen Deutschland und den USA vergleichsweise vergütungsbegrenzend wirken, so kann dennoch durch die Argumentation eines globalen „Managermarktes“[1326] eine niveaubezogene Konvergenz der Vergütung in beiden Ländern dahingehend befürchtet werden, dass die Vergütungen in den USA als Maßstab herangezogen werden.

8.2.3 Kritik am Managerial Power Approach

Der MPA, welcher als positive Theorie der Managementvergütung charakterisiert werden kann, versucht den Gehaltsanstieg des Top-Managements in den USA zu erklären. Zu diesem Zweck wird eine Vielzahl empirischer Studien ausgewertet, deren Ergebnisse anscheinend nur begrenzt im Einklang mit der Optimal-Contracting-Theory bzw. Prinzipal-Agent-Theorie stehen, die durch den MPA bzw. die vermeintliche Machtposition aber erklärt werden können.[1327] Das grundsätzliche Problem der voranstehenden Argumentation liegt in der Abstraktheit des Begriffs Macht. Zunächst könnte der Begriff Macht allgemeingültig als unternehmensinterne und -externe Einflussmöglichkeiten interpretiert werden, was aber bereits impliziert, dass Macht ein Potential zur

1323 Vgl. Böckli (2009), S. 267 f.

1324 Vgl. Böckli (2009), S. 273 f.

1325 Dies gilt vor allem für die Zeit vor 2010, da durch die Einführung der Regelungen des VorstAG die persönliche Haftung des Vorstandes gem. AktG § 93 Abs. 2 deutlich erhöht wurde.

1326 Vgl. zu einem Überblick der Diskussion vor dem Hintergrund des VorstAG, Kampmann (2013), S. 161 ff., der zu dem Schluss kommt, dass „Ob sich jedoch [...] tatsächlich ein internationaler Wettbewerb für die Position der Vorstandmitglieder ergibt, erscheint dagegen eher fraglich.“ Kampmann (2013), S. 162.

1327 Vgl. Bebchuk/Fried/Walker (2002), S. 795 ff.

Einflussnahme darstellt.[1328] Verfügt der Manager über Macht, die er unternehmensextern ausüben kann,[1329] so ist dies im Interesse des Unternehmens und für die weiteren Ausführungen nicht von Relevanz. Aus unternehmensinterner Perspektive kann die Verhandlungsmacht bei Festlegung des Vergütungsvertrags zu überhöhten Vergütungen führen. Der auf die Macht zurückgehende Anteil des Lohnes kann dabei den Betrag darstellen, der den Marktpreis übersteigt.

Da es jedoch problematisch sein kann, einen verlässlichen Marktpreis für eine derart individuelle Vertragskonstellation zu ermitteln und dieser – der MPA-Logik – folgend, durch die durchschnittliche Macht der Manager nach oben verzerrt ist, bietet der Marktpreis keinen validen Anhaltspunkt für die Festlegung einer angemessenen Vergütung. Daher sollte die Differenz zwischen Grenzprodukt der Arbeit und verhandeltem Lohn herangezogen werden, um einen Anhaltspunkt für einen überhöhten und somit auf Macht zurückgehenden Vergütungsanteil ermitteln zu können. Das Grundproblem ist allerdings in der Identifizierung des Grenzproduktes der Arbeit zu sehen, da eine Vielzahl von Faktoren das Ergebnis determiniert. Was grundsätzlich als überhöhte Vergütung identifiziert werden kann, ist zudem nicht eindeutig definiert. Aus ökonomischer Perspektive muss die Leistung im Sinne des nachhaltigen Erfolgs berücksichtigt werden. Aus juristischer Perspektive kann eine unangemessene Vergütung dann identifiziert werden, wenn diese nicht der Leistung, den Aufgaben und der üblichen Vergütung entspricht.[1330] Aus sozialwissenschaftlicher Sicht könnten zudem Verteilungs- sowie damit verbundene Gerechtigkeitsfragen thematisiert werden. Sofern der Manager über das Potential verfügt, sein Gehalt über das Grenzprodukt der Arbeit hinaus zu erhöhen und er somit gemäß der impliziten Definition über Macht verfügt, so ist weiterhin fraglich, ob und inwieweit er diese auch ausnutzt. Das Ausmaß der Erhöhung der Vergütung auf Grundlage der Managermacht hängt dabei von den persönlichen Eigenschaften des Managers, sozio-kulturellen Faktoren sowie der potentiellen Empörung der Öffentlichkeit ab, wobei nur das letztgenannte Argument im MPA bedacht wird. Die voranstehenden Ausführungen machen zumindest deutlich, dass Macht per se nicht

[1328] Vgl. hierzu insbesondere Winter/Michels (2011), S. 122 f., die zu dem Schluss kommen: „Macht von Managern liegt vor, wenn diese die Möglichkeit haben, ihre Gehaltsforderung im Zweifel auch gegen die Interessen von Aufsichtsgremien oder Aktionären durchzusetzen." Winter/Michels (2011) S. 123.

[1329] Dies könnte bspw. die Möglichkeit zur Identifikation von Investitionsalternativen durch geschäftliche Beziehungen oder Verbindungen zu Politik, Gewerkschaft oder Banken sein, die für die Eigentümer Vorteile generieren können.

[1330] Siehe hierzu ausführlich Kapitel 3.5.1, wobei diese Kriterien eher einen argumentativ-qualitativen Charakter haben.

negativ auf die Vergütung wirken kann,[1331] weshalb die Kernaussage des MPA auch als „Tautologieschluss“[1332] bezeichnet wird. In der Terminologie der PAT resultiert eine überhöhte Vergütung, wenn die optimale Vergütung des ersten Klammerausdrucks durch das Machtpotential (MP) und die Machtnutzung (MN) erhöht wird:

$$V(X) = (F + p \times X) \times (1 + (MN \times MP)) \quad \text{8-13}$$

Dabei kann sowohl die fixe als auch die ergebnisabhängige Vergütung durch die Verhandlungsmacht beeinflusst werden, was die Forderung einer ausschließlichen Fixvergütung als Lehre des MPA als wenig zielführend erscheinen lässt.[1333] Wenn die zentrale Forschungsfrage des MPA also lautet, in welchem Ausmaß Macht auf die Vergütung wirkt, dann muss der Machtnutzungsgrad, der Erfolg und die Angemessenheit des Fixums kontrolliert werden, um den kausalen Effekt der Macht auf die Vergütung isolieren zu können.[1334]

Methodisch ist die MPA-These, dass die Macht der Manager die Vergütung determiniert, nicht kausal-empirisch untersucht worden. Vielmehr ist dies als Konklusion einer qualitativen Analyse von verschiedenen Studien hervorgebracht worden, die die Macht des Managements als solche nicht betrachten. Die Aussagen des MPA können somit nicht unbedingt als empirisch erwiesen angesehen werden, da die Kausalität der Macht des Managements und der Güte der Corporate Governance nicht eindeutig zu beantworten ist und insofern eine doppelseitige Kausalität vorliegen kann. Ein weiteres Problem der empirischen Forschung zur Managementvergütung ist in der Differenzierung von unangemessener Höhe bzw. Struktur der Vergütungen zu finden. Die Argumentation der MPA-Theorie basiert auf der Höhe der Vergütung bzw. auf Faktoren, die diese determinieren. Gleichwohl wird außer Acht gelassen, dass „schlechte“ Vergütungsverträge nicht nur eine unangemessene Höhe aufweisen, sondern auch eine nicht zielführende oder sogar problematische Anreizsetzung implizieren können. Mit anderen Worten: Mängel in der Corporate Governance sowie die daraus resultierende Macht des Managers können nicht nur zu einer überhöhten Vergütung führen, auch

1331 Vgl. Winter/Michels (2011), S. 127.
1332 Winter/Michels (2011), S. 122.
1333 Dies fordern bspw. Osterloh/Rost/Madjdpour (2008), S. 37 im Kontext der „Pay for Performance“ bzw. „Pay without Performance“ Diskussion.
1334 Vgl. Winter/Michels (2011), S. 129, die Selbiges für den Machtnutzungsgrad und die Leistung, die in diesem Kontext eher als Erfolg zu interpretieren ist, fordern.

die mit dem Vergütungskontrakt induzierten Anreize müssen berücksichtigt und analysiert werden, da auch eine absolut betrachtet angemessene Vergütung die Interessen der Stake- und Shareholder konterkarieren kann. Sind die in der MPA-Theorie postulierten vergütungssteigernden Umstände bei einem Unternehmen zu beobachten, so ist dies vor allem auf eine nicht pflichtgemäße Erfüllung der durch das AktG und den DCGK definierten Aufgaben von Aufsichtsrat und Hauptversammlung zurückzuführen. Somit kann die Macht der Manager als eigentliche Schwäche der Corporate Governance identifiziert werden, der durch eine konsequente Befolgung der Vorgaben des AktG und des DCGK begegnet werden kann.

8.3 Empirische Erkenntnisse zur Vorstandsvergütung

8.3.1 Ergebnisse bisheriger Untersuchungen

Vergütungsstudien werden nicht nur aus wissenschaftlicher Motivation, sondern auch von Vergütungsberatern[1335] und den im Aufsichtsrat befindlichen Interessengruppen veröffentlicht. Als Interessenvertretung der Aktionäre kann die Deutsche Schutzvereinigung für Wertpapierbesitz (DSW) angesehen werden, die bereits seit 2003 die Daten zur Vergütung der Vorstände in DAX-Unternehmen analysiert und seit 2009 auch die Unternehmen des MDAX betrachtet.[1336] Als Interessenvertretung der Arbeitnehmer fungiert die gewerkschaftsnahe Hans-Böckler-Stiftung, die auch seit mehreren Jahren Studien zur Vorstandsvergütung publiziert,[1337] wobei neben der Struktur und dem Vergütungsniveau auch die Bemessungsgrundlagen betrachtet werden.[1338] Die Ergebnisse der von der Hans-Böckler-Stiftung veröffentlichten Studie für die Geschäftsjahre 2008 bis 2010 erklären zunächst den kriseninduzierten Gehaltsverzicht des Vorstandes sowie die durchschnittliche Vergütung der Vorstände in diesem Zeitraum.[1339] Darauf aufbauend werden dann die unterschiedlichen LTI-Modelle dargestellt und auch die Begrenzungen (Caps) in den einzelnen Unternehmen ausgewertet. Zudem erfolgt eine Analyse des Einbezugs weiterer, insbesondere arbeitnehmer- und ökologisch-

1335 Die Publikationen der auf Managementvergütungen spezialisierten Beratungsgesellschaften Kienbaum, Towers Watson und HKP-Group sind zumeist nur kostenpflichtig oder in deutlich reduziertem Umfang, meist als Pressemitteilung kostenfrei, erhältlich und dienen insbesondere als Marketinginstrument für Beratungsleistungen und den Vertrieb der Studien. Die zumeist deskriptiven Studien verfügen dabei über einen hohen Detaillierungsgrad und können insbesondere bei der Fundierung der horizontalen Vergleichbarkeit dienlich sein.

1336 Siehe hierzu die Homepage des DSW: http://www.dsw-info.de/

1337 Vgl. Wilke et al. (2011); Wilke/Schmid (2012); Hadwiger/Schmid/Wilke (2014).

1338 Vgl. Wilke/Schmid (2012); Hadwiger/Schmid/Wilke (2014).

1339 Vgl. Wilke et al. (2011), S. 17.

orientierter Kriterien. Aufbauend auf der Studie der allgemeinen Kriterien zur Bemessung der Vorstandsvergütung in den DAX-Unternehmen für das Jahr 2011,[1340] wird in der Analyse für 2012 insbesondere der Einfluss sozialer und ökologischer Kriterien untersucht.[1341] Einen expliziten Fokus auf die Berücksichtigung sozialer und ökologischer Kriterien bei der Vorstandsvergütung im DAX 30 legt auch die Studie für die Geschäftsjahre 2012, wobei nur 10 Unternehmen derartige Faktoren überhaupt berücksichtigen.[1342] Neben den aufgeführten Publikationen sind im Rahmen dieser Arbeit insbesondere die ausschließlich wissenschaftlich motivierten Untersuchungen zur Vorstandsvergütung von besonderem Interesse, die hinsichtlich ihres Untersuchungsdesigns in deskriptiv- und kausal-empirische Untersuchungen differenziert werden können. Deskriptiv-empirische Untersuchungen sind durch den beschreibenden Charakter der Auswertungen definiert, sodass insbesondere die Zusammensetzung und Bemessung der Vergütung sowie die intertemporale Veränderung dieser Ausprägungen von Interesse sind. Als Vertreter dieser Gattung können die für den Zeitraum von 2009 bis 2013 vorliegenden Studien von Götz/Friese erachtet werden,[1343] die neben der Entwicklung des Niveaus und der Struktur der Vorstandsbezüge, auch die Relation zum EBIT betrachten. Der Quotient aus Gesamtvorstandsvergütung und EBIT wird als „pay for performance"-Indikator verwendet und durch einen Quervergleich der Beobachtungen kann eine Korrelation von geringem Quotienten und hohem EBIT festgestellt werden.[1344]

Ein ähnliches Untersuchungsdesign weist die Studie von Schörmig (2013) auf, die einen Vergleich der Residualgewinnsteigerung mit dem Anstieg der Vorstandsvergütung durchführt und derart eine Angemessenheit der Vorstandsvergütung verifizieren möchte.[1345] Der Vergleich der Vorstandsvergütung im Zeitablauf mit einer finanziellen Erfolgsgröße wird auch von Böcking/Wallek/Weßels (2011) bemüht, wobei die

[1340] Vgl. Wilke/Schmid (2012), S. 30 ff.

[1341] Vgl. Hadwiger/Schmid/Wilke (2014), S. 13 ff.

[1342] Vgl. Hadwiger/Schmid/Wilke (2014), S. 13 ff.

[1343] Vgl. Götz/Friese (2010); Götz/Friese (2011); Götz/Friese (2012); Götz/Friese (2013); Götz/Friese (2014).

[1344] Diese Beobachtung wird als Argument für eine relative Begrenzung anhand des Quotienten aus Vorstandsvergütung und EBIT angeführt. Vgl. Götz/Friese (2014), S. 375 ff. Darüber hinaus wird auch der Quotient von durchschnittlicher Vorstandsvergütung und durchschnittlichem Personalaufwand betrachtet. Die Interpretation der Ergebnisse ist aber aufgrund der unterschiedlichen Geschäftsmodelle und Branchen kaum sinnvoll möglich. Vgl. Götz/Friese (2014), S. 377 ff.

[1345] Vgl. Schöfmig (2013), S. 430 ff. Problematisch an dieser Vorgehensweise und Interpretation der Ergebnisse ist insbesondere, dass die Veränderungen von retrospektiven Residualgewinnen als Maßgröße für prospektive Wertsteigerungen angesehen werden.

Marktkapitalisierung für den Zeitraum 2007 bis 2010 herangezogen wird.[1346] Eine Differenzierung der Bemessungsgrundlagen der Vorstandsvergütung für den DAX 30 im Geschäftsjahr 2010 nehmen Eulerich/Velte (2013) vor, wobei die Short-, Mid- und Long-Term Komponenten, die Anzahl sowie die Art der Bemessungsgrundlagen betrachtet werden.[1347] Als Ergebnis der Untersuchung kann insbesondere konstatiert werden, dass Short- und Long-Term Incentives von fast allen DAX 30 Unternehmen für die Vergütung des Vorstandes ausgewiesen werden, wohingegen Mid-Term Incentives nur von untergeordneter Bedeutung sind.[1348] Die Studie von Rapp/Wolff (2011) betrachtet die Entwicklung der Vorstandsgehälter im deutschen Prime-Standard in den Jahren von 2005 bis 2010 und beziehen dabei auch die Veränderung durch die Einführung des VorstAG mit ein. Die Autoren zeigen dabei auf, dass 2010 66 Prozent der Unternehmen eine Veränderung der variablen Barvergütung und 47 Prozent eine Anpassung der aktienkursbasierten Vergütung vorgenommen haben.[1349] Darüber hinaus ist in diesem Kontext für das Geschäftsjahr 2012 auch die Studie von Friedl/Pfeiffer (2014) und für das Geschäftsjahr 2013 die Studie von Rapp/Wolff (2014) zu nennen. Die kausal-empirischen Untersuchungen legen hingegen ein besonderes Augenmerk auf die Determinanten einer abhängigen Variablen, die zumeist der Vergütungshöhe, aber auch der Struktur der Vorstandsvergütung entsprechen kann. Dabei sind insbesondere der unternehmerische Erfolg sowie Corporate Governance-bezogene Einflussfaktoren von besonderer Relevanz. Für die Zeit nach Einführung des VorstAG liegen für Deutschland aber derzeit keine derartigen Ergebnisse vor.[1350] Die Auswirkungen einer Eigenkapitalbeteiligung des Managements auf die Performance börsennotierter Unternehmen untersucht Schäuble (2014) für den Zeitraum 2005 bis 2010. Im Rahmen einer OLS-Schätzung, mit der Eigen- bzw. Gesamtkapitalrentabilität als unabhängige Variable, kann ein positiver Einfluss der Vorstandsbeteiligung auf diese

---

1346 Vgl. Böcking/Wallek/Weßels (2011). Die Korrelation von Marktkapitalisierung und Vorstandsvergütung im Zeitablauf wird dabei als Indikator für eine funktionierende Erfolgs- und Risikopartizipation erachtet. Vgl. Böcking/Wallek/Weßels (2011), S. 276 f.

1347 Vgl. Eulerich/Velte (2013), S. 77 ff.

1348 Darüber hinaus sind 86 Prozent der Faktoren quantitativ ausgerichtet. Vgl. Eulerich/ Velte (2013), S. 77.

1349 Vgl. Rapp/Wolff (2011), S. 143.

1350 Eine ausführliche Analyse der Vorstandsvergütung in Deutschland, England und Frankreich für die Jahre 2006 bis 2009 ist bei Dörscher (2014) zu finden. Koch/ Raible/Stratmann (2011) betrachten hingegen die Zuteilung und Auszahlung der LTI-Komponente für die Jahre 2006 bis 2009. Die empirische Analyse des Zusammenhangs von Vergütungshöhe des Vorstandes und Wertschöpfung in dem Zeitraum von 2005 bis 2009 für ein europäisches Datensample ist Gegenstand der Studie von Prinz/Schwalbach (2011). Eine empirische Analyse, die neben Performancegrößen auch die Unternehmensgröße und Corporate Governance Faktoren kontrolliert, ist für die Jahre 2005 bis 2007 bei Rapp/Wolff (2010) zu finden.

rentabilitätsbezogenen Erfolgsgrößen bei einem Signifikanzniveau von fünf Prozent nachgewiesen werden.[1351]

8.3.2 Deskriptive Analyse der Vorstandsvergütungssysteme

Im Folgenden sollen die Vergütungsstrukturen der Vorstandsvorsitzenden des DAX 30, die nicht bei Versicherungen oder Banken tätig sind, analysiert werden, sodass 26 Unternehmen verbleiben.[1352] Die deskriptive Analyse stellt dann die Grundlage für die weitere Analyse der Ausgestaltung und insbesondere die Bemessung der variablen Vergütungskomponenten dar. Die Vorstandsvorsitzenden sind als konzeptionelle Repräsentanten der jeweiligen Vergütungssysteme anzusehen, da diese im Großteil für die weiteren Vorstandsmitglieder und Managementebenen maßgeblich sind und üblicherweise nur aufgabenspezifische Anpassungen vorgenommen werden. Banken und Versicherungen sind aufgrund der Geschäftsmodelle und den besonderen regulatorischen Vorgaben nicht Gegenstand der nachfolgenden Betrachtung. Der DCGK fordert in Ziffer 4.2.5 die Offenlegung der Vorstandsvergütung im Anhang oder Lagebericht, wobei für Geschäftsjahre die nach dem 31.12.2013 beginnen standardisierte Angaben zur besseren Vergleichbarkeit und Erhöhung der Transparenz publiziert werden sollen.[1353] Die Informationen über die gewährten Vergütungen, Nebenleistungen (NL), erreichbare Minimal- und Maximalvergütungen sowie Versorgungsaufwendungen (VO) werden von fast allen betrachteten Unternehmen erfüllt. Die Erfassung der variablen Vergütungskomponenten bezieht sich dabei auf die gewährten Zuwendungen, bewertet zum Zeitwert, sofern die Vergütungskomponente noch nicht zufließt. Die für das Jahr 2014 gewährte Vergütung ergibt sich als Summe aus dem leistungsunabhängigen Fixum, den Nebenleistungen, dem Versorgungsaufwand sowie der variablen Vergütung, die sich wiederum in STI- und LTI-Komponente differenzieren lässt.

[1351] Vgl. Schäuble (2014), S. 312 f. Fraglich ist bei dieser Untersuchung aber die Kausalität des Ergebnisses, da eine mögliche Interpretation auch darauf beruhen kann, dass bei erfolgreichen Unternehmen die Vorstände einen höheren Anreiz zum Eigeninvestment besitzen.

[1352] Die Unternehmen Allianz, Commerzbank, Deutsche Bank und Münchener Rück sind somit von der Analyse ausgeschlossen.

[1353] Dabei wird empfohlen die Zuwendungs-, die Zufluss- sowie die Aufwands-Sicht differenziert auszuweisen. Vgl. hierzu auch Kramarsch/Siepmann (2013), S. 55. Die Ausführungen in dieser Arbeit beziehen sich auf die Zuwendungs-Sicht.

Unternehmen	Fix	NL	Variabel	STI	LTI	VO	Gesamt
Adidas	1.500	35	2.813	1.273	1.540	757	5.105
BASF	1.300	173	3.899	2.600	1.299	820	6.192
Bayer	1.363	42	3.477	1.466	2.011	722	5.604
Beiersdorf	1.000	44	4.000	490	3.510	0	5.044
BMW	1.500	30	5.563	4.450	1.113	411	7.504
Continental	1.350	19	3.050	1.110	1.940	834	5.253
Daimler	2.008	163	4.910	1.004	3.906	827	7.908
Deutsche Boerse	1.100	30	2.546	504	2.042	0	3.676
Deutsche Post	1.963	49	3.532	785	2.747	802	6.346
Deutsche Telekom	1.450	22	2.049	1.307	742	818	4.339
E.ON	1.240	59	3.050	1.260	1.790	643	4.992
Fresenius	990	92	3.096	1.454	1.642	234	4.412
FMC	941	151	2.953	1.929	1.024	429	4.474
Heidelberg Cement	1.320	90	3.335	1.320	2.015	891	5.636
Henkel	1.050	65	5.625	3.135	2.490	650	7.390
Infineon	945	36	1.087	420	667	150	2.218
K+S	620	27	1.455	930	525	482	2.584
LANXESS	900	54	2.490	1.125	1.365	1.574	5.018
Linde[1354]	800	102	2.288	773	1.515	453	3.643
Lufthansa[1355]	1.038	117	1.186	477	709	399	2.740
Merck	1.300	53	6.412	5.265	1.147	1.127	8.892
RWE	1.400	45	4.300	1.350	2.950	480	6.225
SAP[1356]	1.150	861	5.901	1.860	4.041	647	8.559
Siemens	1.845	95	3.605	1.384	2.221	1.059	6.604
ThyssenKrupp	1.340	182	3.922	1.905	2.017	1.267	6.711
Volkswagen	1.617	300	13.098	9.003	4.095	0	15.015
∅	1.270	113	3.832	1.868	1.964	634	5.849

Tabelle 136: Vergütung Vorstandsvorsitzende DAX 30 für 2014 [in T€]

Als STI werden solche Vergütungsbestandteile ausgewiesen, für die eine periodische Auszahlung erfolgt, wohingegen etwaige zeitlich aufgeschobene Anteile der Vergütung, die ggf. von weiteren Performancezielen abhängig sind, als LTI ausgewiesen

1354 Der Vorstandsvorsitzende Büchele hat das Amt im Mai 2014 übernommen und war zuvor nicht Mitglied des Vorstandes.

1355 Der Vorstandsvorsitzende Spohr hat das Amt im Mai 2014 übernommen und war zuvor Mitglied des Vorstandes.

1356 Der Vorstandssprecher Hagemann Snabe hat das Amt im Mai 2014 übernommen und war zuvor Mitglied des Vorstandes.

werden. Die durchschnittliche Vergütung eines Vorstandsvorsitzenden im Geschäftsjahr 2014 betrug 5.849 T€ und setzt sich zu 22 Prozent aus der fixen Grundvergütung, zu 65 Prozent aus der variablen Vergütung und zu 13 Prozent aus Nebenleistungen und Versorgungsaufwendungen zusammen. Der variable Vergütungsbestandteil ist dabei im Durchschnitt fast gleichgewichtig auf STI- und LTI-Komponente aufgeteilt, wobei große Divergenzen im direkten Unternehmensvergleich bestehen.

Während bei Merck über 82 Prozent der variablen Vergütung als STI ausgewiesen werden, entspricht die LTI-Komponente bei Beiersdorf fast 88 Prozent. Bemerkenswert ist auch die Spannbreite der ausgewiesenen Versorgungszuwendungen für die Vorstandsvorsitzenden, die keine Vorsorge bis hin zu Beträge ausweisen, die das fixe Grundgehalt sogar übersteigen können.

8.3.3 Ausgestaltung der variablen Vergütung

8.3.3.1 STI-Komponente

Die STI-Komponente ist in allen Vergütungssystemen der betrachteten Unternehmen vorzufinden und soll die kurzfristige Unternehmensentwicklung im abgelaufenen Geschäftsjahr vergüten.[1357] Die Ausgestaltung der STI-Komponente kann dabei hinsichtlich der Art und der Anzahl der Bemessungsgrundlagen divergieren. Darüber hinaus wird auch die Zielerreichung in Abhängigkeit der maximalen Vergütung aufgrund der Anforderungen des DCGK in Ziffer 4.2.5 ersichtlich. Die absolute Vergütung der STI-Komponente beträgt für die betrachteten Unternehmen im Jahr 2014 mindestens 420 T€ (Infineon) und höchstens 9.003 T€ (Volkswagen), bei einem durchschnittlichen Wert von 1.868 T€. Die Vergütungsfunktionen beginnen bei drei der 26 Unternehmen nicht im Nullpunkt, diese Unternehmen (Fresenius und FMC) gewähren ihrem Vorstandsvorsitzendem mindestens eine positive STI-Vergütung von 1.200 T€ bzw. 212 T€.

[1357] Siehe hierzu ausführlich Kapitel 3.2.1.2

Unternehmen	STI [T€]	Cap (min) [T€]	Cap (max) [T€]	Ziel-erreichung	Anzahl BMG
Adidas	1.273	0	1.910	66,65%	4
BASF	2.600	0	4.000	65,00%	2
Bayer	1.466	0	2.931	50,02%	5
Beiersdorf	490	0	980	50,00%	5
BMW	4.450	0	6.000	74,17%	8
Continental	1.110	0	1.665	66,67%	2
Daimler	1.004	0	2.360	42,54%	5
Deutsche Boerse	504	0	1.007	50,05%	1
Deutsche Post	785	0	981	80,02%	3
Deutsche Telekom	1.307	0%	150%	n. a.	4
E.ON	1.260	0	2.835	44,44%	2
Fresenius	1.454	1.200	1.750	83,09%	1
FMC	1.929	212	2.239	86,15%	2
Heidelberg Cement	1.320	0	2.970	44,44%	2
Henkel	3.135	0	3.295	95,14%	3
Infineon	420	0	1.050	40,00%	2
K+S	930	0	1.345	69,14%	2
LANXESS[1358]	1.125	1.125	1.125	100,00%	2
Linde	773	0	2.000	38,65%	3
Lufthansa	477	0	1.229	38,81%	1
Merck[1359]	5.265	n. a.	n. a.	n. a.	1
RWE	1.350	0	2.430	55,56%	2
SAP	1.860	0	3.371	55,18%	3
Siemens	1.384	0	3.321	41,67%	3
ThyssenKrupp	1.905	0	5.715	33,33%	3
Volkswagen	9.003	0	10.125	88,92%	1
∅	1.868,44			60,82%[1360]	2,8

Tabelle 137: STI-Vergütung für 2014

Das Unternehmen Merck wies hingegen keine Untergrenze für die Vergütung der STI-Komponente aus und bei der Deutschen Telekom wurde zwar die Maximalgrenze von

[1358] Die ausgewiesene STI-Komponente von LANXESS kann als Fixum angesehen werden, da sich min. und max. Betrag entsprechen. Weitere Erläuterungen finden sich dazu nicht im Geschäftsbericht von LANXESS.

[1359] Die STI-Komponente wird als festgelegter Promillesatz des rollierenden Dreijahresdurchschnitts des Konzerngewinns gewährt. Weitere Informationen sind in dem Geschäftsbericht von Merck diesbezüglich nicht enthalten.

[1360] Die Berechnung basiert auf dem Durschnitt der 24 Unternehmen, für die eine Zielerreichung bestimmt werden konnte.

150 Prozent des Zielbetrags kommuniziert, nicht aber wie viel Prozent des Zielbetrags erreicht wurden bzw. wie hoch der Zielbetrag von 100 Prozent ist, sodass auch kein absolutes Maximum für diese Vergütungskomponente bestimmt werden kann. Die Begrenzung der variablen Vergütung wird im DCGK und AktG explizit gefordert und auch von nahezu allen betrachteten Unternehmen entsprechend umgesetzt, lediglich Merck macht, wie auch zur Untergrenze der möglichen variablen Vergütung, keine Angaben. Die Vorstandsvorsitzenden der 26 untersuchten Unternehmen erreichen nur in einem Fall (Lanxess) die maximal mögliche STI-Vergütung, während die geringste Vergütung im Verhältnis zur maximal möglichen Ausprägung 33,33 Prozent beträgt (ThyssenKrupp). Im Durchschnitt können 63,46 Prozent der maximalen STI-Vergütung von den Vorstandsvorsitzenden erreicht werden, was bei einer Begrenzung der maximalen STI-Vergütung von zumeist 150 Prozent des Zielbetrags zu einer Zielerreichung von ca. 100 Prozent führt.

Für die Bemessung der variablen STI-Komponente werden von den betrachteten Unternehmen durchschnittlich 2,8 Bezugsgrößen angegeben, wobei diese in der Einzelbetrachtung zwischen einer und bis zu acht Bemessungsgrundlagen divergieren können. Die Diskrepanz der Anzahl von verwendeten Bemessungsgrundlagen für die STI-Komponente lässt sich insbesondere durch das unterschiedliche Aggregationsniveau der publizierten qualitativen Bemessungsgrundlagen begründen. Die qualitativen Bemessungsgrundlagen werden dabei häufig unter den Begriffen „Individuelle Ziele“ bzw. „Individuelle Ergebnisse“ subsumiert, wohingegen bei anderen Unternehmen ein differenzierter Ausweis erfolgt.[1361]

[1361] Siehe zur Berücksichtigung nicht-finanzieller Ziele als Element nachhaltiger Vorstandsvergütung weitergehend Faber/von Werder (2014).

Unternehmen	Bemessungsgrundlage STI-Komponente
Adidas	Umsatz, Working Capital, Individuelle Leistung, Marge
BASF	GKR, Leistung Gesamtvorstand
Bayer	Konzern (bereinigtes EPS, 33%), Segment (CFROI, EBITDA-Marge, Wachstum, Compliance, Nachhaltigkeit, 33%), Persönliche Ziele (33%)
Beiersdorf	15% EBIT-Marge, 20% Umsatzwachstum, 30% Marktanteil, 15% HR-Ziele, 20% individuell
BMW	JÜ, Umsatzrendite, Dividende Innovationsleistung, Kundenorientierung, CSR, Attraktivität als Arbeitgeber, Diversity, Führungsleistung
Continental	ROCE, CVC (absoluter Wertbeitrag)
Daimler	EBIT, individuelle Leistung, Compliance
Deutsche Boerse	Individuelle Leistung
Deutsche Post	EBIT after CC, FCF, Individuelle Leistung
Deutsche Telekom	50% Umsatz, EBITDA, FCF, 30% nachhaltige Strategieumsetzung, 20% CI-Umsetzung
E.ON	EBITDA, individuelle Ziele
Fresenius	JÜ
FMC	Wachstum JÜ > 6% (80%), FCF/Umsatz > 3% (20%)
Heidelberg Cement	JÜ (1/3), individuelle Ziele (2/3)
Henkel	ROCE, EPS, Individuelle Ziele
Infineon	ROCE, FCF
K+S	GKR (80%), individuelle Ziele
LANXESS	EBITDA u. a.
Linde	ROCE, Operative Marge, Individuelle Leistung
Lufthansa	Operative Marge
Merck	JÜ (rollierender Dreijahresdurchschnitt)
RWE	Konzernergebnis, Individuelle Ziele
SAP	Wachstum Software und operative Marge, Auftragseingang, individuelle Leistung
Siemens	ROCE, FCF, Individuelle Ziele
ThyssenKrupp	EBIT, ROCE OCF/DEBT
Volkswagen	Operatives Ergebnis (Durchschnitt 2 Jahre)

Abbildung 37: Bemessungsgrundlagen der STI-Vergütung

Die individuelle Zielerreichung erfasst insbesondere qualitative bzw. nicht-finanzielle Bemessungsgrundlagen, sodass die Nachvollziehbarkeit der Zielerreichung und Beurteilung nur schwer möglich ist. Für die finanziellen Bemessungsgrundlagen der Vergütung kann hingegen konstatiert werden, dass Gewinngrößen (JÜ/EPS, EBIT, EBITDA) bei insgesamt 14 und Rentabilitäts- bzw. Wertbeitragskennzahlen von 12 Unternehmen für die Leistungsbeurteilung herangezogen werden. Darüber hinaus nimmt die Marge eine exponierte Stellung bei der Bemessung der Vorstandsvergütung ein, sodass diese Kennzahl, auch wenn die Ausgestaltung zwischen den einzelnen Unternehmen divergiert, bei insgesamt sieben Unternehmen Berücksichtigung findet. Lediglich zwei Unternehmen bemessen die STI-Komponente über einen mehrjährigen Zeitraum, indem bei Merck der Jahresüberschuss als rollierender Dreijahresdurchschnitt und bei Volkswagen das operative Ergebnis über zwei Jahre zur Bemessung der Vorstandsvergütung herangezogen wird. Die anteilige Auszahlung der STI-Komponente erfolgt häufig zeitverzögert, wodurch ein langfristiger Verhaltensanreiz induziert werden soll. Derartige Vergütungsbestandteile sind Gegenstand der nachfolgenden Ausführungen.

Bemessungsgrundlage STI	**Häufigkeit**
Individuelle Zielerreichung	16
JÜ/EPS	8
EBIT	3
EBITDA	3
Rendite	9
Wertbeitrag	3
Marge	7
CF	4
Wachstum	3
Umsatz	2
Dividende	1
Working Capital	1
Marktanteil	1
Leistung Gesamtvorstand	1

Tabelle 138: Bemessungsgrundlagen der STI-Vergütung

8.3.3.2 LTI-Komponente

Neben der STI-Komponente weisen die Vorstandsvergütungssysteme der betrachteten DAX-Unternehmen auch Vergütungskomponenten mit mehrjährigem Bezug auf, die allgemeingültig als LTI-Komponente bezeichnet werden. Der Betrag dieses Anteils der Gesamtvergütung übersteigt im Durchschnitt die STI-Komponente geringfügig, wodurch dem aktienrechtlichen Anforderungskriterium der Nachhaltigkeit genügt werden soll. Die Bemessung der LTI-Komponente bezieht sich allgemeingültig auf einen Zeitraum von mehreren Jahren, was theoretisch mit einem zweijährigen Betrachtungszeitraum als erfüllt anzusehen ist, bei der aktienbasierten Vergütung aber durch die vorgeschriebene Sperrfrist von vier Jahren weitergehend konkretisiert wird.

Der Zeitraum von drei bis vier Jahren kann für die Betrachtung der LTI-Komponente als charakteristisch erachtet werden, wobei nur ein Unternehmen (BASF) eine geringere Mindestlaufzeit von zwei Jahren aufweist. Die Interpretation des Anforderungskriteriums der Nachhaltigkeit sowie der Mehrjährigkeit der Bemessung führt zu unterschiedlichen Ausgestaltungsformen der Vorstandsvergütung,[1362] was grundsätzlich durch die individuellen Rahmenbedingungen und Geschäftsmodelle der Unternehmen begründet sein kann und somit der Intention des Gesetzgebers nicht widerspricht.

[1362] Siehe hierzu ausführlich Kapitel 3.5.3.3.

Unternehmen	Variabel	STI	LTI	STI/ Variabel	LTI/ Variabel	STI/ LTI
Adidas	2.813	1.273	1.540	0,45	0,55	0,83
BASF	3.899	2.600	1.299	0,67	0,33	2,00
Bayer	3.477	1.466	2.011	0,42	0,58	0,73
Beiersdorf	4.000	490	3.510	0,12	0,88	0,14
BMW	5.563	4.450	1.113	0,80	0,20	4,00
Continental	3.050	1.110	1.940	0,36	0,64	0,57
Daimler	4.910	1.004	3.906	0,20	0,80	0,26
Deutsche Boerse	2.546	504	2.042	0,20	0,80	0,25
Deutsche Post	3.532	785	2.747	0,22	0,78	0,29
Deutsche Telekom	2.049	1.307	742	0,64	0,36	1,76
E.ON	3.050	1.260	1.790	0,41	0,59	0,70
Fresenius	3.096	1.454	1.642	0,47	0,53	0,89
FMC	2.953	1.929	1.024	0,65	0,35	1,88
Heidelberg Cement	3.335	1.320	2.015	0,40	0,60	0,66
Henkel	5.625	3.135	2.490	0,56	0,44	1,26
Infineon	1.087	420	667	0,39	0,61	0,63
K+S	1.455	930	525	0,64	0,36	1,77
LANXESS	2.490	1.125	1.365	0,45	0,55	0,82
Linde	2.288	773	1.515	0,34	0,66	0,51
Lufthansa	1.186	477	709	0,40	0,60	0,67
Merck	6.412	5.265	1.147	0,82	0,18	4,59
RWE	4.300	1.350	2.950	0,31	0,69	0,46
SAP	5.901	1.860	4.041	0,32	0,68	0,46
Siemens	3.605	1.384	2.221	0,38	0,62	0,62
ThyssenKrupp	3.922	1.905	2.017	0,49	0,51	0,94
Volkswagen	13.098	9.003	4.095	0,69	0,31	2,20
Ø	3.832	1.868	1.964	0,49	0,51	0,95

Tabelle 139: Struktur der variablen Vergütung

Unternehmen	Laufzeit der LTI Komponenten
Adidas	3 Jahre
BASF	Mindestens 4 und 2 Jahre
Bayer	3 Jahre
Beiersdorf	Ein Jahr nach Dienstende
BMW	4 Jahre
Continental	4 Jahre
Daimler	3 Jahre
Deutsche Boerse	3 Jahre
Deutsche Post	3 und 4 Jahre
Deutsche Telekom	4 Jahre
E.ON	4 Jahre
Fresenius	4 Jahre
FMC	3 und 4 Jahre
Heidelberg Cement	3 und 4 Jahre
Henkel	3 Jahre
Infineon	3 und 4 Jahre
K+S	4 Jahre
LANXESS	2 und 4 Jahre
Linde	4 Jahre
Lufthansa	3 und 4 Jahre
Merck	3 Jahre
RWE	3 und 4 Jahre
SAP	3 Jahre
Siemens	4 Jahre
ThyssenKrupp	3 Jahre
Volkswagen	4 Jahre

Tabelle 140: Laufzeit der LTI-Komponenten

Werden reale oder virtuelle Wertrechte ohne Begrenzung des maximalen Auszahlungsbetrags gewährt, so kann kein CAP und somit auch keine Zielerreichung der Vergütung bestimmt werden, welches bei sechs Unternehmen zu beobachten ist. Die maximal ausgewiesene Vergütung bezieht sich dabei für die prospektive LTI-Komponente auf den Vergütungszeitpunkt nach der Sperrfrist, wodurch die ermittelte Zielerreichung nur für retrospektivorientierte LTI-Komponenten aussagefähig ist und damit die LTI-Komponente als maximales Steigerungspotential zu interpretieren ist, sodass erst ex post, also nach der Performancephase, die Zielerreichung bestimmt werden kann.

Unternehmen	LTI	Cap (min)	Cap (max)	Zielerreichung
Adidas	1.540	0	2.310	66,67%
BASF	1.299	0	4.191	30,99%
Bayer	2.011	0	7.498	26,82%
Beiersdorf	3.510	0	7.020	50,00%
BMW	1.113	0	2.800	39,74%
Continental	1.940	0	4.250	45,65%
Daimler	3.906	0	9.235	42,30%
Deutsche Boerse	2.042	0	4.602	44,37%
Deutsche Post	2.747	0	5.888	46,65%
Deutsche Telekom	742	0%	150%	n. a.
E.ON	1.790	0	3.580	50,00%
Fresenius	1.642	0	n. a.	n. a.
FMC	1.024	0	n. a.	n. a.
Heidelberg Cement	2.015	0	4.455	45,23%
Henkel	2.490	0	3.114	79,96%
Infineon	667	0	1.628	40,97%
K+S	525	0	1.050	50,00%
LANXESS	1.365	406	2.431	56,15%
Linde	1.515	0	3.405	44,49%
Lufthansa	709	0	2.210	32,08%
Merck	1.147	n. a.	n. a.	n. a.
RWE	2.950	0	4.426	66,65%
SAP	4.041	n. a.	n. a.	n. a.
Siemens	2.221	0	7.084	31,35%
ThyssenKrupp	2.017	0	5.985	33,70%
Volkswagen	4.095	0	4.500	91,00%
Ø	1.964			48,32%[1363]

Tabelle 141: LTI-Vergütung für 2014

Neben der absoluten Höhe sind insbesondere die Bemessung der LTI-Komponente sowie die daran anknüpfende Ausgestaltung in Abhängigkeit des Vergütungsinstruments von besonderer Bedeutung. Die Ausgestaltung der LTI-Komponente kann grundsätzlich auf einer prospektiven oder einer retrospektiven Sichtweise beruhen. Bei einer retrospektiv-orientierten LTI-Komponente wird die Bemessungsgrundlage zum

[1363] Die Berechnung basiert auf dem Durschnitt der 21 Unternehmen, für die eine Zielerreichung bestimmt werden konnte.

Vergütungszeitpunkt über einen mehrjährigen Zeitraum vergangenheitsorientiert betrachtet und somit die Zielerreichung als vergütungsrelevanter Faktor bestimmt. Diese Vorgehensweise ist bei sechs Unternehmen (Adidas, Deutsche Börse, Deutsche Telekom, Lanxess, RWE, Siemens, VW) zumindest teilweise im Kontext der LTI-Vergütung ein Bestandteil des Vergütungssystems. Dabei ist es als bemerkenswert zu erachten, dass eine derartige Vorgehensweise auch bei der Bestimmung der STI-Komponente von zwei Unternehmen (Merck und VW) gewählt wird, wodurch diese Vorgehensweise in der praktischen Anwendung der idealtypischen Differenzierung von STI-Komponente, mit einjährig-retrospektivem Bemessungszeitraum, und der LTI-Komponente, mit mehrjährig-prospektivem Bemessungszeitraum, nicht eindeutig zugeordnet werden kann.

BMG LTI-Retrospektiv	**Anzahl**
Gewinngröße	5
Rendite	3
Umsatz	3
Kunden- und Mitarbeiterzufriedenheit	2
Cashflow	1
Kurs	1
Verschuldung	1
Wertbeitrag	1

Tabelle 142: Bemessung der retrospektivorientierten LTI-Komponente

Wird die LTI-Komponente hingegen prospektiv ausgestaltet, so kann der über den zukünftigen Zeitraum noch zu gewährende Betrag entweder in Abhängigkeit einer retrospektiv-orientierten Zielerreichung bzw. direkt als Anteil der STI-Komponente oder als festgelegter Betrag bestimmt werden.

Bezugsgröße LTI-Betrag	**Häufigkeit**
Betrag	20
STI	16

Tabelle 143: Bezugsgrößen des prospektiven LTI-Betrags vor Performancephase

Konstituierend für die prospektive Ausgestaltung der LTI-Komponente ist, dass die Veränderung des gewährten Betrags zum Auszahlungsbetrag in einem festgelegten

Zeitraum in Abhängigkeit von bestimmten Faktoren erfolgt. Dabei sind drei unterschiedliche Vorgehensweisen denkbar. Zunächst kann der Betrag in (virtuelle) Wertrechte (Aktien, Unternehmenswertbeteiligungen, Optionen, Anleihen) umgewandelt werden und nach der Sperrfrist ausgezahlt werden. Diese Vorgehensweise impliziert, dass nur die Entwicklung des Wertrechts den Auszahlungsbetrag determiniert. Alternativ dazu kann der Betrag bzw. die daraus bestimmte Anzahl der Wertrechte in Abhängigkeit weiterer Performancekriterien variieren, wobei periodische oder endfällige Anpassungen möglich sind. Erfolgt eine periodische Adjustierung des Betrags bzw. der Anzahl der Wertrechte, so liegen in Analogie zu den Ausführungen in Kapitel 3.3 Performanceinstrumente vor, wohingegen bei einer endfälligen und somit einmaligen Anpassung Deferrals bestimmt sind.

Bezugsgröße LTI-Betrag	**Häufigkeit**
Aktien	19
Cash	8
Optionen	5
Unternehmenswertbeteiligung	1

Tabelle 144: Bezugsgrößen des prospektiven LTI-Betrags während der Performancephase

Die Gewährung des LTI-Betrags bei den betrachteten Unternehmen erfolgt bei 19 Unternehmen in Form von Aktien, fünf verwenden Optionen und ein Unternehmen (Beiersdorf) rekurriert auf Unternehmenswertbeteiligungen.[1364] Basiert die LTI-Komponente auf Performanceinstrumenten oder Deferrals, so kann der LTI-Betrag auch unabhängig von Wertrechten an die Erreichung der periodischen oder endfälligen Performancekriterien angepasst werden, was insgesamt bei acht Unternehmen zu beobachten ist.

Werden keine Performancekriterien für die Performancephase festgelegt, so erfolgt eine Umwandlung des LTI-Betrags zu Beginn der Performancephase in (virtuelle) Wertrechte, da sonst eine Auszahlung nur zeitverzögert und ohne weitere Anreize resultiert.[1365] Werden hingegen weitere Performancekriterien definiert, so variiert der LTI-Betrag während bzw. nach der Performancephase in Abhängigkeit der jeweiligen

[1364] Der Unternehmenswert wird dabei auf Grundlage eines Umsatz- und EBIT-Multiple bestimmt.

[1365] Diese Vorgehensweise ist auch bei Eigeninvestments charakteristisch, wobei der Unterschied darin besteht, dass beim Eigeninvestment das bereits versteuerte Einkommen in Wertrechte umgewandelt wird. Eine derartige Differenzierung wird bei der nachfolgenden Betrachtung nicht vorgenommen.

Zielerreichung, sodass auch eine cashbezogene Ausgestaltung sinnvoll sein kann. Grundsätzlich lässt sich konstatieren, dass für die Ausgestaltung der LTI-Komponente überwiegend der Aktienkurs und gewinnorientierte Kennzahlen Anwendung finden, wohingegen fundamentale Unternehmenswerte den Ausnahmefall darstellen.

Performancekriterien	**Häufigkeit**
ohne	9
relativer Aktienkurs	8
absoluter Aktienkurs	5
Gewinngröße	5
TSR	5
Wertbeitrag	4
Rendite	3
Marge	2
Cashflow	1
Nachhaltigkeit	1
CR+Motivation	1

Tabelle 145: Performancekriterien des prospektiven LTI-Betrags

9 Zusammenfassung

Das Ziel dieser Arbeit besteht in der Konzeption eines unternehmenswertorientierten Steuerungssystems, bestehend aus strategischer Unternehmensplanung, investitionstheoretisch fundierter Entscheidungsfindung und Performancemessung, zur Synchronisation und investitionstheoretischen Fundierung der managementbezogenen Vergütungssysteme.

Für diesen Untersuchungszweck wurde in Teil A der Arbeit zunächst die strategische Ausrichtung als Grundlage der Organisationsstruktur des Managements und den damit verbundenen Verantwortungsbereichen unterschiedlicher Hierarchiestufen des Top-Managements identifiziert. Die strategie- und organisationsbezogene Abgrenzung der Aufgabenbereiche des Managements stellt den Bezugsrahmen für eine adäquate Vergütung dar, die sich derart insbesondere an den Aufgaben des einzelnen Managers orientieren kann. Ausgehend von der strategischen Ausrichtung auf Geschäftsfeld- und Konzernebene wurde dann die Quantifizierung der leistungs- und finanzwirtschaftlichen Konsequenzen in der risikoorientierten Unternehmensplanung dargestellt sowie die Notwendigkeit einer umfassenden Unternehmensplanung als Grundlage des Risikocontrolling und der gewissenhaften Entscheidungsfindung aufgezeigt. Die Ausgestaltung des Corporate Model in der Detailprognosephase mit stochastifizierten Werttreibern musste anschließend für die Unternehmenswertorientierung der nachfolgenden Ausführungen um die Berücksichtigung der Unendlichkeitsprämisse erweitert werden, wobei das Zwei- und Drei-Phasen-Modell unter Beachtung der strategieorientierten Wachstumsprämissen analysiert wurden. Die Risikoberücksichtigung durch eine Stochastifizierung des Corporate Model konnte dabei sowohl auf Grundlage der Szenario-Analyse, als auch auf Basis einer softwarebasierten Risikosimulation aufgezeigt werden.

Die Konzeption von Vergütungssystemen sowie die damit verbundenen Anforderungskriterien sind Gegenstand des dritten Kapitels. Aufbauend auf der definitorischen Abgrenzung der Begriffe Anreiz- und Vergütungssystem sowie Management- und Vorstandsvergütung erfolgte eine allgemeingültige Differenzierung der Komponenten von Vergütungssystemen. Die Differenzierung der Vergütungsbestandteile wurde dabei zunächst hinsichtlich fixer und variabler Bestandteile vorgenommen, wobei weitergehend eine Unterscheidung der kurz- und langfristigen variablen Vergütungsbestandteile betrachtet wurde. Zur konsistenten Synchronisierung und Priorisierung des mehrdimensionalen Aufgabenspektrums bei der Managementvergütung wurden dann das AHP-Konzept fruchtbar gemacht und die Möglichkeiten zur Modellierung der Vergütungsfunktion auf Grundlage der Zielerreichung erarbeitet. Als weiterer Untersuchungsgegenstand erfolgte dann eine Systematisierung der Instrumente und Auszahlungsmodalitäten zur Induktion langfristiger Anreize bei der variablen Vergütung. Dabei konnte ein fünfstufiges Verfahren zur Konzeption der unterschiedlichen Vergütungsinstrumente entwickelt werden, in das sich die idealtypischen Konzepte der Bonusbank, Performanceinstrumente und Deferrals eingliedern lassen. Neben der Konzeption des Vergütungssystems wurden im dritten Kapitel auch die Anforderungen an Vergütungssysteme definiert. Die allgemeinen Anforderungen an die Managementvergütung können dabei in qualitative, messtheoretische und effektivitätsbezogene Kriterien differenziert werden, die im Gegensatz zur im Schrifttum üblichen Betrachtungsperspektive auf einzelne Performancemaße für das gesamte Vergütungssystem definiert wurden. Für die Vorstandsvergütung, als Spezialfall der Managementvergütung, wurden zudem abschließend die vom Gesetzgeber insbesondere durch das VorstAG formulierten regulatorischen Anforderungen hinsichtlich ihrer Funktion differenziert. Neben den Vorgaben zur Struktur der Vergütung sind vor allem die Anforderungen an die Bemessung der variablen Vergütungsbestandteile von besonderer Relevanz. Die Vorgaben zur Sanktionierung fehlerhafter Leistungen sowie die Bestimmung zur Kontrolle durch die Hauptversammlung und verpflichtende Transparenz durch die Berichterstattung der Vorstandsvergütung schließen das dritte Kapitel ab.

In Teil B bestand das Untersuchungsziel in der Entwicklung entscheidungsorientierter Bewertungskalküle auf Grundlage der stochastifizierten Unternehmensplanung, die dann für Zwecke der Performancemessung und -analyse herangezogen wurden. Die Methoden der Unternehmensbewertung sind im vierten Kapitel hinsichtlich ihrer Bewertungsintention in subjektbezogene Entscheidungswerte in Form des Grenzpreises sowie in Kalküle zur objektbezogenen Marktpreisbestimmung differenziert worden. Die Standard-Ertragswertmethode als investitionstheoretisch fundiertes Bewertungskalkül zur Grenzpreisbestimmung nach Dirrigl wurde dabei eingeführt und eine weitergehende Untersuchung hinsichtlich der Berücksichtigung verschiedener Opportunitätskostenkonzepte sowie der Beachtung von Verbundbeziehungen durchgeführt. Die Konzepte zur Berücksichtigung der Opportunitätskosten konnten dabei in kapitalwertorientierte und rentabilitätsbezogene Vertreter unterschieden und hinsichtlich ihrer

Auswirkungen auf den Grenzpreis umfassend analysiert werden. Für eine Berücksichtigung von Verbundbeziehungen bei der Grenzpreisbestimmung konnte insbesondere die Mit-Ohne Bewertungsmethodik überzeugen, wobei wiederum auf die Implikationen für den Grenzpreis in Abhängigkeit des Opportunitätskostenkonzepts eingegangen wurde.

Die objektbezogene Marktpreisbestimmung auf Grundlage der DCF-Bewertungskalküle wurde dann als alternative Bewertungskonzeption vorgestellt und auch die Marktwertbestimmung auf Basis sog. Multiples wurde dabei dargestellt. Die residualgewinnorientierte Unternehmensbewertung als algebraische Umformung der bereits vorgestellten Bewertungskalküle schließt die Ausführungen zu den Methoden der Unternehmensbewertung ab.

Einen Schwerpunkt des vierten Kapitels bildet die Analyse zu den Implikationen der Risikoberücksichtigung und Finanzierungsprämissen im Kontext der Unternehmensbewertung als Instrument der Entscheidungsfindung. Die auf Grundlage der stochastifizierten Unternehmensplanung bestimmten Streuungsparameter und Lagemaße der bewertungsrelevanten Erfolgsgröße bilden das leistungswirtschaftliche Risiko im Rahmen der Berechnung des Standard-Ertragswertes auf Basis der Sicherheitsäquivalentmethode ab, wohingegen die Fremdfinanzierung als Werttreiber angesehen werden kann, die mit den tatsächlich vorherrschenden Finanzierungskonditionen im Rahmen der Unternehmensplanung erfasst werden. Im Gegensatz dazu wird die Risikoberücksichtigung im Kontext der DCF-Methoden auf Grundlage der kapitalmarktorientierten Gleichgewichtsmodelle des CAPM und für die Berücksichtigung der Finanzierung auf Basis des Modigliani/Miller-Theorems betrachtet.

Das fünfte Kapitel setzt einen Schwerpunkt dieser Arbeit auf die hinsichtlich der operativen Wertschaffung und strategischen Wertschöpfung differenzierte Performancemessung. Nachdem zu Beginn kurz die investitionstheoretischen Anforderungen an die Performancemessung und somit auch für das Vergütungssystem als Kombination der kurz- und langfristig orientierten variablen Vergütungsbestandteile definiert wurden, sind die unterschiedlichen Informationsquellen zur Performancemessung Gegenstand der Betrachtung, wobei die controlling-, die rechnungslegungs- und die kapitalmarktorientierte Perspektive unterschieden wird. Die Induktion kurz- und langfristiger

Anreize sowie die damit verbundene Betrachtung der unterschiedlichen Managementaufgaben hinsichtlich operativer Wertschöpfung und strategischer Wertschaffung werden dabei als unterschiedliche Bezugspunkte der Performancemessung einer Abgrenzung unterzogen und für Vergütungszwecke synchronisiert. Diesbezüglich wird auch auf die Abgrenzung des Performancezeitraums eingegangen und es erfolgt eine Berücksichtigung von Erwartungsrevisionen. Darauf aufbauend werden die Konzepte der retrospektiv-orientierten Performancemessung zunächst systematisiert und hinsichtlich absoluter (pro forma) Kennzahlen, Rentabilitätskennzahlen sowie residualgewinnorientierter Wertbeitragskennzahlen differenziert. Die Performanceanalyse wird dann auf Grundlage einer ursachen- und faktorbezogenen Abweichungsanalyse des EVA konzipiert und illustriert, wodurch eine differenzierte Leistungsbeurteilung und Vergütung erfolgen kann. Daraufhin werden die Konzepte zur strategisch-prospektiven Performancemessung untersucht, wobei zunächst eine Betrachtung der zweiseitig-unternehmenswertorientierten Konzepte des (residualen) ökonomischen Gewinns erfolgt. Im Rahmen dieser Analyse wird auch eine Differenzierung hinsichtlich der realisierten und antizipierten Komponente des Performancemaßes vorgenommen und die Auswirkung von Erwartungsrevisionen auf den Performanceausweis deutlich gemacht. Die unternehmenswertorientierte Performanceanalyse wird im Kontext der Erfolgspotentialrechnung als strategische Abweichungsanalyse betrachtet, wobei auch eine auf den Abweichungen basierende Performancemessung konzipiert wird. Die Berücksichtigung von Aktienkursen für Zwecke der Performancemessung erfolgt bei der Konzeption kapitalmarktorientierter Performancemaße. Die Performanceanalyse ist in diesem Kontext durch eine relative Betrachtung möglich, wohingegen eine kausale Abweichungsanalyse nicht durchgeführt werden kann. Das Kapitel schließt mit der kapitalwertorientierten Performancemessung ab, wobei die residualgewinnorientierte Performancemessung auf Grundlage einer mehrstufigen Finanzierungsrechnung konzipiert wird und so die Abbildung der antizipierten und realisierten Erfolge synchronisiert werden kann. Dabei wird auch auf Grundlage des EEI eine Performanceanalyse durchgeführt, wobei insbesondere die Differenzierung der operativen, sowie der management- und umweltbezogenen strategischen Komponente vorgenommen wird. Für eine Verknüpfung der kapitalwertorientierten Performancemessung mit der investitionstheoretisch fundierten Vergütung wird der Kapitalwert als relevante Größe der Wertschaffung angesehen und dessen Periodisierung im Residualgewinn zur Wertschöpfung abgebildet. Diese Informationen werden in einem konzipierten Performancemaß (RÖP) abgebildet und weitergehend im Kontext einer Performanceanalyse und der Vergütung betrachtet.

Das sechste Kapitel thematisiert das Akquisitionscontrolling als Spezialfall der unternehmenswertorientierten Performancemessung und Vergütung aus der Perspektive des Controlling und der Rechnungslegung. Zunächst wurde dabei die akquisitionsmehrwertorientierte Erfolgsrechnung als Ideal-modell zur akquisitionsbezogenen Performancemessung konzipiert. Dabei erfolgte eine Betrachtung der Akquisitions- und Beteiligungsführungsphase, nachdem der Akquisitionsmehrwert in Abhängigkeit des bei der Ermittlung des Grenzpreises verwendeten Opportunitätskostenkonzepts bestimmt wurde. Die Akquisitionsphase wurde dabei gemäß der von Baetge vorgeschlagenen Methodik weiter differenziert und um eine ursachenbezogene Betrachtungsweise erweitert. Die Realisierung von antizipierten Erfolgspotentialen stellt das konstituierende Merkmal der Beteiligungsphase dar und wurde ebenso wie die Erwartungsrevision von zukünftigen Erfolgspotentialen für Zwecke der variablen Vergütung fruchtbar gemacht. Neben der controllingorientierten Perspektive wird die Akquisitionserfolgsrechnung auch auf Grundlage des externen Rechnungswesens betrachtet. Für diesen Zweck wurde dabei zunächst auf die akquisitionsbezogene Rechnungslegung eingegangen sowie die Erst- und Folgebewertung erläutert. Im Rahmen der Folgebewertung sind die Bewertungsverfahren des Value in Use und des Fair Value less Cost of Disposal Gegenstand der Betrachtung und stellen zudem die Grundlage für das Goodwill-Controlling in der Beteiligungsführungsphase dar. Für die Beteiligungsführungsphase erfolgt dann eine Analyse hinsichtlich der Implikationen von Abschreibungsmethode, Erwartungsrevisionen und Cashflowstruktur auf die Performancemessung und Vergütung.

Der abschließende Teil C der Arbeit widmet sich der Synchronisation von unternehmenswertorientierter Performancemessung und Vergütung. Dabei wurde zunächst die Prinzipal-Agenten-Theorie als modelltheoretischer Analyserahmen auf Grundlage der LEN-Annahmen und die Risikoeinstellung in Abhängigkeit ihrer Determinanten betrachtet. Darauf aufbauend wird das LEN-Modell für weitergehende fruchtbar gemacht, indem mehrere Aufgaben und die Beziehung von beobachtbarem Performancemaß und interessierender Größe modelliert werden. Darüber hinaus konnten in diesem

Kontext auch Erkenntnisse für die Anreizsetzung bei nicht linearen Vergütungsfunktionen sowie für die Implikationen von Nachverhandlungen und die Berücksichtigung von Verbundbeziehungen gewonnen werden. Das achte Kapitel betrachtet die Corporate Governance als Kontextfaktor der Vorstandsvergütung. Dabei wurde zunächst die Corporate Governance deutscher Aktiengesellschaften dargestellt und hinsichtlich ihrer Struktur modelltheoretisch analysiert. Darauf aufbauend war dann der Konnex von Corporate Governance und Vorstandsvergütung Gegenstand der Betrachtung, wobei zunächst der Managerial Power Approach vorgestellt und auf deutsche Aktiengesellschaften übertragen wurde, bevor eine abschließende kritische Würdigung der Theorie erfolgte. Den letzten Themenkomplex der Arbeit stellen die empirischen Erkenntnisse zur Vorstandsvergütung dar, wobei zunächst ein Überblick über die relevanten Studien zur Vergütung der Vorstandsvorsitzenden in Deutschland vermittelt und darauf aufbauend eine Auswertung der Geschäftsberichte für 2014 vorgenommen wurde. Von besonderem Interesse waren dabei neben der Struktur der Gesamtvergütung vor allem die Bemessungsgrundlagen für die kurz- und langfristigen variablen Vergütungsbestandteile.

Anhang

Inhaltsübersicht des Anhangs

Anlage 1: Analytischer Hierarchie Prozesses (AHP)

Shareholderorientierte Ziele:

	Antizipation	Realisation
Antizipation	1,00	0,33
Realisation	3,00	1,00
Σ	4,00	1,33

Tabelle A-1: Saaty-Matrix 2. Zieldimension, Shareholder

	Antizipation	Realisation	Σ	Gewichtungsfaktoren
Antizipation	0,25	0,25	0,50	0,25
Realisation	0,75	0,75	1,50	0,75
Σ	1,00	1,00	2,00	1,00

Tabelle A-2: Normierte Saaty-Matrix 2. Zieldimension, Shareholder

	Antizipation	Realisation	Σ
Antizipation	0,25	0,25	0,50
Realisation	0,75	0,75	1,50

Tabelle A-3: Umgeformte Saaty-Matrix 2. Zieldimension, Shareholder

Stakeholderorientierte Ziele:

	Arbeitnehmer	Kunden	Umwelt	Lieferanten	CSR
Arbeitnehmer	1,00	3,00	3,00	7,00	5,00
Kunden	0,33	1,00	1,00	5,00	3,00
Umwelt	0,33	1,00	1,00	5,00	3,00
Lieferanten	0,14	0,20	0,20	1,00	3,00
CSR	0,20	0,33	0,33	0,33	1,00
Σ	2,01	5,53	5,53	18,33	15,00

Tabelle A-4: Saaty-Matrix 2. Zieldimension, Stakeholder

	Arbeit-nehmer	Kunden	Umwelt	Lieferanten	CSR	Σ	Gewichtungs-faktoren
Arbeit-neh-mer	0,50	0,54	0,54	0,38	0,33	2,30	0,46
Kunden	0,17	0,18	0,18	0,27	0,20	1,00	0,20
Umwelt	0,17	0,18	0,18	0,27	0,20	1,00	0,20
Lieferanten	0,07	0,04	0,04	0,05	0,20	0,40	0,08
CSR	0,10	0,06	0,06	0,02	0,07	0,30	0,06
Σ	1,00	1,00	1,00	1,00	1,00	5,00	1,00

Tabelle A-5: Normierte Saaty-Matrix 2. Zieldimension, Stakeholder

	Arbeitnehmer	Kunden	Umwelt	Lieferanten	CSR	Σ
Arbeitnehmer	0,50	0,54	0,54	0,38	0,33	2,30
Kunden	0,17	0,18	0,18	0,27	0,20	1,00
Umwelt	0,17	0,18	0,18	0,27	0,20	1,00
Lieferanten	0,07	0,04	0,04	0,05	0,20	0,40
CSR	0,10	0,06	0,06	0,02	0,07	0,30
Σ	1,00	1,00	1,00	1,00	1,00	5,00

Tabelle A-6: Umgeformte Saaty-Matrix 2. Zieldimension, Stakeholder

Anlage 2: Unternehmensplanung und Risiko ex ante

Geplante Value Driver für t1 bis t5 ff.						
Jahr		**1**	**2**	**3**	**4**	**5 ff.**
Umsatzwachstum (in % zum Vorjahr)		2,33%	3,83%	4,17%	3,67%	0,00%
PERT	A	-11,00%	-9,00%	-11,00%	-14,00%	0,00%
	H	3,00%	4,50%	5,00%	5,00%	0,00%
	B	13,00%	14,00%	16,00%	16,00%	0,00%
Innenumsatzquote (in % vom Umsatz)		0,00%	0,00%	0,00%	0,00%	0,00%
Materialeinsatz (in % der Gesamtleistung)		25,33%	25,33%	26,00%	24,67%	25,67%
Dreiecksverteilung	A	18,00%	16,00%	15,00%	16,00%	16,00%
	H	25,00%	26,00%	27,00%	25,00%	25,00%
	B	33,00%	34,00%	36,00%	33,00%	36,00%
Personalaufwand (in % der Gesamtleistung)		16,67%	17,00%	18,00%	19,00%	20,33%
Beta	Min	12,00%	13,00%	14,00%	15,00%	14,00%
	Max	26,00%	25,00%	26,00%	27,00%	33,00%
	Alpha 1	2,00	2,00	2,00	2,00	2,00
	Alpha 2	4,00	4,00	4,00	4,00	4,00
Sonstiger Aufwand (in % der Gesamtleistung)		7,17%	7,00%	7,83%	7,67%	8,00%
PERT	A	4,00%	4,00%	5,00%	5,00%	4,00%
	H	6,00%	6,00%	7,00%	7,00%	7,00%
	B	15,00%	14,00%	14,00%	13,00%	16,00%
Bestand an RHB (in % des Umsatzes)		10,00%	10,00%	10,00%	10,00%	10,00%
Gleichverteilung	A	8,00%	8,00%	8,00%	8,00%	8,00%
	B	12,00%	12,00%	12,00%	12,00%	12,00%
Bestand an FE (in % des Umsatzes)		19,00%	19,00%	19,00%	19,00%	19,00%
Gleichverteilung	A	16,00%	16,00%	16,00%	16,00%	16,00%
	B	22,00%	22,00%	22,00%	22,00%	22,00%
Forderungen aus LuL (in % des Umsatzes)		10,00%	9,33%	9,67%	10,33%	10,33%
Dreiecksverteilung	A	5,00%	5,00%	5,00%	5,00%	5,00%
	H	10,00%	9,00%	9,00%	11,00%	11,00%
	B	15,00%	14,00%	15,00%	15,00%	15,00%
Verb. aus LuL (in % des Umsatzes)		10,00%	9,33%	9,67%	10,33%	10,33%
Dreiecksverteilung	A	5,00%	5,00%	5,00%	5,00%	5,00%
	H	10,00%	9,00%	9,00%	11,00%	11,00%
	B	15,00%	14,00%	15,00%	15,00%	15,00%

Tabelle A-7: Verteilungsannahmen der Werttreiber ex ante

T	0	1	2	3	4	5 ff.
Umsatz	18.000	18.420,00	19.126,10	19.923,02	20.653,53	20.653,53
Innenumsatz		0,00	0,00	0,00	0,00	0,00
Bestandsveränderung FE		-0,20	134,16	151,41	138,80	0,00
Gesamtleistung		18.419,80	19.260,26	20.074,44	20.792,33	20.653,53
Materialeinsatz		4.666,35	4.879,27	5.219,35	5.128,77	5.301,07
Personalaufwand		3.069,97	3.274,24	3.613,40	3.950,54	4.199,55
Sonstiger Aufwand		1.320,09	1.348,22	1.572,50	1.594,08	1.652,28
EBITDA		**9.363,40**	**9.758,53**	**9.669,19**	**10.118,93**	**9.500,62**
Abschreibung		1.500,00	2.000,00	2.500,00	3.000,00	3.000,00
EBIT		**7.863,40**	**7.758,53**	**7.169,19**	**7.118,93**	**6.500,62**
Zinsen		480,00	400,00	400,00	340,00	380,00
EBT		7.383,40	7.358,53	6.769,19	6.778,93	6.120,62
BMG (KSt)		7.383,40	7.358,53	6.769,19	6.778,93	6.120,62
Körperschaftsteuer		1.107,51	1.103,78	1.015,38	1.016,84	918,09
BMG (GewSt)		7.503,40	7.458,53	6.869,19	6.863,93	6.215,62
Gewerbesteuer		1.050,48	1.044,19	961,69	960,95	870,19
Ergebnis nach Unternehmenssteuern		**5.225,41**	**5.210,56**	**4.792,12**	**4.801,14**	**4.332,34**
Erwartungswert		5.238,50	5.222,17	4.809,72	4.818,80	4.353,65
Varianz		701.087,55	867.884,31	1.193.230,63	1.238.585,05	1.449.116,81
Standardabweichung		837,31	931,60	1.092,35	1.112,92	1.203,79
Semivarianz		355.157,69	414.396,70	546.310,08	590.739,61	706.573,72
Semistandardabweichung		595,95	643,74	739,13	768,60	840,58
Mittlere untere Abweichung		337,57	377,62	440,76	452,71	488,02

Tabelle A-8: Gewinn- und Verlustrechnung ex ante

Jahr	1	2	3	4	5 ff.
Investition in das Sachanlagevermögen	2.000,00	3.500,00	4.000,00	4.500,00	3.000,00
Investition in das Umlaufvermögen					
· Zunahme RHB	0,00	70,61	79,69	73,05	0,00
· Zunahme FE	0,00	134,16	151,41	138,80	0,00
· Zunahme Forderungen aus LuL	0,00	0,00	140,79	208,31	0,00
· Abnahme Verbindlichkeiten aus LuL	0,00	56,90	0,00	0,00	0,00
Tilgung Finanzkredite	2.000,00	0,00	1.500,00	0,00	0,00
Ausschüttung	4.383,61	3.505,79	1.561,02	4.089,29	4.332,34
Summe Mittelverwendung	**8.383,61**	**7.267,45**	**7.432,91**	**9.009,45**	**7.332,34**
Desinvestitionen Sachanlagevermögen	0,00	0,00	0,00	0,00	0,00
Desinvestitionen Umlaufvermögen					
· Abnahme RHB	158,00	0,00	0,00	0,00	0,00
· Abnahme FE	0,20	0,00	0,00	0,00	0,00
· Abnahme Forderungen aus LuL	658,00	56,90	0,00	0,00	0,00
· Zunahme Verbindlichkeiten aus LuL	842,00	0,00	140,79	208,31	0,00
EBIT	7.863,40	7.758,53	7.169,19	7.118,93	6.500,62
Abschreibung	1.500,00	2.000,00	2.500,00	3.000,00	3.000,00
Cash Flow vor Zinsen	9.363,40	9.758,53	9.669,19	10.118,93	9.500,62
Zinsen	480,00	400,00	400,00	340,00	380,00
Gewerbesteuer	1.050,48	1.044,19	961,69	960,95	870,19
Körperschaftsteuer	1.107,51	1.103,78	1.015,38	1.016,84	918,09
Cash Flow nach Zinsen und Steuern	6.725,41	7.210,56	7.292,12	7.801,14	7.332,34
Aufnahme Finanzkredite	0,00	0,00	0,00	1.000,00	0,00
Einlagen	0,00	0,00	0,00	0,00	0,00
Summe Mittelherkunft	**8.383,61**	**7.267,45**	**7.432,91**	**9.009,45**	**7.332,34**

Tabelle A-9: Finanzplan ex ante

T	0	1	2	3	4	5 ff.
Sachanlagen	22.000,00	22.500,00	24.000,00	25.500,00	27.000,00	27.000,00
RHB	2.000,00	1.842,00	1.912,61	1.992,30	2.065,35	2.065,35
Fertige Erzeugnisse	3.500,00	3.499,80	3.633,96	3.785,37	3.924,17	3.924,17
Forderungen aus LuL	2.500,00	1.842,00	1.785,10	1.925,89	2.134,20	2.134,20
Summe Aktiva	**30.000,00**	**29.683,80**	**31.331,67**	**33.203,57**	**35.123,72**	**35.123,72**
Eigenkapital	17.000,00	17.841,80	19.546,57	22.777,68	23.489,52	23.489,52
Finanzkredite	12.000,00	10.000,00	10.000,00	8.500,00	9.500,00	9.500,00
Verbindlichkeiten aus LuL	1.000,00	1.842,00	1.785,10	1.925,89	2.134,20	2.134,20
Summe Passiva	**30.000,00**	**29.683,80**	**31.331,67**	**33.203,57**	**35.123,72**	**35.123,72**

Tabelle A-10: Bilanz t_0

Jahr	1	2	3	4	5 ff.
Investition in Sachanlagen	2.000,00	3.500,00	4.000,00	4.500,00	3.000,00
Abschreibungen auf Sachanlagen	1.500,00	2.000,00	2.500,00	3.000,00	3.000,00
Desinvestitionen	0,00	0,00	0,00	0,00	0,00
Zinsen	4,00%	4,00%	4,00%	4,00%	4,00%
Kreditaufnahme	0,00	0,00	0,00	1.000,00	0,00
Kredittilgung	2.000,00	0,00	1.500,00	0,00	0,00

Tabelle A-11: Geplante Investitionen, Abschreibungen, Kreditaufnahme und Tilgung ex ante

Jahr	**1**	**2**	**3**	**4**	**5 ff.**
EBIT	7.863,40	7.758,53	7.169,19	7.118,93	6.500,62
adaptierte Gewerbesteuer	1.100,88	1.086,19	1.003,69	996,65	910,09
adaptierte Körperschaftssteuer	1.179,51	1.163,78	1.075,38	1.067,84	975,09
Abschreibungen	1.500,00	2.000,00	2.500,00	3.000,00	3.000,00
OCF vor Änderung NUV	**7.083,01**	**7.508,56**	**7.590,12**	**8.054,44**	**7.615,44**
Erwartungswert	7.096,10	7.520,17	7.607,72	8.072,10	7.636,75
Varianz	701.087,55	867.884,31	1.193.230,63	1.238.585,05	1.449.116,81
Standardabweichung	837,31	931,60	1.092,35	1.112,92	1.203,79
Semivarianz	355.157,69	414.396,70	546.310,08	590.739,61	706.573,72
Semistandardabweichung	595,95	643,74	739,13	768,60	840,58
Mittlere untere Abweichung	337,57	377,62	440,76	452,71	488,02
Änderung NUV					
Δ RHB	158,00	-70,61	-79,69	-73,05	0,00
Δ FE	0,20	-134,16	-151,41	-138,80	0,00
Δ FLL	658,00	56,90	-140,79	-208,31	0,00
Δ VLL	842,00	-56,90	140,79	208,31	0,00
OCF nach Änderung NUV	8.741,21	7.303,79	7.359,02	7.842,59	7.615,44
Investitionen	2.000,00	3.500,00	4.000,00	4.500,00	3.000,00
Anlagenabgänge	0,00	0,00	0,00	0,00	0,00
FCF	6.741,21	3.803,79	3.359,02	3.342,59	4.615,44
adaptierte Einkommenssteuer	1.685,30	950,95	839,75	835,65	1.153,86
FCF nach Einkommensteuer	**5.055,91**	**2.852,84**	**2.519,26**	**2.506,95**	**3.461,58**
Erwartungswert	5.073,54	2.861,70	2.534,22	2.521,66	3.477,56
Varianz	502.984,58	714.460,84	869.908,02	865.941,82	815.128,21
Standardabweichung	709,21	845,26	932,69	930,56	902,84
Semivarianz	253.923,25	362.752,83	421.782,17	419.423,02	397.447,72
Semistandardabweichung	503,91	602,29	649,45	647,63	630,43
Mittlere untere Abweichung	288,22	340,14	373,01	372,93	366,02
Zinszahlungen	480,00	400,00	400,00	340,00	380,00
Δ FK	-2.000,00	0,00	-1.500,00	1.000,00	0,00
Steuerkorrektur	711,80	176,50	551,50	-99,98	167,68
NCF nach Einkommensteuer	**3.287,71**	**2.629,34**	**1.170,76**	**3.066,97**	**3.249,26**
Erwartungswert	3.305,34	2.638,20	1.185,72	3.081,68	3.265,24
Varianz	502.984,58	714.460,84	869.908,02	865.941,82	815.128,21
Standardabweichung	709,21	845,26	932,69	930,56	902,84
Semivarianz	253.923,25	362.752,83	421.782,17	419.423,02	397.447,72
Semistandardabweichung	503,91	602,29	649,45	647,63	630,43
Mittlere untere Abweichung	288,22	340,14	373,01	372,93	366,02
Ausschüttung	4.383,61	3.505,79	1.561,02	4.089,29	4.332,34
pers. Steuer	1.095,90	876,45	390,25	1.022,32	1.083,09
Ausschüttung nach pers. Steuern	**3.287,71**	**2.629,34**	**1.170,76**	**3.066,97**	**3.249,26**
Erwartungswert	3.305,34	2.638,20	1.227,14	3.081,68	3.265,24
Varianz	502.984,58	714.460,84	741.708,44	865.941,82	815.128,21
Standardabweichung	709,21	845,26	861,22	930,56	902,84
Semivarianz	253.923,25	362.752,83	323.679,10	419.423,02	397.447,72
Semistandardabweichung	503,91	602,29	568,93	647,63	630,43
Mittlere untere Abweichung	288,22	340,14	352,95	372,93	366,02

Tabelle A-12: Geplante Erfolgsgrößen ex ante

Anlage 3: Unternehmensbewertung ex ante

Bewertungsparameter	
$Körperschaftssteuer$	15,00%
$Gewerbesteuer$	14,00%
$Abgeltungssteuer$	25,00%
i	4,00%
i_s	3,00%
tsm	19,13%
GL	25,50%
$rak\ (STA)$	45,00%
$rak\ (SSTA)$	65,00%
k_{EK}^{UV}	7,50%
$k_{EK}^{UV,S}$	5,63%

Tabelle A-13: Bewertungsparameter

Ertragswert	0	1	2	3	4	5 ff.
$E(Ausschüttung)$		3.305,34	2.638,20	1.227,14	3.081,68	3.265,24
$Standardabweichung\ (STA)$		709,21	845,26	861,22	930,56	902,84
$Semi-STA\ (SSTA)$		503,91	602,29	568,93	647,63	630,43
$RAB\ (STA, rak = 0{,}45)$		319,15	380,37	387,55	418,75	406,28
$RAB\ (SSTA, rak = 0{,}65)$		327,54	391,49	369,80	420,96	409,78
$Sicherheitsäquivalent\ (STA)$		2.986,19	2.257,84	839,59	2.662,93	2.858,96
$Sicherheitsäquivalent\ (SSTA)$		2.977,80	2.246,72	857,34	2.660,72	2.855,45
$Ertragswert\ (STA)$	92.833,31	92.632,12	93.153,24	95.108,25	95.298,56	95.298,56
$Ertragswert\ (SSTA)$	92.725,23	92.529,19	93.058,35	94.992,76	95.181,82	95.181,82

Tabelle A-14: Netto-Unternehmenswert Ertragswert-Ansatz ex ante

DCF-APV	0	1	2	3	4	5 ff.
FCF		5.073,54	2.861,70	2.534,22	2.521,66	3.477,56
$UW(uv)$	61.213,81	59.583,55	60.073,42	60.918,32	61.823,32	61.823,32
$TS\ FK$		91,80	76,50	76,50	65,03	72,68
$WB\ FK$	2.441,38	2.422,82	2.419,00	2.415,07	2.422,50	2.422,50
$TS\ AS$		500,00	0,00	375,00	-250,00	0,00
$WB\ AS$	606,49	124,69	128,43	-242,72	0,00	0,00
$UW(v)$	64.261,68	62.131,05	62.620,85	63.090,68	64.245,82	64.245,82
EK	52.261,68	52.131,05	52.620,85	54.590,68	54.745,82	54.745,82

Tabelle A-15: Brutto-Unternehmenswert APV-Ansatz ex ante

DCF-WACC	0	1	2	3	4	5 ff.
FCF		5.073,54	2.861,70	2.534,22	2.521,66	3.477,56
FCF^*		5.573,54	2.861,70	2.909,22	2.271,66	3.477,56
$k_{EK}^{v,s}$		6,0746%	6,0003%	5,9968%	5,9293%	5,9644%
$WACC$		5,3576%	5,3942%	5,3961%	5,4315%	5,4129%
UW	64.261,68	62.131,05	62.620,85	63.090,68	64.245,82	64.245,82
EK	52.261,68	52.131,05	52.620,85	54.590,68	54.745,82	54.745,82

Tabelle A-16: Brutto-Unternehmenswert WACC-Ansatz ex ante

DCF-FTE	0	1	2	3	4	5 ff.
$NCF\ n.AbgSt.$		3.305,34	2.638,20	1.185,72	3.081,68	3.265,24
$k_{EK}^{V,S}$		6,0746%	6,0003%	5,9968%	5,9293%	5,9644%
EK	52.261,68	52.131,05	52.620,85	54.590,68	54.745,82	54.745,82

Tabelle A-17: Netto-Unternehmenswert FTE-Ansatz ex ante

RG-Brutto-SÄ	0	1	2	3	4	5 ff.
$SÄ\,(G_t) + ZA_t$		4.307,99	4.362,61	4.470,70	3.714,78	3.238,96
CC_t		990,00	935,25	986,40	1.023,33	1.084,69
RG_t		3.317,99	3.427,35	3.484,30	2.691,45	2.154,27
MVA_t	75.833,31	74.790,32	73.606,67	72.330,57	71.809,04	71.809,04
UW_t	105.833,31	104.474,12	104.938,34	105.534,14	106.932,76	106.932,76
EK_t	92.833,31	92.632,12	93.153,24	95.108,25	95.298,56	95.298,56

Tabelle A-18: Brutto-Unternehmenswert auf Grundlage risikoabschlagsbezogener Residualgewinne ex ante

RG-Netto-SÄ	0	1	2	3	4	5 ff.
$SÄ(G_t)$		3.827,99	3.962,61	4.070,70	3.374,78	2.858,96
CC_t		510,00	535,25	586,40	683,33	704,69
RG_t		3.317,99	3.427,35	3.484,30	2.691,45	2.154,27
MVA_t	75.833,31	74.790,32	73.606,67	72.330,57	71.809,04	71.809,04
EK_t	92.833,31	92.632,12	93.153,24	95.108,25	95.298,56	95.298,56

Tabelle A-19: Netto-Unternehmenswert auf Grundlage risikoabschlagsbezogener Residualgewinne ex ante

RG-Brutto-WACC	0	1	2	3	4	5 ff.
$NOPAT_t$		5.257,34	4.509,58	4.781,12	4.191,81	3.477,56
KB_t	30.000,00	29.683,80	31.331,67	33.203,57	35.123,72	35.123,72
CC_t		1.607,29	1.601,22	1.690,67	1.803,47	1.901,21
EVA_t		3.650,05	2.908,36	3.090,45	2.388,34	1.576,35
MVA_t	34.261,68	32.447,25	31.289,18	29.887,11	29.122,10	29.122,10
UW_t	64.261,68	62.131,05	62.620,85	63.090,68	64.245,82	64.245,82
EK_t	52.261,68	52.131,05	52.620,85	54.590,68	54.745,82	54.745,82

Tabelle A-20: Brutto-Unternehmenswert auf Grundlage risikozuschlagsbezogener Residualgewinne ex ante

RG-Netto-$k_{EK}^{V,S}$	0	1	2	3	4	5 ff.
G_t		4.147,14	4.342,97	4.416,83	3.793,53	3.265,24
$KB(EK_t)$	17.000,00	17.841,80	19.546,57	22.777,68	23.489,52	23.489,52
$k_{EK}^{V,S}$		6,0746%	6,0003%	5,9968%	5,9293%	5,9644%
CC_t		1.032,69	1.070,55	1.172,16	1.350,55	1.401,00
RG_t		3.114,45	3.272,42	3.244,67	2.442,98	1.864,24
MVA_t	35.261,68	34.289,25	33.074,28	31.813,00	31.256,30	31.256,30
EK_t	52.261,68	52.131,05	52.620,85	54.590,68	54.745,82	54.745,82

Tabelle A-21: Netto-Unternehmenswert auf Grundlage risikozuschlagsbezogener Residualgewinne ex ante

Anlage 4: Unternehmensplanung und Risiko unter Trägheitsprojektion

Geplante Value Driver für t1 bis t5 ff.						
Jahr		**1 (Ist)**	**2**	**3**	**4**	**5 ff.**
Umsatzwachstum (in % zum Vorjahr) PERT		1,83%	3,33%	3,50%	3,17%	0,00%
	a		-9,00%	-11,00%	-14,00%	0,00%
	H		4,50%	5,00%	5,00%	0,00%
	b		11,00%	12,00%	13,00%	0,00%
Innenumsatzquote (in % vom Umsatz)		0,00%	0,00%	0,00%	0,00%	0,00%
Materialeinsatz (in % der Gesamtleistung) Dreiecksverteilung		26,00%	26,00%	27,33%	25,67%	26,33%
	a		18,00%	19,00%	19,00%	18,00%
	H		26,00%	27,00%	25,00%	25,00%
	b		34,00%	36,00%	33,00%	36,00%
Personalaufwand (in % der Gesamtleistung) Beta		19,00%	19,33%	20,33%	21,33%	21,00%
	Min		14,00%	15,00%	16,00%	15,00%
	Max		30,00%	31,00%	32,00%	33,00%
	Alpha 1		2,00	2,00	2,00	2,00
	Alpha 2		4,00	4,00	4,00	4,00
Sonstiger Aufwand (in % der Gesamtleistung) PERT		7,17%	7,00%	7,83%	7,67%	8,00%
	a		4,00%	5,00%	5,00%	4,00%
	H		6,00%	7,00%	7,00%	7,00%
	b		14,00%	14,00%	13,00%	16,00%
Bestand an RHB (in % des Umsatzes) Gleichverteilung		10,00%	10,00%	10,00%	10,00%	10,00%
	a		8,00%	8,00%	8,00%	8,00%
	b		12,00%	12,00%	12,00%	12,00%
Bestand an FE (in % des Umsatzes) Gleichverteilung		19,00%	19,00%	19,00%	19,00%	19,00%
	a		16,00%	16,00%	16,00%	16,00%
	b		22,00%	22,00%	22,00%	22,00%
Forderungen aus LuL (in % des Umsatzes) Dreiecksverteilung		10,00%	9,33%	9,67%	10,33%	10,33%
	a		5,00%	5,00%	5,00%	5,00%
	H		9,00%	9,00%	11,00%	11,00%
	b		14,00%	15,00%	15,00%	15,00%
Verb. aus LuL (in % des Umsatzes) Dreiecksverteilung		10,00%	9,33%	9,67%	10,33%	10,33%
	a		5,00%	5,00%	5,00%	5,00%
	H		9,00%	9,00%	11,00%	11,00%
	b		14,00%	15,00%	15,00%	15,00%

Tabelle A-22: Verteilungsannahmen der Werttreiber bei Trägheitsprojektion

Jahr	**1**	**2**	**3**	**4**	**5 ff.**
Umsatz	18.420,00	19.126,10	19.923,02	20.653,53	20.653,53
Innenumsatz	0,00	0,00	0,00	0,00	0,00
Bestandsveränderung FE	-0,20	134,16	151,41	138,80	0,00
Gesamtleistung	18.419,80	19.260,26	20.074,44	20.792,33	20.653,53
Materialeinsatz	4.666,35	4.879,27	5.219,35	5.128,77	5.301,07
Personalaufwand	3.069,97	3.274,24	3.613,40	3.950,54	4.199,55
Sonstiger Aufwand	1.320,09	1.348,22	1.572,50	1.594,08	1.652,28
EBITDA	**9.363,40**	**9.758,53**	**9.669,19**	**10.118,93**	**9.500,62**
Abschreibung	1.500,00	2.000,00	2.500,00	3.000,00	3.000,00
EBIT	**7.863,40**	**7.758,53**	**7.169,19**	**7.118,93**	**6.500,62**
Zinsen	480,00	400,00	400,00	340,00	380,00
EBT	7.383,40	7.358,53	6.769,19	6.778,93	6.120,62
BMG (KSt)	7.383,40	7.358,53	6.769,19	6.778,93	6.120,62
Körperschaftsteuer	1.107,51	1.103,78	1.015,38	1.016,84	918,09
BMG (GewSt)	7.503,40	7.458,53	6.869,19	6.863,93	6.215,62
Gewerbesteuer	1.050,48	1.044,19	961,69	960,95	870,19
Ergebnis nach Unternehmenssteuern	**5.225,41**	**5.210,56**	**4.792,12**	**4.801,14**	**4.332,34**
Erwartungswert	5.238,50	5.222,17	4.809,72	4.818,80	4.353,65
Varianz	701.087,55	867.884,31	1.193.230,63	1.238.585,05	1.449.116,81
Standardabweichung	837,31	931,60	1.092,35	1.112,92	1.203,79
Semivarianz	355.157,69	414.396,70	546.310,08	590.739,61	706.573,72
Semistandardabweichung	595,95	643,74	739,13	768,60	840,58
Mittlere untere Abweichung	337,57	377,62	440,76	452,71	488,02

Tabelle A-23: Gewinn- und Verlustrechnung bei Trägheitsprojektion

Jahr	1	2	3	4	5 ff.
Investition in das Sachanlagevermögen	2.000,00	3.500,00	4.000,00	4.500,00	3.000,00
Investition in das Umlaufvermögen					
· Zunahme RHB	0,00	61,10	66,29	62,08	0,00
· Zunahme FE	0,00	116,09	125,96	117,95	0,00
· Zunahme Forderungen aus LuL	0,00	0,00	127,22	194,84	0,00
· Abnahme Verbindlichkeiten aus LuL	0,00	65,17	0,00	0,00	0,00
Tilgung Finanzkredite	2.000,00	0,00	1.500,00	0,00	0,00
Ausschüttung	3.981,00	3.054,36	968,41	3.484,30	4.000,83
Summe Mittelverwendung	**7.981,00**	**6.796,73**	**6.787,88**	**8.359,17**	**7.000,83**
Desinvestitionen Sachanlagevermögen	0,00	0,00	0,00	0,00	0,00
Desinvestitionen Umlaufvermögen					
· Abnahme RHB	167,00	0,00	0,00	0,00	0,00
· Abnahme FE	17,30	0,00	0,00	0,00	0,00
· Abnahme Forderungen aus LuL	667,00	65,17	0,00	0,00	0,00
· Zunahme Verbindlichkeiten aus LuL	833,00	0,00	127,22	194,84	0,00
EBIT	7.259,57	7.083,88	6.279,80	6.222,01	6.033,71
Abschreibung	1.500,00	2.000,00	2.500,00	3.000,00	3.000,00
Cash Flow vor Zinsen	8.759,57	9.083,88	8.779,80	9.222,01	9.033,71
Zinsen	480,00	400,00	400,00	340,00	380,00
Gewerbesteuer	965,94	949,74	837,17	835,38	804,82
Körperschaftsteuer	1.016,94	1.002,58	881,97	882,30	848,06
Cash Flow nach Zinsen und Steuern	6.296,70	6.731,55	6.660,66	7.164,33	7.000,83
Aufnahme Finanzkredite	0,00	0,00	0,00	1.000,00	0,00
Einlagen	0,00	0,00	0,00	0,00	0,00
Summe Mittelherkunft	**7.981,00**	**6.796,73**	**6.787,88**	**8.359,17**	**7.000,83**

Tabelle A-24: Finanzplan bei Trägheitsprojektion

Jahr	0	1	2	3	4	5 ff.
Sachanlagen	22.000,00	22.500,00	24.000,00	25.500,00	27.000,00	27.000,00
RHB	2.000,00	1.833,00	1.894,10	1.960,39	2.022,47	2.022,47
Fertige Erzeugnisse	3.500,00	3.482,70	3.598,79	3.724,75	3.842,70	3.842,70
Forderungen aus LuL	2.500,00	1.833,00	1.767,83	1.895,05	2.089,89	2.089,89
Summe Aktiva	**30.000,00**	**29.648,70**	**31.260,72**	**33.080,19**	**34.955,06**	**34.955,06**
Eigenkapital	17.000,00	17.815,70	19.492,89	22.685,14	23.365,17	23.365,17
Finanzkredite	12.000,00	10.000,00	10.000,00	8.500,00	9.500,00	9.500,00
Verbindlichkeiten aus LuL	1.000,00	1.833,00	1.767,83	1.895,05	2.089,89	2.089,89
Summe Passiva	**30.000,00**	**29.648,70**	**31.260,72**	**33.080,19**	**34.955,06**	**34.955,06**

Tabelle A-25: Bilanz bei Trägheitsprojektion

Jahr	1	2	3	4	5 ff.
Investition in Sachanlagen	2.000,00	3.500,00	4.000,00	4.500,00	3.000,00
Abschreibungen auf Sachanlagen	1.500,00	2.000,00	2.500,00	3.000,00	3.000,00
Desinvestitionen	0,00	0,00	0,00	0,00	0,00
Zinsen	4,00%	4,00%	4,00%	4,00%	4,00%
Kreditaufnahme	0,00	0,00	0,00	1.000,00	0,00
Kredittilgung	2.000,00	0,00	1.500,00	0,00	0,00

Tabelle A-26: Geplante Investitionen, Abschreibungen, Kreditaufnahme und Tilgung bei Trägheitsprojektion

Jahr	1	2	3	4	5 ff.
EBIT	7.259,57	7.083,88	6.279,80	6.222,01	6.033,71
adaptierte Gewerbesteuer	1.016,34	991,74	879,17	871,08	844,72
adaptierte Körperschaftssteuer	1.088,94	1.062,58	941,97	933,30	905,06
Abschreibungen	1.500,00	2.000,00	2.500,00	3.000,00	3.000,00
OCF vor Änderung NUV	**6.654,30**	**7.029,55**	**6.958,66**	**7.417,63**	**7.283,93**
Erwartungswert	6.654,15	7.030,90	6.960,52	7.416,98	7.281,69
Varianz	408.703,96	592.105,50	711.610,56	718.636,23	849.464,89
Standardabweichung	639,30	769,48	843,57	847,72	921,66
Semivarianz	207.132,14	285.886,09	333.775,15	336.008,47	414.125,34
Semistandardabweichung	455,12	534,68	577,73	579,66	643,53
Mittlere untere Abweichung	260,17	310,30	341,76	343,03	365,53
Änderung NUV					
Δ RHB	167,00	-61,10	-66,29	-62,08	0,00
Δ FE	17,30	-116,09	-125,96	-117,95	0,00
Δ FLL	667,00	65,17	-127,22	-194,84	0,00
Δ VLL	833,00	-65,17	127,22	194,84	0,00
OCF nach Änderung NUV	8.338,60	6.852,36	6.766,41	7.237,60	7.283,93
Investitionen	2.000,00	3.500,00	4.000,00	4.500,00	3.000,00
Anlagenabgänge	0,00	0,00	0,00	0,00	0,00
FCF	6.338,60	3.352,36	2.766,41	2.737,60	4.283,93
adaptierte Einkommenssteuer	1.584,65	838,09	691,60	684,40	1.070,98
FCF nach Einkommensteuer	**4.753,95**	**2.514,27**	**2.074,81**	**2.053,20**	**3.212,95**
Erwartungswert	4.754,17	2.515,17	2.073,98	2.054,88	3.212,16
Varianz	394.186,78	654.548,18	723.157,02	856.582,50	1.039.658,18
Standardabweichung	627,84	809,04	850,39	925,52	1.019,64
Semivarianz	201.844,53	321.608,46	359.462,82	407.053,68	506.164,73
Semistandardabweichung	449,27	567,11	599,55	638,01	711,45
Mittlere untere Abweichung	250,35	325,14	336,09	368,63	402,33
Zinszahlungen	480,00	400,00	400,00	340,00	380,00
Δ FK	-2.000,00	0,00	-1.500,00	1.000,00	0,00
Steuerkorrektur	711,80	176,50	551,50	-99,98	167,68
NCF nach Einkommensteuer	**2.985,75**	**2.290,77**	**726,31**	**2.613,23**	**3.000,63**
Erwartungswert	2.985,97	2.291,67	725,48	2.614,90	2.999,83
Varianz	394.186,78	654.548,18	723.157,02	856.582,50	1.039.658,18
Standardabweichung	627,84	809,04	850,39	925,52	1.019,64
Semivarianz	201.844,53	321.608,46	359.462,82	407.053,68	506.164,73
Semistandardabweichung	449,27	567,11	599,55	638,01	711,45
Mittlere untere Abweichung	250,35	325,14	336,09	368,63	402,33
Ausschüttung	3.981,00	3.054,36	968,41	3.484,30	4.000,83
pers. Steuer	995,25	763,59	242,10	871,08	1.000,21
Ausschüttung nach pers. Steuern	**2.985,75**	**2.290,77**	**726,31**	**2.613,23**	**3.000,63**
Erwartungswert	2.985,97	2.292,18	817,92	2.615,04	2.999,92
Varianz	394.186,78	651.996,30	505.262,38	855.810,58	1.039.103,14
Standardabweichung	627,84	807,46	710,82	925,10	1.019,36
Semivarianz	201.844,53	319.387,37	199.574,48	406.387,66	505.683,01
Semistandardabweichung	449,27	565,14	446,74	637,49	711,11
Mittlere untere Abweichung	250,35	324,89	291,48	368,56	402,28

Tabelle A-27: Geplante Erfolgsgrößen bei Trägheitsprojektion

Anlage 5: Unternehmensbewertung unter Trägheitsprojektion

Ertragswert	0	1	2	3	4	5
$E(Ausschüttung)$		2.985,97	2.292,18	817,92	2.615,04	2.999,92
$Standardabweichung\ (STA)$		627,84	807,46	710,82	925,10	1.019,36
$Semi-STA\ (SSTA)$		449,27	565,14	446,74	637,49	711,11
$RAB\ (STA, rak=0{,}45)$		282,53	363,36	319,87	416,30	458,71
$RAB\ (SSTA, rak=0{,}65)$		292,03	367,34	290,38	414,37	462,22
$Sicherheitsäquivalent\ (STA)$		2.703,45	1.928,82	498,05	2.198,75	2.541,21
$Sicherheitsäquivalent\ (SSTA)$		2.693,95	1.924,83	527,54	2.200,68	2.537,70
$Ertragswert\ (STA)$	82.337,95	82.104,65	82.638,97	84.620,08	84.959,94	84.967,53
$Ertragswert\ (SSTA)$	82.284,55	82.059,13	82.596,07	84.546,42	84.882,13	84.890,90

Tabelle A-28: Netto-Unternehmenswert Ertragswert-Ansatz bei Trägheitsprojektion

DCF-APV	0	1	2	3	4	5 ff.
FCF		4.754,17	2.515,17	2.073,98	2.054,88	3.212,16
$UW(uv)$	56.020,57	54.417,55	54.963,37	55.981,07	57.075,13	57.073,45
$TS\ FK$		91,80	76,50	76,50	65,03	72,68
$WB\ FK$	2.441,38	2.422,82	2.419,00	2.415,07	2.422,50	2.422,50
$TS\ AS$		500,00	0,00	375,00	-250,00	0,00
$WB\ AS$	606,49	124,69	128,43	-242,72	0,00	0,00
$UW(v)$	59.068,44	56.965,05	57.510,80	58.153,43	59.497,63	59.495,95
EK	47.068,44	46.965,05	47.510,80	49.653,43	49.997,63	49.995,95

Tabelle A-29: Brutto-Unternehmenswert APV-Ansatz bei Trägheitsprojektion

DCF-WACC	0	1	2	3	4	5 ff.
FCF		4.754,17	2.515,17	2.073,98	2.054,88	3.212,16
FCF^{*}		5.254,17	2.515,17	2.448,98	1.804,88	3.212,16
$k_{EK}^{v,s}$		6,1243%	6,0415%	6,0368%	5,9595%	5,9966%
$WACC$		5,3341%	5,3733%	5,3757%	5,4151%	5,3960%
UW	59.068,44	56.965,05	57.510,80	58.153,43	59.497,63	59.495,95
EK	47.068,44	46.965,05	47.510,80	49.653,43	49.997,63	49.995,95

Tabelle A-30: Brutto-Unternehmenswert WACC-Ansatz bei Trägheitsprojektion

DCF-FTE	0	1	2	3	4	5 ff.
$NCF\ n.AbgSt.$		2.985,97	2.291,67	725,48	2.614,90	2.999,83
$k_{EK}^{V,S}$		6,1243%	6,0415%	6,0368%	5,9595%	5,9966%
EK	47.068,44	46.965,05	47.510,80	49.653,43	49.997,63	49.995,95

Tabelle A-31: Netto-Unternehmenswert FTE-Ansatz bei Trägheitsprojektion

Anlage 6: Unternehmensplanung und Risiko ex post

Geplante Value Driver für t1 bis t5 ff.						
Jahr		**1 (Ist)**	**2**	**3**	**4**	**5 ff.**
Umsatzwachstum (in % zum Vorjahr)		1,83%	4,17%	4,17%	3,67%	0,00%
PERT	a		-7,00%	-8,00%	-12,00%	0,00%
	H		4,50%	5,00%	5,00%	0,00%
	b		14,00%	13,00%	14,00%	0,00%
Innenumsatzquote (in % vom Umsatz)		0,00%	0,00%	0,00%	0,00%	0,00%
Materialeinsatz (in % der Gesamtleistung)		25,00%	26,00%	27,33%	25,67%	26,33%
Dreiecksverteilung	a		18,00%	19,00%	19,00%	18,00%
	H		26,00%	27,00%	25,00%	25,00%
	b		34,00%	36,00%	33,00%	36,00%
Personalaufwand (in % der Gesamtleistung)		17,67%	19,33%	20,33%	21,33%	21,00%
Beta	Min		14,00%	15,00%	16,00%	15,00%
	Max		30,00%	31,00%	32,00%	33,00%
	Alpha 1		2,00	2,00	2,00	2,00
	Alpha 2		4,00	4,00	4,00	4,00
Sonstiger Aufwand (in % der Gesamtleistung)		6,67%	7,00%	7,83%	7,67%	8,00%
PERT	a		4,00%	5,00%	5,00%	4,00%
	H		6,00%	7,00%	7,00%	7,00%
	b		14,00%	14,00%	13,00%	16,00%
Bestand an RHB (in % des Umsatzes)		10,00%	10,00%	10,00%	10,00%	10,00%
Gleichverteilung	a		8,00%	8,00%	8,00%	8,00%
	b		12,00%	12,00%	12,00%	12,00%
Bestand an FE (in % des Umsatzes)		19,00%	19,00%	19,00%	19,00%	19,00%
Gleichverteilung	a		16,00%	16,00%	16,00%	16,00%
	b		22,00%	22,00%	22,00%	22,00%
Forderungen aus LuL (in % des Umsatzes)		10,00%	9,33%	9,67%	10,33%	10,33%
Dreiecksverteilung	a		5,00%	5,00%	5,00%	5,00%
	H		9,00%	9,00%	11,00%	11,00%
	b		14,00%	15,00%	15,00%	15,00%
Verb. aus LuL (in % des Umsatzes)		10,00%	9,33%	9,67%	10,33%	10,33%
Dreiecksverteilung	a		5,00%	5,00%	5,00%	5,00%
	H		9,00%	9,00%	11,00%	11,00%
	b		14,00%	15,00%	15,00%	15,00%

Tabelle A-32: Verteilungsannahmen der Werttreiber ex post

Jahr	1	2	3	4	5 ff.
Umsatz	16.330,00	24.010,42	25.010,85	25.927,92	25.927,92
Innenumsatz	0,00	0,00	0,00	0,00	0,00
Bestandsveränderung FE	-397,30	1.459,28	190,08	174,24	0,00
Gesamtleistung	15.932,70	25.469,70	25.200,93	26.102,16	25.927,92
Materialeinsatz	3.983,18	6.622,12	6.888,26	6.699,55	6.827,68
Personalaufwand	2.814,78	4.924,14	5.124,19	5.568,46	5.444,86
Sonstiger Aufwand	1.062,18	1.782,88	1.974,07	2.001,17	2.074,23
EBITDA	**8.072,57**	**12.140,56**	**11.214,42**	**11.832,98**	**11.581,14**
Abschreibung	1.500,00	2.000,00	2.500,00	3.000,00	3.000,00
EBIT	**6.572,57**	**10.140,56**	**8.714,42**	**8.832,98**	**8.581,14**
Zinsen	480,00	920,00	840,00	760,00	680,00
EBT	6.092,57	9.220,56	7.874,42	8.072,98	7.901,14
BMG (KSt)	6.092,57	9.220,56	7.874,42	8.072,98	7.901,14
Körperschaftsteuer	913,89	1.383,08	1.181,16	1.210,95	1.185,17
BMG (GewSt)	6.212,57	9.450,56	8.084,42	8.262,98	8.071,14
Gewerbesteuer	869,76	1.323,08	1.131,82	1.156,82	1.129,96
Ergebnis nach Unternehmenssteuern	**4.308,92**	**6.514,39**	**5.561,43**	**5.705,21**	**5.586,01**
Erwartungswert	4.308,29	6.514,45	5.561,15	5.706,82	5.589,81
Varianz	217.936,08	918.073,44	1.008.144,04	1.103.737,51	1.372.973,14
Standardabweichung	466,84	958,16	1.004,06	1.050,59	1.171,74
Semivarianz	112.819,15	462.757,61	487.296,05	554.257,10	680.838,18
Semistandardabweichung	335,89	680,26	698,07	744,48	825,13
Mittlere untere Abweichung	186,80	382,37	405,47	421,04	470,63

Tabelle A-33: Gewinn- und Verlustrechnung ex post

Jahr	1	2	3	4	5 ff.
Investition in das Sachanlagevermögen	11.000,00	3.500,00	4.000,00	4.500,00	3.000,00
Investition in das Umlaufvermögen					
· Zunahme RHB	0,00	768,04	100,04	91,71	0,00
· Zunahme FE	0,00	1.459,28	190,08	174,24	0,00
· Zunahme Forderungen aus LuL	0,00	607,97	176,74	261,50	0,00
· Abnahme Verbindlichkeiten aus LuL	0,00	0,00	0,00	0,00	0,00
Tilgung Finanzkredite	0,00	2.000,00	2.000,00	2.000,00	0,00
Ausschüttung	8.073,22	787,07	1.771,31	1.939,27	5.586,01
Summe Mittelverwendung	**19.073,22**	**9.122,37**	**8.238,18**	**8.966,72**	**8.586,01**
Desinvestitionen Sachanlagevermögen	0,00	0,00	0,00	0,00	0,00
Desinvestitionen Umlaufvermögen					
· Abnahme RHB	367,00	0,00	0,00	0,00	0,00
· Abnahme FE	397,30	0,00	0,00	0,00	0,00
· Abnahme Forderungen aus LuL	867,00	0,00	0,00	0,00	0,00
· Zunahme Verbindlichkeiten aus LuL	633,00	607,97	176,74	261,50	0,00
EBIT	6.572,57	10.140,56	8.714,42	8.832,98	8.581,14
Abschreibung	1.500,00	2.000,00	2.500,00	3.000,00	3.000,00
Cash Flow vor Zinsen	8.072,57	12.140,56	11.214,42	11.832,98	11.581,14
Zinsen	480,00	920,00	840,00	760,00	680,00
Gewerbesteuer	869,76	1.323,08	1.131,82	1.156,82	1.129,96
Körperschaftsteuer	913,89	1.383,08	1.181,16	1.210,95	1.185,17
Cash Flow nach Zinsen und Steuern	5.808,92	8.514,39	8.061,43	8.705,21	8.586,01
Aufnahme Finanzkredite	11.000,00	0,00	0,00	0,00	0,00
Einlagen	0,00	0,00	0,00	0,00	0,00
Summe Mittelherkunft	**19.073,22**	**9.122,37**	**8.238,18**	**8.966,72**	**8.586,01**

Tabelle A-34: Finanzplan ex post

Jahr	0	1	2	3	4	5 ff.
Sachanlagen	22.000,00	27.000,00	28.500,00	30.000,00	31.500,00	31.500,00
RHB	0,00	4.500,00	4.500,00	4.500,00	4.500,00	4.500,00
Fertige Erzeugnisse	2.000,00	1.633,00	2.401,04	2.501,09	2.592,79	2.592,79
Forderungen aus LuL	3.500,00	3.102,70	4.561,98	4.752,06	4.926,30	4.926,30
Summe Aktiva	2.500,00	1.633,00	2.240,97	2.417,72	2.679,22	2.679,22
Eigenkapital	**30.000,00**	**37.868,70**	**42.203,99**	**44.170,86**	**46.198,31**	**46.198,31**
Finanzkredite	17.000,00	13.235,70	18.963,02	22.753,15	26.519,10	26.519,10
Verbindlichkeiten aus LuL	12.000,00	23.000,00	21.000,00	19.000,00	17.000,00	17.000,00
Summe Passiva	1.000,00	1.633,00	2.240,97	2.417,72	2.679,22	2.679,22

Tabelle A-35: Bilanz ex post

Jahr	1	2	3	4	5 ff.
Investition in Sachanlagen	11.000,00	3.500,00	4.000,00	4.500,00	3.000,00
Abschreibungen auf Sachanlagen	1.500,00	2.000,00	2.500,00	3.000,00	3.000,00
Desinvestitionen	0,00	0,00	0,00	0,00	0,00
Zinsen	4,00%	4,00%	4,00%	4,00%	4,00%
Kreditaufnahme	11.000,00	0,00	0,00	0,00	0,00
Kredittilgung	0,00	2.000,00	2.000,00	2.000,00	0,00

Tabelle A-36: Geplante Investitionen, Abschreibungen, Kreditaufnahme und Tilgung ex post

Jahr		-2	-1	0	1	2	3
Investitionen		4.000,00	4.000,00	4.000,00	11.000,00	3.500,00	4.000,00
Fremdfinanzierungsquote		50,00%	50,00%	50,00%	50,00%	50,00%	50,00%
Eigenfinanzierte Investitionen		2.000,00	2.000,00	2.000,00	5.500,00	1.750,00	2.000,00
Investitionsjahrgangsspezifische Entwicklung des Amortisationskapitals	1	2.000,00	1.367,14	701,05	0,00		
	2		2.000,00	1.367,14	701,05	0,00	
	3			2.000,00	1.367,14	701,05	0,00
	4				5.500,00	3.759,63	1.927,90
	5					1.750,00	1.196,25
	6						2.000,00
	7						
	8						
	9						
	10						
	11						
	Σ	2.000,00	3.367,14	4.068,19	7.568,19	6.210,69	5.124,15
Investitionsjahrgangsspezifische Entwicklung des Kapitaldienstes	1		737,86	737,86	737,86		
	2			737,86	737,86	737,86	
	3				737,86	737,86	737,86
	4					2.029,12	2.029,12
	5						645,63
	6						
	7						
	8						
	9						
	10						
	11						
	Σ		737,86	1.475,72	2.213,58	3.504,84	3.412,60

Tabelle A-37: Entwicklung des eigenfinanzierten Amortisationskapitals ex post Teil

Jahr		4	5	6	7	8
Investitionen		4.500,00	3.000,00	3.000,00	3.000,00	3.000,00
Fremdfinanzierungsquote		50,00%	50,00%	50,00%	50,00%	50,00%
Eigenfinanzierte Investitionen		2.250,00	1.500,00	1.500,00	1.500,00	1.500,00
Investitionsjahrgangsspezifische Entwicklung des Amortisationskapitals	1					
	2					
	3					
	4	0,00				
	5	613,42	0,00			
	6	1.367,14	701,05	0,00		
	7	2.250,00	1.538,03	788,69	0,00	
	8		1.500,00	1.025,35	525,79	0,00
	9			1.500,00	1.025,35	525,79
	10				1.500,00	1.025,35
	11					1.500,00
	Σ	4.230,56	3.739,09	3.314,04	3.051,15	3.051,15
Investitionsjahrgangsspezifische Entwicklung des Kapitaldienstes	1					
	2					
	3					
	4	2.029,12				
	5	645,63	645,63			
	6	737,86	737,86	737,86		
	7		830,09	830,09	830,09	
	8			553,40	553,40	553,40
	9				553,40	553,40
	10					553,40
	11					
	Σ	3.412,60	2.213,58	2.121,35	1.936,88	1.660,19

Tabelle A-38: Entwicklung des eigenfinanzierten Amortisationskapitals ex post Teil 2

Jahr	1	2	3	4	5 ff.
EBIT	6.572,57	10.140,56	8.714,42	8.832,98	8.581,14
adaptierte Gewerbesteuer	920,16	1.419,68	1.220,02	1.236,62	1.201,36
adaptierte Körperschaftssteuer	985,89	1.521,08	1.307,16	1.324,95	1.287,17
Abschreibungen	1.500,00	2.000,00	2.500,00	3.000,00	3.000,00
OCF vor Änderung NUV	**6.166,52**	**9.199,79**	**8.687,23**	**9.271,41**	**9.092,61**
Erwartungswert	6.165,89	9.199,85	8.686,95	9.273,02	9.096,41
Varianz	217.936,08	918.073,44	1.008.144,04	1.103.737,51	1.372.973,14
Standardabweichung	466,84	958,16	1.004,06	1.050,59	1.171,74
Semivarianz	112.819,15	462.757,61	487.296,05	554.257,10	680.838,18
Semistandardabweichung	335,89	680,26	698,07	744,48	825,13
Mittlere untere Abweichung	186,80	382,37	405,47	421,04	470,63
Änderung NUV					
Δ RHB	367,00	-768,04	-100,04	-91,71	0,00
Δ FE	397,30	-1.459,28	-190,08	-174,24	0,00
Δ FLL	867,00	-607,97	-176,74	-261,50	0,00
Δ VLL	633,00	607,97	176,74	261,50	0,00
OCF nach Änderung NUV	8.430,82	6.972,47	8.397,11	9.005,47	9.092,61
Investitionen	11.000,00	3.500,00	4.000,00	4.500,00	3.000,00
Anlagenabgänge	0,00	0,00	0,00	0,00	0,00
FCF	-2.569,18	3.472,47	4.397,11	4.505,47	6.092,61
adaptierte Einkommenssteuer	-642,29	868,12	1.099,28	1.126,37	1.523,15
FCF nach Einkommenssteuer	**-1.926,88**	**2.604,35**	**3.297,83**	**3.379,10**	**4.569,45**
Erwartungswert	-1.928,38	2.605,17	3.296,99	3.380,62	4.574,38
Varianz	213.150,93	963.276,22	1.173.836,03	1.157.512,70	1.681.125,62
Standardabweichung	461,68	981,47	1.083,44	1.075,88	1.296,58
Semivarianz	107.178,65	474.574,95	594.744,70	587.576,45	819.919,06
Semistandardabweichung	327,38	688,89	771,20	766,54	905,49
Mittlere untere Abweichung	187,50	392,33	435,22	422,82	520,45
Zinszahlungen	480,00	920,00	840,00	760,00	680,00
Δ FK	11.000,00	-2.000,00	-2.000,00	-2.000,00	0,00
Steuerkorrektur	-2.538,20	905,95	870,65	835,35	300,05
NCF nach Einkommenssteuer	**6.054,92**	**590,30**	**1.328,48**	**1.454,45**	**4.189,50**
Erwartungswert	6.053,42	591,12	1.327,64	1.455,97	4.194,43
Varianz	213.150,93	963.276,22	1.173.836,03	1.157.512,70	1.681.125,62
Standardabweichung	461,68	981,47	1.083,44	1.075,88	1.296,58
Semivarianz	107.178,65	474.574,95	594.744,70	587.576,45	819.919,06
Semistandardabweichung	327,38	688,89	771,20	766,54	905,49
Mittlere untere Abweichung	187,50	392,33	435,22	422,82	520,45
Ausschüttung	8.073,22	787,07	1.771,31	1.939,27	5.586,01
pers. Steuer	2.018,31	196,77	442,83	484,82	1.396,50
Ausschüttung nach pers. Steuern	**6.054,92**	**590,30**	**1.328,48**	**1.454,45**	**4.189,50**
Erwartungswert	6.053,42	750,79	1.386,38	1.503,33	4.194,43
Varianz	213.150,93	587.165,21	963.234,60	975.728,00	1.681.125,62
Standardabweichung	461,68	766,27	981,45	987,79	1.296,58
Semivarianz	107.178,65	211.812,30	433.627,60	444.761,73	819.919,06
Semistandardabweichung	327,38	460,23	658,50	666,90	905,49
Mittlere untere Abweichung	187,50	318,64	406,57	399,21	520,45

Tabelle A-39: Geplante Erfolgsgrößen ex post

Anlage 7: Unternehmensbewertung ex post

Ertragswert	**0**	**1**	**2**	**3**	**4**	**5 ff.**
$E(Ausschüttung)$		6.053,42	750,79	1.386,38	1.503,33	4.194,43
$Standardabweichung\ (STA)$		461,68	766,27	981,45	987,79	1.296,58
$Semi-STA\ (SSTA)$		327,38	460,23	658,50	666,90	905,49
$RAB\ (STA, rak = 0{,}45)$		207,76	344,82	441,65	444,51	583,46
$RAB\ (SSTA, rak = 0{,}65)$		212,80	299,15	428,03	433,49	588,57
$Sicherheitsäquivalent\ (STA)$		5.845,66	405,97	944,73	1.058,83	3.610,97
$Sicherheitsäquivalent\ (SSTA)$		5.840,62	451,64	958,35	1.069,85	3.605,86
$Ertragswert\ (STA)$	114.721,28	112.317,26	115.280,81	117.794,50	120.269,51	120.266,63
$Ertragswert\ (SSTA)$	114.296,74	111.885,03	114.789,94	117.275,29	119.723,70	119.709,55

Tabelle A-40: Netto-Unternehmenswert Ertragswert-Ansatz ex post

DCF-APV	**0**	**1**	**2**	**3**	**4**	**5 ff.**
FCF		-1.928,38	2.605,17	3.296,99	3.380,62	4.574,38
$UW(uv)$	71.254,70	77.191,16	78.927,99	80.070,70	81.194,06	81.186,85
$TS\ FK$		91,80	175,95	160,65	145,35	130,05
$WB\ FK$	4.382,73	4.422,41	4.379,13	4.349,85	4.335,00	4.335,00
$TS\ AS$		-2.750,00	500,00	500,00	500,00	0,00
$WB\ AS$	-1.296,79	1.414,31	956,73	485,44	0,00	0,00
$UW(v)$	74.340,63	83.027,87	84.263,85	84.905,99	85.529,06	85.521,85
EK	62.340,63	60.027,87	63.263,85	65.905,99	68.529,06	68.521,85

Tabelle A-41: Brutto-Unternehmenswert APV-Ansatz ex post

DCF-WACC	**0**	**1**	**2**	**3**	**4**	**5 ff.**
FCF		-1.928,38	2.605,17	3.296,99	3.380,62	4.574,38
FCF^*		-4.678,38	3.105,17	3.796,99	3.880,62	4.574,38
$k_{EK}^{v,s}$		6,0003%	6,3755%	6,2750%	6,1892%	6,1101%
$WACC$		5,3925%	5,2286%	5,2681%	5,3043%	5,3399%
UW	74.340,63	83.027,87	84.263,85	84.905,99	85.529,06	85.521,85
EK	62.340,63	60.027,87	63.263,85	65.905,99	68.529,06	68.521,85

Tabelle A-42: Brutto-Unternehmenswert WACC-Ansatz ex post

DCF-FTE	**0**	**1**	**2**	**3**	**4**	**5 ff.**
$NCF\ n.AbgSt.$		6.053,42	591,12	1.327,64	1.455,97	4.194,43
$k_{EK}^{V,S}$		6,0003%	6,3755%	6,2750%	6,1892%	6,1101%
EK	62.340,63	60.027,87	63.263,85	65.905,99	68.529,06	68.521,85

Tabelle A-43: Netto-Unternehmenswert FTE-Ansatz ex post

Anlage 8: Alternativobjektbezogene Opportunitätskostenermittlung

Jahr	**1**			**2**			**3**			**4**			**5 ff.**		
	0,3	0,5	0,2	0,3	0,5	0,2	0,3	0,5	0,2	0,3	0,5	0,2	0,3	0,5	0,2
$EBIT$	800	1.000	1.200	840	1.050	1.260	865	1.082	1.298	874	1.092	1.311	883	1.103	1.324
$Zins$	100	100	100	100	100	100	100	100	100	100	100	100	100	100	100
$GewSt$	102	130	158	107	137	166	111	141	171	112	142	173	113	144	175
KSt	105	135	165	111	143	174	115	147	180	116	149	182	117	150	184
Afa	200	200	200	200	200	200	200	200	200	200	200	200	200	200	200
OCF	694	836	978	722	871	1.020	740	893	1.047	746	901	1.056	752	909	1.065
$Investition$	250	250	250	250	250	250	250	250	250	250	250	250	200	200	200
$Tilgung$	-150	-150	-150	-150	-150	-150	-150	-150	-150	-150	-150	-150	-150	-150	-150
$NCF\ v.St.$	594	736	878	622	771	920	640	793	947	646	801	956	702	859	1.015
$AbgSt.$	148	184	219	155	193	230	160	198	237	161	200	239	176	215	254
$Auss.$	445	552	658	466	578	690	480	595	710	484	601	717	527	644	762

Tabelle A-44: Erfolgsplanung Alternativobjekt t_0

	0	**1**	**2**	**3**	**4**	**5 ff.**
$Ausschüttung$		540,98	567,07	583,51	589,15	632,35
$Varianz\ (VAR)$		5.557,70	6.127,37	6.500,52	6.631,18	6.764,47
$Standardaw.\ (STA)$		74,55	78,28	80,63	81,43	82,25
$Semi - Var$		2.756,17	3.038,67	3.223,73	3.288,53	3.354,63
$Semi - STA$		52,50	55,12	56,78	57,35	57,92
$SÄ\ (STA)$		507,43	531,84	547,22	552,51	595,34
$SÄ\ (SSTA)$		506,85	531,24	546,60	551,87	594,70
$EW\ (STA)$	19.617,34	19.698,43	19.757,54	19.803,05	19.844,63	19.844,63
$EW\ (Semi - STA)$	19.598,49	19.679,02	19.737,54	19.782,44	19.823,41	19.823,41
A_0	-10.000,00					
r^{AO}	5,83%					
C_0^{AO}	9.617,34					
kwr^{AO}	0,9617					

Tabelle A-45: Ermittlung der Opportunitätskosten des Alternativobjekts t_0

Anlage 9: Grenzpreisbestimmung Bewertungsobjekt

Jahr	-3	-2	-1	0	1
Investition	7.500,00	6.500,00	4.000,00	7.500,00	6.000,00
Abschreibung		2.500,00	4.666,67	6.000,00	6.000,00
Inv (EK)	3.750,00	3.250,00	2.000,00	3.750,00	3.000,00
Inv (FK)	3.750,00	3.250,00	2.000,00	3.750,00	3.000,00
Raten KD		1.503,13	2.721,46	3.365,63	3.416,25
Zins		253,13	388,13	365,63	416,25
Tilgung		1.250,00	2.333,33	3.000,00	3.000,00
AK	3.750,00	5.750,00	5.416,67	6.166,67	6.166,67
Jahr	2	3	4	5 ff.	
Investition	6.500,00	6.500,00	6.500,00	6.500,00	
Abschreibung	5.833,33	6.666,67	6.333,33	6.500,00	
Inv (EK)	3.250,00	3.250,00	3.250,00	3.250,00	
Inv (FK)	3.250,00	3.250,00	3.250,00	3.250,00	
Raten KD	3.332,92	3.772,08	3.599,79	3.688,75	
Zins	416,25	438,75	433,13	438,75	
Tilgung	2.916,67	3.333,33	3.166,67	3.250,00	
AK	6.500,00	6.416,67	6.500,00	6.500,00	

Tabelle A-46: Kollektive Anlagestruktur Bewertungsobjekt t_0

Jahr	0	1	2	3	4	5 ff.
EBIT		2.400,00	2.100,00	2.800,00	2.600,00	2.700,00
Zins		416,25	416,25	438,75	433,13	438,75
GewSt		292,29	250,29	345,93	318,52	331,93
KSt		297,56	252,56	354,19	325,03	339,19
Abschreibung		6.000,00	5.833,33	6.666,67	6.333,33	6.500,00
OCF		7.393,89	7.014,23	8.327,80	7.856,66	8.090,13
Investition		6.000,00	6.500,00	6.500,00	6.500,00	6.500,00
Tilgung		0,00	-333,33	83,33	-83,33	0,00
NCF v.St.		1.393,89	847,56	1.744,46	1.439,99	1.590,13
AbgSt.		348,47	211,89	436,12	360,00	397,53
NCF n.AbgSt.		1.045,42	635,67	1.308,35	1.079,99	1.192,60

Tabelle A-47: Erfolgsplanung Bewertungsobjekt t_0

Jahr	0	1	2	3	4	5 ff.
Ausschüttung		1.045,42	635,67	1.308,35	1.079,99	1.192,60
STA		1.140,18	1.048,81	1.183,22	1.264,91	1.341,64
SÄ		532,34	163,71	775,90	510,78	588,86
$EW(i_s)$	19.274,85	19.320,75	19.736,67	19.552,86	19.628,67	19.628,67
$EW(r^{AO})$	9.765,89	9.802,74	10.210,37	10.029,57	10.103,35	10.103,35
$EW(C_0^{AO})$	9.657,51					
$EW(kwr^{AO})$	9.825,41					

Tabelle A-48: Grenzpreisermittlung Bewertungsobjekt t_0

Anlage 10: Marktwert und Grenzpreis des Bewertungsobjekts

Bewertungsparameter	
$Körperschaftssteuer$	15,00%
$Gewerbesteuer$	14,00%
$Abgeltungssteuer$	25,00%
i	4,00%
i_s	3,00%
tsm	19,13%
GL	25,50%
$rak\ (STA)$	45,00%
$rak\ (SSTA)$	65,00%
k_{EK}^{UV}	10,00%
r_{FK}	6,75%
r_{FK}^{S}	5,06%

Tabelle A-49: Bewertungsparameter

Jahr	-3	-2	-1	0	1
$Investition$	7.500,00	6.500,00	4.000,00	7.500,00	6.000,00
$Abschreibung$		2.500,00	4.666,67	6.000,00	6.000,00
$Inv\ (EK)$	3.750,00	3.250,00	2.000,00	3.750,00	3.000,00
$Inv\ (FK)$	3.750,00	3.250,00	2.000,00	3.750,00	3.000,00
$Raten\ KD$		1.503,13	2.721,46	3.365,63	3.416,25
$Zins$		253,13	388,13	365,63	416,25
$Tilgung$		1.250,00	2.333,33	3.000,00	3.000,00
AK	3.750,00	5.750,00	5.416,67	6.166,67	6.166,67
Jahr	**2**	**3**	**4**	**5 ff.**	
$Investition$	6.500,00	6.500,00	6.500,00	6.500,00	
$Abschreibung$	5.833,33	6.666,67	6.333,33	6.500,00	
$Inv\ (EK)$	3.250,00	3.250,00	3.250,00	3.250,00	
$Inv\ (FK)$	3.250,00	3.250,00	3.250,00	3.250,00	
$Raten\ KD$	3.332,92	3.772,08	3.599,79	3.688,75	
$Zins$	416,25	438,75	433,13	438,75	
$Tilgung$	2.916,67	3.333,33	3.166,67	3.250,00	
AK	6.500,00	6.416,67	6.500,00	6.500,00	

Tabelle A-50: Kollektive Anlagestruktur Bewertungsobjekt t_0, 50% FKQ

Jahr	0	1	2	3	4	5 ff.
EBIT		2.400,00	2.100,00	2.800,00	2.600,00	2.700,00
Zins		416,25	416,25	438,75	433,13	438,75
GewSt		292,29	250,29	345,93	318,52	331,93
KSt		297,56	252,56	354,19	325,03	339,19
Abschreibung		6.000,00	5.833,33	6.666,67	6.333,33	6.500,00
OCF		7.393,89	7.014,23	8.327,80	7.856,66	8.090,13
Investition		6.000,00	6.500,00	6.500,00	6.500,00	6.500,00
Tilgung		0,00	-333,33	83,33	-83,33	0,00
NCF v. St.		1.393,89	847,56	1.744,46	1.439,99	1.590,13
AbgSt.		348,47	211,89	436,12	360,00	397,53
NCF n. AbgSt.		1.045,42	635,67	1.308,35	1.079,99	1.192,60

Tabelle A-51: Erfolgsplanung Bewertungsobjekt t_0, 50% FKQ

	Jahr	0	1	2	3	4	5 ff.
Ohne Steuern	FCF		2.400,00	1.433,33	2.966,67	2.433,33	2.700,00
	$UW(uv)$	25.698,65	25.868,52	27.022,04	26.757,58	27.000,00	27.000,00
	$k_{EK}^{v,s}$		11,03%	11,02%	11,03%	11,03%	11,03%
	$WACC$		10,00%	10,00%	10,00%	10,00%	10,00%
	UW	25.698,65	25.868,52	27.022,04	26.757,58	27.000,00	27.000,00
	EK	19.531,99	19.701,85	20.522,04	20.340,91	20.500,00	20.500,00
	$k_{EK}^{V,S}$		1.983,75	1.350,42	2.444,58	2.083,54	2.261,25
	$NCF\ n.AbgSt.$		11,03%	11,02%	11,03%	11,03%	11,03%
	EK	19.531,99	19.701,85	20.522,04	20.340,91	20.500,00	20.500,00
Mit Unternehmenssteuern	FCF		2.040,00	1.118,33	2.546,67	2.043,33	2.295,00
	$UW(uv)$	21.762,92	21.899,21	22.970,80	22.721,21	22.950,00	22.950,00
	$TS\ FK$		62,44	62,44	65,81	64,97	65,81
	$WB\ FK$	1.638,23	1.641,32	1.644,53	1.644,50	1.645,31	1.645,31
	$TS\ AS$	23.401,14	23.540,53	24.615,33	24.365,71	24.595,31	24.595,31
	$WB\ AS$	17.234,48	17.373,86	18.115,33	17.949,05	18.095,31	18.095,31
	$k_{EK}^{v,s}$		10,59%	10,59%	10,62%	10,61%	10,62%
	$WACC$		9,31%	9,32%	9,33%	9,33%	9,33%
	UW	23.401,14	23.540,53	24.615,33	24.365,71	24.595,31	24.595,31
	EK	17.234,48	17.373,86	18.115,33	17.949,05	18.095,31	18.095,31
	$k_{EK}^{V,S}$		10,59%	10,59%	10,62%	10,61%	10,62%
	$NCF\ n.AbgSt.$		1.686,19	1.097,85	2.090,40	1.758,51	1.922,06
	EK	17.234,48	17.373,86	18.115,33	17.949,05	18.095,31	18.095,31
Mit Unternehmens- und persönlichen Steuern	FCF		1.278,00	618,25	1.616,00	1.259,50	1.437,75
	$UW(uv)$	13.567,17	13.645,89	14.392,23	14.215,45	14.377,50	14.377,50
	$TS\ FK$		79,61	79,61	83,91	82,84	83,91
	$WB\ FK$	2.787,84	2.791,87	2.796,02	2.795,99	2.797,03	2.797,03
	$TS\ AS$		0,00	-83,33	20,83	-20,83	0,00
	$WB\ AS$	-77,99	-80,33	0,59	-20,23	0,00	0,00
	$UW(v)$	16.277,02	16.357,43	17.188,84	16.991,21	17.174,53	17.174,53
	EK	10.110,36	10.190,76	10.688,84	10.574,55	10.674,53	10.674,53
	FCF		1.278,00	534,92	1.636,83	1.238,67	1.437,75
	$k_{EK}^{v,s}$		11,14%	11,13%	11,17%	11,16%	11,17%
	$WACC$		8,35%	8,35%	8,37%	8,37%	8,37%
	UW	16.277,02	16.357,43	17.188,84	16.991,21	17.174,53	17.174,53
	EK	10.110,36	10.190,76	10.688,84	10.574,55	10.674,53	10.674,53
	$k_{EK}^{V,S}$		11,14%	11,13%	11,17%	11,16%	11,17%
	$NCF\ n.AbgSt.$		1.045,42	635,67	1.308,35	1.079,99	1.192,60
	EK	10.110,36	10.190,76	10.688,84	10.574,55	10.674,53	10.674,53

Tabelle A-52: Marktwert Bewertungsobjekt t_0, 50% FKQ

	Jahr	0	1	2	3	4	5 ff.
SEW	$Ausschüttung$		1.045,42	635,67	1.308,35	1.079,99	1.192,60
	Var		1.300.000	1.100.000,	1.400.000	1.600.000	1.800.000
	STA		1.140,18	1.048,81	1.183,22	1.264,91	1.341,64
	$SÄ$		532,34	163,71	775,90	510,78	588,86
	$EW(i_s)$	19.274,85	19.320,75	19.736,67	19.552,86	19.628,67	19.628,67
	$EW(r^{AO})$	9.765,89	9.802,74	10.210,37	10.029,57	10.103,35	10.103,35
	$EW(C_0^{AO})$	9.657,51					
	$EW(kwr^{AO})$	9.825,41					

Tabelle A-53: Grenzpreis Bewertungsobjekt t_0, 50% FKQ

Jahr	0	1	2	3	4	5 ff.
FCF		1.278,00	618,25	1.616,00	1.259,50	1.437,75
$UW(uv)$	13.932,21	14.012,60	14.760,58	14.583,74	14.746,15	14.746,15
$TS\ FK$		79,61	79,61	83,91	82,84	83,91
$WB\ FK$	2.787,84	2.791,87	2.796,02	2.795,99	2.797,03	2.797,03
$TS\ AS$		0,00	-83,33	20,83	-20,83	0,00
$WB\ AS$	-77,99	-80,33	0,59	-20,23	0,00	0,00
$UW(v)$	16.642,06	16.724,14	17.557,19	17.359,50	17.543,19	17.543,19
EK	10.475,39	10.557,47	11.057,19	10.942,83	11.043,19	11.043,19
FCF		1.278,00	534,92	1.636,83	1.238,67	1.437,75
$k_{EK}^{v,s}$		10,76%	10,75%	10,80%	10,79%	10,80%
$WACC$		8,17%	8,18%	8,20%	8,19%	8,20%
UW	16.642,06	16.724,14	17.557,19	17.359,50	17.543,19	17.543,19
EK	10.475,39	13.932,27	14.761,17	14.563,51	14.746,15	14.746,15
$k_{EK}^{V,S}$		10,76%	10,75%	10,80%	10,79%	10,80%
$NCF\ n.AbgSt.$		1.045,42	635,67	1.308,35	1.079,99	1.192,60
EK	10.475,39	10.557,47	11.057,19	10.942,83	11.043,19	11.043,19

Tabelle A-54: Peer-Group-orientierte Marktwertermittlung für das Bewertungsobjekt

Anlage 11: Auswirkungen der Finanzierung auf den Marktwert und Grenzpreis des Bewertungsobjekts

Für die Auswirkungen der Fremdfinanzierung auf den Standard-Ertragswert als entscheidungswertorientiertes Bewertungskalkül und den Marktwert auf Grundlage der DCF-Methoden in Kapitel 4.5 werden ausgehend von der Planung und Bewertung des Bewertungsobjekts aus Anlage 10 Anpassungen vorgenommen. Das Investitionsniveau beleibt konstant und wird neben der Fremdfinanzierung von 50% aus Anlage 10 auch für eine Fremdfinanzierungsquote von 5%, 25%, 75% und 95% berechnet. In Kapitel 4.5.2.3.1 und 4.5.2.3.2 entsprechen die bei der Bewertung berücksichtigten Fremdkapitalzinsen dem risikolosen Zinssatz, gemäß der Modigliani/Miller-Theorie.

Die tatsächlichen Fremdkapitalkosten werden hingegen bei der entscheidungsorientierten Grenzpreisbestimmung in Kapitel 4.2.2.2 sowie in Kapitel 4.5.2.3.3 betrachtet und entwickeln sich gemäß der Gleichung (4-33) und sind Tabelle 45 zu entnehmen.

Anlage 12: Akquisitionscontrolling

Jahr	-3	-2	-1	0	1
Investition	7.500,00	6.500,00	4.000,00	7.500,00	6.000,00
Abschreibung		2.500,00	4.666,67	6.000,00	6.000,00
Inv (EK)	3.750,00	3.250,00	2.000,00	3.750,00	3.000,00
Inv (FK)	3.750,00	3.250,00	2.000,00	3.750,00	3.000,00
Raten KD		1.503,13	2.721,46	3.365,63	3.416,25
Zins		253,13	388,13	365,63	416,25
Tilgung		1.250,00	2.333,33	3.000,00	3.000,00
AK	3.750,00	5.750,00	5.416,67	6.166,67	6.166,67
Jahr	2	3	4	5 ff.	
Investition	6.500,00	6.500,00	6.500,00	6.500,00	
Abschreibung	5.833,33	6.666,67	6.333,33	6.500,00	
Inv (EK)	3.250,00	3.250,00	3.250,00	3.250,00	
Inv (FK)	3.250,00	3.250,00	3.250,00	3.250,00	
Raten KD	3.332,92	3.772,08	3.599,79	3.688,75	
Zins	416,25	438,75	433,13	438,75	
Tilgung	2.916,67	3.333,33	3.166,67	3.250,00	
AK	6.500,00	6.416,67	6.500,00	6.500,00	

Tabelle A-55: Kollektive Anlagestruktur Bewertungsobjekt nach Planüberholung

Jahr	0	1	2	3	4	5 ff.
EBIT		2.000,00	2.100,00	2.500,00	2.500,00	2.600,00
Zins		416,25	416,25	438,75	433,13	438,75
GewSt		236,29	250,29	303,93	304,52	317,93
KSt		237,56	252,56	309,19	310,03	324,19
Abschreibung		6.000,00	5.833,33	6.666,67	6.333,33	6.500,00
OCF		7.109,89	7.014,23	8.114,80	7.785,66	8.019,13
Investition		6.000,00	6.500,00	6.500,00	6.500,00	6.500,00
Tilgung		0,00	-333,33	83,33	-83,33	0,00
NCF v.St.		1.109,89	847,56	1.531,46	1.368,99	1.519,13
AbgSt.		277,47	211,89	382,87	342,25	379,78
NCF n.AbgSt.		832,42	635,67	1.148,60	1.026,74	1.139,35

Tabelle A-56: Erfolgsplanung Bewertungsobjekt nach Planüberholung

Jahr	-3	-2	-1	0	1
Investition	7.500,00	6.500,00	4.000,00	7.500,00	6.000,00
Abschreibung		2.500,00	4.666,67	6.000,00	6.000,00
Inv (EK)	3.750,00	3.250,00	2.000,00	3.750,00	3.000,00
Inv (FK)	3.750,00	3.250,00	2.000,00	3.750,00	3.000,00
Raten KD		1.503,13	2.721,46	3.365,63	3.416,25
Zins		253,13	388,13	365,63	416,25
Tilgung		1.250,00	2.333,33	3.000,00	3.000,00
AK	3.750,00	5.750,00	5.416,67	6.166,67	6.166,67
Jahr	2	3	4	5 ff.	
Investition	6.500,00	6.500,00	6.500,00	6.500,00	
Abschreibung	5.833,33	6.666,67	6.333,33	6.500,00	
Inv (EK)	3.250,00	3.250,00	3.250,00	3.250,00	
Inv (FK)	3.250,00	3.250,00	3.250,00	3.250,00	
Raten KD	3.332,92	3.772,08	3.599,79	3.688,75	
Zins	416,25	438,75	433,13	438,75	
Tilgung	2.916,67	3.333,33	3.166,67	3.250,00	
AK	6.500,00	6.416,67	6.500,00	6.500,00	

Tabelle A-57: Kollektive Anlagestruktur Bewertungsobjekt nach Integration unter Trägheits-projektion

Jahr	0	1	2	3	4	5 ff.
EBIT		9.000,00	9.500,00	7.500,00	6.500,00	1.853,95
Zins		416,25	416,25	438,75	433,13	438,75
GewSt		1.216,29	1.286,29	1.003,93	864,52	213,48
KSt		1.287,56	1.362,56	1.059,19	910,03	212,28
Abschreibung		6.000,00	5.833,33	6.666,67	6.333,33	6.500,00
OCF		12.079,89	12.268,23	11.664,80	10.625,66	7.489,44
Investition		6.000,00	6.500,00	6.500,00	6.500,00	6.500,00
Tilgung		0,00	-333,33	83,33	-83,33	0,00
NCF v.St.		6.079,89	6.101,56	5.081,46	4.208,99	989,44
AbgSt.		1.519,97	1.525,39	1.270,37	1.052,25	247,36
NCF n.AbgSt.		4.559,92	4.576,17	3.811,10	3.156,74	742,08

Tabelle A-58: Erfolgsplanung Bewertungsobjekt nach Integration unter Trägheitsprojektion

Jahr	-3	-2	-1	0	1
Investition	7.500,00	6.500,00	4.000,00	7.500,00	6.000,00
Abschreibung		2.500,00	4.666,67	6.000,00	6.000,00
Inv (EK)	3.750,00	3.250,00	2.000,00	3.750,00	3.000,00
Inv (FK)	3.750,00	3.250,00	2.000,00	3.750,00	3.000,00
Raten KD		1.503,13	2.721,46	3.365,63	3.416,25
Zins		253,13	388,13	365,63	416,25
Tilgung		1.250,00	2.333,33	3.000,00	3.000,00
AK	3.750,00	5.750,00	5.416,67	6.166,67	6.166,67
	2	3	4	5 ff.	
Investition	6.500,00	6.500,00	6.500,00	6.500,00	
Abschreibung	5.833,33	6.666,67	6.333,33	6.500,00	
Inv (EK)	3.250,00	3.250,00	3.250,00	3.250,00	
Inv (FK)	3.250,00	3.250,00	3.250,00	3.250,00	
Raten KD	3.332,92	3.772,08	3.599,79	3.688,75	
Zins	416,25	438,75	433,13	438,75	
Tilgung	2.916,67	3.333,33	3.166,67	3.250,00	
AK	6.500,00	6.416,67	6.500,00	6.500,00	

Tabelle A-59: Kollektive Anlagestruktur Bewertungsobjekt nach Integration

Jahr	0	1	2	3	4	5 ff.
EBIT		2.600,00	2.800,00	2.600,00	2.800,00	2.900,00
Zins		416,25	331,88	264,38	326,25	399,38
GewSt		320,29	357,15	336,24	357,74	364,07
KSt		327,56	370,22	350,34	371,06	375,09
Abschreibung		6.000,00	5.333,33	5.333,33	5.000,00	5.666,67
OCF		7.535,89	7.074,09	6.982,37	6.744,94	7.428,13
Investition		4.500,00	4.000,00	6.500,00	6.500,00	6.500,00
Tilgung		1.250,00	1.000,00	-916,67	-1.083,33	-583,33
NCF v. St.		1.785,89	2.074,09	1.399,04	1.328,28	1.511,47
AbgSt.		446,47	518,52	349,76	332,07	377,87
NCF n. AbgSt.		1.339,42	1.555,56	1.049,28	996,21	1.133,60

Tabelle A-60: Erfolgsplanung Bewertungsobjekt nach Integration

Anlage 13: Prinzipal-Agent-Modelle

Anlage 13.1: First-Best Situation im LEN-Modell

Das Residuum aus dem erwirtschafteten Ergebnis X und der Entlohnung des Agenten $V(X)$ verbleibt beim Prinzipal.

$$U_{Prinzipal}\big(X, V(X)\big) = X - V(X) \qquad \text{A-1}$$

Der Prinzipal sucht den Entlohnungsvertrag, der seinen Erwartungsnutzen maximiert:

$$max\, E\big[U_{Prinzipal}\ (X, V(X)) = X - V(X)\big] \qquad \text{A-2}$$

Die Ausführung der durch den Prinzipal übertragenen Aufgabe wirkt sich dabei grundsätzlich nutzenmindernd auf den Agenten aus, weil diese mit Anstrengungen verbunden ist und der Agent annahmegemäß Arbeitsleid empfindet.

$$U_{Agent}(V(X), a) = U_{Agent}\big(V(X)\big) - U_{Agent}(a) \qquad \text{A-3}$$

$$mit\ U'_{Agent}\big(V(X)\big) > 0\ und\ U''_{Agent}\big(V(X)\big) \leq 0$$

$$U'_{Agent}(a) > 0\ und\ U''_{Agent}(a) > 0$$

Bei der Maximierung des Erwartungsnutzens muss der Prinzipal zwei Nebenbedingungen beachten. Zum einen, dass der Agent seinen eigenen Erwartungsnutzen maximiert und zum anderen, dass die Entlohnung des Agenten mindestens seinem Reserverationsnutzen (r) entsprechen muss, damit eine Kooperation zustande kommt.

$$\max_{a \in A} E\big[U_{Agent}(V(X), a)\big] \text{ (Anreizbedingung)} \qquad \text{A-4}$$

$$E\ \big[U_{Agent}(V(X), a)\big]\ \geq r \text{ (Partizipationsbedingung)} \qquad \text{A-5}$$

Für das Ergebnis (X) gilt:

$$X(a, \theta) = \beta \times a + \theta \qquad mit \qquad \theta \sim N(0, \sigma_\theta^2) \qquad \text{A-6}$$

$$X(a, \theta)\ mit\ \theta \sim N(0, \sigma_\theta^2)\ sowie \frac{\partial X}{\partial a} > 0\ und\ \frac{\partial^2 X}{\partial a^2} = 0$$

Dio Verteilung des Ergebnisses ist stetig und gemäß der Verteilungsfunktion $f(X, a)$ für alle $a \in$ A und X gilt die folgende Bedingung:

$$\frac{\partial f}{\partial a}(X,a) \leq 0 \qquad \text{A-7}$$

und für alle $a \in$ A ein X^*existiert, sodass gilt:

$$\frac{\partial f}{\partial a}\,(X^*,a) < 0 \qquad \text{A-8}$$

Maximierungskalkül des Prinzipals:

$$\max_{F,p,a}\; SÄ_{Prinzipal} = E(X) - E\big(V(X)\big) = (1-p) \times \beta \times a - F \qquad \text{A-9}$$

$$mit\; AAP_{Prinzipal} = 0\; bzw.\, E\big(U(X)\big) = U\big(E(X)\big)$$

Für den Agenten gilt:

$$L(a) = \tfrac{1}{2}a^2\; und\; AAP_{Agent} > 0\; bzw.\, E\big(U(X)\big) < U(E(X)) \qquad \text{A-10}$$

Partizipationsbedingung des Agenten:

$$SÄ_{Agent}(V(X),a) = V\big(X(a)\big) - L(a) \geq r \qquad \text{A-11}$$

$$E\big(V(X)\big) - \frac{AAP_{Agent}}{2} \times p^2 \times \sigma^2 - \frac{1}{2}a^2 \geq r \qquad \text{A-12}$$

$$E\big(V(X)\big) = r + \frac{AAP_{Agent}}{2} \times p^2 \times \sigma^2 + \frac{1}{2}a^2 \qquad \text{A-13}$$

Durch Einsetzen der mit Gleichheit erfüllten Partizipationsbedingung in die Zielfunktion des Prinzipals resultiert folgende Maximierungsbedingung:

$$max\; SÄ_{Prinzipal} = \beta \times a - r - \frac{AAP_{Agent}}{2} \times p^2 \times \sigma^2 - \frac{1}{2}a^2 \qquad \text{A-14}$$

Der optimale Arbeitseinsatz ergibt sich als Bedingung erster Ordnung aus dem Maximierungskalkül des Prinzipals:

$$\frac{\partial SÄ_{Prinzipal}}{\partial a} = \beta - a = 0 \qquad \text{A-15}$$

$$a^{FB} = \beta$$

Der optimale Prämiensatz ergibt sich ebenfalls als Bedingung erster Ordnung aus dem Maximierungskalkül des Prinzipals:

$$\frac{\partial SÄ_{Prinzipal}}{\partial p} = -AAP_{Agent} \times p \times \sigma^2 = 0 \qquad \text{A-16}$$

$$p^{FB} = 0$$

Das optimale Fixgehalt ergibt sich durch Einsetzen von a^{FB} und p^{FB} als:

$$F^{FB} = r - p \times a \times \beta + \frac{AAP_{Agent}}{2} \times p^2 \times \sigma^2 + \frac{1}{2}\beta^2 \qquad \text{A-17}$$

$$F^{FB} = r + \frac{1}{2}\beta^2$$

Anlage 13.2: Second-Best Situation im LEN-Modell

Ausgangspunkt der second-best Situation ist die fehlende Beobachtbarkeit des Agenten, wodurch auch die Anreizbedingung berücksichtigt werden muss. Darüber hinaus gelten die Annahmen der first-best Situation.

Maximierungskalkül des Agenten:

$$\max_{a \in A} SÄ_{Agent} = p \times \beta \times a + F - \frac{AAP_{Agent}}{2} \times p^2 \times \sigma^2 - \frac{1}{2}a^2 \qquad \text{A-18}$$

Der optimale Arbeitseinsatz ergibt sich, unter Berücksichtigung von *hidden action*, als Bedingung erster Ordnung aus dem Maximierungskalkül des Agenten:

$$\frac{\partial SÄ_{Agent}}{\partial a} = p \times \beta - a = 0 \qquad \text{A-19}$$

$$a^{SB} = p \times \beta$$

Durch Einsetzen der mit Gleichheit erfüllten Partizipationsbedingung in die Zielfunktion des Prinzipals, unter Berücksichtigung der *hidden action*, resultiert:

$$\max_{F,p,a} SÄ_{Prinzipal} = E(X) - E\big(V(X)\big) \qquad \text{A-20}$$

$$= \beta \times a - \frac{AAP_{Agent}}{2} \times p^2 \times \sigma^2 - r - \frac{1}{2}a^2$$

$$= \beta^2 \times p - \frac{AAP_{Agent}}{2} \times p^2 \times \sigma^2 - r - \frac{1}{2}(p \times \beta)^2$$

Der optimale Prämiensatz ergibt sich als Bedingung erster Ordnung aus dem Maximierungskalkül des Prinzipals:

$$\frac{\partial SÄ_{Prinzipal}}{\partial p} = \beta^2 - AAP_{Agent} \times p \times \sigma^2 - p \times \beta^2 = 0 \qquad \text{A-21}$$

$$\beta^2 - p \times (AAP_{Agent} \times \sigma^2 + \beta^2) = 0$$

$$p^{SB} = \frac{\beta^2}{AAP_{Agent} \times \sigma^2 + \beta^2}$$

Das optimale Fixgehalt ergibt sich durch Einsetzen von a^{SB} und p^{SB} als:

$$F^{SB} = r - p \times a \times \beta + \frac{AAP_{Agent}}{2} \times p^2 \times \sigma^2 + \frac{1}{2}(p \times \beta)^2 \quad \text{A-22}$$

$$= r - \frac{\beta^2}{AAP_{Agent} \times \sigma^2 + \beta^2} \times \frac{\beta^2}{AAP_{Agent} \times \sigma^2 + \beta^2} \times \beta^2 +$$

$$\frac{AAP_{Agent}}{2} \times \left(\frac{\beta^2}{AAP_{Agent} \times \sigma^2 + \beta^2}\right)^2 \times \sigma^2 + \frac{1}{2}\left(\frac{\beta^2}{AAP_{Agent} \times \sigma^2 + \beta^2} \times \beta\right)^2$$

$$F^{SB} = r - \left(\frac{\beta^2}{AAP_{Agent} \times \sigma^2 + \beta^2}\right)^2 \times (\beta^2 - \frac{AAP_{Agent}}{2} \times \sigma^2 - \frac{1}{2}\beta^2)$$

$$F^{SB} = r - \left(\frac{\beta^2}{AAP_{Agent} \times \sigma^2 + \beta^2}\right)^2 \times \left(\frac{1}{2}\beta^2 - \frac{AAP_{Agent}}{2} \times \sigma^2\right)$$

Anlage 13.3: Fehlende Diversifikationsmöglichkeiten des Prinzipals

Das Maximierungskalkül und die Partizipationsbedingung des Agenten werden durch die Risikoeinstellung des Prinzipals nicht tangiert und entsprechen somit der Ausgangssituation in der *first-best* Situation.

Das Maximierungskalkül des Prinzipals wird um den Risikoabschlag erweitert:

$$\max_{F,p,a} SÄ_{Prinzipal} = E(X) - E\big(V(X)\big) \quad \text{A-23}$$

$$= (1 - p) \times E(X) - F - \frac{AAP_{Prinzipal}}{2} \times (1 - p)^2 \times \sigma^2$$

$$= a \times \beta - a \times \beta \times p - F - \frac{AAP_{Prinzipal}}{2} \times (1 - p)^2 \times \sigma^2$$

Der optimale Arbeitseinsatz ergibt sich, unter Berücksichtigung der *hidden action*, gemäß der *second-best* Situation als Bedingung erster Ordnung aus dem Maximierungskalkül des Agenten:

$$a^{SB} = p \times \beta \quad \text{A-24}$$

Durch Einsetzen der mit Gleichheit erfüllten Partizipationsbedingung in die Zielfunktion des Prinzipals resultiert folglich:

$$\max_{F,p,a} SÄ_{Prinzipal} = E(X) - E\big(V(X)\big) \quad \text{A-25}$$

$$= \beta^2 \times p - r - \frac{AAP_{Agent}}{2} \times p^2 \times \sigma^2 - \frac{1}{2}(p \times \beta)^2$$

$$- \frac{AAP_{Prinzipal}}{2} \times (1-p)^2 \times \sigma^2$$

Der optimale Prämiensatz ergibt sich als Bedingung erster Ordnung aus dem Maximierungskalkül des Prinzipals:

$$\frac{\partial SÄ_{Prinzipal}}{\partial p} = \beta^2 - AAP_{Agent} \times p \times \sigma^2 - p \times \beta^2 \qquad \text{A-26}$$

$$+AAP_{Prinzipal} \times \sigma^2 - AAP_{Prinzipal} \times p \times \sigma^2 = 0$$

$$\beta^2 - p \times (AAP_{Agent} \times \sigma^2 + \beta^2 + AAP_{Prinzipal} \times \sigma^2)$$

$$+AAP_{Prinzipal} \times \sigma^2 = 0$$

$$p = \frac{\beta^2 + AAP_{Prinzipal} \times \sigma^2}{\beta^2 + AAP_{Prinzipal} \times \sigma^2 + AAP_{Agent} \times \sigma^2} \qquad \text{A-27}$$

Das optimale Fixgehalt ergibt sich durch Einsetzen von a^{SB} und p als:

$$F = r - p \times a \times \beta + \frac{AAP_{Agent}}{2} \times p^2 \times \sigma^2 + \frac{1}{2}a^2 \qquad \text{A-28}$$

$$= r - \frac{\beta^2 + AAP_{Prinzipal} \times \sigma^2}{\beta^2 + AAP_{Prinzipal} \times \sigma^2 + AAP_{Agent} \times \sigma^2}$$

$$\times \frac{\beta^2 + AAP_{Prinzipal} \times \sigma^2}{\beta^2 + AAP_{Prinzipal} \times \sigma^2 + AAP_{Agent} \times \sigma^2} \times \beta^2$$

$$+ \frac{AAP_{Agent}}{2} \times \left(\frac{\beta^2 + AAP_{Prinzipal} \times \sigma^2}{\beta^2 + AAP_{Prinzipal} \times \sigma^2 + AAP_{Agent} \times \sigma^2}\right)^2 \times \sigma^2$$

$$+ \frac{1}{2}\left(\frac{\beta^2 + AAP_{Prinzipal} \times \sigma^2}{\beta^2 + AAP_{Prinzipal} \times \sigma^2 + AAP_{Agent} \times \sigma^2} \times \beta\right)^2$$

$$F = r - \left(\frac{\beta^2 + AAP_{Prinzipal} \times \sigma^2}{\beta^2 + AAP_{Prinzipal} \times \sigma^2 + AAP_{Agent} \times \sigma^2}\right)^2 \qquad \text{A-29}$$

$$\times \left(\frac{1}{2}\beta^2 - \frac{AAP_{Agent}}{2} \times \sigma^2\right)$$

Anlage 13.4: Vertikale Erweiterung Prinzipal-Agent-Beziehungen

Im Folgenden werden zwei Agenten mit je einem Arbeitsinput (a_1 bzw. a_2) betrachtet, so dass für das Ergebnis (X) eine lineare Produktionsfunktion[1] mit zwei produktiven Aktivitäten gilt:

$$X(a_1, a_2, \theta) = \beta_1 \times a_1 + \beta_2 \times a_2 + \theta \qquad \text{A-30}$$

$$mit\ \theta \sim N(0, \sigma_\theta^2)\ sowie \frac{dX}{da_i} > 0\ und\ \frac{d^2X}{da_i{}^2} = 0$$

Der Prinzipal legt in diesem Kontext den für ihn optimalen Prämiensatz (P) fest, die Aufteilung der variablen Anteile der Agenten wird zunächst an $Agent_1$ delegiert.

$$p_i = P \times \alpha_i\ mit \sum_{i=1}^{n} \alpha_i = 1\ und\ n = 2 \qquad \text{A-31}$$

Anreizbedingungen der Agenten:

$$\max_{a_1 \in A_1} SÄ_{Agent_1}(V(X), a_1, a_2) \qquad \text{A-32}$$

$$= F_1 + X(a_1, a_2) \times p_1 - \frac{AAP_{Agent_1}}{2} \times p_1^2 \times \sigma^2 - \frac{1}{2} a_1^2$$

$$= F_1 + (\beta_1 \times a_1 + \beta_2 \times a_2) \times p_1 - \frac{AAP_{Agent_1}}{2} \times p_1^2 \times \sigma^2 - \frac{1}{2} a_1^2$$

$$\max_{a_2 \in A_2} SÄ_{Agent_2}(V(X), a_1, a_2) \qquad \text{A-33}$$

$$= F_2 + X(a_1, a_2) \times p_2 - \frac{AAP_{Agent_2}}{2} \times p_2^2 \times \sigma^2 - \frac{1}{2} a_2^2$$

$$= F_2 + (\beta_1 \times a_1 + \beta_2 \times a_2) \times p_2 - \frac{AAP_{Agent_2}}{2} \times p_2^2 \times \sigma^2 - \frac{1}{2} a_2^2$$

Partizipationsbedingungen der Agenten:

$$SÄ_{Agent_1}(V(X), a_1, a_2) \qquad \text{A-34}$$

---

[1] Bei additiv verknüpfter Produktionsfunktion ist die Grenzrate der Faktorsubstitution: $-\frac{da_2}{da_1} = \frac{\frac{\partial X}{\partial a_1}}{\frac{\partial X}{\partial a_2}} = \frac{\beta_1}{\beta_2}$.
Bei multiplikativ verknüpfter Produktionsfunktion ist die Grenzrate der Faktorsubstitution: $-\frac{da_2}{da_1} = \frac{\frac{\partial X}{\partial a_1}}{\frac{\partial X}{\partial a_2}} = \frac{\beta_1 \times a_2 \times \beta_2}{a_1 \times \beta_1 \times \beta_2}$. Aufgrund der besseren Interpretierbarkeit wird zunächst von einer additiv verknüpften Produktionsfunktion ausgegangen.

$$= F_1 + (\beta_1 \times a_1 + \beta_2 \times a_2) \times p_1 - \frac{AAP_{Agent_1}}{2} \times p_1^2 \times \sigma^2 - \frac{1}{2} a_1^2 \geq r_1$$

$$S\ddot{A}_{Agent_2}(V(X), a_1, a_2) \qquad \text{A-35}$$

$$= F_2 + (\beta_1 \times a_1 + \beta_2 \times a_2) \times p_2 - \frac{AAP_{Agent_2}}{2} \times p_2^2 \times \sigma^2 - \frac{1}{2} a_2^2 \geq r_2$$

Maximierungskalkül des Prinzipals:

$$\max_{F,p,a} S\ddot{A}_{Prinzipal} = E(X) - E\big(V(X)\big) \qquad \text{A-36}$$

$$= (\beta_1 \times a_1 + \beta_2 \times a_2) \times (1 - P) - F_1 - F_2 - \frac{AAP_{Prinzipal}}{2} \times (1 - p)^2 \times \sigma^2$$

Optimaler Arbeitseinsatz:

$$\frac{\partial S\ddot{A}_{Agent_i}}{\partial a_i} = p_i \times \frac{\partial X}{\partial a_i} - a_i = 0 \qquad \text{A-37}$$

$$a_i = p_i \times \frac{\partial X}{\partial a_i} = p_i \times \beta_i = \beta_i \times \alpha_i \times P$$

Optimaler Prämiensatz:

$$\max_{F,p,a} S\ddot{A}_{Prinzipal} = E(X) - E\big(V(X)\big) \qquad \text{A-38}$$

$$= (\beta_1 \times a_1 + \beta_2 \times a_2) \times (1 - P) - F_1 - F_2 - \frac{AAP_{Prinzipal}}{2} \times (1 - P)^2 \times \sigma^2$$

$$= \beta_1 \times a_1 + \beta_2 \times a_2 - r_1 - r_2 - \frac{AAP_{Agent_1}}{2} \times p_1^2 \times \sigma^2 - \frac{1}{2} a_1^2 - \frac{AAP_{Agent_2}}{2} \times p_2^2 \times \sigma^2 - \frac{1}{2} a_2^2 - \frac{AAP_{Prinzipal}}{2} \times (1 - P)^2 \times \sigma^2$$

$$= \beta_1^2 \times p \times \alpha_1 + \beta_2^2 \times p \times \alpha_1 - r_1 - r_2 - \frac{AAP_{Agent_1}}{2} \times (P \times \alpha_1)^2 \times \sigma^2 - \frac{1}{2}(P \times \alpha_1 \times \frac{\partial X}{\partial a_1})^2 - \frac{AAP_{Agent_2}}{2} \times (P \times \alpha_2)^2 \times \sigma^2 - \frac{1}{2}(P \times \alpha_2 \times \frac{\partial X}{\partial a_2})^2 - \frac{AAP_{Prinzipal}}{2} \times (1 - P)^2 \times \sigma^2$$

Die Maximierung führt zu folgender Bedingung erster Ordnung:

$$\frac{\partial SÄ_{Prinzipal}}{\partial p} = \beta_1^2 + \beta_2^2 - AAP_{Agent_1} \times P \times \alpha_1^2 \times \sigma^2 \qquad \text{A-39}$$

$$-AAP_{Agent_2} \times P \times \alpha_2^2 \times \sigma^2 - P \times \alpha_1^2 \times \beta_1^2 - P \times \alpha_2^2 \times \beta_2^2$$

$$+AAP_{Prinzipal} \times \sigma^2 - AAP_{Prinzipal} \times \sigma^2 \times p = 0$$

$$P = \frac{\beta_1^2 \times \alpha_1 + \beta_2^2 \times \alpha_2 + AAP_{Prinzipal} \times \sigma^2}{\beta_1^2 \times \alpha_1^2 + \beta_2^2 \times \alpha_2^2 + AAP_{Prinzipal} \times \sigma^2 + \alpha_1^2 \times AAP_{Agent_1} \times \sigma^2 + \alpha_2^2 \times AAP_{Agent_2} \times \sigma^2} \qquad \text{A-40}$$

Durch die Maximierung der Bedingung erster Ordnung ergibt sich aus der Perspektive des $Agent_1$ der optimale Anteil $\alpha_1$am Prämiensatz:

$$SÄ_{Agent_1}(V(X), a_1, a_2) \qquad \text{A-41}$$

$$= F_1 + (\beta_1 \times a_1 + \beta_2 \times a_2) \times p_1 - \frac{AAP_{Agent_1}}{2} \times p_1^2 \times \sigma^2 - \frac{1}{2} a_1^2$$

$$= \beta_1 \times a_1 \times P \times \alpha_1 + \beta_2 \times a_2 \times P \times \alpha_1 + F_1$$

$$-\frac{AAP_{Agent_1}}{2} \times P^2 \times \alpha_1^2 \times \sigma^2 - \frac{1}{2}(P \times \alpha_1 \times \beta_1)^2$$

$$= \beta_1^2 \times P^2 \times \alpha_1^2 + \beta_2^2 \times P^2 \times \alpha_2 \times \alpha_1 + F_1$$

$$-\frac{AAP_{Agent_1}}{2} \times P^2 \times \alpha_1^2 \times \sigma^2 - \frac{1}{2}(P \times \alpha_1 \times \beta_1)^2$$

$$= \beta_1^2 \times P^2 \times \alpha_1^2 + \beta_2^2 \times P^2 \times \alpha_1 - \beta_2^2 \times P^2 \times \alpha_1^2 + F_1$$

$$-\frac{AAP_{Agent_1}}{2} \times P^2 \times \alpha_1^2 \times \sigma^2 - \frac{1}{2}(P \times \alpha_1 \times \beta_1)^2$$

$$SÄ_{Agent_2}(V(X), a_1, a_2) = F_2 + (\beta_1 \times a_1 + \beta_2 \times a_2) \times P \times (1 - \alpha_1) \qquad \text{A-42}$$

$$-\frac{AAP_{Agent_2}}{2} \times P^2 \times (1 - \alpha_1)^2 \times \sigma^2 - \frac{1}{2}(P \times (1 - \alpha_1) \times \beta_2)^2 \geq r_2$$

$$SÄ_{Agent_2}(V(X), a_1, a_2) = F_2 + \beta_1 \times a_1 \times P + \beta_2 \times a_2 \times P$$

$$-\beta_1 \times a_1 \times P \times \alpha_1 - \beta_2 \times a_2 \times P \times \alpha_1 - \frac{AAP_{Agent_2}}{2} \times P^2 \times \sigma^2$$

$$+AAP_{Agent_2} \times P^2 \times \alpha_1 \times \sigma^2 - \frac{AAP_{Agent_2}}{2} \times P^2 \times \sigma^2 \times \alpha_1^2$$

$$-\frac{1}{2}\beta_2^2 \times P^2 + \beta_2^2 \times P^2 \times \alpha_1 - \frac{1}{2}\beta_2^2 \times P^2 \times \alpha_1^2 + r_2 = 0$$

$$SÄ_{Agent_2}(V(X), a_1, a_2) = F_2 + \beta_1^2 \times P^2 \times \alpha_1 + \beta_2^2 \times P^2 \times (1 - \alpha_1)$$

$$-\beta_1^2 \times P^2 \times \alpha_1^2 - \beta_2^2 \times P^2 \times \alpha_1 \times (1 - \alpha_1) - \frac{AAP_{Agent_2}}{2} \times P^2 \times \sigma^2$$

$$+AAP_{Agent_2} \times P^2 \times \alpha_1 \times \sigma^2 - \frac{AAP_{Agent_2}}{2} \times P^2 \times \sigma^2 \times \alpha_1^2$$
$$-\frac{1}{2}\beta_2^2 \times P^2 + \beta_2^2 \times P^2 \times \alpha_1 - \frac{1}{2}\beta_2^2 \times P^2 \times \alpha_1^2 + r_2 = 0$$

$$SÄ_{Agent_2}(V(X), a_1, a_2)$$
$$= F_2 + \beta_1^2 \times P^2 \times \alpha_1 + \beta_2^2 \times P^2 - \beta_2^2 \times P^2 \times 2\alpha_1$$
$$-\beta_1^2 \times P^2 \times \alpha_1^2 + \beta_2^2 \times P^2 \times \alpha_1^2 - \frac{AAP_{Agent_2}}{2} \times P^2 \times \sigma^2$$
$$+AAP_{Agent_2} \times P^2 \times \alpha_1 \times \sigma^2 - \frac{AAP_{Agent_2}}{2} \times P^2 \times \sigma^2 \times \alpha_1^2 - \frac{1}{2}\beta_2^2$$
$$\times P^2$$
$$+\beta_2^2 \times P^2 \times \alpha_1 - \frac{1}{2}\beta_2^2 \times P^2 \times \alpha_1^2 + r_2 = 0$$

Nach $-\beta_1^2 \times P^2 \times \alpha_1^2$ umstellen und in $SÄ_{Agent_1}(V(X), a_1, a_2)$ einsetzen:

$$SÄ_{Agent_1}(V(X), a_1, a_2) = \beta_1^2 \times P^2 \times \alpha_1^2 + \beta_2^2 \times P^2 \times \alpha_1 + F_2 \qquad \text{A-43}$$
$$+\beta_1^2 \times P^2 \times \alpha_1 + \beta_2^2 \times P^2 - \beta_2^2 \times P^2 \times 2\alpha_1 - \beta_1^2 \times P^2 \times \alpha_1^2$$
$$-\frac{AAP_{Agent_2}}{2} \times P^2 \times \sigma^2 + AAP_{Agent_2} \times P^2 \times \alpha_1 \times \sigma^2$$
$$-\frac{AAP_{Agent_2}}{2} \times P^2 \times \sigma^2 \times \alpha_1^2 - \frac{1}{2}\beta_2^2 \times P^2 + \beta_2^2 \times P^2 \times \alpha_1$$
$$-\frac{1}{2}\beta_2^2 \times P^2 \times \alpha_1^2 + r_2 + F_1 - \frac{AAP_{Agent_1}}{2} \times P^2 \times \alpha_1^2 \times \sigma^2$$
$$-\frac{1}{2}(P \times \alpha_1 \times \beta_1)^2$$

$$\frac{dSÄ_{Agent_1}}{d\alpha_1} = \beta_1^2 \times P^2 \times 2\alpha_1 + \beta_2^2 \times P^2 + \beta_1^2 \times P^2 - \beta_2^2 \times P^2 \times 2 \qquad \text{A-44}$$
$$-\beta_1^2 \times P^2 \times 2\alpha_1 + AAP_{Agent_2} \times P^2 \times \sigma^2 - AAP_{Agent_2} \times P^2 \times \sigma^2$$
$$\times \alpha_1$$
$$+\beta_2^2 \times P^2 - \beta_2^2 \times P^2 \times \alpha_1 - AAP_{Agent_1} \times P^2 \times \alpha_1 \times \sigma^2 - \beta_1^2 \times P^2 \times \alpha_1 = 0$$

$$\beta_1^2 \times 2\alpha_1 + \beta_2^2 + \beta_1^2 - \beta_2^2 \times 2 - \beta_1^2 \times 2\alpha_1 + AAP_{Agent_2} \times \sigma^2$$
$$- AAP_{Agent_2}$$
$$\times \sigma^2 \times \alpha_1 + \beta_2^2 - \beta_2^2 \times \alpha_1 - AAP_{Agent_1} \times \alpha_1 \times \sigma^2 - \beta_1^2 \times \alpha_1 = 0$$

$$\beta_1^2 + AAP_{Agent_2} \times \sigma^2 - AAP_{Agent_2} \times \sigma^2 \times \alpha_1 - \beta_2^2 \times \alpha_1$$

$$-AAP_{Agent_1} \times \alpha_1 \times \sigma^2 - \beta_1^2 \times \alpha_1 = 0$$

$$\beta_1^2 + AAP_{Agent_2} \times \sigma^2 =$$

$$\alpha_1 \times (AAP_{Agent_2} \times \sigma^2 + \beta_2^2 + AAP_{Agent_1} \times \sigma^2 + \beta_1^2)$$

$$\alpha_1 = \frac{\beta_1^2 + AAP_{Agent_2} \times \sigma^2}{\beta_1^2 + \beta_2^2 + AAP_{Agent_1} \times \sigma^2 + AAP_{Agent_2} \times \sigma^2} \qquad \text{A-45}$$

$$\alpha_2 = 1 - \alpha_1$$

Anlage 13.5: Horizontale Erweiterung Prinzipal-Agent-Beziehungen

Der Prinzipal legt jetzt α_1, α_2 und P fest, dabei gelten die gleichen Annahmen wie im vorherigen Modell.

Anreizbedingungen der Agenten:

$$\max_{a_1 \in A_1} SÄ_{Agent_1}(V(X), a_1, a_2) \qquad \text{A-46}$$

$$= F_1 + X(a_1, a_2) \times p_1 - \frac{AAP_{Agent_1}}{2} \times p_1^2 \times \sigma^2 - \frac{1}{2} a_1^2$$

$$= F_1 + (\beta_1 \times a_1 + \beta_2 \times a_2) \times p_1 - \frac{AAP_{Agent_1}}{2} \times p_1^2 \times \sigma^2 - \frac{1}{2} a_1^2$$

$$\max_{a_2 \in A_2} SÄ_{Agent_2}(V(X), a_1, a_2) \qquad \text{A-47}$$

$$= F_2 + X(a_1, a_2) \times p_2 - \frac{AAP_{Agent_2}}{2} \times p_2^2 \times \sigma^2 - \frac{1}{2} a_2^2$$

$$= F_2 + (\beta_1 \times a_1 + \beta_2 \times a_2) \times p_2 - \frac{AAP_{Agent_2}}{2} \times p_2^2 \times \sigma^2 - \frac{1}{2} a_2^2$$

Partizipationsbedingungen der Agenten:

$$SÄ_{Agent_1}(V(X), a_1, a_2) \qquad \text{A-48}$$

$$= F_1 + (\beta_1 \times a_1 + \beta_2 \times a_2) \times p_1 - \frac{AAP_{Agent_1}}{2} \times p_1^2 \times \sigma^2 - \frac{1}{2} a_1^2 \geq r_1$$

$$SÄ_{Agent_2}(V(X), a_1, a_2) \qquad \text{A-49}$$

$$= F_2 + (\beta_1 \times a_1 + \beta_2 \times a_2) \times p_2 - \frac{AAP_{Agent_2}}{2} \times p_2^2 \times \sigma^2 - \frac{1}{2} a_2^2 \geq r_2$$

Durch Einsetzen von a_i und der mit Gleichheit erfüllten Partizipationsbedingung ($SÄ_{Agent_i}(V(X), a_1, a_2) \geq r_i$) ergibt sich für das Maximierungskalkül des Prinzipals:

$$\max_{F,Pa} SÄ_{Prinzipal} = E(X) - E(V(X)) = X(a_1, a_2) \times (1 - P) - F_1 - F_2 \qquad \text{A-50}$$

$$-\frac{AAP_{Prinzipal}}{2} \times (1-P)^2 \times \sigma^2 + \lambda(1-\alpha_1-\alpha_2)$$

$$= (\beta_1 \times a_1 + \beta_2 \times a_2) - \frac{AAP_{Agent_1}}{2} \times p_1^2 \times \sigma^2 - \frac{1}{2}a_1^2 - r_1$$
$$-\frac{AAP_{Agent_2}}{2}$$
$$\times p_2^2 \times \sigma^2 - \frac{1}{2}a_2^2 + r_2 - \frac{AAP_{Prinzipal}}{2} \times (1-P)^2 \times \sigma^2 + \lambda(1-\alpha_1$$
$$-\alpha_2)$$

$$= \beta_1^2 \times P \times \alpha_1 + \beta_2^2 \times P \times \alpha_2 - \frac{AAP_{Agent_1}}{2} \times P^2 \times \alpha_1^2 \times \sigma^2$$
$$-\frac{1}{2}\beta_1^2 \times P^2 \times \alpha_1^2 - r_1 - \frac{AAP_{Agent_2}}{2} \times P^2 \times \alpha_2^2 \times \sigma^2 - \frac{1}{2}\beta_2^2 \times P^2$$
$$\times \alpha_2^2 - r_2$$
$$-\frac{AAP_{Prinzipal}}{2} \times (1-P)^2 \times \sigma^2 + \lambda(1-\alpha_1-\alpha_2)$$

Die Bedingungen erster Ordnung aus dem Maximierungskalkül des Prinzipal ergeben sich als:

$$\frac{\partial SÄ_{Prinzipal}}{\partial p} = \beta_1^2 \times \alpha_1 + \beta_2^2 \times \alpha_2 - AAP_{Agent_1} \times P \times \alpha_1^2 \times \sigma^2$$ A-51
$$-\beta_1^2 \times P \times \alpha_1^2 - AAP_{Agent_2} \times P \times \alpha_2^2 \times \sigma^2 - \beta_2^2 \times P \times \alpha_2^2$$
$$-\frac{AAP_{Prinzipal}}{2} \times \sigma^2 - AAP_{Prinzipal} \times P \times \sigma^2 - AAP_{Prinzipal} \times P$$
$$\times \sigma^2 = 0$$

$$\frac{\partial SÄ_{Prinzipal}}{\partial \alpha_1} = \beta_1^2 \times P - AAP_{Agent_1} \times P^2 \times \alpha_1 \times \sigma^2 - \beta_1^2 \times P^2 \times \alpha_1 - \lambda = 0$$ A-52

$$\frac{\partial SÄ_{Prinzipal}}{\partial \alpha_2} = \beta_2^2 \times P - AAP_{Agent_2} \times P^2 \times \alpha_2 \times \sigma^2 - \beta_2^2 \times P^2 \times \alpha_2 - \lambda = 0$$ A-53

$$\frac{\partial SÄ_{Prinzipal}}{\partial \lambda} = (1-\alpha_1-\alpha_2) = 0$$ A-54

Der Prinzipal legt zunächst α_1 fest:

$$\beta_1^2 \times P - AAP_{Agent_1} \times P^2 \times \alpha_1 \times \sigma^2 - \beta_1^2 \times P^2 \times \alpha_1$$ A-55
$$= \beta_2^2 \times P - AAP_{Agent_2} \times P^2 \times \alpha_2 \times \sigma^2 - \beta_2^2 \times P^2 \times \alpha_2$$

$$\beta_1^2 \times P - AAP_{Agent_1} \times P^2 \times \alpha_1 \times \sigma^2 - \beta_1^2 \times\ P^2 \times \alpha_1$$
$$= \beta_2^2 \times P - AAP_{Agent_2} \times P^2 \times (1 - \alpha_1) \times \sigma^2 - \beta_2^2 \times\ P^2 \times (1 - \alpha_1)$$

$$\beta_1^2 \times P - AAP_{Agent_1} \times P^2 \times \alpha_1 \times \sigma^2 - \beta_1^2 \times\ P^2 \times \alpha_1$$
$$= \beta_2^2 \times P - AAP_{Agent_2} \times P^2 \times \sigma^2 + AAP_{Agent_2} \times P^2 \times \alpha_1 \times \sigma^2$$
$$-\beta_2^2 \times\ P^2 + \beta_2^2 \times\ P^2 \times \alpha_1$$

$$\beta_1^2 \times \frac{1}{P} - AAP_{Agent_1} \times \alpha_1 \times \sigma^2 - \beta_1^2 \times \alpha_1$$
$$= \beta_2^2 \times \frac{1}{P} - AAP_{Agent_2} \times \sigma^2 + AAP_{Agent_2} \times \alpha_1 \times \sigma^2 - \beta_2^2 + \beta_2^2 \times \alpha_1$$

$$\beta_1^2 \times \frac{1}{P} - \beta_2^2 \times \frac{1}{P} + \beta_2^2 + AAP_{Agent_2} \times \sigma^2$$
$$= \alpha_1 \times (AAP_{Agent_2} \times \sigma^2 + \beta_2^2 + AAP_{Agent_1} \times \sigma^2 + \beta_1^2)$$

$$\alpha_1 = \frac{(\beta_1^2 - \beta_2^2) \times \frac{1}{P} + \beta_2^2 + AAP_{Agent_2} \times \sigma^2}{\beta_1^2 + \beta_2^2 + AAP_{Agent_1} \times \sigma^2 + AAP_{Agent_2} \times \sigma^2} \quad \text{A-56}$$

Der Prinzipal legt α_2 fest:

$$\beta_1^2 \times \frac{1}{P} - AAP_{Agent_1} \times (1 - \alpha_2) \times \sigma^2 - \beta_1^2 \times (1 - \alpha_2) \quad \text{A-57}$$
$$= \beta_2^2 \times \frac{1}{P} - AAP_{Agent_2} \times \alpha_2 \times \sigma^2 - \beta_2^2 \times \alpha_2$$

$$\beta_1^2 \times \frac{1}{P} - AAP_{Agent_1} \times \sigma^2 + AAP_{Agent_1} \times \alpha_2 \times \sigma^2 - \beta_1^2 + \beta_1^2 \times \alpha_2$$
$$= \beta_2^2 \times \frac{1}{P} - AAP_{Agent_2} \times \alpha_2 \times \sigma^2 - \beta_2^2 \times \alpha_2$$

$$\alpha_2 \times (AAP_{Agent_2} \times \sigma^2 + AAP_{Agent_1} \times \sigma^2 + \beta_1^2 + \beta_2^2)$$
$$= \beta_2^2 \times \frac{1}{P} - \beta_1^2 \times \frac{1}{P} + AAP_{Agent_1} \times \sigma^2 + \beta_1^2$$

$$\alpha_2 = \frac{(\beta_2^2 - \beta_1^2) \times \frac{1}{P} + \beta_1^2 + AAP_{Agent_1} \times \sigma^2}{\beta_1^2 + \beta_2^2 + AAP_{Agent_1} \times \sigma^2 + AAP_{Agent_2} \times \sigma^2} \quad \text{A-58}$$

Anlage 13.6: Eine Zielgröße und mehrere Aufgaben

Lineare Produktionsfunktion mit zwei produktiven Aktivitäten:

$$X(a_1, a_2, \theta) = \beta_1 \times a_1 + \beta_2 \times a_2 + \theta_X \text{ mit } \theta \sim N(0, \sigma_\theta^2) \quad \text{A-59}$$

$$\frac{dX}{da} > 0 \text{ und } \frac{d^2X}{da^2} = 0$$

Das Arbeitsleid des Agenten entspricht:

$$L(a_1, a_2) = \frac{1}{2}(a_1^2 + a_2^2) \quad \text{A-60}$$

Das Sicherheitsäquivalent des risikoaversen Agenten entspricht in dieser Situation:

$$SÄ_{Agent}(V(X), a_1, a_2) = V\big(X(a_1, a_2)\big) - L(a_1, a_2) \quad \text{A-61}$$

$$= F + (\beta_1 \times a_1 + \beta_2 \times a_2) \times p - \frac{AAP_{Agent}}{2} \times p^2 \times \sigma^2 - \frac{1}{2}(a_1^2 + a_2^2)$$

Wobei die Partizipationsbedingung des Agenten zu beachten ist:

$$SÄ_{Agent}(V(X), a_1, a_2) \quad \text{A-62}$$

$$= F + (\beta_1 \times a_1 + \beta_2 \times a_2) \times p - \frac{AAP_{Agent}}{2} \times p^2 \times \sigma^2 - \frac{1}{2}(a_1^2 + a_2^2)$$

$$\geq r$$

$$E\big(V(X)\big) = r + \frac{AAP_{Agent}}{2} \times p^2 \times \sigma^2 + \frac{1}{2}(a_1^2 + a_2^2) \quad \text{A-63}$$

Das Maximierungskalkül des Prinzipals wird um den Risikoabschlag erweitert:

$$\max_{F,p,a} SÄ_{Prinzipal} = E(X) - E\big(V(X)\big) \quad \text{A-64}$$

$$= (\beta_1 \times a_1 + \beta_2 \times a_2) \times (1 - p) - F - \frac{AAP_{Prinzipal}}{2} \times (1 - p)^2 \times \sigma^2$$

Unter Berücksichtigung des Anreizproblems wählt der Agent seinen Arbeitseinsatz. Dieser ergibt sich als Bedingung erster Ordnung aus seinem Maximierungskalkül:

$$SÄ_{Agent}(V(X), a_1, a_2) \quad \text{A-65}$$

$$= F + (\beta_1 \times a_1 + \beta_2 \times a_2) \times p - \frac{AAP_{Agent}}{2} \times p^2 \times \sigma^2 - \frac{1}{2}(a_1^2 + a_2^2)$$

$$\frac{\partial SÄ_{Agent}}{\partial a_i} = p \times \beta_i - a_i = 0 \quad \text{A-66}$$

$$a_i = p \times \beta_i$$

Der optimale Prämiensatz ergibt sich als Bedingung erster Ordnung aus dem Maximierungskalkül des Prinzipals:

$$\max_{F,p,a} SÄ_{Prinzipal} = (\beta_1^2 \times p + \beta_2 \times p) - r - \frac{AAP_{Agent}}{2} \times p^2 \times \sigma^2 \quad \text{A-67}$$

$$-\frac{1}{2}((p \times \beta_1)^2 + (p \times \beta_2)^2) - \frac{AAP_{Prinzipal}}{2} \times (1-p)^2 \times \sigma^2$$

$$\frac{\partial SÄ_{Prinzipal}}{\partial p} = \beta_1^2 + \beta_2^2 - AAP_{Agent} \times p \times \sigma^2 - \beta_1^2 \times p \quad \text{A-68}$$

$$-\beta_2^2 \times p + AAP_{Prinzipal} \times \sigma^2 - AAP_{Prinzipal} \times \sigma^2 \times p = 0$$

$$\beta_1^2 + \beta_2^2 + AAP_{Prinzipal} \times \sigma^2$$

$$= p \times (\beta_1^2 + \beta_2^2 + AAP_{Agent} \times \sigma^2 + AAP_{Prinzipal} \times \sigma^2)$$

$$p = \frac{\beta_1^2 + \beta_2^2 + AAP_{Prinzipal} \times \sigma^2}{AAP_{Agent} \times \sigma^2 + AAP_{Prinzipal} \times \sigma^2 + \beta_1^2 + \beta_2^2} \quad \text{A-69}$$

Anlage 13.7: Mehrere Zielgrößen und mehrere Aufgaben

Im Folgenden soll das Risiko $Var\ (X)$ als Funktion des Anstrengungsniveaus a und des Umweltzustandes θ charakterisiert werden.

$$Var\ (X) = f(a, \theta) \quad \text{A-70}$$

$$E[X(a_1)] = a_1 \times \beta_1 \ und\ Var[X(a_2)] = \sigma_1^2 + \sigma_2^2(a_2) = \sigma_1^2 + \left[\frac{\sigma_2}{a_2 \times \beta_2}\right]^2 \quad \text{A-71}$$

Das Arbeitsleid des Agenten entspricht:

$$L(a_1, a_2) = \frac{1}{2}(a_1^2 + a_2^2) \quad \text{A-72}$$

Für das Sicherheitsäquivalent des risikoaversen Agenten gilt in dieser Situation:

$$SÄ_{Agent}(V(X), a_1, a_2) = p \times a_1 \times \beta_1 + F - \frac{AAP_{Agent}}{2} \times p^2 \times \quad \text{A-73}$$

$$\left[\sigma_1^2 + \left[\frac{\sigma_2}{a_2 \times \beta_2}\right]^2\right] - \frac{1}{2}{a_1}^2 - \frac{1}{2}{a_2}^2 > r$$

$$E(V(X)) = r + \frac{AAP_{Agent}}{2} \times p^2 \times \left[\sigma_1^2 + \left[\frac{\sigma_2}{a_2 \times \beta_2}\right]^2\right] + \frac{1}{2}{a_1}^2 + \frac{1}{2}{a_2}^2 \quad \text{A-74}$$

Für das Maximierungskalkül des risikoneutralen Prinzipals hat das beeinflussbare Risiko keine Auswirkungen:

$$\max_{F,p,a} SÄ_{Prinzipal} = E(X) - E(V(X)) = a_1 \times \beta_1 - a_1 \times \beta_1 \times p - F \quad \text{A-75}$$

Unter Berücksichtigung des Anreizproblems wählt der Agent seinen Arbeitseinsatz. Dieser ergibt sich als Bedingung erster Ordnung aus seinem Maximierungskalkül:

$$\frac{\partial SÄ_{Agent}}{\partial a_1} = p \times \beta_1 - a_1 = 0 \quad \text{A-76}$$

$$a_1 = p \times \beta_1$$

$$\frac{\partial SÄ_{Agent}}{\partial a_2} = -(-2 \times a_2^{-3} \times \frac{\hat{\sigma}^2}{\beta_2^2} \times \frac{AAP_{Agent}}{2} \times p^2) - a_2 = 0 \quad \text{A-77}$$

$$a_2^{-3} \times \frac{\hat{\sigma}^2}{\beta_2^2} \times AAP_{Agent} \times p^2 - a_2 = 0$$

$$a_2 = \left(AAP_{Agent} \times p^2 \times \frac{{\sigma_2}^2}{\beta_2^2}\right)^{\frac{1}{4}}$$

Einsetzen der Partizipationsbedingung sowie a_1 und a_2 in das Maximierungskalkül des Prinzipals:

$$\max_{F,p,a} SÄ_{Prinzipal} = E(X) - E(V(X)) \quad \text{A-78}$$

$$= a_1 \times \beta_1 - r - \frac{AAP_{Agent}}{2} \times p^2 \times \left[\sigma_1^2 + \left[\frac{\sigma_2}{a_2 \times \beta_2}\right]^2\right] - \frac{1}{2}{a_1}^2 - \frac{1}{2}{a_1}^2$$

$$= p \times \beta_1 \times \beta_1 - r - \frac{AAP_{Agent}}{2} \times p^2 \times \left[\sigma_1^2 + \left[\frac{\sigma_2}{\left(AAP_{Agent} \times p^2 \times \frac{\hat{\sigma}^2}{\beta_2^2}\right)^{\frac{1}{4}} \times \beta_2}\right]^2\right]$$

$$-\frac{1}{2}(p \times \beta_1)^2 - \frac{1}{2}(\left(AAP_{Agent} \times p^2 \times \frac{\hat{\sigma}^2}{\beta_2^2}\right)^{\frac{1}{4}})^2$$

$$= p \times \beta_1 \times \beta_1 - r - \frac{AAP_{Agent}}{2} \times p^2 \times \left[\sigma_1^2 + \left[\frac{{\sigma_2}^2}{\left(AAP_{Agent}{}^{\frac{1}{2}} \times p \times \frac{\hat{\sigma}}{\beta_2}\right) \times {\beta_2}^2}\right]\right]$$

$$-\frac{1}{2}(p \times \beta_1)^2 - \frac{1}{2} \times AAP_{Agent}{}^{\frac{1}{2}} \times p \times \frac{\sigma_2}{\beta_2}$$

$$= p \times {\beta_1}^2 - r - \frac{AAP_{Agent}}{2} \times p^2 \times \left[\sigma_1^2 + \left[\frac{\sigma_2}{AAP_{Agent}{}^{\frac{1}{2}} \times p \times \beta_2}\right]\right] - \frac{1}{2}(p \times \beta_1)^2$$

$$-\frac{1}{2} \times AAP_{Agent}{}^{\frac{1}{2}} \times p \times \frac{\sigma_2}{\beta_2}$$

$$= p \times {\beta_1}^2 - r - \frac{AAP_{Agent}}{2} \times p^2 \times \sigma_1^2 - \frac{AAP_{Agent}}{2} \times p^2 \times \left[\frac{\sigma_2}{AAP_{Agent}{}^{\frac{1}{2}} \times p \times \beta_2}\right]$$

$$-\frac{1}{2}(p \times \beta_1)^2 - \frac{1}{2} \times AAP_{Agent}{}^{\frac{1}{2}} \times p \times \frac{\sigma_2}{\beta_2}$$

$$= p \times {\beta_1}^2 - r - \frac{AAP_{Agent}}{2} \times p^2 \times \sigma_1^2 - \frac{AAP_{Agent}}{2} \times p \times \frac{\sigma_2}{AAP_{Agent}{}^{\frac{1}{2}} \times \beta_2}$$

$$-\frac{1}{2}(p \times \beta_1)^2 - \frac{1}{2} \times AAP_{Agent}{}^{\frac{1}{2}} \times p \times \frac{\sigma_2}{\beta_2}$$

Der optimale Prämiensatz ergibt sich als Bedingung erster Ordnung aus dem Maximierungskalkül des Prinzipals:

$$\frac{\partial SÄ_{Prinzipal}}{\partial p} = {\beta_1}^2 - r - AAP_{Agent} \times p \times \sigma_1^2 - \frac{AAP_{Agent}}{2} \times \frac{\sigma_2}{AAP_{Agent}{}^{\frac{1}{2}} \times \beta_2} - p \times {\beta_1}^2 - \frac{1}{2} \times AAP_{Agent}{}^{\frac{1}{2}} \times \frac{\sigma_2}{\beta_2} = 0 \quad \text{A-79}$$

$${\beta_1}^2 - \frac{AAP_{Agent}{}^{\frac{1}{2}}}{2} \times \frac{\sigma_2}{\beta_2} - \frac{AAP_{Agent}{}^{\frac{1}{2}}}{2} \times \frac{\hat{\sigma}}{\beta_2} = AAP_{Agent} \times p \times \sigma_1^2 + p \times {\beta_1}^2$$

$$p = \frac{{\beta_1}^2 - AAP_{Agent}{}^{\frac{1}{2}} \times \frac{\sigma_2}{\beta_2}}{{\beta_1}^2 + AAP_{Agent} \times \sigma_1^2} \quad \text{A-80}$$

Anlage 13.8: Ein Performancemaß und eine Aufgabe

Das Ergebnis X ist nicht kontrahierbar. Zur Beurteilung des Agenten ist nur die Größe τ beobachtbar.

$$\tau = y \times a + \varepsilon \text{ mit } \varepsilon \sim N(0, \sigma_\varepsilon^2) \quad \text{A-81}$$

Die Vergütung des Agenten hängt somit ausschließlich von τ ab.

$$V(\tau) = F + \tau \times p \qquad \text{A-82}$$

$$mit\ 0 \leq p \leq 1\ und\ a = a(p)$$

Für die Produktivitätsfaktoren des beobachtbaren und des nicht beobachtbaren Ergebnisses gilt dabei folgender Zusammenhang:

$$y \neq \beta \rightarrow X \neq \tau\ bzw.\ y = \beta \rightarrow X = \tau \qquad \text{A-83}$$

Der risikoaverse Agent maximiert in diesem Kontext:

$$SÄ_{Agent}(V(\tau), a) = F + a \times y \times p - \frac{AAP_{Agent}}{2} \times p^2 \times \sigma_\varepsilon^2 - \frac{1}{2}a^2 \qquad \text{A-84}$$

Das Maximierungskalkül des risikoaversen Prinzipals entspricht in diesem Modell:

$$\max_{F,p,a} SÄ_{Prinzipal} = E(X) - E\big(V(\tau)\big) \qquad \text{A-85}$$

$$= \beta \times a - a \times y \times p - F - \frac{AAP_{Prinzipal}}{2} \times (1-p)^2 \times \sigma_\theta^2$$

Unter Berücksichtigung des Anreizproblems wählt der Agent seinen Arbeitseinsatz a. Dieser ergibt sich als Bedingung erster Ordnung aus seinem Maximierungskalkül:

$$a = p \times y \qquad \text{A-86}$$

Maximierungskalkül des Prinzipals

$$\max_{F,p,a} SÄ_{Prinzipal} = E(X) - E\big(V(\tau)\big) = (\beta \times p \times y) - r \qquad \text{A-87}$$

$$-\frac{AAP_A}{2} \times p^2 \times \sigma_\varepsilon^2 - \frac{1}{2}(p \times y)^2 - \frac{AAP_{Prinzipal}}{2} \times (1-p)^2$$

$$\times \sigma_\theta^2$$

Optimaler Prämiensatz

$$\frac{\partial SÄ_{Prinzipal}}{\partial p} = \beta \times y - AAP_A \times p \times \sigma_\varepsilon^2 \qquad \text{A-88}$$

$$-y^2 \times p + AAP_{Prinzipal} \times \sigma_\theta^2 - AAP_{Prinzipal} \times \sigma_\theta^2 \times p = 0$$

$$\beta \times y + AAP_{Prinzipal} \times \sigma^2$$

$$= p \times (y^2 + AAP_A \times \sigma^2 + AAP_{Prinzipal} \times \sigma^2)$$

$$p = \frac{y \times \beta + AAP_{Prinzipal} \times \sigma_\theta^2}{y^2 + AAP_{Agent} \times \sigma_\varepsilon^2 + AAP_{Prinzipal} \times \sigma_\theta^2} \qquad \text{A-89}$$

Anlage 13.9: Ein Performancemaß und mehrere Aktivitäten

Lineare Produktionsfunktion:

$$X(a_1, a_2, \theta) = \beta_1 \times a_1 + \beta_2 \times a_2 + \theta_X \quad mit \quad \theta \sim N(0, \sigma_\theta^2) \qquad \text{A-90}$$

$$\frac{dX}{da} > 0 \; und \; \frac{d^2X}{da^2} = 0$$

X nicht kontrahierbar. Zur Beurteilung des Agenten ist nur die Größe τ beobachtbar.

$$\tau = y_1 \times a_1 + y_2 \times a_2 + \varepsilon \; mit \quad \varepsilon \sim N(0, \sigma_\varepsilon^2) \qquad \text{A-91}$$

Vergütung (V):

$$V(\tau) = F + \tau \times p \qquad \text{A-92}$$

$$mit \; 0 \leq p \leq 1 \; und \; a = a(p)$$

Additiv separierbares Arbeitsleid (L) des Agenten:

$$L(a_1, a_2) = \frac{1}{2}(a_1^2 + a_2^2) \qquad \text{A-93}$$

Anreizbedingung des Agenten

$$\max_{a_1, a_2{'} \in A} SÄ_{Agent}\,(V(\tau), a_1, a_2) \qquad \text{A-94}$$

$$= F + \tau \times p - \frac{AAP_{Agent}}{2} \times p^2 \times \sigma^2 - \frac{1}{2}(a_1^2 + a_2^2)$$

Partizipationsbedingung des Agenten

$$SÄ_A(V(\tau), a_1, a_2) = F + \tau \times p - \frac{AAP_{Agent}}{2} \times p^2 \times \sigma_\varepsilon^2 - \frac{1}{2}(a_1^2 + a_2^2) \geq r \qquad \text{A-95}$$

$$E\big(V(X)\big) = r + \frac{AAP_{Agent}}{2} \times p^2 \times \sigma_\varepsilon^2 + \frac{1}{2}(a_1^2 + a_2^2) \qquad \text{A-96}$$

Maximierungskalkül des Prinzipals

$$\max_{F,p,a} SÄ_{Prinzipal} = E(X) - E\big(V(X)\big) \qquad \text{A-97}$$

$$= (\beta_1 \times a_1 + \beta_2 \times a_2) \times (1-p) - F - \frac{AAP_{Prinzipal}}{2} \times (1-p)^2 \times \sigma_\theta^2$$

$$= (\beta_1 \times p \times y_1 + \beta_2 \times p \times y_2) - r - \frac{AAP_{Agent}}{2} \times p^2 \times \sigma^2$$

$$-\frac{1}{2}((p \times y_1)^2 + (p \times y_2)^2) - \frac{AAP_{Prinzipal}}{2} \times (1-p)^2 \times \sigma_\theta^2$$

Optimaler Arbeitseinsatz

$$SÄ_{Agent}(V(\tau), a_1, a_2)$$ A-98

$$= F + (y_1 \times a_1 + y_2 \times a_2) \times p - \frac{AAP_{Agent}}{2} \times p^2 \times \sigma_\varepsilon^2 - \frac{1}{2}(a_1^2 + a_2^2)$$

$$\frac{\partial SÄ_{Agent}}{\partial a_i} = p \times y_i - a_i = 0$$ A-99

$$a_i = p \times y_i$$

Optimaler Prämiensatz

$$\frac{\partial SÄ_{Prinzipal}}{\partial p} = \beta_1 \times y_1 + \beta_2 \times y_2 - AAP_{Agent} \times p \times \sigma_\varepsilon^2$$ A-100

$$-y_1^2 \times p - y_2^2 \times p + AAP_{Prinzipal} \times \sigma_\theta^2 - AAP_{Prinzipal} \times \sigma_\theta^2 \times p = 0$$

$$\beta_1 \times y_1 + \beta_2 \times y_2 + AAP_{Prinzipal} \times \sigma_\theta^2$$

$$= p \times (y_1^2 + y_2^2 + AAP_{Agent} \times \sigma_\varepsilon^2 + AAP_P \times \sigma_\theta^2)$$

$$p = \frac{\beta_1 \times y_1 + \beta_2 \times y_2 + AAP_{Prinzipal} \times \sigma_\theta^2}{y_1^2 + y_2^2 + AAP_{Agent} \times \sigma_\varepsilon^2 + AAP_{Prinzipal} \times \sigma_\theta^2}$$ A-101

Agency-Kosten

First-best mit $p = 0$ und $a_i = \beta_i$

$$SÄ^{FB}_{Prinzipal} = E(X) - E(V(X)) = (\beta_1 \times a_1 + \beta_2 \times a_2) \times (1-p) - F$$ A-102

$$= (\beta_1^2 + \beta_2^2) - r - \frac{1}{2}(\beta_1^2 + \beta_2^2) = \frac{(\beta_1^2 + \beta_2^2)}{2} - r$$

Second-best mit $p = \frac{\beta_1 \times y_1 + \beta_2 \times y_2}{y_1^2 + y_2^2 + AAP_{Agent} \times \sigma_\varepsilon^2}$ und $a_i = p \times y_i$

$$SÄ^{SB}_{Prinzipal} = E(X) - E(V(X)) = (\beta_1 \times a_1 + \beta_2 \times a_2) \times (1-p) - F$$ A-103

$$= (\beta_1 \times a_1 + \beta_2 \times a_2) - r - \frac{AAP_{Agent}}{2} \times p^2 \times \sigma_\varepsilon^2 - \frac{1}{2}(a_1^2 + a_2^2)$$

$$= (\beta_1 \times y_1 + \beta_2 \times y_2) \times p - \frac{p^2}{2} \times (AAP_{Agent} \times \sigma_\varepsilon^2 + y_1^2 + y_2^2) - r$$

$$SÄ_{Prinzipal}^{SB} = (\beta_1 \times y_1 + \beta_2 \times y_2) \times \frac{\beta_1 \times y_1 + \beta_2 \times y_2}{y_1^2 + y_2^2 + AAP_{Agent} \times \sigma_\varepsilon^2}$$

$$- \frac{(AAP_A \times \sigma_\varepsilon^2 + y_1^2 + y_2^2)}{2} \times \left(\frac{\beta_1 \times y_1 + \beta_2 \times y_2}{y_1^2 + y_2^2 + AAP_{Agent} \times \sigma_\varepsilon^2}\right)^2 - r$$

$$SÄ_{Prinzipal}^{SB}$$

$$= \frac{(\beta_1 \times y_1 + \beta_2 \times y_2)^2}{y_1^2 + y_2^2 + AAP_{Agent} \times \sigma_\varepsilon^2} - \frac{(\beta_1 \times y_1 + \beta_2 \times y_2)^2}{2(y_1^2 + y_2^2 + AAP_{Agent} \times \sigma_\varepsilon^2)} - r \qquad \text{A-104}$$

$$= \frac{(\beta_1 \times y_1 + \beta_2 \times y_2)^2}{2(y_1^2 + y_2^2 + AAP_{Agent} \times \sigma_\varepsilon^2)} - r$$

$$AC = SÄ_P^{FB} - SÄ_P^{SB}$$

$$= \frac{(\beta_1^2 + \beta_2^2)}{2} - r - \frac{(\beta_1 \times y_1 + \beta_2 \times y_2)^2}{2(y_1^2 + y_2^2 + AAP_{Agent} \times \sigma_\varepsilon^2)} + r \qquad \text{A-105}$$

$$= \frac{(\beta_1^2 + \beta_2^2) \times (y_1^2 + y_2^2 + AAP_{Agent} \times \sigma_\varepsilon^2) - (\beta_1 \times y_1 + \beta_2 \times y_2)^2}{2(y_1^2 + y_2^2 + AAP_{Agent} \times \sigma_\varepsilon^2)}$$

$$= \frac{\beta_1^2 y_1^2 + \beta_1^2 y_2^2 + \beta_2^2 y_1^2 + \beta_2^2 y_2^2 + (\beta_1^2 + \beta_2^2) \times AAP_{Agent} \times \sigma_\varepsilon^2 - \beta_1^2 y_1^2 - 2\beta_1 y_1 \beta_2 y_2 - \beta_2^2 y_2^2}{2(y_1^2 + y_2^2 + AAP_{Agent} \times \sigma_\varepsilon^2)}$$

$$= \frac{\beta_1^2 y_2^2 + -2\beta_1 y_1 \beta_2 y_2 + \beta_2^2 y_1^2 + (\beta_1^2 + \beta_2^2) \times AAP_{Agent} \times \sigma_\varepsilon^2}{2(y_1^2 + y_2^2 + AAP_{Agent} \times \sigma_\varepsilon^2)}$$

$$= \frac{[\beta_1 \times y_2 - \beta_2 \times y_1]^2 + (\beta_1^2 + \beta_2^2) \times AAP_{Agent} \times \sigma_\varepsilon^2}{2(y_1^2 + y_2^2 + AAP_{Agent} \times \sigma_\varepsilon^2)}$$

Anlage 13.10: Mehrere Performancemaße und mehrere Aktivitäten

Lineare Produktionsfunktion:

$$X(a_1, a_2, \theta) = \beta_1 \times a_1 + \beta_2 \times a_2 + \theta_X \quad mit \quad \theta \sim N(0, \sigma_\theta^2) \qquad \text{A-106}$$

$$\frac{dX}{da} > 0 \; und \; \frac{d^2X}{da^2} = 0$$

X nicht kontrahierbar. Zur Beurteilung des Agenten sind die Größen τ_i beobachtbar.

$$\tau_1 = y_1 \times a_1 + y_2 \times a_2 + \varepsilon_1 \textit{ mit } \varepsilon_1 \sim N\left(0, \sigma_{\varepsilon_1}^2\right) \quad \text{A-107}$$

$$\tau_2 = y_3 \times a_1 + y_4 \times a_2 + \varepsilon_2 \textit{ mit } \varepsilon_2 \sim N\left(0, \sigma_{\varepsilon_2}^2\right) \quad \text{A-108}$$

Vergütung (V):

$$V(\tau_1, \tau_2) = F + \tau_1 \times p_1 + \tau_2 \times p_2 \quad \text{A-109}$$

$$mit\ p_1 + p_2 \leq 1\ und\ a = a(p_i)$$

Additiv separierbares Arbeitsleid (L) des Agenten:

$$L(a_1, a_2) = \frac{1}{2}(a_1^2 + a_2^2) \quad \text{A-110}$$

Anreizbedingung des Agenten

$$\max_{a_1, a_2' \in A} SÄ_{Agent}\left(V(\tau_1, \tau_2), a_1, a_2\right) \quad \text{A-111}$$

$$= F + \tau_1 \times p_1 + \tau_2 \times p_2 - \frac{AAP_{Agent}}{2} \times p_1^2 \times \sigma_{\varepsilon_1}^2 - \frac{AAP_{Agent}}{2} \times p_2^2 \times \sigma_{\varepsilon_2}^2$$

$$- AAP_{Agent} \times p_1 \times p_2 \times \sigma_{\varepsilon_1, \varepsilon_2} - \frac{1}{2}(a_1^2 + a_2^2)$$

$$mit\ \sigma_{\varepsilon_1, \varepsilon_2} = \rho \times \sigma_1 \times \sigma_2$$

Partizipationsbedingung des Agenten

$$\max_{a_1, a_2' \in A} SÄ_{Agent}\left(V(\tau_1, \tau_2), a_1, a_2\right) \quad \text{A-112}$$

$$= F + \tau_1 \times p_1 + \tau_2 \times p_2 - \frac{AAP_{Agent}}{2} \times p_1^2 \times \sigma_{\varepsilon_1}^2 - \frac{AAP_{Agent}}{2} \times p_2^2 \times \sigma_{\varepsilon_2}^2$$

$$- AAP_{Agent} \times p_1 \times p_2 \times \sigma_{\varepsilon_1, \varepsilon_2} - \frac{1}{2}(a_1^2 + a_2^2) \geq r$$

$$E\left(V(X)\right) = r + \frac{AAP_{Agent}}{2} \times p_1^2 \times \sigma_{\varepsilon_1}^2 + \frac{AAP_{Agent}}{2} \times p_2^2 \times \sigma_{\varepsilon_2}^2 \quad \text{A-113}$$

$$+ AAP_{Agent} \times p_1 \times p_2 \times \sigma_{\varepsilon_1, \varepsilon_2} + \frac{1}{2}(a_1^2 + a_2^2)$$

Optimaler Arbeitseinsatz

$$SÄ_{Agent}\left(V(\tau_1, \tau_2), a_1, a_2\right) = F + (y_1 \times a_1 + y_2 \times a_2) \times p_1 \quad \text{A-114}$$

$$+(y_3 \times a_1 + y_4 \times a_2) \times p_2 - \frac{AAP_{Agent}}{2} \times p_1^2 \times \sigma_{\varepsilon_1}^2 - \frac{AAP_{Agent}}{2} \times p_2^2$$
$$\times \sigma_{\varepsilon_2}^2$$
$$-AAP_{Agent} \times p_1 \times p_2 \times \sigma_{\varepsilon_1,\varepsilon_2} - \frac{1}{2}(a_1^2 + a_2^2)$$

$$\frac{\partial SÄ_{Agent}}{\partial a_1} = P_1 \times y_1 + P_2 \times y_3 - a_1 = 0$$ A-115

$$a_1 = P_1 \times y_1 + P_2 \times y_3$$

$$\frac{\partial SÄ_{Agent}}{\partial a_2} = P_1 \times y_{21} + P_2 \times y_{22} - a_2 = 0$$ A-116

$$a_2 = P_1 \times y_2 + P_2 \times y_4$$

Maximierungskalkül des Prinzipals

$$\max_{F,p,a} SÄ_{Prinzipal} = E(X) - E\big(V(X)\big) = (\beta_1 \times a_1 + \beta_2 \times a_2) \times$$ A-117
$$(1 - p_1 - p_2) - F - \frac{AAP_{Prinzipal}}{2} \times (1 - p_1 - p_2)^2 \times \sigma_\theta^2$$

$$= (\beta_1 \times P_1 \times y_1 + \beta_1 \times P_2 \times y_3 + \beta_2 \times P_1 \times y_2 + \beta_2 \times P_2$$
$$\times y_4)$$
$$-r - \frac{AAP_{Agent}}{2} \times p_1^2 \times \sigma_{\varepsilon_1}^2 - \frac{AAP_{Agent}}{2} \times p_2^2 \times \sigma_{\varepsilon_2}^2$$
$$-AAP_{Agent} \times p_1 \times p_2 \times \sigma_{\varepsilon_1,\varepsilon_2} - \frac{1}{2}(P_1 \times y_1 + P_2 \times y_3)^2$$
$$-\frac{1}{2}(P_1 \times y_2 + P_2 \times y_4)^2 - \frac{AAP_{Prinzipal}}{2} \times (1 - p_1 - p_2)^2 \times \sigma_\theta^2$$

$$= \beta_1 \times P_1 \times y_1 + \beta_1 \times P_2 \times y_3 + \beta_2 \times P_1 \times y_2 + \beta_2 \times P_2 \times y_4$$
$$-r - \frac{AAP_{Agent}}{2} \times p_1^2 \times \sigma_{\varepsilon_1}^2 - \frac{AAP_{Agent}}{2} \times p_2^2 \times \sigma_{\varepsilon_2}^2 - AAP_{Agent} \times p_1$$
$$\times p_2$$
$$\times \sigma_{\varepsilon_1,\varepsilon_2} - \frac{1}{2}(P_1 \times y_1)^2 - P_1 \times y_1 \times P_2 \times y_3 - \frac{1}{2}(P_2 \times y_3)^2$$
$$-\frac{1}{2}(P_1 \times y_2)^2$$
$$-P_1 \times y_2 \times P_2 \times y_4 - \frac{1}{2}(P_2 \times y_4)^2 - \frac{AAP_{Prinzipal}}{2} \times \sigma_\theta^2$$
$$+AAP_{Prinzipal} \times P_1 \times \sigma_\theta^2 + AAP_{Prinzipal} \times P_2 \times \sigma_\theta^2 - AAP_{Prinzipal} \times$$

$$P_1 \times P_2 \times \sigma_\theta^2 - AAP_{Prinzipal} \times {P_1}^2 \times \sigma_\theta^2 - AAP_{Prinzipal} \times {P_2}^2 \times \sigma_\theta^2$$

Optimaler Prämiensatz

$$\frac{\partial SÄ_{Prinzipal}}{\partial P_1} \quad \text{A-118}$$

$$= \beta_1 \times y_1 + \beta_2 \times y_2 - AAP_{Agent} \times P_1 \times \sigma_{\varepsilon_1}^2 - AAP_{Agent} \times P_2 \times \sigma_{\varepsilon_1,\varepsilon_2}$$
$$-P_1 \times y_1^2 - y_1 \times P_2 \times y_3 - P_1 \times y_2^2 - y_2 \times P_2 \times y_4 + AAP_{Prinzipal}$$
$$\times \sigma_\theta^2$$
$$-AAP_{Prinzipal} \times P_2 \times \sigma_\theta^2 - AAP_{Prinzipal} \times P_1 \times \sigma_\theta^2 = 0$$

$$\beta_1 \times y_1 + \beta_2 \times y_2 - AAP_{Agent} \times P_2 \times \sigma_{\varepsilon_1,\varepsilon_2} - y_1 \times P_2 \times y_3 - y_2 \times P_2$$
$$\times y_4$$
$$+AAP_{Prinzipal} \times \sigma_\theta^2 - AAP_{Prinzipal} \times P_2 \times \sigma_\theta^2 \times P_1 \times \sigma_{\varepsilon_1}^2 + P_1 \times y_1^2$$
$$+P_1 \times y_2^2 + AAP_{Prinzipal} \times P_1 \times \sigma_\theta^2 = 0$$

$$\beta_1 \times y_1 + \beta_2 \times y_2 + AAP_{Prinzipal} \times \sigma_\theta^2 - P_2 \times (AAP_{Agent} \times \sigma_{\varepsilon_1,\varepsilon_2}$$
$$-y_1 \times y_3 - y_2 \times y_4 - AAP_{Prinzipal} \times \sigma_\theta^2)$$
$$= P_1 \times (AAP_{Agent} \times \sigma_{\varepsilon_1}^2 + y_1^2 + y_2^2 + AAP_{Prinzipal} \times \sigma_\theta^2)$$

$$\beta_1 \times y_1 + \beta_2 \times y_2 + AAP_{Prinzipal} \times \sigma_\theta^2 - P_2 \times (AAP_{Agent}$$
$$\times \sigma_{\varepsilon_1,\varepsilon_2}$$
$$+y_1 \times y_3 + y_2 \times y_4 + AAP_{Prinzipal} \times \sigma_\theta^2)$$
$$= P_1 \times (y_1^2 + y_2^2 + AAP_{Agent} \times \sigma_{\varepsilon_1}^2 + AAP_{Prinzipal} \times \sigma_\theta^2)$$

$$P_1 = \frac{\beta_1 \times y_1 + \beta_2 \times y_2 + AAP_{Prinzipal} \times \sigma_\theta^2}{y_1^2 + y_2^2 + AAP_{Agent} \times \sigma_{\varepsilon_1}^2 + AAP_{Prinzipal} \times \sigma_\theta^2}$$
$$- \frac{P_2 \times (y_1 \times y_3 + y_2 \times y_4 + AAP_{Agent} \times \rho \times \sigma_1 \times \sigma_2 + AAP_{Prinzipal} \times \sigma_\theta^2)}{y_1^2 + y_2^2 + AAP_{Agent} \times \sigma_{\varepsilon_1}^2 + AAP_P \times \sigma_\theta^2}$$

$$P_1 = \frac{\beta_1 \times y_{11} + \beta_2 \times y_{21} + AAP_{Prinzipal} \times \sigma_\theta^2}{y_{11}^2 + y_{21}^2 + AAP_{Agent} \times \sigma_{\varepsilon_1}^2 + AAP_{Prinzipal} \times \sigma_\theta^2} \quad \text{A-119}$$
$$- \frac{P_2 \times (y_{11} \times y_{12} + y_{21} \times y_{22} + AAP_{Agent} \times \rho \times \sigma_1 \times \sigma_2 + AAP_{Prinzipal} \times \sigma_\theta^2)}{y_{11}^2 + y_{21}^2 + AAP_{Agent} \times \sigma_{\varepsilon_1}^2 + AAP_{Prinzipal} \times \sigma_\theta^2}$$

$$\frac{\partial SÄ_{Prinzipal}}{\partial P_2} \quad \text{A-120}$$

$$= \beta_1 \times y_{12} + \beta_2 \times y_{22} - AAP_{Agent} \times P_2 \times \sigma_{\varepsilon_2}^2 - AAP_{Agent} \times P_1$$
$$\times \sigma_{\varepsilon_1,\varepsilon_2}$$
$$-P_2 \times y_{12}^2 - P_1 \times y_{11} \times y_{12} - P_2 \times y_{22}^2 - P_1 \times y_{21} \times y_{22}$$
$$+ AAP_{Prinzipal}$$
$$\times \sigma_\theta^2 - AAP_{Prinzipal} \times \sigma_\theta^2 \times P_2 - AAP_{Prinzipal} \times \sigma_\theta^2 \times P_1 = 0$$

$$\beta_1 \times y_{12} + \beta_2 \times y_{22} + AAP_{Prinzipal} \times \sigma_\theta^2 - P_1 \times (y_{11} \times y_{12}$$
$$+ \times y_{21} \times y_{22} + AAP_{Agent} \times \sigma_{\varepsilon_1,\varepsilon_2} + AAP_{Prinzipal} \times \sigma_\theta^2)$$
$$= P_2 \times (y_{21}^2 + y_{22}^2 + AAP_{Agent} \times \sigma_{\varepsilon_2}^2 + AAP_{Prinzipal} \times \sigma_\theta^2)$$

$$P_2 = \frac{\beta_1 \times y_{12} + \beta_2 \times y_{22} + AAP_{Prinzipal} \times \sigma_\theta^2}{y_{12}^2 + y_{22}^2 + AAP_{Agent} \times \sigma_{\varepsilon_2}^2 + AAP_{Prinzipal} \times \sigma_\theta^2}$$
$$- \frac{P_1 \times (y_{11} \times y_{12} + \times y_{21} \times y_{22} + AAP_{Agent} \times \rho \times \sigma_1 \times \sigma_2 + AAP_{Prinzipal} \times \sigma_\theta^2)}{y_{12}^2 + y_{22}^2 + AAP_{Agent} \times \sigma_{\varepsilon_2}^2 + AAP_{Prinzipal} \times \sigma_\theta^2}$$ A-121

Anlage 14: Empirische Auswertung

Unternehmen	BMG	Vergütungsinstrument
Adidas	Gewinn, OCF, Umsatz (NEO), Aktienkurs	LTI-Retrospektiv
BASF	1. STI-Komponente (10%) 2. STI-Komponente (bis zu 20% freiwillig)	Vier Optionen, zwei Teilrechte (A = Kurssteigerung >30%; B = Aktie schlägt MSCI-Chemie), für eine Aktie
Bayer	1. STI-Komponente 2. Anzahl	1. Virtuelle Aktien 2. Share Deferral (absolute und relative Aktienperformance)
Beiersdorf	1. STI-Komponente 2. Eigeninvestment	1. Unternehmenswertbeteiligung 2. Unternehmenswertbeteiligung (Marktanteil)
BMW	STI-Komponente	Aktien (nach Laufzeit eine Gratisaktie für drei gehaltene)
Continental	1. STI- Komponente 2. Betrag	1. Aktien 2. Performancecash (Wertbeitrag (CVC), TSR)
Daimler	1. STI- Komponente 2. Betrag	1. Cash Deferral (Aktie relativ zu Dow Jones STOXX Auto Index) 2. Relative Umsatzrendite (50%), Relative Aktienkursperformance (50%)
Deutsche Boerse	1. JÜ 2. Betrag	1. LTI-Retrospektiv 2. Performanceshare (Anzahl in Abhängigkeit des relativen TSR)
Deutsche Post	1. STI-Komponente (785) 2. Absoluter Betrag (1.963)	1. Cash Deferral (EBIT after CC) 2. Performanceshare (Anzahl in Abhängigkeit der absoluten und relativen Aktienkursperformance)
Deutsche Telekom	1. ROCE, EPS, Kunden- und Mitarbeiterzufriedenheit 2. STI-Komponente	1. LTI-Retrospektiv 2. Aktie
E.ON	STI-Komponente	Performanceshare (ROACE)
Fresenius	Betrag	Performanceshare und -option ((50:50 oder 25:75) JÜ-Wachstum >8%)
FMC	1. STI-Komponente 2. Betrag	1. Aktien 2. Performanceshare und -option ((50:50 oder 25:75) EPS-Wachstum >8%)
Heidelberg Cement	Betrag	1. Cash Deferral (ROIC, EBIT) 2. Share Deferral (relativer TSR (DAX 30 und MSCI World Construction Materials)
Henkel	1. STI-Komponente 2. Betrag	1. Aktien 2. Cash Deferral (Steigerung EPS)

Tabelle A-61: Ausgestaltung der LTI-Komponente im DAX 30 für 2014 (Teil 1)

Unternehmen	BMG	Vergütungsinstrument
Infineon	Betrag	1. Cash-Deferral (ROCE, FCF) 2. Share-Deferral (Philadelphia Semiconductor Index)
K+S	Betrag	LTI-Retrospektiv (Wertbeitrag)
LANXESS	Betrag	1. Aktien (relativ zum MSCI World Chemicals) 2. LTI-Retrospektiv (EBITDA u.a.)
Linde	1. STI-Komponente 2. Betrag	1. Aktien 2. Optionen (EPS, RTSR)
Lufthansa	1. STI-Komponente 2. Betrag	1. Cash Deferral (CVA (70%) und Nachhaltigkeitsfaktor (30%)) 2. Optionen
Merck	Betrag	Performanceshare (70% Aktienkurs, 30% EBITDA-Marge)
RWE	1. STI- Komponente 2.+3. Betrag	1. Performancecash (JÜ (45%), CR (45%), Motivationsindex (10%)) 2. Share-Deferral (STOXX Europe Utilities) 3. LTI-Retrospektiv (Debt/EBITDA)
SAP	Betrag	Anzahl Aktien aus Budget zu Beginn der Periode, UE und JÜ können Tranche einmalig beeinflussen
Siemens	1. STI-Komponente 2. EPS	1. Aktien 2. LTI-Retrospektiv + Performanceshare (Anzahl Aktie Peer Group)
ThyssenKrupp	1. STI-Komponente 2. Betrag	1. Aktien 2. Performanceshare (TKVA, Kurs)
Volkswagen	Absoluter Betrag	LTI-Retrospektiv (Kundenzufriedenheit, Top-Arbeitgeber, Absatzsteigerung, Rendite)

Tabelle A-62: Ausgestaltung der LTI-Komponente im DAX 30 für 2014 (Teil 2)

Literaturverzeichnis

Acar, William/Sankaran, Kizhekepat (1999): The Myth of the unique Decomposability: Specializing the Herfindahl and Entropy Measures, in: Strategic Management Journal, Vol. 20 1999, S. 969-975.

Achleitner, Ann-Kristin/Behr, Giorgio/Schäfer, Dirk (2011): Internationale Rechnungslegung - Grundlagen, Einzelfragen und Praxisanwendungen, 4. Auflage, München 2009.

Adams, Renée B./Hermalin, Benjamin E./Weibach, Michael S. (2010): The Role of Boards of Directors in Corporate Governance: A Conceptual Framework and Survey, in: Journal of Economic Literature, Vol. 48 2010, S. 58-107.

Ahlemeyer, Niels/Burger, Anton (2015): Akquisitionscontrolling: Integration und Nachrechnung, in: Peemöller, Volker H. (Hrsg.): Praxishandbuch der Unternehmensbewertung, 6. Auflage, Herne 2015, S. 1259-1288.

Akerlof, George A. (1970): The Market for "Lemons": Quality Uncertainty and the Market Mechanism, in: The Quarterly Journal of Economics, Vol. 84 1970, S. 488-500.

Albrecht, Peter (2003): Zur Messung von Finanzrisiken, Working Paper, Mannheimer Manuskripte zur Risikotheorie, Portfolio Management und Versicherungswirtschaft, Nr. 143, Univ. Mannheim 2003, abrufbar unter: https://ub-madoc.bib.uni-mannheim.de/210/1/MAMA03.pdf, Stand: 09.04.2014.

Alchain, Armen A./Demsetz, Harold (1972): Production, Information Costs and Economic Organization, in: The American Economic Review, Vol. 62 1972, S. 777-795.

Alfs, Marius (2015): Strategisches Portfoliomanagement als Aufgabenfeld des Konzern-Controlling – Risiko- und erfolgsorientierte Evaluierung der Kapitalallokation im Kontext der Corporate Strategy, Wiesbaden 2015, zugl.: Bochum, Univ., Diss., 2014.

Altrogge, Günter (1991): Investition, 2. Auflage, München 1991.

Andrews, Kenneth (1997): The Concept of Corporate Strategy, in: Foss, Nicolai J. (Hrsg.): Resources, Firms and Strategies: A Reader in the Resource-based Perspective, Oxford/New York 1997, S. 52-59.

Ansoff, *H. Igor* (1976*):* Managing Surprise and Discontinuity – *Strategic* Response to Weak Signals, in: Zeitschrift für betriebswirtschaftliche Forschung, 28. Jg. *1976*, S. 129-152.

Antle, Rick/Demski, Joel S. (1988): The controllability principle in responsibility accounting, in: The Accounting Review, Vol. 63 1988, S. 700-718.

Arbel, Ami/Orgler, Yair E. (1990): An application of the AHP to bank strategic planning: The mergers and acquisitions process, in: European Journal of Operational Research, Vol 48 1990, S. 27-37.

Arrow, Kenneth J. (1970): Essays in the Theory of Risk-Bearing, Amsterdam 1970.

Arrow, Kenneth J. (1985): The Economics of Agency, in: Pratt, John W./Zeckhauser, Richard J. (Hrsg.): Principals and Agents: The Structure of Business, Boston 1985, S. 37-51.

Asseburg, Holger/Hofmann, Christian (2009): Relative Performancebewertung und Produktmanagement, in: Zeitschrift für Betriebswirtschaft, 79. Jg. 2009, S. 817-846.

Bachmann, Gregor (2011): Corporate Governance nach der Finanzkrise, in: Die Aktiengesellschaft, 56. Jg. 2011, S. 181-193.

Baetge, Jörg (1997): Akquisitionscontrolling: Wie ist der Erfolg einer Akquisition zu ermitteln?, in: Claussen, Carsten P./Hahn, Oswald/Kraus, Willy (Hrsg.): Umbruch und Wandel, Festschrift für Carl Zimmerer, München/Wien 1997, S. 349-370.

Baetge, Jörg/Dittmar, Peter/Klönne, Henner (2014): Der impairment only approach vor den Grundsätzen der internationalen Rechnungslegung, in: Dobler, Michael/Hachmeister, Dirk/Kuhner, Christoph/Rammert, Stefan (Hrsg.): Rechnungslegung, Prüfung und Unternehmensbewertung - Festschrift zum 65. Geburtstag von Professor Dr. Dr.h.c. Wolfgang Ballwieser, Stuttgart 2014, S. 1-22.

Baetge, Jörg/Krolak, Thomas/Thiele, Stefan (2002): IAS 36 Wertminderung von Vermögenswerten (Impairment of Assets), in: Baetge, Jörg/Wollmert, Peter/Kirsch, Hans-Jürgen/Oser, Peter/Bischof, Stefan (Hrsg.): Rechnungslegung nach IFRS, 2. Auflage, Stuttgart 2002, S. 1-58.

Baetge, Jörg/Niemeyer, Kai/Kümmel, Jens/Schulz, Roland (2015): Darstellung der Discounted-Cashflow-Verfahren (DCF-Verfahren) mit Beispiel, in: Peemöller, Volker H. (Hrsg.): Praxishandbuch der Unternehmensbewertung, 6. Auflage, Herne 2015, S. 353-508.

Baiman, Stanley (1982): Agency Research in Managerial Accounting: A Survey, in: Journal of Accounting Literature, Vol. 1 1982, S. 154-213.

Baldenius, Tim/Fuhrmann, Gregor/Reichelstein, Stefan (1999): Zurück zu EVA, in: Betriebswirtschaftliche Forschung und Praxis, 51. Jg. 1999, S. 53-65.

Ballwieser, Wolfgang (1994): Adolf Moxter und der Shareholder Value-Ansatz, in: Ballwieser, Wolfgang et al. (Hrsg.): Bilanzrecht und Kapitalmarkt (Festschrift Adolf Moxter), Düsseldorf 1994, S. 1377-1405.

Ballwieser, Wolfgang (2006): IFRS Rechnungslegung – Konzept, Regeln und Wirkungen, München 2006.

Ballwieser, Wolfgang (2009): Controlling und Risikomanagement, in: Hommelhoff, Peter/Hopt, Klaus J./v. Werder, Axel (Hrsg.): Handbuch Corporate Governance, 2. Auflage, Köln/ Stuttgart 2009, S. 447-462.

Ballwieser, Wolfgang (2013): IFRS-Rechnungslegung – Konzept, Regeln und Wirkungen, 3. Auflage, München 2013.

Ballwieser, Wolfgang/Hachmeister, Dirk (2013): Unternehmensbewertung, 4. Auflage, Stuttgart 2013.

Ballwieser, Wolfgang/Leuthier, Rainer (1986): Betriebswirtschaftliche Steuerberatung: Grundprinzipien, Verfahren und Probleme der Unternehmensbewertung (Teil II), in: Deutsches Steuerrecht, 24. Jg. 1986, S. 604-610.

Bamberg, Günther/Spremann, Klaus (1981): Implications of Constant Risk Aversion, in: Zeitschrift für Operations Research, 25. Jg. 1981, S. 205-224.

Banker, Rajiv D./Datar, Srikant M. (1989): Sensitivity, Precision and Linear Aggregation of Signals for Performance Evaluation, in: Journal of Accounting Research, Vol. 27 1989, S. 21-39.

Barthel, Carl W. (2007): Unternehmenswert: Auswahl der Bezugsgrößen bei Market Multiples, in: Finanz Betrieb, 9. Jg. 2007, S. 666-674.

Bauer, Jobst-Hubertus/Arnold, Christian (2009): Festsetzung und Herabsetzung der Vorstandsvergütung nach dem VorstAG, in: Die Aktiengesellschaft, 54. Jg. 2009, S. 717-731.

Baum, Heinz-Georg/Coenenberg, Adolf G./Günther, Thomas (2013): Strategisches Controlling, 5. Auflage, Stuttgart 2013.

Baums, Theodor (2010): Die Unabhängigkeit des Vergütungsberaters, Working Paper, Institute für Law and Finance, Working Paper Series No. 111, 01/2010.

Bea, Franz X./Haas, Jürgen (2013): Strategisches Management, 6. Auflage, Stuttgart 2013.

Bearle, Adolf A./Means, Gardiner (1968): The Modern Corporation and Private Property, New York 1967.

Bebchuk, Lucian A./Fried, Jesse M. (2003): Executive Compensation as an Agency Problem, in: The Journal of Economic Perspectives, Vol. 17 2003, S. 71-92.

Bebchuk, Lucian A./Fried, Jesse M. (2004): Pay without Performance: The Unfulfilled Promise of Executive Compensation, in: Cambridge, MA, and London, UK, Harvard University Press 2004.

Bebchuk, Lucian A./Fried, Jesse M. (2005): Pay without Performance: Overview of the Issues, in: Journal of Applied Corporate Finance, Harvard Law and Economics Discussion Paper No. 528, Vol. 17 2005, No. 4, S. 8-22.

Bebchuk, Lucian A./Fried, Jesse M./Walker, David I. (2002): Managerial Power and Rent Extraction in the Design of Executive Compensation, in: The University of Chicago Law Review, Harvard Law and Economics Discussion Paper No. 366, Vol. 69 2002, S. 751-846.

Becker, Fred G./Kramarsch Michael H. (2006): Leistungs- und erfolgsorientierte Vergütung für Führungskräfte, Göttingen 2006.

Becker, Wolfgang (1990): Funktionsprinzipien des Controlling, in: Zeitschrift für Betriebswirtschaft, 60. Jg. 1990, S. 295-318.

Becker, Wolfgang/Ulrich, Patrick (2010): Corporate Governance und Controlling - Begriffe und Wechselwirkungen, in: Keuper, Frank/Neumann, Fritz (Hrsg.): Corporate Governance, Risk Management und Compliance - Innovative Konzepte und Strategien, Wiesbaden 2010, S. 3-28.

Beetz, Adrienne (2005): Vergleich der deutschen Corporate Governance mit den Regelungen in den USA. NWiR. Ausg. 7., abrufbar unter: http://www.nwir.de/archiv/NWIR%207/CorporateGov.pdf, Stand: 18.06.2015.

Begemann, Arndt/Laue, Bastian (2009): Der neue § 120 Abs. 4 AktG – ein zahnloser Tiger?, in: Betriebs-Berater, 64. Jg. 2009, S. 2442-2446.

Bellavite-Hövermann, Yvette/Lindner, Grit/Lüthje, Bernd (2005): Leitfaden für den Aufsichtsrat: Betriebswirtschaftliche und rechtliche Grundlagen für die Aufsichtsratsarbeit, Stuttgart 2005.

Bellmann, Matthias (2011): Die Personalarbeit des Aufsichtsrats - gründlich genug?, in: Der Aufsichtsrat, 8. Jg. 2011, S. 6-7.

Berger, Thomas/Gleißner, Werner (2013): Modernes Risikomanagement, in: Das Wirtschaftsstudium, 42. Jg. 2013, S. 525-530.

Bergmann, Jörg (1996): Shareholder Value-orientierte Beurteilung von Teileinheiten im internationalen Konzern, Aachen 1996, zugl.: Münster, Univ., Diss., 1994.

Bergmann, Iris/Schultze, Wolfgang/Weiler, Andreas (2012): Langfristorientierung der Unternehmensführung und bonusbankorientierte Entlohnungssysteme, in: Controlling, 24. Jg. 2012, S. 554-560.

Bernoulli, Daniel (1738): Specimen Theoriae Novae de Mensura Sortis. Commentarii Academicae Scientiarum Imperialis Petropolitanae, Vol. 5 1738, S. 175-192, englische Übersetzung von Louise Sommer: Exposition of a new theory on the measurement of risk, in: Econometrica, Vol. 22 1954, S. 23-36.

Bertl, Romuald/Fattinger, Stefan (2010): Anforderungen an die Unternehmensplanung aus Sicht der Unternehmensbewertung, in: Königsmaier, Heinz/Rabel, Klaus (Hrsg.): Unternehmensbewertung: Theoretische Grundlagen - Praktische Anwendung: Festschrift für Gerwald Mandl zum 70. Geburtstag, Wien 2010, S. 83-106.

Berwanger, Jörg/Kullmann, Stefan (2012): Interne Revision – Wesen, Aufgaben und rechtliche Verankerung, 2. Auflage, Wiesbaden 2012.

Beyer, Bettina (2014): Erkenntnisse aus den Tätigkeitsberichten der DPR anhand des Beispiels Impairment Only Approach, in: Zeitschrift für internationale Rechnungslegung, 9. Jg. 2014, S. 263-315.

Beyer, Sven (2008): Unternehmensbewertung, Wachstum und Abgeltungssteuer, in: Finanz Betrieb, 10. Jg. 2008, S. 256-267.

Beyhs, Oliver (2002): Impairment of Assets nach International Accounting Standards, Frankfurt am Main et al. 2002, zugl.: Bochum, Univ., Diss., 2001.

Bhattacharya, Nilabhra/Black, Erv/Christensen, Ted/Mergenthaler, Rick (2007): Who Trades on Pro Forma Earnings Information?, in: Accounting Review, Vol. 82 2007, S. 581-619.

Bitz, Michael (1981): Entscheidungstheorie, München 1981.

Böcking, Hans-Joachim (2014): Goodwill Impairments im Spannungsfeld von Unternehmensbewertung und Rechnungslegung – Verbesserung der Entscheidungsnützlichkeit durch Corporate Governance Strukturen? in: Dobler, Michael/Hachmeister, Dirk/Kuhner, Christoph/Rammert, Stefan (Hrsg.): Rechnungslegung, Prüfung und Unternehmensbewertung, Festschrift zum 65. Geburtstag von Wolfgang Ballwieser, Stuttgart 2014, S. 23-40.

Böcking, Hans-Joachim/Wallek, Christoph/Weßels, Dirk (2011): Zur Notwendigkeit von Regulierungsmaßnahmen bei der Vergütung von Vorstand, Aufsichtsrat und Abschlussprüfer – Eine Analyse der Veränderungen von 2007 bis 2010, in: Der Konzern, 9. Jg. 2011, S. 269-277.

Böckli, Peter (2009): Konvergenz: Annäherung des monistischen und des dualistischen Führungs- und Aufsichtsratssystems, in: Hommelhoff, Peter/Hopt, Klaus J./v. Werder, Axel (Hrsg.): Handbuch Corporate Governance- Leitung und Überwachung börsennotierter Unternehmen in der Rechts- und Wirtschaftspraxis, Köln/Stuttgart 2009, S. 255-276.

Bork, Richard (2009): Sonderprüfung, Klageerzwingung, in: Hommelhoff, Peter/Hopt, Klaus J./v. Werder, Axel (Hrsg.): Handbuch Corporate Governance, 2. Auflage, Köln/ Stuttgart 2009, S. 743-768.

Bowman, Edward H. (1980): A Risk-Return Paradox for Strategic Management, in: Sloan Management Review, Vol. 21 1980, S. 17-31.

Braun, Inga (2005): Discounted Cashflow-Verfahren und der Einfluß von Steuern, Wiesbaden 2005, zugl.: Frankfurt am Main , Univ., Diss., 2004.

Breid, Volker (1994): Erfolgspotentialrechnung – Konzeption im System einer finanztheoretisch fundierten, strategischen Erfolgsrechnung, Stuttgart 1994, zugl.: München, Univ., Diss., 1994.

Broetzmann, Frank/Goetz, Joachim (2010): Multiscenario Performance Modelling, in: Controlling, 22. Jg. 2010, S. 262-267.

Brühl, Kai (2009): Corporate Governance, Strategie und Unternehmenserfolg - Ein Beitrag zum Wettbewerb alternativer Corporate-Governance-Systeme, Wiesbaden 2009.

Brune, Jens Peter (2005): Prinzipal-Agenten-Theorie versus Moral, in: Beiträge zum EWD-Colloquium 2005: Glaubwürdigkeit und Gerechtigkeit in der Wirtschaft?, abrufbar unter: http://www.hans-jonas-zentrum.de/down/Brune-EWD.pdf, Stand: 08.08.2013.

Büchel, Alexander/Semjonow, Christin (2008): DRS 17 – Berichterstattung über die Vergütung der Organmitglieder und DRS 15a – Übernahmerechtliche Angaben und Erläuterungen im Konzernlagebericht, in: Die Wirtschaftsprüfung, 61. Jg. 2008, S. 1143-1151.

Burger, Anton (2012): Börsenkurse und angemessene Abfindung, Eine rechtswissenschaftliche Untersuchung zum Gesellschafterausschluss (Squeeze-out) für Österreich unter Einbeziehung der deutschen und der US-amerikanischen Verhältnisse, Hamburg 2012, zugl.: Wien, Univ., Diss., 2011.

Burger, Anton/Ulbrich, Philipp R. (2005): Beteiligungscontrolling, München 2005.

Burger, Anton/Ulbrich, Philipp R./Ahlemeyer, Niels (2010): Beteiligungscontrolling, 2. Auflage, München 2010.

Busse von Colbe, Walther (1957): Der Zukunftserfolg, Die Ermittlung des künftigen Unternehmungserfolges und seine Bedeutung für die Bewertung von Industrieunternehmen, Wiesbaden 1957.

Cadbury Report (1992): The Financial Aspects of Corporate Governance, abrufbar unter: www.ecgi.org/codes/documents/cadbury.pdf, Stand: 28.06.2015).

Casey, Christopher (2004): Unternehmensbewertung anhand von Discounted Cash Flow-Modellen - Ein methodischer Vergleich der verschiedenen Verfahren, Wien 2004, zugl.: Wien, Univ., Habil., 2004.

Chandler, Alfred D. (1962): Strategy and Structure – Chapters in the History of the American Industrial Enterprise, Cambridge 1962.

***Chen*, Andrew H./*Kim*, E. Han (*1979*):** Theories of Corporate *Debt* Policies: A Synthesis, in: Journal of Finance, Vol. 24 *1979*, S. 371-384.

Chmielewicz, Klaus (1976): Finanz- und Erfolgsplanung, integrierte, in: Büschgen, Hans E. (Hrsg.): Handwörterbuch der Finanzwirtschaft, Stuttgart 1976, Sp. 616-630.

Chung, Kee H./Zhang, Hao (2011): Corporate Governance and Institutional Ownership, in: Journal of Financial and Quantitative Analysis, Vol. 46 2001, 247-273.

Coase, Ronald (1937): The Nature of the Firm, in: Econometrica, Vol. 2 1937, S. 386-405.

Coenenberg, Adolf G. (1981): Unternehmensbewertung aus der Sicht der Hochschule, in: IDW (Hrsg.): 50 Jahre Wirtschaftsprüferberuf, Düsseldorf 1981, S. 221-245.

Coenenberg, Adolf G./Mattner, G. R./Schultze, W. (2003): Wertorientierte Steuerung: Anforderungen, Konzepte, Anwendungsprobleme, in: Rathgeber, A./Tebroke, H.-J./Wallmeier, M. (Hrsg.): Finanzwirtschaft, Kapitalmarkt und Banken, Festschrift für Prof. Dr. Manfred Steiner, Stuttgart 2003, S. 1-24.

Coenenberg, Adolf G./Schultze, Wolfgang (2002a): Das Multiplikator-Verfahren in der Unternehmensbewertung: Konzeption und Kritik, in: Finanz Betrieb, 4. Jg. 2002, S. 697-703.

Coenenberg, Adolf G./Schultze, Wolfgang (2002b): Unternehmensbewertung: Konzeptionen und Perspektiven, in: Die Betriebswirtschaft, 62. Jg. 2002, S. 597-621.

Core, John E./Holthausen, Robert W./Larcker, David F. (1999): Corporate Governance, Chief Executive Officer Compensation and Firm Performance, in: Journal of Financial Economics, Vol. 51 1999, S. 371-406.

Crasselt, Nils (2001): Rappaports Shareholder Value Added, in: Finanz Betrieb, 3. Jg. 2001, S. 165-171.

Crasselt, Nils (2003): Wertorientierte Managemententlohnung, Unternehmensrechnung und Investitionssteuerung, Frankfurt am Main 2003, zugl.: Bochum, Univ., Diss., 2002.

Crasselt, Nils (2004): Managementvergütung auf Basis von Residualgewinnen - Zur Gefahr von Fehlanreizen durch praktisch relevante Abschreibungsverfahren, in: Finanz Betrieb, 6. Jg. 2004, S. 121-129.

Crasselt, Nils/Fründ, Henric P. (2014): Managementvergütung mit Bonusbanken - Ein Instrument zur Förderung der Langfristorientierung von Managern, in: Wirtschaftswissenschaftliches Studium, 43. Jg. 2014, S. 165-168.

Crasselt, Nils/Pellens, Bernhard/Rowoldt, Maximilian (2014): Integration von in- und externem Rechnungswesen im Rahmen des Goodwill Impairment Test nach IAS 36, in: Betriebs-Berater, 69. Jg. 2014, S. 2092-2096.

Crasselt, Nils/Pellens, Bernhard/Schremper, Ralf (1997): Konvergenz wertorientierter Erfolgskennzahlen, in: Das Wirtschaftsstudium, 29. Jg. 2000, S. 72-78 (Teil I) und S. 205-208 (Teil II).

Crasselt, Nils/Schmidt, André (2007): Ökonomische Fundierung buchwertbasierter Performancekennzahlen, in: Wirtschaftswissenschaftliches Studium, 36. Jg. 2007, S. 222-227.

Crasselt, Nils/Schremper, Ralf (2001): Cash Flow Return on Investment und Cash Value Added, in: Die Betriebswirtschaft, 61. Jg. 2001, S. 271-274.

Cyert, Richard/Kang, Sok-Hyon/Kumar, Praveen/Shah, Anish (2002): Corporate Governance and the Level of CEO Compensation: Theory and Evidence, in: Management Science, Vol. 48 2002, S. 453-469.

Daske, Holger/Gebhardt, Günther (2006): Zukunftsorientierte Bestimmung von Risikoprämien und Eigenkapitalkosten für die Unternehmensbewertung, in: Zeitschrift für betriebswirtschaftliche Forschung, 58. Jg. 2006, S. 530-551.

Daske, Holger/Gebhardt, Günther/Klein, Stefan (2006): Estimating the Expected Cost of Equity Capital Using Analysts' Consensus Forecasts, with G. Gebhardt and S. Klein, in: Schmalenbach Business Review, Vol. 58 2006, S. 2-36.

Daske, Holger/Wiesenbach, Kai (2005): Praktische Probleme der zukunftsorientierten Schätzung von Eigenkapitalkosten am deutschen Kapitalmarkt, in: Finanz Betrieb, 7. Jg. 2005, S. 407-419.

Daugart, Jan (2009): Performance measurement und anreizorientierte Organisationsgestaltung - Eine agencytheoretische Analyse der Verhaltenssteuerung mehrerer Aufgabenträger, Hamburg 2009, zugl.: Hannover, Univ., Diss., 2007.

Dauner-Lieb, Barbara*/von *Preen, Alexander*/*Simon, Stefan (2010): Das VorstAG - Ein Schritt auf dem Weg zum Board-System?, in: Der Betrieb, 63. Jg. *2010*, S. 377-383.

Degen, Beate/Ruhwedel, Peter (2011): Der Aufsichtsrat und das Risikomanagement, in: Der Aufsichtsrat, 8. Jg. 2011, S. 138-139.

Deilmann, Barbara/Otte, Sabine (2009): Auswirkungen des VorstAG auf die Struktur der Vorstandsvergütung, in: Zeitschrift für Gesellschafts- und Wirtschaftsrecht 2009, S. 261-263.

Deilmann, Barbara/Otte, Sabine (2010): "Say on Pay" - erste Erfahrungen der Hauptversammlungspraxis, in: Der Betrieb, 63. Jg. 2010, S. 545-547.

Demougin, Dominique/Jost, Peter-J. (2001): Theoretische Grundlagen der Prinzipal-Agenten-Theorie, in: Jost, Peter-J. (Hrsg.): Die Prinzipal-Agenten-Theorie in der Betriebswirtschaftslehre, Stuttgart 2001, S. 45-81.

Demski, Joel S. (1994): Managerial Uses of Accounting Information, Boston 1994.

Detzner, Martin (2012): Risikoentscheidung von Managern und das Rendite-Risiko-Paradoxon, Dresden 2012.

Dierkes, Stefan/Schäfer, Ulrich (2008): Prinzipal-Agenten-Theorie und Performance Measurement, in: Zeitschrift für Controlling und Management, 52. Jg. 2008, Sonderheft 1, S. 19-27.

Dinstuhl, Volkmar (2003): Konzernbezogene Unternehmensbewertung – DCF-orientierte Konzern- und Segmentbewertung unter Berücksichtigung der Besteuerung, Wiesbaden 2003, zugl.: Bochum, Univ., Diss., 2002.

Dirrigl, Hans (1988): Die Bewertung von Anteilen an Kapitalgesellschaften unter Berücksichtigung der Besteuerung, Hamburg 1988, zugl.: Hohenheim, Univ., Diss., 1987.

Dirrigl, Hans (1990): Synergieeffekte beim Unternehmenszusammenschluß und Bestimmung des Umtauschverhältnisses, in: Der Betrieb, 43. Jg. 1990, S. 185-192.

Dirrigl, Hans (1994): Konzepte, Anwendungsbereiche und Grenzen einer strategischen Unternehmensbewertung, in: Betriebswirtschaftliche Forschung und Praxis, 46. Jg. 1994, S. 409-432.

Dirrigl, Hans (1995): Koordinationsfunktion und Principial-Agent-Theorie als Fundierung des Controlling? – Konsequenzen und Perspektiven, in: Elschen, Rainer/Siegel, Theodor/Wagner, Franz W. (Hrsg.): Unternehmenstheorie und Besteuerung: Festschrift zum 60. Geburtstag von Dieter Schneider, Wiesbaden 1995, S. 129-170.

Dirrigl, Hans (1998a): Kollektive Investitionsrechnung und Unternehmensbewertung, in: Kruschwitz, Lutz/Löffler, Andreas (Hrsg.): Ergebnisse des Berliner Workshops "Unternehmensbewertung" vom 7. Februar 1998, Berlin 1998, S. 3-24.

Dirrigl, Hans (1998b): Wertorientierung und Konvergenz in der Unternehmensrechnung, in: Betriebswirtschaftliche Forschung und Praxis, 50. Jg. 1998, S. 540-579.

Dirrigl, Hans (2002): Erfolgspotenzialrechnung, in: Küpper, Hans-Ulrich/Wagenhofer, Albert (Hrsg.): Handwörterbuch Unternehmensrechnung und Controlling, 4. Auflage, Stuttgart 2002, Sp. 419-431.

Dirrigl, Hans (2003): Unternehmensbewertung als Fundament bereichsorientierter Performancemessung, in: Richter, Frank/Schüler, Andreas/Schwetzler, Bernhard (Hrsg.): Kapitalgeberansprüche, Marktwertorientierung und Unternehmenswert – Festschrift für Jochen Drukarczyk zum 65. Geburtstag, München 2003, S. 143-186.

Dirrigl, Hans (2004a): Die Besteuerung in Kalkülen zur Unternehmensbewertung bei Wachstum und Risiko, in: Dirrigl, Hans/Wellisch, Dietmar/Wenger, Ekkehard (Hrsg.): Steuern, Rechnungslegung und Kapitalmarkt – Festschrift für Franz W. Wagner zum 60. Geburtstag, Wiesbaden 2004, S. 1-26.

Dirrigl, Hans (2004b): Entwicklungsperspektiven unternehmenswertorientierter Steuerungssysteme, in: Ballwieser, Wolfgang (Hrsg.): Shareholder-Value-Orientierung bei Unternehmenssteuerung, Anreizgestaltung, Leistungsmessung und Rechnungslegung, in: Schmalenbachs Zeitschrift für betriebswirtschaftliche Forschung, 56. Jg. 2004, Sonderheft 51, Düsseldorf 2004, S. 93-135.

Dirrigl, Hans (2007): Beteiligungscontrolling, in: Köhler, Richard/Küpper, Hans-Ulrich/Pfingsten, Andreas (Hrsg.): Handwörterbuch der Betriebswirtschaft, Stuttgart 2007, Sp. 113-125.

Dirrigl, Hans (2008): Unternehmenswert-Orientierung in Rechnungslegung, Value Reporting und Controlling, in: Wagner, Franz W./Schildbach, Thomas/Schneider, Dieter (Hrsg.): Private und öffentliche Rechnungslegung – Festschrift für Hannes Streim zum 65. Geburtstag, Wiesbaden 2008, S. 75-107.

Dirrigl, Hans (2009): Unternehmensbewertung für Zwecke der Steuerbemessung im Spannungsfeld von Individualisierung und Kapitalmarkttheorie - Ein aktuelles Problem vor dem Hintergrund der Erbschaftsteuerreform, Working Paper, arqus-Working Paper Nr. 68, Arbeitskreis Quantitative Steuerlehre (arqus) 2009, zugl. Beitrag zur Festschrift für Franz W. Wagner zum 65. Geburtstag, abrufbar unter: www.arqus.info/mobile/paper/arqus_68.pdf, Stand: 09.04.2015.

Dirrigl, Hans/Große-Frericks, Christina (2011): Allokation des Goodwill-Impairments im Kontext der wertorientierten Performancemessung, in: Seicht, Gerhard (Hrsg.): Jahrbuch für Controlling und Rechnungswesen 2011, Wien 2011, S. 103-129.

Dörner, Dietrich/Orth, Christian (2005): Bedeutung der Corporate Governance für Un-ternehmen und Kapitalmärkte, in: Pfizer/Oser/Orth (2005): Deutscher Corporate Governance Kodex, 2. Auflage, Stuttgart 2005, S. 3-22.

Dörscher, Thorsten (2014): Stand und Entwicklung der Vorstandsvergütung in Deutschland und Europa - Eine Analyse der Ausgestaltung der Vergütungssysteme in Deutschland, Österreich, Frankreich und Großbritannien und deren Implikationen für die Forschung zur Vorstandsvergütung, zugl.: München, Univ., Diss., abrufbar unter: https://mediatum.ub.tum.de/doc/1183296/1183296.pdf, Stand: 30.06.2015

Dolny, Oliver (2003): Controlling von Beteiligungen auf Basis einer integrierten Unternehmenswertrechnung, Büren 2003, zugl.: Bochum, Univ., Diss., 2002.

Dorff, Michael B. (2005): Does One Hand Wash the Other? Testing the Managerial Power and Optimal Contracting Theories of Executive Compensation, in: Journal of Corporation Law, Vol. 30 2005, S. 255-307.

Dreher, Marco (2010): Unternehmenswertorientiertes Beteiligungscontrolling - Aufgabenspezifische Fundierung auf Basis entscheidungs- und kapitalmarktorientierter Konzepte der Unternehmensbewertung, Köln 2010, zugl.: Bochum, Univ., Diss., 2010.

Dreher, Meinrad (Dreher, Me.) (2010): Die Vorstandsverantwortung im Geflecht von Risikomanagement, Compliance und interner Revision, in: Kindler, Peter/Koch, Jens/Ulmer, Peter/Winter, Martin (Hrsg.): Festschrift für Uwe Hüffer zum 70. Geburtstag, München 2010, S. 169-178

Drukarczyk, Jochen (1973): Zur Brauchbarkeit des „ökonomischen Gewinns“, in: Die Wirtschaftsprüfung, 26. Jg. 1973, S. 183-188.

Drukarczyk, Jochen/Schüler, Andreas (2009): Unternehmensbewertung, 6. Auflage, München 2009.

DSW, Deutsche Schutzvereinbarung für Wertpapierbesitz e. V., abrufbar unter: http://www.dsw-info.de/, Stand: 30.06.2015.

Dutta, Sunil/Reichelstein, Stefan (2002): Controlling Investment Decisions – Depreciation- and Capital Charges, in: Review of Accounting Studies, Vol. 7 2002, S. 253-281.

Eibelshäuser, Beate (2014): Unternehmensüberwachung als Element der Corporate Governance - Eine Analyse der Aufsichtsratstätigkeit in börsennotierten Unternehmen unter Berücksichtigung von Familienunternehmen, Wiesbaden 2014, zugl. Univ., Diss., Frankfurt am Main 2010.

Eichenlaub, Raphael/Grau, Phillip/H¨ofner, Sebastian/Lam, Siu/Lauer, Peter/Strauß, Marc/Wassong, Vanessa/Wirth, Johannes/Wobido, Karla (2014): Praxis der Firmenwertbilanzierung nach HGB, zugleich ein kritischer Vergleich mit dem Impairment-Only-Ansatz nach IFRS, in: Der Betrieb, 67. Jg. 2014, S. 1-8.

Eisenführ, Franz/Weber, Martin/Langer,Thomas (2010): Rationales Entscheiden. 5. Auflage, Berlin 2010.

Elschen, Rainer (1991): Gegenstand und Anwendungsmöglichkeiten der Agency-Theorie, in: Zeitschrift für betriebswirtschaftliche Forschung, 43. Jg. 1991, S. 1002-1012.

Ergün, Ismail/Müller, Stefan/Panzer, Lena (2013): State of the Art des internen Risikoberichtswesens – Die im DAX eingesetzten Risikoberichtswesen als Benchmark für eigene Umsetzungen?, in: Zeitschrift für Corporate Governance, 8. Jg. 2013, S. 271-277.

ESMA, European Securities and Markets Authority (2013): European enforcers review of impairment of goodwill and other intangible assets in the IFRS financial statements, abrufbar unter: http://www.esma.europa.eu/system/files/2013-02.pdf, Stand: 30.06.2015.

Essler, Wolfgang/Kruschwitz, Lutz/Löffler, Andreas (2008): Discounted Cashflow und Ertragswertverfahren, in: Essler, Wolfgang/Lobe, Sebastian/Röder, Klaus (Hrsg.): Fairness Opinion, Grundlagen und Anwendung, Stuttgart 2008, S. 101-120.

Eulerich, Marc./Velte, Patrick: Nachhaltigkeit und Transparenz der Vorstandsvergütung: Eine empirische Untersuchung im DAX30 unter besonderer Berücksichtigung der Bemessungsgrundlagen der variablen Vergütungsanteile, in: Zeitschrift für Internationale Rechnungslegung, 8. Jg. 2013, S. 73-79.

Evers, Heinz (1991): Leistungsanreize für Führungskräfte, in Schanz, Günther (Hrsg.): Handbuch Anreizsysteme in Wirtschaft und Verwaltung, Stuttgart 1991, S. 737-751.

Evers, Heinz (1998): Variable Bezüge für Führungskräfte: Wertorientierung als Herausforderung, in: Pellens, Bernhard (Hrsg.): Unternehmenswertorientierte Entlohnungssysteme, Stuttgart 1998, S. 55-67.

Evers, Heinz (2009): Vorstands- und Aufsichtsratsvergütung, in: Hommelhoff, Peter/Hopt, Klaus J./v. Werder, Axel, (Hrsg.): Handbuch Corporate Governance, 2. Auflage, Köln/ Stuttgart 2009, S. 349-390.

Ewert, Ralf/Niemann, Reiner (2012): Steuern in Agency-Modellen: Mehrperioden- und Multi-Task-Strukturen, in: arqus-Working Paper Nr. 135, abrufbar unter: http://vg02.met.vgwort.de/na/6866386143484867997033570ddc7fbc?l=http://www.arqus.info/mobile/paper/arqus_135.pdf, Stand: 10.08.2013.

Ewert, Ralf/Wagenhofer, Alfred (2000): Rechnungslegung und Kennzahlen für das wertorientierte Management, in: Wagenhofer, Alfred/Hrebicek, Gerhard (Hrsg.): Wertorientiertes Management, Stuttgart 2000, S. 3-64.

Ewert, Ralf/Wagenhofer, Alfred (2014): Interne Unternehmensrechnung, 8. Auflage, Berlin u. a. 2014.

Faber, Joachim (2009): Institutionelle Investoren (einschließlich Hedgefonds und Private Equity), in: Hommelhoff, Peter/Hopt, Klaus J./v. Werder, Axel (Hrsg.): Handbuch Corporate Governance, 2. Auflage, Köln, Stuttgart 2009, S. 219-230.

Faber, Joachim/von Werder, Axel (2014): Nicht-finanzielle Ziele als Element nachhaltiger Vorstandsvergütung, in: Die Aktiengesellschaft, 59. Jg. 2014, S. 608-620.

Fama, Eugene F. (1980): Agency Problems and the Theory of the Firm, in: The Journal of Political Economy, Vol. 88 1980, S. 288-307.

Fama, Eugene F./Jensen, Michael C. (1983): Agency Problems and Residual Claims, in: Journal of Law and Economics, Vol. 26 1983, S. 327-349.

Fehrenbacher, Dennis (2013): Risikoeinstellung, in: Controlling : Zeitschrift für erfolgsorientierte Unternehmenssteuerung, 25. Jg. 2013, S. 383-385.

Feltham, Gerald A./Hofmann, Christian (2007): Limited Commitment in Multi-agent Contracting, in: Contempory Accounting Research, Vol. 24 2007, S. 345-375.

Feltham, Gerald A./Xie, Jim (1994): Performance Measure Congruity and Diversity in Multi-task Prinzipal/Agent Relations, in: Accounting Review, Vol. 69 1994, S. 429-454.

Fendel, Ralf/Frenkel, Michael (2009): Die Subprime-Krise 2007/08: Ursachen, Auswirkungen und Lehren, in: Wirtschaftswissenschaftliches Studium, 38. Jg. 2009, S. 78-85.

Ferstl, Jürgen (2000): Managementvergütung und Shareholder Value, Wiesbaden 2000, zugl. Regensburg Univ. Diss. 1999.

Fiegenbaum, Avi/Hart, Stuart/Schendel, Dan (1996): Strategic Reference Point Theory, in: Strategic Management Journal, Vol. 17 1996, S. 219-235.

Fleischer, Holger (2007): Von "bubble laws" und "quack regulations" — Zur Kritik krisenindizierter Reformgesetze im Aktien- und Kapitalmarktrecht, in: Hommelhoff, Peter/Rawert/Peter/Schmidt, Karsten, Festschrift für Hans-Joachim Priester zum 70. Geburtstag, Köln 2007, S. 75-94.

Fleischer, Holger (2009): Zur Bedeutung von Vergütungsberatern bei der Festsetzung der Vorstandsvergütung, in: Der Aufsichtsrat, 12. Jg. 2009, 170-173.

Fleischer, Holger (2011a): Vorzeitige Wiederbestellung von Vorstandsmitgliedern: Zulässige Gestaltungsmöglichkeit oder unzulässige Umgehung des § 84 Abs. 1 Satz 3 AktG?, in: Der Betrieb, 64. Jg. 2011, S. 861-865.

Fleischer, Holger (2011b): Zukunftsfragen der Corporate Governance in Deutschland und Europa. Aufsichtsräte, institutionelle Investoren, Proxy Advisors und Whistleblowers, in: Zeitschrift für Unternehmens- und Gesellschaftsrecht, 40. Jg. 2011, S. 154-181.

Fleischer, Holger (2012a): Corporate Governance in Europa als Mehrebenensystem - Vielfalt und Verflechtung der Gesetzgeber, Standardsetzer und Verhaltenskodizes, in: Zeitschrift für Unternehmens- und Gesellschaftsrecht, 41. Jg. 2012, S. 160-196.

Fleischer, Holger (2012b): Zur Rolle und Regulierung von Stimmrechtsberatern (Proxy Advisors) im deutschen und europäischen Aktien- und Kapitalmarktrecht,in: Die Aktiengesellschaft, 57. Jg. 2012, S. 2-20.

Fleischer, Holger/Schmolke, Klaus Ulrich (2012): Whistleblowing und Corporate Governance. Zur Hinweisgeberverantwortung von Vorstandsmitgliedern und Wirtschaftsanwälten, in: Wertpapier Mitteilungen-Zeitschrift für Wirtschafts- und Bankenrecht, 22. Jg. 2012, S. 1013-1021.

Förster, Christian (2011): Aktionärsrechte in der Hauptversammlung – quo vadis?, in: Die Aktiengesellschaft, 56. Jg. 2011, S. 362-373.

Foote, George H. (1973): Performance shares revitalize executive stock plans, in: Harvard Business Review, Vol. 51 1973, S. 121-130.

Franken, Lars/Schulte, Jörn/Dörschell, Andreas (2014): Kapitalkosten für die Unternehmensbewertung, 3. Auflage, Düsseldorf 2014.

Freiburg, Markus/Timmreck, Christian (2004): Fundamentalmultiples, in: Richter, Frank/Timmreck, Christian (Hrsg.): Unternehmensbewertung – Moderne Instrumente und Lösungsansätze, Stuttgart 2004, S. 381-396.

Freiherr von Falkenhausen, Joachim/Kocher, Dirk (2010): Erste Erfahrungen mit dem Vergütungsvotum der Hauptversammlung – Empirische Untersuchung und rechtliche Überlegungen, in: Die Aktiengesellschaft, 55. Jg. 2010, S. 623-629.

Frey, Niko/Rapp, David/Barthel, Carl W. (2011): Unternehmenswert: Das Problem der Scheingenauigkeit – Erwiderung und Replik zu dem Beitrag von Barthel, Der Betrieb 2010 S. 2236 ff., in: Der Betrieb, 64. Jg. 2011, S. 2105-2109.

Fudenberg, Drew/Tirole, Jean (1990): Moral Hazard and renegotiation in Agency Contracts, in: Econometrica, Vol. 58 1990, S. 1279-1319.

Fülbier, Uwe/Pellens, Bernhard (2008): § 314 Sonstige Pflichtangaben, in: Schmidt, Karsten/Ebke, Werner F. (Hrsg.): Münchener Kommentar zum Handelsgesetzbuch: HGB Band 4: Drittes Buch, Handelsbücher. Bilanzrecht §§ 238-342 e HGB, München 2008.

Füser, Karsten/Gleißner, Werner/Meier, Günter (1999): Risikomanagement (KonTraG) – Erfahrungen aus der Praxis, in: Der Betrieb, 52. Jg. 1999, S. 753-758.

Funk, Christian (2008): Gestaltung effizienter interner Kapitalmärkte in Konglomeraten, Frankfurt am Main 2008, zugl.: Dortmund, Univ., Diss., 2007.

Gausemeier, Jürgen/Grote, Anne-Christin (2012): Strategische Führung mit Szenarien, in: Controlling, 24. Jg. 2012, S. 516-522.

Gavranović, Daniel (2014): Strategisches Controlling auf Basis quantifizierender Kalküle im Projekt- und Bereichsbezug – Produktprojekte und Standortalternativen als Objekte der Prognose und Vorteilhaftigkeitsanalyse, Köln 2014, zugl. Diss., Univ. Bochum, 2013.

Gebhardt, Günther (1995): Marktwertorientiertes Beteiligungscontrolling im internationalen Konzern, in: Der Betrieb, 48. Jg. 1995, S. 2225-2231.

Gebhardt, Günther/Ruffing, Patricia (2014): Zukunftsorientierte Bestimmung von Beta-Faktoren für die Unternehmensbewertung, in: Dobler, Michael/Hachmeister, Dirk/Kuhner, Christoph/Rammert, Stefan (Hrsg.): Rechnungslegung, Prüfung und Unternehmensbewertung, Festschrift zum 65. Geburtstag von Wolfgang Ballwieser, Stuttgart 2014, S. 201-218.

Gebhardt, William R./Lee, Charles M. C./Swaminathan, Bhaskaran (2001): Toward an Implied Cost of Capital, in: Journal of Accounting Research, Vol. 39 2001, S. 135-176.

Gehrig, Marco/Breu, Mario (2013): Controlling hilft, strategische Denkfehler zu vermeiden, in: Controlling & Management Review, 57. Jg. 2013, S. 46-53.

Gerum, Elmar (2007): Das deutsche Corporate Governance-System – Eine empirische Analyse, Stuttgart 2007.

Gerum, Elmar/Debus, Malte (2006): Die Größe des Aufsichtsrates als rechtspolitisches Problem - Einige empirische Befunde -, Marburger Corporate Governance Forschung, Diskussionspapier Nr. 1, September 2006, abrufbar unter: www.boeckler.de/pdf_fof/S-2004-650-2-1.pdf, Stand: 03.02.2012.

Gillenkirch, Robert M./Schabel, Matthias M. (2001): Investitionssteuerung, Motivation und Periodenerfolgsrechnung bei ungleichen Zeitpräferenzen, in: Zeitschrift für betriebswirtschaftliche Forschung, 53. Jg. 2001, S. 216-245.

Gillenkirch, Robert M./Velthuis, Louis J. (1997): Lineare Anreizverträge für Manager bei systematischen und unsystematischen Risiken, in: Zeitschrift für betriebswirtschaftliche Forschung, 49. Jg. 1997, S. 121-140.

Gleißner, Werner (2004): Die Aggregation von Risiken im Kontext der Unternehmensplanung, in: Zeitschrift für Controlling & Management, 48. Jg. 2004, S. 350-359.

Gleißner, Werner (2011): Wertorientierte Unternehmensführung und risikogerechte Kapitalkosten: Risikoanalyse statt Kapitalmarktdaten als Informationsgrundlage, in: Controlling, 23. Jg. 2011, S. 165-171.

Gleißner, Werner/Grundmann, Thilo (2008): Risiko-Benchmark-Werte für das Risikocontrolling deutscher Unternehmen, in: Zeitschrift für Controlling & Management, 52. Jg. 2008, S. 314-319.

Gleißner, Werner/Wolfrum, Marco (2008): Eigenkapitalkosten und die Bewertung nicht börsennotierter Unternehmen: Relevanz von Diversifikationsgrad und Risikomaß, in: Finanz Betrieb, 10. Jg. 2008, S. 602-614.

Göbel, Elisabeth (2002): Neue Institutionenökonomik – Konzeption und betriebswirtschaftliche Anwendungen, Stuttgart 2002.

Götz, Alexander/Friese, Niklas (2010): Empirische Analyse der Vorstandsvergütung im DAX und MDAX nach Einführung des Vorstandsvergütungsangemessenheitsgesetzes, in: Corporate Finance biz, 1. Jg. 2010, S. 410-420.

Götz, Alexander/Friese, Niklas (2011): Vorstandsvergütung im DAX und MDAX-Fortsetzung der empirischen Analyse 2010 nach Einführung des Vorstandsvergütungsangemessenheitsgesetzes, in: Corporate Finance biz, 2. Jg. 2011, S. 498-508.

Götz, Alexander/Friese, Niklas (2012): Vorstandsvergütung im DAX und MDAX-Fortsetzung der empirischen Analyse 2011 nach Einführung des Vorstandsvergütungsangemessenheitsgesetzes, in: Corporate Finance biz, 3. Jg. 2012, S. 498-508.

Götz, Alexander/Friese, Niklas (2013): Vorstandsvergütung im DAX und MDAX-Fortsetzung der empirischen Analyse 2012 nach Einführung des Vorstandsvergütungsangemessenheitsgesetzes, in: Corporate Finance biz, 4. Jg. 2013, S. 374-383.

Götz, Alexander/Friese Niklas (2014): Vorstandsvergütung im DAX und MDAX-Fortsetzung der empirischen Analyse 2013 nach Einführung des Vorstandsvergütungsangemessenheitsgesetzes, in: Corporate Finance, 1. Jg. 2014, S. 370-380.

Götze, Uwe (1993): Szenario-Technik in der strategischen Unternehmensplanung, 2. Auflage, Wiesbaden 1993, zugl.: Göttingen, Univ., Diss., 1990.

Gort, Michael (1962): Diversification and Integration in American Industry, Princeton 1962.

Grant, Robert M./Nippa, Michael (2006): Strategisches Management – Analyse, Entwicklung und Implementierung von Unternehmensstrategien, 5. Auflage, München 2006.

Greven, Tobias (2009): Die Bedeutung des VorstAG für die GmbH, in: Betriebs-Berater, 64. Jg. *2009*, S. 2154-2159.

Grigoleit, Jens/Nippa, Michael/Steger, Thomas (2011): Ökonomische Konsequenzen der Mitgliedschaft ehemaliger Vorstandsmitglieder im Aufsichtsrat - Eine empirische Analyse, in: Zeitschrift für betriebswirtschaftliche Forschung, 63. Jg. 2011, S. 578-608.

Grinyer, John R. (1985): Earned Economic Income – A Theory for Matching, in: Abacus, Vol. 21 1985, S. 130-148.

Grinyer, John R. (1993): The Concept and Computation of Earned Economic Income: A Reply, in: Journal of Business Finance & Accounting, Vol. 20 1993, S. 747-753.

Grinyer, John R. (1995): Analytical Properties of Earned Economic Income – A Response and Extension, in: British Accounting Review, Vol. 27 1995, S. 211-228.

Grinyer, John R. (2000): The Logic of Earned Economic Income – A Reply, in: British Accounting Review, Vol. 32 2000, S. 115-124.

Grinyer, John R./Elbadri, Abdussalam M. (1987): Empirically Testing a New Accounting Model, in: British Accounting Review, Vol. 19 1987, S. 247-265.

Grinyer, John R./Lyon, Robert A. (1989): The need for ex post EEI, in: Journal of Business Finance & Accounting, Vol. 16 1989, S. 303-315.

Große-Frericks, Christina (2015): Die Angemessenheit des Entgelts für die Übertragung von Eigentumsrechten als Problem rechtsgeprägter Unternehmensbewertung - Wertfindung zwischen betriebswirtschaftlicher

Fundierung und normzweckadäquater Konkretisierung, Wiesbaden 2015, zugl.: Bochum, Univ., Diss., 2014.

Grundei, Jens (2008): Organisation der Entscheidungsfindung im AG-Vorstand, Überar-beitete Fassung von Arbeitsbericht Nr. 4 für das Online-Portal www.org-portal.org.

Grunewald, Barbara (2013): Haftungsvereinbarungen zwischen Aktiengesellschaft und Vorstandsmitgliedern, in: Die Aktiengesellschaft, 58. Jg. 2013, S. 813-818.

Günther, Thomas/Detzner, Martin (2012): Sind Manager und Controller risikoscheu?, in: Controlling, 24. Jg. 2012, S. 247-254.

Haaker, Andreas (2008): Potential der Goodwill-Bilanzierung nach IFRS für eine Konvergenz im wertorientierten Rechnungswesen - Eine messtheoretische Analyse, Wiesbaden 2008, zugl.: Göttingen, Univ., Diss., 2007.

Haaker, Andreas (2009): Wertbeitragsmessung und wertorientierte Abweichungsanalyse auf Geschäftsbereichsebene, in: Controlling, 21. Jg. 2009, S. 690-696.

Habersack, Mathias (2010): Die Teilhabe des Aufsichtsrats an der Leistungsaufgabe des Vorstands gemäß § 111 Abs. 4 S. 2 AktG, dargestellt am Beispiel der Unternehmensplanung, in: Kindler, Peter/Koch, Jens/Ulmer, Peter/Winter, Martin (Hrsg.): Festschrift für Uwe Hüffer zum 70. Geburtstag, München 2010, S. 259-272.

Hachmeister, Dirk (2003): Gestaltung von Wertbeitragkennzahlen in der Theorie der Unternehmensrechnung, in: Franck, Egon/Arnoldussen, Ludger/Jungwirth, Carola (Hrsg.): Marktwertorientierte Unternehmensführung – Anreiz- und Kommunikationsaspekte, in: Zeitschrift für betriebswirtschaftliche Forschung, 55. Jg. 2003, Sonderheft 50, Düsseldorf/Frankfurt am Main 2003, S. 97-119.

Hachmeister, Dirk (2014): Goodwill Impairment-Test nach IFRS und HGB, in: Unternehmenskauf nach IFRS und HGB: Goodwill und Impairment-Test, 3. Auflage, Stuttgart 2014, S. 371-413.

Hachmeister, Dirk/Ruthardt, Frederik (2014): Herausforderungen bei der Bewertung von KMU: Risikozuschlag, in: Deutsches Steuerrecht, 52. Jg. 2014, S. 488-493.

Hachmeister, Dirk/Ruthardt, Frederik/Gebhardt, Marcel (2011): Berücksichtigung von Synergieeffekten bei der Unternehmensbewertung – Theorie, Praxis und Rechtsprechung in Spruchverfahren, in: Der Konzern, 9. Jg. 2011, S. 600-613.

Hachmeister, Dirk/Wiese, Jörg (2009): Der Zinsfuß in der Unternehmensbewertung: Aktuelle Probleme und Rechtsprechung, in: Die Wirtschaftsprüfung, 62. Jg. 2009, S. 54-65.

Hadwiger, Felix/Schmid, Katrin/Wilke, Peter (2014): Anwendung von sozialen und ökologischen Kriterien in der Vorstandsvergütung - Im Kontext der Entwicklung der Vorstandsbezüge 2012 in den DAX-30-Unternehmen, Arbeitspapier 293,

Hans Böckler Stiftung, S. 1-134, abrufbar unter: http://www.boeckler.de/pdf/p_arbp_293.pdf, Stand: 30.06.2015.

Häckel, Björn/Holtz, Christian/Buhl, Hans Ulrich (2008): Sicherheitsäquivalente sind nicht überflüssig! – Anmerkungen zum Beitrag „Sicherheitsäquivalente, Wertadditivität und Risikoneutralität" von Reichling et al. (2006), in: Zeitschrift für Betriebswirtschaft, 78. Jg. 2008, S. 951-959.

Hafner, Ralf (1988): Unternehmensbewertung bei mehrfacher Zielsetzung, in: Betriebswirtschaftliche Forschung und Praxis, 40. Jg. 1988, S. 485-504.

Hammer, Richard (2013): Strategisches Controlling und Früherkennung in Theorie und Praxis- eine aktuelle Betrachtung, in: Seicht, Gerhard (Hrsg.): Jahrbuch für Controlling und Rechnungswesen 2011, Wien 2011, S. 527-548.

Hann, Rebecca/Ogneva, Maria/Ozbas, Oguzhan (2013): Corporate Diversification and the Cost of Capital, in: The Journal of Finance, Vol. 68 2013, S. 1961-1999.

Harris, Milton/Raviv, Artur (1979): Optimal Incentive Contracts with Imperfect Information, in: Journal of Economic Theory, Vol. 20 1979, S. 231-259.

Hartmann-Wendels, Thomas (1989): Principal-Agent-Theorie und asymmetrische Informationsverteilung, in: Zeitschrift für Betriebswirtschaft, 59. Jg. 1989, S. 714-734.

Hartmann-Wendels, Thomas (1991): Rechnungslegung der Unternehmen und Kapitalmarkt aus informationsökonomischer Sicht, Köln 1991, zugl.: Köln, Univ., Habil., 1990.

Hax, Herbert (1991): Theorie der Unternehmung - Information, Anreiz und Vertragsgestaltung, in: Ordelheide, Dieter/Rudolph, Bernd/Büsselmann, Elke (Hrsg.): Betriebswirtschaftslehre und ökonomische Theorie, Stuttgart 1991, S. 51-92.

Hax, Herbert (2004): Was bedeutet Performancemessung?, in: Gillenkirch, Robert M. et al. (Hrsg.): Wertorientierte Unternehmenssteuerung, Festschrift Helmut Laux, Berlin/Heidelberg 2004, S. 77-98.

Hayn, Marc/Bassemir, Moritz (2013): Goodwillbilanzierung: Noch ein Thema nach Jahren der Finanzmarkt- und Schuldenkrise?, in: Corporate Finance biz, 4. Jg. 2013, S. 231-240.

Hebertinger, Martin (2002): Wertsteigerungsmaße – Eine kritische Analyse, Frankfurt am Main et al. 2002, zugl.: München, Univ., Diss., 2001.

Hebertinger, Martin/Schabel, Matthias M./Velthuis, Louis J. (2005): Risikoangepasste oder risikofreie Kapitalkosten in Wertbeitragskonzepten?, in: Finanz Betrieb, 7. Jg. 2005, S. 159-166.

Henkel, Joachim (2000): The Risk-Return Fallacy, in: Schmalenbach Business Review, 52. Jg. 2000, S. 363-373.

Henselmann, Klaus (1999): Unternehmensrechnungen und Unternehmenswert, Aachen 1999, zugl.: Bayreuth, Univ., Habil., 1997.

Henselmann, Klaus (2001): Economic Value Added – Königsweg zur Integration des Rechnungswesens?, in: Zeitschrift für Planung, 12. Jg. 2001, S. 159-186.

Henselmann, Klaus/Klein, Martin (2010): Monte-Carlo-Simulation in der Due Diligence – Ein methodischer Ansatz zum computergestützten Aggregieren von Wahrscheinlichkeitsverteilungen aus Expertenbefragungen, in: M&A Review, 22. Jg. 2010, S. 358-366.

Henselmann, Klaus/Kniest, Wolfgang (2010): Unternehmensbewertung: Praxisfälle mit Lösungen, 4. Auflage, Herne 2010.

Henze, Hartwig (2005): Neuere Rechtsprechung zu Rechtsstellung und Aufgaben des Aufsichtsrats, in: Betriebs-Berater, 60. Jg. 2005, S. 165-175.

Hering, Thomas/Vincenti, Aurelio J. F. (2004): Investitions- und finanzierungstheoretische Grundlagen des wertorientierten Controllings, in: Scherm, Ewald/Pietsch, Gotthard (Hrsg.): Controlling – Theorien und Konzeptionen, München 2004, S. 342-363.

Hermalin, Benjamin E./Katz, Michael L. (1991): Moral Hazard and Verifiability: The Effects of Renegotiation in Agency, in: Econometica, Vol. 59 1991, S. 1735-1753.

Hesse, Thomas (1996): Periodischer Unternehmenserfolg zwischen Realisations- und Antizipationsprinzip, Bern/Stuttgart/Wien 1996, zugl.: St. Gallen, Univ., Diss., 1996.

Hesse, Bruc/Röhrich, Raimund/Chance, Clifford (2011): Compliance bei M&A-Transaktionen - Herausforderungen und Perspektiven, in: M&A-Review, 22. Jg. 2011, S. 537-541.

Hillebrandt, Franca/Sellhorn, Thorsten (2002): Pro-Forma-Earnings: Umsatz vor Aufwendungen? – Eine kritische Analyse aktueller Forschungsergebnisse und Regulierungsbemühungen, in: Zeitschrift für kapitalmarktorientierte Rechnungslegung, 2. Jg. 2002, S. 153-154.

Hinterhuber, Andreas (2002): Strategische Erfolgsfaktoren bei der Unternehmensbewertung – Ein konzeptionelles Rahmenmodell, 2. Auflage, Wiesbaden 2002, zugl.: Wien, Univ., Diss., 1996.

Hirt, Michael (2013): Die Überprüfung einer Strategie durch den Aufsichtsrat, in: Der Aufsichtsrat, 10. Jg. 2013, S. 144-146.

Hitz, Jörg-Markus (2010): Information versus adverse Anlegerbeeinflussung: Befund und Implikationen der empirischen Rechnungswesenforschung zur Publizität von Pro-forma-Ergebnisgrößen, in: Journal für Betriebswirtschaft, 40. Jg. 2010, S. 127-161.

Hitz, Jörg-Markus/Jennings, Verena (2008): Publizität von Pro-forma-Ergebnisgrößen am deutschen Kapitalmarkt - Empirischer Befund für die IFRS-Rechnungslegung großer deutscher Kapitalgesellschaften, in: Zeitschrift für kapitalmarktorientierte Rechnungslegung, 8. Jg. 2008, S. 236-245.

Hofmann, Christian (2002a): Gestaltung von Erfolgsrechnungen zur Steuerung von Verantwortungsbereichen, in: Zeitschrift für Betriebswirtschaft, 72. Jg. 2002, S. 1177-1205.

Hofmann, Christian (2002b): Stichwort Anreizsysteme, in: Küpper, Hans-Ulrich/Wagenhofer, Alfred (Hrsg.): Handwörterbuch Unternehmensrechnung und Controlling, 4. Auflage, Stuttgart 2002, S. 69-79.

Hofmann, Christian/Arnegger, Martin/Kopitzke, Jochen (2007): Gewinnmanagement und Arbeitsanreize bei fehlerhaften Performancemaßen, in: Betriebswirtschaftliche Forschung und Praxis, 59. Jg. 2007, S. 123-147.

Hofmann, Christian/Daugart, Jan (2004): Bereichs- und unternehmensbezogene Performancemaße zur Koordination und Steuerung von Bereichsleitern – Eine agency-theoretische Analyse, in: Scherm, Ewald/Pietsch, Gotthard (Hrsg.): Controlling: Theorien und Konzeptionen, München 2004, S. 191-214.

Hofmann, Christian/Pfeiffer, Thomas /Reichel, Astrid (2009): Zur relativen Performancemessung von Führungskräften deutscher DAX Unternehmen, in: Die Betriebswirtschaft, 69. Jg. 2009, S. 551-570.

Hoffmann, Wolf-Dieter (2007): § 11 Ausserplanmäßige Abschreibungen, Wertaufholungen, in: Lüdenbach, Norbert/Hoffmann, Wolf-Dieter (Hrsg.): Haufe IFRS Kommentar, 5. Auflage, Freiburg im Breisgau et al. 2007, S. 405-477.

Hoffmann-Becking, Michael/Krieger, Gerd (2009): Leitfaden zur Anwendung des Gesetzes zur Angemessenheit der Vorstandsvergütung (VorstAG), in: Neue Zeitschrift für Gesellschaftsrecht (Beilage zu Heft 27), 12. Jg. 2009, S. 1-12.

***Hohaus,* Benedikt/*Weber,* Christoph (2009):** Die Angemessenheit der Vorstandsvergütung gem. § 87 AktG nach dem *VorstAG*, in: Der Betrieb, 62. Jg. *2009*, S. 1515-1520.

Holmström, Bengt (1979): Moral Hazard and Observability, in: Bell Journal of Economics, Vol. 10 1979, S. 74-91.

Holmström, Bengt/Milgrom, Paul (1991): Multitask Principal-Agent Analysis: Incentive Contracts, Asset Ownership, and Job Design, in: Journal of Law, Economics and Organisation, Vol. 7 1991, S. 24-52.

Holtfort, Thomas/Dreesen, Heinz (2013): Verhaltensökonomische Betrachtung von Goodwill-Abschreibungen am Beispiel der SDAX-Unternehmen, in: Corporate Finance biz, 4. Jg. 2013, S. 131-135.

Homburg, Carsten/Stephan, Jörg/Weiß, Matthias (2004): Unternehmensbewertung bei atmender Finanzierung und Insolvenzrisiko, in: Die Betriebswirtschaft, 64. Jg. 2004, S. 276-295.

Homburg, Christian (2000): Quantitative Betriebswirtschaftslehre – Entscheidungsunterstützung durch Modelle, 2. Auflage, Wiesbaden 2000.

Hommelhoff, Peter/Mattheus, Daniela (2000): Risikomanagement im Konzern - ein Problemaufriß, in: Betriebswirtschaftliche Forschung und Praxis, 52. Jg. 2000, S. 217-230.

Horváth, Peter (1978): Entwicklung und Stand einer Konzeption zur Lösung der Adaptions- und Koordinationsprobleme der Führung, in: Zeitschrift für Betriebswirtschaft, 48. Jg. 1978, S. 194-208.

Hostettler, Stephan/Stern, Hermann J. (2004): Das Value Cockpit, Weinheim 2004.

Hostettler, Stephan (1998): Economic Value Added, 3. Auflage, Bern/Stuttgart/Wien 1998.

Huber, Robert (2014): Nachhaltigkeitsorientierte Anreizsysteme: Eine empirische Analyse zu Gestaltung und Verhaltenswirkung, Lohmar u. a. 2014.

Hüffer, Jens (2010): Vorstandspflichten beim Zustimmungsvorbehalt für M&A-Transaktionen, in: Kindler, Peter (Hrsg.): Festschrift für Uwe Hüffer zum 70. Geburtstag, München 2010.

Husmann, Sven/Schmidt, Martin/Seidel, Thorsten (2002): Eine Kritik am Niederstwerttest nach IAS 36, Arbeitspapier Nr. 2002-17, Fachbereich Wirtschaftswissenschaft der Freien Universität Berlin 2002.

Hutzschenreuter, Thomas/Metten, Michael/Weigand, Jürgen (2011): In wessen Interesse ist eine Aktiengesellschaft zu leiten? Oder warum Pinocchio eine lange Nase wachsen muss!, in: Zeitschrift für Controlling und Management, 55. Jg. 2011, S. 305-310.

Inselbag, Isik/Kaufold, Howard (1997): Two DCF Approaches for Valuing Companies under Alternative Financing Strategies (and how to choose between them), in: Journal of Applied Finance, Vol. 10 1997, S. 114-122.

Inwinkel, Petra/Schneider, Georg (2009): Analyse Überblick über das neue Gesetz zur Angemessenheit der Vorstandsvergütung (VorstAG), in: Die Wirtschaftsprüfung, 62. Jg. 2009, S. 971-979.

Jansen, Axel (2006): 3D-Diversifikation und Unternehmenserfolg – Die Erfolgswirkung der horizontalen, geografischen und vertikalen Diversifikation deutscher Aktiengesellschaften, Wiesbaden 2006, zugl.: Ingolstadt, Univ., Diss., 2005.

Jansen, Harald (2005): Neoklassische Theorie und Betriebswirtschaftslehre, in: Horsch, Andreas/Meinhövel, Harald/Paul, Stephan (Hrsg.): Institutionenökonomie und Betriebswirtschaftslehre, München 2005, S. 49-64.

Jansen, Stephan A. (2008): Mergers & Acquisitions: Unternehmensakquisitionen und -kooperationen – Eine strategische, organisatorische und kapitalmarkttheoretische Einführung, 5. Auflage, Wiesbaden 2008.

Jensen, Michael C. (1983): Organization theory and methodology, in: Accounting Review, Vol. 58 1983, S. 319-339.

Jensen, Michael C. (1986): Agency costs of free cash flow, corporate finance and takeovers, in: American Economic Review, Vol. 76 1986, S. 323-329.

Jensen, Michael C./Meckling, William H. (1976): Theory of the Firm: Managerial Behavior, Agency Costs and Ownership Structure, in: Journal of Financial Economics, Vol. 3 1976, S. 305-360.

Jickeli, Joachim (2011): Die Überprüfung von Vorstandsbezügen auf ihre Angemessenheit, in: Joost, Detlev/Oetker, Hartmut/Paschke, MarianFestschrift für Franz Jürgen Säcker zum 70. Geburtstag 2011, S. 381-392.

Kah, Arnd (1994): Profitcenter-Steuerung – Ein Beitrag zur theoretischen Fundierung des Controlling anhand des Principal-agent-Ansatzes, Stuttgart 1994, zugl.: München, Univ., Diss., 1993.

Kahneman, Daniel/Tversky, Amos (1979): Prospect Theory: An Analysis of Decision under Risk, in: Econometrica, Vol. 47 1979, S. 263-292.

Kampmann, Felix (2013): Gehaltsstrukturuntersuchungen im Steuerrecht – Praxis und weitere Beurteilungsansätze zur Bestimmung der Angemessenheit von Gesellschafter-Geschäftsführervergütungen, München 2013, zugl.: Düsseldorf, Univ., Diss., 2012.

Kanacher, Jens/Rademacher, Michael/Werners, Brigitte (2010): Risikosimulation als Teil des Projektcontrollings, in: Zeitschrift für Controlling und Management, 54. Jg. 2010, S. 191-198.

Kasperzak, Rainer (2011): Wertminderungstest nach IAS 36 – Ein Plädoyer für die Abschaffung des Konzepts des erzielbaren Betrags, in: Betriebswirtschaftliche Forschung und Praxis, 63. Jg. 2011, S. 1-17.

Kirchgässner, Gebhard (2008): Homo oeconomicus: Das ökonomische Modell individuellen Verhaltens und seine Anwendung in den Wirtschafts- und Sozialwissenschaften, 3. Auflage, Tübingen 2008.

Kirsch, Werner/Trux, Walter (1979): Strategische Frühaufklärung und Portfolio-Analyse, in: Zeitschrift für Betriebswirtschaft, 49. Jg. 1979, Ergänzungsheft Nr. 2, S. 47-69.

Klatt, Tobias/Möller, Klaus/Pötig, Sebastian (2010): Monte-Carlo-basierte Risikoaggregation und Risikoberichterstattung, in: Zeitschrift für internationale und kapitalmarktorientierte Rechnungslegung, 10. Jg. 2010, S. 644-651.

Klein, Martin (2011a): Add-In basierte Softwaretools zur stochastischen Unternehmensbewertung im Vergleich – Teil 1: Entwicklung des Simulationsmodells, in: Corporate Finance biz, 2. Jg. 2011, S. 39-51.

Klein, Martin (2011b): Add-In basierte Softwaretools zur stochastischen Unternehmensbewertung im Vergleich – Teil 2: Simulationsdurchführung und Risikoanalyse, in: Corporate Finance biz, 2. Jg. 2011, S. 108-118.

Klöhn, Lars (2012): Die Herabsetzung der Vorstandsvergütung gem.§ 87 Abs. 2 AktG in der börsennotierten Aktiengesellschaft, in: Zeitschrift für Unternehmens- und Gesellschaftsrecht, 41. Jg. 2012, S. 1-34.

Knight, Frank (1971): Risk, Uncertainty and Profit, Univ. of Chicago Press, Chicago 1971.

Knoll, Leonhard (2012): Das gleichnamige Risiko, in: Bewertungs-Praktiker, 14. Jg. 2012, S. 11-14.

Knoll, Leonhard/Kruschwitz, Lutz/Löffler, Andreas (2015): Zinszuschläge und Unternehmenswert: Vorsicht Konvexität!, in: Bewertungs-Praktiker, 17. Jg. 2015, S. 14-37.

Koch, Rosemarie/Raible, Karl-Friedrich/Stadtmann, Georg (2011): Vorstandsvergütung in Deutschland – Ist eine Trendwende in Sicht?, European University Viadrina Frankfurt (Oder), Department of Business Administration and Economics, Discussion Paper No. 299 2011, S. 1-22, abrufbar unter: http://www.econstor.eu/obitstream/10419/45005/1/656635045.pdf, Stand: 30.06.2015.

Kocher, Dirk/Bednarz, Liane (2011): Mehrjährigkeit der variablen Vorstandsvergütung im Lichte der Nachhaltigkeit nach dem VorstAG, in: Der Konzern, 9. Jg. 2011, S. 77-134.

Koller, Tim/Goedhart, Marc/Wessels, David (2005): Valuation, 4. Auflage, New York u. a. 2005.

Kopel, Michael (1998): Zur verzerrten Performancemessung in Agency-Modellen, in: Zeitschrift für betriebswirtschaftliche Forschung, 50. Jg. 1998, S. 531-550.

Kräkel, Matthias (1998): Internes Benchmarking und relative Leistungsturniere, in: Zeitschrift für betriebswirtschaftliche Forschung, 50. Jg. 1998, S. 1010-1028.

Kräkel, Matthias (2012): Organisation und Management, 5. Auflage, Tübingen 2010.

Kramarsch, Michael H./Siepmann, Regine (2013): Gehaltsobergrenzen und Veröffentlichungstransparenz im DCGK, in: Der Aufsichtsrat, 10. Jg. 2013, S. 54-55.

Krampe, Gerd/Müller, Günter (1981): Diffusionsfunktionen als theoretisches und praktisches Konzept zur strategischen Frühaufklärung, in: Zeitschrift für betriebswirtschaftliche Forschung, 33. Jg. 1981, Seite 384-401.

Kreikebaum, Hartmut (1995): Strategische Führung, in: Kieser, Alfred/Reber, Gerhard/Wunderer, Rolf (Hrsg.): Handwörterbuch der Führung, 2. Auflage, Stuttgart 1995, Sp. 2006-2014.

Kremer, Peter (2008): Konzerncontrolling – Ein unternehmenswertorientierter und beteiligungsspezifischer Ansatz, Berlin 2008.

Kremer, Thomas/v. Werder, Axel (2013): Unabhängigkeit von Aufsichtsratsmitgliedern: Konzept, Kriterien und Kandidateninformationen, in: Die Aktiengesellschaft, 58. Jg. 2013, S. 340-348.

Krieger, Gerd (2010): Der Wechsel vom Vorstand in den Aufsichtsrat, in: Kindler, Peter/Koch, Jens/Ulmer, Peter/Winter, Martin (Hrsg.): Festschrift für Uwe Hüffer zum 70. Geburtstag, München 2010, S. 521-538.

Krieger, Gerd (2012): Corporate Governance und Corporate Governance Kodex in Deutschland, in: Zeitschrift für Unternehmens- und Gesellschaftsrecht, 41. Jg. 2012, S. 202-227.

Krüger, Wilfried (1979): Controlling – Gegenstandsbereich, Wirkungsweise und Funktionen im Rahmen der Unternehmenspolitik, in: Betriebswirtschaftliche Forschung und Praxis, 31. Jg. 1979, S. 158-169.

Kruschwitz, Lutz (2011): Investitionsrechnung, 13. Auflage, München 2011.

Kruschwitz, Lutz/Husmann, Sven (2012): Finanzierung und Investition, 7. Auflage, München, 2012.

Kruschwitz, Lutz/Löffler, Andreas (1998): Unendliche Probleme bei der Unternehmensbewertung, in: Der Betrieb, 51. Jg. 1998, S. 1041-1043.

Kruschwitz, Lutz/Löffler, Andreas (2003): Fünf typische Missverständnisse im Zusammenhang mit DCF-Verfahren, in: Finanz Betrieb, 5. Jg. 2003, S. 731-733.

Kruschwitz, Lutz/Löffler, Andreas/Canefield, Daniela (2007): Hybride Finanzierungspolitik und Unternehmensbewertung, in: Finanz Betrieb, 9. Jg. 2007, S. 427-431.

Krystek, Ulrich (2007): Strategische Früherkennung, in: Zeitschrift für Controlling und Management, 51. Jg. 2007, Sonderheft 2, S. 50-58.

Krystek, Ulrich/Müller-Stewens, Günter (1999): Strategische Frühaufklärung als Element strategischer Führung, in: Hahn, Dietger/Taylor, Bernard (Hrsg.): Strategische Unternehmungsführung, 8. Auflage, Heidelberg 1999, S. 479-517.

***Kümpel*, Thomas/*Klopper, Tanja* (2014):** Goodwill Impairment-Test nach IFRS - eine Analyse des DAX30, in: Zeitschrift für kapitalmarktorientierte Rechnungslegung, 14. Jg. 2014, S. 125-129 (Teil 1) und S. 177-185 (Teil 2).

Künnemann, Martin (1985): Objektivierte Unternehmensbewertung, Frankfurt 1985, zugl.: Göttingen, Univ., Diss., 1984.

Küpper, Hans-Ulrich (1987): Konzeptionen des Controlling aus betriebswirtschaftlicher Sicht, in: Scheer, August-Wilhelm (Hrsg.): Rechnungswesen und EDV: 8. Saarbrücker Arbeitstagung 1987 - Controlling, Anwenderberichte, neue Konzepte, Controlling-Systeme, Systemerfahrungen, Heidelberg 1987, S. 82-116.

Küpper, Hans-Ulrich/Weber, Jürgen/Zünd, Andre (1990): Zum Verständnis und Selbstverständnis des Controlling – Thesen zur Konsensbildung, in: Zeitschrift für Betriebswirtschaft, 60. Jg. 1990, S. 281-293.

Küting, Karlheinz (1999): Definitionsprobleme beim erfolgsorientierten Lohn, in: Handelsblatt vom 23.7.1999, Nr. 140, S. 6.

Küting, Karlheinz (2012): Das Phänomen der Buchwert-Marktwert-Lücke - Zum Vergleich der Größen Marktwert und Buchwert des bilanziellen Eigenkapitals sowie der daraus resultierenden Implikationen für den Geschäfts- oder Firmenwert, in: Der Betrieb, 65. Jg. 2012, S. 1937-1946.

Küting, Karlheinz /Cassel, Jochen (2014): Unternehmensbewertung im IFRS-Abschluss Rechtliche Restriktionen auf betriebswirtschaftlichem Terrain, in: Dobler, Michael/Hachmeister, Dirk/Kuhner, Christoph/Rammert, Stefan (Hrsg.): Rechnungslegung, Prüfung und Unternehmensbewertung Festschrift Ballwieser zum 65. Geburtstag von Prof. Dr. Wolfgang Ballwieser, Stuttgart, 2014, S. 457-470.

Kunz, Alexis H./Pfeiffer, Thomas (2007): Performancemaße, in: Köhler, Richard/Küpper, Hans-Ulrich/Pfingsten, Andreas (Hrsg.): Handwörterbuch der Betriebswirtschaft, 6. Auflage, Stuttgart 2007, Sp. 1335-1343.

La Porta, Rafael/Lopez-De-Silanes, Florencino/Shleifer, Andrei/Vishny, Robert W. (1997): Legal Determinants of External Finance, in: The Journal of Finance, Vol. 52 1997, S. 1131-1150.

La Porta, Rafael/Lopez-De-Silanes, Florencino/Shleifer, Andrei/Vishny Robert W. (1998): Law and Finance, in: The Journal of Political Economy, Vol. 106 1998, S. 1113-1155.

Lachnit, Laurenz/Ammann, Helmut (1992): PC-gestützte Erfolgs- und Finanzplanung als Instrument der Unternehmensführung und Unternehmensberatung, in: Deutsches Steuerrecht, 30. Jg. 1992, S. 829-833 (Teil I) und S. 881-884 (Teil II).

Lambert Richard A./Larker David F./Weigelt Keith (1993): The structure of organizational incentives, in: Administrative Science Quarterly, Vol. 38 1993, S. 438-461.

Lauerbach, Maximilian (2012): Investitionssteuerung mit Risk Adjusted Performance Measures im Nicht-Finanzbereich, Frankfurt am Main 2012, zugl.: Wuppertal, Univ., Diss., 2011.

Laux, Helmut (2006): Unternehmensrechnung, Anreiz und Kontrolle, 3. Auflage, Berlin et al. 2006.

Laux, Helmut (2007): Entscheidungstheorie, 7. Auflage, Berlin et al. 2007.

Laux, Helmut/Gillenkirch, Robert M./Schenk-Mathes, Heike Y. (2014): Entscheidungstheorie, 9. Auflage, Berlin Heidelberg 2014.

Laux, Helmut/Schenk-Mathes, Heike Y. (1992): Lineare und nichtlineare Anreizsysteme – Ein Vergleich möglicher Konsequenzen, Heidelberg 1992.

Lazar, Christian (2007): Managementvergütung, Corporate Governance und Unternehmensperformance, Wiesbaden 2007, zugl.: Leipzig, Univ., Diss., 2006.

Lazear, Edward P./Rosen, Sherwin (1981): Rank-Order Tournaments as Optimum Labor Contracts, in: Journal of Political Economy, Vol. 89 1981, S. 841-864.

Lehmann, Frank-Oliver (1992): Zur Entwicklung eines koordinationsorientierten Controlling-Paradigmas, in: Zeitschrift für betriebswirtschaftliche Forschung, 44. Jg. 1992, S. 45-61.

Lewis, Thomas G. (1994): Steigerung des Unternehmenswertes, Landsberg am Lech 1994.

Li, Fuhu (2009): Unternehmensakquisitionen als Objekt der Unternehmensbewertung und des Controlling – Eine integrierte Analyse unter besonderer Berücksichtigung der Integrationsphase und der Fremdfinanzierung, Berlin 2009, zugl.: Bochum, Univ., Diss., 2009.

Liebl, Franz (1996): Strategische Frühaufklärung. Trends - Issues – Stakeholders, Oldenburg 1996.

Lienau, Achim/Zülch, Henning (2006): Die Ermittlung des value in use nach IFRS, in: Zeitschrift für kapitalmarktorientierte Rechnungslegung, 6. Jg. 2006, S. 319-329.

Lingemann, Stefan (2009): Angemessenheit der Vorstandsvergütung - Das VorstAG ist in Kraft, in: Betriebs-Berater, 64. Jg. 2009, S. 1918-1924.

Linsmeier, Thomas J./Pearson, Neil D. (2000): Value at Risk, in: Financial Analysts Journal, Vol. 56 2000, S. 47-67.

Loew, Thomas/Ankele, Kathrin/Braun, Sabine/Clausen, Jens (2004): Bedeutung der internationalen CSR-Diskussion für Nachhaltigkeit und die sich daraus ergebenden Anforderungen an Unternehmen mit Fokus Berichterstattung, Münster/Berlin 2004, abrufbar unter: http://www.upj.de/fileadmin/user_upload/MAIN-dateien/Themen/Einfuehrung/ioew_csr_diskussion_2004.pdf, Stand: 30.06.2015.

Lücke, Wolfgang (1955): Investitionsrechnungen auf der Grundlage von Ausgaben oder Kosten?, in: Zeitschrift für handelswissenschaftliche Forschung, 7. Jg. 1955, S. 310-324.

Lutter, Marcus (2006): Information und Vertraulichkeit im Aufsichtsrat, 3. Auflage, Köln u. a. 2006.

Lutter, Marcus (2009): Die personelle Auswahl von Aufsichtsratsmitgliedern – die rechtliche Sicht, in: Hommelhoff, Peter/Hopt, Klaus J./v. Werder, Axel (Hrsg.): Handbuch Corporate Governance, 2. Auflage, Köln/Stuttgart 2009, S. 321-330.

Maier, David A. (2001): Der Betafaktor in der Unternehmensbewertung, in: Finanz Betrieb, 3. Jg. 2001, S. 298-302.

Mandl, Gerwald/Rabel, Klaus (1997): Unternehmensbewertung, Eine praxisorientierte Einführung, Wien 1997.

Manz, Gerhard/Mayer, Barbara/Schröder, Albert (2014): Die Aktiengesellschaft: umfassende Erläuterungen, Beispiele und Musterformulare für die Rechtspraxis, 7. Auflage, Freiburg im Breisgau 2014.

Markowitz, Harry M. (1952): Portfolio Selection, in: Journal of Finance, Vol. 7 1952, S. 77-91.

Martens, Klaus Peter (2010): Rechtliche Rahmenbedingungen der Vorstandsvergütung, in: Kindle, Peter/Koch, Jens/Ulmer, Peter/Winter, Martin (Hrsg.): Festschrift für Uwe Hüffer zum 70. Geburtstag, München 2010, S. 647-662.

Matoussi, Hamadi/Jardak, Maha Khemakhem (2012): International Corporate Governance and Finance: Legal, Cultural and Political Explanations, in: The International Journal of Accounting, Vol. 47 2012, S. 1-43.

Matschke, Manfred Jürgen (1969): Der Kompromiß als betriebswirtschaftliches Problem bei der Preisfestsetzung eines Gutachters im Rahmen der Unternehmensbewertung, in: Zeitschrift für betriebswirtschaftliche Forschung, 21. Jg. 1969, S. 57-77.

Matschke, Manfred Jürgen (1972): Der Gesamtwert der Unternehmung als Entscheidungswert, in: Betriebswirtschaftliche Forschung und Praxis, 24. Jg. 1972, S. 146-161.

Matschke, Manfred Jürgen/Brösel, Gerrit (2007): Unternehmensbewertung, 3. Auflage, Wiesbaden 2007.

Matschke, Manfred Jürgen/Brösel, Gerrit (2013): Unternehmensbewertung, Funktionen – Methoden – Grundsätze, 4. Auflage, Wiesbaden 2013.

Mattheus, Daniela (2009): Die Rolle des Abschlussprüfers in der Corporate Governance, in: Hommelhoff, Peter/Hopt, Klaus J./v. Werder, Axel (Hrsg.): Handbuch Corporate Governance, 2. Auflage, Köln/Stuttgart 2009, S. 563-602.

Matzler, Kurt/Müller, Julia/Mooradian, Todd A. (2011): Strategisches Management – Konzepte und Methoden, Wien 2011.

Meinhövel, Harald (1999): Defizite der Prinzipal-Agent-Theorie, Lohmar Köln 1999, zugl. Bochum, Univ., Diss., 1998.

Meinhövel, Harald (2005): Grundlagen der Principal-Agent-Theorie, in: Horsch, Andreas/Meinhövel, Harald/Paul, Stephan (Hrsg.): Institutionenökonomie und Betriebswirtschaftslehre, München 2005, S. 65-80.

Metten, Michael (2010): Corporate Governance – Eine aktienrechtliche und institutionenökonomische Analyse der Leitungsmaxime von Aktiengesellschaften, Wiesbaden 2010, zugl.: Vallendar, Univ., Diss., 2009.

Meyer, Conrad/Barmettler, Peter (2013): Managementvergütung und Corporate Governance – Eine empirische Untersuchung Schweitzer Publikumsgesellschaften, in: Der Schweizer Treuhänder, 87. Jg. 2013, S. 693-699.

Miles, James A./Ezzell, John R. (1980): The Weighted Average Cost of Capital, Perfect Capital Markets, and Project Life: A Clarification, in: Journal of Financial and Quantitative Analysis, Vol. 15 1980, S. 719-730.

Modigliani, Franco/Miller, Merton H. (1958): The Cost of Capital, Corporation Finance and the Theory of Investment, in: The American Economic Review, Vol. 48 1958, S. 261-297.

Modigliani, Franco/Miller, Merton H. (1963): Corporate Income Taxes and the Cost of Capital: A Correction, in: The American Economic Review, Vol. 53 1963, S. 433-443.

Mohnen, Alwine (2002): Performancemessung und die Steuerung von Investitionsentscheidungen, Wiesbaden 2002, zugl. Köln, Univ., Diss., 2001.

Morner, Michèle/Frost, Jetta/Westermayer, Torsten (2010): Dimensionen und Strategien der Mehrwertschaffung, in: Frost, Jetta /Morner, Michèle (Hrsg.): Konzernmanagement – Strategien für Mehrwert, Wiesbaden 2010, S. 77-135.

Moxter, Adolf (1982): Betriebswirtschaftliche Gewinnermittlung, Tübingen 1982.

Moxter, Adolf (1983): Grundsätze ordnungsmäßiger Unternehmensbewertung, 2. Auflage, Wiesbaden 1983.

Moxter, Adolf (1976): Bilanzlehre, 2. Auflage, Wiesbaden 1976.

Moxter, Adolf (1993): Bilanzrechtliche Probleme beim Geschäfts- oder Firmenwert, in: Bierich, Marcus/Hommelhoff, Peter/Kropp, Bruno (Hrsg.): Unternehmen und Unternehmensführung im Recht – Festschrift für Johannes Semler, Berlin 1993, S. 853-861.

Moxter, Adolf (2003): Grundsätze ordnungsgemäßer Rechnungslegung, Düsseldorf 2003.

Mülbert, Peter O./Wilhelm, Alexander (2012): Grundfragen des Deutschen Corporate Governance Kodex und der Entsprechenserklärung nach § 161 AktG, in: Zeitschrift für das gesamte Handelsrecht und Wirtschaftsrecht, 176. Jg. 2012, S. 286-325.

Müller, Armin (1996): Kann die koordinationsbezogene Konzeption eine theoretische Fundierung des Controlling hervorbringen?, in: Kostenrechnungspraxis, 40. Jg. 1996, S. 139-147.

Müller, Christian (1995): Agency-Theorie und Informationsgehalt – Der Beitrag des normativen Prinzipal-Agenten-Ansatzes zum Erkenntnisfortschritt der Betriebswirtschaftslehre, in: Die Betriebswirtschaft, 55. Jg. 1995, S. 61-76.

Müller, Stefan/Ergün, Ismail/Pommerenke, Nils Erick (2013): Strategieberichterstattung im Konzernlagebericht deutscher Nicht-Finanzunternehmen – Eine kritische Würdigung vor dem Hintergrund aktueller empirischer Ergebnisse, in: Praxis der internationalen Rechnungslegung, 9. Jg. 2013, S. 153-159.

Müller-Stewens, Günter/Brauer, Matthias (2009): Corporate Strategy & Governance: Wege zur nachhaltigen Wertsteigerung in diversifizierten Unternehmen, Stuttgart 2009.

Müller-Stewens, Günter/Lechner, Christoph (2011): Strategisches Management – Wie strategische Initiativen zum Wandel führen, 4. Auflage, Stuttgart 2011.

Müller, Wolfgang (1974): Die Koordination von Informationsbedarf und Informationsbeschaffung als zentrale Aufgabe des Controlling, in: Zeitschrift für Betriebswirtschaftliche Forschung, 26. Jg. 1974, S. 683-693.

Münstermann, Hans (1966): Wert und Bewertung der Unternehmung, Wiesbaden 1966.

Münstermann, Hans (1970): Wert und Bewertung der Unternehmung, 3. Auflage, Wiesbaden 1970.

Mujkanovic, Robin (2011): Berichterstattung über die Vergütung von Organmitgliedern nach dem überarbeiteten DRS 17, in: Die Wirtschaftsprüfung, 64. Jg. 2011, S. 995-1002.

Neis, Jörg/Leis, Florian (2011): Anforderungen an Unternehmensplanungen, in: BewertungsPraktiker, 4. Jg. 2011, S. 12-15.

Neth, Hansjörg (2014): Wenn weniger mehr ist: Das Potenzial einfacher Heuristiken in Controlling und Management Reporting, in: Klein, Andreas/Gräf, Jens (Hrsg.): *Reporting und Business Intelligence, 2. Auflage, Freiburg 2014,* S. 43-57.

Neumann von, John/Morgenstern, Oskar (1944): Theory of Games and Economic Behavior, Princeton 1944.

Neus, Werner (2013): Einführung in die Betriebswirtschaftslehre, 8. Auflage, Tübingen 2013.

Niedereichholz, Mirijam Christina (2010): Einflussfaktoren des deutschen Corporate Governance-Systems auf die Vorstandsvergütung, Mannheim, Univ., Diss., 2010.

***Nikolay*, Judith C. (2009):** Die neuen Vorschriften zur Vorstandsvergütung – Detaillierte Regelungen und offene Fragen, in: Neue Juristische Wochenschrift, 62. Jg. 2009, S. *2640-2647.*

Nöll, Boris/Wiedemann, Arnd (2008): Investitionsrechnung unter Unsicherheit – Rendite- und Risikoanalyse von Investitionen im Kontext einer wertorientierten Unternehmensführung, München 2008.

Obermeier, Robert/Schüler, Andreas (2006): Eine Mischung aus Unternehmensbewertung und Risikoanalyse als Rezept für verbesserte Eigenkapitalausstattung und niedrigere Kapitalkosten?, in: Finanz Betrieb, 8. Jg. 2006, S. 28-31.

Oesterle, Michael-Jörg (2003): Entscheidungsfindung im Vorstand großer deutscher Aktiengesellschaften, in: Zeitschrift Führung und Organisation, 72. Jg. 2003, S. 199-208.

Oetker, Hartmut (2009): Vorstand, Aufsichtsrat und ihr Zusammenwirken aus betriebswirtschaftlicher Sicht, in: Hommelhoff, Peter/Hopt, Klaus J./v. Werder, Axel (Hrsg.): Handbuch Corporate Governance, 2. Auflage, Köln/Stuttgart 2009, S. 277-302.

***Oetker, Hartmut (2011)*:** Nachträgliche Eingriffe in die Vergütungen von Geschäftsführungsorganen im Lichte des VorstAG, in: Zeitschrift für das gesamte Handels- und Wirtschaftsrecht, 175. Jg. 2011, S. 527-556.

Ogryczak, Włodzimierz/Ruszczyński, Andrzej (1999): From stochastic dominance to mean-risk models: Semideviations as risk measures, in: European Journal of Operational Research, Vol. 116 1999, S. 33-50.

Ogryczak, Włodzimierz/Ruszczyński, Andrzej (2002): Dual stochastic dominance and quantile risk measures, in: International Transactions in Operational Research, Vol. 9 2002, S. 661-680.

Ogryczak, Włodzimierz/Śliwiński, Tomasz (2011): On Dual Approaches to Efficient Optimization of LP Computable Risk Measures for Portfolio Selection, in: Asia-Pacific Journal of Operational Research, Vol. 28 2011, S. 41-63.

Ossadnik, Wolfgang (1998): Mehrzielorientiertes strategisches Controlling, Heidelberg 1998.

Ossadnik, Wolfgang (2003): Controlling, 3. überarbeitete und erweiterte Auflage, München 2003.

Ossadnik, Wolfgang (2009): Controlling, 4. vollständig überarbeitete und erweiterte Auflage, München 2009.

Ossadnik, Wolfgang/Kaspar, Ralf (2013): Mehrzielorientierter Methodeneinsatz und Softwaresupport im strategischen Controlling, in: Betriebswirtschaftliche Forschung und Praxis, 65. Jg. 2013, S. 103-117.

Ossadnik, Wolfgang/Lange, Oliver/Morlock, Jutta (1998): Rechnergestützte Multi-Criteria-Entscheidungen im Marketing, in: Hippner, Hajo/Meyer, Matthias/Wilde, Klaus-Dieter (Hrsg.): Computer Based Marketing: Das Handbuch zur Marketinginformatik, Wiesbaden 1998, S. 651-658.

Osterloh, Margit/Rost, Katja/Madjdpour, Keyhan P. (2008): Pay without performance: Legitimationskrise variabler Vergütungssysteme für das Management, in: Forum Wirtschaftsethik, 16. Jg. 2008, S. 28-41.

Pan, Yihui/Wang, Tracy Yue/Weisbach, Michael S. (2015): CEO Investment Cycles, Working Paper, abrufbar unter: http://papers.ssrn.com/sol3/Delivery.cfm/SSRN_ID2617299_code1542588.pdf?abstractid=2307159&mirid=3, Stand: 30.06.2015.

Paul, Joachim (2014): Beteiligungscontrolling und Konzerncontrolling, Wiesbaden 2014.

Peasnell, Ken V. (1995): Second Thoughts on the Analytical Properties of Earned Economic Income, in: British Accounting Review, Vol. 27 1995, S. 229-239.

Peemöller, Volker H./Meister, Jan M./Beckmann Christoph (2002): Der Multiplikatoransatz als eigenständiges Verfahren in der Unternehmensbewertung, in: Finanz Betrieb, 4. Jg. 2002, S. 197-209.

Pellens, Bernhard/Crasselt, Niels./Rockholtz, Carsten (1998): Wertorientierte Entlohnungssysteme für Führungskräfte - Anforderungen und empirische Evidenz, in: Pellens, Bernhard (Hrsg.): Unternehmenswertorientierte Entlohnungssyteme, Stuttgart 1998, S. 1-28.

Pellens, Bernhard/Crasselt, Nils/Sellhorn, Thorsten (2002): Bedeutung der neuen Goodwill-Bilanzierung nach US-GAAP für die wertorientierte Unternehmensführung, in: Horváth, Péter, (Hrsg.): Performance Controlling, Stuttgart 2002, S. 131-152.

Pellens, Bernhard/Fülbier, Rolf Uwe/Gassen, Joachim/Sellhorn, Thorsten (2014): Internationale Rechnungslegung, 9. Auflage, Stuttgart 2014.

Pellens, Bernhard/Tomaszewski, Claude/Weber, Nicolas (2000): Wertorientierte Unternehmensführung in Deutschland - Eine empirische Untersuchung der DAX 100-Unternehmen, in: Der Betrieb, 53. Jg. 2000, S. 1825-1833.

Peters, Malte L./Zelewski, Stephan (2002): Analytical Hierarchy Process (AHP) – dargestellt am Beispiel der Auswahl von Projektmanagement-Software zum Multiprojektmanagement, abrufbar unter: http://www.pim.wiwi.uni-due.de/uploads/tx_itochairt3/publications/bericht14.pdf, Stand: 20.06.2013.

Perridon, Louis/Steiner, Manfred/Rathgeber, Andreas (2015): Finanzwirtschaft der Unternehmung, 17. Auflage, München 2015.

Pfaff, Dieter (1998): Wertorientierte Unternehmenssteuerung, Investitionsentscheidungen und Anreizprobleme, in: Betriebswirtschaftliche Forschung und Praxis, 50. Jg. 1998, S. 491-516.

Pfaff, Dieter (1999): Kommentar – Residualgewinne und die Steuerung von Anlageninvestitionen, in: Betriebswirtschaftliche Forschung und Praxis, 51. Jg. 1999, S. 65-69.

Pfaff, Dieter (2004): Performancemessung aus agencytheoretischer Sicht, in: Scherm, Ewald/Pietsch, Gotthard (Hrsg.): Controlling: Theorien und Konzeptionen, München 2004, S. 167-189.

Pfaff, Dieter (2007): Anreizsysteme, in: Köhler, Richard/Küpper, Hans-Ulrich/Pfingsten, Andreas (Hrsg.): Handwörterbuch der Betriebswirtschaft, 6. Auflage, Stuttgart 2007, Sp. 30-38.

Pfaff, Dieter/Bärtl, Oliver (1999): Wertorientierte Unternehmensführung – Ein kritischer Vergleich ausgewählter Konzepte, in: Gebhardt, Günter/Pellens, Bernhard (Hrsg.): Rechnungswesen und Kapitalmarkt, Zeitschrift für betriebswirtschaftliche Forschung, 51. Jg. 1999, Sonderheft 41, S. 85-115.

Pfaff, Dieter/Kunz, Alexis H./Pfeiffer, Thomas (2000): Wertorientierte Unternehmenssteuerung und das Problem des ungeduldigen Managers – Problemstellung und Lösungsmöglichkeiten, in: Wirtschaftswissenschaftliches Studium, 29. Jg. 2000, S. 562-567.

Pfaff, Dieter/Pfeiffer, Thomas (2001): Controlling, in: Jost, Peter-J. (Hrsg.): Die Prinzipal-Agenten-Theorie in der Betriebswirtschaftslehre, Stuttgart 2001, S. 359-394.

Pfaff, Dieter/Zweifel, Peter (1998): Die Principal-Agent Theorie – Ein fruchtbarer Beitrag der Wirtschaftstheorie zur Praxis, in: Wirtschaftswissenschaftliches Studium, 27. Jg. 1998, S. 184-190.

Philipps, Holger (2013): Konzernsteuerung im Lagebericht nach DRS 20, in: Steuern und Bilanzen, 14. Jg. 2013, S. 203-210.

Picot, Arnold (2013): Prognosen und Pläne: Warum ist ihre Prüfung so schwierig?, in: Dobler, Michael/Hachmeister, Dirk/Kuhner, Christoph/Rammert, Stefan

(Hrsg.): Rechnungslegung, Prüfung und Unternehmensbewertung, Festschrift zum 65. Geburtstag von Prof. Dr. Dr.h.c. Wolfgang Ballwieser, Stuttgart 2014, S. 605-620.

Picot, Arnold/Neuburger, Rahild (1995): Agency Theorie und Führung, in: Kieserer, Alfred/Reber, Gerhard/Wunderer, Rolf (Hrsg.): Handwörterbuch der Führung, 2. Auflage, Stuttgart 1995, S. 14-34.

Pirchegger, Barbara (2001): Aktienkursabhängige Entlohnungssysteme und ihre Anreizwirkungen, Wiesbaden 2001, zugl.: Graz, Univ., Diss., 2001.

Plaschke, Frank J. (2003): Wertorientierte Management-Incentivesysteme als Basis interner Wertkennzahlen und Bonusbanken, Wiesbaden 2003, zugl.: Dresden, Univ., Diss., 2002.

Pohl, Philipp (2013): Value at Risk-Analyse auf Basis einer stochastischen Unternehmensbewertung, in: Corporate Finance biz, 4. Jg. 2013, S. 403-415.

Porter, Michael E. (1980): Competitive Strategy – Techniques for Analyzing Industries and Competitors, New York 1980.

Posselt, Thorsten (1997): Erfolgsbeteiligungen bei Aktivitäts- und Risikoverbund, in: Zeitschrift für Betriebswirtschaft, 67. Jg. 1997, S. 361-384.

Pottgießer, Gaby/Velte, Patrick/Weber, Stefan C. (2005): Ermessensspielräume im Rahmen des Impairment-Only-Approach: Eine kritische Analyse zur Folgebewertung des derivativen Geschäfts- oder Firmenwerts (Goodwill) nach IFRS 3 und IAS 36 (rev. 2004), in: Deutsches Steuerrecht, 43. Jg. 2005, S. 1748-1752.

Pratt, John W. (1964): Risk Aversion in the Small and in the Large, in: Econometrica, Vol. 32 1964, S. 122-136.

Pratt, John W./Zeckhauser, Richard J. (1985): Principals and Agents: An Overview, in: Pratt, John W./Zeckhauser, Richard J. (Hrsg.): Principal and Agents: The Structure of Business, Boston 1985, S. 1-35.

Preißler, Peter R. (2007): Controlling, 13. Auflage, München 2007.

Priester, Hans-Joachim (2011): Aktionärsentscheid zum Unternehmenserwerb, in: Die Aktiengesellschaft, 56. Jg. 2011, S. 654-662.

Prinz, Enrico/Schwalbach (2013): Zehn Anmerkungen zur laufenden Debatte um Managementgehälter, in: Der Aufsichtsrat, 10. Jg. 2013, S. 111-113.

Prokop, Jörg (2004): Der Einsatz des Residualgewinnmodells im Rahmen der Unternehmensbewertung nach IDW S1, in: Finanz Betrieb, 6. Jg. 2004, S. 188-193.

Quick, Reiner/Knocinski, Martin (2006): Nachhaltigkeitsberichterstattung: Empirische Befunde zur Berichterstattung von HDAX-Unternehmen, in: Zeitschrift für Betriebswirtschaft 2006, 76. Jg. 2006, S. 615-650.

Raguß, Gerd (2009): Der Vorstand einer Aktiengesellschaft – Vertrag und Haftung von Vorstandsmitgliedern, 2. Auflage, Berlin/Heidelberg 2009.

Raible, Karl-Friedrich/Schmidt, Wiebke (2009): Ist die Ausrichtung der Vergütungsstruktur auf eine nachhaltige Unternehmensführung mit einer Jahrestantieme vereinbar?: Ein Diskussionsbeitrag zur Angemessenheit von Managergehältern, in: Zeitschrift für Corporate Governance, 4. Jg. 2009, S. 249-253.

Ramanna, Karthik/Watts, Ross L. (2012): Evidence on the Use of Unverifiable Estimates in required goodwill impairment, in: Review of Accounting Studies, Vol. 17 2012, S. 749-780.

Rapp, Marc Steffen/Wolff, Michael (2010): Determinanten der Vorstandsvergütung: Eine empirische Untersuchung der deutschen Prime-Standard-Unternehmen, in: Zeitschrift für Betriebswirtschaft, 80. Jg. 2010, S. 1075-1112.

Rapp, Marc Steffen/Wolff, Michael (2011): Aktuelle Entwicklung bei der Vorstandsvergütung, in: Der Aufsichtsrat, 8. Jg. 2011, S. 142-144.

Rappaport, Alfred (1998): Creating Shareholder Value, 2. Auflage, New York 1998.

Redenius-Hövermann, Julia (2009): Das Votum zum Vergütungssystem, in: Der Aufsichtsrat, 6. Jg. 2009, S. 173-175.

Rees, Ray (1985): The Theory of Principal and Agent: Part II, in: Bulletin of Economic Research, Vol. 37 1985, S. 75-95.

Reichelstein, Stefan (1997): Investment Decisions and Managerial Performance Evaluation, in: Review of Accounting Studies, Vol. 2 1997, S. 157-180.

Reichmann, Thomas (1985): Grundlagen einer systemgestützten Controlling-Konzeption mit Kennzahlen, in: Zeitschrift für Betriebswirtschaft, 55. Jg. 1985, S. 887-898.

Reiß, Michael (1996): Projektmanagement, in: Kern, Werner/Schröder, Hans-Horst/Weber, Jürgen (Hrsg.): Handwörterbuch der Produktion, 2. Auflage, Stuttgart 1996, Sp. 1656-1668.

Reuter, Axel (1970): Die Berücksichtigung des Risikos bei der Bewertung von Unternehmen, in: Die Wirtschaftsprüfung, 23. Jg. 1970, S. 265-270.

Rieble, Volker/Schmittlein, Benjamin (2011): Vergütung von Vorständen und Führungskräften – Vergütungsregulierung durch VorstAG und Aufsichtsrecht, München 2011.

***Rieckhoff*, Helge (2010):** Vergütung des Vorstands mit langfristiger Anreizwirkung, in: Die Aktiengesellschaft, 55. Jg. 2010, S. 617-623.

Riedl, Jens B. (2000): Unternehmungswertorientiertes Performance Measurement, Wiesbaden 2000, zugl.: Oestrich-Winkel, Univ., Diss., 2000.

Rimmelspacher, Dirk/Kaspar, Martin (2013): Vergütungsbericht: Neue Anforderungen nach dem Deutschen Corporate Governance Kodex, in: Der Betrieb, 65. Jg. 2013, S. 2785-2792.

Ringleb, Henrik-Michael/Kremer, Thomas/Lutter, Marcus/v. Werder, Axel (2014): Kommentar zum Deutschen Corporate Governance Kodex, 5. Auflage, München 2014.

Rodewald, Jörg/Unger, Ulrike (2007): Kommunikation und Krisenmanagement im Gefüge der Corporate Compliance-Organisation, in: Betriebs-Berater, 62. Jg. 2007, S. 1629-1635.

Rogerson, William P. (1997): Intertemporal Cost Allocation and Managerial Investment Incentives: A Theory Explaining the Use of Economic Value Added as a Performance Measure, in: Journal of Political Economy, Vol. 105 1997, S. 770-795.

Rogler, Silvia/Straub, Sandro Veit/Tettenborn, Martin (2012): Bedeutung des Goodwill in der Bilanzierungspraxis deutscher kapitalmarktorientierter Unternehmen, in: Zeitschrift für kapitalmarktorientierte Rechnungslegung, 12. Jg. 2012, S. 343-351.

Rosenkranz, Friedrich/Missler-Behr, Magdalena (2005): Unternehmensrisiken erkennen und managen, Berlin et al. 2005.

Ross, Stephen A. (1973): The Economic Theory of Agency: The Principal's Problem, in: American Economic Review, Vol. 63 1973, S. 134-139.

Ross, Stephen A. (1974): On the Economic Theory of Agency and the Principe of Similtary, in: Balch, Michael/McFadden, Daniel/Wu Shih-yen (Hrsg.): Essays on Economic Behavior under Uncertainty, S. 215-237.

Roth, Günter H./Wörle, Ulrike (2004): Die Unabhängigkeit des Aufsichtsrats – Recht und Wirklichkeit, In: Zeitschrift für Unternehmens- und Gesellschaftsrecht, 33. Jg. 2004, S. 565-630.

Ruhl, Frank (1990): Erfolgsabhängige Anreizsysteme in ein- und zweistufigen Hierarchien, Heidelberg 1990, zugl.: Frankfurt am Main, Univ., Diss., 1989.

Ruhwedel, Franca/Thale, Sarah (2013): Pro-Forma-Ergebnisse – Augenwischerei oder Transparenz-gewinn? Verwendung von Pro-Forma-Kennzahlen bei DAX- und MDAX-Unternehmen, in: Controlling, 25. Jg. 2013, S. 386-393.

Ruter, Rudolf X. (2011): Der Aufsichtsrat als Hofnarr?, in: Der Aufsichtsrat, 8. Jg. 2011, S. 17.

Ruter, Rudolf X./Rosken, Anne (2011): Was ist ein ehrbarer Aufsichtsrat/Beirat? – Welche Bedeutung nimmt er im Rahmen einer nachhaltigen Unternehmensführung ein? – in: Der Betrieb, 64. Jg. 2011, S. 1123-1126.

Ruthard, Frederik/Hachmeister, Dirk (2013): Unternehmensplanung und (optimales) Unternehmenskonzept in der Rechtsprechung zur Unternehmensbewertung, in: Der Betrieb, 66. Jg. 2013, S. 2666-2672.

Saaty, Thomas L. (1990): How to make a decision: The Analytic Hierarchy Process, in: European Journal of Operational Research, Vol. 48 1990, S. 9-26.

***Saelzle, Rainer/Kronner, Markus (2004)*:** Die Informationsfunktion des Jahresabschlusses – dargestellt am sog. „impairment-only-Ansatz", in: Die Wirtschaftsprüfung, 57. Jg. 2004, S. 154-165.

Schäffer, Utz/Heidmann, Marcus (2007): Der Beitrag von Controllingsystemen zur strategischen Früherkennung, in: Zeitschrift für Controlling und Management, 51. Jg. 2007, S. 66-72.

Schäffer, Utz/Pelster, Clemens (2007): Zur Relevanz des Controllability-Prinzips für die Unternehmenspraxis, Controlling & Management review, in: Zeitschrift für Controlling und Management, 51. Jg. 2007, S. 422-436.

Schäuble, Jonas (2014): Eigenkapitalbeteiligungen des Managements und die Performance börsennotierter Unternehmen - Eine empirische Analyse für den deutschen Aktienmarkt, in: Corporate Finance, 1. Jg. 2014, S. 309-314.

Scherm, Ewald/Pietsch, Gotthard (2004): Theorie und Konzeption in der Controllingforschung, in: Scherm, Ewald/Pietsch, Gotthard (Hrsg.): Controlling – Theorien und Konzeptionen, München 2004, S. 3-19.

Schmidbauer, Rainer (1998): Konzeption eines unternehmenswertorientierten Beteiligungs-Controlling im Konzern, Frankfurt am Main et al. 1998, zugl.: Frankfurt an der Oder, Univ., Diss., 1998.

Schmidbauer, Rainer (1999): Vergleich der wertorientierten Steuerungskonzepte im Hinblick auf die Anwendbarkeit im Konzern-Controlling, in: Finanz Betrieb, 1. Jg. 1999, S. 365-377.

Schmidt, Klaus M. (1995): Lecture Notes: Vertragstheorie für Doktoranden, München 1995.

Schmidt, Reinhard H./Weiß, Marco (2009): Shareholder vs. Stakeholder: Ökonomische Frage, in: Hommelhoff, Peter/Hopt, Klaus J./v. Werder, Axel (Hrsg.): Handbuch Corporate Governance, 2. Auflage, Köln/Stuttgart 2009, S. 161-185

Schmidt-Bendun, Rüdiger (2014): Die Empfehlungen des Deutschen Corporate Governance Kodex zur Vorstandsvergütung – erste Antworten aus der Praxis auf neue Zweifelsfragen, in: Die Aktiengesellschaft, 59. Jg. 2014, S. 177-181.

Schlegelberger, Franz/Quassowski, Leo (1937): Aktiengesetz vom 30. Januar 1937. Kommentar, 3. Auflage, Berlin 1939.

Schneeweiß, Hans (1967): Entscheidungskriterien bei Risiko, Berlin 1967.

Schneeweiß, Hans (1968): Die Unverträglichkeit von (μ,σ)-Prinzip und Dominanzprinzip, in: Unternehmensforschung, 12. Jg. 1968, S. 180-184.

Schneeweiß, Christoph (1991): Der Analytic Hierarchy Process als spezielle Nutzwertanalyse, in: Fandel, Günter/Gehring, Hermann (Hrsg.): Operations Research, Berlin/Heidelberg/New York/Tokyo 1991, S. 183-195.

Schneider, Dieter (1987): Agency Costs and Transaction Costs: Flops in the Principal-Agent-Theory of Financial Markets, in: Bamberg, Günther/Spremann, Klaus (Hrsg.): Agency Theory, Information and Incentives, Berlin u. a. 1987, S. 481-494.

Schneider, Dieter (1991a): Versagen des Controlling durch eine überholte Kostenrechnung, zugleich ein Beitrag zur innerbetrieblichen Verrechnung von Dienstleistungen, in: Der Betrieb, 44. Jg. 1991, S. 765-772.

Schneider, Dieter (1991b): Controlling als „Koordinationsfunktion innerhalb eines dezentralen, planungs- und kontrolldeterminierten Führungsparadigmas?" – Replik zu der Erwiderung von J. Weber, in: Der Betrieb, 44. Jg. 1991, S. 1789-1790.

Schneider, Dieter (1992): Investition, Finanzierung und Besteuerung, 7. Auflage, Wiesbaden 1992.

Schneider, Dieter (1995): Betriebswirtschaftslehre, Bd. 1: Grundlagen, 2. Auflage, München, Wien 1995.

Schneider, Dieter (1997): Betriebswirtschaftslehre, Bd. 2: Rechnungswesen, 2. Auflage, München/Wien 1997.

Schneider, Dieter (1998): Marktwertorientierte Unternehmensrechnung: Pegasus mit Klumpfuß, in: Der Betrieb, 51. Jg. 1998, S. 1473-1478.

Schneider, Sven H. (2006): Informationspflichten und Informationssystemeinrichtungspflichten im Aktienkonzern - Überlegungen zu einem Unternehmensinformationsgesetzbuch, Berlin 2006.

Schömig, Peter Noel (2013): Corporate Governance, Wertschöpfung und Managementvergütung, in: Corporate Finance biz, 4. Jg. 2013, S. 428-433.

Schoppen, Willi (2011): Der Aufsichtsrat zwischen Beratung und Kontrolle, in: Der Aufsichtsrat, 8. Jg. 2011, S. 38-40.

Schrenker, Claudia (2011): Planungsrechnung und Planungsgüte in der Unternehmensbewertung aufgrund aktienrechtlicher Strukturmaßnahmen - Eine empirische Analyse, in: Corporate Finance biz, 2. Jg. 2011, S. 484-495.

Schüler, Andreas/Krotter, Simon (2004): Konzeption wertorientierter Steuerungsgrößen: Performance-Messung mit Discounted Cash-flows und Residualgewinnen ex ante und ex post, in: Finanz Betrieb, 6. Jg. 2004, S. 430-437.

Schultze, Wolfgang (2003): Methoden der Unternehmensbewertung, Gemeinsamkeiten, Unterschiede, Perspektiven, 2. Auflage, Düsseldorf 2003, zugl.: Augsburg, Univ., Diss., 2000.

Schultze, Wolfgang/Hirsch, Cathrin (2005): Unternehmenswertsteigerung durch wertorientiertes Controlling, München 2005.

Schultze, Wolfgang/Weiler, Andreas (2007): Performancemessung und Wertgenerierung: Entlohnung auf Basis des Residualen Ökonomischen Gewinns, in: Zeitschrift für Planung & Unternehmenssteuerung, 18. Jg. 2007, S. 133-159.

Schumann, Jörg (2005): Residualgewinn-orientierte Unternehmensbewertung im Halbeinkünfteverfahren: Transparenz- und Äquivalenzaspekte, in: Finanz Betrieb, 7. Jg. 2005, S. 22-32.

Schumann, Jörg (2008): Unternehmenswertorientierung in Konzernrechnungslegung und Controlling – Impairment of Assets (IAS 36) im Kontext bereichsbezogener Unternehmensbewertung und Performancemessung, Wiesbaden 2008, zugl.: Bochum, Univ., Diss., 2008.

Schwalbach, Joachim (1985): Diversifizierung von Unternehmen und Betrieben im verarbeitenden Gewerbe, in: Schmalenbachs Zeitschrift für betriebswirtschaftliche Forschung, 37. Jg. 1985, S. 567-578.

Schweitzer, Marcel/Friedl, Birgit (1992): Beitrag zu einer umfassenden Controlling-Konzeption, in: Spremann, Klaus/Zur, Eberhard (Hrsg.): Controlling: Grundlagen - Informationssysteme - Anwendungen, Wiesbaden 1992, S. 141-167.

Schwetzler, Bernhard (2003): Probleme der Multiple-Bewertung, in: Finanz Betrieb, 5. Jg. 2003, S. 79-90.

Sedlmeier, Ludwig (2013): Entscheidungsunterstützung anhand multikriterieller Lösungsverfahren im Controlling, in: Controlling, 25. Jg. 2013, S. 545-547.

Seebach, Daniel (2012): Kontrollpflicht und Flexibilität - Zu den Möglichkeiten des Aufsichtsrats bei der Ausgestaltung und Handhabung von Zustimmungsvorbehalten, in: Die Aktiengesellschaft, 57. Jg. 2012, S. 70-77.

Seibert, Ulrich (2009): Das *VorstAG* – Regelungen zur Angemessenheit der Vorstandsvergütung und zum Aufsichtsrat, in: Wertpapier-Mitteilungen *2009*, 63. Jg. 2009, S. *1489-1493.*

Sellhorn, Thorsten (2000): Ansätze zur bilanziellen Behandlung des Goodwill im Rahmen einer kapitalmarktorientierten Rechnungslegung, in: Der Betrieb, 53. Jg. 2000, S. 885-892.

Sellhorn, Thorsten/Hombach, Katharina (2014): Goodwill Impairment Test - Perspektiven aus der akademischen Forschung, in: Küting, Karlheinz/Pfitzer, Norbert/Weber, Claus (Hrsg.): Rechnungslegung im Spannungsfeld von Kosten-Nutzen-Überlegungen, Stuttgart 2014, S. 273-299.

Shleifer, Andrei/Vishny, Robert W. (1997): A survey of corporate governance, in: Journal of Finance, Vol. 52 1997, S. 737-783.

Siddiqui, Sikandaar (1999): Aktienoptionen als Instrument der unternehmenswertorientierten Vergütungsgestaltung. Aktuelle Durchführungsformen und neuere Entwicklungen, in: Zeitschrift für Personalforschung, 13. Jg. 1999, S. 162-187.

Siefke, Michael (1999): Externes Rechnungswesen als Datenbasis der Unternehmenssteuerung, Wiesbaden 1999, zugl.: München, Univ., Diss., 1998.

Simon, Herbert A. (1957): Models of man: social and rational; mathematical essays on rational human behavior in society setting, New York 1957.

Skinner, Roy C. (1993): The Concept and Computation of Earned Economic Income: A Comment, in: Journal of Business Finance & Accounting, Vol. 20 1993, S. 737-745.

Smith, Adam (1776/1976): An Incquiry into the Nature and Causes of the Wealth of Nations, Glasgow Edition, (Hrsg.): Campbell, RH/Skinner, A.S., 2 Bände, Oxford 1976.

Solomon, Ezra (1963): The Theory of Financial Management, Columbia University Press 1963.

Spindler, Gerald (2011): Rechtsfolgen einer unangemessenen Vorstandsvergütung, in: Die Aktiengesellschaft, 56. Jg. 2011, S. 725-734.

Spindler, Gerald (2014): in: Goette, Wulf/Habersack, Mathias/Kalss, Susanne (Hrsg.): Münchener Kommentar zum Aktiengesetz, Bd. 2, 4. Auflage, München 2014.

Spremann, Klaus (1987): Agent and Principal, in: Bamberg, Günther/Spremann, Klaus (Hrsg.): Agency Theory, Information and Incentives, Berlin u. a. 1987, S. 3-38.

Spremann, Klaus (1990): Asymmetrische Informationen, in: Zeitschrift für Betriebswirtschaft, 60. Jg. 1990, S. 561-586.

Stelter, Daniel (1999): Wertorientierte Anreizsysteme, in: Bühler, Wolfgang/Siegert, Theo (Hrsg.): Wertorientierte Anreizsysteme für Führungskräfte und Manager, Stuttgart 1999, S. 207-241.

Stewart, Bennett G. (1991): The Quest for Value, New York 1991.

Stiglbauer, Markus (2010): Corporate Governance Berichterstattung und Unternehmenserfolg – Eine empirische Untersuchung für den deutschen Aktienmarkt, Wiesbaden 2010, zugl.: Regensburg, Univ.,Diss., 2009.

Strack, Rainer/Villis, Ulrich (2001): RAVETM: Die nächste Generation im Shareholder Value Management, in: Zeitschrift für Betriebswirtschaft, 71. Jg. 2001, S. 67-84.

Streim, Hannes/Bieker, Marcus/Hackenberger, Jens/ Lenz, Thomas (2007): Ökonomische Analyse der gegenwärtigen und geplanten Regelungen zur Goodwill-Bilanzierung nach IFRS, in: Zeitschrift für Internationale Rechnungslegung, 1. Jg. 2007, S. 17-27.

Strenger, Christian (2014): Compliance-Überwachung, Sonderprüfung und Vorstand – Nachlese zur ThyssenKrupp-Hauptversammlung, in: Der Aufsichtsrat, 11. Jg. 2014, S. 17.

Stüker, David (2009): Evaluierung und Steuerung von Kundenbeziehungen aus der Sicht des unternehmenswertorientierten Controlling, Wiesbaden 2009, zugl.: Bochum, Univ., Diss., 2008.

Suchan, Stefan/Winter, Stefan (2009): Rechtliche und betriebswirtschaftliche Überlegungen zur Festsetzung angemessener Vorstandsbezüge nach Inkrafttreten des VorstAG, in: Der Betrieb, 62. Jg. 2009, S. 2531-2539.

Sünner, Eckert (2012): Genügt der Deutsche Corporate Governance Kodex seinen Ansprüchen? in: Die Aktiengesellschaft, 57. Jg. 2012, S. 265-273.

Sünner, Eckart (2014): Der Ausweis betragsmäßiger Höchstgrenzen der Vorstandsvergütung nach Ziff. 4.2.3 Abs. 2 Satz 6 DCGK, in: Die Aktiengesellschaft, 59. Jg. 2014, S. 115-118.

Terborgh, George W. (1962): Leitfaden der betrieblichen Investitionspolitik, Wiesbaden 1962.

Tettenborn, Martin/Rohleder, Stephan/Rogler, Silvia (2013): Überdurchschnittliche Goodwillabschreibungen und Managementwechsel - Eine empirische Untersuchung deutscher Indexunternehmen im Zeitraum 2008 bis 2011, in: Corporate Finance biz, 4. Jg. 2013, S. 33-40.

Theisen, Manuel R. (2000): Der Konzern: betriebswirtschaftliche und rechtliche Grundlagen der Konzernunternehmung, 2. Auflage, Stuttgart 2000.

Thüsing, Gregor (2009): Das Gesetz zur Angemessenheit der Vorstandsvergütung, in: Die Aktiengesellschaft, 54. Jg. 2009, S. 517-528.

Tirole, Jean (1986): Hierarchies and Bureaucracies: On the Role of Collusion Organizations, in: Journal of Law Economics and Organizations, Vol. 2 1986, S. 181-214.

Tobin, James (1958): Liquidity Preferences as Behavior towards Risk, in: Review of Economic Studies, Vol. 2 1958, S. 65-86.

Tran, Duc Hung (2011): Corporate Governance und Eigenkapitalkosten : Bestandsaufnahme des Schrifttums unter besonderer Berücksichtigung des Informationsaspektes und Forschungsperspektiven, in: Journal of Business Economics, Vol. 81 2001, S. 551-585.

Troßmann, Ernst (1998): Investition, Stuttgart 1998.

v. Werder, Axel (2009a): Ökonomische Grundfragen der Corporate Governance, in: Hommelhoff, Peter/Hopt, Klaus J./v. Werder, Axel (Hrsg.): Handbuch Corporate Governance, 2. Auflage, Köln, Stuttgart 2009, S. 3-37.

v. Werder, Axel (2009b): Qualifikation von Aufsichtsratsmitgliedern aus betriebswirtschaftlicher Sicht, in: Hommelhoff, Peter/Hopt, Klaus J./v. Werder, Axel (Hrsg.): Handbuch Corporate Governance, 2. Auflage, Köln, Stuttgart 2009, S. 331-348.

v. Werder, Axel (2011): Neue Entwicklungen der Corporate Governance in Deutschland, in: Zeitschrift für betriebswirtschaftliche Forschung, 63. Jg. 2011, S. 48-62.

Velte, Patrick (2008): Intangible Assets und Goodwill im Spannungsfeld zwischen Entscheidungsrelevanz und Verlässlichkeit, Wiesbaden 2008.

Velte, Patrick/Eulerich, Marc (2014): Entwicklung der Personalverflechtungen in Deutschland und Einfluss auf die Unternehmensperformance, in: Wirtschaftswissenschaftliches Studium, 43. Jg. 2014, S. 456-462.

Velte, Patrick/Weber, Stefan C. (2010): Koalitionsbildungen im Rahmen der Corporate Governance als Anlass für weitere Reformen des unternehmerischen Überwachungssystems, in: Zeitschrift für Planung & Unternehmenssteuerung, 21. Jg. 2010, S. 393-417.

Velthuis, Louis J. (1998): Lineare Erfolgsbeteiligung – Grundprobleme der Agency-Theorie im Licht des LEN-Modells, Heidelberg, 1998, zugl.: Frankfurt am Main, Univ., Diss., 1997.

Velthuis, Louis J./Wesner, Peter (2005): Value Based Management – Bewertung, Performancemessung und Managemententlohnung mit ERIC®, Stuttgart 2005.

Vetter, Eberhard (2009): Der kraftlose Hauptversammlungsbeschluss über das Vorstandsvergütungssystem nach § 120 Abs. 4 AktG, in: Zeitschrift für Wirtschaftsrecht, 30. Jg. 2009, S. 2136-2143.

Wagenhofer, Alfred (1992): Abweichungsanalysen bei der Erfolgskontrolle aus agency theoretischer Sicht, in: Betriebswirtschaftliche Forschung und Praxis, 44. Jg. 1992, S. 319-338.

Wagenhofer, Alfred (1996): Anreizsysteme in Agency-Modellen mit mehreren Aktionen, in: Die Betriebswirtschaft, 56. Jg. 1996, 155-165.

Wagenhofer, Alfred (2009): Corporate Governance und Controlling, in: Wagenhofer, Alfred (Hrsg.): Controlling und Corporate Governance-Anforderungen, Berlin 2009, S. 1-22.

Wagenhofer, Alfred/Ewert, Ralf (1993): Linearität und Optimalität in ökonomischen Agency Modellen – Zur Rechtfertigung des LEN-Modells, in: Zeitschrift für Betriebswirtschaft, 63. Jg. 1993, S. 373-391.

Wagner, Franz W. (1971): Das Ausscheiden eines Gesellschafters aus einer OHG – Ein Beitrag zur Theorie der Unternehmensbewertung, München 1971, zugl.: München, Univ., Diss., 1971.

Wagner, Jens (2010): Nachhaltige Unternehmensentwicklung als Ziel der Vorstandsvergütung – Eine Annäherung an den Nachhaltigkeitsbegriff in § 87 Abs. 1 AktG, in: Die Aktiengesellschaft, 55. Jg. 2010, S. 774-780.

Wagner, Thomas (2005): Konzeption der Multiplikatorverfahren, in: Krolle, Sigrid/Schmitt, Günter/Schwetzler, Bernhard (Hrsg.): Multiplikatorverfahren in der Unternehmensbewertung, Anwendungsbereiche, Problemfälle, Lösungsalternativen, Stuttgart 2005, S. 5-19.

Wall, Frederike (2008): Funktionen des Controllings im Rahmen der Corporate Governance, in: Zeitschrift für Controlling und Management, 52. Jg. 2008, S. 228-233.

Wallisch, Gert (2010): Die Wiederbestellung von Vorstandsmitgliedern, in: Wirtschaftsrechtliche Blätter, 24. Jg. 2010, S. 561-569.

Wandt, Andre P. H. (2015): Die Mustertabellen zur Offenlegung der Vorstandsvergütung nach dem DCGK in der Praxis, in: Die Aktiengesellschaft, 60. Jg. 2015, S. 303-308.

Warning, Susanne (2011): Eigentümerstruktur und Aufsichtsratsverhalten – Eine Analyse anhand des Deutschen Corporate Governance Kodex, in: Die Betriebswirtschaft, 71. Jg. 2011, S. 265-279.

Weber, Jürgen (1991): Versagen des Controlling? - Ein Beitrag zur Theoriefindung – Erwiderung zu dem Beitrag von D. Schneider, in: Der Betrieb, 44. Jg. 1991, S. 1785-1788.

Weber, Karl (1998): AHP (Analytic Hierarchy Process) – Einsatz im Marketing, in: Hippner, Hajo/Meyer, Matthias/Wilde, Klaus-Dieter (Hrsg.): Computer Based Marketing: Das Handbuch zur Marketinginformatik, Braunschweig/Wiesbaden 1998, S. 659-667.

Velte, Patrick/Weber, Stefan C. (2011): Der Zusammenhang zwischen Corporate Governance und Kapitalkosten des Unternehmens, in: Deutsches Steuerrecht, 49. Jg. 2011, S. 39-45.

Weber-Rey, Daniela (2009): Änderungen des Deutschen Corporate Governance Kodex 2009, in: Wertpapiermitteilungen, 63. Jg. 2009, S. 2255-2264.

Weber-Rey, Daniela (2012): Festung Unternehmen oder System von Schlüsselfunktionen - Ein Diskussionsbeitrag zum Thema Risiko, Haftung und Unternehmensstrafrecht, in: Die Aktiengesellschaft, 57. Jg. 2012, S. 365-370.

Weber-Rey, Daniela/Buckel, Jochen (2011): Best Practise Empfehlungen des Deutschen Corporate Governance Kodex und die Business Judgement Rule, in: Die Aktiengesellschaft, 56. Jg. 2011, S. 845-852.

Wehner, Markus (2011): Die Sonderprüfung bei Kapitalgesellschaften, Wien 2011, zugl.: Linz, Univ., Diss., 2010.

Weiler, Axel (2005): Verbesserung der Prognosegüte bei der Unternehmensbewertung, Aachen 2005, zugl.: Chemnitz, Univ., Diss., 2005.

Weizsäcker, Robert K. Frhr. von/Krempel, Katja (2004): Risikoadäquate Bewertung nicht-börsennotierter Unternehmen – ein alternatives Konzept, in: Finanz Betrieb, 6. Jg. 2004, S. 808-814.

Welge, Martin K./Eulerich, Marc (2007): Die Szenario-Technik als Planungsinstrument der strategischen Unternehmenssteuerung, in: Controlling, 19. Jg. 2007, S. 69-74.

Wells, Peter (2002) Earnings management surrounding CEO changes, in: Accounting and Finance, Vol. 42 2002, S. 169-193.

Werners, Brigitte (2013): Grundlagen des Operations Research, 3., überarbeitete Auflage, Berlin/Heidelberg 2013.

Wettich, Carsten (2013): Vorstandsvergütung: Bonus-Malus-System mit Rückforderungsmöglichkeit (claw back) und Reichweite des Zuständigkeitsvorbehalts zugunsten des Aufsichtsratsplenums, in: Die Aktiengesellschaft, 58. Jg. 2013, S. 374-383.

Wiemann, Volker/Mellewigt, Thomas (1998): Das Risiko-Rendite Paradoxon: Stand der Forschung und Ergebnisse einer empirischen Untersuchung, in: Zeitschrift für Betriebswirtschaftliche Forschung, 50. Jg. 1998, S. 551-572.

Wien, Andreas/Kirschner, Romy (2012): Das Interne Überwachungssystem als effektives Instrument des Risikomanagements. in: Zeitschrift für Controlling & Management, 56. Jg. 2012, S. 192-196.

Wiese, Jörg (2005): Wachstum und Ausschüttungsannahmen im Halbeinkünfteverfahren, in: Die Wirtschaftsprüfung, 58. Jg. 2005, S. 617-623.

Wild, Jürgen (1974): Betriebswirtschaftliche Führungslehre und Führungsmodelle, in: Wild, Jürgen (Hrsg.): Unternehmensführung, Berlin 1974, S. 141-179.

Wilke, Peter/Priessner, Christine/Schmid, Katrin/Schütze, Kim/Wolff, Annika (2011): Kriterien für die Vorstandsvergütung in deutschen Unternehmen nach Einführung des Gesetzes zur Angemessenheit der Vorstandsvergütung – Übersicht zu Neuregelungen und Stand der Umsetzung am Beispiel der Unternehmen im DAX-30, Arbeitspapier 239, Hans Böckler Stiftung, S. 1-204, abrufbar unter: http://www.boeckler.de/pdf/p_arbp_239.pdf, Stand: 30.06.2015.

Wilke, Peter/Schmid, Katrin (2012): Entwicklung der Vorstandsvergütung 2011 in den DAX-30-Unternehmen – Trends in der Vorstandsvergütung seit Einführung des Gesetzes zur Angemessenheit der Vorstandsvergütung, Arbeitspapier 269, Hans Böckler Stiftung, S.1-172, abrufbar unter: http://www.boeckler.de/pdf/p_arbp_269, Stand: 30.06.2015.

Willeke, Andreas (1998): Risikoanalyse in der Energiewirtschaft, in: Zeitschrift für betriebswirtschaftliche Forschung, 50. Jg. 1998, S. 1146-1164.

Williamson, Oliver E. (1975): Markets and Hierarchies: Analysis and Antitrust Implications, New York 1975.

Williamson, Oliver E. (1983): Markets and Hierarchies: Analysis and Antitrust Implications - A Study in the Economics of Internal Organization, New York 1983.

Williamson, Oliver E. (1983): The Economic Institutions of Capitalism, New York 1983.

Wilsing, Hans-Ulrich/von der Linden, Klaus (2013): Vorstandsvergütung und ihre Transparenz – Gedanken zur Kodexnovelle 2013, in: Deutsches Steuerrecht, 50. Jg. 2012, S. 1291-1295.

Wilson, Robert B. (1968): Theory of Syndicates, in: Econometrica, Vol. 36 1968, S. 119-132.

Winter, Stefan (1996): Relative Leistungsbewertung – Ein Überblick zum Stand von Theorie und Empirie, in: Zeitschrift für Betriebswirtschaftliche Forschung, 48. Jg. 1996, S. 898-926.

Winter, Stefan (1997): Möglichkeiten der Gestaltung von Anreizsystemen für Führungskräfte, in: Die Betriebswirtschaft, 57. Jg. 1997, S. 615-629.

Winter, Stefan (2003): Management- und Aufsichtsratsvergütung unter besonderer Berücksichtigung von Stock Option – Lösung des Problems oder zu lösendes Problem?, in: Hommelhoff, Peter, Hopt, Klaus J., v. Werder, Axel (Hrsg.): Handbuch der Corporate Governance, Köln/Stuttgart 2003, S. 335-358.

Winter, Stefan/Michels, Philip (2011): Vorstandsvergütung und Macht – eine Kritik des Managerial Power Approach, in: Die Unternehmung, Sonderband 1/2011, Osterloh, Margit/Rost, Katja (Hrsg.): Der Anstieg der Management-Vergütung: Markt oder Macht?, Nomos 2011, S. 120-132.

Wirth, Jörn (2004): Auslösung der Ad-hoc-Publizität auf der Basis des Economic Value Added, Lohmar 2004, zugl.: Hannover, Univ., Diss., 2004.

Wirth, Johannes (2005): Firmenwertbilanzierung nach IFRS, Stuttgart 2005, zugl.: Saarbrücken, Univ., Diss., 2004.

Witt, Peter (2009): Vorstand, Aufsichtsrat und ihr Zusammenwirken aus betriebswirtschaftlicher Sicht, in: Hommelhoff, Peter/Hopt, Klaus J./v. Werder, Axel (Hrsg.): Handbuch Corporate Governance, 2. Auflage, Köln/Stuttgart 2009, S. 303-320.

Witzemann, Tobias/Currle, Michael (2004): Bonusbanken - Unternehmenswertsteigerung und Managementvergütung langfristig verbinden, Controlling 2004, S. 631-638.

Wollny, Christoph (2010): Der objektivierte Unternehmenswert, Unternehmensbewertung bei gesetzlichen und vertraglichen Bewertungsanlässen, 2. Auflage, Herne 2010.

Wulf, Inge/Hartmann, Haucke-Frederik (2013): Goodwill-Bilanzierung der DAX30-Unternehmen im Kontext der Finanzkrise. Eine empirische Analyse zu Entwicklung und impairment von Goodwill in den Jahren 2007-2011, in: Zeitschrift für kapitalmarktorientierte Rechnungslegung, 13. Jg. 2013, S. 590-598.

Wurl, Hans Juergen /Mayer, Jörg H. (2012): Strategische Früherkennung in industriellen Konzernen – ein pragmatischer Gestaltungsansatz, in: Controlling, 24. Jg. 2012, S. 529-536.

Zetsche, Dirk (2011): Institutionelle Anleger im Unternehmensrecht, in: Der Konzern, 9. Jg. 2011, S. 381-391.

Zimmermann, Jochen/Meser, Michael (2013): Kapitalkosten in der Krise - Krise der Kapitalkosten? - CAPM und Barwertmodelle im Langzeitvergleich, in: Corporate Finance biz, 4. Jg. 2013, S. 3-9.

Zülch, Henning/Siggelkow, Lena (2012): Bilanzpolitik im Rahmen der Entscheidung zur Erfassung einer Wertminderung gemäß IAS 36: empirische Analyse des Bilanzierungsverhaltens deutscher Unternehmen im Zeitraum 2004-2010, in: Corporate Finance biz, 3. Jg. 2012, S. 383-391.

Zülch, Henning/Siggelkow, Lena (2014): Bilanzpolitik im Rahmen der Erfassung von Wertminderungen: eine empirische Analyse europäischer Unternehmen, in: Corporate Finance, 1. Jg. 2014, S. 65-73.

Rechtsquellenverzeichnis

Rechtsquellenverzeichnis

Gesetze

AktG Aktiengesetz vom 6. September 1965 (BGBl. I S. 1089), zuletzt geändert durch Art. 3 des Gesetzes vom 24. April 2015 (BGBl. I S. 642).

BilMoG Bilanzrechtsmodernisierungsgesetz vom 25. Mai 2009 (BGBl. I S. 1102).

BiRiLiG Bilanzrichtlinien-Gesetz vom 19. Dezember 1985 (BGBl. I S. 2355, BGBl. III 7623-3).

DrittelbG Gesetz über die Drittelbeteiligung der Arbeitnehmer im Aufsichtsrat vom 18. Mai 2004 (BGBl. I S. 974), zuletzt geändert durch Art. 8 des Gesetzes vom 24. April 2015 (BGBl. I S. 642).

EStG Einkommensteuergesetz in der Fassung der Bekanntmachung vom 8. Oktober 2009 (BGBl. I S. 3366, 3862), zuletzt geändert durch Art. 2 Abs. 7 des Gesetzes vom 1. April 2015 (BGBl. I S. 434).

HGB Handelsgesetzbuch in der im Bundesgesetzblatt Teil III, Gliederungsnummer 4100-1, veröffentlichten bereinigten Fassung, zuletzt geändert durch Art. 10, Art. 11 des Gesetzes vom 24. April 2015 (BGBl. I S. 642).

KonTraG Gesetz zur Kontrolle und Transparenz im Unternehmensbereich vom 27. April 1998 (BGBl. I S. 786).

MitbestG Gesetz über die Mitbestimmung der Arbeitnehmer vom 4. Mai1976 (BGBl. I 1153), zuletzt geändert durch Art. 7 des Gesetzes vom 24. April 2015 (BGBl. I S. 642).

MontanMitbestG Gesetz über die Mitbestimmung der Arbeitnehmer in den Aufsichtsräten und Vorständen der Unternehmen des Bergbaus und der Eisen und Stahl erzeugenden Industrie vom 21. Mai 1951 (BGBl. I S. 347, BGBl. III/Gliederungsnummer 801-2), zuletzt geändert durch Art. 5 des Gesetzes vom 24. April 2015 (BGBl. I S. 642).

TransPuG Transparenz- und Publizitätsgesetz vom 19. Juli 2002 (BGBl. I S. 2681).

UmwG Umwandlungsgesetz vom 28. Oktober 1994 (BGBl. I S. 3210; 1995 I S. 428), zuletzt geändert durch Art. 22 des Gesetzes vom 24. April 2015 (BGBl. I S. 642).

VorstAG Gesetz zur Angemessenheit der Vorstandsvergütung vom 31. Juli 2009 (BGBl. I 2009 S. 2509).

VorstOG Vorstandsvergütungs-Offenlegungsgesetz vom 3. August 2005 (BGBl. I S. 2267).

VVG Versicherungsvertragsgesetz vom 23. November 2007 (BGBl. I S. 2631), zuletzt geändert durch Art. 2 Abs. 49 des Gesetzes zur Modernisierung der Finanzaufsicht über Versicherungen vom 1. April 2015 (BGBl. I S. 434).

Verordnungen

FMStFV Finanzmarktstabilisierungsfonds-Verordnung vom 20. Oktober 2008, zuletzt geändert durch Art. 7 des Gesetzes vom 10. Dezember 2014 (BGBl. I S. 2091).

InstitutsVergV Institutsvergütungsverordnung, Verordnung über die aufsichtsrechtlichen Anforderungen an Vergütungssysteme von Instituten vom 16. Dezember 2013 (BGBl. I S. 4270), zuletzt geändert durch Art. 2 Abs. 41 des Gesetzes zur Modernisierung der Finanzaufsicht über Versicherungen vom 1. April 2015 (BGBl. I S. 434).

VersVergV Versicherungs-Vergütungsverordnung, Verordnung über die aufsichtsrechtlichen Anforderungen an Vergütungssysteme im Versicherungsbereich Vom 6. Oktober 2010 (BGBl. I S. 1379), zuletzt geändert durch Art. 7 VO vom 20. September 2013 (BGBl. I S. 3672).

Richtlinien

BT-Drucksache 14/8769: Deutscher Bundestag, 14. Wahlperiode, Drucksache 14/8769, (2002): Gesetzentwurf der Bundesregierung - Entwurf eines Gesetzes zur weiteren Reform des Aktien- und Bilanzrechts, zu Transparenz und Publizität (Transparenz- und Publizitätsgesetz), abrufbar unter:

http://dip21.bundestag.de/dip21/btd/14/087/1408769.pdf.

BT-Drucksache 16/12278: Deutscher Bundestag, 16. Wahlperiode, Drucksache 16/12278, (2009): Gesetzentwurf der Fraktionen der CDU/CSU und SPD - Entwurf eines Gesetzes zur Angemessenheit der Vorstandsvergütung (VorstAG), abrufbar unter:
http://www.bmjv.de/SharedDocs/Downloads/DE/pdfs/Gesetze/Entwurf_eines_Gesetzes_zur_Angemessenheit_der_Vorstandsverguetung.pdf?__blob=publicationFile.

BT-Drucksache 16/13433: Deutscher Bundestag, 16. Wahlperiode, Drucksache 16/13433, (2009): Beschlussempfehlung und Bericht des Rechtsausschusses (6. Ausschuss) zu a) dem Gesetzentwurf der Fraktionen der CDU/CSU und SPD - Drucksache 16/12278 - Entwurf eines Gesetzes zur Angemessenheit der Vorstandsvergütung (VorstAG) und zu b) dem Antrag der Abgeordneten Mechthild Dyckmans, Dr. Karl Addicks, Christian Ahrendt, weiterer Abgeordneter und der Fraktion der FDP - Drucksache 16/10885 - Professionalität und Effizienz der Aufsichtsräte deutscher Unternehmen verbessern, abrufbar unter:

http://www.bmjv.de/SharedDocs/Downloads/DE/pdfs/Gesetze/Beschlussempfehlung_Bericht_VorstAG.pdf?__blob=publicationFile.

DCGK Deutscher Corporate Governance Kodex in der Fassung vom 05.05.2015 mit Beschlüssen aus der Plenarsitzung vom 5. Mai 2015, abrufbar unter:

www.dcgk.de//files/dcgk/usercontent/de/download/kodex/2015-05-05_Deutscher_Corporate_Goverance_Kodex.pdf.

Richtlinie 2013/34/EU: Richtlinie 2013/34/EU des europäische Parlaments und des Rates vom 26. Juni 2013 über den Jahresabschluss, den konsolidierten Abschluss und damit verbundene Berichte von Unternehmen bestimmter Rechtsformen und zur Änderung der Richtlinie 2006/43/EG des Europäischen Parlaments und des Rates und zur Aufhebung der Richtlinien 78/660/EWG und 83/349/EWG des Rates, abrufbar unter:

http://eur-lex.europa.eu/legal-content/DE/TXT/?uri=celex:32013L0034.

Empfehlungen

BaFin-Rundschreiben 22/2009 vom 21.12.2009: Rundschreiben der Bundesanstalt für Finanzdienstleistungsaufsicht vom 21. Dezember zu den aufsichtsrechtlichen Anforderungen an die Vergütungssysteme von Instituten, aufgehoben durch InstitutsVergV, abrufbar unter:

http://www.bundesbank.de/Redaktion/DE/Downloads/Aufgaben/Bankenaufsicht/Rundschreiben_Bafin/2009_22_aufsichtsrechtliche_anforderungen_an_die_verguetungssysteme_von_instituten.pdf?__blob=publicationFile

Empfehlung der Kommission vom 14.12.2004 (2004/913/EG): Empfehlung der Kommission vom 14. Dezember 2004 zur Einführung einer angemessenen Regelung für die Vergütung von Mitgliedern der Unternehmensleitung börsennotierter Gesellschaften, abrufbar unter:

http://eur-lex.europa.eu/LexUriServ/LexUriServ.do?uri=OJ:L:2004:385:0055:0059:DE:PDF.

Empfehlung der Kommission vom 30.04.2009 (2009/385/EG): Empfehlung der Kommission vom 30. April 2009 zur Ergänzung der Empfehlungen 2004/913/EG und 2005/162/EG zur Regelung der Vergütung von Mitgliedern der Unternehmensleitung börsennotierter Gesellschaften, abrufbar unter:

http://www.europarl.europa.eu/meetdocs/2009_2014/documents/empl/dv/2009-385-ec_/2009-385-ec_de.pdf.

Deutsche Rechnungslegungs Standards

(abgedruckt in: Deutsches Rechnungslegungs Standards Committee (DRSC) - Accounting Standards Committee of Germany (ASCG) (Hrsg.): Deutsche Rechnungslegungs Standards (DRS) / German Accounting Standards (GAS) - DRSC Interpretationen (IFRS) / ASCG Interpretations (IFRS) - DRSC Anwendungshinweise / ASCG Implementation Guidance, Stuttgart (erschienen am: 08.05.2000, Stand: 06.2014).

DRS 4 Unternehmenserwerbe im Konzernabschluss

DRS 17 Berichterstattung über die Vergütung der Organmitglieder

DRS 20 Konzernlagebericht

Internationale Rechnungslegungsstandards

(abgedruckt in: Wiley, International Financial Reporting Standards (IFRS) 2015 – Deutsch-Englische Textausgabe der von der EU gebilligten Standards und Interpretationen, Weinheim 2015).

IFRS 3 Unternehmenszusammenschlüsse

IFRS 8 Geschäftssegmente

IFRS 13 Bemessung des beizulegenden Zeitwerts

IAS 12 Ertragsteuern

IAS 36 Wertminderung von Vermögenswerten

IAS 37 Rückstellungen, Eventualschulden und Eventualforderungen

IASB conceptual framework objective 3

Urteilsverzeichnis

Bundesgerichtshof (BGH) (1997): Urteil vom 21.04.1997 – II ZR 175/95, in: BGHZ, Bd. 135, S. 244.

Oberlandesgericht (OLG) Frankfurt/Main (2012): Urteil vom 18.11.2012 – 5 U 110/08, in: Die Aktiengesellschaft, 2011, S. 462.